Windows Vista

卓越科技　编著

電子工業出版社
Publishing House of Electronics Industry
北京 · BEIJING

内容提要

本书详细介绍了Windows Vista操作系统的使用方法，主要内容包括安装Windows Vista、Windows Vista操作入门、认识窗口、认识菜单与对话框、Windows Vista文件管理、在Windows Vista中输入文字、Windows Vista账户管理、Windows Vista自带工具的使用、查看与处理图片、播放与制作电影、享受Windows媒体中心、个性化设置Windows Vista、Windows Vista系统设置、软件与硬件管理、Windows Vista的网络连接、网上冲浪、Windows Vista系统管理、系统维护、系统优化与备份以及系统安全等知识。

本书内容新颖、版式清晰、语言浅显易懂、操作举例丰富，每章以“知识讲解+应用实例+疑难解答+上机练习”的方式进行讲解，在讲解过程中每个知识点下面的操作任务以“新手练兵场”来介绍，还以小栏目的形式讲解一些扩展知识。另外，本书以图为主，图文对应，每章最后配有相关的上机练习题，并给出练习目标及关键步骤，以达到学以致用的目的。

本书定位于从零开始学习Windows Vista操作系统的初、中级读者，也可作为电脑学校和大中专院校师生的参考书籍。

图书在版编目（CIP）数据

Windows Vista融会贯通／卓越科技编著.—北京：电子工业出版社，2009.4
(快学快用)
ISBN 978-7-121-07685-5

Ⅰ.W… Ⅱ.卓… Ⅲ.窗口软件，Windows Vista Ⅳ.TP316.7

中国版本图书馆CIP数据核字（2008）第170978号

责任编辑：牛晓丽　毕海星
印　　刷：北京市天竺颖华印刷厂
装　　订：三河市鑫金马印装有限公司
出版发行：电子工业出版社
　　　　　北京市海淀区万寿路173信箱　　邮编：100036
开　　本：787×1092　1/16　印张：28　字数：717千字　彩插：1
印　　次：2009年4月第1次印刷
定　　价：59.00元（含光盘一张）

凡所购买电子工业出版社图书有缺损问题，请向购买书店调换。若书店售缺，请与本社发行部联系，联系及邮购电话：（010）88254888。

质量投诉请发邮件至zlts@phei.com.cn，盗版侵权举报请发邮件到dbqq@phei.com.cn。

服务热线：（010）88258888。

前 言

如今，为了提高自身的就业竞争力，顺利完成工作中的复杂任务，大多数学电脑的人已不再满足于学习基本的软件操作了，他们在学习某个软件的过程中，更注重于该软件的全面应用，需要深入学习某些重要知识点，或者全面掌握该软件在某一领域的具体应用。据调查，这类读者对图书具有以下相同的要求：

- 即使没有多少相关基础，也可从入门开始全面学习某个软件的使用。
- 从入门到提高，再到精通，全面掌握软件的应用技能。
- 结合实际工作内容进行应用举例，并适当提供综合项目范例。
- 软件的使用知识与相关行业的工作需求相结合，实现融会贯通。

综上所述，我们推出了《快学快用·融会贯通》系列图书，该系列图书在知识讲解上可以使读者从入门到提高再到精通，内容设计和写作结构与实际工作相结合，列举了大量实用范例，加强了对相关行业知识和软件应用技巧的讲解，使读者不仅可以掌握软件的拓展应用知识，还可以独立完成工作中的各项任务，全面提高工作的能力。

丛书主要内容

《快学快用·融会贯通》系列图书涉及Office办公、平面广告设计、图像特效制作、三维效果制作、机械设计、建筑设计、网页设计和操作系统应用等众多领域，主要包括以下图书：

- 电脑应用融会贯通
- Excel 2007财务应用融会贯通
- Excel 2007公司管理融会贯通
- Word 2007办公应用融会贯通
- Word 2007，Excel 2007办公应用融会贯通
- Access 2007办公应用融会贯通
- Office 2007办公应用融会贯通
- Word 2007，Excel 2007，PowerPoint 2007融会贯通
- 电脑办公应用融会贯通
- Photoshop CS3图像处理融会贯通
- Photoshop CS3特效处理融会贯通
- Flash CS3动画制作融会贯通
- Dreamweaver CS3网页制作融会贯通
- Dreamweaver，Flash，Fireworks网页设计融会贯通（CS3版）
- AutoCAD 2008机械绘图融会贯通

本书主要特点

* **以操作为主，任务驱动**：在一些操作性较强的知识点下列出一个具有代表性的操作练习任务，并将每个练习的要求明确地提出来，有助于读者在学习一个知识点后就能上机实践。
* **内容新颖，知识更全面**：本书总结了市场上同类图书的优点，并在其基础上优化了学习结构、增加了大量新知识点。图书在讲解过程中还穿插了“温馨小贴士”和“秘技播报站”等小栏目，介绍相关的概念和操作技巧，丰富读者的知识面。
* **分篇讲解，范例丰富**：全书共分为基础操作篇、系统配置篇、媒体娱乐篇、网络冲浪篇和安全维护篇等 5 篇。
* **图示丰富，易于操作**：操作步骤讲解详细，图文对应，在插图中用❶、❷、❸等步骤序号列出具体操作方法，插图中还配有相关说明文字，帮助读者轻松理解和掌握知识。
* **常见疑难问题解答**：各章附有疑难问题解答内容，以一问一答的形式介绍了与该章知识相关的常见疑难问题解答，帮助读者解决电脑应用中的实际问题。
* **配套多媒体教学光盘**：本书附赠一张精彩生动、内容充实的多媒体教学光盘，与图书相结合可大大提高学习效率，从而达到最佳的学习效果。

本书读者对象

本书主要定位于电脑新手以及初次使用 Windows Vista 操作系统的用户，可作为家庭用户、中老年人、上班族以及青少年学生学习 Windows Vista 的参考用书，也可作为各类电脑培训学校或职业技术学校的教材使用，并且非常适合需在短时间内快速掌握 Windows Vista 应用技术的读者使用。

本书作者及联系方式

本书由卓越科技组织编写，参与本书编写的主要人员有于昕杰、张燕等。由于作者水平有限，书中疏漏和不足之处在所难免，恳请广大读者及专家不吝赐教。

如果您在阅读本书的过程中有什么问题或建议，请通过以下方式与我们联系。

* 网站：faq.hxex.cn
* 电子邮件：faq@phei.com.cn
* 电话：010-88253801-168（服务时间：工作日 9:00~11:30，13:00~17:00）

目 录

基础操作篇

快学快用

媒体娱乐篇

系统配置篇

快学快用

网络冲浪篇

安全维护篇

快学快用

基础操作篇

Windows Vista 是 Microsoft 公司最新推出的操作系统，它具备比以往 Windows 系列操作系统更绚丽的操作界面以及更强大的功能。这一篇我们首先讲解 Windows Vista 的安装方法，然后再分别学习 Windows Vista 入门操作、窗口管理、文件管理、输入法的使用、用户账户管理以及自带工具的使用方法。

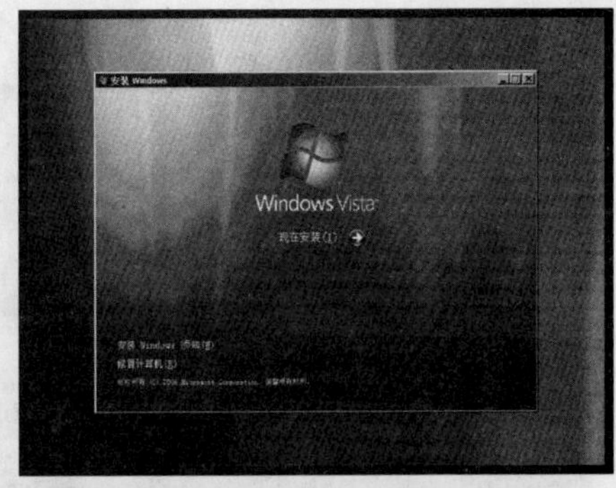

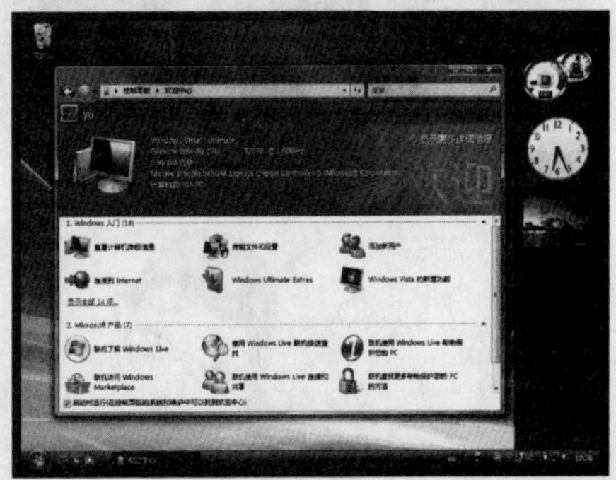

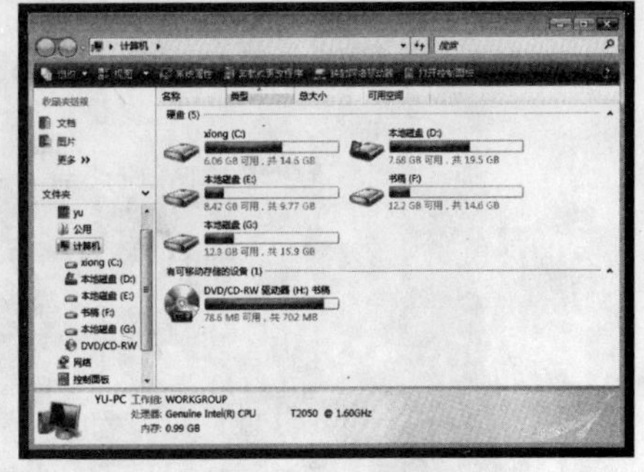

第 1 章

安装 Windows Vista

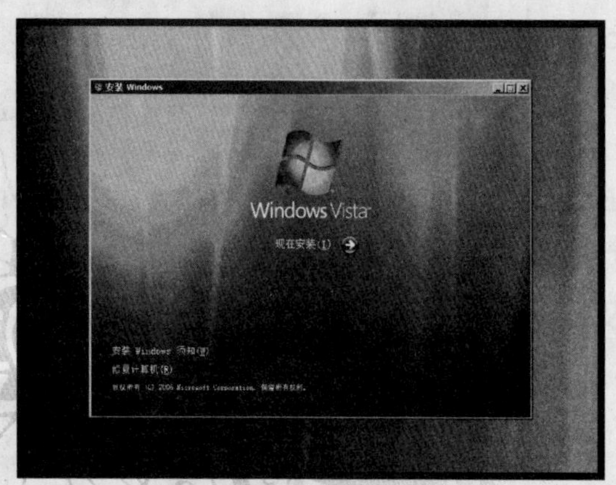

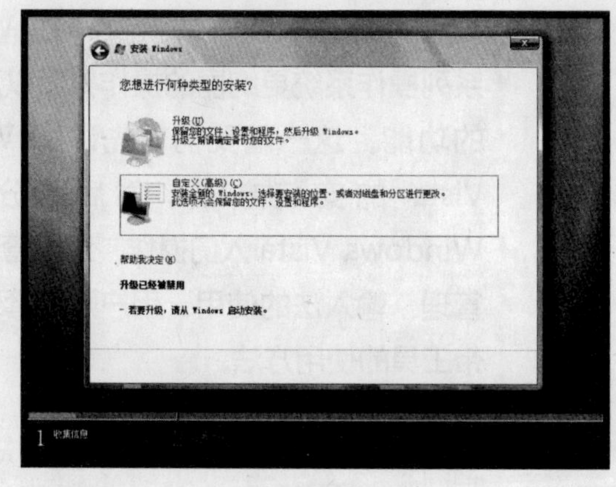

Windows Vista 操作系统是Microsoft公司继Windows XP之后推出的新一代操作系统。Windows Vista 为用户带来了更绚丽的操作界面、更强大的功能，以及更安全的操作环境，当然，它对电脑的硬件要求也更高。在本章中，我们将介绍 Windows Vista 的各种版本，Windows Vista 的新特性，安装 Windows Vista 的基本条件，以及如何在电脑中安装、激活 Windows Vista 并获取帮助。

1.1 Windows Vista 简介

Microsoft 公司推出的 Windows Vista 操作系统目前共有 6 个版本，分别定位于不同的家庭与企业用户群，因此各个版本所提供的功能存在一定差异。下面详细介绍各个版本的功能和如何选择适合的 Windows Vista 版本。

1.1.1 Windows Vista 版本介绍

目前所推出的 Windows Vista 的 6 个版本包括定位于家庭市场的 Windows Vista Home Basic（初级家庭版）、Windows Vista Home Premium（增强家庭版）和 Windows Vista Ultimate（家庭终极版），以及定位于企业市场的 Windows Vista Business（商务版）、Windows Vista Small Business（小型商务版）和 Windows Vista Enterprise（企业版）。

- **Windows Vista Home Basic（初级家庭版）**：如图 1-1 所示为其安装程序的外包装。作为一款简化的 Windows Vista 操作系统，Windows Vista Home Basic 主要面向家庭中只有一台电脑的用户。这一版本为 Vista 产品线上最基础的产品，其他各个版本的 Vista 都是以此为基础进行研发的。这一版本拥有的功能包括 Windows 防火墙、Windows 安全中心、无线 Internet 链接、家长控制、反病毒与间谍软件、Internet 映射、搜索、电影制作软件 Windows Movie Maker、图片收藏夹、Windows Media Player、支持 RSS 的 Outlook Express、P2P Messenger 等。但这一版本没有 Windows Vista 最具特色的 Aero 界面。

◆ 图 1-1

温馨小贴士

目前市面上销售的预装有 Windows Vista 的品牌电脑和笔记本电脑，所预装的版本绝大多数都是 Windows Vista Home Basic。当然，一些高端的商务电脑和商务笔记本除外。

- **Windows Vista Home Premium（增强家庭版）**：如图 1-2 所示为其安装程序的外包装。作为家庭增强版本，Windows Vista Home Premium 除包含 Windows Vista Home Basic 的所有功能外，还包括媒体中心和相关的扩展功能、DVD 视频的制作、HDTV 支持、DVD Rip、Tablet PC、Mobility Center 以及其他移动特性（mobility）和展示特性（presentation）。此外，Windows Vista Home Premium 还支持 Wi-Fi 自动配置和漫游，基于多台电脑管理的家长控制、Internet 备份、

共享上网、离线文件夹、PC-to-PC 同步，以及同步向导等。

- Windows Vista Ultimate（家庭终极版）：如图 1-3 所示为其安装程序外包装。该版本是 Vista 系列产品中最完善、最强大的版本，是目前针对个人电脑功能最强大的操作系统。Windows Vista Ultimate 包含 Vista Home Premium 和 Vista Business 的所有功能和特性，并且提供了游戏优化程序，多种在线服务以及更多的服务。这一版本主要定位于资深电脑用户、游戏玩家，以及数字音乐爱好者。

◆ 图 1-2

◆ 图 1-3

- Windows Vista Business（商务版）：该版本是一款定位于商务人士的操作系统。版本中添加了对"domain"的加入和管理功能，能够兼容其他非 Microsoft 的 Internet 协议（如：Netware、SNMP 等）、远程桌面以及 Microsoft 的 Windows Web Server 和文件加密系统（Encrypted File System）。
- Windows Vista Small Business（小型商务版）：该版本属于 Business 产品的精简版本，主要面向非 IT 行业的中小型企业。Small Business 拥有 Business 的备份和镜像支持、电脑传真以及扫描工具等功能。Microsoft 公司还准备为此版本加入一个向导程序，帮助用户付费升级至 Enterprise 或者 Ultimate 版本。
- Windows Vista Enterprise（企业版）：该产品是专门为企业优化过的版本。它包含 Windows Vista Business 的全部功能，并且提供了如 Virtual PC、多语言用户界面（MUI）以及安全加密技术等特性。

1.1.2 如何选择 Windows Vista 版本

面对众多版本的 Windows Vista，用户应该如何选择呢？在选择时，用户首先应当考虑自己的使用定位，是家庭应用，还是商务办公？接着考虑自己的实际需求。对于家庭用户，可以考虑是否要拥有时尚的数字娱乐，还是仅需要满足家庭上网、日常应用或管理的要求；对于办公用户，则要考虑是否需要提供更高的安全性，以及更多的办公支持。

下面通过图示的方式进行说明，让用户可以更直观地判断与选择适合自己的 Windows Vista 版本，如图 1-4 所示。

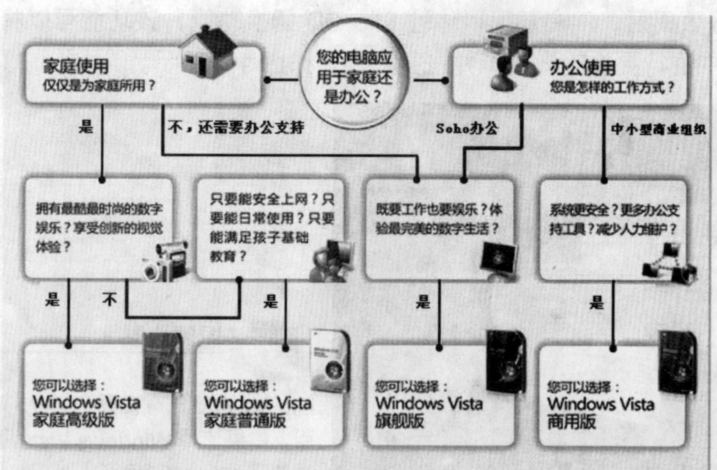

◆ 图 1-4

1.2 Windows Vista 新特性

作为一款全新的操作系统，Windows Vista 在继承先前版本的优点的同时也新增了很多特性，这些特性有助于用户更简单、更安全地使用系统。下面就对 Windows Vista 的各种新特性进行介绍。

1.2.1 全新的 Aero 界面

在家庭终级版和商业版 Windows Vista 中，用户可以体验到全新的 Aero 界面。该界面为用户提供了更加绚丽的显示效果，可清晰地查看电脑中显示和处理的内容。在 Aero 界面下，所有窗口边框将透明显示，从而可以让用户更加专注窗口内容，如图 1-5 所示。

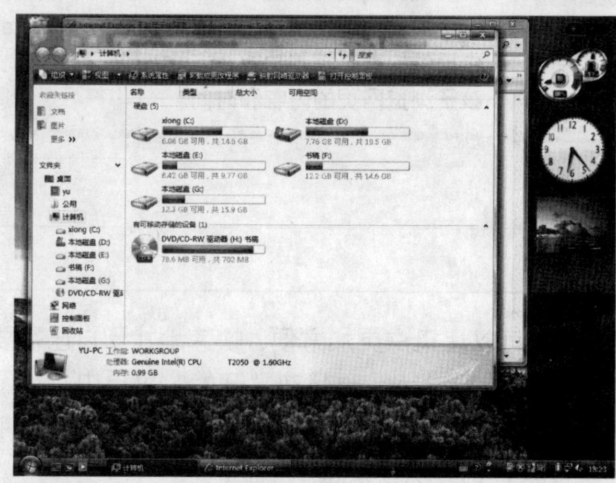

Aero 界面需要占用大量的系统资源。如果用户的电脑配置达到要求，就会自动开启 Aero 效果，如果配置太低，虽然可以手动开启 Aero 效果，但会大幅度影响电脑的运行速度

◆ 图 1-5

应用 **Aero** 效果后，用户还可以体验 **Flip 3D** 切换功能，该功能可以将当前打开的窗口在三维空间中进行更直观地显示并进行切换，如图 **1-6** 所示。

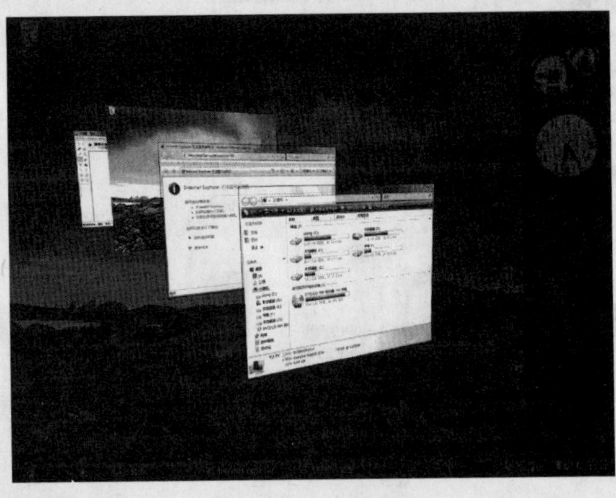

◆ 图 1-6

温馨小贴士

Flip 3D 功能只有在开启 Aero 效果后才能使用，如果使用 Windows Vista 基本方案，则无法使用 Flip 3D 功能。

1.2.2　Internet Explorer 7.0 浏览器

Windows Vista 集成了 Internet Explorer 7.0 浏览器，该浏览器允许用户在一个浏览器窗口中建立多个选项卡，以同时浏览更多的网页，如图 **1-7** 所示。

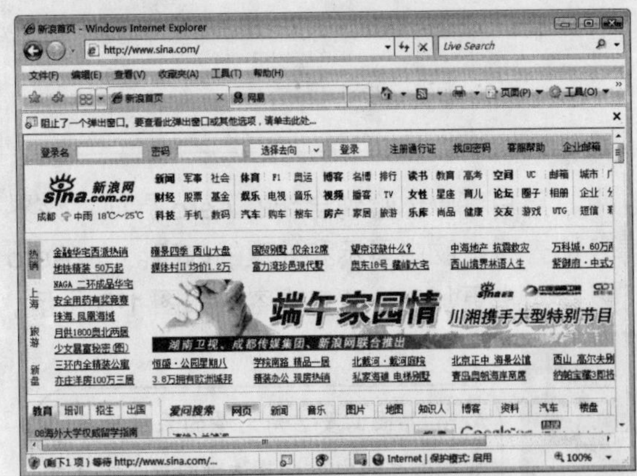

◆ 图 1-7

温馨小贴士

Internet Explorer 7.0 具备较高的安全性能，可以更加安全地浏览网页。使用 Windows Vista 中提供的家长控制功能，还可以帮助家长限制孩子浏览网页的内容和时间。

1.2.3　强大的搜索功能

Windows Vista 提供了强大的搜索功能，可以让用户更加方便、快速地找到自己需要的程序或文件。搜索功能主要在电脑中的两个位置进行，一是在“开始”菜单中，如图 **1-8** 所示；二是在所有系统窗口中，如图 **1-9** 所示。其搜索方式更为智能，在系统窗口中进行搜索时，可以根据需要在当前路径下搜索，也可以搜索整个电脑。

◆ 图 1-8

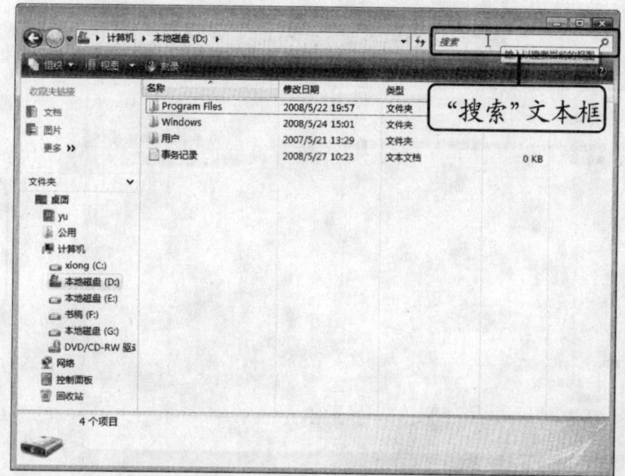

◆ 图 1-9

1.2.4　用户账户控制

Windows Vista 全新设计了安全功能 UAC（用户账户控制），就像是为 Windows Vista 操作系统设置了一把安全锁。在用户对系统进行设置、运行指定程序、安装或删除程序时，该功能会将当前系统切换到保护状态，并要求用户确认操作，从而有效地防止恶意程序或网页代码修改系统的各项设置，如图 1-10 所示为卸载某个应用程序时打开的对话框。

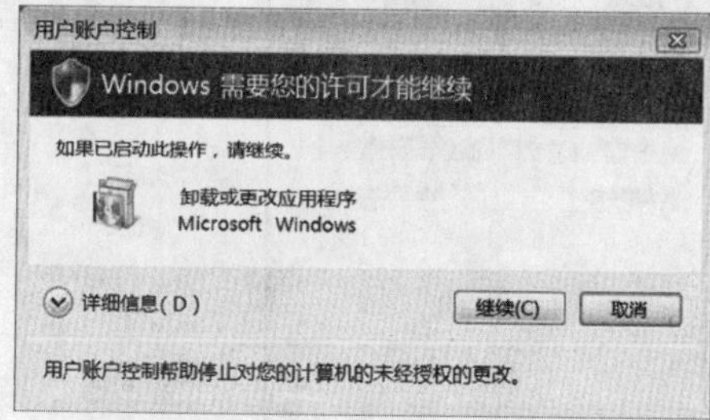

系统默认是开启用户访问控制（UAC）功能的，我们也可以将其关闭

◆ 图 1-10

1.2.5　增强保护功能

Windows Vista 中配备了用户增强保护 Internet 的 Windows Defender 技术，该技术可以将由于间谍软件或其他 Internet 攻击导致的弹出式窗口、系统性能下降以及安全威胁等情况的发生率降到最低，如图 1-11 所示为启动增强保护功能后打开的窗口。

温馨小贴士

Microsoft 公司会定期更新 Windows Defender 资料库以应对层出不穷的流氓软件，从而有效地保障用户的电脑避免骚扰。

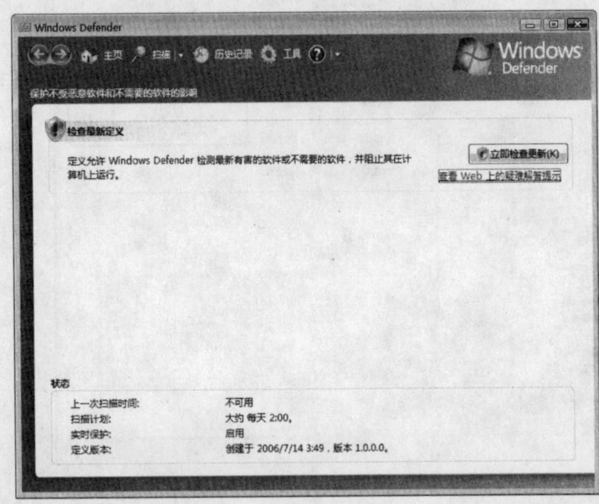

Windows Defender 与杀毒软件一样，需要经常更新，这样才能及时查杀各类流氓软件

◆ 图 1-11

1.2.6 移动特性

Windows Vista 具备强大的移动特性，可以方便地连接 Internet、连接外部设备或与其他电脑交换数据。移动特性对电脑电源的要求比较高，Windows Vista 操作系统优秀的电源管理功能可以有效地延长电池的使用时间。通过设置“Windows 移动中心”对话框中的相关选项即可实现移动特性，方便且高效，如图 1-12 所示。

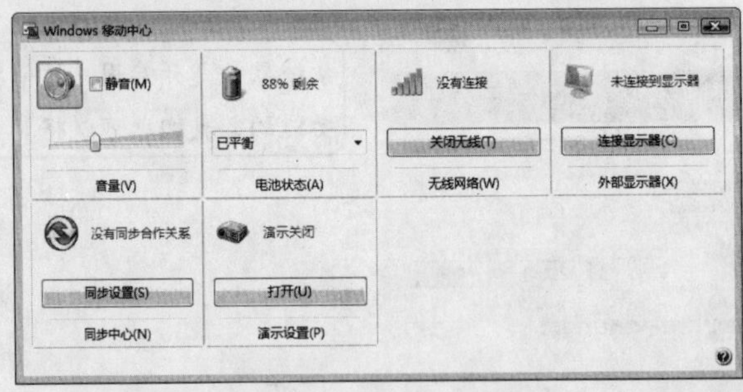

◆ 图 1-12

1.3 安装 Windows Vista 的基本条件

在安装 Windows Vista 之前，首先需要了解安装 Windows Vista 的基本条件，确定自己的电脑是否适合安装 Windows Vista。下面从硬件条件与软件条件两方面介绍安装 Windows Vista 的基本条件。

1.3.1 硬件条件

硬件条件是指电脑的配置是否能达到流畅运行 Windows Vista 的要求，这主要取决于

电脑硬件的性能，表 1-1 所示为安装 Windows Vista 的基本配置与推荐配置，读者在安装前可作为参考。

表 1-1　Windows Vista 配置要求

硬件	基本配置	推荐配置
CPU	1GHz	1GHz 32 位（x86）或 64 位（x64）以上
内存	512MB	1GB 以上
硬盘	6GB 可用空间	20GB 以上可用空间
光盘驱动器	DVD-ROM 光驱	DVD-ROM 光驱
显示器	支持 VGA 接口	至少支持 VGA 接口
显卡	支持 DirectX 9 的图形处理器	支持 DirectX 9 图形，128MB 以上显存，支持 Pixel Shader 2.0 和 WDDM，32 位真彩色
输入设备	Windows 兼容键盘和鼠标	Windows 兼容键盘和鼠标
其他设备		音频输出能力和 Internet 访问能力

1.3.2　软件要求

软件要求包括两个方面，一是系统所在的磁盘分区的格式与容量，二是用户所使用软件与 Windows Vista 的兼容性。

- **磁盘分区与容量：**安装 Windows Vista 的硬盘分区容量最好在 15GB 以上，并且必须采用 NTFS 分区格式。
- **软件兼容性：**用户要使用或经常使用的软件需要与 Windows Vista 兼容。由于 Windows Vista 采用了全新的构架，目前一些软件在该操作系统中可能无法正常运行，用户在安装 Windows Vista 前必须要注意到这一点。

1.4　安装 Windows Vista

在确定电脑可以安装 Windows Vista 后，就可以开始安装 Windows Vista 操作系统了。安装时可以选择在电脑中全新安装 Windows Vista，也可以选择从 Windows XP 升级到 Windows Vista，或者安装 Windows XP 与 Windows Vista 双系统。

1.4.1　全新安装 Windows Vista

对于新购买的电脑，全新安装 Windows Vista 前需要对磁盘进行分区并格式化；对于已经安装了其他操作系统的电脑，需要先将安装系统的磁盘格式化，然后通过安装光盘引导启动并进行安装。

快学快用

新手练兵场 全新安装 Windows Vista Ultimate。

STEP 01. **引导系统。**将 Windows Vista 安装光盘放入 DVD 光驱中，启动电脑并进入 BIOS 中，将启动顺序设置为从光盘启动，稍后系统自动开始加载安装所需的文件，如图 1-13 所示。

STEP 02. **运行安装程序。**安装文件载入后，将自动运行安装程序，如图 1-14 所示。

◆ 图 1-13

◆ 图 1-14

STEP 03. **选择安装语言。**进入 Windows Vista 安装界面后，在打开的“安装 Windows”对话框中选择安装语言、时间和货币格式、键盘和输入法，然后单击 下一步(N) 按钮，如图 1-15 所示。

STEP 04. **开始安装。**在打开的对话框中单击“现在安装”按钮，开始安装 Windows Vista，如图 1-16 所示。

◆ 图 1-15

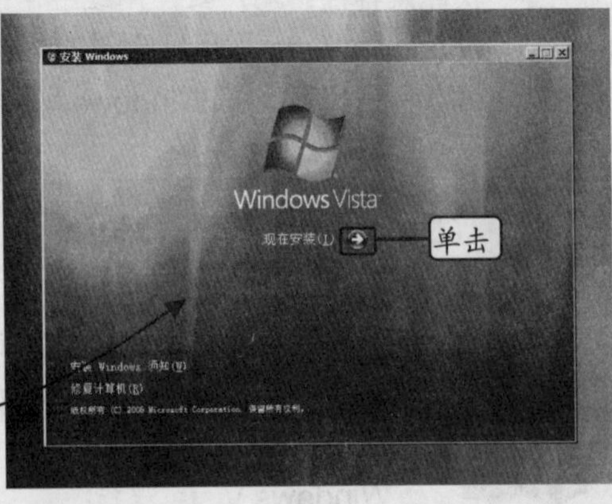

◆ 图 1-16

STEP 05. **输入产品密钥。**在打开的“键入产品密钥进行激活”对话框中输入 Windows Vista 产品序列号，这里不输入安装序列号，直接单击 下一步(N) 按钮，如图 1-17 所示。

STEP 06. **选择版本。**在打开的“选择您购买的 Windows 版本”对话框中选择要安装的 Windows Vista 版本，然后选中列表框下方的“我已经选择了购买的 Windows

版本”复选框，单击 下一步(N) 按钮，如图 1-18 所示。

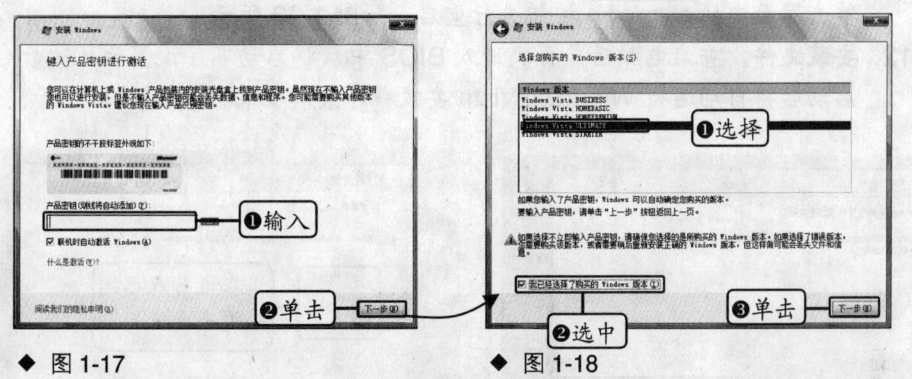

◆ 图 1-17　　◆ 图 1-18

STEP 07. **阅读许可条款。**在打开的“请阅读许可条款”对话框中选中“我接受许可条款”复选框，然后单击 下一步(N) 按钮，如图 1-19 所示。

STEP 08. **选择安装类型。**在打开的“您想进行何种类型的安装？”对话框中选择“自定义”选项，如图 1-20 所示。

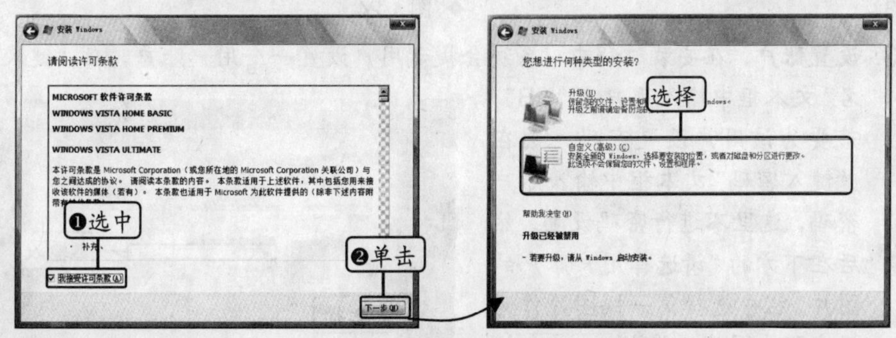

◆ 图 1-19　　◆ 图 1-20

STEP 09. **选择安装分区。**在打开的“您想将 Windows 安装在何处”对话框中选择安装盘符，这里选择 C 盘，单击 下一步(N) 按钮，如图 1-21 所示。

STEP 10. **复制安装文件。**安装程序开始复制安装文件，如图 1-22 所示，复制过程可能较长，用户需耐心等待。

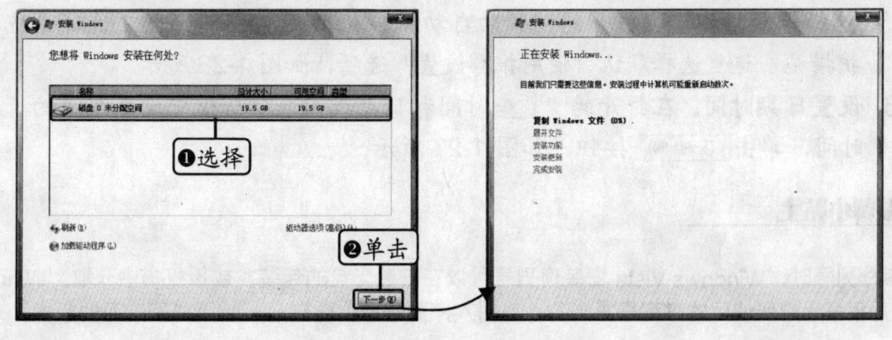

◆ 图 1-21　　◆ 图 1-22

快学快用

STEP 11. **重启电脑。**安装文件复制完毕后，安装程序将自动重新启动电脑，用户也可以单击界面中的立即重新启动(R)按钮进行重启，如图 1-23 所示。

STEP 12. **安装文件。**重启电脑后，再次进入 BIOS 中，将启动顺序设置为从硬盘启动，启动后将自动运行 Windows Vista 安装程序继续安装，如图 1-24 所示。

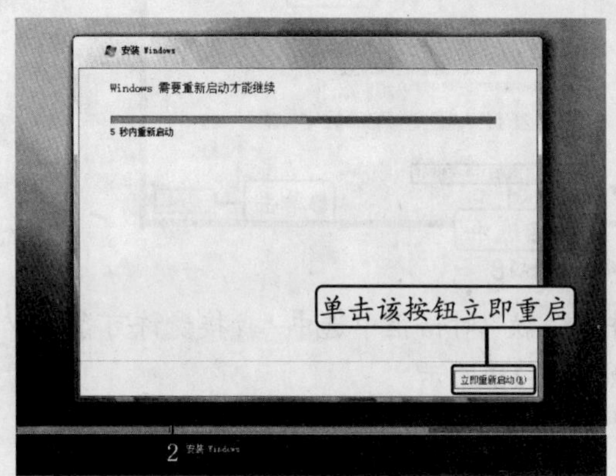

◆ 图 1-23

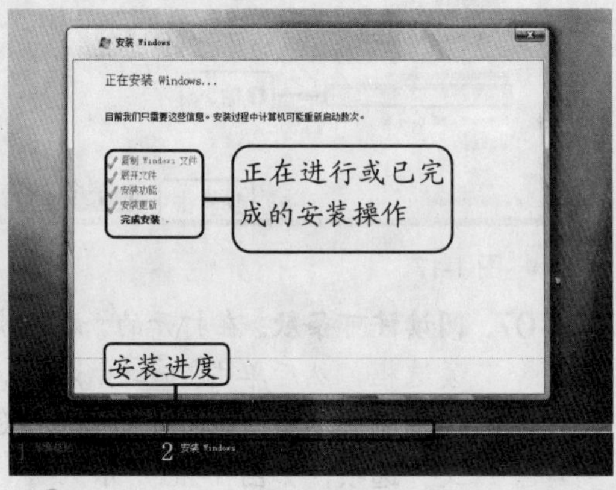

◆ 图 1-24

STEP 13. **设置账户。**在安装过程中，系统会提示用户设置一个用户账户，在“键入用户名”文本框中输入用户名“HB”，若要为该用户设置密码，则在“键入密码”文本框中输入账户密码，这里不进行密码设置。然后在下方的“请选择用户账户的图片”栏中选择第一幅图片作为用户账户图片，单击下一步(N)按钮，如图 1-25 所示。

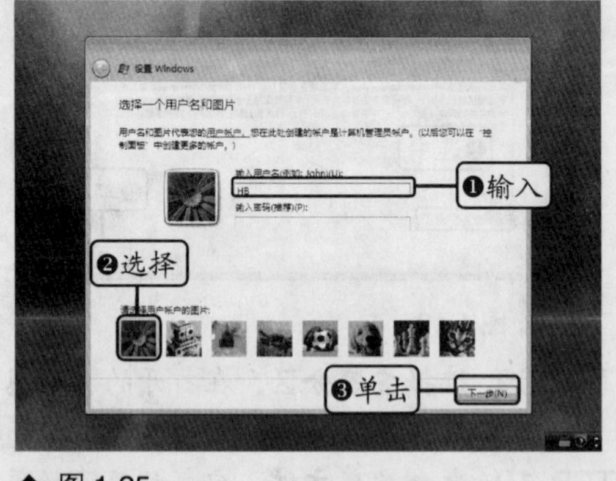

◆ 图 1-25

STEP 14. **输入计算机名并选择桌面背景。**在打开的“输入计算机名并选择桌面背景”对话框中设置计算机名称和桌面背景，完成后单击下一步(N)按钮。

STEP 15. **选择保护措施。**在打开的“帮助自动保护 Windows”对话框中选择系统的保护措施，这里选择默认“使用推荐设置”选项，如图 1-26 所示。

STEP 16. **设置日期时间。**在打开的“复查时间和日期设置”对话框中设置系统的日期和时间，单击下一步(N)按钮，如图 1-27 所示。

温馨小贴士

在输入安装序列号时，Windows Vista 安装序列号可以在安装光盘的包装盒或授权书中获取。Windows Vista 版本是根据用户所使用的序列号决定的，当输入序列号后，会自动判断用户所购买的版本。

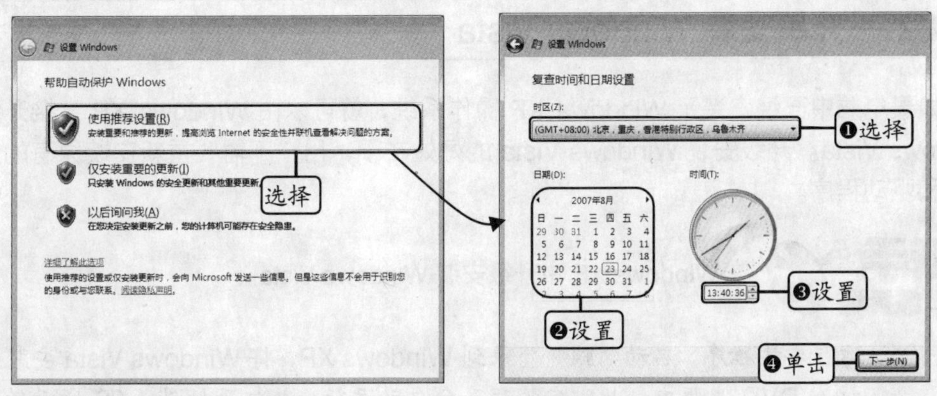

◆ 图 1-26　　◆ 图 1-27

STEP 17. **选择位置。** 在打开的 "请选择计算机当前的位置" 对话框中，根据电脑的使用环境选择对应的选项，这里选择 "公共场所" 选项，如图 1-28 所示。

STEP 18. **安装完成。** 在打开的对话框中单击 开始(S) 按钮，如图 1-29 所示。

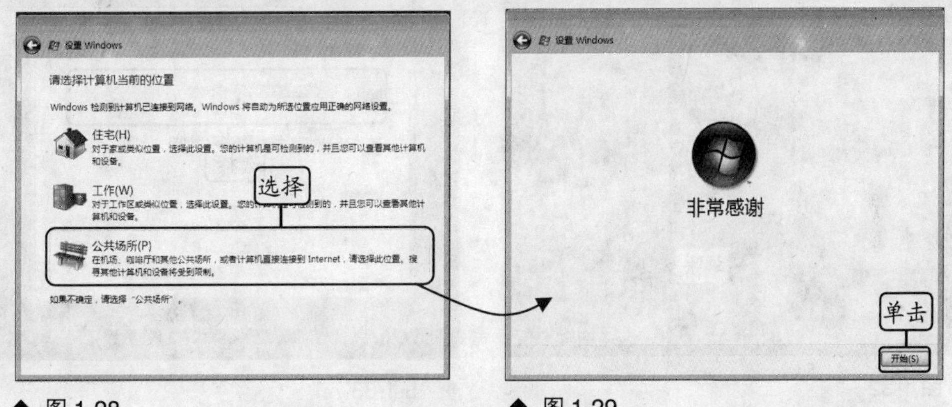

◆ 图 1-28　　◆ 图 1-29

STEP 19. **检查计算机。** 系统将对电脑进行检查，如图 1-30 所示。

STEP 20. **登录系统。** 检查完毕后，即可登录到 Windows Vista 桌面，如图 1-31 所示。

◆ 图 1-30　　◆ 图 1-31

1.4.2 升级安装 Windows Vista

如果电脑中已经安装了 Windows XP 操作系统，就可以由 Windows XP 直接升级为 Windows Vista。升级安装 Windows Vista 的好处在于，用户不需要重新安装原有的应用程序和驱动程序。

在 Windows XP 中升级安装 Windows Vista。

STEP 01. **运行安装程序。**启动电脑并登录到 Windows XP，将 Windows Vista 安装光盘放入 DVD 光驱中，此时安装程序会自动运行，并打开如图 1-32 所示的“安装 Windows”对话框，单击“现在安装”按钮。

STEP 02. **选择安装方式。**进入 Windows Vista 安装界面，在打开的如图 1-33 所示的“您想进行何种类型的安装？”对话框中选择“升级”选项。

◆ 图 1-32

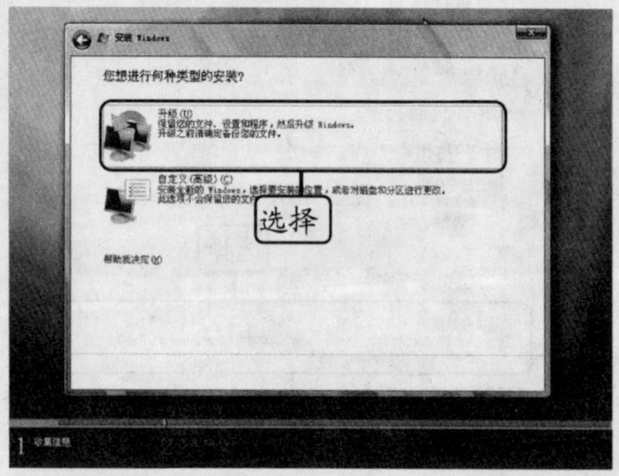

◆ 图 1-33

STEP 03. **继续安装。**后面的操作与全新安装时的过程基本相同，用户只要按照全新安装的方法进行设置即可。升级完毕后，重新启动电脑即可登录到 Windows Vista 桌面。

1.4.3 安装 Windows XP 与 Windows Vista 双系统

对于已经安装了 Windows XP 的电脑，可以实现 Windows XP 与 Windows Vista 双系统共存，这样用户既可以使用 Windows XP，也可以使用 Windows Vista。双系统的安装可以通过两种方式来实现。

1. 通过 Windows Vista 引导安装

该安装方法与全新安装的方法相同，将启动顺序设置为从光盘启动，然后使用 Windows Vista 光盘引导系统。不同的是，在选择安装位置时，要选择 Windows XP 安装分区以外的分区，如图 1-34 所示，之后再按照全新安装的方法进行安装即可。

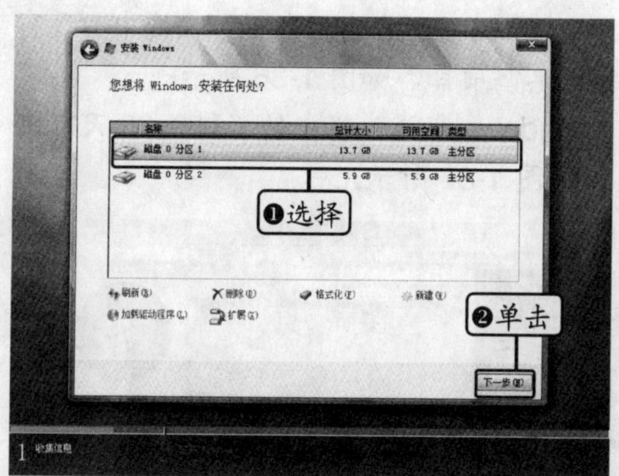

◆ 图 1-34

在其他磁盘分区安装 Windows Vista 时，如果该分区中保存有重要文件，需要先在 Windows XP 系统中将文件移动到另外的磁盘分区中，因为安装程序可能会将分区中的数据删除。

2. 在 Windows XP 下安装

该安装方法与升级安装 Windows Vista 的方法基本相同，登录到 Windows XP 后，运行 Windows Vista 安装光盘，然后在如图 1-35 所示的“您想进行何种类型的安装？”对话框中选择“自定义（高级）”选项，并将安装位置设置为 Windows XP 安装分区以外的任意分区，然后继续按照提示进行安装即可。

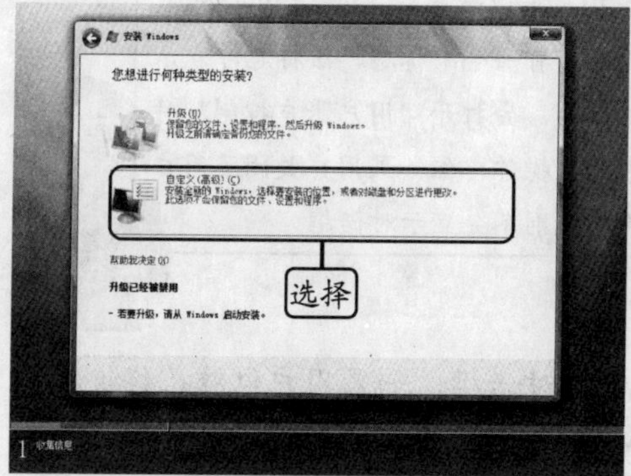

◆ 图 1-35

安装 Windows XP 与 Windows Vista 双系统后，在开启电脑后将显示启动菜单，其中包括早期的 Windows 版本与新安装的 Windows Vista，通过上下方向键进行选择后，按【Enter】键即可登录到相应的系统

1.5 激活 Windows Vista

Windows Vista 安装完毕后，还需要进行激活，否则只能使用 30 天时间，激活 Windows Vista 时，用户可以根据自己的情况选择适合自己的激活方式。

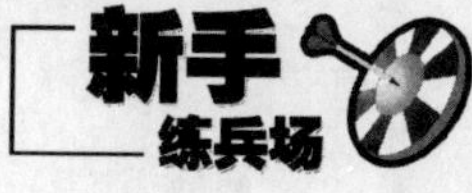

选择适合自己的激活方式激活 Windows Vista。

STEP 01. **双击项目。**在完成安装并启动 Windows Vista 后，会自动打开“欢迎中心”窗口，双击窗口中的“查看计算机详细信息”项目，如图 1-36 所示。

STEP 02. **单击超链接。**在打开的窗口中单击“Windows 激活”栏中的“剩余 30 天可以激活，立即激活 Windows”超链接，如图 1-37 所示。

◆ 图 1-36

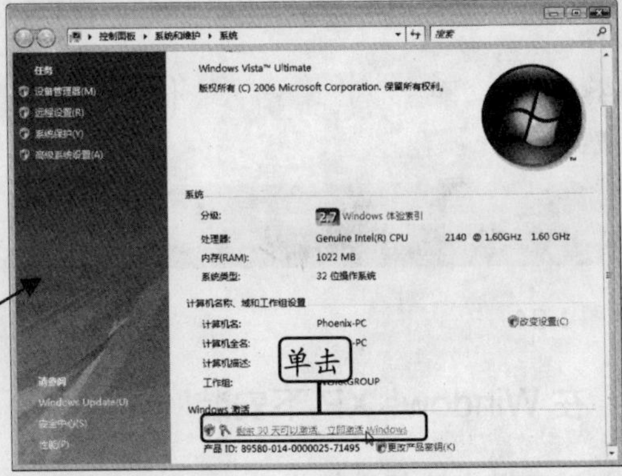

◆ 图 1-37

STEP 03. **确认操作。**打开如图 1-38 所示的“用户账户控制”对话框，此时屏幕变为不可操作状态，需要单击对话框中的 继续(C) 按钮继续进行操作。

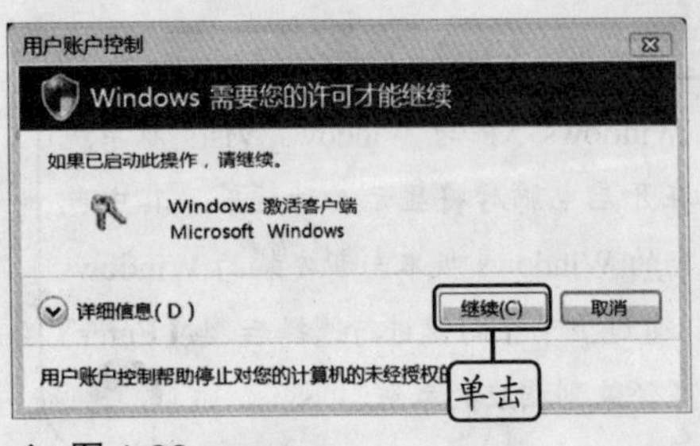

◆ 图 1-38

在“剩余 30 天可以激活，立即激活 Windows”超链接文本前有一个标志，该标志即表示单击超链接后，会打开“用户账户控制”对话框要求确认操作，但如果用户关闭了用户账户控制功能则不会显示对话框

STEP 04. **联机激活。**打开 “现在激活 Windows”对话框，如果用户电脑已经连接到 Internet，则可选择“现在联机激活 Windows”选项，如图 1-39 所示。

STEP 05. **等待激活。**此时系统自动连接到 Internet 并激活 Windows Vista，如图 1-40 所示。

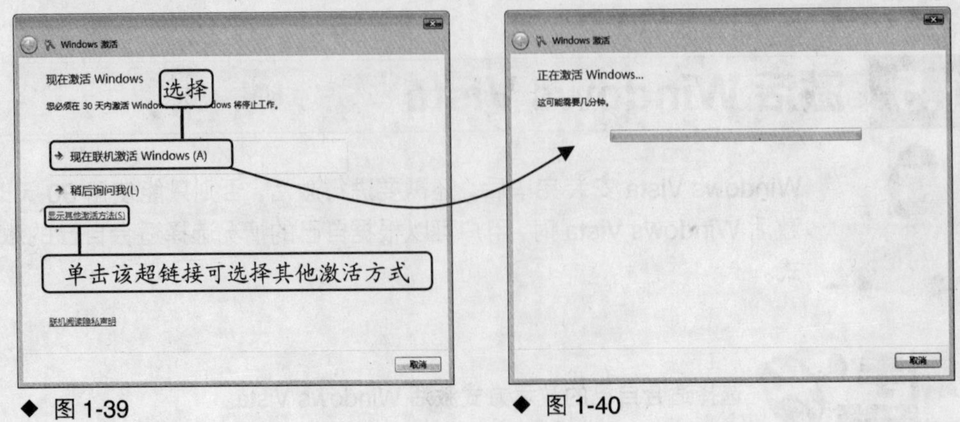

◆ 图 1-39　　◆ 图 1-40

STEP 06. **电话激活。**如果没有连接到 Internet，可在图 1-39 所示的对话框中单击“显示其他激活方式”超链接，然后在如图 1-41 所示的对话框中选择“使用自动电话系统”选项，。

STEP 07. **选择地区。**在打开的对话框中选择用户所在国家，这里选择“中国”选项，单击 下一步(N) 按钮，如图 1-42 所示。

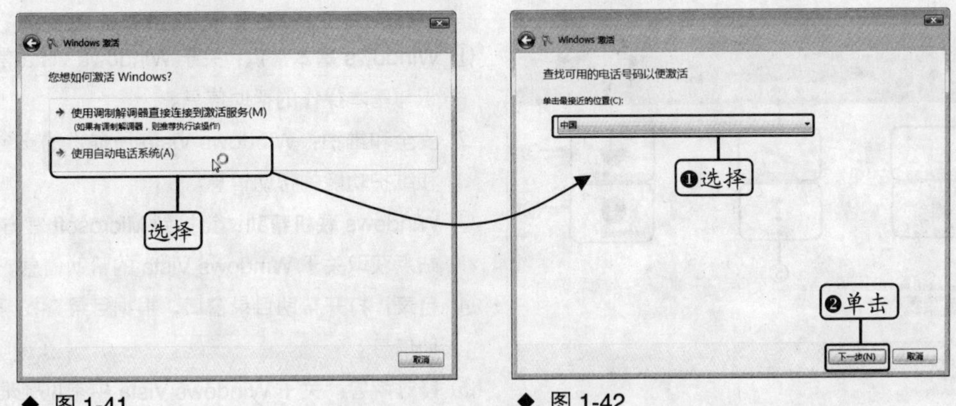

◆ 图 1-41　　◆ 图 1-42

STEP 08. **获取 ID。**在打开的如图 1-43 所示的“现在激活 Windows”对话框中，按照窗口中的电话号码进行拨打以获取确认 ID，记录确认 ID 后，将其输入在最下面一行文本框中，完成输入后，单击 下一步(N) 按钮。

STEP 09. **激活成功。**在打开的对话框中提示用户激活成功，单击 关闭 按钮即可，如图 1-44 所示。

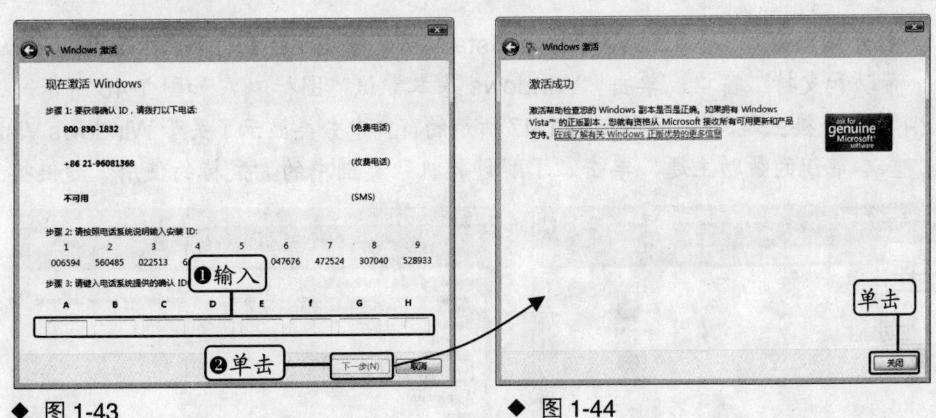

◆ 图 1-43　　◆ 图 1-44

1.6 获取 Windows Vista 帮助

安装 Windows Vista 后，就需要学习与掌握 Windows Vista 的使用方法。通过 Windows Vista 提供的强大帮助功能，可以方便地帮助用户解决使用 Windows Vista 过程中遇到的各种问题。

1.6.1 全面查询帮助信息

登录到 Windows Vista 操作界面后，按【F1】键可打开“Windows 帮助和支持”窗口，窗口中分类显示了关于 Windows Vista 的各个帮助项目，如图 1-45 所示。单击某个帮助项目图标，即可进入对应的帮助窗口。

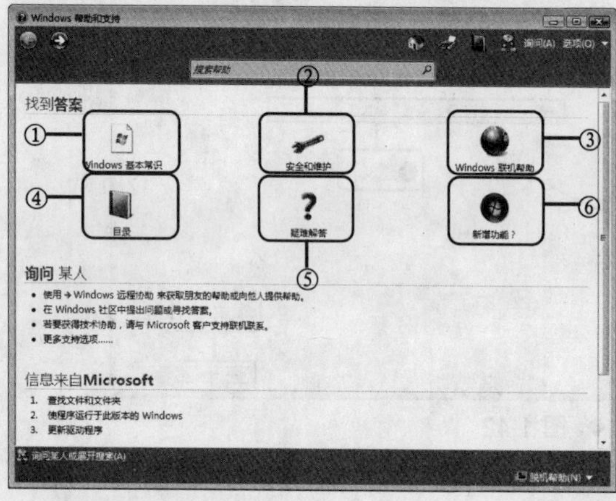

◆ 图 1-45

① **Windows 基本常识**：关于 Windows Vista 常识与基本操作的帮助信息。

② **安全和维护**：Windows Vista 所提供的安全和维护功能的帮助信息。

③ **Windows 联机帮助**：链接到 Microsoft 官方站点获取关于 Windows Vista 的帮助信息。

④ **目录**：打开帮助目录窗口，根据目录查找帮助信息。

⑤ **疑难解答**：关于 Windows Vista 中常见疑难操作的帮助信息。

⑥ **新增功能**：介绍 Windows Vista 新增功能的用途与使用方法。

获取在 Windows Vista 中如何使用鼠标的帮助信息。

STEP 01. **打开帮助窗口。**登录到 Windows Vista 操作界面后，按【F1】键打开“Windows 帮助和支持”窗口，单击“Windows 基本常识”图标，如图 1-46 所示。

STEP 02. **单击链接主题。**在打开的如图 1-47 所示的窗口中分类显示了关于 Windows Vista 基本常识的帮助主题，单击“了解计算机”类别中的“鼠标的使用”超链接。

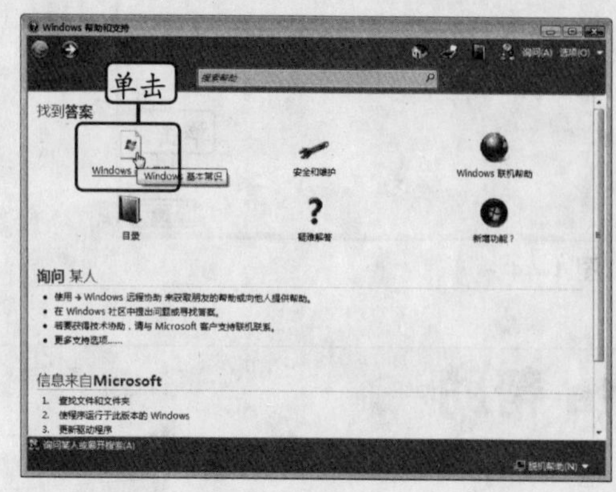

◆ 图 1-46

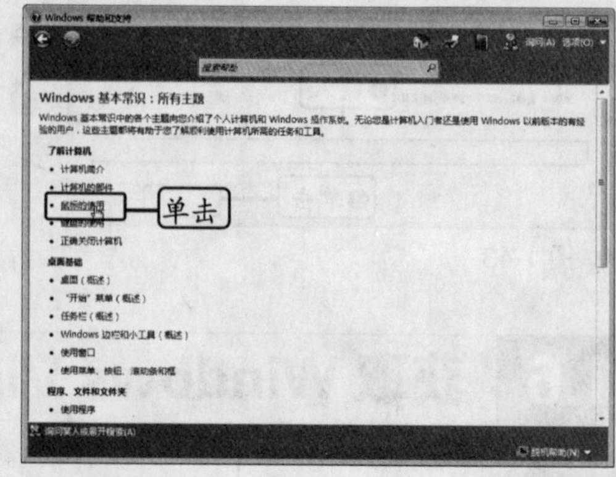

◆ 图 1-47

STEP 03. **查看帮助信息。**在打开的如图 1-48 所示的窗口中详细介绍了鼠标的相关常识与在 Windows Vista 中的使用方法。单击右上角的“本文内容”栏中的超链接，

可快速跳转到对应的帮助内容。

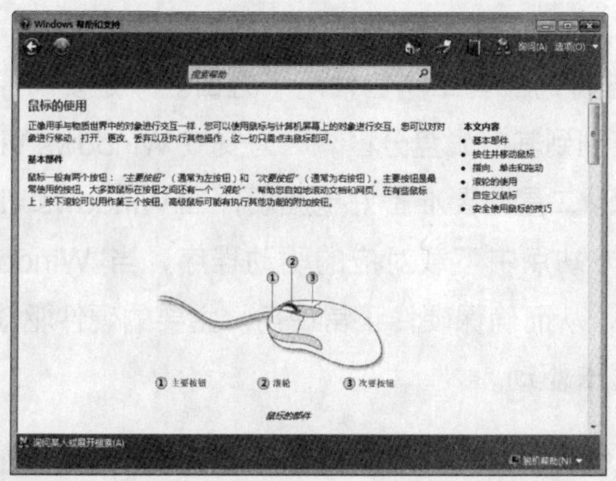

◆ 图 1-48

如果不确定要获取帮助内容的分类，可在“Windows 帮助和支持”窗口的“搜索帮助”文本框中输入帮助主题的关键字，然后单击🔍按钮，搜索关于输入内容的帮助信息

1.6.2 获取程序或窗口帮助信息

打开一个程序或窗口后，如果要获取当前程序或窗口的帮助信息，只要按【F1】键，就会激活相应的帮助程序。如图 1-49 所示为“计算机”窗口的帮助信息；如图 1-50 所示为关于 Internet Explorer 7.0 浏览器的帮助信息。

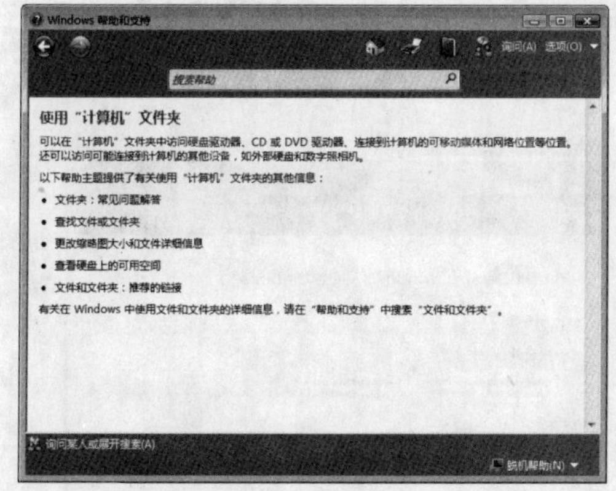

◆ 图 1-49

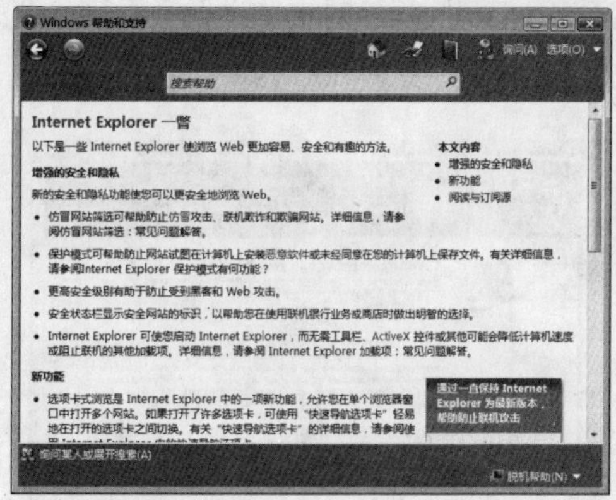

◆ 图 1-50

1.7 疑难解答

学习完本章后，是否发现自己对 Windows Vista 有了一定了解？安装 Windows Vista 过程中出现的一些问题自己是否已经顺利解决了？下面将为您提供一些安装 Windows Vista 时的常见问题解答，让您的学习路途更加顺畅。

问：如果电脑中已经安装了 Windows XP，在全新安装 Windows Vista 前主要应该进行哪些准备工作?

答：全新安装 Windows Vista 时，主要进行的准备工作包括两个方面。一是要将原来 Windows XP 系统分区中的重要文件复制到其他磁盘分区，因为安装 Windows Vista 后，会将原磁盘分区中的数据全部删除。二是需要准备好电脑硬件在 Windows Vista 下的驱动程序。用户可到硬件厂商官方站点中下载对应的驱动程序，当 Windows Vista 安装完毕后安装正确的驱动程序，从而确保硬件正常使用。主要的硬件驱动程序包括主板芯片组驱动、声卡驱动和显卡驱动。

问：如果对自己电脑的配置不了解，请问要如何做才能测试电脑能否安装 Windows Vista 呢?

答：可以使用 Microsoft 公司提供的“Vista Upgrade Advisor”程序来检测自己的电脑是否能使用 Windows Vista。该程序只能在 Windows XP 中运行。正确安装并运行该程序后，通过选择对应的选项即可对电脑进行全面监测，其界面如图 1-51 所示。如果发现电脑中存在与 Windows Vista 不兼容的硬件或程序，界面中将会出现特殊标识来提示用户，如图 1-52 所示为检测到不兼容硬件的提示界面。使用“Vista Upgrade Advisor”程序对电脑进行一系列检测之后，用户基本上就能了解并确定是否可以在电脑中安装 Windows Vista 了。

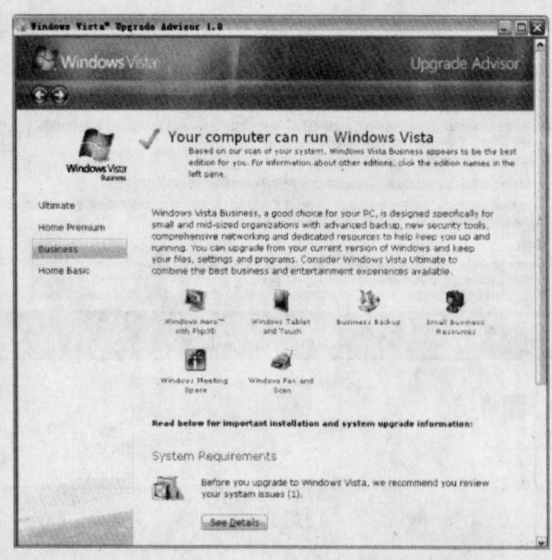

◆ 图 1-51

◆ 图 1-52

问：安装 Windows Vista 的过程中，系统自动重启电脑后并没有继续安装，而是重新检查电脑并再次复制安装文件，这是怎么回事?

答：这是由于重启后系统从光盘启动所导致的。Windows Vista 安装程序将安装文件复制到电脑后，会自动重启电脑安装系统。重启后，用户需要进入主板 BIOS 中将启动顺序设置为“从硬盘启动”，这样才能继续安装。如果保持之前的从光盘启动，则重启后系统会重新运行安装程序。

1.8 上机练习

本章上机练习一练习在电脑中全新安装 Windows Vista。上机练习二练习通过联机激活的方式激活 Windows Vista。通过练习巩固并掌握 Windows Vista 的安装与激活方法。各练习的最终效果及制作提示介绍如下。

练习一

① 将 Windows Vista 安装光盘放入 DVD 光驱中，开启电脑并将启动顺序设置为“从光盘启动”。

② 自动运行 Windows Vista 安装程序，复制安装文件到电脑后重新启动系统，将启动顺序更改为“从硬盘启动”。

③ 进入 Windows Vista 安装界面开始安装，如图 1-53 所示。

④ 正确设置各种安装信息并进行安装。

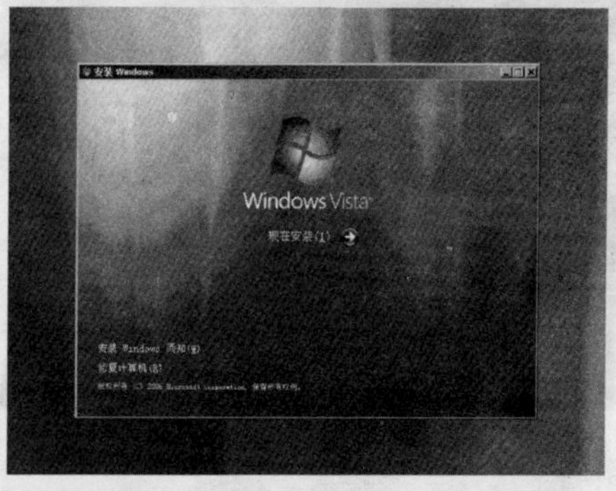

◆ 图 1-53

练习二

① 安装完毕并登录到 Windows Vista 后，在“欢迎中心”窗口中双击“查看计算机详细信息”项目。

② 在打开的“系统”窗口中单击“剩余 30 天可以激活，立即激活 Windows”超链接。

③ 在打开的“用户账户控制”对话框中单击 继续(C) 按钮确认操作。

④ 在如图 1-54 所示的窗口中选择“现在联机激活 Windows”选项，连接到 Microsoft 官方站点并激活 Windows Vista。

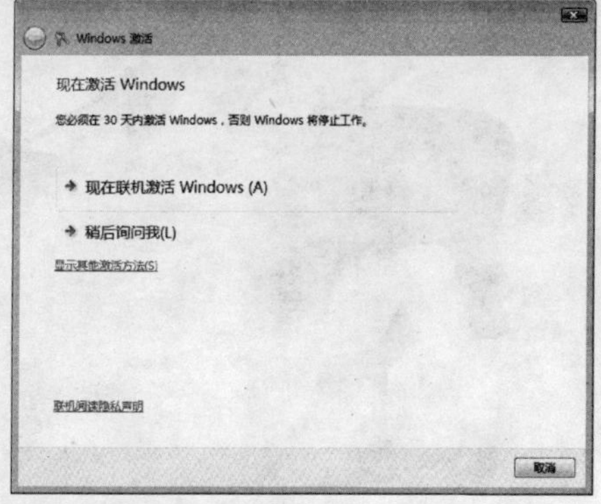

◆ 图 1-54

第 2 章

Windows Vista 操作入门

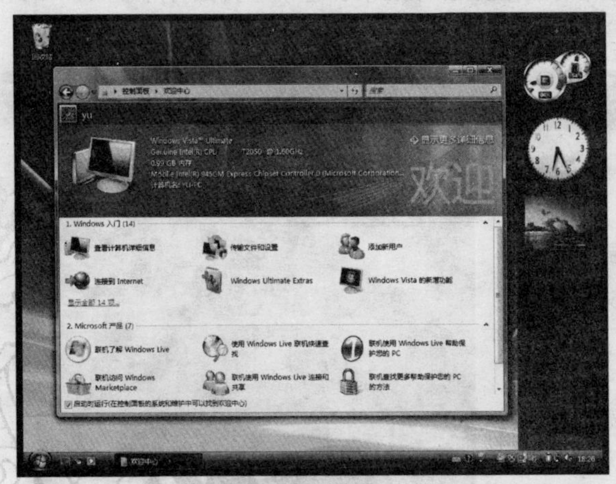

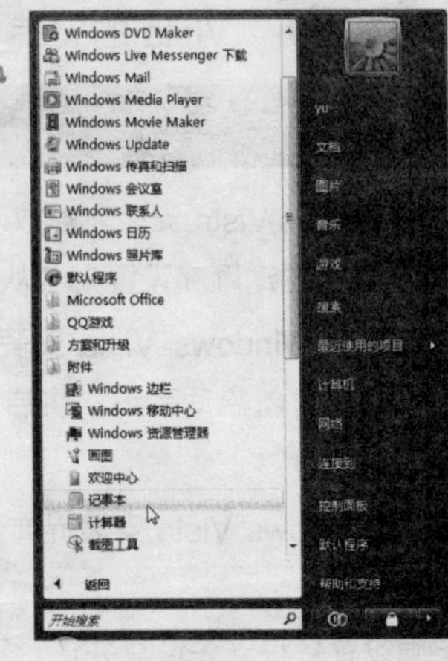

在电脑中安装 Windows Vista 后，就可以感受 Windows Vista 带来的全新体验了。首先，用户需要认识 Windows Vista 的操作界面，学习与掌握 Windows Vista 的入门操作，包括启动与退出系统，对桌面图标、开始菜单、任务栏以及边栏的操作等，这些操作都是 Windows Vista 的基础操作，用户需要熟练掌握。

2.1 启动与退出 Windows Vista

在学习 Windows Vista 的操作时，首先需要掌握 Windows Vista 的启动与退出。下面将对其操作方法进行详细讲解。

2.1.1 启动 Windows Vista

如果在电脑中只安装了 Windows Vista，那么开启电脑后，就会自动载入 Windows Vista 操作系统，用户只要选择登录账户，即可进入 Windows Vista。如果安装的是双系统，在开启电脑后还需要选择 Windows Vista 选项。

启动电脑并登录到 Windows Vista。

STEP 01. **启动电脑。**接通电源后，开启电脑显示器，然后按下主机电源开关，启动电脑。此时将进行自检并载入 Windows Vista，如图 2-1 所示。

◆ 图 2-1

STEP 02. **选择账户。**如果设置了多个用户账户或密码，则稍后将显示用户登录界面，在界面中选择要登录的账户并输入账户密码，如图 2-2 所示，完成后按【Enter】键或单击密码框右侧的“登录”按钮。

STEP 03. **登录系统。**稍后即可进入系统桌面并打开“欢迎中心”窗口，如图 2-3 所示。

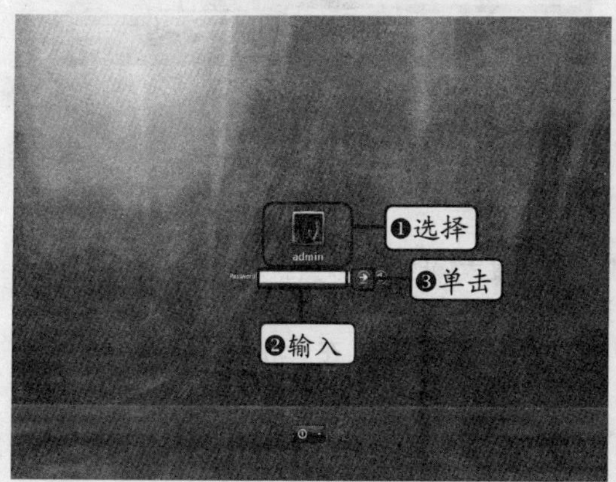

◆ 图 2-2

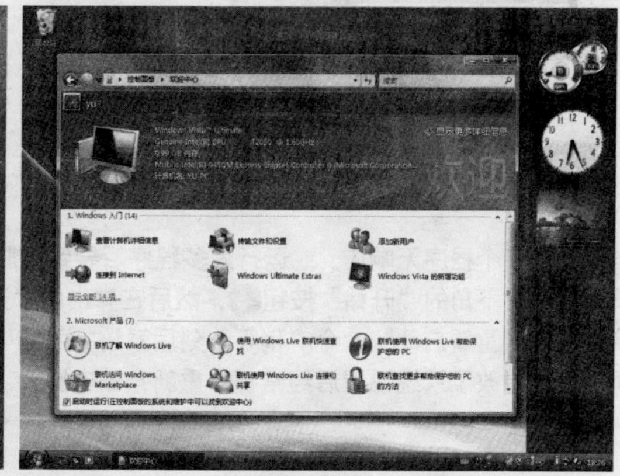

◆ 图 2-3

快学快用

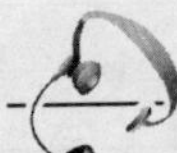

秘技播报站

如果系统只有一个用户账户且没有设置密码，则开启电脑后将自动登录到 Windows Vista 桌面。

2.1.2 退出 Windows Vista

当长时间不使用电脑时应退出 Windows Vista。一定要采取正确的方法退出 Windows Vista，否则可能会损坏系统或造成文件丢失。

新手练兵场 按照正确的方法退出 Windows Vista。

STEP 01. **单击按钮。**单击屏幕左下角的“开始”按钮，弹出“开始”菜单，如图 2-4 所示。

STEP 02. **选择命令。**单击“开始”菜单右下角的按钮，在弹出的子菜单中选择“关机”命令，如图 2-5 所示。稍等片刻即可退出系统并关闭电脑。

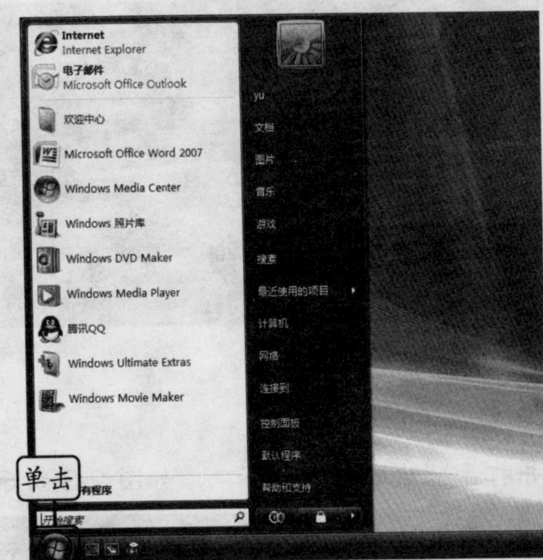

◆ 图 2-4

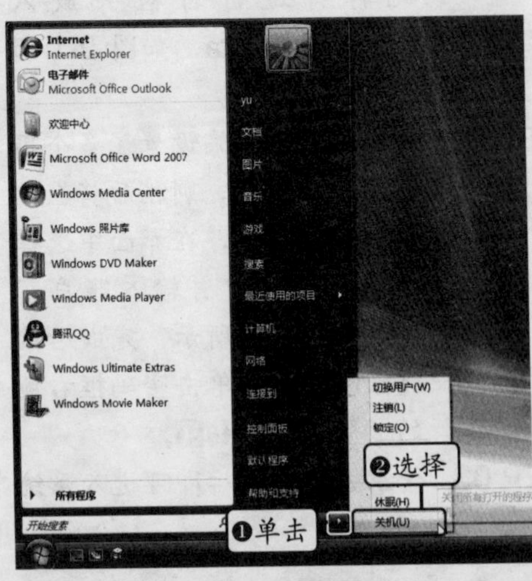

◆ 图 2-5

秘技播报站

当电脑中某个程序无响应、或运行太多程序后导致电脑运行速度太慢时，可以重新启动 Windows Vista。单击屏幕左下角的“开始”按钮，然后在弹出的“开始”菜单中单击右下角的按钮，在弹出的子菜单中选择“重新启动”命令。稍等片刻后系统将关闭电脑并自动重新启动。在 Windows Vista 中安装了新程序或更改了系统设置后经常都会重新启动电脑。

2.2 Windows 欢迎中心

第一次登录 Windows Vista 时，在进入操作界面的同时将打开“欢迎中心”窗口。对于刚接触 Windows Vista 的用户而言，欢迎中心将作为 Windows Vista 的使用向导。

2.2.1 认识“欢迎中心”窗口

“欢迎中心”窗口界面如图 2-6 所示。窗口由“Windows 入门”栏和“Microsoft 产品”栏两部分组成，其中“Windows 入门”栏中包含 Windows 入门的相关项目。

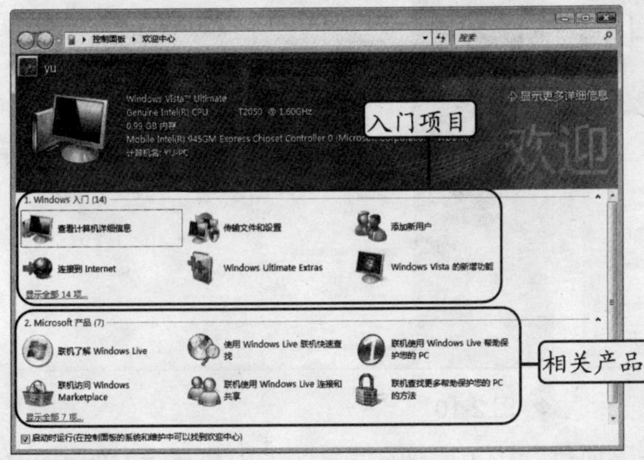

◆ 图 2-6

秘技播报站

“欢迎中心”窗口默认是随系统启动而打开的。如果要在系统启动时不打开“欢迎中心”窗口，可取消选中窗口下方的“启动时运行”复选框。

在“Windows 入门”栏中并没有将所有项目全部显示。如要查看所有“Windows 入门”项目，可单击该栏下方的“显示全部 14 项”超链接，展开后的效果如图 2-7 所示。同样，如果要查看“Microsoft 产品”栏的所有项目，可单击该栏下方的“显示全部 7 项”超链接，展开后的效果如图 2-8 所示。

◆ 图 2-7

◆ 图 2-8

2.2.2 认识“Windows 入门”栏

通过“欢迎中心”窗口中的“Windows 入门”栏的 14 个项目，刚开始使用 Windows Vista 的用户可以快速掌握 Windows Vista 的入门知识和相关操作，从而大大提高学习与使用效率。

- **“查看计算机详细信息”项目**：单击该项目，将在“欢迎中心”窗口上方的信息区域中显示电脑的基本信息，包括操作系统版本、CPU 信息、内存容量以及计算机名，如图 2-9 所示。双击该项目，则可打开如图 2-10 所示的“系统”窗口，在窗口中可查看系统详细信息，如果需要，还可以对系统进行各种设置。

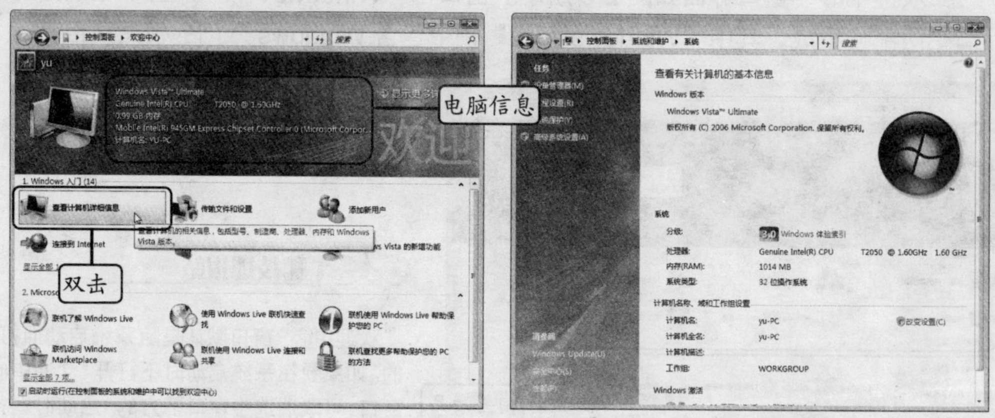

◆ 图 2-9　　◆ 图 2-10

- **“传输文件和设置”项目**：单击该项目，窗口上方的信息区域中将显示 Windows 传送的功能描述，如图 2-11 所示。双击该项目，则可启动 Windows 传送功能，如图 2-12 所示。

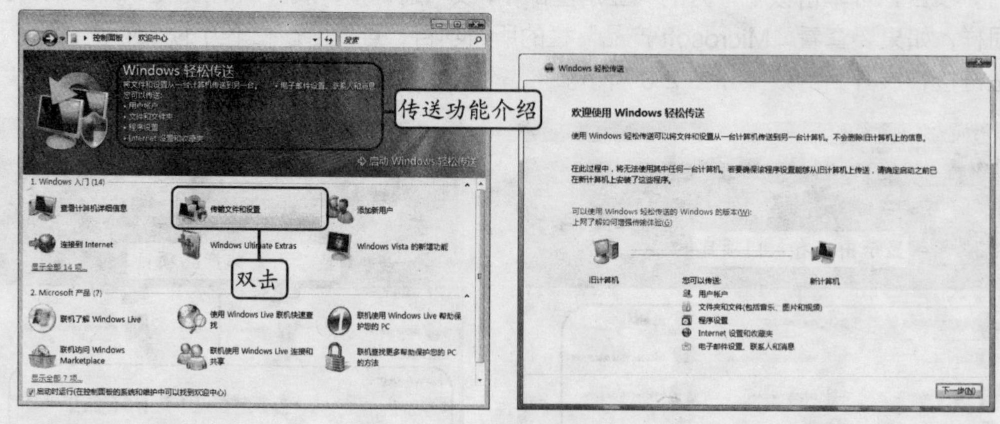

◆ 图 2-11　　◆ 图 2-12

- **“添加新用户”项目**：单击该项目，窗口上方的信息区域中将显示关于用户账户的功能描述，如图 2-13 所示。双击该项目，则可打开“用户账户和家庭安全”

窗口，在其中可添加或更改用户账户，如图 2-14 所示。

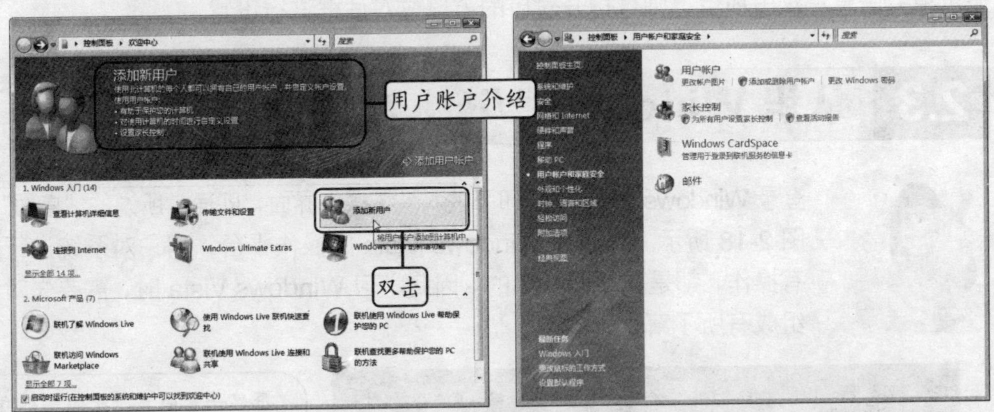

◆ 图 2-13　　　◆ 图 2-14

☑ **"连接到 Internet"项目：**单击该项目，窗口上方的信息区域中将显示连接 Internet 前的准备工作，如图 2-15 所示。双击该项目，可打开如图 2-16 所示的"连接到 Internet"对话框，可在此对话框中配置 Internet 连接。

◆ 图 2-15

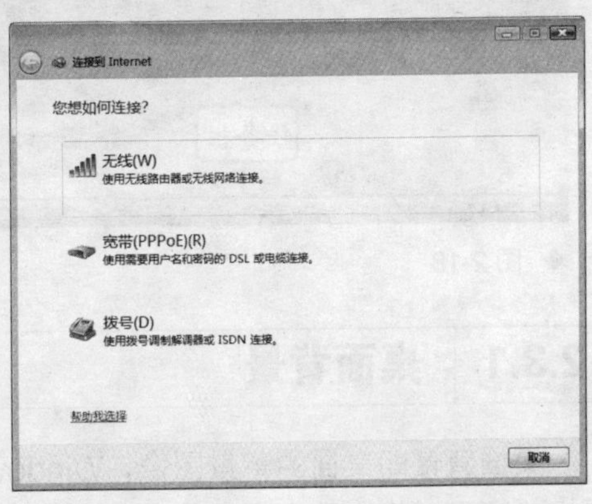

◆ 图 2-16

☑ **"Windows Ultimate Extras"项目：**单击该项目，窗口上方的信息区域中将显示通过 Windows Ultimate Extras 提供的服务。双击该项目，可打开"Windows Update"对话框，用以下载与安装更新。

☑ **"Windows Vista 的新增功能"项目：**单击该项目，窗口上方的信息区域中将显示 Windows Vista 的新增功能。双击该项目，在打开的"Windows 帮助和支持"窗口中可查看各个新增功能的详细信息，如图 2-17 所示。

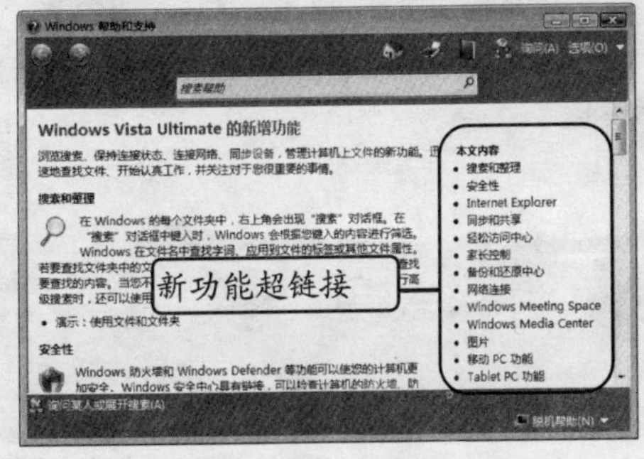

◆ 图 2-17

其他隐藏项目的查看方法与上述项目相同，即单击项目，可在窗口上方的信息区域中显示相关信息；双击项目，则可打开对应的窗口或对话框进行设置。

2.3 认识 Windows Vista 桌面

登录 Windows Vista 后，即可进入系统操作界面，即通常所说的“桌面”，如图 2-18 所示。桌面是 Windows Vista 的操作平台，用户对系统进行的所有操作，都是从桌面开始的。因此学习 Windows Vista 时，需要先对桌面组成有所了解。

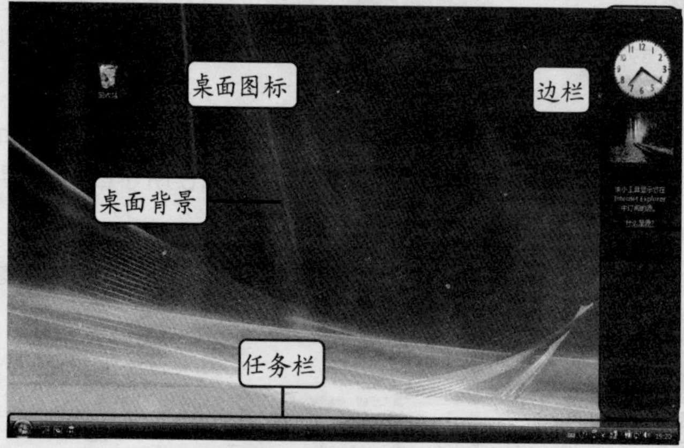

宽屏显示器的显示比例与标准屏略有不同，宽屏显示器可以更合理地显示 Windows Vista 桌面内容

◆ 图 2-18

2.3.1 桌面背景

桌面背景即桌面的背景图像，Windows Vista 中提供了多种背景图片，用户可以随意更换。还可以将电脑中保存的图片文件设置为桌面背景，如图 2-19 所示为更换背景后的显示效果。

温馨小贴士

漂亮的桌面背景，可以让用户在使用电脑时赏心悦目，也可彰显自己的个性。

◆ 图 2-19

2.3.2 桌面图标

桌面图标用于打开对应的窗口或运行相应的程序。第一次登录 Windows Vista 时，桌面上仅显示“回收站”图标，用户可以根据需要自定义显示其他图标，如图 2-20 所示为显示更多桌面图标后的效果。

◆ 图 2-20

温馨小贴士

把自己常用软件的图标放置到桌面上，可以在需要时快速启动软件。

2.3.3 任务栏

任务栏位于桌面最下方，分为多个区域，从左到右依次为“开始”按钮、快速启动区域、窗口按钮区域、语言栏以及通知区域，如图 2-21 所示。

◆ 图 2-21

2.3.4 边栏

边栏是 Windows Vista 中新增的一个功能，边栏中放置着一些小工具，并且允许用户在其中添加其他小工具，如图 2-22 所示。使用边栏可以让用户在不影响当前窗口或程序的情况下方便地查看其他信息，如图片、时间日期和新闻等。

◆ 图 2-22

温馨小贴士

边栏并不总是显示的，用户可以根据自己的喜好来决定是否在桌面上显示边栏。

2.4 桌面图标操作

用户可以根据工作和使用习惯，对桌面图标进行相关操作，包括显示系统图标、创建快捷方式图标、查看与排列图标，以及删除桌面图标，下面具体讲解各个操作方法。

2.4.1 显示系统图标

Windows Vista 中的“计算机”、“用户的文件”和“控制面板”几个系统图标可以通过设置显示在桌面上，方便用户通过桌面图标打开对应的窗口。

在桌面上显示“计算机”、“用户的文件”与“控制面板”系统图标。

STEP 01. **打开“开始”菜单。** 单击“开始”按钮，将鼠标指针指向打开的“开始”菜单中的“计算机”命令，如图 2-23 所示。

STEP 02. **选择命令。** 单击鼠标右键，在弹出的快捷菜单中选择“在桌面上显示”命令，如图 2-24 所示。

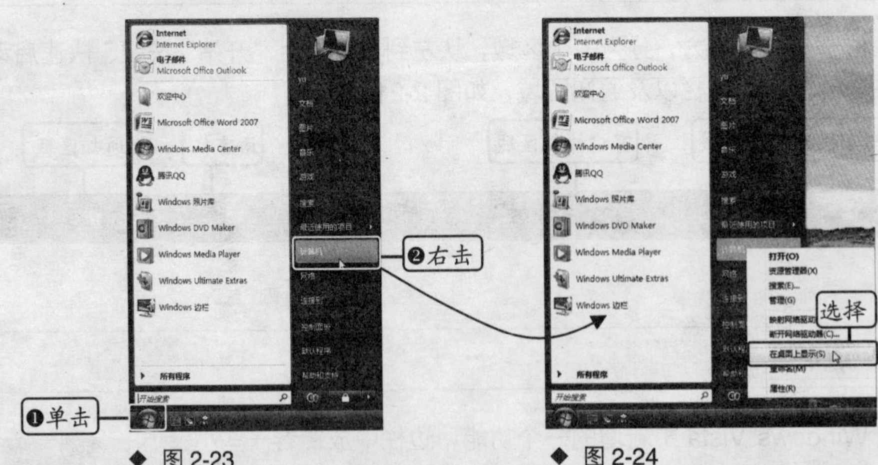

◆ 图 2-23　　◆ 图 2-24

STEP 03. **显示图标。** 此时即可将“计算机”图标显示在桌面上。按照同样的方法，在桌面上显示“用户的文件”和“控制面板”图标，如图 2-25 所示。

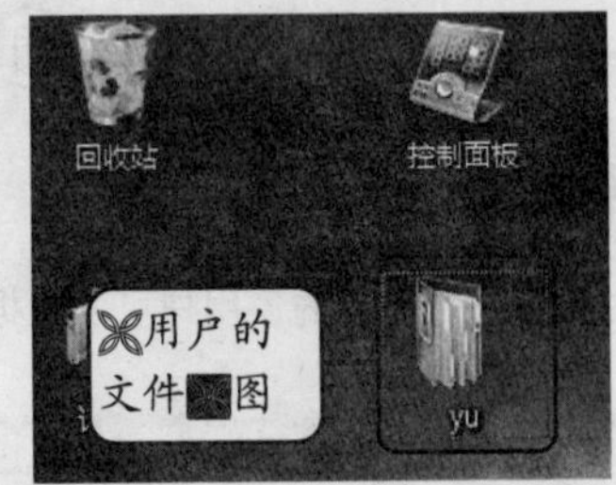

◆ 图 2-25

温馨小贴士

在 Windows Vista 中，“用户的文件”图标的名称显示为当前的用户账户名，如此处的用户账户为“yu”，则“用户的文件”图标名称显示为“yu”。

2.4.2 创建快捷方式图标

对于除系统图标外的其他图标，如 Windows Vista 中预置程序的图标、用户自定义安装的程序图标等，要在桌面上显示这些图标，需要通过"发送到"功能来实现。

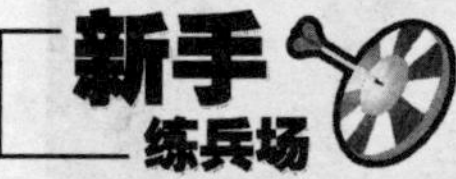

在桌面上显示"Internet Explorer 浏览器"图标。

STEP 01. **弹出"所有程序"列表。**单击"开始"按钮，在打开的"开始"菜单中选择"所有程序"选项，弹出"所有程序"列表。

STEP 02. **选择命令。**在列表中的"Internet Explorer"选项上单击鼠标右键，在弹出的快捷菜单中选择"发送到/桌面快捷方式"命令，如图 2-26 所示。

STEP 03. **创建快捷方式。**此时即可在桌面上显示"Internet Explorer"的快捷方式图标，如图 2-27 所示。

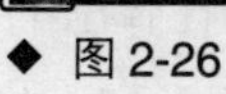

◆ 图 2-26

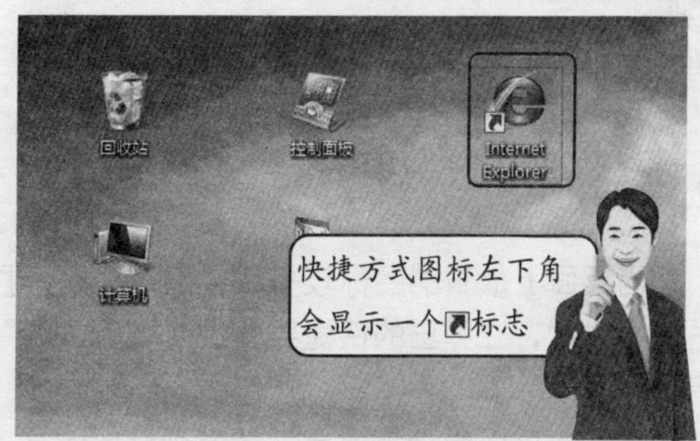

◆ 图 2-27

2.4.3 查看与排列图标

在桌面上显示多个图标后，可以根据需要对图标的大小、排列方式进行调整，还可以将桌面图标全部隐藏。

1. 调整图标大小

Windows Vista 的桌面图标默认以"中等图标"方式显示，用户可将图标的显示大小更改为"大图标"或"经典图标"，大图标可以更清晰地显示图标，经典图标则在桌面图标太多时采用。

将桌面图标以"大图标"方式显示。

STEP 01. **选择命令。**在桌面空白处单击鼠标右键，在弹出的快捷菜单中选择“查看/大图标”命令，如图 2-28 所示。

STEP 02. **查看图标调整大小后的效果。**此时桌面图标显示为大图标，如图 2-29 所示。

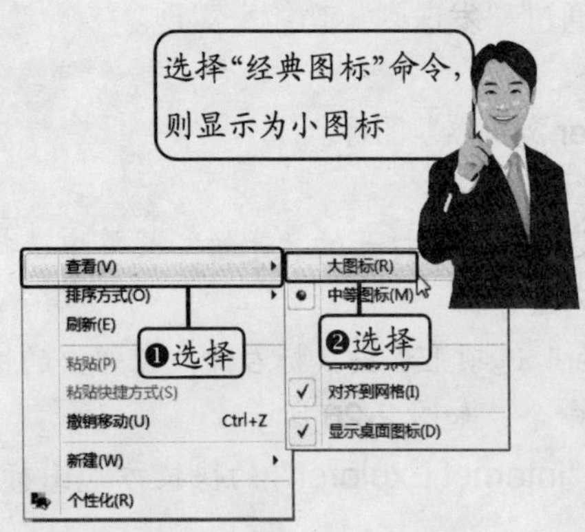

◆ 图 2-28

◆ 图 2-29

温馨小贴士

Windows Vista 操作系统桌面空白区域的右键快捷菜单与以前版本的 Windows 有很大区别。

2. 排列图标

当桌面上放置的图标较多时应将这些图标按照一定的规则进行排列，在桌面空白处单击鼠标右键，在弹出的快捷菜单的“排列方式”子菜单中可选择排列方式，如图 2-30 所示。

用户也可以根据需要自定义排列桌面图标。在桌面空白处单击鼠标右键，在弹出的快捷菜单的“查看”子菜单中选择“自动排列”命令以取消前面的“✔”标记，然后按住鼠标左键不放将各个图标拖动到桌面指定位置即可，自定义排列桌面图标后的效果如图 2-31 所示。

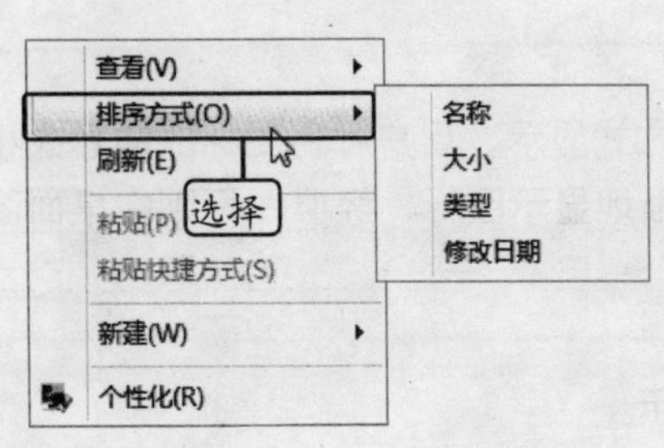

◆ 图 2-30

◆ 图 2-31

3. 隐藏桌面图标

如果为桌面设置了漂亮的桌面背景，为了完全显示出桌面背景可以将桌面图标隐藏。隐藏桌面图标的方法很简单，只要在桌面空白处单击鼠标右键，在弹出的快捷菜单的“查看”子菜单中选择“显示桌面图标”命令以取消前面的“✓”标记，即可将所有桌面图标隐藏，隐藏图标后的桌面效果如图 2-32 所示。

◆ 图 2-32

秘技播报站

如果要恢复显示隐藏的图标，只要在桌面空白处单击鼠标右键，在弹出的快捷菜单的“查看”子菜单中选择“显示桌面图标”命令以显示前面的“✓”标记即可。

2.4.4 删除桌面图标

对于不经常使用或无用的桌面图标，可以将其从桌面中删除。删除桌面图标仅仅是删除快捷方式，不会影响原有文件或程序。

删除桌面上的“Internet Explorer”图标。

STEP 01. **选择命令。**在“Internet Explorer”快捷方式图标上单击鼠标右键，在弹出的快捷菜单中选择“删除”命令，如图 2-33 所示。

STEP 02. **确认删除。**此时将打开如图 2-34 所示的“删除文件”对话框，单击 是(Y) 按钮即可将“Internet Explorer”快捷方式图标从桌面删除。

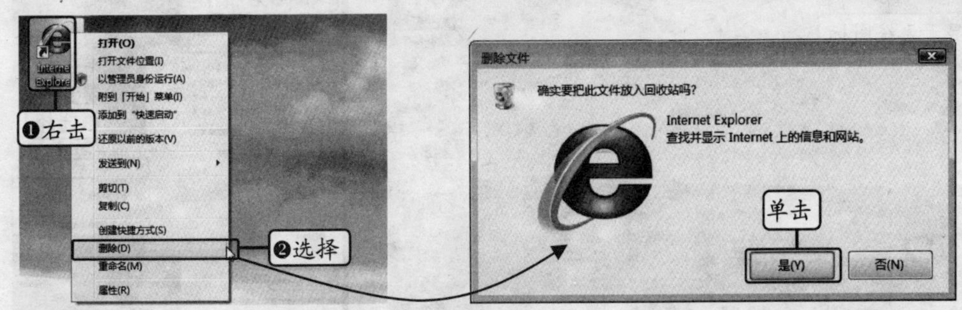

◆ 图 2-33　　◆ 图 2-34

快学快用

2.4.5 应用实例——定制自己的桌面图标

本实例讲解在桌面上显示常用程序的图标，并调整图标大小，然后自定义分类排列桌面图标。

其具体操作步骤如下。

STEP 01. **弹出"开始"菜单。** 单击"开始"按钮，将鼠标指针指向弹出的"开始"菜单中的"计算机"选项，如图 2-35 所示。

STEP 02. **选择命令。** 单击鼠标右键，在弹出的快捷菜单中选择"在桌面上显示"命令，如图 2-36 所示。

◆ 图 2-35　　◆ 图 2-36

STEP 03. **显示系统图标。** 此时即可在桌面上显示"计算机"图标，按同样的方法，显示"控制面板"与"用户的文件"图标，如图 2-37 所示。

STEP 04. **选择命令。** 单击"开始"按钮，在弹出的"开始"菜单中选择"所有程序"选项，弹出"所有程序"列表，在"Windows Media Player"选项上单击鼠标右键，在弹出的快捷菜单中选择"发送到/桌面快捷方式"命令，如图 2-38 所示。

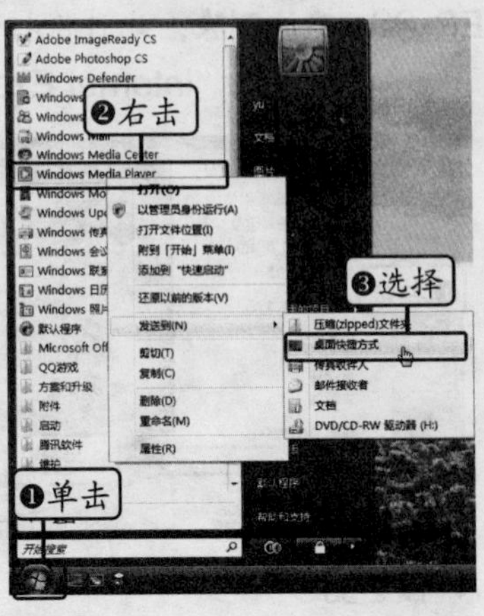

◆ 图 2-37　　◆ 图 2-38

STEP 05. **创建快捷方式图标。**此时即可在桌面上创建“Windows Media Player”快捷方式图标，按同样的方法，依次在桌面上创建“Windows 照片库”、“Windows Mail”，以及“Windows Media Center”的快捷方式图标，如图 2-39 所示。

STEP 06. **选择命令。**在桌面空白处单击鼠标右键，在弹出的快捷菜单中选择“查看/大图标”命令，如图 2-40 所示。

◆ 图 2-39

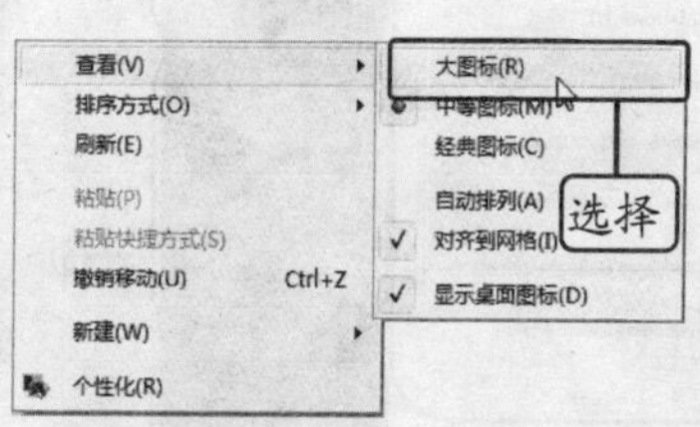

◆ 图 2-40

STEP 07. **选择命令。**再次弹出“查看”子菜单，选择“自动排列”命令以取消前面的“✓”标记，如图 2-41 所示。

STEP 08. **排列图标。**按住鼠标左键不放拖动桌面上各个图标到指定位置，排列后的效果如图 2-42 所示。

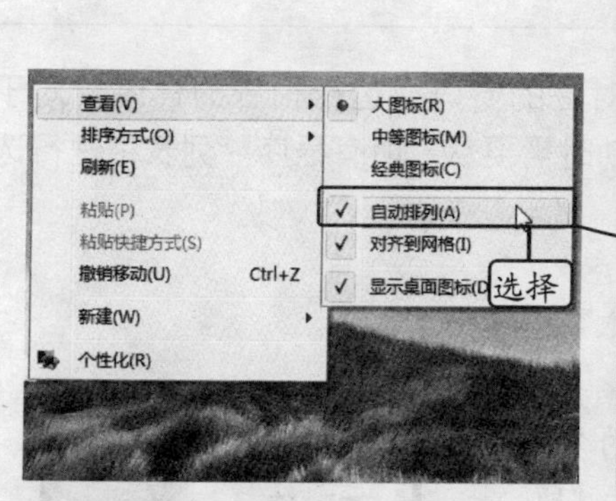

◆ 图 2-41

◆ 图 2-42

2.5 “开始”菜单操作

“开始”菜单是 Windows Vista 桌面的一个重要组成部分，用户对电脑所进行的操作，如打开窗口、运行程序等，基本上都可以通过“开始”菜单来进行。下面就来认识“开始”菜单，学习它的具体操作。

2.5.1 认识“开始”菜单

登录到 Windows Vista 后，单击任务栏左侧的“开始”按钮，即可弹出“开始”菜单，如图 2-43 所示。

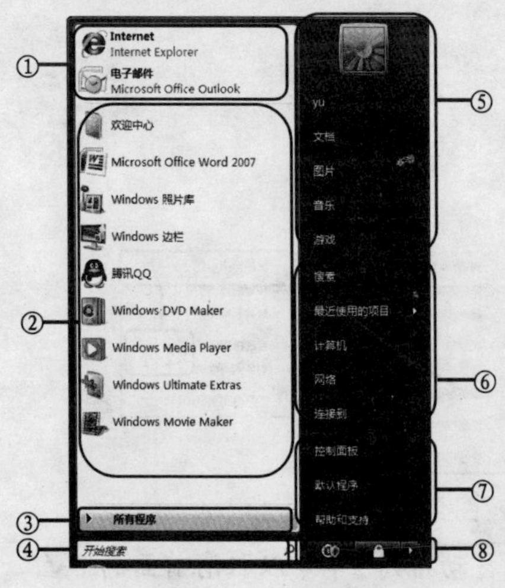

◆ 图 2-43

① Internet 栏：该栏中默认显示 Internet Explorer 程序与电子邮件程序。

② “最近使用的程序”区域：该区域用于显示用户最近使用的程序，并且根据程序的使用频率自动更新。

③ “所有程序”选项：选择该选项可打开“所有程序”列表，列表中显示了所有系统自带程序和用户自己安装的程序。

④ “开始搜索”文本框：用于搜索程序，文件或文件夹。在其中输入搜索内容后，可在上方列表框中显示搜索到的内容。

⑤ “用户的文件”区域：显示当前登录账户文档中的分类文档，单击账户图标，可更改账户信息或设置。

⑥ “系统图标”区域：显示“计算机”、“网络”等系统图标。

⑦ “系统设置”区域：该区域中显示系统设置与帮助选项。

⑧ 系统按钮：单击相应按钮可以关闭、重启系统、锁定电脑，以及注销与切换用户账户。

2.5.2 通过“开始”菜单启动程序

在“开始”菜单中单击某个选项，即可打开对应的窗口或运行相应的程序。对于 Windows Vista 自带的以及用户安装的程序，在启动时需要从“所有程序”列表中进行选择。

通过“开始”菜单启动“记事本”程序。

◆ 图 2-44

STEP 01. **选择选项。**单击“开始”按钮，在弹出的“开始”菜单中选择“所有程序”选项，打开“所有程序”列表，同时“所有程序”选项变为“返回”选项。

STEP 02. **选择命令。**在程序列表中展开“附件”选项，选择“记事本”命令，即可启动“记事本”程序，如图 2-44 所示，同时“开始”菜单会自动关闭。

2.5.3　使用“开始搜索”文本框

通过“开始”菜单中的“开始搜索”文本框，用户可以通过部分名称快速搜索到系统中的文件，文件夹以及网页等。当找不到要使用的程序时，也可以通过“开始搜索”文本框进行快速查找。

使用“开始搜索”文本框搜索名称中包含“Windows”的程序。

STEP 01. **输入关键字。**单击“开始”按钮，弹出“开始”菜单，在“开始搜索”文本框中输入要搜索内容“Windows”的第一个字母“W”，此时“开始”菜单上方即开始搜索名称中包含“W”的程序，以及收藏夹和历史纪录信息，如图 2-45 所示。

STEP 02. **继续输入。**继续输入“Windows”的其他字母，每输入一个字母，菜单上方就会同步筛选搜索，当输入“Windows”后，上方就仅显示名称中包含“Windows”的程序和其他历史纪录以及文件等信息，如图 2-46 所示。

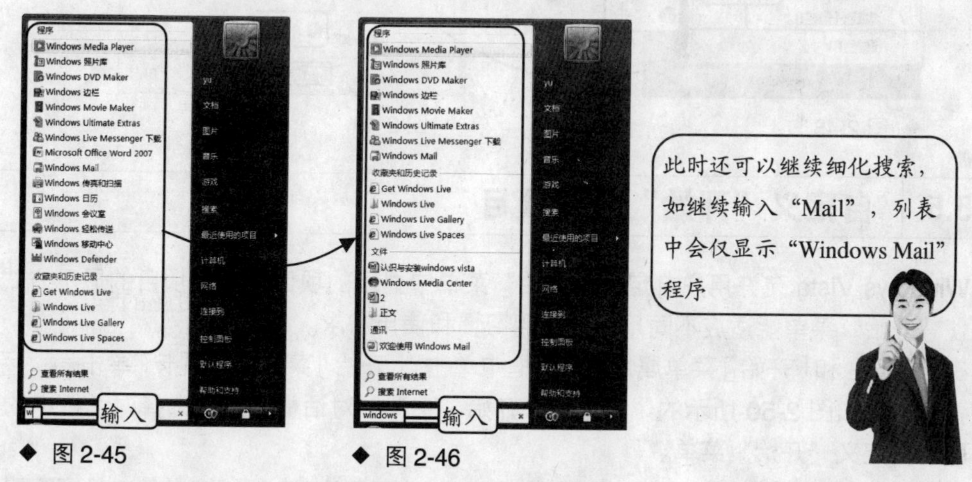

◆ 图 2-45　　◆ 图 2-46

STEP 03. **选择程序。**在搜索结果中选择搜索到的程序，即可启动该程序。

2.5.4　设置“开始”菜单样式

Windows Vista 提供了两种“开始”菜单样式，一种是前面我们讲解时采用的 Vista 样式，另一种是如图 2-47 所示的传统“开始”菜单样式。

◆ 图 2-47

温馨小贴士

Windows Vista 中的“传统‘开始’菜单”样式，主要是为了方便习惯使用 Windows 先前版本的用户。

将"开始"菜单样式更改为传统样式。

STEP 01. **选择命令。**将鼠标指针移动到任务栏空白区域，单击鼠标右键，在弹出的快捷菜单中选择"属性"命令，如图 2-48 所示。

STEP 02. **设置选项。**在打开的"任务栏和「开始」菜单属性"对话框中单击"「开始」菜单"选项卡，选中"传统「开始」菜单"单选按钮，单击 确定 按钮，如图 2-49 所示。

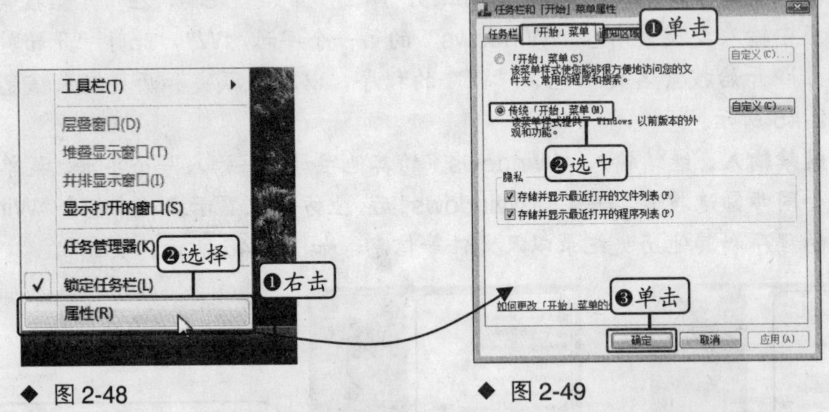

◆ 图 2-48　　◆ 图 2-49

2.5.5　自定义"开始"菜单项目

Windows Vista 允许用户自定义"开始"菜单中显示的项目，以及项目的显示方式，从而使"开始"菜单能适应不同用户的使用习惯和使用需求。

在"任务栏和「开始」菜单属性"对话框中单击"「开始」菜单"选项卡，单击 自定义(C)... 按钮，将打开如图 2-50 所示的"自定义「开始」菜单"对话框，通过选择对话框中的选项，即可自定义"开始"菜单。

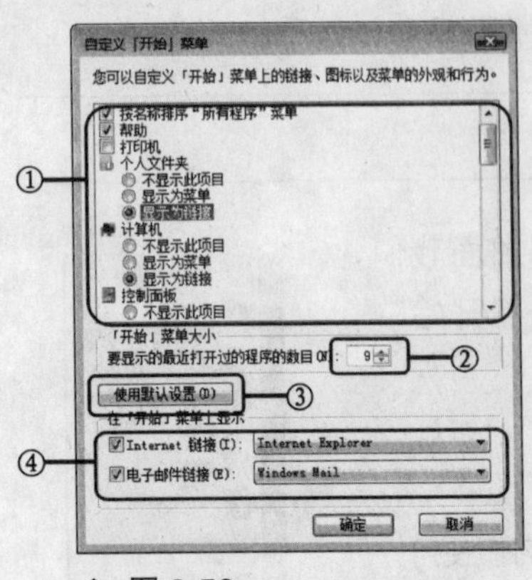

◆ 图 2-50

① **菜单项目显示**：在列表框中选中项目前的复选框，即可让相应项目在"开始"菜单中显示，取消选中则不显示该项目；对于系统图标，还可以通过选择相应的单选按钮设置项目在"开始"菜单中的显示方式。

② **最近使用程序显示数目**：在数值框中可设定"最近使用的程序"区域中显示最近使用程序的数目。

③ **使用默认设置**：自定义设置后，单击按钮可恢复到默认的"开始"菜单设置。

④ **Internet 与电子邮件**：选中或取消选中对应复选框，可显示或隐藏 Internet 与电子邮件程序，如果安装了多个浏览器或邮件客户端软件，则可以在对应的下拉列表框中进行选择。

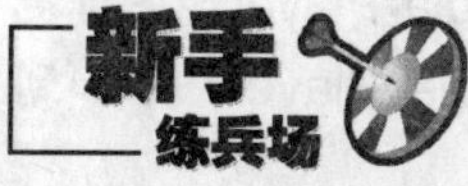

自定义“开始”菜单。

STEP 01. **打开对话框。**在任务栏空白处单击鼠标右键，在弹出的快捷菜单中选择“属性”命令，在打开的“任务栏和「开始」菜单属性”对话框中单击“「开始」菜单”选项卡，单击自定义(C)...按钮，如图 2-51 所示。

STEP 02. **设置选项。**在打开的“自定义「开始」菜单”对话框的“要显示的最近打开过的程序的数目”数值框中输入“0”，单击确定按钮，如图 2-52 所示。

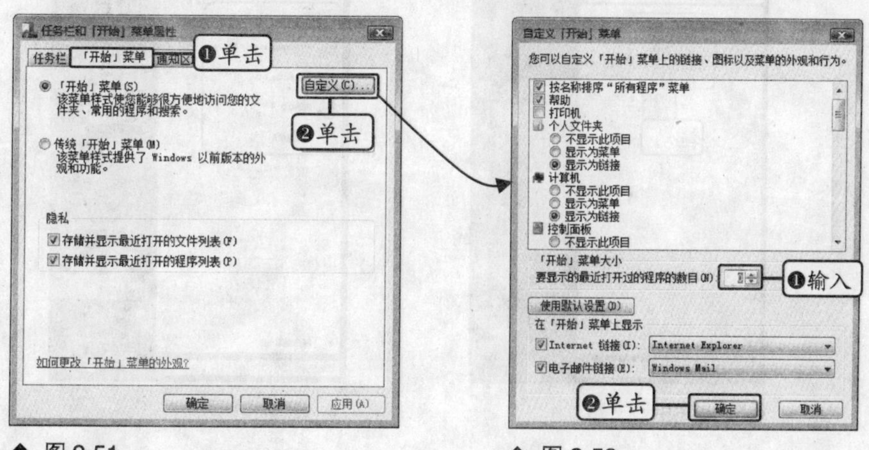

◆ 图 2-51　　◆ 图 2-52

STEP 03. **应用设置。**返回“任务栏和「开始」菜单属性”对话框中，单击确定按钮。弹出“开始”菜单，可以看到“最近使用的程序”区域变为空白，如图 2-53 所示。

STEP 04. **拖动项目。**选择“所有程序”选项，打开“所有程序”列表，将鼠标指针指向“Windows Media Player”选项，按住鼠标左键不放将其拖动到列表下方的“返回”选项上稍做停留，如图 2-54 所示。

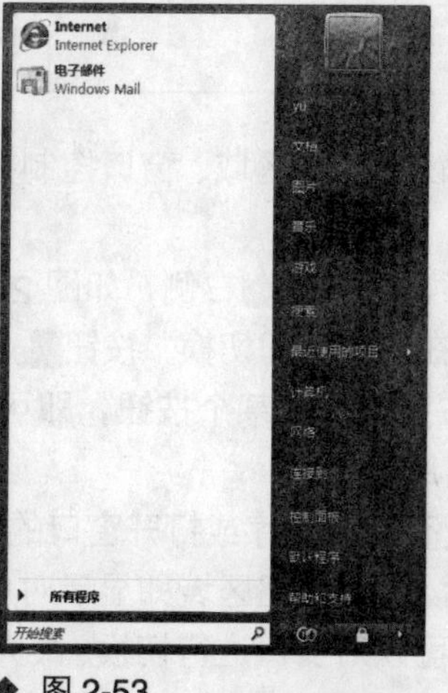

◆ 图 2-53

◆ 图 2-54

STEP 05. **添加到列表。** 此时将返回先前的列表，将“Windows Media Player”图标拖动到空白的“最近使用的程序”区域，将“Windows Media Player”添加到该区域，如图 2-55 所示。

STEP 06. **添加其他项目。** 按照同样的方法，将自己经常使用的程序全部添加到“最近使用的程序”区域，如图 2-56 所示。这样用户只要单击“开始”按钮，在弹出的“开始”菜单中就可以选择常用的程序了。

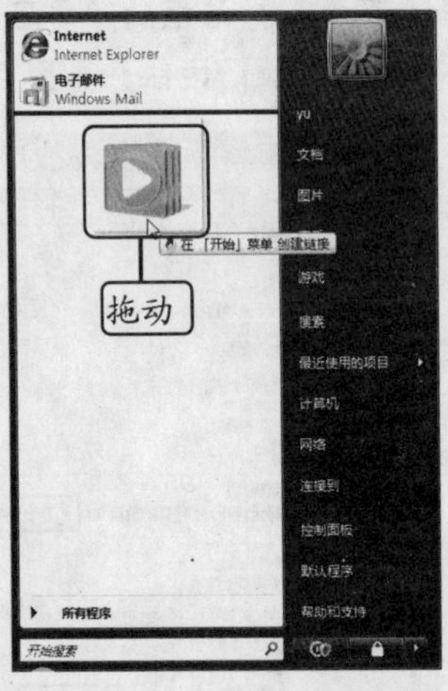

◆ 图 2-55

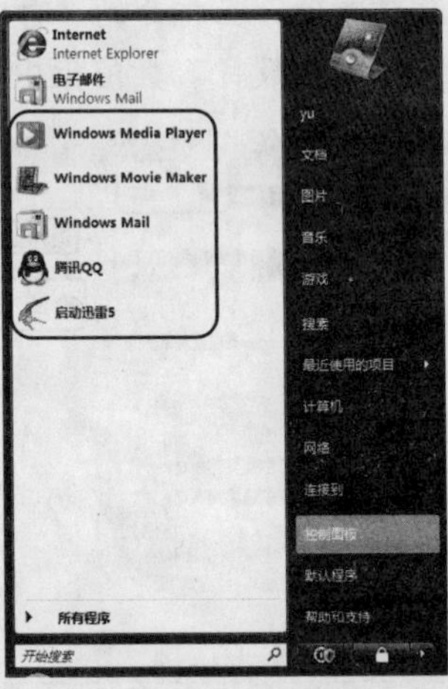

◆ 图 2-56

2.6 任务栏操作

任务栏分为多个部分，每个部分在应用中有着不同的功能，用户可以根据自己的使用需要进行操作。在本节中将详细介绍任务栏各个组成部分的功能、操作与设置方法。

2.6.1 任务栏的功能

任务栏包括“开始”按钮、快速启动区域、窗口控制按钮区域、语言栏和通知区域几个部分。各部分的功能如下。

- **快速启动区域：** 位于“开始”按钮右侧，如图 2-57 所示。该区域中默认包含“显示桌面”按钮和“在窗口之间切换”按钮。用户还可以根据需要添加或删除按钮。单击某个按钮，即可实现对应的功能，或启动相应的程序。

◆ 图 2-57

- **窗口控制按钮区域：** 在没有运行程序或打开窗口的情况下，该区域显示为空白。当运行程序或打开窗口后，窗口按钮区域即显示对应的窗口控制按钮，如图 2-58 所示，通过窗口控制按钮可以对窗口进行切换、最大化、最小化以及关闭等操作。
- **语言栏：** 用于显示当前输入法状态，并可以切换输入法。语言栏可以单独显示在

屏幕中，也可以最小化到任务栏中，如图 2-59 所示。

◆ 图 2-58 ◆ 图 2-59

☑ **通知区域**：该区域中显示了一些系统常驻程序的图标以及系统时间等信息,当通知区域中的图标太多时，区域左侧将显示 按钮，单击该按钮，可以展开显示图标，该按钮同时变成 形状，如图 2-60 所示，单击 图标又可折叠显示图标。通过鼠标单击、右击或双击图标，可打开对应的程序或程序选项。根据用户所安装与运行程序的不同，通知区域中显示的图标也不同。

◆ 图 2-60

2.6.2 自定义快速启动区域

在 Windows Vista 中可显示或隐藏快速启动区域。

1. 显示或隐藏快速启动区域

用户可在“任务栏和「开始」菜单属性”对话框的“任务栏”选项卡中设置显示或隐藏快速启动区域。

在任务栏中显示快速启动区域。

STEP 01. **选择命令。**在任务栏空白处单击鼠标右键，在弹出的快捷菜单中选择“属性”命令。

STEP 02. **选中复选框。**在打开的“任务栏和「开始」菜单属性”对话框中单击“任务栏”选项卡，选中“显示快速启动”复选框，单击 确定 按钮，如图 2-61 所示。在任务栏左侧将显示出快速启动区域。

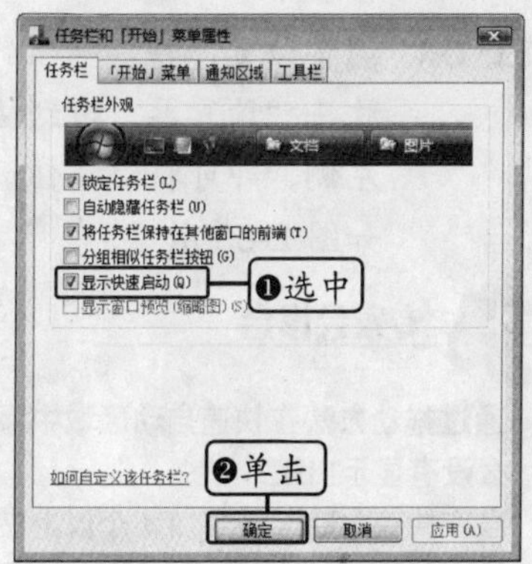

◆ 图 2-61

2. 添加快速启动按钮

显示快速启动区域后，用户可以根据自己的使用需求将常用程序按钮添加到快速启动区域中。

将“计算器”工具添加到快速启动区域。

STEP 01. **选择命令。**在“开始”菜单中选择“所有程序”选项，在打开的“所有程序”列表中单击展开“附件”选项，将鼠标指针指向“计算器”选项，如图 2-62 所示。

STEP 02. **拖动图标。**按住鼠标左键不放将“计算器”选项拖动到快速启动区域，此时在快速启动区域中将显示一个黑色竖条表示拖动位置，如图 2-63 所示。

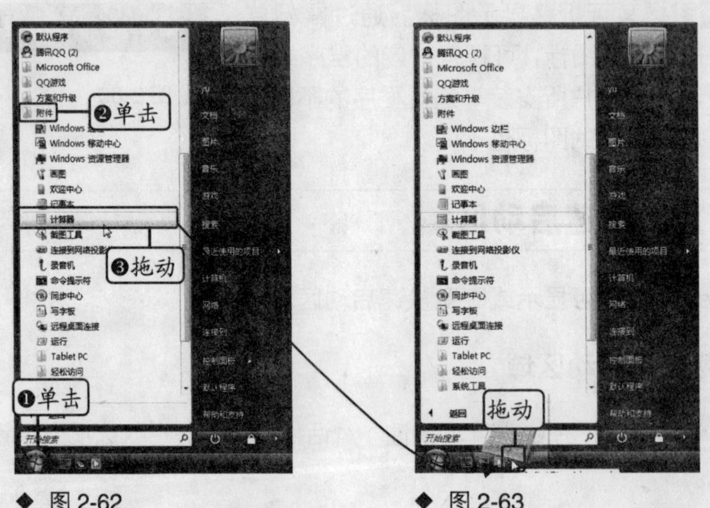

◆ 图 2-62　　◆ 图 2-63

STEP 03. **添加按钮。**释放鼠标，即在快速启动区域中添加了“计算器”按钮，如图 2-64 所示。

STEP 04. **调整位置。**将鼠标指针指向添加的“计算器”按钮，然后按住鼠标左键不放将“计算器”拖到快速启动区域最左侧，即可将该按钮调整到该位置，如图 2-65 所示。

◆ 图 2-64　　◆ 图 2-65

专家会诊台

Q：通过拖动方法在快速启动区域中添加多个按钮后，为什么没有显示出来?

A：当在快速启动区域添加 4 个以上按钮后，区域右侧将显示按钮，单击该按钮，在弹出的下拉菜单中将显示添加的所有快捷按钮，如图 2-66 所示。

◆ 图 2-66

3. 删除快速启动按钮

可以将不需要经常使用的按钮从快速启动区域中删除。删除快速启动按钮的方法有以

下两种。

- **通过菜单命令删除**：在快速启动区域中要删除的按钮上单击鼠标右键，在弹出的快捷菜单中选择“删除”命令，如图 2-67 所示。在打开的如图 2-68 所示的“删除文件”对话框中单击按钮即可。

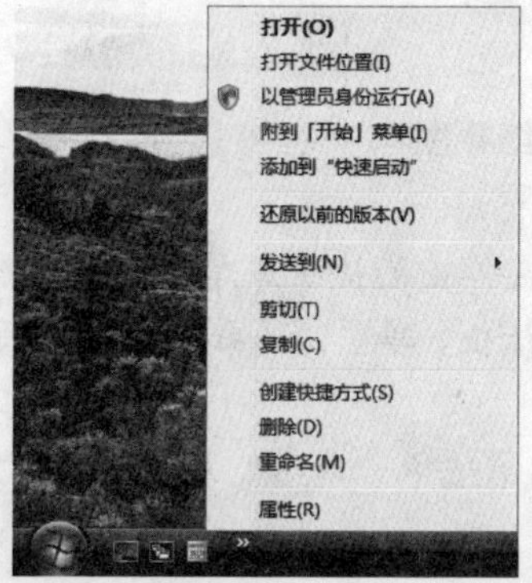

◆ 图 2-67

◆ 图 2-68

- **拖动到桌面后删除**：将鼠标指针指向要删除的快速启动按钮，按住鼠标左键不放将其拖动到桌面上，如图 2-69 所示。然后按照删除桌面图标的方法将其删除。

◆ 图 2-69

秘技播报站

将快速启动按钮直接拖动到桌面上的“回收站”图标上，也可将图标删除。

2.6.3　语言栏操作

语言栏默认是浮动显示在桌面上的，用户可以在桌面上任意移动语言栏，或将语言栏最小化到任务栏中。

- **移动语言栏**：将鼠标指针移动到语言栏左侧的▌位置，当其变为✥形状时，按住鼠标左键不放拖动鼠标，即可移动语言栏在屏幕中的位置，如图 2-70 所示。

◆ 图 2-70

- **最小化与还原语言栏**：单击语言栏右侧上方的“最小化”按钮▬，可将语言栏最小化到任务栏中；同时该按钮▬将变为“还原”按钮🗗，单击该按钮，可将语言栏还原在桌面上显示。

2.6.4　使用通知区域

通知区域是任务栏的重要组成部分。在 Windows Vista 中，用户可以自定义通知区域中显示的系统图标，也可以将不需要的图标隐藏以保持通知区域的整洁。

快学快用

1. 自定义显示系统图标

一般情况下，通知区域中的系统图标包括时钟指示器、“音量”图标、“网络”图标，以及“电源”图标，如果不经常使用其中的某些图标，可以通过设置使其不在通知区域中显示。

在通知区域中不显示“电源”与“网络”图标。

STEP 01. **打开对话框。**在任务栏空白处单击鼠标右键，在弹出的快捷菜单中选择“属性”命令，打开“任务栏和「开始」菜单属性”对话框，单击“通知区域”选项卡，如图 2-71 所示。

STEP 02. **取消选中。**在选项卡中的“系统图标”栏中取消选中“网络”与“电源”复选框，单击 确定 按钮，如图 2-72 所示。

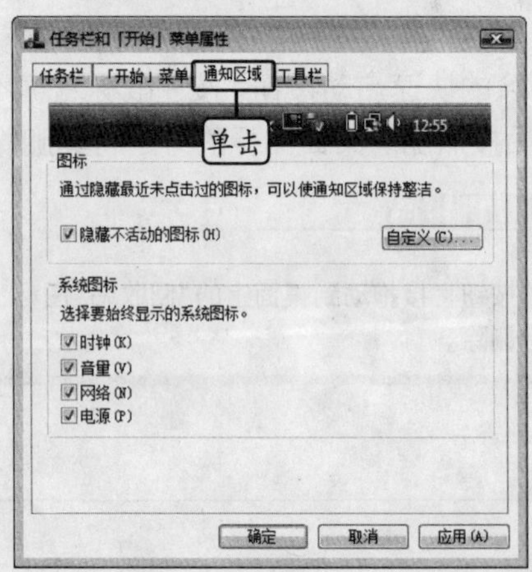

◆ 图 2-71

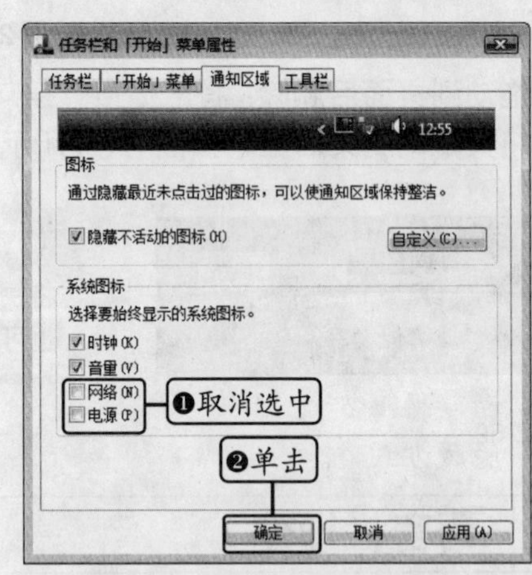

◆ 图 2-72

STEP 03. **应用设置。**在通知区域中将不显示“电源”与“网络”图标，图 2-73 和图 2-74 所示分别为设置前后的通知区域。

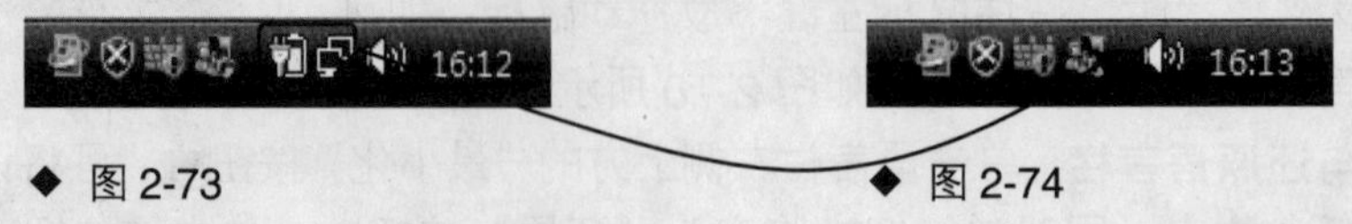

◆ 图 2-73　　◆ 图 2-74

2. 隐藏不活动图标

当通知区域中显示的图标太多时，通知区域的宽度就会增加而占据任务栏一定空间，此时可以将当前不需要用到的图标进行隐藏。当用户需要时，随时可以展开通知区域来查看隐藏图标。

将通知区域中不活动的图标隐藏。

STEP 01. **选中复选框。**打开“任务栏和「开始」菜单属性”对话框，单击“通知区域”选项卡，选中“图标”栏中的“隐藏不活动的图标”复选框，然后单击 自定义(C)... 按钮，如图 2-75 所示。

STEP 02. **查看显示的图标。**打开如图 2-76 所示的“自定义通知图标”对话框，在列表框的“当前项目”栏中列出了当前通知区域中显示的所有图标。

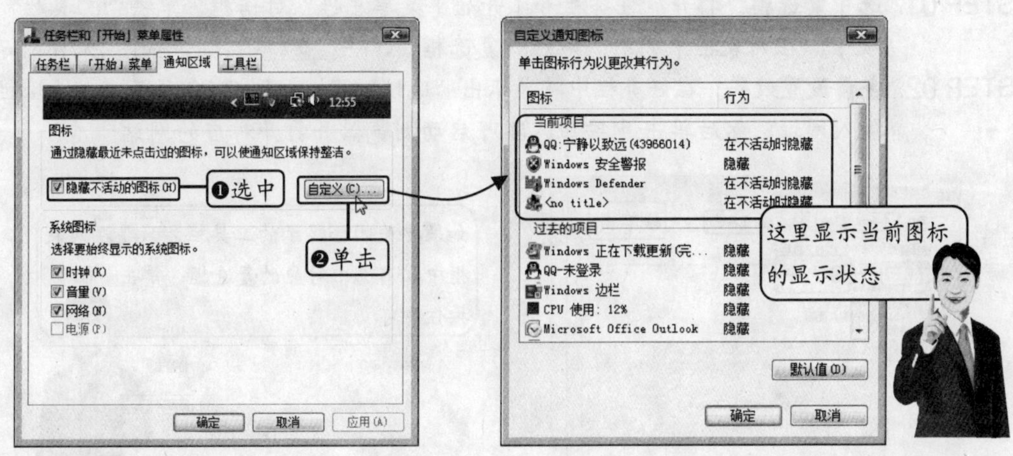

◆ 图 2-75　　◆ 图 2-76

STEP 03. **选择隐藏方式。**单击相应图标后的“行为”选项，在出现的下拉列表框中选择隐藏方式，其中有“隐藏”与“在不活动时隐藏”两种方式，在对话框中选择一个或多个图标的隐藏方式后，依次单击 确定 按钮应用设置，如图 2-77 所示。

STEP 04. **应用设置。**此时通知区域中对应的图标将被隐藏，同时左侧显示 < 按钮，单击该按钮，即可展开通知区域查看所隐藏的图标，如图 2-78 所示。

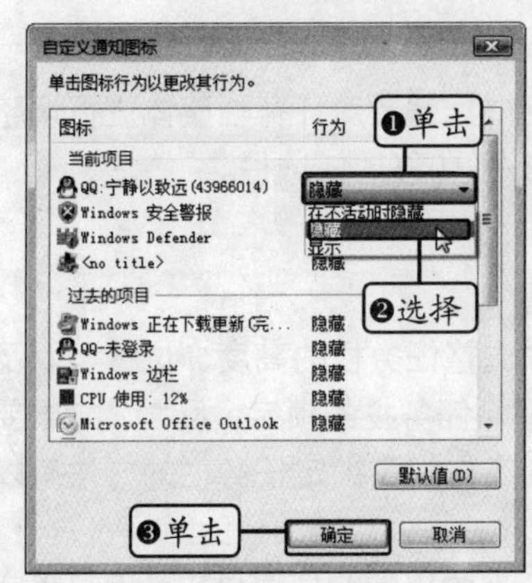

◆ 图 2-77　　◆ 图 2-78

2.6.5 显示工具栏

在 Windows Vista 中，用户可以将一些系统工具栏显示在任务栏中以方便使用，任务栏中可显示的工具栏有“地址”栏、“Windows Media Player 控制”栏、“链接”栏、Tablet PC 输入面板，以及桌面快捷访问栏。

在任务栏中显示“地址”栏，以方便快速地打开指定站点。

STEP 01. **选中复选框。**打开“任务栏和「开始」菜单属性”对话框，单击“工具栏”选项卡，在列表框中选中“地址”复选框，单击[确定]按钮，如图 2-79 所示。

STEP 02. **查看设置效果。**在任务栏中将显示出“地址”栏，如图 2-80 所示。在地址栏中输入网址，然后单击[→]按钮，即可启动浏览器并打开对应的网站。

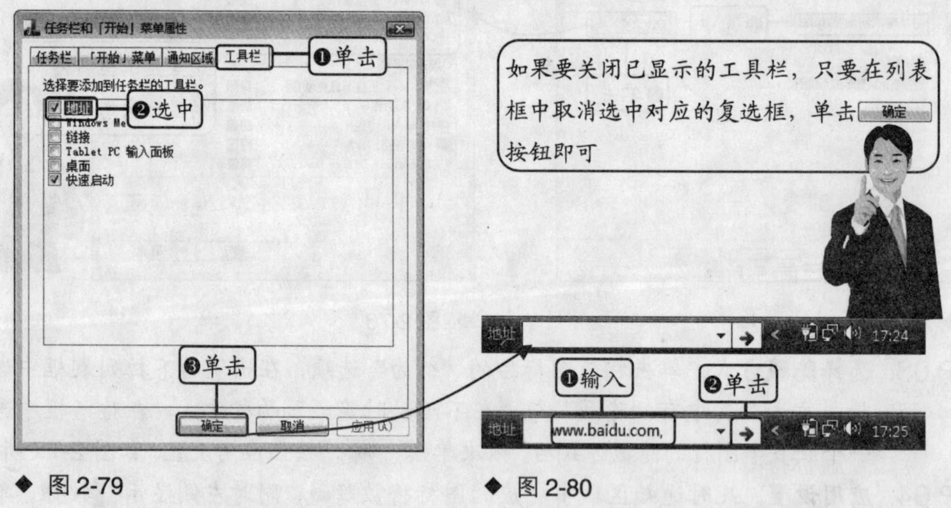

◆ 图 2-79

◆ 图 2-80

2.6.6 任务栏其他操作

除了对任务栏进行前面讲解的各项设置外，用户还可根据需要对任务栏整体进行调整操作，主要包括锁定任务栏、调整任务栏高度、隐藏任务栏和移动任务栏。

1. 锁定任务栏

Window Vista 默认是锁定任务栏的，此时用户无法调整任务栏的高度、位置，以及快速访问区域的宽度等。如果要进行上述调整，需要先解除任务栏的锁定；反之，如果要防止因操作不慎而误进行上述调整，则应锁定任务栏。锁定与解除锁定任务栏的方法有以下两种。

- **通过快捷菜单：**在任务栏空白处单击鼠标右键，在弹出的快捷菜单中含有“锁定任务栏”命令，如果该选项前标有✓标记，表示任务栏已经锁定，如图 2-81 所示，此时选择该命令可以取消锁定，同时将标记隐藏；如果要恢复锁定，只要再次选择该命令即可。

- **通过对话框**：在"任务栏和「开始」菜单属性"对话框中单击"任务栏"选项卡，选中"锁定任务栏"复选框，即锁定任务栏；取消选中则解除锁定，如图 2-82 所示。

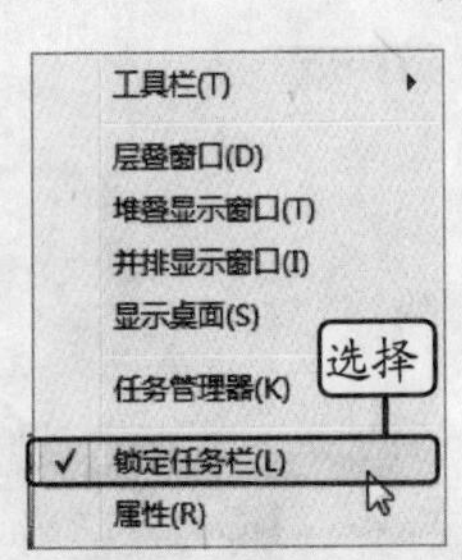

◆ 图 2-81

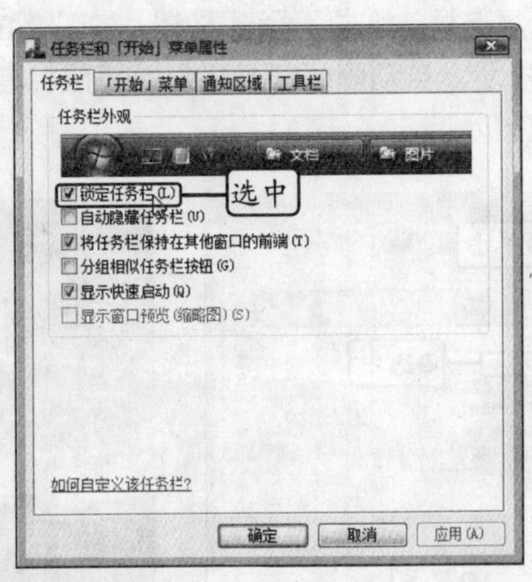

◆ 图 2-82

2. 调整任务栏高度

在未锁定任务栏时，用户可以任意调整任务栏的高度。当打开多个窗口时，增加任务栏高度就可以显示出所有窗口控制按钮。调整任务栏高度的方法很简单，只要将鼠标指针移动到任务栏上边缘，当其变为⇕形状时，按住鼠标左键不放并向屏幕上方拖动鼠标，任务栏高度即随鼠标指针移动而增加，如图 2-83 所示。拖动到合适高度后，释放鼠标即可。

◆ 图 2-83

温馨小贴士

如果要恢复到默认高度，只要按照相同的方法向屏幕下方拖动鼠标即可。

3. 隐藏任务栏

隐藏任务栏就是将任务栏在屏幕中隐藏，这样可以将任务栏占据的屏幕空间用来扩展显示当前打开的窗口内容。隐藏任务栏前，需要先取消任务栏的锁定。

打开“任务栏和「开始」菜单属性”对话框，单击“任务栏”选项卡，选中“自动隐藏任务栏”复选框，单击确定按钮，如图 2-84 所示，此时任务栏将自动从屏幕中隐藏，如图 2-85 所示。自动隐藏任务栏后，将鼠标指针移动到屏幕最下方原任务栏位置，任务栏就会恢复显示。

◆ 图 2-84　◆ 图 2-85

4. 移动任务栏

任务栏默认显示在屏幕下方，用户可以根据使用习惯将任务栏移动到屏幕上方、左侧或右侧。移动任务栏的方法很简单，只要将鼠标指针移动到任务栏空白处，然后按住鼠标左键并拖动鼠标到屏幕上方、左侧或右侧即可，如图 2-86 所示为将任务栏移动到屏幕左侧后的效果。

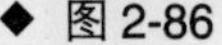
◆ 图 2-86

温馨小贴士

必须取消任务栏的锁定状态，才能在屏幕中移动任务栏。

2.7 边栏操作

边栏是 Windows Vista 中新增的一个功能，用户可以根据需要，关闭或显示边栏、设置边栏属性以及自定义边栏中显示的小工具，下面详细讲解边栏的操作方法和小工具的使用方法。

2.7.1 关闭与显示边栏

Windows Vista 默认是显示边栏的，登录到系统后，边栏将显示在屏幕右侧。用户也可以将边栏关闭，关闭方法有以下两种。

- **通过边栏快捷菜单**：在边栏空白处单击鼠标右键，在弹出的快捷菜单中选择“关闭边栏”命令，如图 2-87 所示。
- **通过通知按钮快捷菜单**：在通知区域中的“Windows 边栏”图标上单击鼠标右键，在弹出的快捷菜单中选择“退出”命令，如图 2-88 所示。

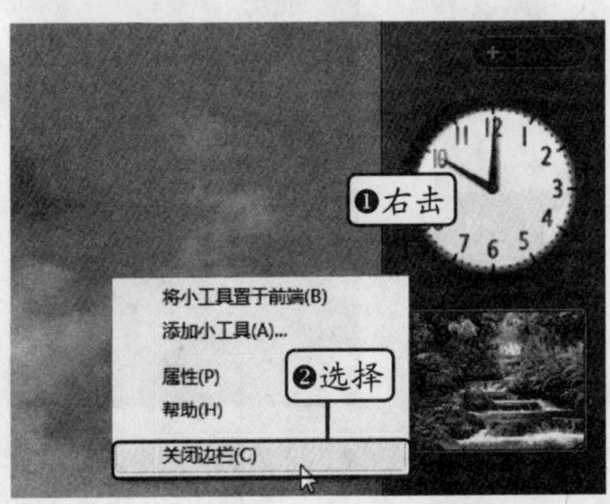

◆ 图 2-87

◆ 图 2-88

关闭边栏后，如果要恢复显示，只要在“开始”菜单的“所有程序”列表中展开“附件”选项，选择“Windows 边栏”命令即可。

如果要使边栏不随系统启动而运行，可在通知区域中的“Windows 边栏”图标上单击鼠标右键，在弹出的快捷菜单中选择“属性”命令，在打开的“Windows 边栏属性”对话框中取消选中“在 Windows 启动时启动边栏”复选框，然后单击确定按钮应用设置，如图 2-89 所示。

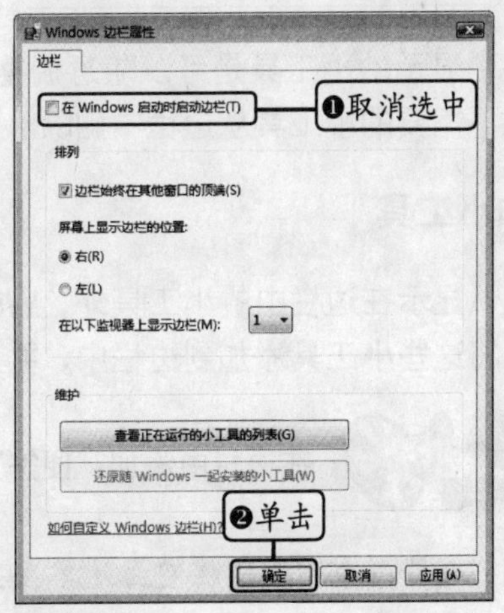

◆ 图 2-89

2.7.2 设置边栏属性

边栏的属性主要包括显示方式和显示位置，它们都可以在“Windows 边栏属性”对话框中进行设置。

- **显示方式**：显示边栏后，如打开窗口并最大化显示时，边栏就会自动隐藏到窗口后面。如在“Windows 边栏属性”对话框中选中“边栏始终显示在其他窗口顶端”复选框，则边栏将始终显示在窗口的前端，当最大化窗口后，窗口将与边栏并排显示，如图 2-90 所示。
- **显示位置**：Windows Vista 默认是在屏幕右侧显示边栏，如要在屏幕左侧显示边栏，则在“Windows 边栏属性”对话框中选中“左”单选按钮，如图 2-91 所示为在屏幕左侧显示边栏的效果。

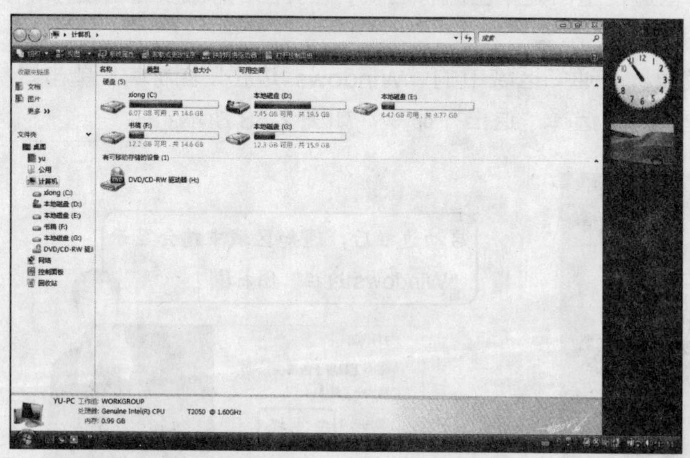

◆ 图 2-90

◆ 图 2-91

2.7.3 添加与删除小工具

边栏中显示的小工具是可以随意调整的，用户可根据需要将一些小工具添加到边栏中，而将不需要的小工具从边栏中删除。

1. 添加小工具

除默认显示在边栏中的小工具外，Windows Vista 还提供了更多小工具供用户选择，用户可以将这些小工具添加到边栏中，并对小工具的排列顺序进行调整。

在边栏中添加“便笺”与“日历”小工具，并调整小工具的排列顺序。

STEP 01. **选择命令。**在边栏空白处单击鼠标右键，在弹出的快捷菜单中选择“添加小工具”命令，如图 2-92 所示。

STEP 02. **选择小工具。**在打开的“小工具库”对话框中的“便签”小工具上单击鼠标右键，在弹出的快捷菜单中选择“添加”命令，如图 2-93 所示。

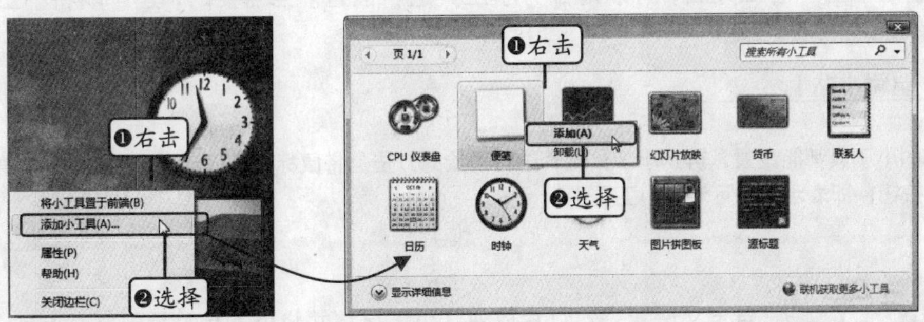

◆ 图 2-92　　◆ 图 2-93

STEP 03. **查看添加小工具。**“便签”小工具将被添加到边栏中，效果如图 2-94 所示。

STEP 04. **继续添加。**在“小工具库”对话框中的“日历”小工具上双击鼠标，将“日历”小工具添加到边栏中，如图 2-95 所示。

STEP 05. **调整位置。**将鼠标指针移动到边栏中“日历”小工具上，在其右侧出现一个标记，将鼠标指针移动到该标记上，按住鼠标左键不放，拖动鼠标到“幻灯片放映”小工具上方，如图 2-96 所示。

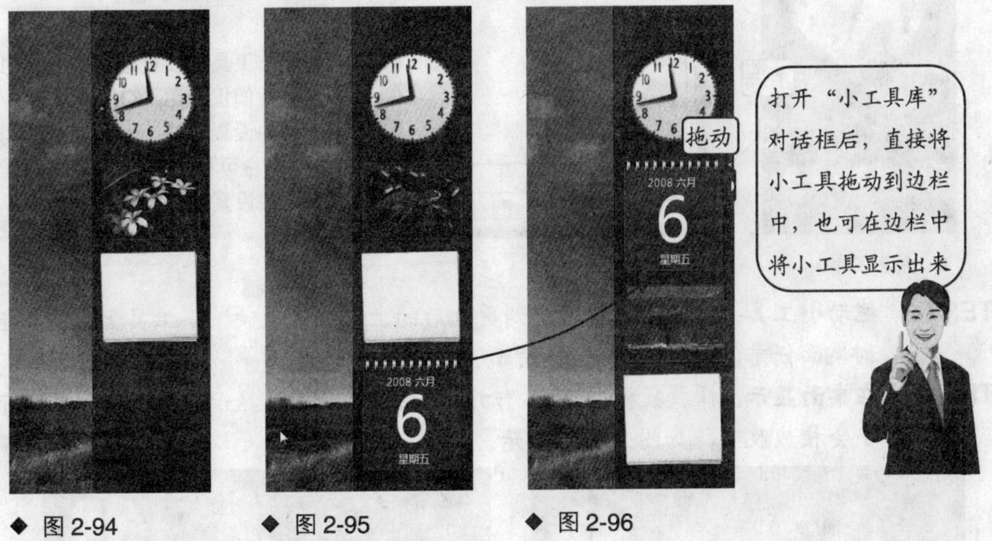

◆ 图 2-94　　◆ 图 2-95　　◆ 图 2-96

2. 删除小工具

对于不需要或不经常用到的小工具，可以将其从边栏中删除。删除的方法非常简单，将鼠标指针移动到要删除的小工具上，小工具右上角将出现一个“关闭”按钮，单击该按钮即可将小工具从边栏中删除。

2.7.4 设置小工具

在边栏中显示小工具后，可以对部分小工具进行设置。当需要时，还可以将小工具放置到桌面上。

温馨小贴士

不是所有的小工具都能设置，辨别小工具能否进行设置的方法是将鼠标指针移动到小工具上，如果其右侧显示按钮，即表示用户可对该小工具进行设置。

自定义设置“幻灯片放映”小工具，并将小工具放置到桌面上。

STEP 01. **单击按钮。**将鼠标指针移动到边栏中的“幻灯片放映”小工具上，单击小工具右侧出现的“设置”按钮，如图 2-97 所示。

STEP 02. **设置选项。**在打开的“幻灯片放映”对话框中可以设置幻灯片放映的图片文件夹、放映间隔时间以及切换效果，按照如图 2-98 所示进行设置后单击 确定 按钮。

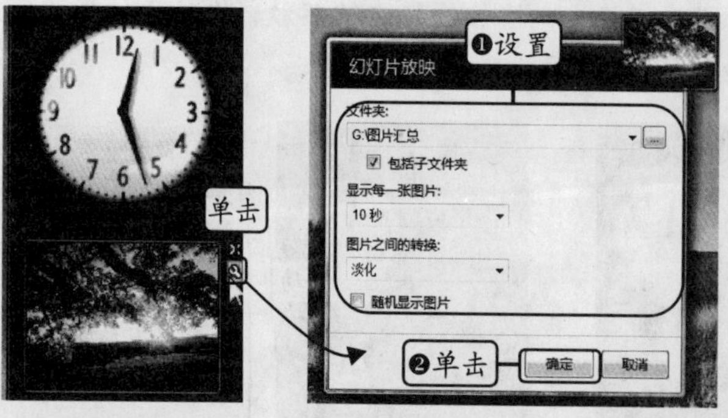

◆ 图 2-97　　◆ 图 2-98

温馨小贴士

每个小工具的设置选项是不同的，这里我们仅介绍“幻灯片放映”小工具的设置方法。设置其他小工具时，用户可根据该小工具提供的选项灵活设置。

STEP 03. **拖动小工具。**将鼠标指针移动到更改后的“幻灯片放映”小工具上，将其拖动到桌面任意位置，如图 2-99 所示。

STEP 04. **在桌面显示。**释放鼠标即可将“幻灯片放映”小工具显示在桌面上，其显示大小会相应改变，如图 2-100 所示。

◆ 图 2-99　　◆ 图 2-100

2.7.5 联机获取更多小工具

在“小工具库”对话框中提供了 11 种小工具。此外，用户还可连接到 Microsoft 官方网站下载更多其他小工具，并在边栏中显示出来。

联机获取更多的小工具。

STEP 01. **单击超链接。**在边栏空白处单击鼠标右键，在弹出的快捷菜单中选择“添加小工具”命令，打开“小工具库”对话框，单击下方的“联机获取更多小工具”超链接，如图 2-101 所示。

STEP 02. **单击超链接。**自动启动 Internet Explorer 浏览器并载入边栏工具页面，单击“查看所有小工具”超链接，如图 2-102 所示。

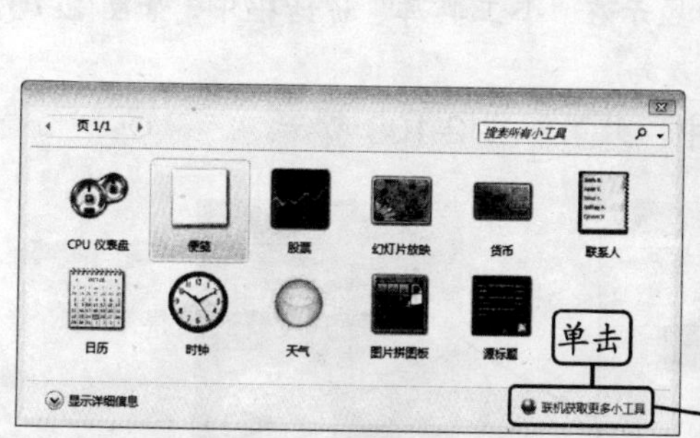

◆ 图 2-101

◆ 图 2-102

STEP 03. **单击按钮。**在打开的页面中显示了所有小工具，单击要下载的小工具下方的 下载 按钮，在打开的“请确认”对话框中单击 确定 按钮，如图 2-103 所示。

STEP 04. **下载文件。**在如图 2-104 所示的“文件下载”对话框中单击 打开(O) 按钮。

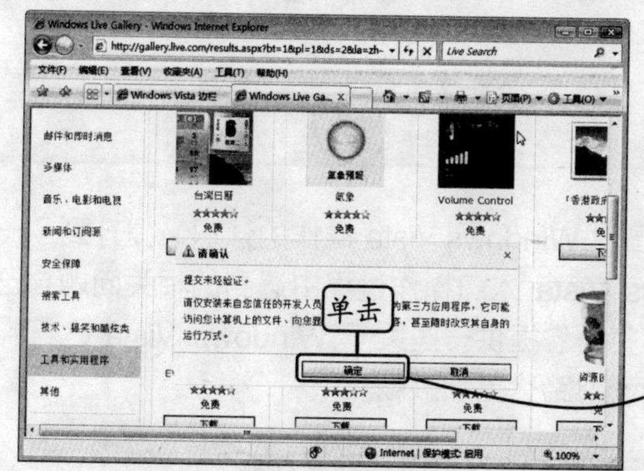

◆ 图 2-103

◆ 图 2-104

快学快用

STEP 05. **运行文件。**下载完毕后，将打开如图 2-105 所示的“Internet Explorer 安全”对话框，单击 允许(A) 按钮。

STEP 06. **安装小工具。**在打开的如图 2-106 所示的“Windows 边栏-安全警告”对话框中单击 安装(I) 按钮，开始安装小工具。

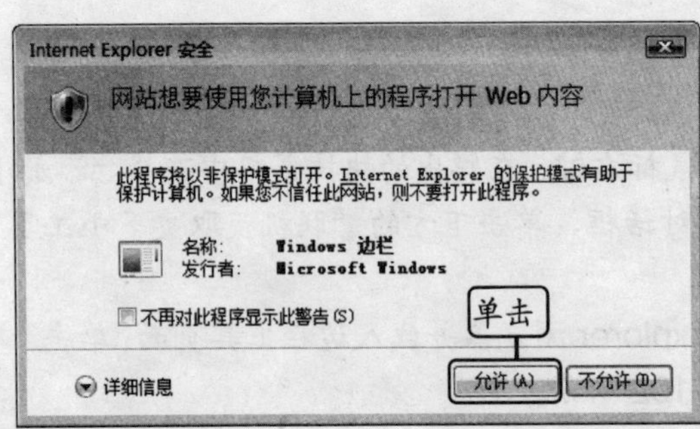

◆ 图 2-105

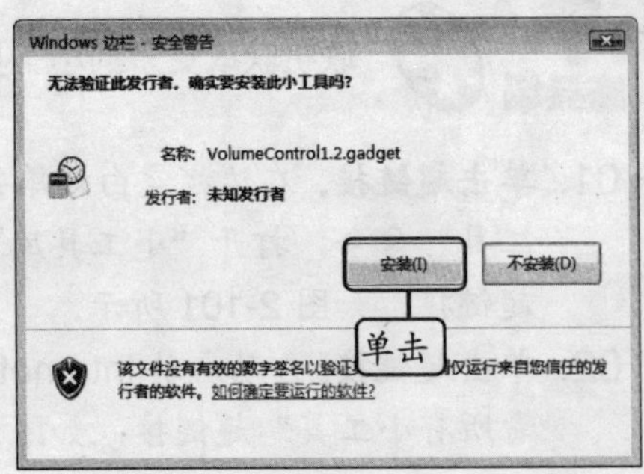

◆ 图 2-106

STEP 07. **查看小工具。**安装完毕后，小工具即显示在“小工具库”对话框中，如图 2-107 所示。

STEP 08. **添加小工具。**将小工具添加到边栏中，效果如图 2-108 所示。

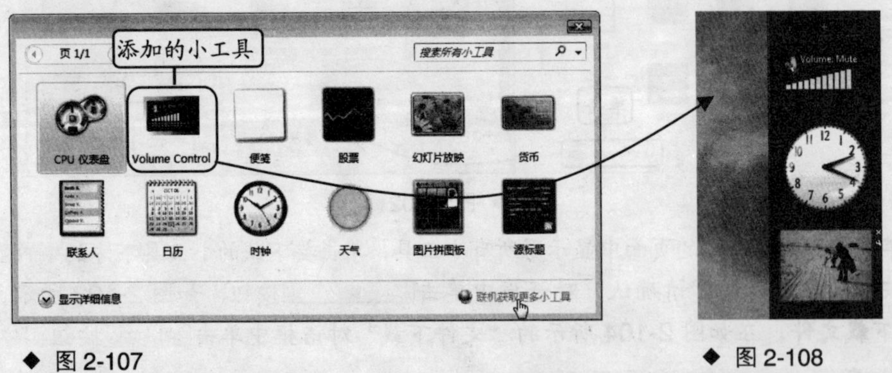

◆ 图 2-107　　◆ 图 2-108

2.8 疑难解答

学习完本章后，是否发现自己对 Windows Vista 操作的认识又提升到了一个新的台阶？关于 Windows Vista 入门操作过程中遇到的相关问题自己是否已经顺利解决了？下面将为您提供一些关于 Windows Vista 入门操作的常见问题解答，让您的学习路途更加顺畅。

问：使用电脑过程中，突然发生死机现象，这时该如何重新启动系统呢？

答：电脑死机后，就无法通过系统提供的“重新启动”功能重启电脑了，此时需要按下

主机箱上的重启（Reset）按钮来重新启动。

问： 在快速启动区域中添加多个按钮后，如何才能将这些按钮全部显示出来?

答： 可以增加快速启动区域的宽度以显示更多按钮。首先取消任务栏的锁定状态，此时快速启动区域左侧与右侧将显示出▌标记，将鼠标指针移动到右侧的▌标记上，当其变为⟺形状时，按住鼠标左键不放，向任务栏右侧拖动鼠标，如图 2-109 所示。

◆ 图 2-109

问： 在桌面上能看到任务栏，但当打开并最大化窗口后，为何任务栏就不见了?

答： 这是由于用户在“任务栏和「开始」菜单属性”对话框中取消选中了“将任务栏保持在其他窗口前端”复选框，要在打开并最大化窗口时仍可看到任务栏，只要重新选中该复选框即可。

2.9 上机练习

本章上机练习一将练习启动与退出 Windows Vista，并设置桌面图标、边栏与小工具。上机练习二将通过选择快捷菜单命令排列桌面图标。上机练习三将自定义 Windows Vista 桌面，包括桌面图标、Windows 边栏、以及任务栏的操作。各练习的最终效果及制作提示介绍如下。

练习一

① 启动 Windows Vista 操作系统。

② 指出 Windows Vista 桌面上各组成部分的名称与作用。

③ 设置桌面图标、边栏与小工具，最终效果如图 2-110 所示。

④ 退出 Windows Vista 操作系统。

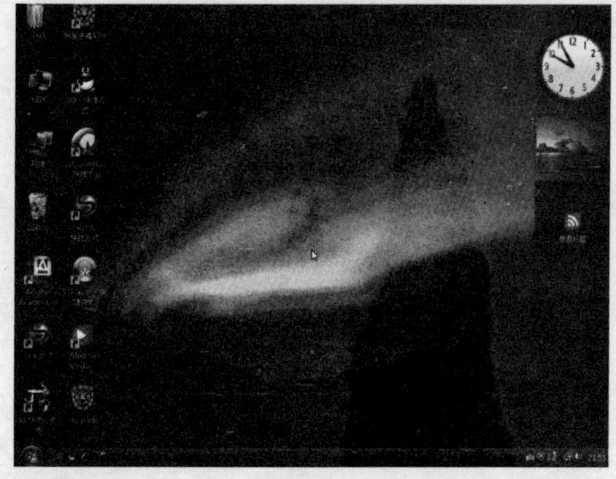

◆ 图 2-110

练习二

① 在桌面上单击鼠标右键。

② 在弹出的菜单中分别选择“排列方式/名称”、“排列方式/大小”、“排列方式/类型”、“排列方式/修改日期”命令，如图 2-111 所示，分别查看桌面图标的排列顺序，以及设置后的效果。

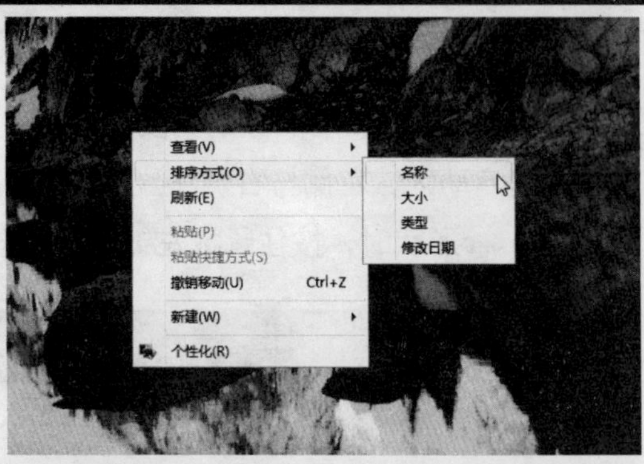

◆ 图 2-111

练习三

① 单击“开始”按钮，弹出“开始”菜单，在各个系统图标上单击鼠标右键，在弹出的快捷菜单中选择“在桌面上显示”命令，在桌面上显示系统图标。

② 在“开始”菜单中选择“所有程序”选项，弹出“所有程序”列表，将其中常用程序的快捷方式发送到桌面上。

③ 在边栏空白处单击鼠标右键，在弹出的快捷菜单中选择“添加小工具”命令，打开“小工具库”对话框，在其中选择小工具并添加到边栏中。

④ 将常用程序显示在快速启动区域中，并调整快速启动区域的宽度，最终效果如图 2-112 所示。

◆ 图 2-112

第 3 章

认识窗口、菜单与对话框

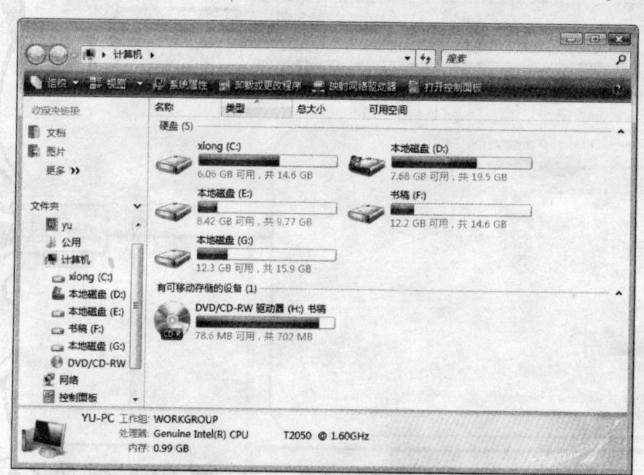

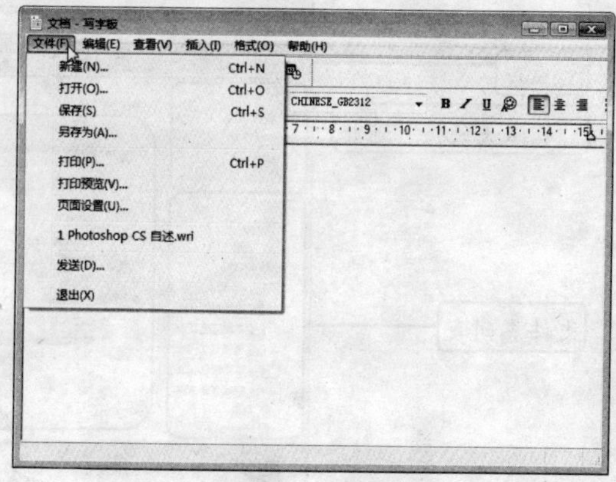

窗口是系统提供给用户用于操作程序的交互式平台。用户要查看电脑中的内容、使用其功能以及运行程序都需要在对应的窗口中进行。菜单与对话框则是重要的人机交流方式，通过菜单命令或对话框选项，可以让电脑了解到用户要进行的操作。在本章中，将详细讲解 Windows Vista 中窗口、菜单以及对话框的组成与功能。

3.1 Windows Vista 窗口组成

Windows Vista 中的窗口可以概括为两种类型，一种是系统窗口，另一种是程序窗口。系统窗口的组成大致包括标题栏、"地址"下拉列表框、"搜索"文本框、工具栏、"收藏夹链接"窗格、文件夹列表、工作区，以及详细信息面板。程序窗口则根据程序的不同，其组成结构也有所差别。

下面通过"计算机"窗口来认识 Windows Vista 窗口的结构与组成，在"开始"菜单中选择"计算机"选项，将打开"计算机"窗口，如图 3-1 所示。

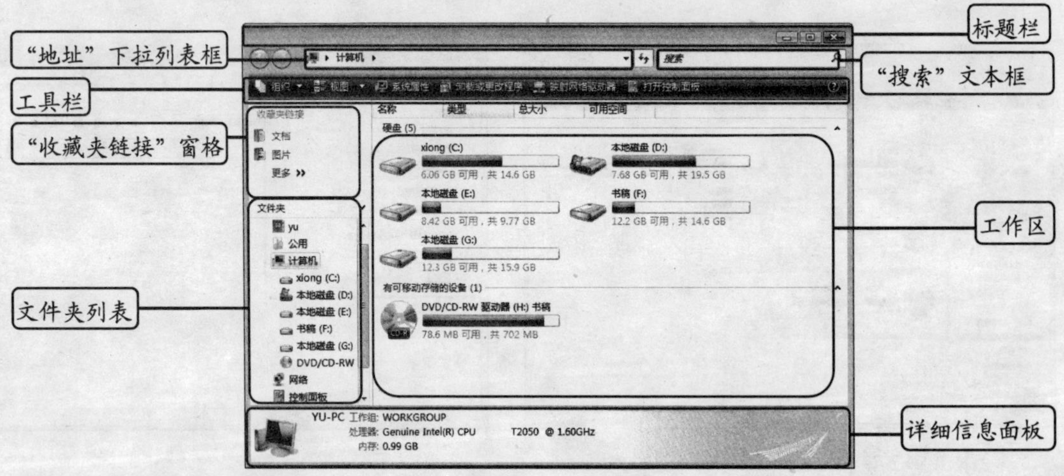

◆ 图 3-1

3.1.1 标题栏

在 Windows Vista 系统窗口中，标题栏中仅显示"最小化"按钮、"最大化"按钮（"还原"按钮）和"关闭"按钮，分别用于最小化窗口、最大化（还原）窗口和关闭窗口。

温馨小贴士

在一些 Windows 自带或用户安装的应用程序窗口中，标题栏中会显示程序名和文档名，如图 3-2 所示为"记事本"窗口。

◆ 图 3-2

3.1.2 “地址”下拉列表框

“地址”下拉列表框用于显示当前窗口内容的所在位置，也可以通过“地址”下拉列表框进入指定位置。Windows Vista 窗口的“地址”下拉列表框采用了全新的层叠方式，通过层叠列表，可以快速转到其他位置，如图 3-3 所示。

另一种常见的“地址”下拉列表框就是所谓的 IE 地址栏，用于输入网址以访问网站，并可以打开“地址”下拉列表框进行选择，如图 3-4 所示。

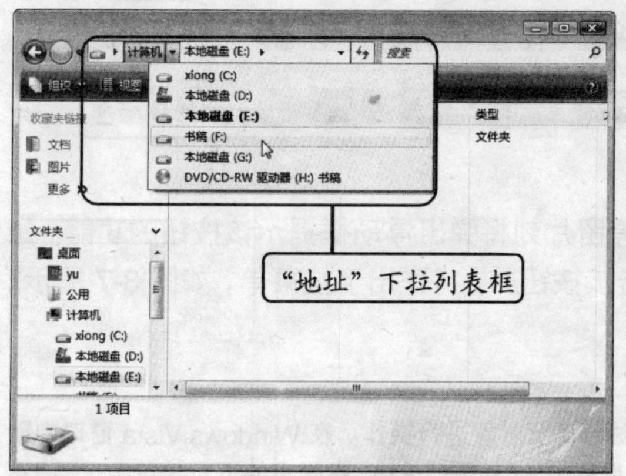

◆ 图 3-3

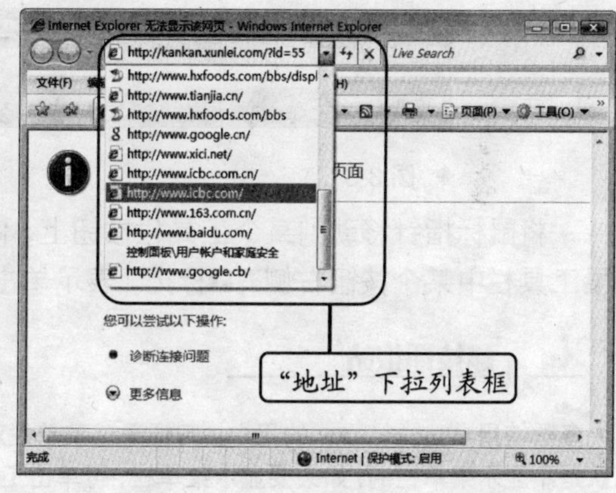

◆ 图 3-4

3.1.3 “搜索”文本框

“搜索”文本框是 Windows Vista 的新增功能，用于在当前窗口位置中快速搜索指定文件或文件夹。只要在“搜索”文本框中输入搜索关键字，系统就会自动在窗口中显示搜索结果，如图 3-5 所示。

当我们忘记文件保存到哪里，或者忘记文件的位置时，通过“搜索”文本框可以快速找到文件

◆ 图 3-5

3.1.4 工具栏

工具栏中显示的是一些针对当前窗口或窗口内容的工具按钮，通过工具按钮可以对当前窗口或对象进行相应调整与设置。

进入不同窗口，或在窗口中选择不同对象时，窗口工具栏中显示的工具按钮会相应改变。如图 3-6 所示为在“计算机”窗口中未选择和选择磁盘时，工具栏中显示出的不同工具按钮。

◆ 图 3-6

将鼠标指针移动到某个工具栏按钮上，停留片刻将弹出浮动框提示该按钮的功能。如果工具栏中某个按钮右侧有▾标记，表示单击该按钮后，将弹出下拉菜单，如图 3-7 所示。

秘技播报站

大多数使用 Windows XP 的用户，习惯通过菜单栏对窗口及对象进行操作。在 Windows Vista 窗口中默认是不显示菜单栏的，如果要显示菜单栏，可单击工具栏中的“组织”按钮，在弹出的下拉菜单中选择“布局/菜单栏”命令以显示菜单栏，如图 3-8 所示。

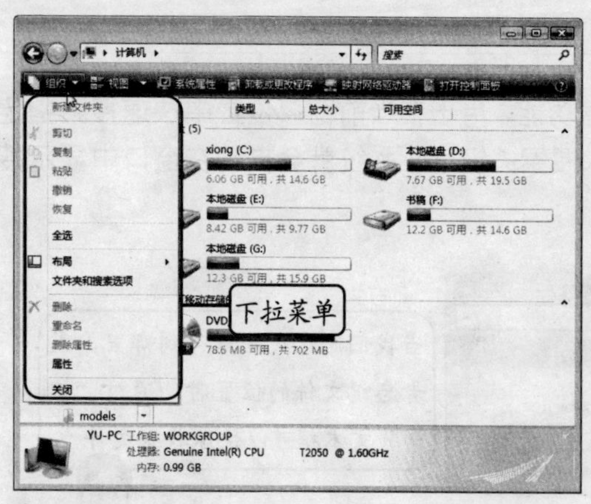

◆ 图 3-7

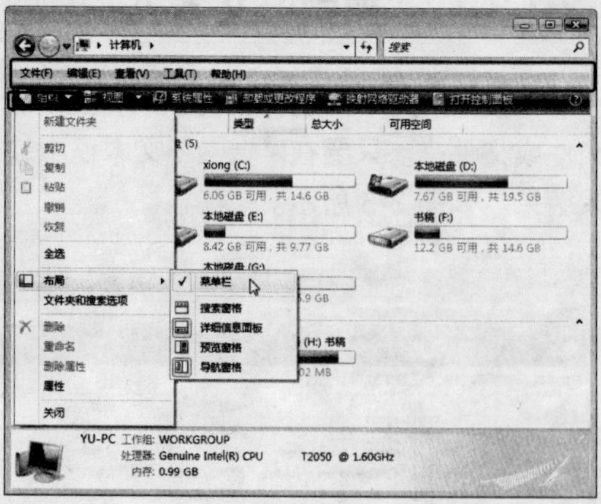

◆ 图 3-8

3.1.5 “收藏夹链接”窗格

“收藏夹链接”窗格中显示了当前登录用户账户文档中的分类目录，在打开窗口后可快速转到个人文档指定目录中。当要将电脑中其他位置的文件复制或移动到账户个人目录时，通过单击窗格中的超链接就可以快速进入个人分类目录。

如打开“计算机”窗口后，要访问“用户”文档中的“音乐”目录，可单击“收藏夹链接”窗格中的“音乐”超链接快速打开“音乐”目录窗口，如图 3-9 和图 3-10 所示。

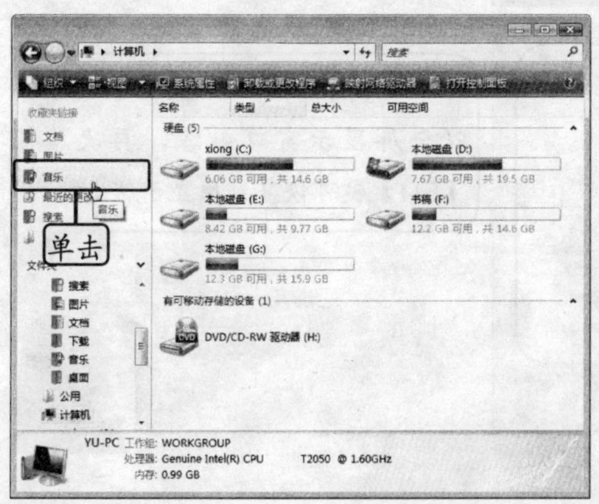

◆ 图 3-9

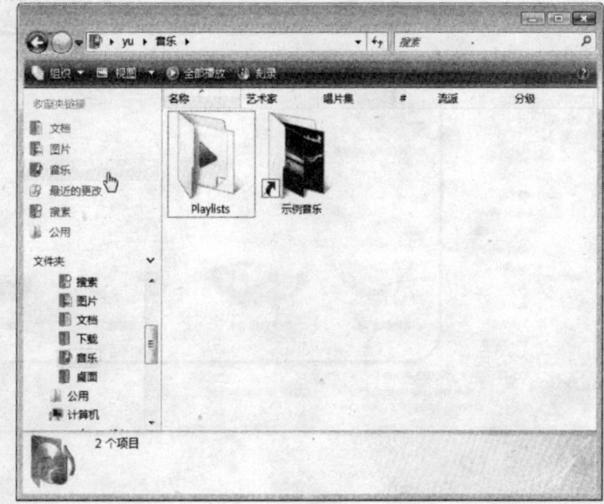

◆ 图 3-10

3.1.6 文件夹列表

Windows Vista 窗口中的文件夹列表，相当于 Windows XP 资源管理器中的树状目录。以树状列表显示电脑存储结构，单击选项前的▹按钮可展开目录。选择某个目录，可快速打开该目录窗口，如图 3-11 所示。

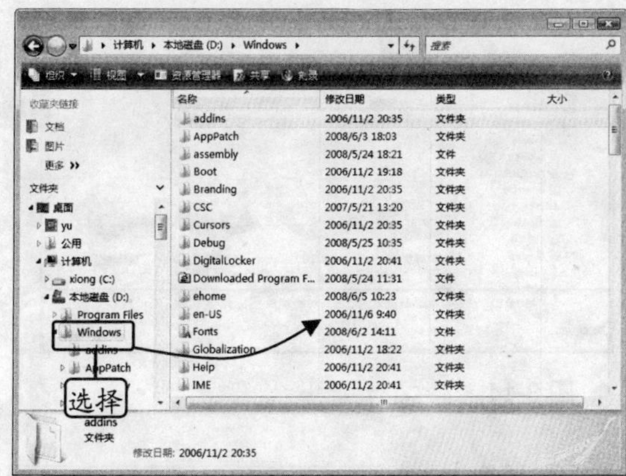

◆ 图 3-11

温馨小贴士

将鼠标指针移动到左侧窗格与右侧工作区的分界线上，当鼠标指针变为形状时，按住鼠标左键不放，向左或向右拖动，即可调整左侧窗格的显示宽度。

3.1.7 工作区

工作区用于显示当前位置的所有文件与文件夹。当文件夹和文件数目超过窗口显示范围时，将在窗口右侧显示垂直滚动条，或在下方显示水平滚动条，拖动滚动条即可查看所有文件和文件夹。在工作区中可以对窗口对象的查看方式与排列顺序进行选择，如图 3-12 所示为选择“中等图标”选项后的查看效果。

快学快用

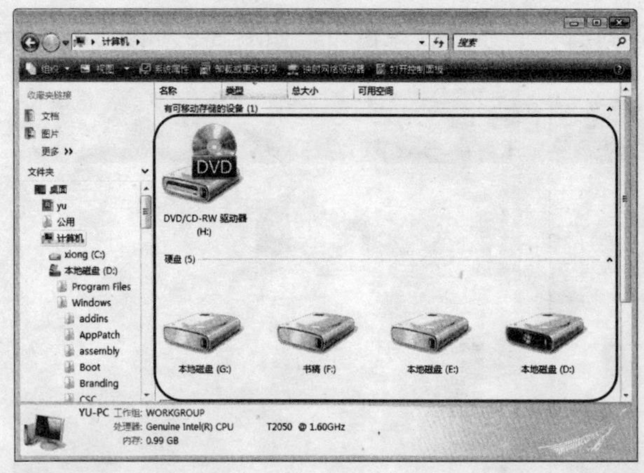

打开一个窗口后，按【F11】键可以全屏显示窗口内容，再次按【F11】键可恢复到原显示状态

◆ 图 3-12

3.1.8 详细信息面板

详细信息面板位于窗口最下方，用于显示当前窗口项目的数目，如图 3-13 所示。当在窗口中选择某个磁盘、文件夹或文件后，则显示所选内容的相关信息，如图 3-14 所示。

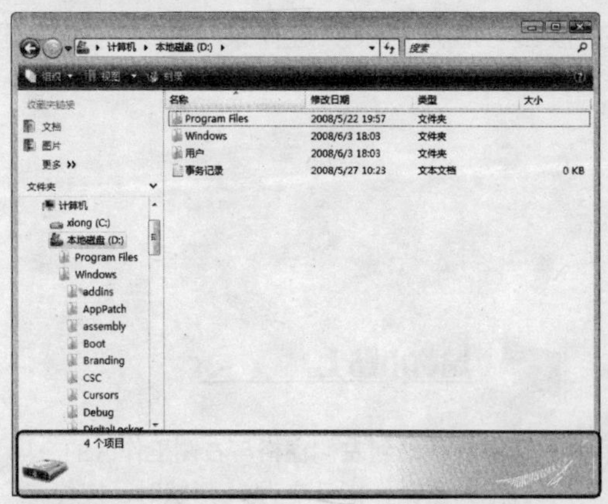

◆ 图 3-13

◆ 图 3-14

3.2 Windows Vista 窗口操作

打开一个或多个窗口时，经常需要对窗口进行各种操作。Windows Vista 窗口操作包括最大化、最小化、关闭窗口，调整窗口大小，移动窗口位置，排列窗口和在多个窗口中进行切换等。

3.2.1 最大化、最小化与关闭窗口

最大化、最小化以及关闭窗口是 Windows Vista 最基本的窗口操作，这些操作主要通

过单击窗口标题栏右侧对应的按钮来实现。

1. 最大化与还原窗口

当窗口处于非全屏幕显示状态时，单击标题栏中的“最大化”按钮，可以将窗口最大化到全屏幕显示。将如图 3-15 所示的窗口最大化的效果如图 3-16 所示。

最大化窗口后，标题栏中的“最大化”按钮将变为“还原”按钮，单击该按钮，即可将窗口还原到最大化前的大小。

◆ 图 3-15

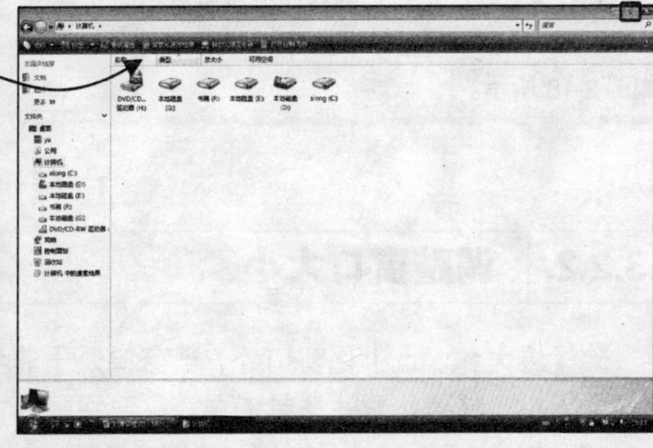

◆ 图 3-16

2. 最小化窗口

单击窗口标题栏中的“最小化”按钮，可将当前窗口最小化到任务栏中，如图 3-17 所示。将窗口最小化后，如果要恢复在屏幕中显示，只要单击任务栏中对应的窗口控制按钮即可。

◆ 图 3-17

3. 关闭窗口

当不再需要使用当前打开的窗口时，可以单击窗口标题栏中的“关闭”按钮 ✕ 将窗口关闭。关闭窗口后，任务栏中对应的窗口控制按钮也会消失。

温馨小贴士

通过快捷菜单命令也可关闭窗口，即在窗口标题栏或任务栏中的窗口控制按钮上单击鼠标右键，在弹出的快捷菜单中选择“关闭”命令，如图 3-18 所示。

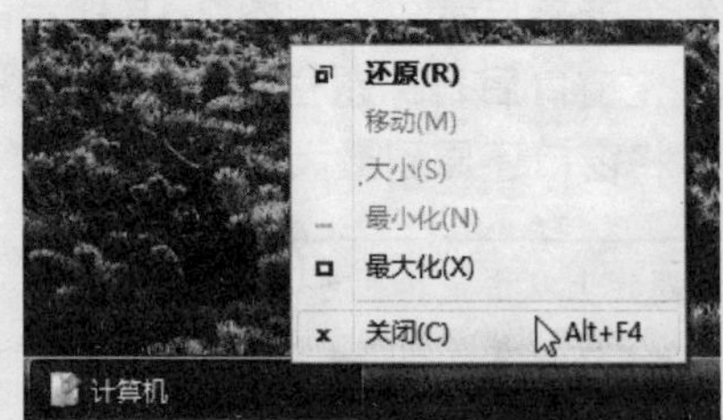

◆ 图 3-18

3.2.2 调整窗口大小

除了最大化、最小化窗口外，当窗口处于非全屏幕显示时，还可以根据需要任意调整窗口的大小。其调整方法非常简单，只要将鼠标指针移动到窗口边框或对角上，当其变为↔、↕、⤢或⤡形状时，按住鼠标左键不放，向内侧或外侧拖动鼠标即可，如图 3-19 所示。

◆ 图 3-19

温馨小贴士

在窗口左侧或右侧边框上拖动鼠标，可调整窗口的宽度；在窗口上方或下方边框上拖动鼠标，可调整窗口的高度；移动到窗口对角上后拖动鼠标，可同时调整窗口宽度与高度。

3.2.3 移动窗口

当窗口处于非全屏幕显示时，可以在屏幕中任意移动窗口位置。将鼠标指针移动到窗口标题栏空白处，按住鼠标左键不放进行拖动，窗口会随鼠标指针移动而移动，如图 3-20 和 3-21 所示分别为移动前和移动后的窗口位置。

◆ 图 3-20

◆ 图 3-21

3.2.4 排列窗口

同时打开多个窗口时，如果要使所有窗口同时显示在屏幕中，可以通过窗口排列功能对窗口进行排列。Windows Vista 提供了层叠窗口、堆叠显示窗口以及并排显示窗口三种排列方式，只要在任务栏空白处单击鼠标右键，在弹出的快捷菜单中进行选择即可。下面分别介绍这三种排列方式。

- **层叠窗口**：将当前打开的所有窗口按规律层叠排列，每个窗口的标题栏都处于可见状态，如图 3-22 所示。

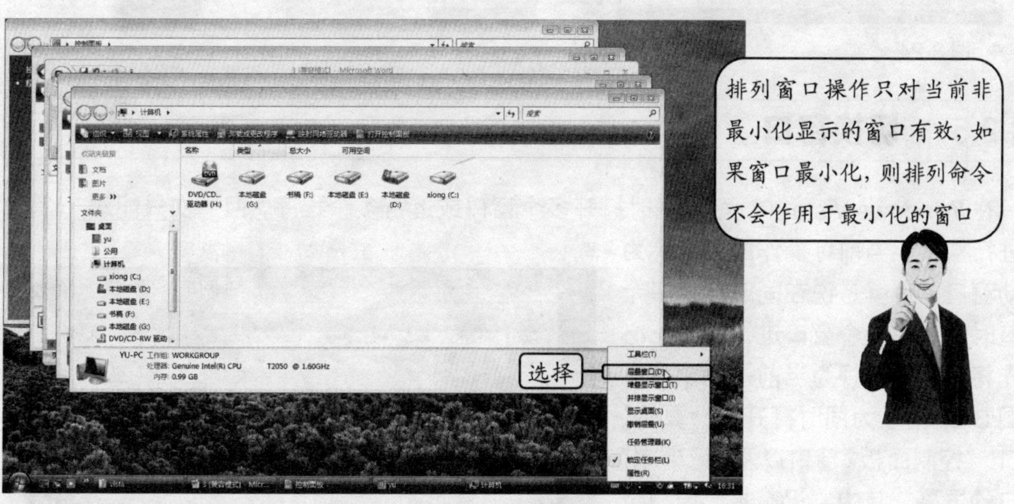

◆ 图 3-22

- **堆叠显示窗口**：将当前所有打开的窗口横向平铺显示在屏幕中，此时所有窗口均可见，如图 3-23 所示。

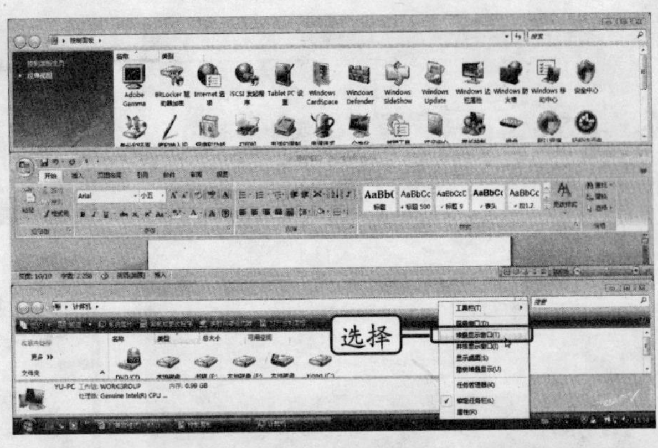

◆ 图 3-23

- **并排显示窗口**：将当前所有打开的窗口纵向平铺显示在屏幕中，此时所有窗口均可见，如图 3-24 所示。

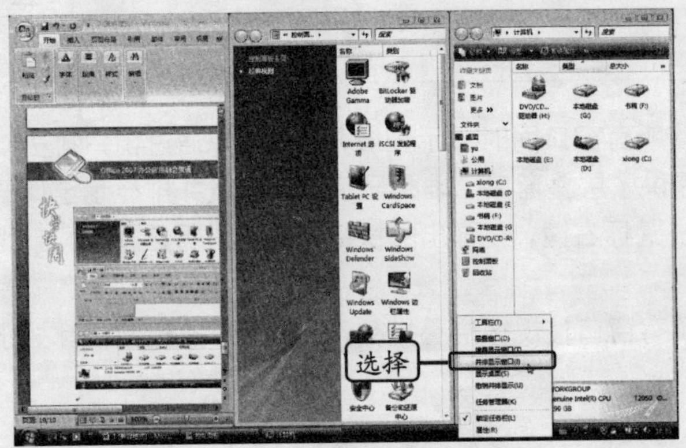

◆ 图 3-24

3.2.5 切换窗口

在 Windows Vista 中，可以同时打开多个窗口或运行多个程序，但一次只能对一个窗口进行操作。当前可操作的窗口称为活动窗口，也就是说在同时打开多个窗口时，要对某个窗口进行操作，必须先将该窗口切换为当前活动窗口。如图 3-25 所示为同时打开“计算机”窗口、“控制面板”窗口以及“记事本”窗口的屏幕，其中“记事本”窗口位于最前方，也就是当前活动窗口。

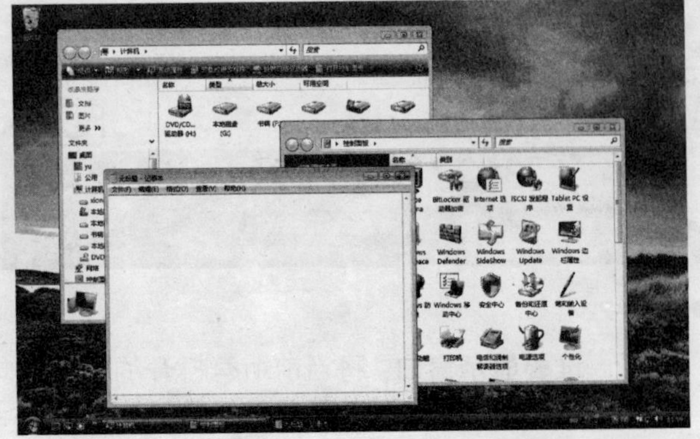

◆ 图 3-25

在 Windows Vista 中，可以通过多种方法在各个窗口之间进行切换，下面分别进行讲解。

- **单击窗口可见区域**：当非活动窗口的部分区域在屏幕中可见时，单击这一区域，即可将该窗口切换为活动窗口。单击“计算机”窗口中的任意位置后，即可将“计算机”窗口切换为活动窗口，如图 3-26 所示。
- **单击任务栏按钮**：单击任务栏中对应的窗口控制按钮，可将该窗口切换为活动窗口。活动窗口的窗口控制按钮在任务栏中显示为凹陷状态，非活动窗口的窗口控制按钮显示为突起状态。
- **通过“窗口切换”面板**：按【Alt+Tab】组合键，或单击任务栏快速启动区域中的“在窗口之间切换”按钮，将打开如图 3-27 所示的“窗口切换”面板，此时按住【Alt】键不放，并逐次按下【Tab】键，可在各个窗口之间切换，切换到某个窗口后，松开按键，即可打开该窗口。

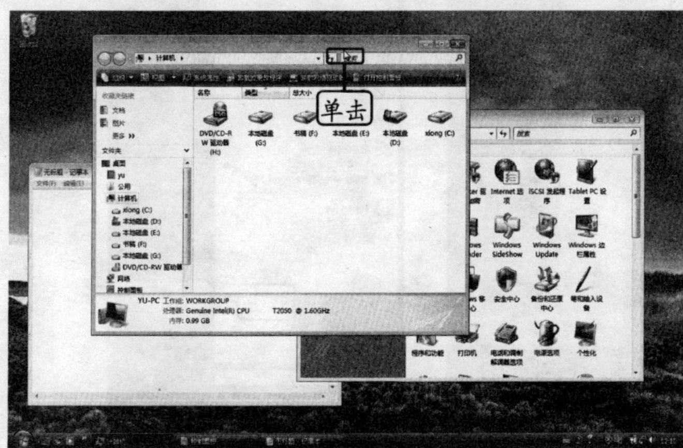

◆ 图 3-26

开启 Aero 效果时，通过按【Alt+Tab】组合键打开的切换面板中将显示所有窗口的缩略图

◆ 图 3-27

- **Flip 3D 切换**：开启 Aero 效果（窗口透明）时，单击任务栏快速启动区域中的“在窗口之间切换”按钮，可进入 3D 切换状态，此时滚动鼠标滚轮或通过方向键即可进行选择，选择后单击鼠标左键即可切换到该窗口，如图 3-28 所示。

◆ 图 3-28

温馨小贴士

Flip 3D 切换快捷键为【Win+Tab】组合键。

3.2.6 应用实例——打开并调整窗口

本实例将在电脑屏幕中同时打开多个窗口，并对窗口进行各种调整与切换操作，从而巩固前面学习的窗口操作方法。

其具体操作步骤如下。

STEP 01. **双击图标。**桌面上的“回收站”图标上双击鼠标，打开“回收站”窗口，如图3-29 所示。

STEP 02. **选择选项。**单击“开始”按钮，在弹出的“开始”菜单中选择“计算机”选项与“控制面板”选项，如图 3-30 所示。

◆ 图 3-29

◆ 图 3-30

STEP 03. **查看打开的窗口。**此时在屏幕中同时打开了“回收站”、“计算机”与“控制面板”窗口，且“控制面板”窗口为当前活动窗口，如图 3-31 所示。

◆ 图 3-31

STEP 04. **调整窗口位置与大小。**将鼠标指针移动到“控制面板”窗口标题栏空白处，按

住鼠标左键不放，拖动鼠标调整“控制面板”窗口的位置，然后将鼠标指针移动到窗口边框上，当其变成↖形状时，拖动鼠标调整窗口大小，如图 3-32 所示。

同时打开多个窗口后，如果前面窗口遮挡住后面窗口的内容，就可以移动前面的窗口，或者调整窗口大小将遮挡的内容显示出来

◆ 图 3-32

STEP 05. **切换并最小化窗口。**在“计算机”窗口的任何可见区域单击鼠标，将“计算机”窗口切换为当前活动窗口，将“控制面板”与“回收站”窗口最小化，如图 3-33 所示。

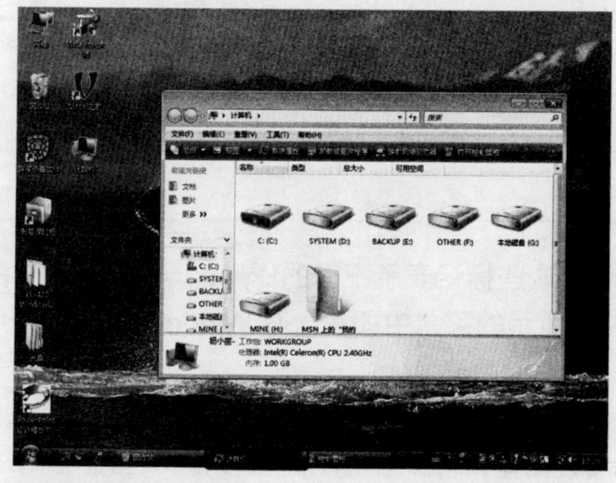

同时打开多个窗口时，如果将其他窗口最小化而仅显示一个窗口，则该窗口将自动切换为活动窗口

◆ 图 3-33

STEP 06. **关闭窗口。**单击“关闭”按钮 或在任务栏中的窗口控制按钮上单击鼠标右键，在弹出的快捷菜单中选择“关闭”命令关闭打开的所有窗口。

3.3 认识 Windows Vista 菜单

菜单用于放置当前窗口或程序的各种操作命令，在 Windows Vista 中，很多操作都需要通过菜单来实现。下面来认识 Windows Vista 中的菜单类型以及菜单标记。

3.3.1 菜单类型

Windows Vista 中的菜单有功能菜单与快捷菜单两类。

- **功能菜单：**又称为主菜单，指打开一个窗口后，单击窗口菜单栏中的选项打开的菜单。功能菜单中包含具有某类共性的菜单项，其名称根据菜单项决定，如图 3-34 所示为在 Windows 自带的“写字板”程序中打开的“文件”菜单。
- **快捷菜单：**又称为右键菜单、右键快捷菜单，是指在特定对象上单击鼠标右键弹出的针对被单击对象的功能菜单。快捷菜单中一般包含与被单击对象有关的各种操作命令。如图 3-35 所示为在桌面空白处单击鼠标右键弹出的快捷菜单。

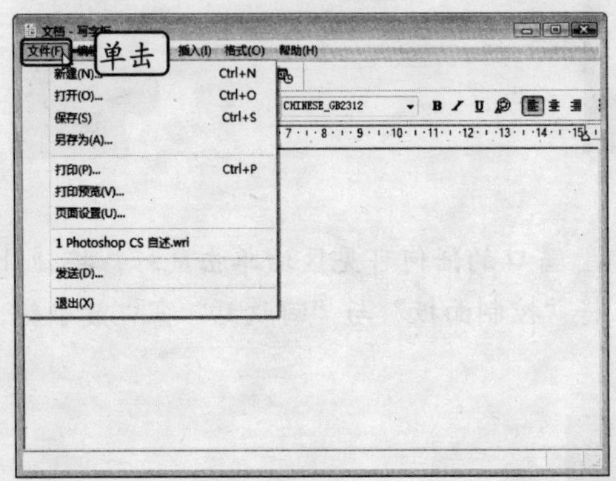

◆ 图 3-34

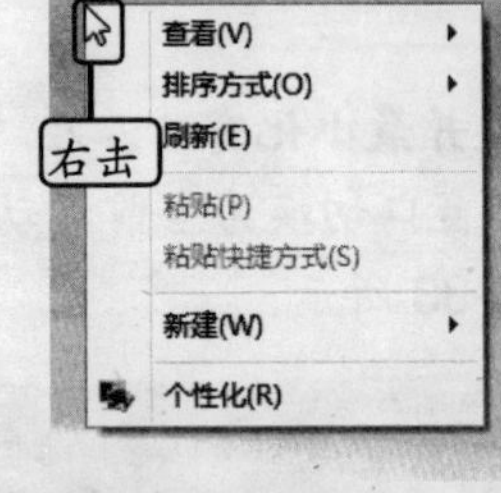

◆ 图 3-35

3.3.2 菜单标记

菜单中不同的菜单命令有着不同的标记，这些标记表示不同的作用，了解菜单命令的标记可快速判断菜单命令的功能。如图 3-36 所示的菜单中即包含有 Windows Vista 中所有的菜单标记。

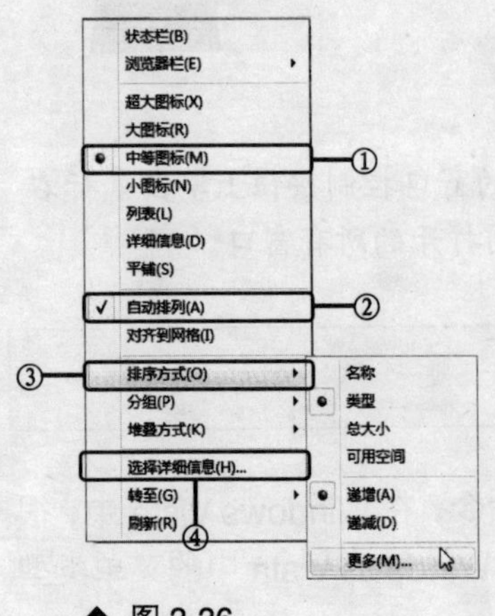

◆ 图 3-36

① **菜单命令左侧有•标记：**表示该菜单命令位于一组选项中，带有该标记的菜单命令为当前有效项（已选择项）。

② **菜单命令左侧有✓标记：**表示该标记的菜单命令处于有效状态，与菜单命令对应的对象处于启用或显示状态。

③ **菜单命令右侧有▸标记：**表示该菜单命令下还包括下级子菜单，将鼠标指针移动到该菜单命令上，将会弹出对应的子菜单。

④ **菜单命令右侧有…标记：**表示选择该菜单命令后，会弹出相应的设置对话框，需要用户选择更多的选项。但并不是所有用于打开对话框的菜单命令右侧都会有…标记。

3.4 认识 Windows Vista 对话框

对话框是一种特殊的窗口，是用户与电脑交流的重要途径，对系统或程序所进行的绝大多数设置都是通过对话框完成的。对话框中一般包含若干不同类型的元素，不同元素能实现不同的功能，如图 3-37 和 3-38 所示。

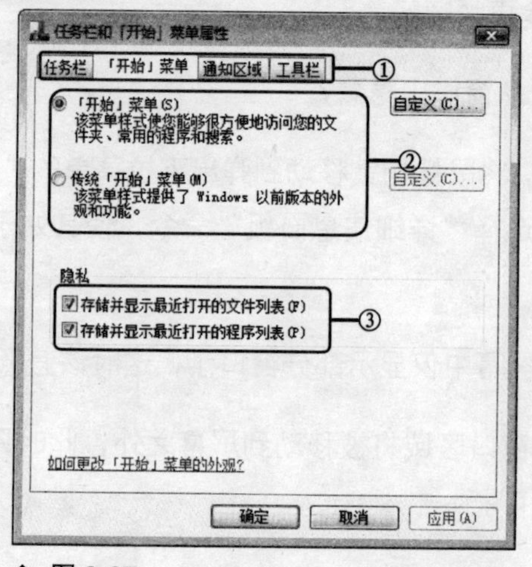

◆ 图 3-37

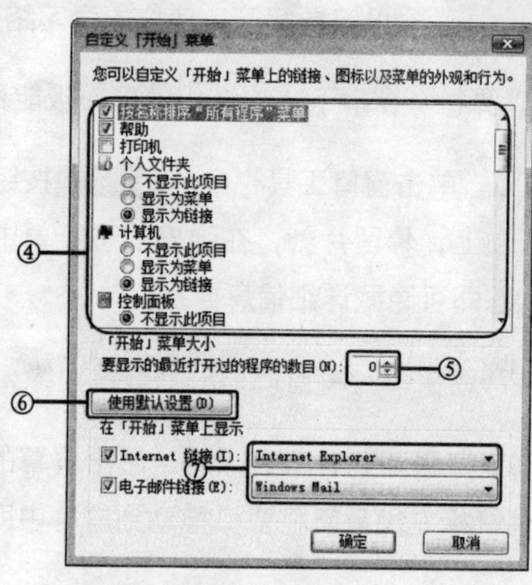

◆ 图 3-38

① **选项卡**：对话框一般通过选项卡分为多个设置页，单击选项卡名称，可以在对话框中切换显示对应的选项页。

② **单选按钮**：一般成组出现在对话框中形成单选按钮组。一个单选按钮组中一次只能选中一个单选按钮，被选中的单选按钮前将出现◉标记。

③ **复选框**：一般也以成组方式出现在对话框中，复选框前有一个矩形选框，选中后选框中将显示成☑，在一个复选框组中可以同时选中多个复选框。

④ **列表框**：以矩形框形式出现在对话框中，其中罗列显示多个不同的选项。

⑤ **数值框**：供用户输入数值的矩形框，可以在其中直接输入数值，也可以通过右侧的调节按钮⬍递增或递减数值框的数值。

⑥ **按钮**：对话框中的按钮分为两种形式。若按钮文本后有“…”标记，表示单击按钮可打开对话框，按钮文本未标有标记，则单击后可执行对应的功能。

⑦ **下拉列表框**：其用途与列表框相同，只是列表处于折叠状态，单击下拉列表框右侧的下拉按钮▾，可弹出下拉列表并显示列表项。

温馨小贴士

常见的对话框选项还有文本框，它是一个矩形方框，可以在其中输入文本，一般用于定义对象的名称或说明信息，如图 3-39 所示。

◆ 图 3-39

快学快用

3.5 疑难解答

学习完本章后，是否发现自己对 Windows Vista 中窗口、菜单以及对话框的认识又提升到了一个新的台阶？关于操作窗口、菜单以及对话框的相关问题自己是否已经顺利解决了？下面将为您提供一些关于操作窗口的常见问题解答，使您的学习路途更加顺畅。

问：“计算机”窗口下方的详细信息面板能否从窗口中隐藏？

答：可以。单击窗口工具栏中的 组织 按钮，将鼠标指针移动到弹出下拉菜单的“布局”选项上，停留片刻，在弹出的子菜单中选择“详细信息面板”命令，使其处于选择状态即可隐藏详细信息面板。

问：在移动窗口时将窗口拖放到屏幕边缘，屏幕中仅显示部分窗口了，这时该怎么办？

答：将窗口移动到屏幕边缘时，超出屏幕的窗口区域将被移动到屏幕之外，此时只要按住鼠标左键重新将窗口拖动到屏幕中即可。

3.6 上机练习

本章上机练习将练习同时打开多个窗口，并对窗口进行各种调整与切换操作，通过练习巩固窗口的各种操作方法。练习的最终效果及制作提示介绍如下。

练习

① 打开“计算机”窗口，并调整窗口在屏幕中的位置和大小。

② 依次打开“控制面板”和“用户的文件”窗口，调整各个窗口的大小以在屏幕中显示出所有打开的窗口，如图 3-40 所示。

③ 将窗口全部最大化，然后通过单击任务栏中的窗口控制按钮，或按【Alt+Tab】组合键，在各个窗口之间进行切换。

◆ 图 3-40

第 4 章 Windows Vista 文件管理

电脑中的信息大部分是以文件形式存放在文件夹中的，包括用户安装的操作系统、各种应用程序，以及编排的信息和数据。当文件和文件夹的容量和数目增多时，就需要对文件和文件夹进行合理有效地管理。本章将介绍文件与文件夹的相关知识，并详细讲解其操作方法，包括选择、新建、重命名、复制、移动、删除文件与文件夹等内容，帮助用户管理好文件与文件夹。

4.1 认识文件与文件夹

在电脑中，各种信息与数据都以文件的形式进行保存，文件夹则用于对文件进行分类管理。在学习文件与文件夹的管理操作之前，首先要认识文件与文件夹。

4.1.1 认识文件

文件是电脑存储数据和信息的单位，在电脑中创建的数据和信息，都以文件的形式保存在电脑的指定位置。电脑中的每个文件都有各自的文件名，并且对于不同类型的数据，其保存的文件类型也不相同。

1. 文件名

在 Windows 操作系统中，每个文件都有各自的文件名，系统也是依据文件名对文件进行管理的。完整的文件名由“文件名称+扩展名”组成，文件名用于识别某个文件，为不同文件赋予不同的名称，可通过名称来快速识别该文件内容；扩展名用于定义不同的文件类型。

文件名一般与文件内容相关联。用户可以通过文件名快速获知该文件的内容，如图 4-1 所示为在窗口中显示的多个文件及其名称。

2. 文件类型

不同类型的数据，其保存的文件类型也不同。文件的类型是根据扩展名决定的，在 Windows Vista 中，文件扩展名默认是隐藏的，用户可通过设置将其显示出来，如图 4-2 所示即为显示了文件扩展名的文件。

◆ 图 4-1 ◆ 图 4-2

电脑中的文件种类繁多，用户在学习电脑知识时，必须对常见的文件类型进行了解，在查看文件时，通过扩展名就可以大致判断文件类型。表 4-1 所示为常见文件类型及其扩展名。

表 4-1　常见文件类型及其扩展名

扩展名	文件类型	扩展名	文件类型
AVI	视频文件	DLL	动态链接库文件
INI	系统配置文件	TIF	图像文件
BAT	DOS 批处理文件	DRV	设备驱动程序文件
JPG	JPEG 压缩图像文件	TMP	临时文件
BAK	备份文件	EXE	应用程序文件
BMP	位图文件	FON	点阵字体文件
MID	MIDI 音乐文件	TXT	文本文件
COM	MS-DOS 应用程序	GIF	动态图像文件
PDF	Adobe Acrobat 文档	WAV	声音文件
DAT	数据文件	HLP	帮助文件
PM	Page maker 文档	MP3	声音文件
DBF	数据库文件	HTM	Web 网页文件
PPT	PowerPoint 演示文件	XLS	Excel 表格文件
DOC	Word 文档	ICO	图标文件
RTF	写字板文档	ZIP	ZIP 压缩文件
MDB	ACCESS 数据库文件	TTF	True Type 字体文件

4.1.2　认识文件夹

文件夹用于分类存放文件。电脑中存储了数量庞大且种类繁多的文件，Windows 将这些文件按照一定规则分类存放在不同的文件夹中，便于有效管理文件。在使用电脑的过程中，用户也可以将自行创建的文件存放在不同的文件夹中，使文件存储更加有序。

在 Windows 操作系统中，文件夹可以多层嵌套，即一个文件夹下可以包含若干子文件夹，子文件夹下又可以包含若干下级文件夹等，通过文件夹的嵌套，可以对电脑中的文件进行更细化的分类，其存储结构如图 4-3 所示。

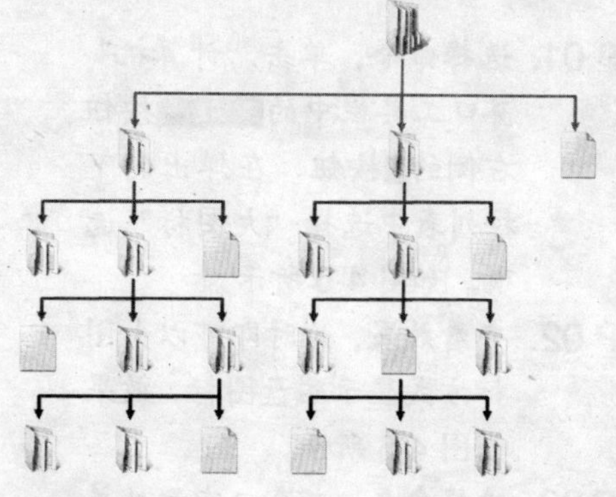

◆ 图 4-3

4.2 查看文件与文件夹

对文件进行管理操作前，需要打开相应的文件浏览窗口。在 Windows Vista 中，主要可通过“计算机”窗口对文件进行浏览。在该窗口中，用户可查看磁盘信息，浏览电脑中的文件和文件夹。

4.2.1 查看磁盘信息

打开“计算机”窗口后，即可看到在该窗口中显示的所有磁盘分区以及分区容量、可用空间等信息。通过每个磁盘分区后的图示，可以直观地了解该磁盘的存储状况，如图 4-4 所示。

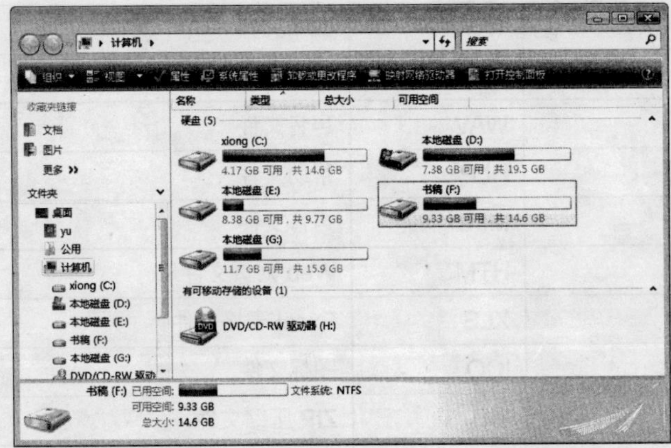

◆ 图 4-4

在“计算机”窗口中查看磁盘信息时，可以根据需要调整磁盘图标的显示大小、排列方式，还可以对磁盘进行分组。

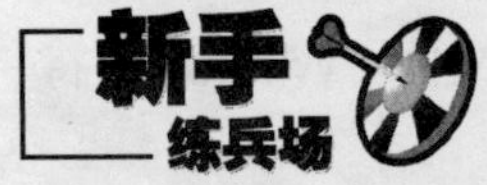

将磁盘图标的视图模式更改为“大图标”，并按照磁盘容量分组显示。

STEP 01. **选择命令。**单击“计算机”窗口工具栏中的视图按钮右侧的按钮，在弹出的下拉列表中选择“大图标”选项，如图 4-5 所示。

STEP 02. **查看效果。**此时即可以大图标方式显示磁盘图标，效果如图 4-6 所示。

STEP 03. **选择命令。**在窗口空白处单

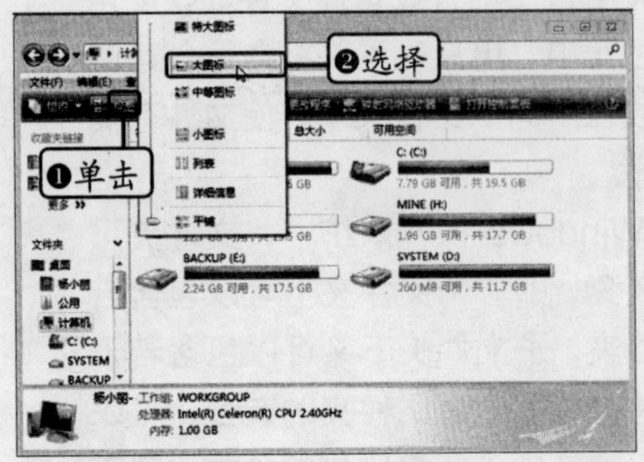

◆ 图 4-5

击鼠标右键，在弹出的快捷菜单中选择“分组/总大小”命令，将磁盘图标按照容量分组显示，如图 4-7 所示。

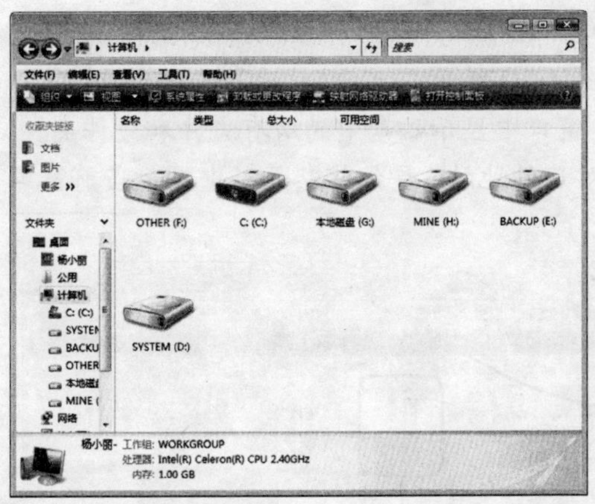

◆ 图 4-6

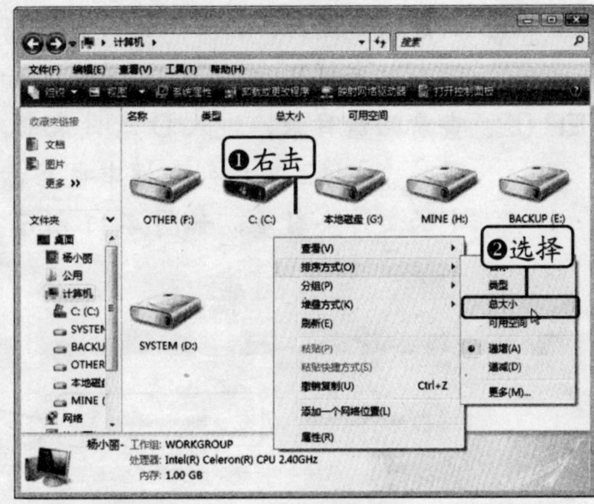

◆ 图 4-7

4.2.2 浏览文件与文件夹

打开“计算机”窗口后，双击某个磁盘图标，即可进入到该磁盘分区，浏览其中的文件与文件夹，如图 4-8 所示为 D 盘分区中的文件。在窗口中双击某个文件夹，即可打开该文件夹窗口，查看文件夹中的子文件夹和文件，如图 4-9 所示。如果要继续查看子文件夹，可在窗口中继续双击要查看的子文件夹图标来打开对应窗口。

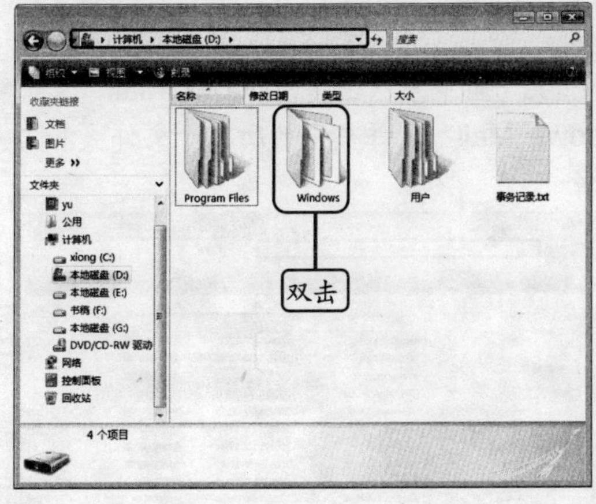

◆ 图 4-8

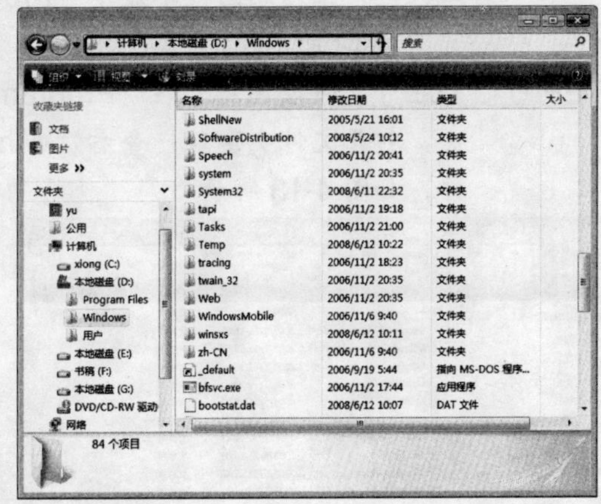

◆ 图 4-9

打开磁盘分区或文件夹窗口后，窗口“地址”下拉列表框中会显示对应的地址，如磁盘窗口中显示地址为 ▸ **计算机** ▸ **本地磁盘 (D:)** ▸，表示当前窗口为 D 盘；文件夹窗口中显示地址为 ▸ **计算机** ▸ **本地磁盘 (D:)** ▸ **Windows** ▸，表示当前窗口为 D 盘下的 Windows 文件夹中。

浏览“本地磁盘（D:）:\Program Files\Windows Mail”目录下的文件与文件夹。

STEP 01. **双击磁盘图标。**打开“计算机”窗口，在系统分区图标上双击鼠标，这里我们双击“本机磁盘（D:）”图标，如图 4-10 所示。

STEP 02. **查看磁盘目录。**进入 D 盘目录中，窗口中显示磁盘中的所有文件和文件夹。同时“地址”下拉列表框中也显示对应的地址，详细信息面板中显示当前窗口中的文件夹数量，如图 4-11 所示。

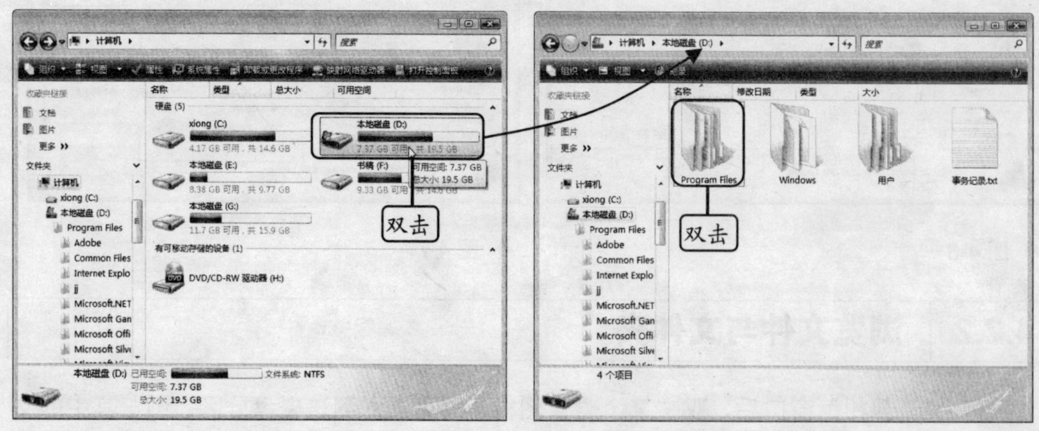

◆ 图 4-10　　◆ 图 4-11

STEP 03. **双击文件夹图标。**在窗口中双击“Program Files”文件夹图标，打开该文件夹窗口，查看所有子文件夹和文件。此时“地址”下拉列表框中将显示对应的路径，详细信息面板中显示“Program Files”目录中的文件和文件夹数量，如图 4-12 所示。

STEP 04. **双击子文件夹图标。**在“Program Files”窗口中双击“Windows Mail”文件夹，打开文件夹窗口，查看“Windows Mail”文件夹中的所有子文件夹和文件，如图 4-13 所示。

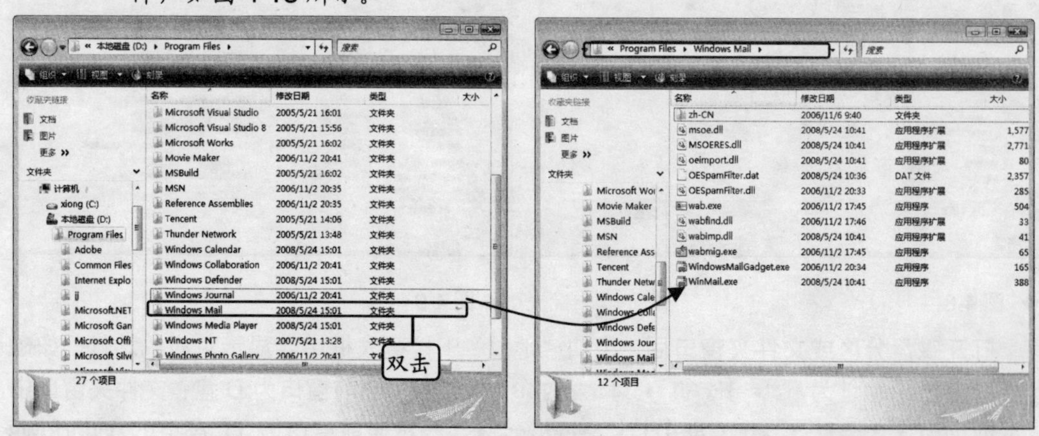

◆ 图 4-12　　◆ 图 4-13

4.2.3 跳转查看位置

在 Windows Vista 窗口中查看文件或文件夹时，可以方便快速地跳转到其他位置进行查看。如当前查看位置为“D:\Program Files\Windows Mail”目录，可通过下列方法进行查看位置的跳转。

- **通过“前进”按钮与“后退”按钮：** 单击“地址”下拉列表框前的“后退”按钮返回到上级目录，即“D:\Program Files”目录，再次单击则返回到“D:”盘目录；当返回到“D:”盘目录后，单击“前进”按钮，重新进入“D:\Program Files”目录，再次单击则进入“D:\Program Files\Windows Mail”目录；单击“前进”按钮右侧的下拉按钮，在弹出的下拉列表中选择相应选项可直接选择进入到各级目录，如图 4-14 所示。

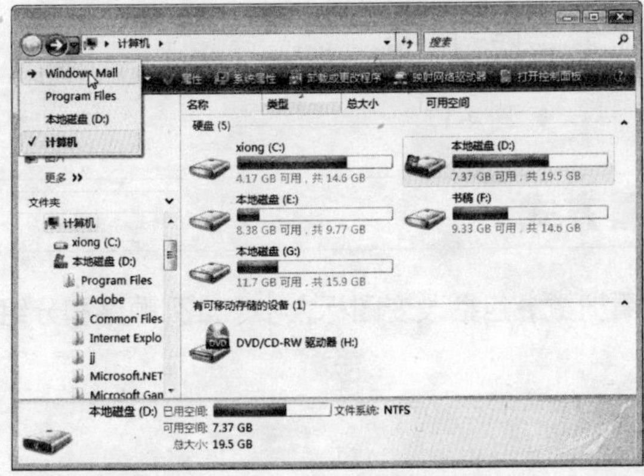

◆ 图 4-14

温馨小贴士

只有进行过“后退”操作后，“前进”功能才可用。

- **通过“地址”下拉列表框中的地址按钮：** Windows Vista 窗口中“地址”下拉列表框中的地址是以按钮形式显示的，通过地址按钮可快速进入对应位置。如单击Program Files按钮，可返回到“D:\Program Files”目录；单击本地磁盘 (D:)按钮，可返回到“D:”盘目录，单击计算机按钮，可返回到“计算机”窗口。
- **通过“地址”下拉列表框的下拉按钮：** 进入到多级目录后，“地址”下拉列表框中的地址按钮右侧将显示下拉按钮，单击该按钮，在弹出的下拉列表中显示了当前目录中的所有子目录，选择某个选项，可快速跳转到子目录窗口。如图 4-15 所示为单击Program Files按钮右侧的下拉按钮后弹出下拉列表，从中选择

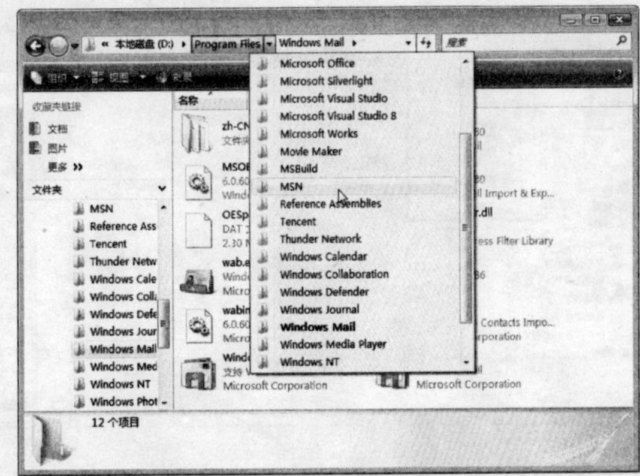

◆ 图 4-15

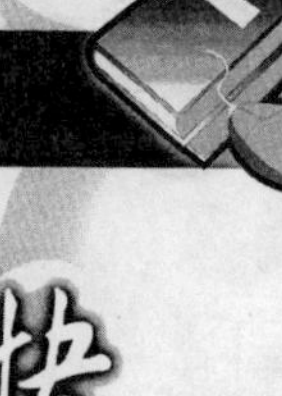

"D:\Program Files"目录下的"MSN"选项，即可跳转到对应的窗口。

- **通过"收藏夹链接"窗格**：无论当前浏览的位置为任何目录，在窗口左侧的"收藏夹链接"窗格中单击超链接，可快速跳转到相应的文件窗口中，如图 4-16 所示。
- **通过"文件夹"列表**：无论当前浏览的位置为任何目录，在窗口左侧的文件夹列表中单击某个目录或子目录，可快速跳转到对应的目录窗口，如图 4-17 所示。

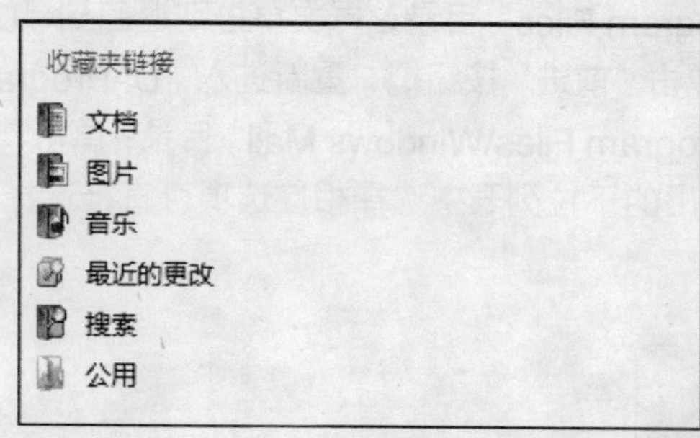

◆ 图 4-16

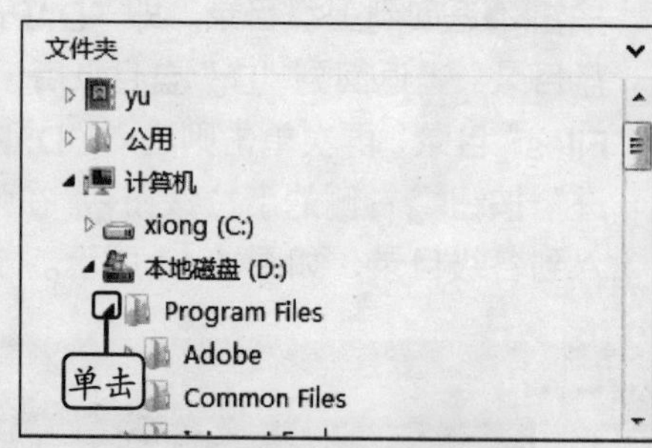

◆ 图 4-17

4.2.4 改变文件与文件夹查看方式

在浏览文件和文件夹时，可以改变查看方式，包括改变图标大小、排列顺序和分组方式等。

1. 改变文件与文件夹图标大小

Windows Vista 提供了多种图标大小，用户在浏览文件和文件夹时可以根据需要任意改变。改变的方法有两种，一种是单击窗口工具栏中的"视图"按钮，在弹出的下拉列表中选择相应选项或拖动下拉列表左侧的滑块，如图 4-18 所示；另一种是在窗口空白处单击鼠标右键，在弹出的快捷菜单的"查看"子菜单中进行选择，如图 4-19 所示。

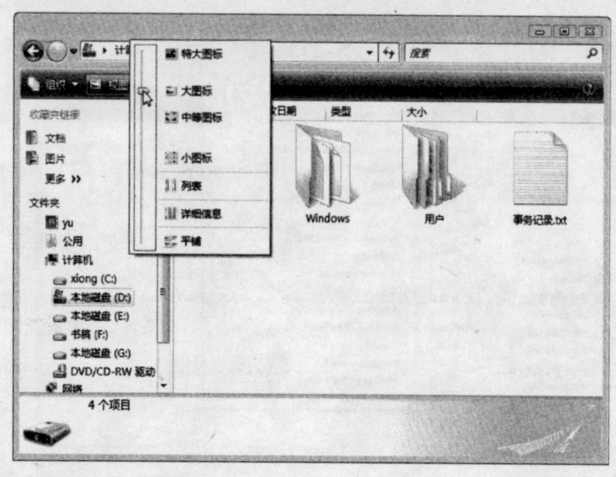

◆ 图 4-18

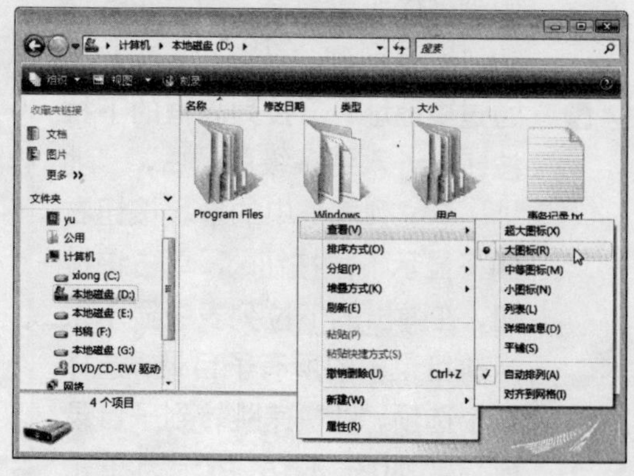

◆ 图 4-19

不同大小的图标会展现出不同的效果。下面对 Windows Vista 中的各种文件和文件夹

图标的不同查看方式的效果进行介绍。

- ☑ **特大图标**：以特大图标来显示文件和文件夹时，通过图标即可查看文件夹中包含部分文件的缩略图；如果是图片文件，还可以清晰地显示出图片的大型缩略图，如图 4-20 所示。
- ☑ **大图标与中等图标**：这两种显示方式同样可以显示出文件和文件夹的缩略图，只是图标进行了一定缩小，从而在窗口中可同时显示更多的图标。大图标的大小次于特大图标，中等图标又次于大图标。如图 4-21 所示为中等图标的显示效果。

◆ 图 4-20

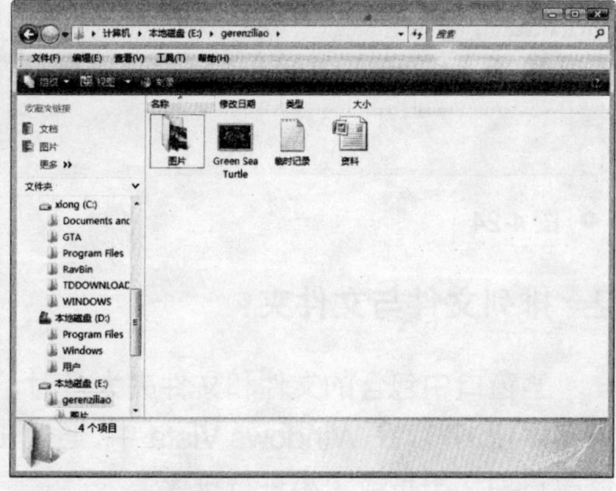

◆ 图 4-21

- ☑ **小图标**：小图标可以以更小的图标显示文件与文件夹，当窗口中包含文件和文件夹数量太多时，可以使用小图标以同时显示出更多文件和文件夹，如图 4-22 所示。
- ☑ **平铺**：该显示方式与“中等图标”相同，但平铺显示时，每个文件和文件夹名称下方均显示相关的信息，如类型、大小等，如图 4-23 所示。

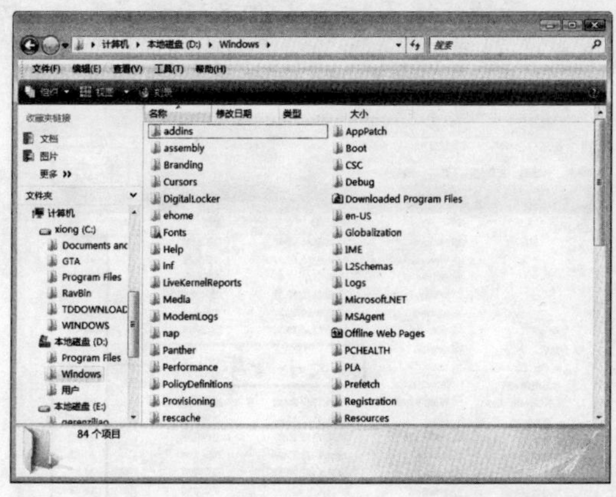

◆ 图 4-22

◆ 图 4-23

- ☑ **列表与详细信息**：列表显示方式是以纵向列表方式显示所有图标，如图 4-24 所示。详细信息显示方式则是以列表方式显示文件和文件夹的图标、修改日期、类

型以及大小等信息，如图 4-25 所示。

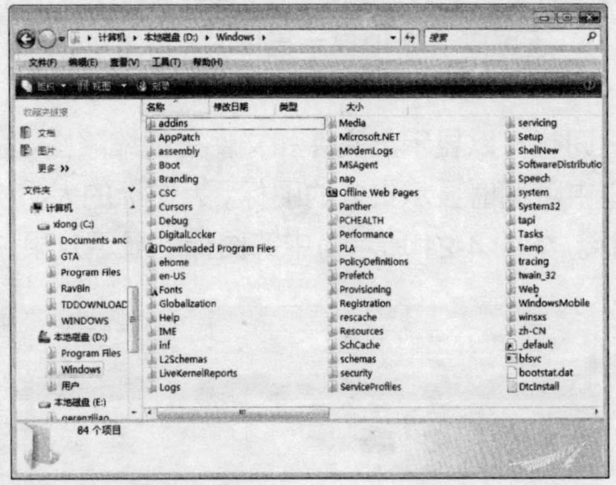

◆ 图 4-24

◆ 图 4-25

2. 排列文件与文件夹

当窗口中包含的文件和文件夹太多时，可按照一定规律对窗口中的文件与文件夹进行排序以便浏览。在 Windows Vista 中，通过工作区上方的按钮可对文件或文件夹按照名称、修改日期、类型或大小进行排序。

按“大小”降序排列“D:\Windows”目录中的文件与文件夹。

STEP 01. **打开窗口**。打开“计算机”窗口，进入“D:\Windows”目录，窗口中将显示“Windows”目录中的所有文件和文件夹，如图 4-26 所示。

STEP 02. **单击按钮**。窗口中的项目默认以“类型”升序排序，此时窗口上方的 类型 按钮中显示排序标记▲。单击 大小 按钮，使文件和文件夹按照“大小”进行降序排列，此时 大小 按钮中显示排序标记▼，如图 4-27 所示。

◆ 图 4-26

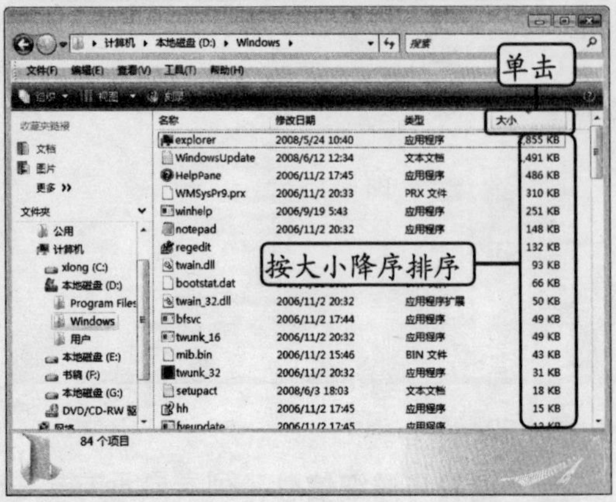

◆ 图 4-27

3. 分组显示文件与文件夹

分组功能是 Windows Vista 新增的文件与文件夹分类功能，用于按照一定规律对窗口中的文件和文件夹进行分组显示。与排序相同，默认的分组依据包括名称、修改日期、类型以及大小。

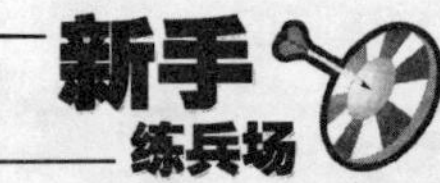

按“类型”分组显示“D:\Windows”目录中的文件与文件夹。

STEP 01. **单击按钮。**打开“计算机”窗口并进入“D:\Windows”目录，将鼠标指针移动到工作区上方的 类型 按钮上，稍作停留后单击显示出的下拉按钮，在下拉列表中选择“分组”选项，如图 4-28 所示。

STEP 02. **查看分组效果。**按照类型分组显示窗口中的文件和文件夹，效果如图 4-29 所示。

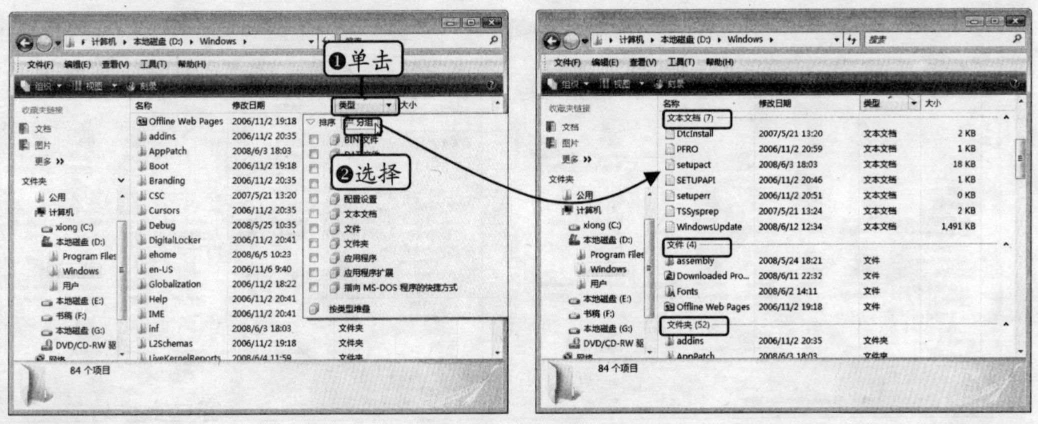

◆ 图 4-28　　◆ 图 4-29

4.3 选择文件与文件夹

对文件和文件夹进行操作时，需要先选择要进行操作的文件和文件夹。在窗口中选择文件与文件夹时，可以选择单个文件或文件夹，也可以同时选择多个文件与文件夹。其选择方法有以下几种。

- ☑ **选择单个文件或文件夹**：在窗口中用鼠标单击某个文件或文件夹，即可选择该文件或文件夹，如图 4-30 所示。
- ☑ **选择连续文件或文件夹**：在窗口中按住鼠标左键不放进行拖动，拖动范围的文件和文件夹即被全部选择，如图 4-31 所示。
- ☑ **选择不连续文件或文件夹**：选择一个文件或文件夹后，按住【Ctrl】键，同时单击其他文件或文件夹，被单击的文件或文件夹将被选择，如图 4-32 所示。

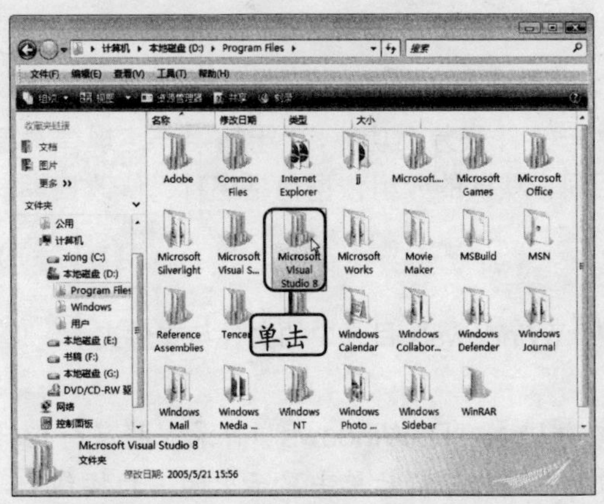

◆ 图 4-30

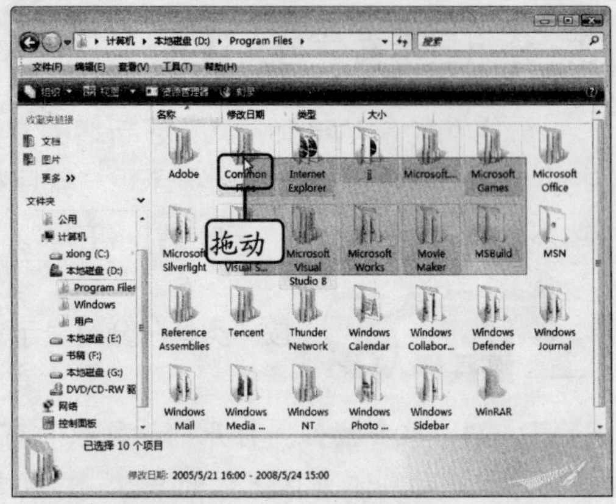

◆ 图 4-31

☑ **选择全部文件和文件夹**：按【Ctrl+A】组合键，可以选择当前窗口中的全部文件和文件夹，如图 4-33 所示。

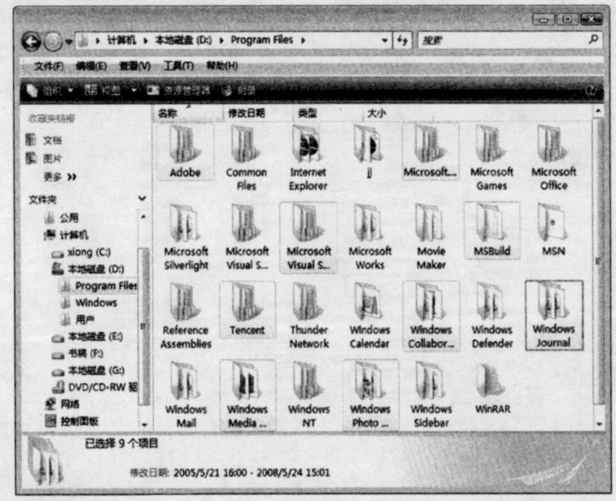

◆ 图 4-32

◆ 图 4-33

4.4 管理文件与文件夹

用户使用电脑的过程中会逐渐建立很多文件，这时需要对建立的文件进行合理有效地管理，从而提高工作效率。下面就来学习文件和文件夹的一些基本操作，如新建、重命名、复制、移动和删除文件与文件夹等。

4.4.1 新建文件夹

在实际的文件操作中，经常需要新建一个文件夹来放置同类型的文件或文件夹，以便能对电脑中的各种资料进行井然有序地管理。

在 E 盘中创建一个名称为“我的资料”的文件夹。

STEP 01. **选择命令。**打开“计算机”窗口并进入“E:”盘目录，单击窗口工具栏中的组织按钮，在弹出的下拉菜单中选择“新建文件夹”命令，如图 4-34 所示。

STEP 02. **建立文件夹。**此时会在窗口中建立一个新文件夹，且文件夹名称处于可编辑状态，如图 4-35 所示。

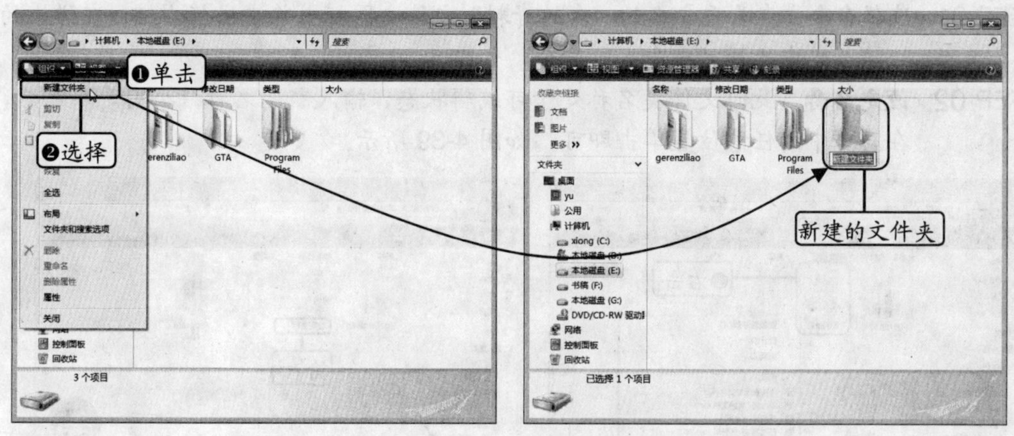

◆ 图 4-34　　◆ 图 4-35

STEP 03. **输入名称。**切换到中文输入法，输入文件夹名称“我的资料”，如图 4-36 所示。

STEP 04. **创建完成。**输入完毕后，在窗口中的任意位置单击鼠标，为新建文件夹设定名称，如图 4-37 所示。

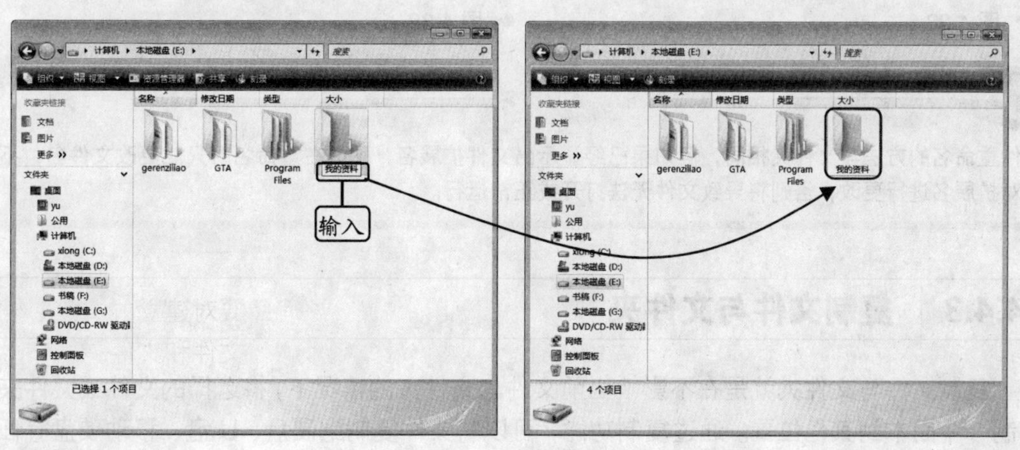

◆ 图 4-36　　◆ 图 4-37

秘技播报站

在窗口空白处单击鼠标右键，在弹出的快捷菜单中选择“新建”命令，在弹出的子菜单中选择“文件夹”命令可新建文件夹，若选择其他文档类型命令可新建相应类型的文件。

4.4.2 重命名文件与文件夹

重命名就是更改已有文件或文件夹的名称，当文件或文件夹内容与所包含的内容不符时，就需要对文件或文件夹名称进行相应的更改，以便能更好地对其进行管理。

将前面创建的“我的资料”文件夹名称更改为“公司资料”。

STEP 01. **选择命令。**在要重命名的“我的资料”文件夹图标上单击鼠标右键，在弹出的快捷菜单中选择“重命名”命令，如图 4-38 所示。

STEP 02. **设定名称。**此时文件夹名称处于可编辑状态，输入新的名称“公司资料”后，在窗口中的任意位置单击即可，如图 4-39 所示。

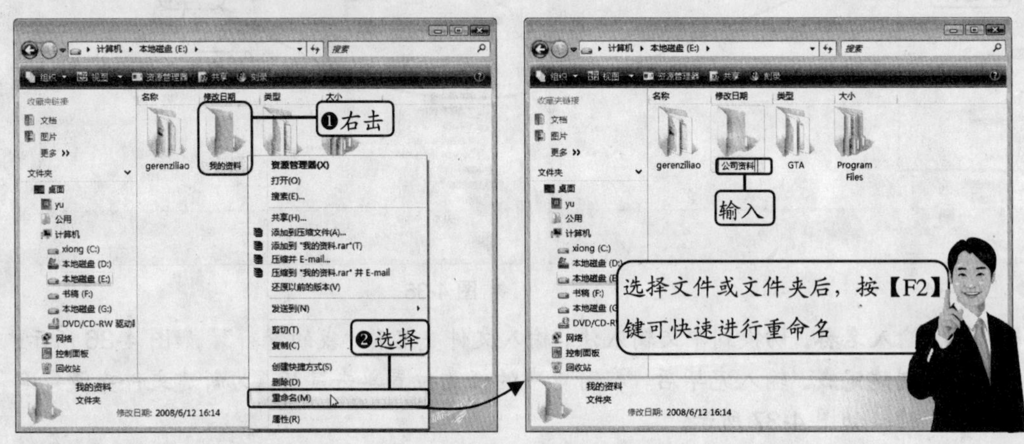

◆ 图 4-38　　◆ 图 4-39

温馨小贴士

文件重命名的方法与文件夹相同，但如果已经显示出文件扩展名，那么在重命名时只能更改文件名，不可对扩展名进行更改，否则将导致文件无法打开或正常运行。

4.4.3 复制文件与文件夹

复制文件与文件夹就是在不影响当前文件与文件夹的情况下，将选择的文件或文件夹复制一个副本到其他位置。通过复制功能，可以将文件复制到硬盘、U 盘、移动硬盘等任意存储设备中，也可将移动存储设备中的文件复制到电脑中。

1. 通过选择命令复制文件与文件夹

复制文件或文件夹时，首先在文件所在窗口中通过“复制”命令将文件或文件夹复制到剪贴板，然后进入到目标位置通过“粘贴”命令将所复制的文件或文件夹粘贴到当前位

置。

将“E:\工作事务”目录中的“会议报告”文件复制到“E:\公司资料”文件夹中。

STEP 01. **复制文件。**在 E 盘窗口中双击“工作事务”文件夹图标，打开文件夹窗口，在“会议报告”文件图标上单击鼠标右键，在弹出的快捷菜单中选择“复制”命令，如图 4-40 所示。

STEP 02. **选择命令。**返回到上级目录后，双击“公司资料”文件夹图标打开文件夹窗口，在窗口空白处单击鼠标右键，在弹出的快捷菜单中选择“粘贴”命令，如图 4-41 所示。

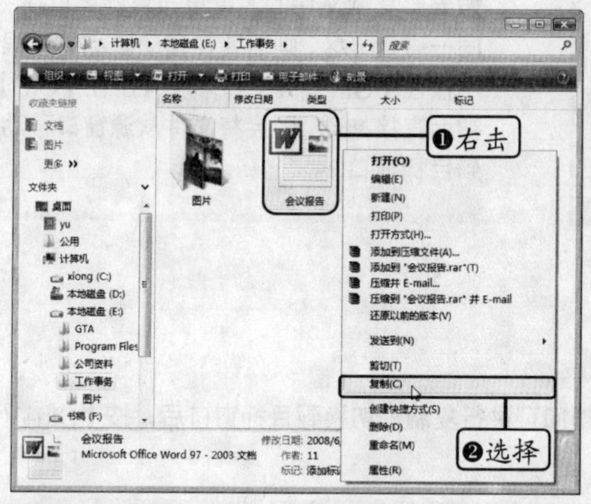

◆ 图 4-40

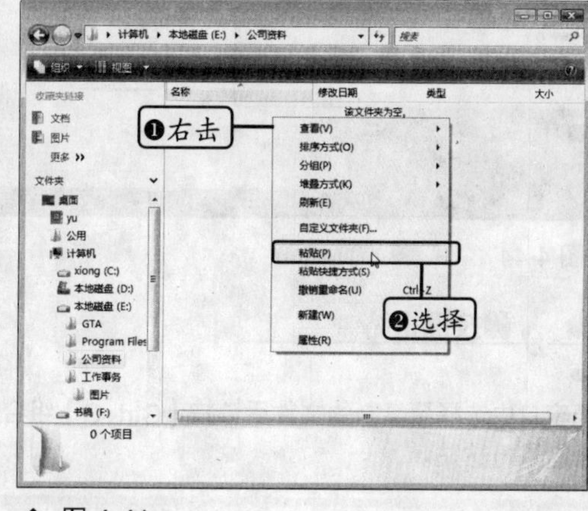

◆ 图 4-41

STEP 03. **粘贴文件。**在打开的如图 4-42 所示的进度提示对话框中显示了复制的进度以及剩余时间。

STEP 04. **完成复制。**稍等之后，即可将“工作事务”文件夹中的“会议报告”文件复制到“公司资料”文件夹中，如图 4-43 所示。

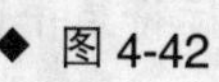

◆ 图 4-42

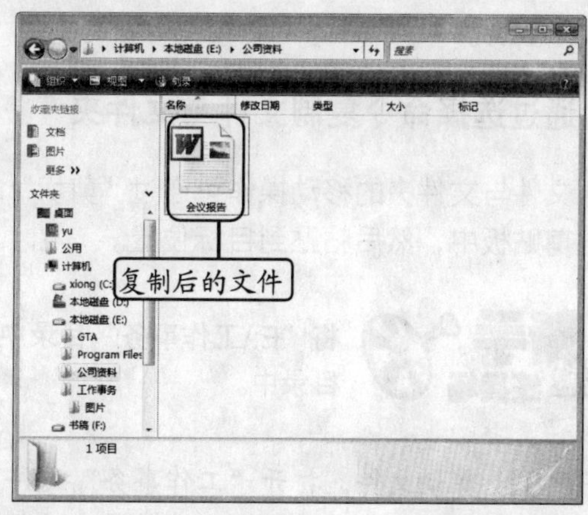

◆ 图 4-43

2. 通过拖动鼠标复制文件与文件夹

通过拖动鼠标可以快捷地将文件或文件夹移动到其他位置。其方法为：同时打开要复制文件的源窗口与目标窗口，在源窗口中选择要复制的文件或文件夹，然后按住鼠标左键不放将其拖动到目标窗口中，释放鼠标即可将文件或文件夹移动到目标窗口中，如图 4-44 所示。

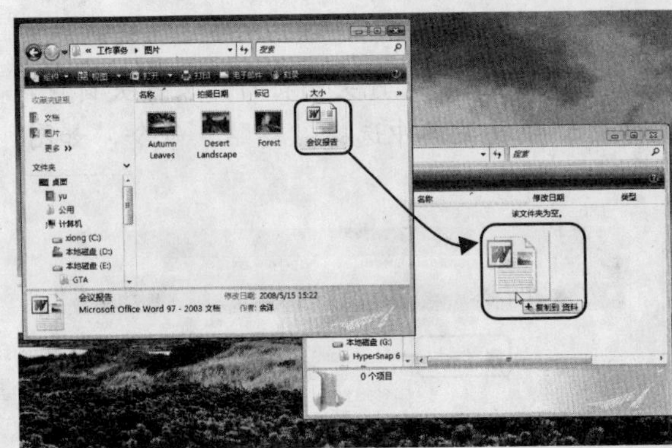

◆ 图 4-44

温馨小贴士

如果要复制文件的源窗口与目标窗口在同一磁盘分区，则需要在拖动鼠标的过程中按住【Ctrl】键；如果没有按住【Ctrl】键而直接拖动，则会将文件从源窗口移动到目标窗口。

秘技播报站

在源窗口中选择要复制的文件后，按【Ctrl+C】组合键即可进行复制，切换到目标窗口后，按【Ctrl+V】组合键进行粘贴。

4.4.4 移动文件与文件夹

移动文件与文件夹是将文件或文件夹从当前位置移动到另外一个位置，且原位置的文件或文件夹消失。与复制文件相同，移动文件与文件夹也可以通过菜单命令或拖动鼠标的方式来实现。

1. 通过选择命令复制文件与文件夹

文件与文件夹的移动操作可通过“剪切”命令来实现，先将文件或文件夹从原位置剪切至剪贴板中，然后粘贴到目标位置。

将“E:\工作事务”目录中的“会议报告”文件移动到“E:\公司资料”目录中。

STEP 01. **剪切文件。**打开“工作事务”文件夹窗口，在“会议报告”文件图标上单击鼠标右键，在弹出的快捷菜单中选择“剪切”命令，被剪切的文件图标将呈半透

明显示，如图 4-45 所示。

STEP 02. **粘贴文件。**打开“公司资料”文件夹窗口，在窗口空白处单击鼠标右键，在弹出的快捷菜单中选择“粘贴”命令即可，如图 4-46 所示。

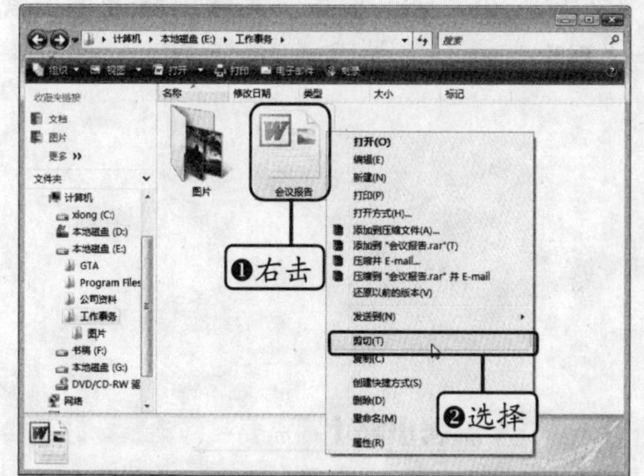

◆ 图 4-45

◆ 图 4-46

2. 通过拖动鼠标移动文件与文件夹

通过拖动鼠标移动文件或文件夹的方法与复制文件或文件夹的方法大致相同。同时打开源窗口和目标窗口，如果源窗口与目标窗口在同一磁盘下，则直接拖动鼠标即可移动文件与文件夹；如果源窗口与目标窗口位于不同的磁盘分区，则需要在拖动过程中按住【Shift】键，如图 4-47 所示。

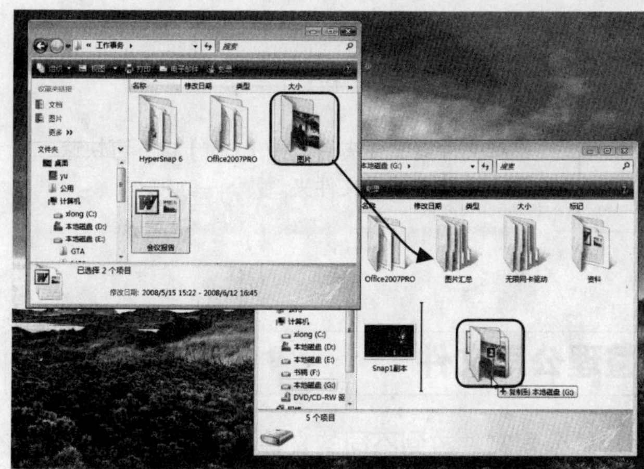

◆ 图 4-47

温馨小贴士

剪切的快捷键为【Ctrl+X】组合键。使用快捷键将文件或文件夹剪切后，通过【Ctrl+V】组合键粘贴，可实现文件的快速移动。

4.4.5 删除文件与文件夹

对于无用的文件或文件夹可以将其从电脑中删除到回收站中，以减少占用的磁盘空间并保持文件系统的条理性。删除文件与文件夹的方法完全相同，需要注意的是，删除文件夹时，会同时将文件夹中的文件和子文件夹删除。

新手练兵场 将“E:\公司资料”目录中的“会议报告”文件删除。

STEP 01. **选择命令。**打开“公司资料”文件夹窗口，在“会议报告”文件图标上单击鼠标右键，在弹出的快捷菜单中选择“删除”命令，如图 4-48 所示。

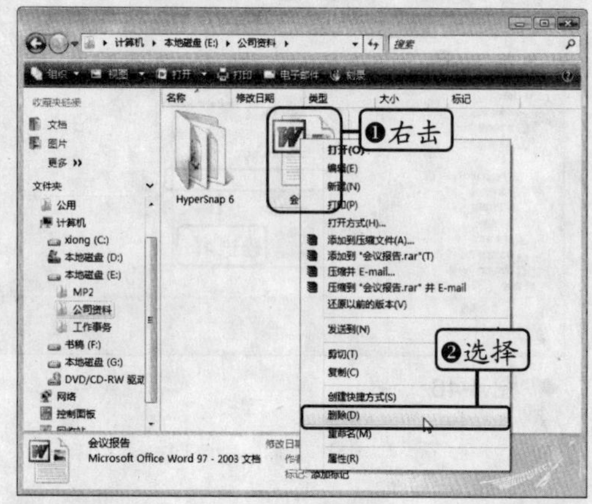

◆ 图 4-48

温馨小贴士

在系统安装分区中删除文件或文件夹时，会打开用户账户对话框确认操作。

STEP 02. **确认删除。**在打开的如图 4-49 所示的“删除文件”对话框中单击 是(Y) 按钮删除文件。

◆ 图 4-49

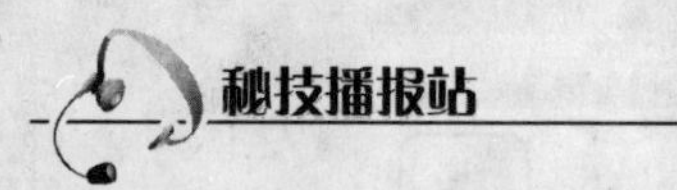

秘技播报站

选择文件或文件夹后，按【Del】键，可快速删除所选文件或文件夹。

4.4.6 应用实例——分类整理公司文件

本实例将建立多个文件夹，并将相应的公司文件放到不同的文件夹中，从而使电脑中的文件更有条理。

其具体操作步骤如下。

STEP 01. **选择命令。**打开“计算机”窗口，双击“本地磁盘（E:）”图标，进入 E 盘分区中，单击工具栏中的 组织 按钮，在弹出的下拉菜单中选择“新建文件夹”命令，如图 4-50 所示。

STEP 02. **新建文件夹。**按照同样的方法，新建另外两个空文件夹，如图 4-51 所示。

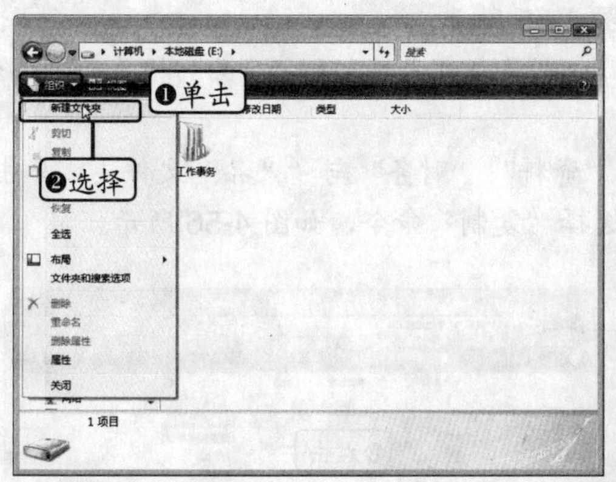

◆ 图 4-50

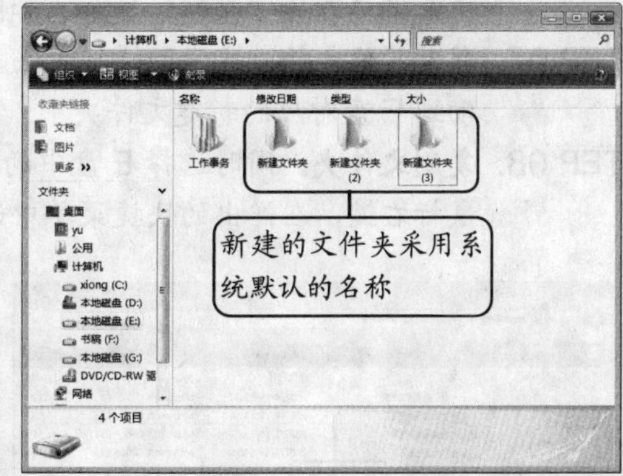

◆ 图 4-51

STEP 03. **选择命令。**在任意一个新建的文件夹上单击鼠标右键，在弹出的快捷菜单中选择“重命名”命令，如图 4-52 所示。

STEP 04. **重命名文件夹。**此时文件夹名称呈可编辑状态，输入新的名称“财务”。然后使用同样的方法分别将另外两个文件夹命名为“资料”与“产品”，如图 4-53 所示。

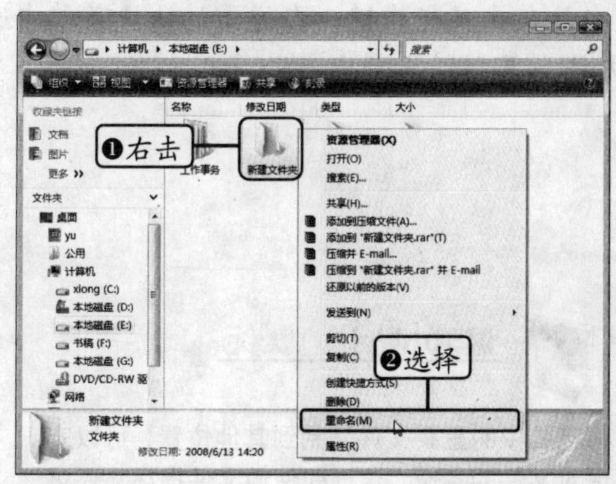

◆ 图 4-52

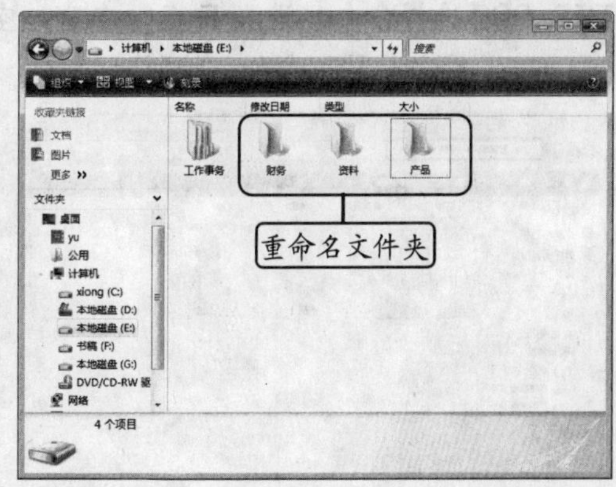

◆ 图 4-53

STEP 05. **剪切文件。**进入到其他磁盘目录，选择与“财务”相关的文件，然后在选择区域内单击鼠标右键，在弹出的快捷菜单中选择“剪切”命令，如图 4-54 所示。

STEP 06. **粘贴文件。**返回到 E 盘目录下，双击“财务”文件夹图标进入文件夹窗口，在窗口空白处单击鼠标右键，在弹出的快

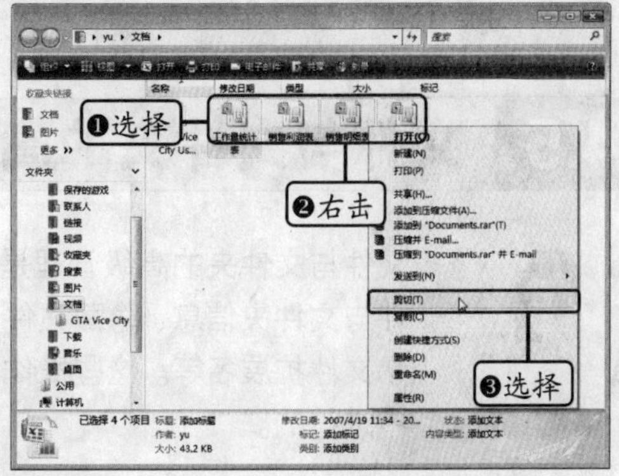

◆ 图 4-54

捷菜单中选择“粘贴”命令，如图 4-55 所示。

STEP 07. **移动其他文件。**按照同样的方法，分别将与“资料”和“产品”相关的文件移动到 E 盘对应的新建文件夹中。

STEP 08. **复制文件夹。**同时选择 E 盘中的“资料”、“财务”与“产品”文件夹，单击鼠标右键，在弹出的快捷菜单中选择“复制”命令，如图 4-56 所示。

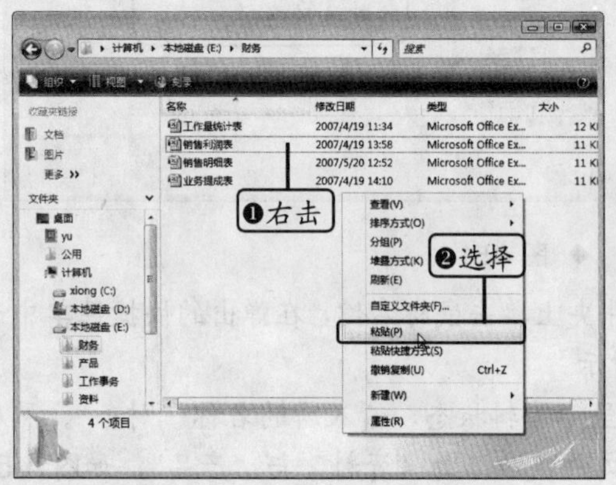

◆ 图 4-55

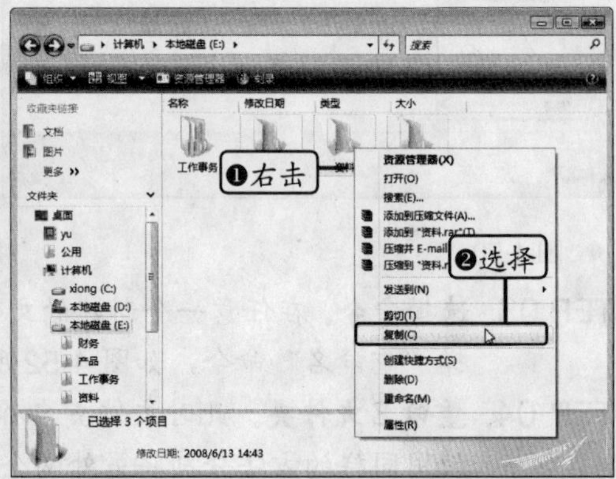

◆ 图 4-56

STEP 09. **选择命令。**进入 F 盘，在窗口空白处单击鼠标右键，在弹出的快捷菜单中选择“粘贴”命令，将所选的 3 个文件夹复制到 F 盘中，如图 4-57 所示。

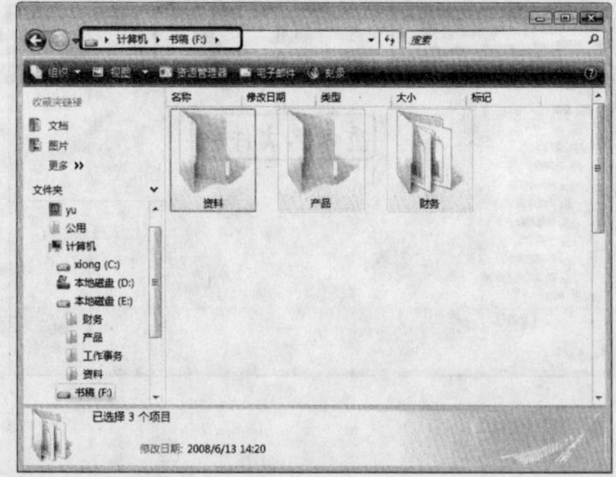

◆ 图 4-57

温馨小贴士

将电脑中的重要文件复制到其他位置，可以实现对文件的备份。这样即使源文件损坏，还可以使用复制的文件。

4.5 文件与文件夹的高级管理

文件与文件夹的高级管理是指一些有特定作用的操作或设置，包括查看文件与文件夹信息、隐藏文件与文件夹、显示隐藏的文件与文件夹，以及显示文件扩展名等。这些操作都是在文件或文件夹所对应的“属性”对话框中进行的。

4.5.1　查看文件与文件夹信息

通过文件与文件夹所对应的"属性"对话框，用户可以直观地查看文件或文件夹的一些特定信息，如文件类型、打开方式、位置、大小、占用空间以及创建与修改时间等信息。对于文件夹，还可查看到其中包含的文件和子文件夹数量。

查看"E:\工作事务"目录中的"会议报告"文件的属性。

STEP 01. **选择命令。**进入"E:\工作事务"目录，在"会议报告"文件图标上单击鼠标右键，在弹出的快捷菜单中选择"属性"命令，如图 4-58 所示。

STEP 02. **查看信息。**在打开的"会议报告 属性"对话框中单击"常规"选项卡，在其中可查看到该文件的相关信息，如图 4-59 所示。

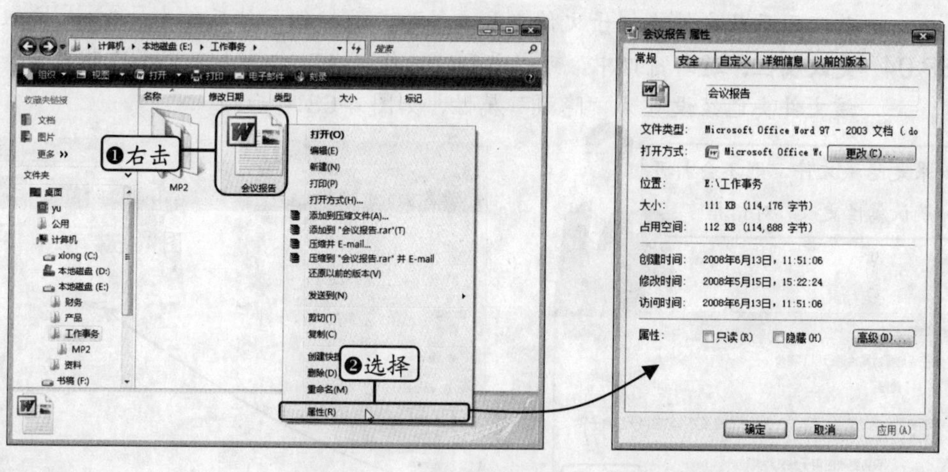

◆ 图 4-58　　◆ 图 4-59

4.5.2　隐藏文件与文件夹

对于电脑中的重要文件或文件夹，为了防止被其他用户查看或修改，可以将其隐藏。被隐藏的文件或文件夹将不会在窗口中显示。隐藏文件夹时，还可以选择仅隐藏文件夹，也可以将文件夹中的文件与子文件夹全部隐藏。

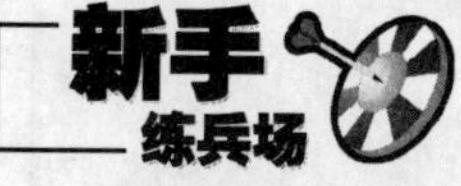

隐藏"E:\工作事务"目录下的所有文件。

STEP 01. **选择命令。**打开"计算机"窗口并进入 E 盘，在"工作事务"文件夹图标上单击鼠标右键，在弹出的快捷菜单中选择"属性"命令，如图 4-60 所示。

STEP 02. **选中复选框。**在打开的如图 4-61 所示的"工作事务 属性"对话框中单击"常规"选项卡，选中"隐藏"复选框，然后单击 确定 按钮。

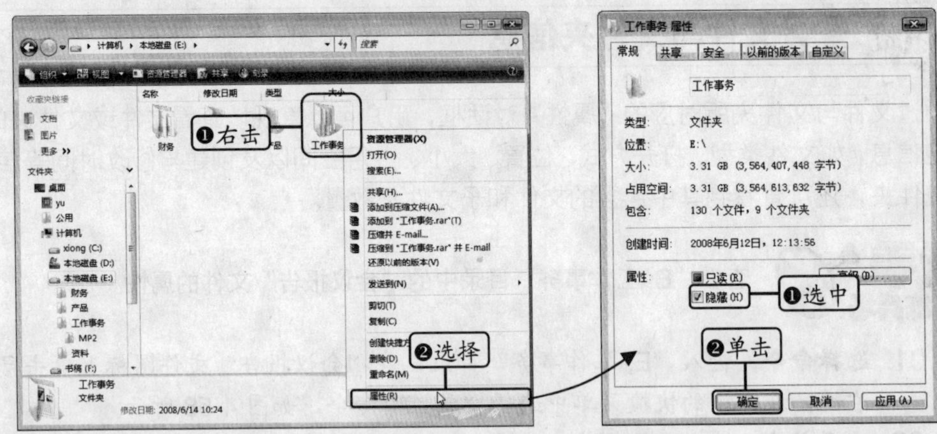

◆ 图 4-60 ◆ 图 4-61

STEP 03. **确认操作。**在打开的如图 4-62 所示的“确认属性更改”对话框中选中“将更改应用于此文件夹、子文件夹和文件”单选按钮，然后单击 确定 按钮。

STEP 04. **更改属性。**返回窗口中，可以看到“工作事务”文件夹变为半透明显示，表示该文件夹已经设置为“隐藏”属性，如图 4-63 所示。

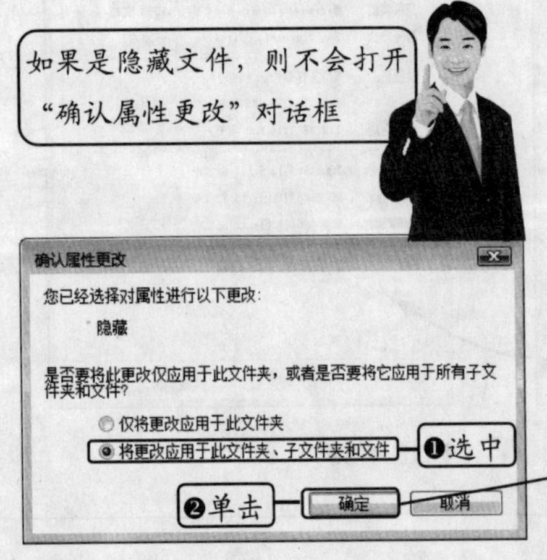

◆ 图 4-62

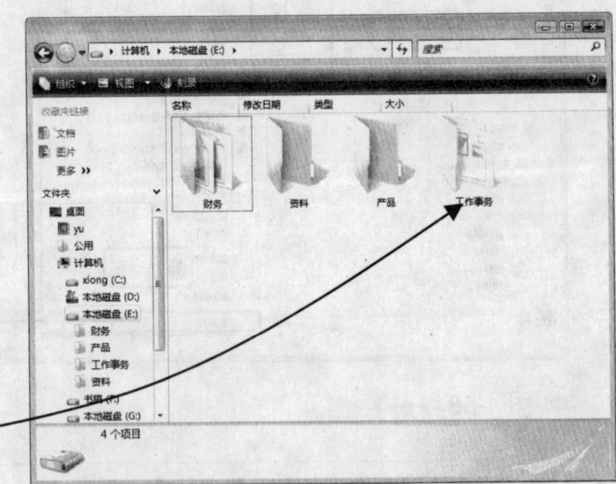

◆ 图 4-63

STEP 05. **隐藏文件夹。**将当前窗口关闭，然后再次打开“计算机”窗口并进入 E 盘目录下，可以看到窗口中没有显示“工作事务”文件夹，如图 4-64 所示。

温馨小贴士

对窗口进行刷新，也可以将设置“隐藏”属性的文件或文件夹从窗口中隐藏。

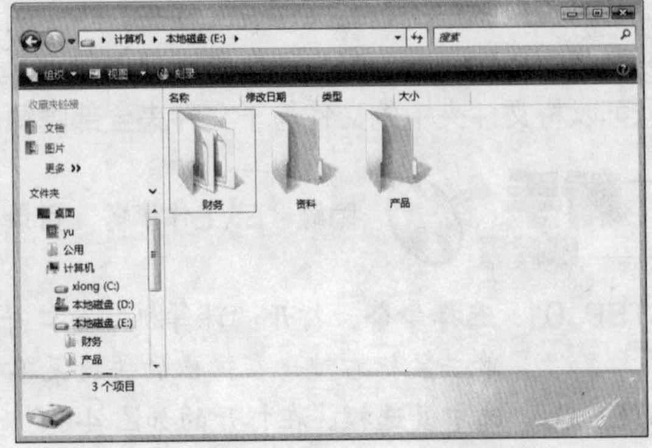

◆ 图 4-64

4.5.3　显示隐藏的文件与文件夹

将文件或文件夹隐藏后，如果要重新查看隐藏的文件或文件夹，则需要通过设置将隐藏的文件或文件夹显示出来。

将隐藏的“工作事务”文件夹恢复显示出来。

STEP 01. **显示菜单栏。**打开“计算机”窗口并进入 E 盘，单击窗口工具栏中的 组织 按钮，在弹出的下拉菜单中选择“布局/菜单栏”命令，显示出菜单栏，如图 4-65 所示。

STEP 02. **选择命令。**选择“工具/文件夹选项”命令，如图 4-66 所示。

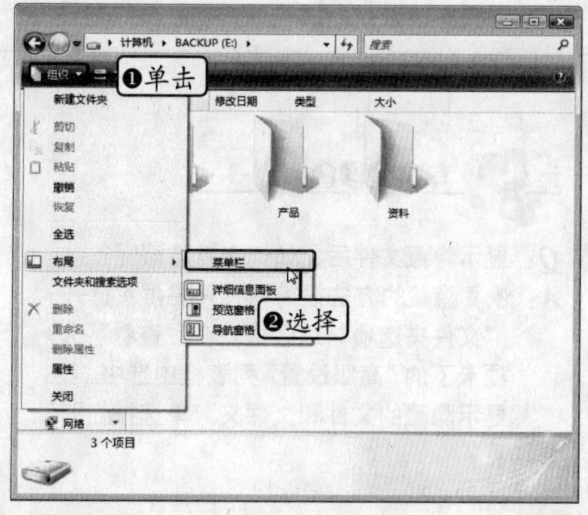

◆ 图 4-65

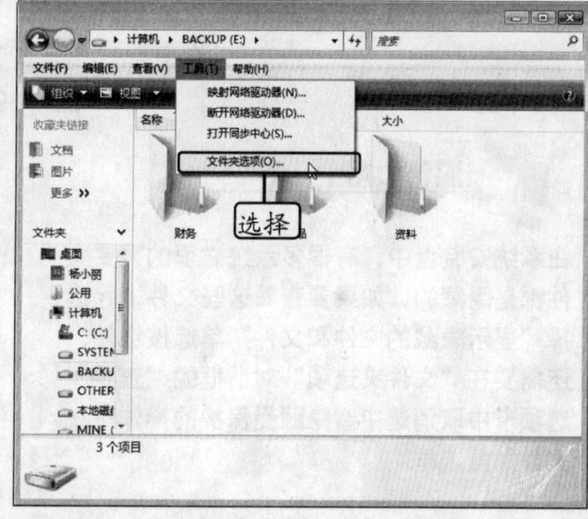

◆ 图 4-66

STEP 03. **打开对话框。**在打开的“文件夹选项”对话框中默认显示“常规”选项卡，如图 4-67 所示。

STEP 04. **选择选项。**单击“查看”选项卡，拖动“高级设置”列表框右侧的滚动条，显示出“隐藏文件和文件夹”选项，展开该选项并选中“显示隐藏的文件和文件夹”单选按钮，然后单击 确定 按钮，如图 4-68 所示。

STEP 05. **应用设置。**此时系统中所有隐藏的文件与文件夹都将呈半透明方式显示出来，如图 4-69 所示。

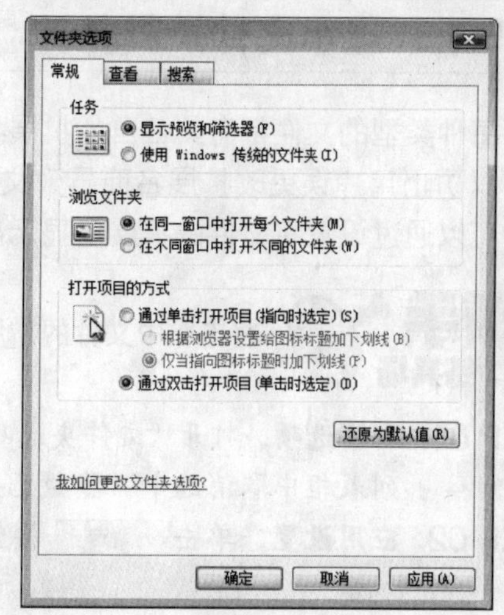

◆ 图 4-67

快学快用

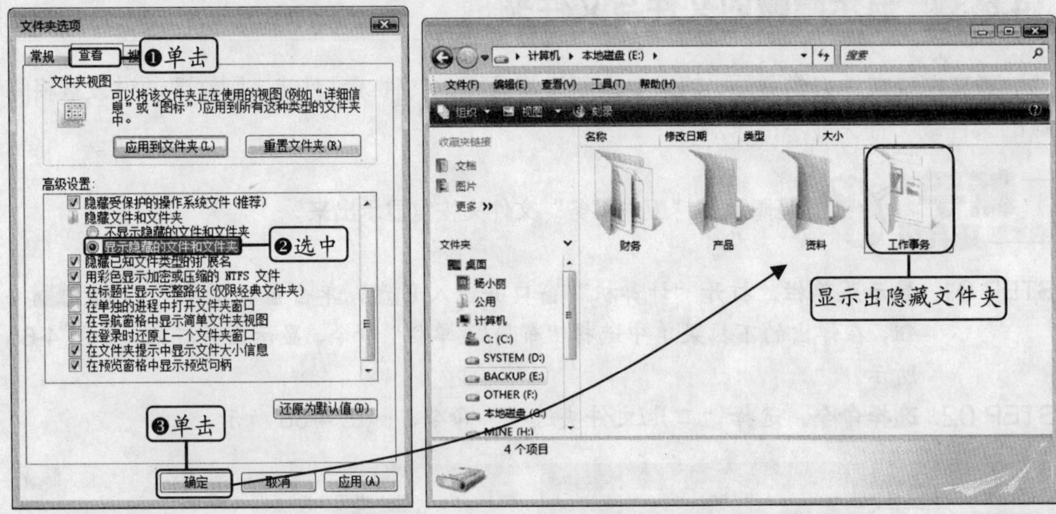

◆ 图 4-68　　◆ 图 4-69

温馨小贴士

在系统安装盘中，有很多系统必须的重要文件都是隐藏的，如果要查看这些文件，除选择“显示隐藏的文件和文件”单选按钮外，还需要在“文件夹选项”对话框的“查看”选项卡中取消选中“隐藏受保护的操作系统文件”复选框。

专家会诊台

Q：显示隐藏文件后，如何恢复隐藏呢？

A：恢复隐藏的方法很简单，只要再次打开“文件夹选项”对话框，在“查看”选项卡下的“高级设置”列表框中选中“不显示隐藏的文件和文件夹”单选按钮即可。

4.5.4 显示文件扩展名

每种类型的文件都有其各自的扩展名，Windows Vista 默认不显示文件的扩展名，这样可以防止用户误更改扩展名而导致文件不可用。如果用户需要查看或修改文件的扩展名，可以通过设置将文件的扩展名显示出来。

将电脑中文件的扩展名显示出来。

STEP 01. **取消选项。**打开“文件夹选项”对话框，单击“查看”选项卡，在“高级设置”列表框中取消选中“隐藏已知文件类型的扩展名”复选框，如图 4-70 所示。

STEP 02. **应用设置。**单击 确定 按钮即可显示出所有文件的扩展名，效果如图 4-71 所示。

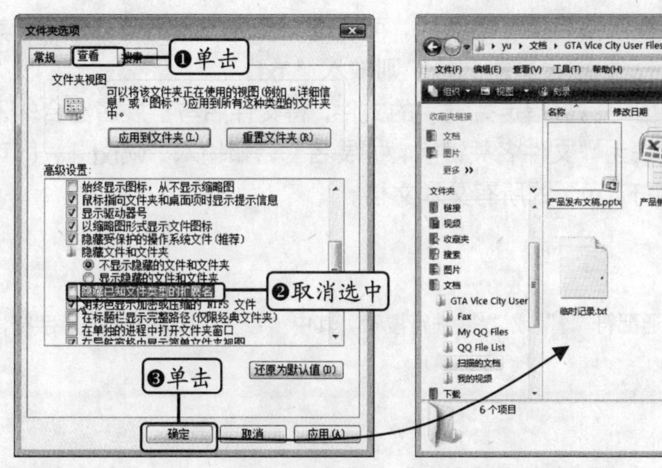

◆ 图 4-70　　◆ 图 4-71

专家会诊台

***Q*：哪些情况下，需要显示出文件的扩展名呢?**

***A*：显示扩展名的目的是为了查看与修改扩展名，一般遇到以下三种情况需要将扩展名显示出来。一是在查看未知类型文件以确定其打开程序时；二是在查看文件格式以确定是否采用时，如调用图片文件，可查看当前图片文件的格式；三是在传送文件时临时要更改扩展名，如通过网络传送时，对于 exe 文件可修改为其他扩展名进行传送，传送完毕后再将扩展名更改为“.exe”。**

4.6 搜索文件与文件夹

Windows Vista 提供的搜索功能可以帮助用户在电脑中快速查找符合条件的文件或文件夹，并且为搜索到的文件建立索引。根据搜索要求的不同，在 Windows Vista 中可以选择不同的搜索方式。

4.6.1 快速搜索

通过“计算机”窗口右上角的“搜索”文本框可快速在当前窗口位置搜索指定的文件或文件夹。通过“搜索”文本框进行搜索时，首先需要进入到相应的搜索范围窗口，如打开“计算机”窗口直接进行搜索，那么搜索范围为所有磁盘；进入 C 盘窗口中进行搜索，则搜索范围为整个 C 盘；同样，如果进入到下级文件夹中进行搜索，如“Windows”文件夹，则搜索范围为“Windows”文件夹。

用户在进行搜索时，需要先输入搜索关键字，根据搜索目的的不同，输入关键字的方式也不同，常见的快速搜索方式有以下几种。

☑ **搜索名称关键字**：当用户只记得文件或文件夹名称中的部分字符时，可以在“搜索”文本框中输入字符以搜索名称中包含该字符的文件或文件夹。

- **搜索文件类型**：如果要搜索指定类型的文件，可通过文件的扩展名进行搜索，其输入格式为“.扩展名”，如搜索文本文档，则输入“.txt”。
- **组合搜索**：搜索指定类型中包含指定关键字的文件，将文件名与扩展名组合输入以进行搜索。其输入方法为“文件名关键字+.扩展名”，如输入“w.txt”，即可搜索到文件名中包含字符“w”的所有文本文档。

温馨小贴士

搜索文件或文件夹时，可以配合使用通配符“?”或“*”进行搜索。其中“? ”可代表一个任意字符，“*”则代表任意数量的字符。

在F盘中搜索名称中包含“财务”的所有Excel 2007工作簿文件。

STEP 01. **输入搜索关键字。**打开“计算机”窗口并进入F盘，在“搜索”文本框中输入字符“财”，此时系统将自动搜索并在窗口中显示出名称中包含字符“财”的所有文件或文件夹，如图4-72所示。

STEP 02. **继续输入。**继续输入字符“务”，系统会根据输入的内容自动搜索名称中包含“财务”的所有文件和文件夹，如图4-73所示。

◆ 图4-72

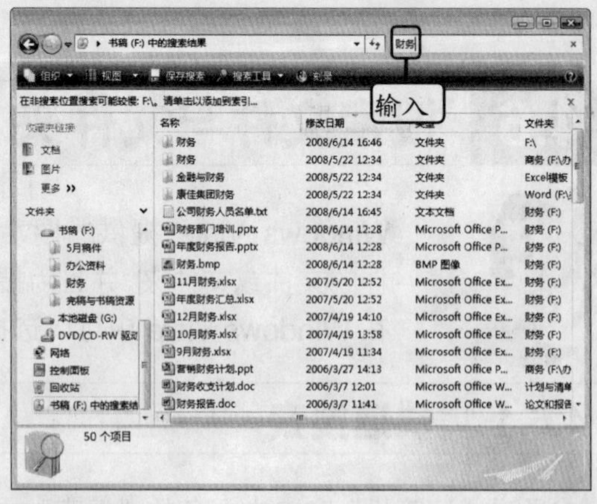

◆ 图4-73

STEP 03. **输入扩展名。**继续输入Excel 2007工作簿文件的扩展名“.xlsx”，此时会在窗口中显示出所有名称中包含“财务”的Excel 2007工作簿文件，以及文件修改日期、类型、位置、作者等信息，如图4-74所示。

STEP 04. **操作文件。**在搜索过程中或搜索完毕后，如果要进入到该文件所在的文件夹，则在其上单击鼠标右键，在弹出的快捷菜单中选择“打开文件位置”命令即可，如图4-75所示。

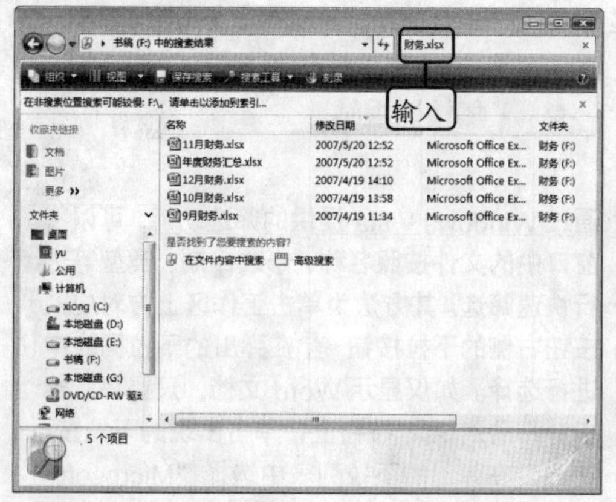

◆ 图 4-74

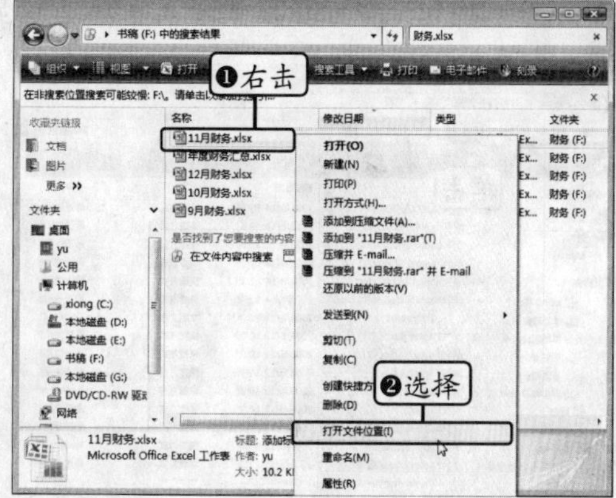

◆ 图 4-75

4.6.2 分类显示搜索结果

根据文件名中的部分关键字进行搜索后，窗口中将显示指定位置文件名中包含该关键字的所有文件。这时用户可以通过筛选使窗口中仅显示指定类型的文件，如电子邮件、文档、图片或者音乐文件等。

在“计算机”窗口中搜索名称中包含“ch”的所有文件和文件夹，并在搜索结果中仅显示类型为“文档”的文件。

STEP 01. **开始搜索。** 打开“计算机”窗口，在“搜索”文本框中输入搜索关键字“ch”，系统开始搜索并在窗口中显示符合条件的文件和文件夹，如图 4-76 所示。

STEP 02. **选择命令。** 搜索完毕后，单击窗口工具栏中 搜索工具 按钮，在弹出的下拉菜单中选择“搜索窗格”命令，如图 4-77 所示。

◆ 图 4-76

◆ 图 4-77

STEP 03. **单击按钮。** 此时窗口工具栏上方将显示“高级搜索”窗格，单击窗格中的 文档

按钮，即可在搜索结果中筛选仅显示类型为“文档”的文件，如图 4-78 所示。

◆ 图 4-78

通过 Windows Vista 提供的筛选功能，可以将窗口中的文件按照名称、修改日期、类型等进行快速筛选。其方法为单击工作区上方对应的按钮右侧的下拉按钮▾，在弹出的下拉列表中进行选择。如仅显示 Word 文档，只要将鼠标指针移动到 类型 按钮上，单击出现的下拉按钮▾，在弹出的下拉列表中选择“Microsoft Word 文档”选项。

4.6.3 高级搜索

如果要进行更全面、更细致的搜索，可以通过“高级搜索”功能来进行。通过“高级搜索”功能可以对文件的位置范围、修改日期、大小、名称，以及作者等进行设定，从而细化搜索条件以得到更精确的搜索结果。

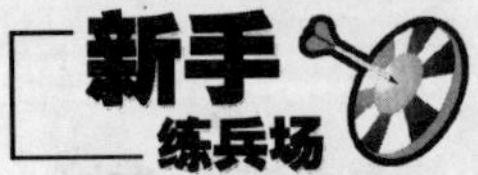

在所有磁盘中搜索名称中包含“ch”，创建日期早于“2008/06/04”、大小大于“3000KB”的所有文档。

STEP 01. **选择命令。**在“开始”菜单中选择“搜索”选项，打开如图 4-79 所示的“搜索结果”窗口。

STEP 02. **单击按钮。**在窗口中单击“高级搜索”按钮，显示出搜索选项面板，如图 4-80 所示。

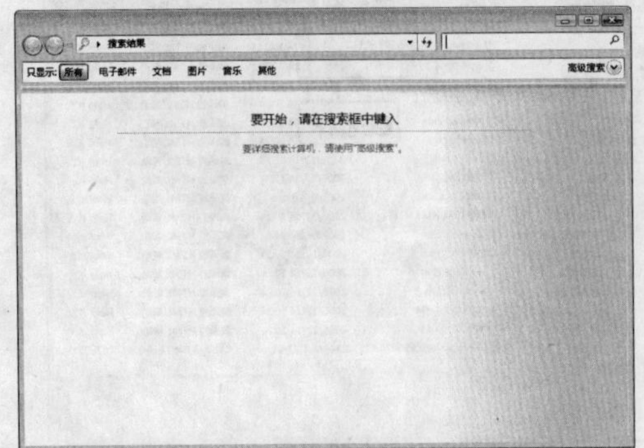

◆ 图 4-79

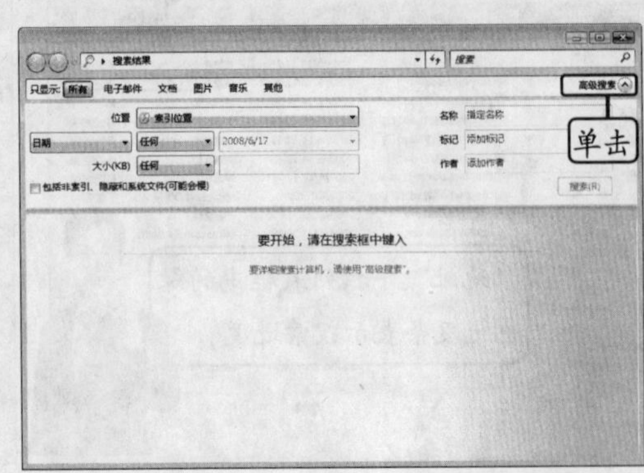

◆ 图 4-80

STEP 03. **设置搜索条件。**单击搜索窗格中的 文档 按钮，将搜索类型设置为“文档”。然后在搜索选项面板中的“位置”下拉列表中选择“本机硬盘驱动器”选项；在“创建日期”下拉列表中选择“创建日期”选项，并在选项后的下拉列表中选择“早于”选项，在后面的数值框将日期设置为“2008/06/04”；在“大小”下拉列表中选择“大于”，并在后面的文本框中输入“3000”；最后在“名称”文本框中输入搜索关键字“ch”，单击搜索选项面板中的搜索(R)按钮，如图 4-81 所示。

STEP 04. **搜索文件。**系统开始搜索并在窗口中显示出符合搜索条件的文件，如图 4-82 所示。

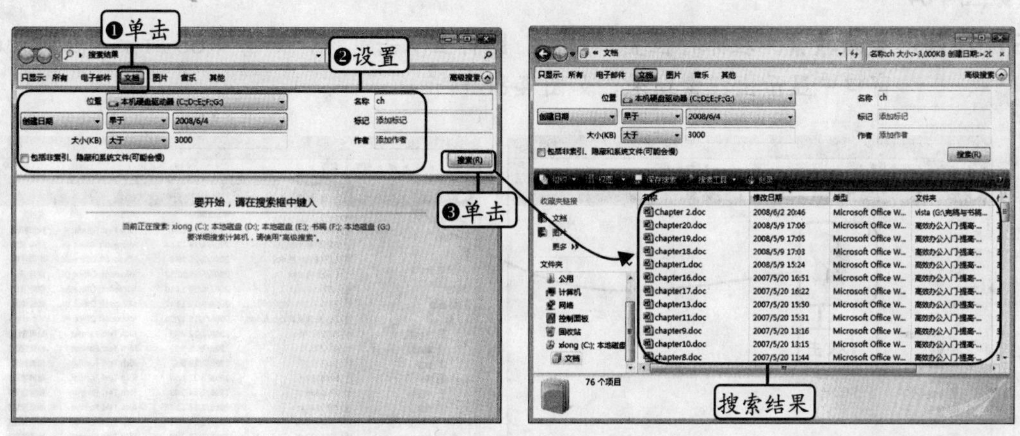

◆ 图 4-81　　◆ 图 4-82

4.6.4 保存搜索结果

如果用户经常需要查找一些特定的文件，就可以在进行搜索后将搜索结果保存。保存搜索结果后，以后就不必再每次重新搜索，而只需打开所保存的搜索，系统将显示与原始搜索相匹配的文件。

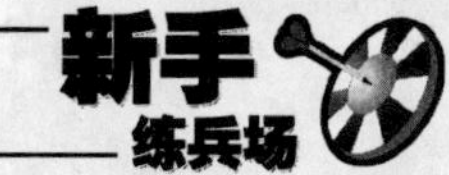

将搜索结果保存到用户的文件下的“搜索”目录中。

STEP 01. **单击按钮。**通过“搜索”文本框进行快速搜索后，窗口中显示所有搜索结果，此时单击工具栏中的保存搜索按钮，如图 4-83 所示。

STEP 02. **单击按钮。**在打开的“另存为”对话框中，系统自动根据关键字命名搜索结果，默认的保存路径为“用户的文件”文件夹中的“搜索”文件夹，单击

◆ 图 4-83

按钮，如图 4-84 所示。

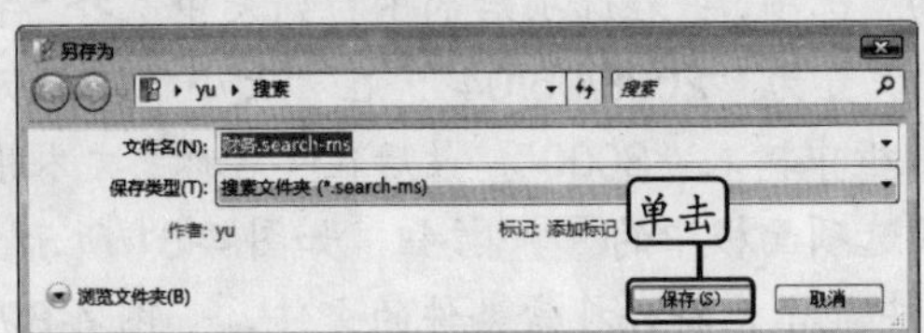

◆ 图 4-84

温馨小贴士

如果要将搜索结果保存到其他位置，则可单击对话框左下角的 浏览文件夹(B) 按钮，展开对话框后进行选择。

STEP 03. **查看搜索。** 在保存位置"财务"图标上双击鼠标，如图 4-85 所示，在打开的窗口中显示出搜索结果，如图 4-86 所示。

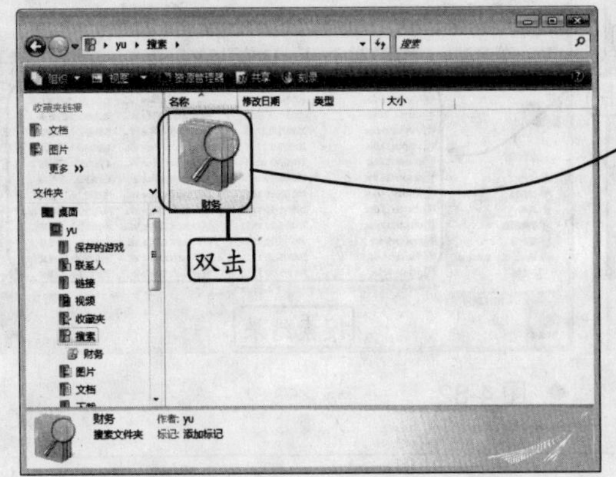

◆ 图 4-85

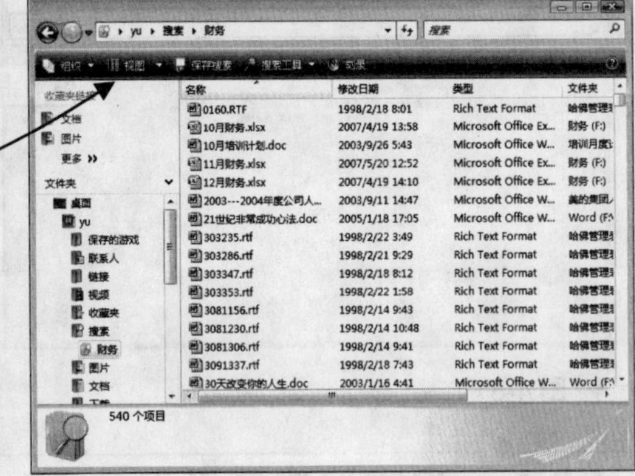

◆ 图 4-86

4.6.5 应用实例——通过搜索快速删除临时文件

本实例将通过搜索功能搜索电脑中的所有临时文件，并将其从电脑中删除。临时文件的扩展名为".tmp"。

其具体操作步骤如下。

STEP 01. **输入关键字。** 打开"计算机"窗口，在"搜索"文本框中输入搜索关键字".tmp"，如图 4-87 所示。

STEP 02. **搜索结果。** 此时系统开始搜索所有扩展名为".tmp"的文件，搜索完毕后，将全部显示在窗口中。

STEP 03. **删除项目。** 按【Ctrl+A】组合键，选择搜索到的全部文件，然后按【Del】键，在打开的

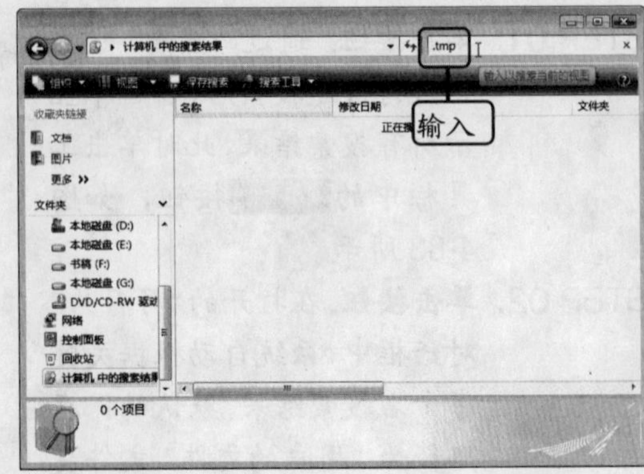

◆ 图 4-87

“删除多个项目”对话框中单击 是(Y) 按钮确认删除，如图 4-88 所示。

STEP 04. **确认删除。**在打开的如图 4-89 所示的对话框中开始计算删除时间并显示删除进度，当文件删除完毕后，对话框会自动关闭。

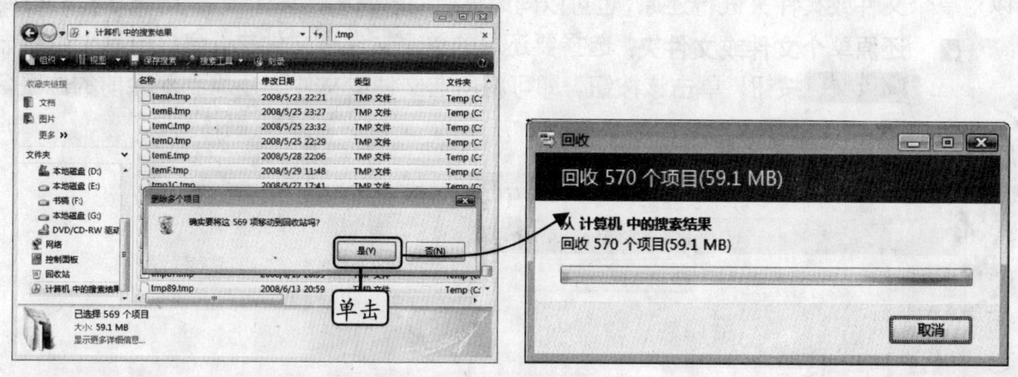

◆ 图 4-88　　◆ 图 4-89

4.7 管理回收站

回收站用于存放用户从磁盘中删除的各类文件和文件夹。当用户对文件或文件夹进行删除操作后，并没有将它们从电脑中直接删除，而是保存在回收站中。对于误删除的文件或文件夹，还可以通过回收站恢复；对于确认无用的文件，可将其从回收站中彻底删除。

4.7.1 查看删除文件

在桌面上的“回收站”图标上双击鼠标，打开“回收站”窗口，在其中可查看到所有被删除的文件和文件夹，如图 4-90 所示。

“回收站”窗口中的工作区中显示了所有被删除的文件和文件夹，通过工作区上方的按钮，可以对窗口中的项目进行排序、分组或筛选。选择一个文件或文件夹后，在下方的详细信息面板中将显示该文件或文件夹的原位置等相关信息。

温馨小贴士

回收站中的文件或文件夹是无法直接打开或运行的，当双击文件或文件夹后，将打开对应的“属性”对话框。

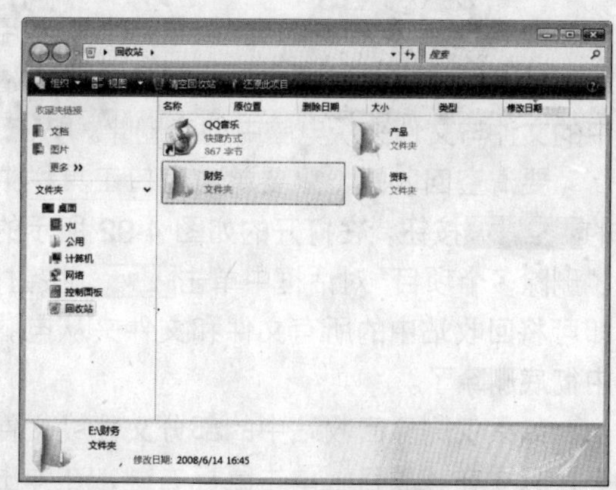

◆ 图 4-90

4.7.2 还原删除文件

对于误删除的文件或文件夹，可以通过回收站将其还原到删除前的位置。还原时，可以对单个文件或文件夹进行还原，也可以同时还原回收站中的多个或者全部文件与文件夹。

- **还原单个文件或文件夹**：选择要还原的单个文件或文件夹，窗口工具栏中将显示【还原此项目】按钮，单击该按钮，即可将所选文件或文件夹还原到删除前的位置，如图 4-91 所示。

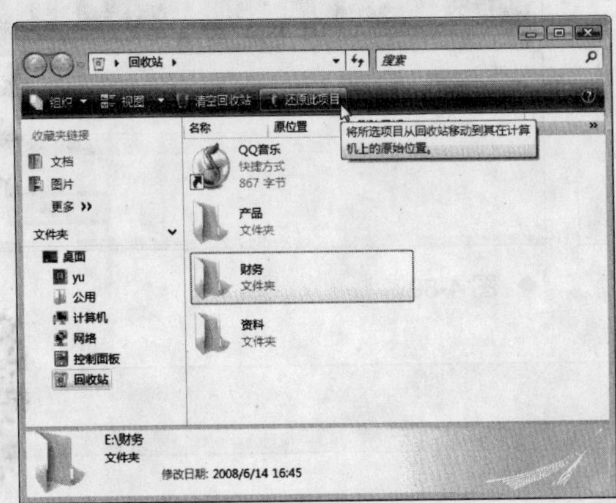

◆ 图 4-91

秘技播报站

还原项目时，也可以在要还原的文件或文件夹上单击鼠标右键，在弹出的快捷菜单中选择“还原”命令。

- **还原多个文件或文件夹**：同时选择要还原的多个文件或文件夹，窗口工具栏中将显示【还原选定的项目】按钮，单击该按钮，即可将所选的多个文件或文件夹各自还原到删除前的位置。
- **还原全部文件或文件夹**：在窗口中不进行任何选择，直接单击窗口工具栏中的【还原所有项目】按钮，即可将回收站中所有的文件和文件夹各自还原到删除前的位置。

4.7.3 清空回收站

当确定回收站中的文件或文件夹无用后，就可以将回收站清空，也就是将回收站中的文件与文件夹从电脑中彻底删除。

要清空回收站，只要单击窗口工具栏中的【清空回收站】按钮，在打开的如图 4-92 所示的“删除多个项目”对话框中单击【是(Y)】按钮，即可将回收站中的所有文件和文件夹从电脑中彻底删除了。

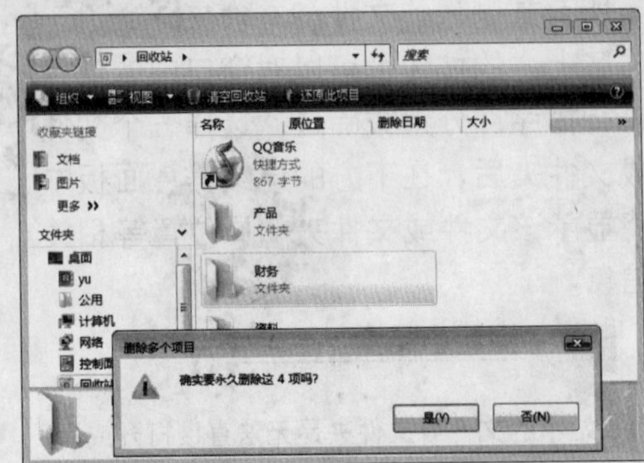

◆ 图 4-92

如果仅删除回收站中的部分文件或文件夹，只要在该项目上单击鼠标右键，在弹出的快捷菜单中选择“删除”命令即可。

4.7.4 设置回收站属性

用户可以根据需要自定义回收站属性，包括设置回收站容量、删除文件是否经过回收站以及清空回收站是否确认等。上述设置都是在“回收站 属性”对话框中进行的。

在桌面上的“回收站”图标上单击鼠标右键，在弹出的快捷菜单中选择“属性”命令，即可打开“回收站 属性”对话框，如图 4-93 所示。

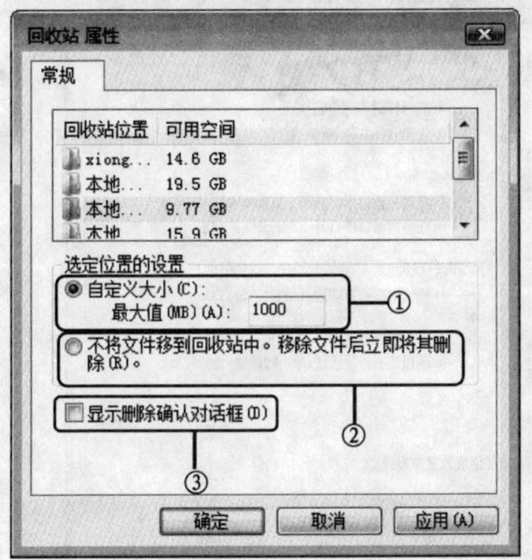

◆ 图 4-93

① **设置回收站大小**：用户可自定义设置回收站在每个磁盘分区中占用的空间大小。在对话框上方的列表框中逐个选择磁盘分区，选中列表框下方的“自定义大小”单选按钮，在“最大值”文本框中输入大小值即可。

② **删除文件不经过回收站**：选中“不将文件移到回收站，移除文件后立即将其删除”单选按钮，则在删除电脑中的文件或文件夹时，将不经过回收站而直接永久删除。

③ **删除时无需确认**：取消选中“显示删除确认对话框”复选框，则在删除电脑中的文件或文件夹时，将不弹出提示对话框而直接将文件删除到回收站中。

4.8 疑难解答

学习完本章后，是否发现自己对 Windows Vista 中管理文件与文件夹的认识又提升到了一个新的台阶？管理文件与文件夹过程中遇到的相关问题自己是否已经顺利解决了？下面将为您提供一些关于文件与文件夹操作的常见问题解答，使您的学习路途更加顺畅。

问： 电脑的配置不是很高，因而打开包含图片的文件夹时，系统显示图片缩略图需要等待很长时间，如何才能不自动显示图片缩略图呢?

答： 图片文件的缩略图缓冲需要占用系统的一定资源，对于配置较低的电脑，可以关闭缩略图缓冲以加快浏览速度。打开“文件夹选项”对话框，单击“查看”选项卡，在“高级设置”列表框中取消选中“以缩略图形式显示文件图标”复选框，这样以后在浏览文件时就不会以缩略图显示了。

问： 如何在新窗口中打开文件夹?

答： 进入到磁盘分区后，在需要打开的文件夹图标上双击鼠标，将在当前窗口中打开文

件夹，如果要在新窗口中打开，则可在该文件夹图标上单击鼠标右键，在弹出的快捷菜单中选择“打开”命令，如图 4-94 所示。还有一种方法就是打开“文件夹选项”对话框，在“常规”选项卡中选中“在不同窗口中打开不同的文件夹”单选按钮，然后单击 确定 按钮，如图 4-95 所示，这样以后再双击文件夹图标后，都会在新窗口中打开文件夹了。

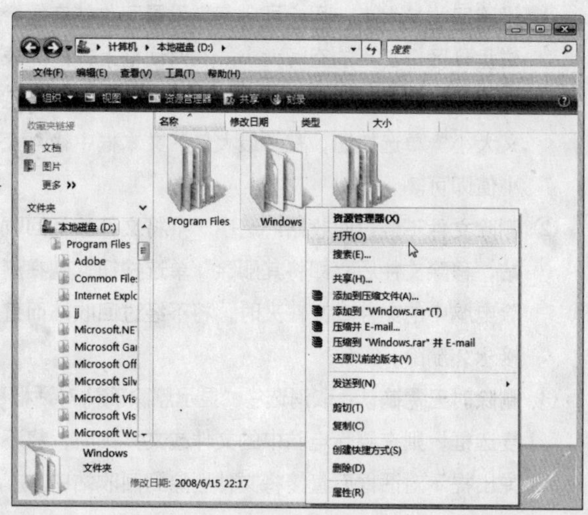

◆ 图 4-94

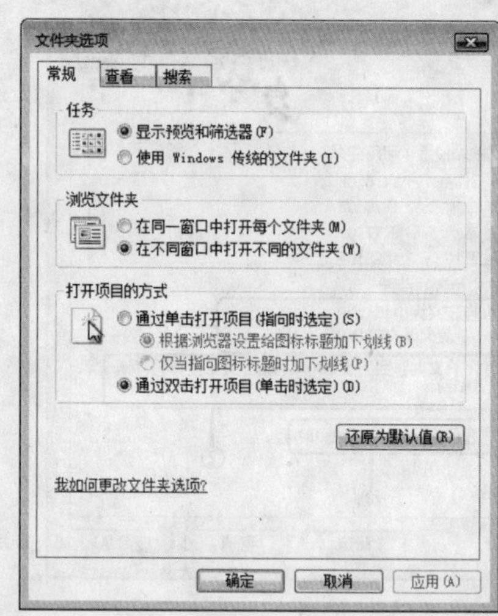

◆ 图 4-95

问：如何将电脑中的文件和文件夹快速复制到 U 盘中呢？

答：将 U 盘连接到电脑后，可以按照对普通分区的操作方法将文件复制到 U 盘，即先复制文件或文件夹，然后进入到 U 盘中进行粘贴。如果要快速将文件或文件夹复制到 U 盘，可在文件或文件夹图标上单击鼠标右键，在弹出的快捷菜单中选择“发送到/KINGSTON(I:)”命令即可（部分可移动磁盘会显示修改后的名字），如图 4-96 所示。

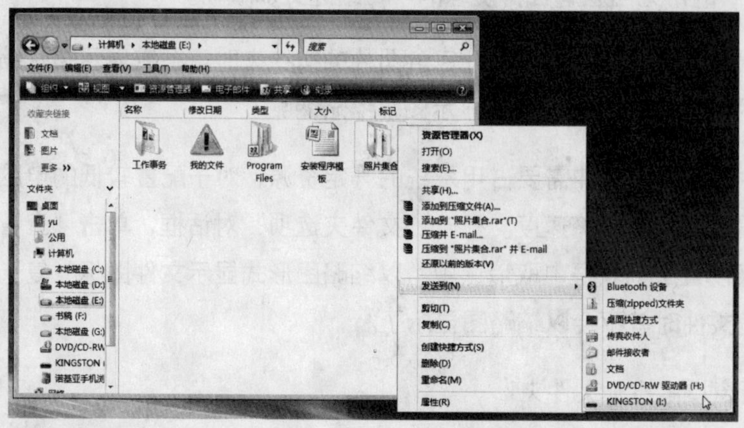

◆ 图 4-96

问： 如何将文件从电脑中直接彻底删除?

答： 在要删除的文件或文件夹图标上单击鼠标右键，按住【Shift】键不放，在快捷菜单中选择“删除”命令，即可将文件或文件夹直接从电脑中删除；还有一种方法就是选择文件或文件夹后，按【Shift+Delete】组合键。

问： 将文件夹复制到指定目录时，指定文件夹中如果包含同名的文件夹，这时该如何复制?

答： 如果目标位置存在与所复制文件夹名称完全相同的文件夹，那么在复制后进行粘贴时，就会打开如图 4-97 所示的“确认文件夹替换”对话框，询问用户是否合并同名文件夹，这时单击 是(Y) 按钮可将这两个文件夹中的文件合并在一起。同样，如果是复制名称与类型完全相同的文件，则会打开对话框询问用户采用何种方式复制，如图 4-98 所示，选择“复制和替换”选项可使用复制的文件替换目标文件夹中的文件；选择“不要复制”选项即放弃了本次复制操作；选择“复制，但保留这两个文件”选项可将复制的文件重命名为“Desert Landscape(2).jpg”（即在复制的文件名后加上（2））。

◆ 图 4-97

◆ 图 4-98

4.9 上机练习

本章上机练习一将创建一个名为“办公资料”的文件夹，并将电脑中的相关资料移动到该文件夹中；上机练习二将搜索并删除电脑中的所有临时文件，各练习的最终效果及制作提示介绍如下。

练习一

① 打开“计算机”窗口并进入 D 盘中，在窗口空白处单击鼠标右键，在弹出的快捷菜单中选择“新建”命令，新建一个文件夹。

② 将文件夹名称设置为“办公资料”，然后双击文件夹图标进入文件夹窗口。

③ 再次打开“计算机”窗口并进入到要移动文件的目录，在要移动的文件图标上单击鼠标右键，在弹出的快捷菜单中选择“剪切”命令。

④ 在“办公资料”文件夹窗口中单击鼠标右键，在弹出的快捷菜单中选择“粘贴”命令，如图 4-99 所示。

⑤ 按照同样的方法，将电脑中的其他相关文件移动到该目录中。

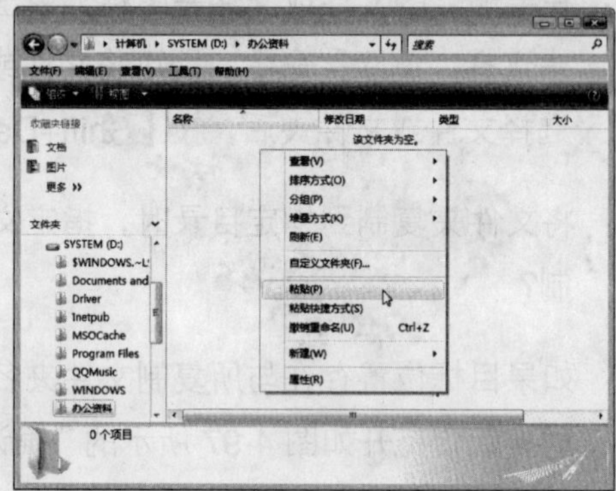

◆ 图 4-99

练习二

① 打开“计算机”窗口，在“搜索”文本框中输入临时文件的扩展名“.tmp”，开始搜索临时文件。

② 搜索完毕后，按【Ctrl+A】组合键将搜索到的临时文件全部选中，然后按【Del】键。

③ 在打开的“删除多个项目”对话框中单击是(Y)按钮，将搜索到的临时文件全部删除到回收站中，如图 4-100 所示。

④ 返回到桌面，在回收站图标上单击鼠标右键，在弹出的快捷菜单中选择“清空回收站”命令，将回收站中的内容从电脑中彻底删除。

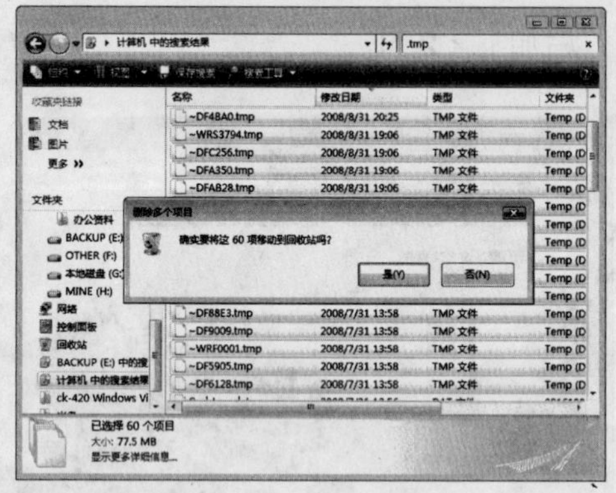

◆ 图 4-100

第 5 章

在 Windows Vista 中输入内容

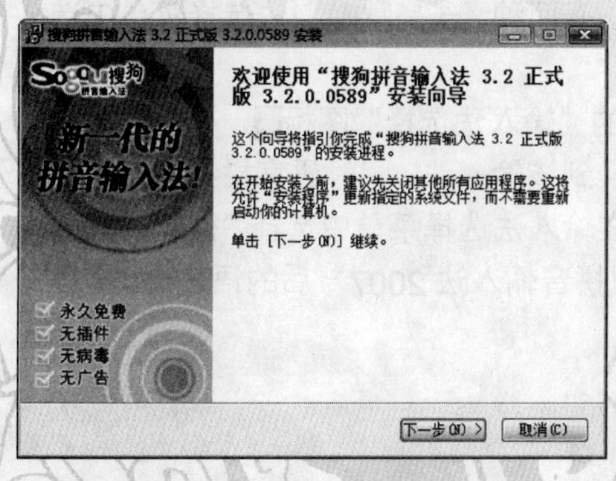

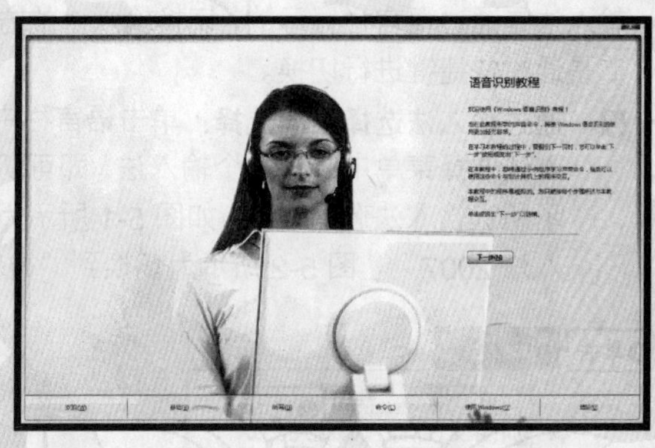

使用电脑即是人与电脑交互信息，但必须在电脑中输入相关信息才能实现交互。在 Windows Vista 中输入中文字符时，需要通过输入法使用键盘输入。除了使用键盘输入信息外，在 Windows Vista 中还可通过语音识别功能进行信息的输入。本章将讲解在 Windows Vista 中输入内容及安装字体的方法。

5.1 设置输入法

在电脑中输入文字时，需要先切换到对应的输入法进行输入，如输入英文时切换到英文输入法，输入中文时则切换到中文输入法。在 Windows Vista 中默认采用英文输入法，用户可根据需要设置默认的输入法，自定义输入法切换热键。

5.1.1 切换输入法

输入法是通过语言栏显示的，切换输入法的方法有两种，一是从输入法选择菜单中选择，二是通过快捷键进行切换。

- **通过输入法选择菜单选择：** 单击语言栏中的“输入法选择”图标，在弹出的输入法选择菜单中选择某个输入法，即可切换到该输入法，同时语言栏中会自动显示所选输入法选择图标，如图 5-1 所示为在输入法选择菜单中选择“微软拼音输入法 2007”，图 5-2 所示为切换到“微软拼音输入法 2007”后的语言栏。

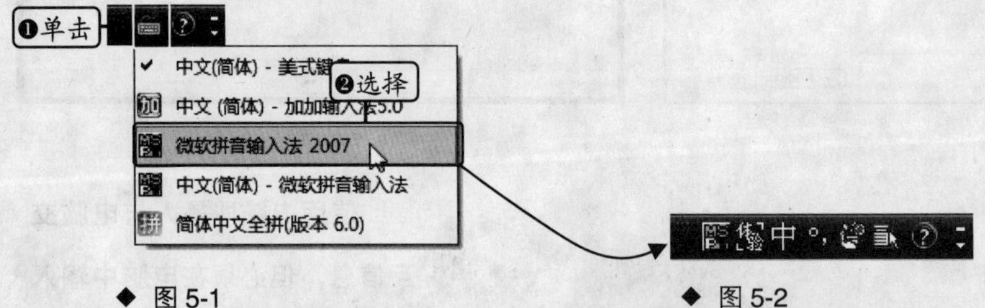

◆ 图 5-1　　◆ 图 5-2

- **使用快捷键切换：** 按键盘左侧的【Ctrl+Shift】组合键，可以在输入法选择菜单中按照由上到下的顺序在各个输入法之间切换；按键盘右侧的【Ctrl+Shift】组合键，可按照由下到上的顺序在各个输入法之间切换；按【Ctrl+Space】组合键，可以在英文输入法与上一次使用的中文输入法之间进行切换。

温馨小贴士

切换到中文输入法后，屏幕中会显示出对应的输入法状态条，有些输入法状态条直接显示在语言栏中。

5.1.2 设置默认输入法

Windows Vista 默认的输入法为英文输入法，在该输入法状态下，按键盘上对应的键可以直接输入英文字母与标点符号。如果用户经常需要输入中文字符，则可以将系统的默认输入法更改为自己所熟悉的中文输入法。

将“微软拼音输入法 2007”设置为系统默认输入法。

STEP 01. **选择命令。**在语言栏中的“输入法选择”图标上单击鼠标右键，在弹出的快捷菜单中选择“设置”命令，如图 5-3 所示。

STEP 02. **选择选项。**在打开的“文本服务和输入语言”对话框中单击“常规”选项卡，在“默认输入语言”下拉列表框中选择“中文(中国)-微软拼音输入法 2007”选项，单击 确定 按钮，如图 5-4 所示。

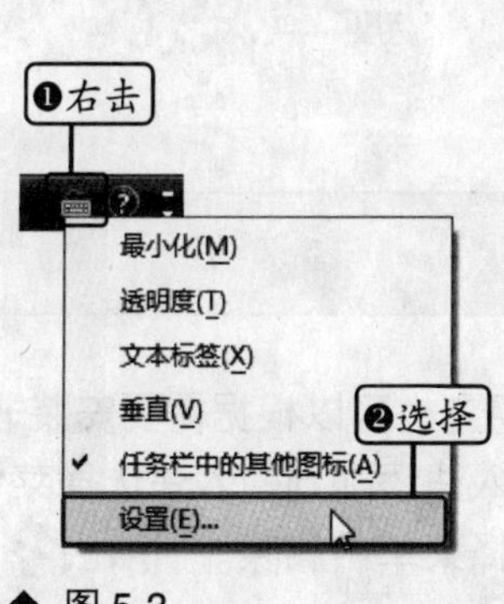

◆ 图 5-3

◆ 图 5-4

5.1.3　自定义输入法切换热键

用户可以根据使用习惯为不同的输入法设置对应的快捷键，这样在切换输入法时，只要按下对应的快捷键，即可快速切换到指定的输入法，而无需在输入法间逐个切换。

为“微软拼音输入法 2007”设置切换热键【Ctrl+Shift+7】。

STEP 01. **选择输入法选项。**打开“文本服务和输入语言”对话框，单击“高级键设置”选项卡，在“输入语言的热键”列表框中选择“切换到中文(中国)-微软拼音输入法 2007”选项，单击 更改按键顺序(C)... 按钮，如图 5-5 所示。

STEP 02. **设置快捷键。**在打开的“更改按键顺序”对话框中选中“启用按键顺序”复选框，在下拉列表中分别选择“Ctrl+Shift”选项与“7”选项，设置完毕后，单击 确定 按钮应用设置，如图 5-6 所示。

温馨小贴士

设置之后，不管当前使用何种输入法，只要按【Ctrl+Shift+7】组合键，即可快速切换到“微软拼音输入法 2007”。

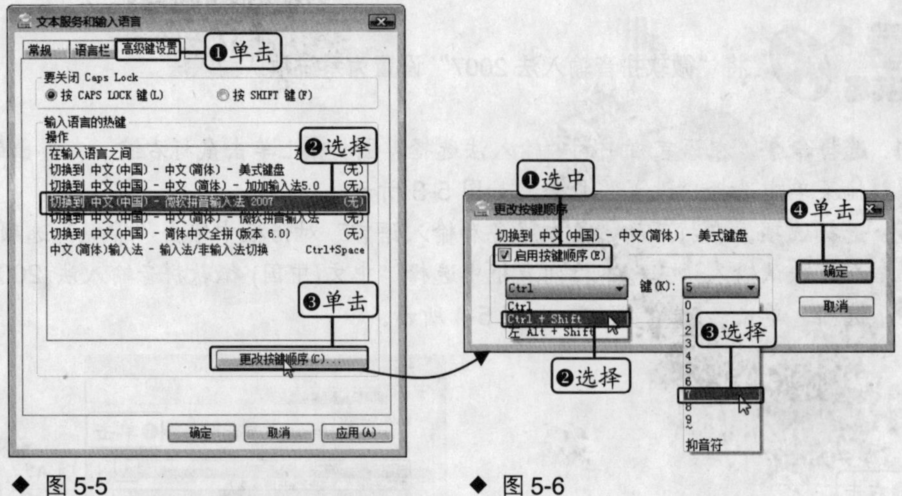

◆ 图 5-5　　◆ 图 5-6

5.2 添加与删除输入法

Windows Vista 内置了多种中文输入法，用户也可以根据需要安装非系统自带的输入法。用户可以将经常使用的输入法添加到输入法选择菜单中，对于不需要的输入法，则可以从输入法选择菜单中删除。

5.2.1 添加输入法

Windows Vista 内置的常用中文输入法包括“微软拼音输入法 2007”、“简体中文全拼”、“双拼”、“郑码”输入法等，用户可根据使用习惯将其添加到输入法选择菜单中。

将“简体中文全拼输入法”添加到输入法选择菜单中。

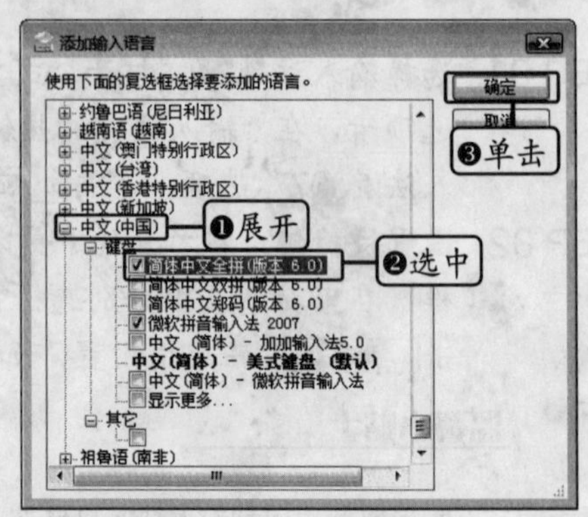

◆ 图 5-7

STEP 01. **单击按钮。**打开“文本服务和输入语言”对话框，单击“常规”选项卡，在“已安装的服务”列表框右侧单击 添加(D)... 按钮。

STEP 02. **选中复选框。**在打开的“添加输入语言”对话框的列表框中展开“中文（中国）”选项，选中“简体中文全拼（版本 6.0）”复选框，单击 确定 按钮，如图 5-7 所示。

STEP 03. **确认添加。**返回“文本服务和输入语言”对话框中，在列表框中可以

看到已经添加的“简体中文全拼”输入法，单击 确定 按钮，如图 5-8 所示。

STEP 04. **选择输入法。**添加完毕后，单击语言栏中的“输入法选择”图标，在弹出的输入法选择菜单中可选择“简体中文全拼”输入法，如图 5-9 所示。

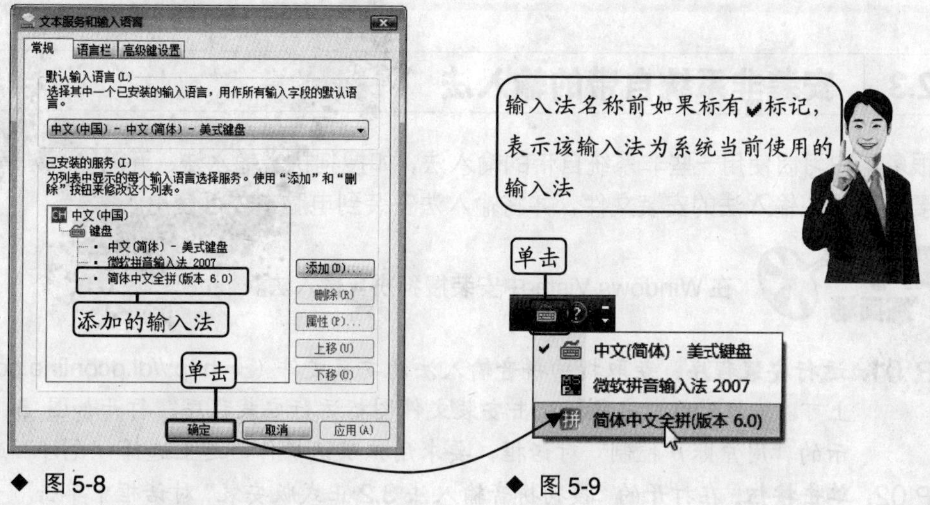

◆ 图 5-8　　◆ 图 5-9

5.2.2 删除输入法

对于不经常使用的输入法，可以将其从输入法选择菜单中删除。从输入法选择菜单中删除相应的输入法后，并没有将其从电脑中删除，在需要用到该输入法时可以通过添加输入法的方法再次添加。

将“微软拼音输入法 2007”从输入法选择菜单中删除。

STEP 01. **单击按钮。**打开“文本服务和输入语言”对话框，在“常规”选项卡中的“已安装的服务”列表框中选择“微软拼音输入法 2007”选项，单击 删除(R) 按钮，如图 5-10 所示。

STEP 02. **应用设置。**此时“微软拼音输入法 2007”将从列表框中删除，最后单击 确定 按钮应用设置。

STEP 03. **查看效果。**设置完毕后，单击语言栏中的“输入法选择”图标，在弹出的输入法选择菜单中已经没有“微软拼音输入法 2007”了。

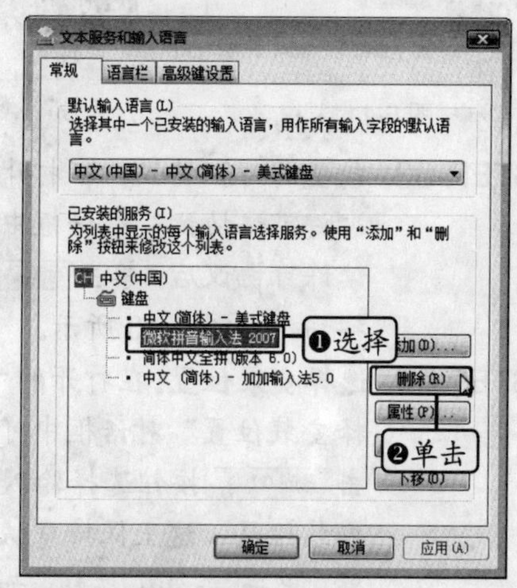

◆ 图 5-10

温馨小贴士

对于非系统自带的输入法，如五笔输入法，也可以使用该方法进行删除。

5.2.3 安装非系统自带的输入法

很多用户习惯使用一些非系统自带的输入法，如搜狗拼音输入法、五笔输入法等。这时需要获取这些输入法的安装文件，并将输入法安装到电脑中才可使用。

在 Windows Vista 中安装搜狗拼音输入法。

STEP 01. **运行安装程序。**获取搜狗拼音输入法的安装文件（如 http://dl.pconline.com.cn 上可以下载）后，用鼠标双击安装文件图标运行安装程序。打开如图 5-11 所示的“用户账户控制”对话框，要求用户确认操作，这里选择“允许”选项。

STEP 02. **单击按钮。**在打开的“搜狗拼音输入法 3.2 正式版安装”对话框中单击 下一步(F) 按钮，如图 5-12 所示。

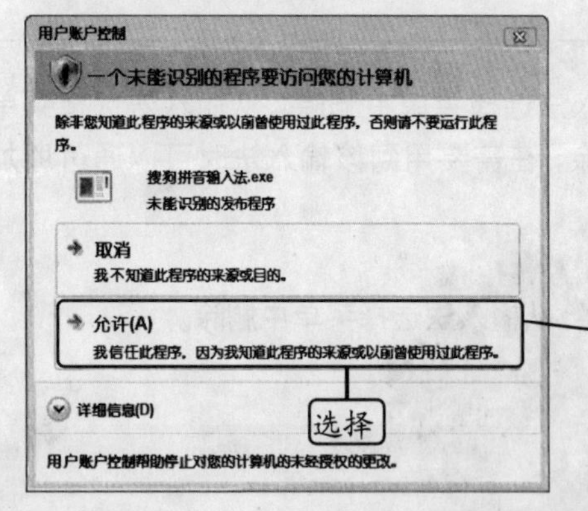

◆ 图 5-11

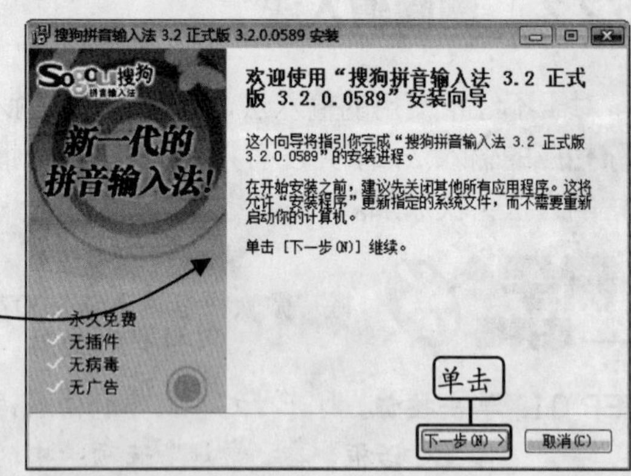

◆ 图 5-12

STEP 03. **接受许可证协议。**在打开的“许可证协议”对话框中阅读许可协议后，单击 我同意(I) 按钮，如图 5-13 所示。

STEP 04. **选择安装位置。**在打开的“选择安装位置”对话框中可单击 浏览(B)... 按钮选择输入法安装位置，这里保持默认设置，单击 下一步(F) 按钮，如图 5-14 所示。

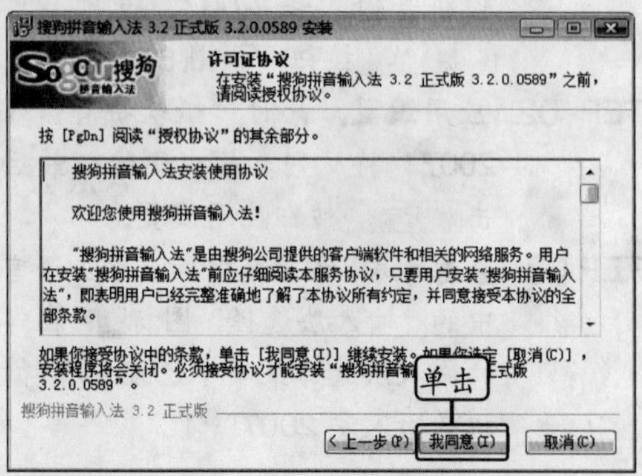

◆ 图 5-13

STEP 05. **开始安装。**在打开的“选择‘开始菜单’文件夹”对话框中单击 安装(I) 按钮，开始安装搜狗拼音输入法，此时对话框中会出现进度条显示文件安装进度，如图 5-15 所示。

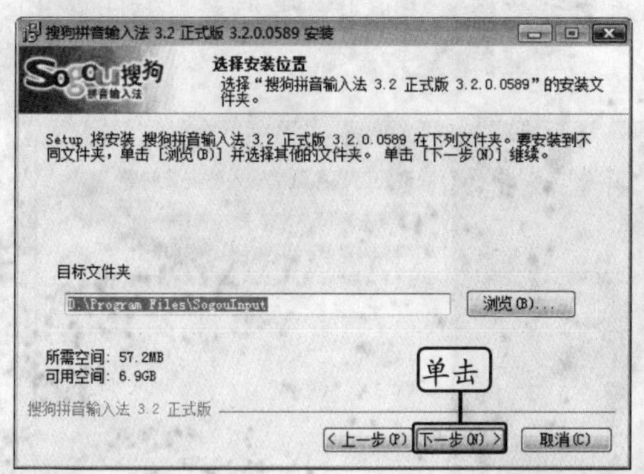

◆ 图 5-14

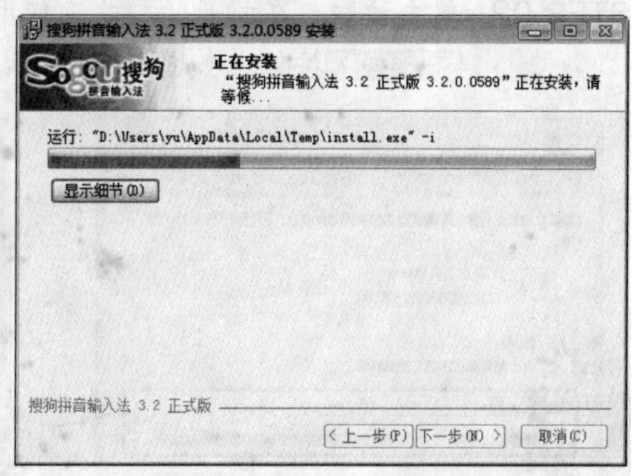

◆ 图 5-15

STEP 06. **安装完成。**安装完毕后将打开如图 5-16 所示的对话框，单击 完成(F) 按钮。

STEP 07. **查看输入法。**单击语言栏中的“输入法选择”图标，在弹出的输入法选择菜单中可查看到安装的搜狗拼音输入法，如图 5-17 所示。

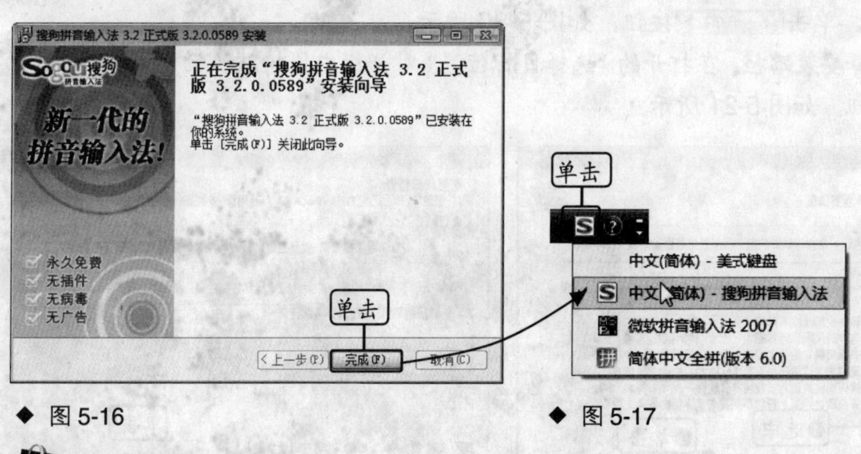

◆ 图 5-16　　◆ 图 5-17

专家会诊台

Q：在什么地方可以获取搜狗拼音输入法的安装文件?

A：搜狗拼音输入法是一款免费的输入法，如果用户的电脑连接了网络，就可以直接从网络中下载获取；如果没有连接网络，则可以购买其安装光盘。

5.2.4　应用实例——在电脑中安装极品五笔输入法

本实例讲解在 Windows Vista 中安装极品五笔输入法，并将此输入法设置为系统默认的输入法，以方便习惯使用五笔输入法的用户。

其具体操作步骤如下。

STEP 01. **运行安装程序。**获取极品五笔输入法的安装文件后，运行安装程序，在打开的“用户账户控制”对话框中选择“允许”选项，如图 5-18 所示。

STEP 02. **单击按钮。**在打开的“欢迎使用极品五笔输入法安装向导”对话框中单击 下一步(N) > 按钮，如图 5-19 所示。

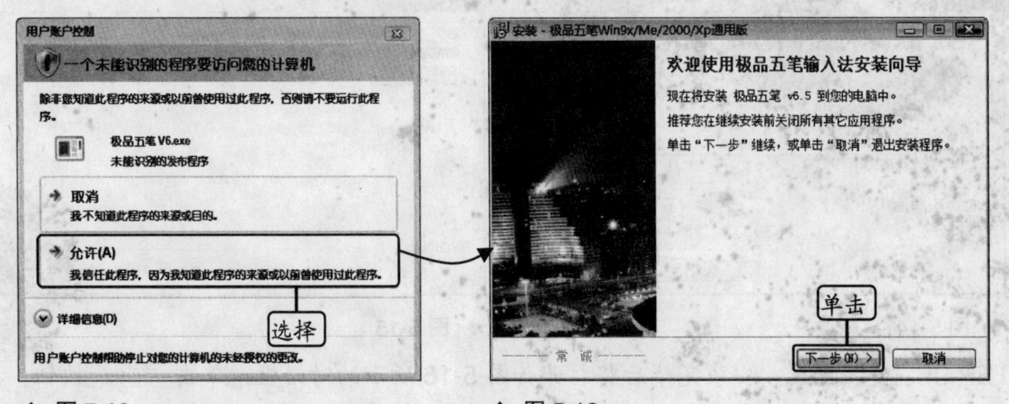

◆ 图 5-18　　◆ 图 5-19

STEP 03. **接受许可协议。**在打开的“许可协议”对话框中选中“我同意此协议”单选按钮，单击 下一步(N) > 按钮，如图 5-20 所示。

STEP 04. **选择安装路径。**在打开的“选择目标位置”对话框中保持默认位置，单击 下一步(N) > 按钮，如图 5-21 所示。

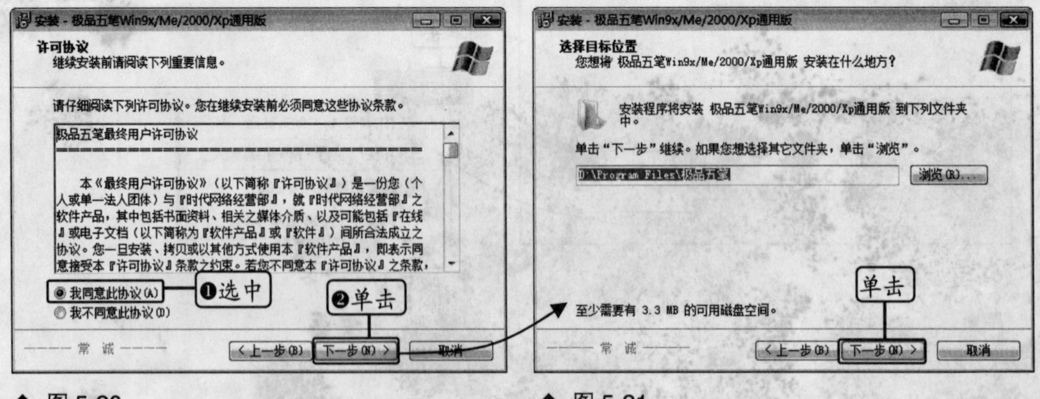

◆ 图 5-20　　◆ 图 5-21

STEP 05. **开始安装。**在打开的“准备安装”对话框中单击 安装(I) 按钮开始安装极品五笔输入法，在安装过程中将显示安装进度。

STEP 06. **安装完毕。**安装完毕后，将打开如图 5-22 所示的对话框，取消选中对话框中的“添加雅虎助手”、“添加 dmremote”和“查看自述文件”三个复选框（也可以根据需要选中相应复选框），单击 完成(F) 按钮。

STEP 07. **查看输入法。**单击语言栏中的“输入法选择”图标，在弹出的输入法选择菜单中即可查看极品五笔输入法，如图 5-23 所示。

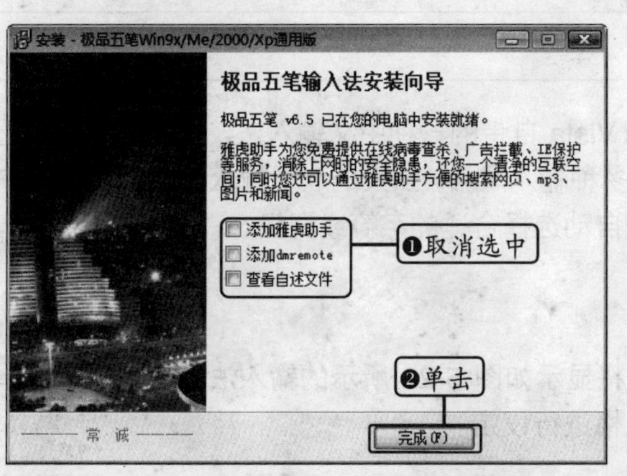

◆ 图 5-22

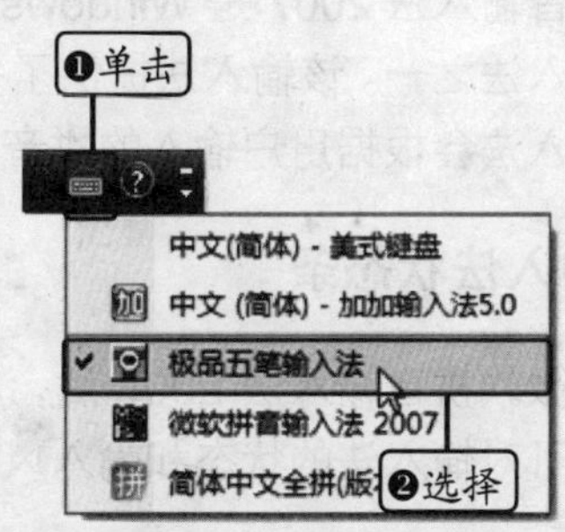

◆ 图 5-23

STEP 08. **选择命令。**在语言栏中的“输入法选择”图标上单击鼠标右键，在弹出的快捷菜单中选择“设置”命令，如图 5-24 所示。

STEP 09. **选择选项。**在打开的“文本服务和输入语言”对话框中的“默认输入语言”下拉列表框中选择“中国(中国)-极品五笔输入法”选项，如图 5-25 所示。单击 确定 按钮，将极品五笔输入法设置为系统默认输入法。

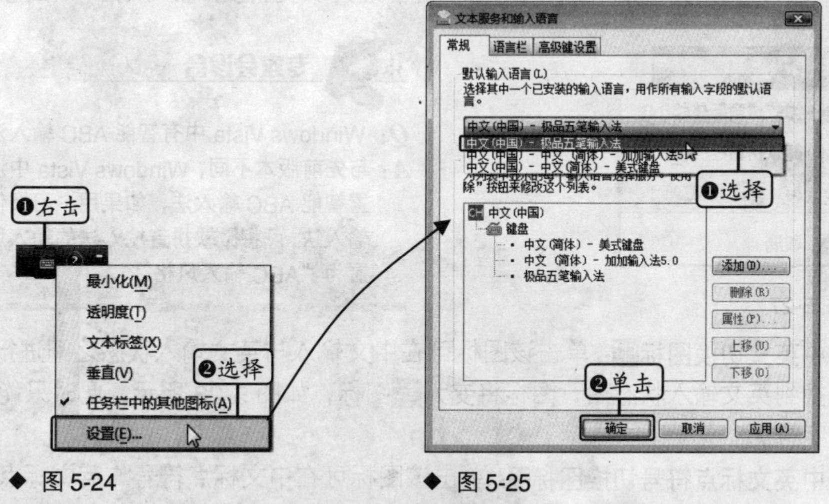

◆ 图 5-24　　◆ 图 5-25

5.3 常用输入法的使用

用户要使用电脑就必须掌握一种或多种输入法的使用方法。根据编码方式的不同可以将中文输入法分为音码输入法和形码输入法两类。下面将对较常用的微软拼音输入法、搜狗拼音输入法以及极品五笔输入法的使用方法进行介绍。

5.3.1 微软拼音输入法

微软拼音输入法 2007 是 Windows Vista 自带的一种中文输入法，也是目前被广泛应用的拼音输入法之一。该输入法提供了多种输入风格，强大的联想输入功能可以让用户逐句输入，输入法会根据用户输入的拼音自动选择合适的字符或词组。

1. 认识输入法状态条

切换到微软拼音输入法 2007 后，将显示如图 5-26 所示的输入法状态条，通过单击其中的图标可对输入法的状态和输入风格进行设定。

◆ 图 5-26

- **输入法指示图标**：表示当前输入法为微软拼音输入法，单击该图标可打开输入法选择菜单。
- **输入风格图标**：单击该图标可在弹出的下拉列表中选择微软拼音输入法的输入风格，包括微软拼音新体验、微软拼音经典以及 ABC 输入风格，如图 5-27 所示。

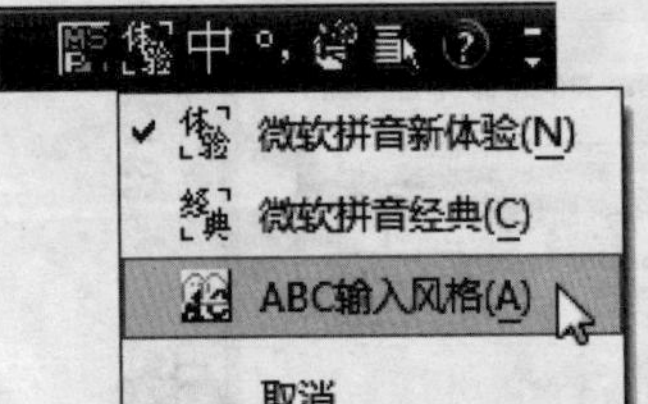

◆ 图 5-27

专家会诊台

Q：Windows Vista 中有智能 ABC 输入法吗?

A：与先前版本不同，Windows Vista 中没有内置智能 ABC 输入法，如果用户习惯使用该输入法，可将微软拼音输入法的输入风格设置为“ABC 输入风格”。

- **中英文切换图标**：单击该图标可在中文输入与英文输入状态之间进行切换，切换到英文输入状态后，图标将变为英图标，如图 5-28 所示，此时只能输入英文字符。
- **中英文标点符号切换图标**：单击该图标可在中文标点符号与英文标点符号输入状态之间进行切换，切换到英文标点符号输入状态后，图标将变为图标，此时只能输入英文标点符号，如图 5-29 所示。

◆ 图 5-28

◆ 图 5-29

- **输入板控制图标**：单击该图标可打开如图 5-30 所示的输入法自带的输入板，再次单击则关闭。输入板用于输入偏旁等生僻字以及符号。
- **功能菜单图标**：单击该图标可弹出微软拼音输入法的功能菜单，如图 5-31 所示。在菜单中选择相应的命令，可以对微软拼音输入法的功能选项、词库等进行

一系列设置。

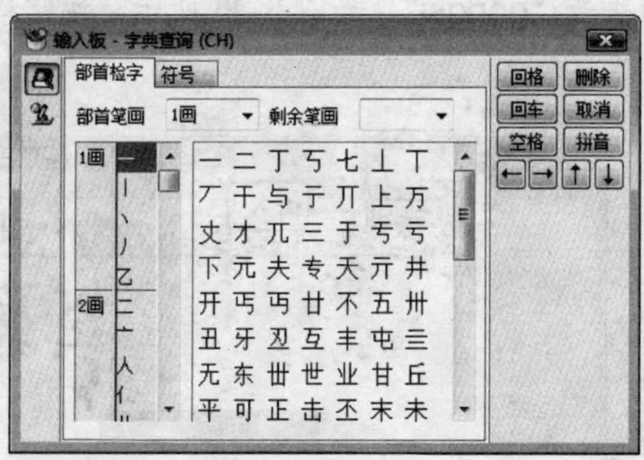

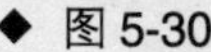
◆ 图 5-30

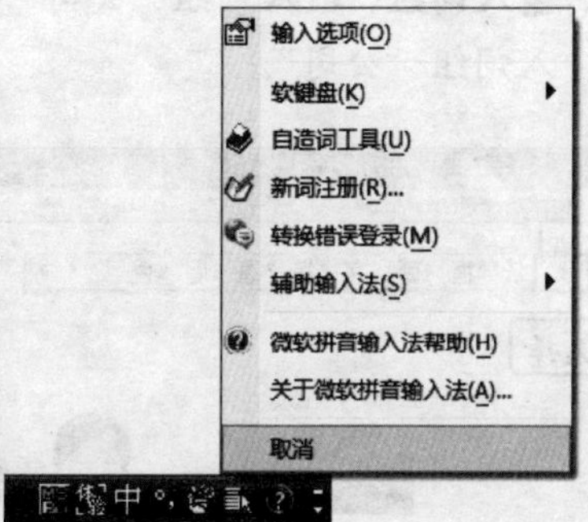

◆ 图 5-31

2. 使用微软拼音输入法

使用微软拼音输入法输入文字前，需要先打开要输入汉字的程序或文件，然后切换到微软拼音输入法，按照输入法的编码方式输入汉字拼音，就可以输入对应的汉字、词组或语句了。

使用微软拼音输入法在记事本中输入一段文本。

STEP 01. **启动记事本。**在“开始”菜单中选择“所有程序”选项，打开“所有程序”列表，展开“附件”选项，选择“记事本”命令，打开记事本程序，如图 5-32 所示。

STEP 02. **选择输入法。**在记事本窗口中单击鼠标定位插入点。再单击语言栏中的“输入法选择”图标，在弹出的输入法选择菜单中选择“微软拼音输入法 2007”命令，如图 5-33 所示。

◆ 图 5-32

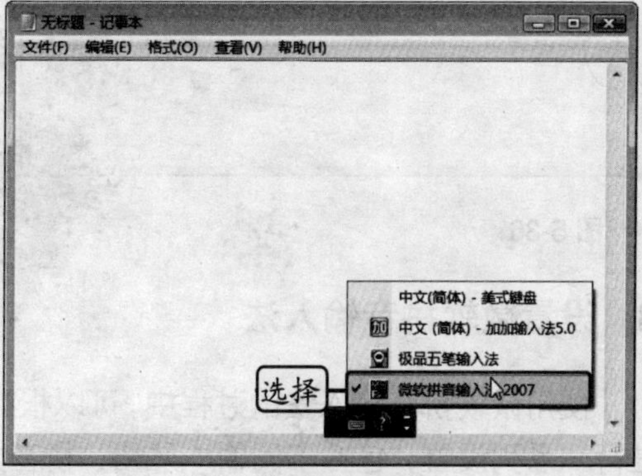

◆ 图 5-33

STEP 03. **输入单字。**按键盘上的【W】与【O】键，输入汉字“我”的拼音“wo”，在输入框中显示拼音编码为“wo”的汉字，如图 5-34 所示，按空格键将自动显

示排在输入框中对应数字键为“1”的汉字“我”。

STEP 04. **输入词组。**输入词组“公司”的拼音“gongsi”，如图 5-35 所示，按空格键输入词组“公司”。

◆ 图 5-34

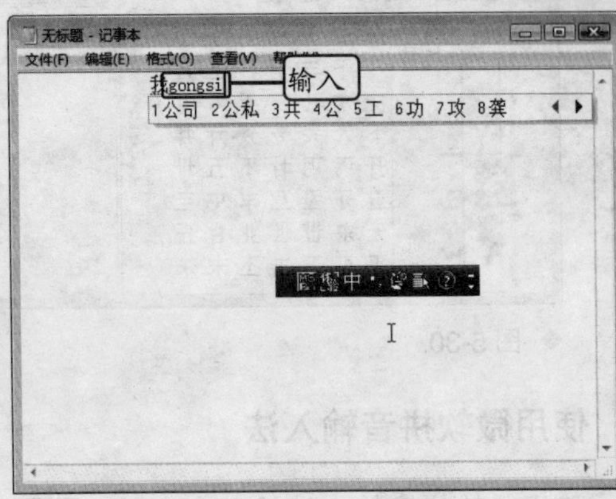

◆ 图 5-35

STEP 05. **输入语句。**继续输入语句“近日召开的产品发布会”的拼音“jinrizhaokaidechanpinfabuhui”，系统会自动选择正确的词组进行输入，如图 5-36 所示。

STEP 06. **输入标点符号。**输入完毕后，按键盘上对应的按键可输入相应的标点符号，按空格键确认输入，如图 5-37 所示。

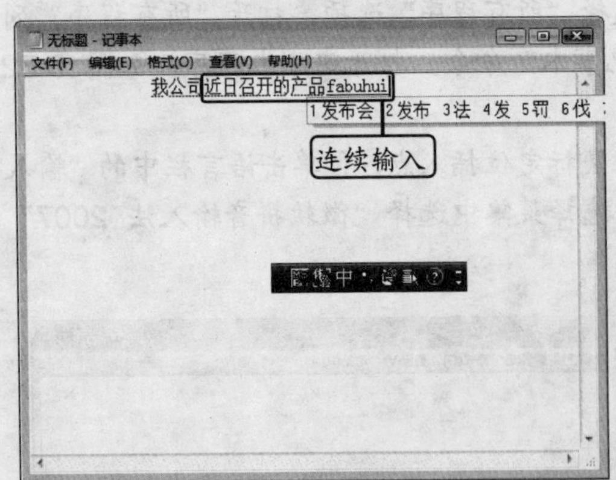

◆ 图 5-36

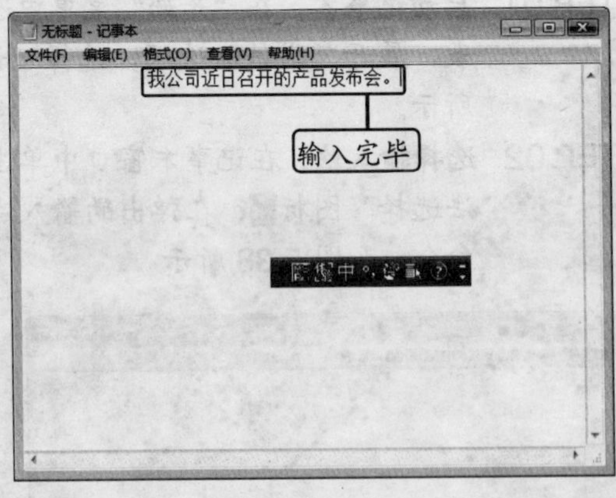

◆ 图 5-37

3. 设置微软拼音输入法

使用微软拼音输入法的过程中，可以根据自己的使用习惯和需求对输入法的输入选项进行一系列设置，包括不同输入风格、拼音方式、中英文切换键、拼音设置、字符集、输入框显示设置，以及一些按键功能等。

要对微软拼音输入法进行设置，可单击输入法状态条中的功能菜单图标，在弹出的下拉菜单中选择“输入选项”命令，打开“微软拼音输入法 2007 输入选项”对话框。通

过“常规”选项卡与“微软拼音新体验及经典输入风格”选项卡中的选项，即可根据使用习惯对输入法进行相应设置，如图 5-38 和图 5-39 所示。

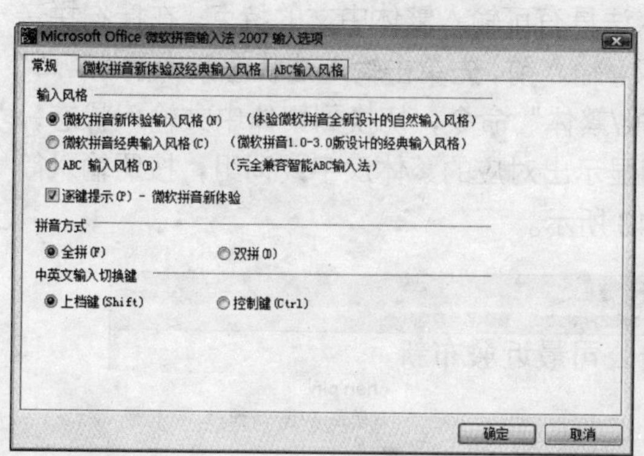

◆ 图 5-38

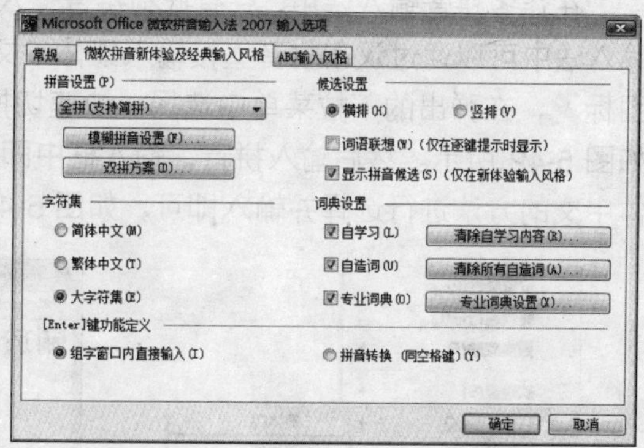

◆ 图 5-39

5.3.2　搜狗拼音输入法

搜狗拼音输入法是一款优秀的输入法，采用拼音编码为基础，支持全拼、简拼以及混拼多种方式混合式输入，简化了编码的输入过程从而提高了用户输入汉字的速度。除此之外，它还支持繁体中文的输入。

切换到搜狗拼音输入法后，屏幕中将显示该输入法状态条，如图 5-40 所示。输入法状态条中的主要功能按钮与微软拼音输入法基本相同。

◆ 图 5-40

1. 使用搜狗拼音输入法

打开要输入文本的程序或文件后，切换到搜狗拼音输入法。然后按照编码方式输入拼音。如输入词组“公司”，可以使用全拼方式输入“gongsi”、或使用简拼方式输入“gs”、还可以使用混拼方式输入“gongs”或“gsi”。输入拼音的过程中，输入框中会自动显示出采用该编码的所有词组，按对应的数字键进行选择即可，如图 5-41 所示。如果要输入的词组序号为“1”，则可以按空格键输入该词组。

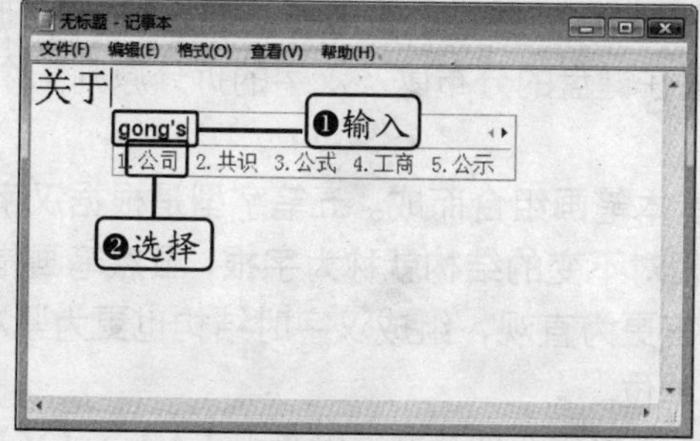

◆ 图 5-41

温馨小贴士

全拼即输入汉字或词组的完整拼音，简拼则只输入汉字拼音的第一个字母（声母），或词组中每个汉字的第一个字母；混拼为输入词组时，混合使用全拼与简拼输入。其中全拼的重码率最低、混拼次之，简拼重码率最高。

2. 繁体中文的输入

在众多拼音输入法中，只有搜狗拼音输入法具有可输入繁体中文的特点。在搜狗拼音输入法中可以通过汉字拼音直接输入繁体中文。输入前，先单击输入法状态条中的“菜单”图标，在弹出的下拉菜单中选择“快速切换/繁体”命令，切换到繁体中文输入状态，如图 5-42 所示。然后输入拼音，输入框中即显示出对应的繁体汉字或词组，按照输入简体中文的方法进行选择并输入即可，如图 5-43 所示。

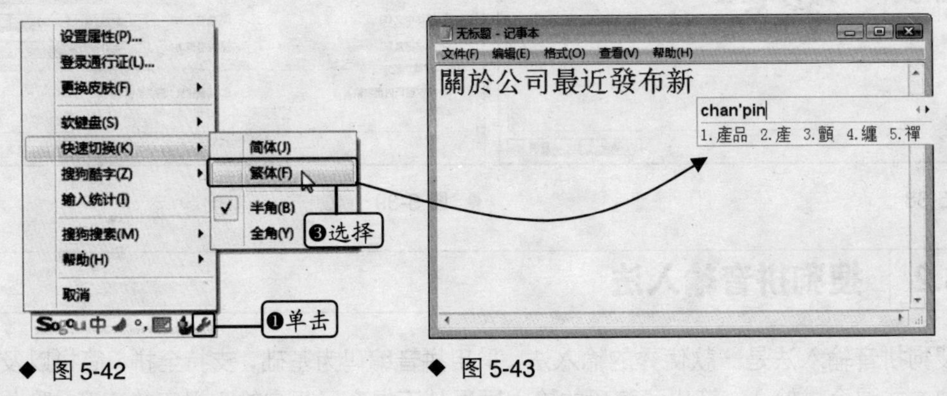

◆ 图 5-42　◆ 图 5-43

温馨小贴士

切换到繁体中文输入状态后，如果要恢复输入简体中文，则需选择“快速切换/简体”命令。

5.3.3 极品五笔输入法

五笔输入法是以汉字的字形作为编码的输入法，具有重码少、输入速度快的特点。不同的五笔输入法均以五笔字形为基础，再加上自身的一些特点。其中极品五笔输入法为广大电脑用户所广泛使用，本书就以该输入法为例来讲解五笔输入法的输入方法。

1. 五笔字型输入法基础知识

使用任何一种五笔输入法之前，用户都需要先学习并掌握五笔字型输入法的基础知识。五笔字型基础包括汉字的笔画与字根、字根在键盘的分布以及汉字的拆分原则三个方面。

每个汉字都是由横、竖、撇、捺、折 5 种基本笔画组合而成。五笔字型是根据汉字的笔画走向进行划分的，由若干笔画连接而成的相对不变的结构就称为字根，虽然笔画是组成汉字的最基本单位，但由于字根相对笔画而言更为直观，组成汉字时结构也更为紧凑，因此在五笔字形中将字根定义为汉字的最基本单位。

五笔字型输入法中定义的字根一共有 130 个，它们合理分布在键盘上【A】~【Y】共计 25 个英文字母键上（【Z】键除外），这就构成了五笔字型的字根键盘，如图 5-44 所示。

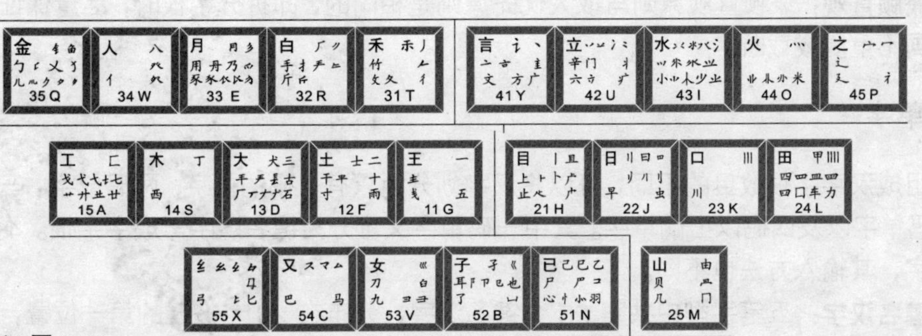

◆ 图 5-44

学习五笔输入法之前，首先要记住每个键位上分布的所有字根，为了方便字根记忆，可以通过助记词来进行记忆，如表 5-1 所示。

表 5-1　五笔字根助记表

键位	助记词	键位	助记词
G	王旁青头兼（戋）五一	W	人和八，三四里
F	土士二干十寸雨	Q	金勺缺点无尾鱼　犬旁留叉儿一点夕　氏无七（妻）
D	大犬三羊古石厂	Y	言文方广在四一　高头一捺谁人去
S	木丁西	U	立辛两点六门病
A	工戈草头右框七	I	水旁兴头小倒立
H	目具上止卜虎皮	O	火业头，四点米
J	日早两竖与虫依	P	之字军盖建道底　摘礻（示）衤（衣）
K	口与川，字根稀	N	已半巳满不出己　左框折尸心和羽
L	田甲方框四车力	B	子耳了也框向上
M	山由贝，下框几	V	女刀九臼山朝西
T	禾竹一撇双人立　反文条头共三一	C	又巴马，丢矢矣
R	白手看头三二斤	X	慈母无心弓和匕　幼无力

掌握五笔字根后，还需要了解汉字的拆分原则，也就是如何准确地把汉字拆分为几个单独的字根。拆分汉字时，应该遵循以下 5 个拆分原则。

- **按书写顺序：** 按照汉字的书写顺序从左到右、从上到下、从外到内进行拆分，拆分出的字根应为键位上的基本字根。
- **取大优先：** 按照书写顺序尽可能拆分出大的字根，保证拆分出字根的笔画尽量多，而字根数量要尽量少。
- **能散不连：** 拆分字根时，如果两个字根既可以拆分为散的结构，又可以拆分为连的结构，就把它统一拆分为散的结构。
- **能连不交：** 拆分字根时，能拆分成相互连接的字根，就不拆分为相互交叉的字根。

- **兼顾直观**：兼顾直观原则与取大优先原则是相同的，即拆分字根时，尽量保证笔画不重复或截断。

2. 输入单字

根据组成汉字字根数目的不同，可以将汉字划分为只有一码的单字、两码单字、三码单字、四码单字以及四码以上的单字。其中一码单字又可分为键名汉字与成字字根。不同类型的单字，其输入方法也不同。

- **键名汉字**：五笔字型中共有 25 个键名汉字，分布在 25 个按键的第一位置，如图 5-45 所示为键名汉字在键盘上的分布。输入键名汉字时，只要将对应的按键连续敲击 4 次即可。如【Q】键的键名汉字为“金”，只要按 4 次【Q】键就可以输入汉字“金”，如图 5-46 所示。

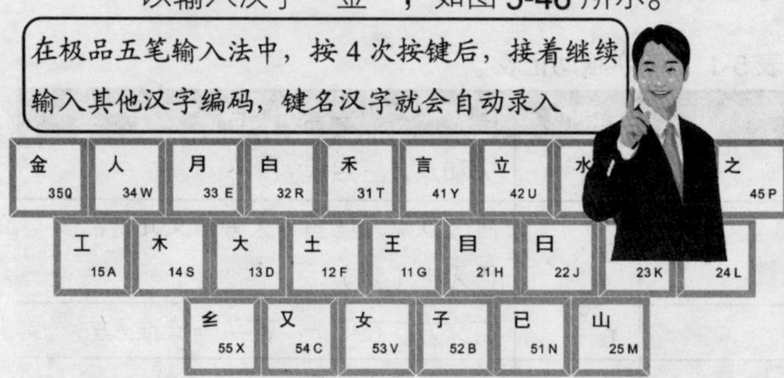

◆ 图 5-45

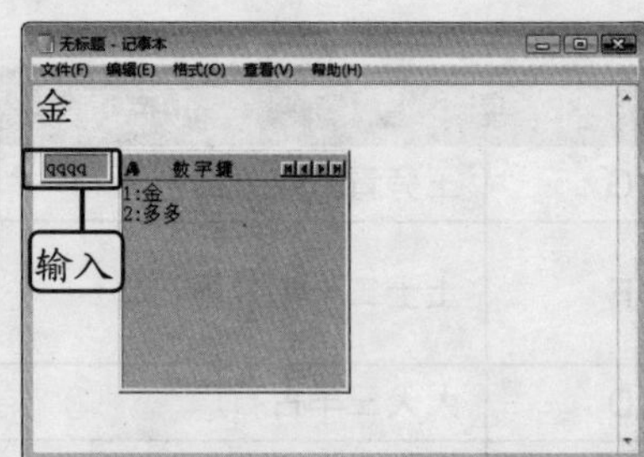

◆ 图 5-46

- **成字字根**：在 25 个按键中，除了键名汉字外，还有一些完整的汉字，这些汉字就称为成字字根。成字字根的输入规则是，报键名+第一笔画+第二笔画+末笔画。报键名即成字字根所在的键位。如输入汉字“辛”，“辛”字所在的键位是【U】键；第一笔画是点，对应【Y】键；第二笔画是横，对应【G】键；末笔画是竖，对应【H】键。只要依次按【U】【Y】【G】【H】键即可，如图 5-47 所示。
- **两码单字**：即刚好可以拆分为两个字根的汉字，其输入规则为，第一字根+第二字根+识别码+空格。如汉字“久”，字根所在键位为【Q】、【Y】，识别码为【I】，那么输入时只要按【Q】【Y】【I】与空格键即可，如图 5-48 所示。

◆ 图 5-47

◆ 图 5-48

- **三码单字**：即刚好可以拆分为 3 个字根的汉字，其输入规则为，第一字根+第二字根+第三字根+识别码。如汉字“局”，字根所在键位为【N】、【N】、【K】，识别码为【D】，那么输入时只要按【N】【N】【K】【D】键即可，如图 5-49 所示。

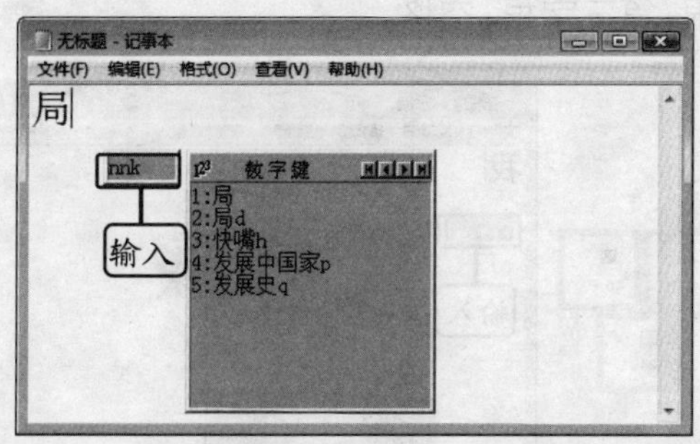

◆ 图 5-49

Q：什么是识别码?

A：为了避免五笔字型中输入汉字出现大量重码，就需要为这样的汉字添加识别码。识别码是根据汉字最后的笔画来确定的。

- **四码单字**：即刚好可以拆分为 4 个字根的汉字，其输入规则为，第一字根+第二字根+第三字根+第四字根。如汉字“霸”，字根所在键位分别为【F】、【A】、【F】、【E】，那么输入时只要按【F】【A】【F】【E】键即可，如图 5-50 所示。
- **超过四码的单字**：即可以拆分为 4 个以上字根的汉字，其输入规则为，第一字根+第二字根+第三字根+最末字根。如汉字“嘴”，共包括 5 个字根，则输入时所取字根所在键位为【K】、【H】、【X】、【E】，那么输入时只要按下【K】【H】【X】【E】键即可，如图 5-51 所示。

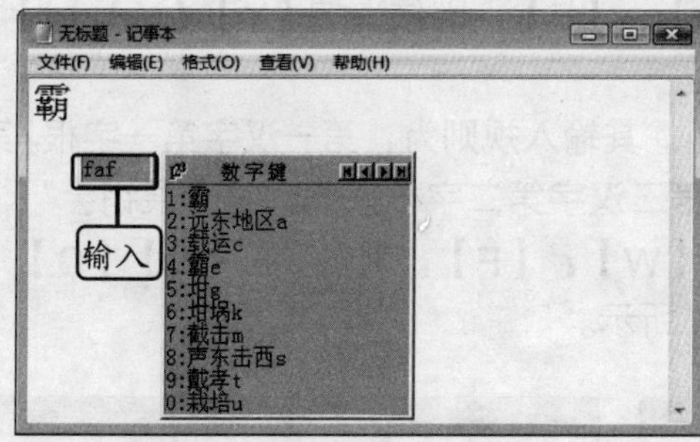

◆ 图 5-50

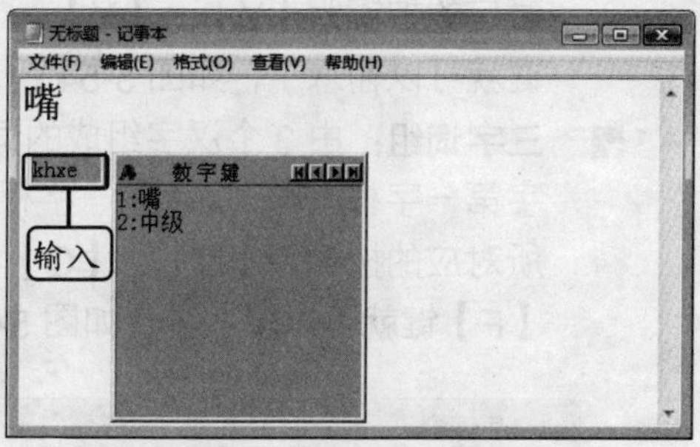

◆ 图 5-51

3. 输入简码汉字

简码即简化了的编码，五笔字形中规定一个汉字的编码最多为 4 位，但为了提高输入速度，将一些常用的汉字定义为简码。根据汉字使用频率的高低，可以将简码分为一级简码、二级简码与三级简码。

- **一级简码**：又称为高频字，共有 25 个，分布在对应的 25 个键位上，如图 5-52 所示。一级简码是最常用的汉字，在输入时，只要按一级简码汉字所在的键位，再按空格键即可，如图 5-53 所示。
- **二级简码**：即由两个字母键加一个空格键作为汉字的编码。输入时将汉字的第一字根与第二字根作为编码，再按一次空格键完成输入。其输入规则为：第一字根

+第二字根+空格。

- **三级简码**：用汉字中的前 3 个字根作为该汉字的编码，再按空格键进行输入。其输入规则为：第一字根+第二字根+第三字根+空格。

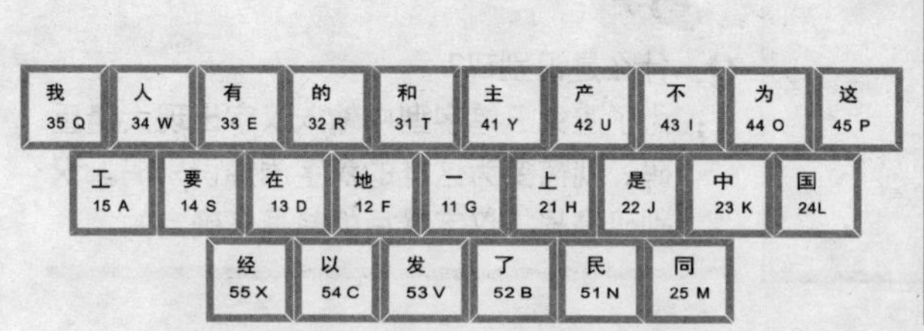

◆ 图 5-52

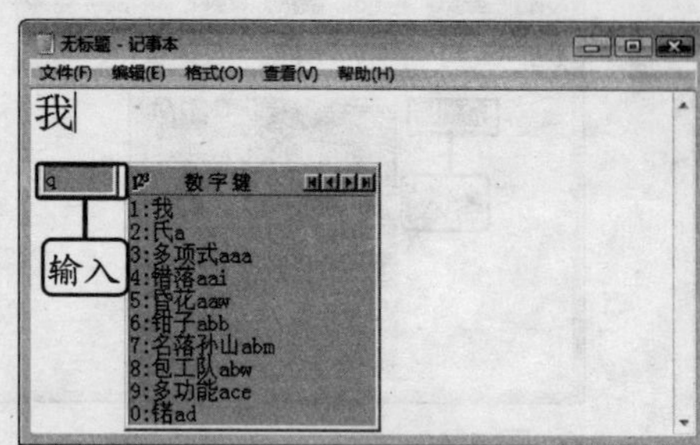

◆ 图 5-53

4. 输入词组

为了提高输入速度，在五笔输入法中还可以采用词组来进行输入。根据词组中包含的汉字数，可以将词组分为二字词组、三字词组、四字词组以及多字词组，其输入方法也不相同。

- **二字词组**：由两个汉字组成的词组。其输入规则为：第一汉字第一字根+第一汉字第二字根+第二汉字第一字根+第二汉字第二字根。如词组“方法”，字根所对应的按键为【Y】、【Y】、【I】、【F】，则依次按【Y】【Y】【I】【F】键就可以输入了，如图 5-54 所示。
- **三字词组**：由 3 个汉字组成的词组。其输入规则为，第一汉字第一字根+第二汉字第一字根+第三汉字第一字根+第三汉字第二字根。如词组“展销会”，字根所对应的按键为【N】、【Q】、【W】、【F】，则依次按【N】【Q】【W】【F】键就可以输入了，如图 5-55 所示。

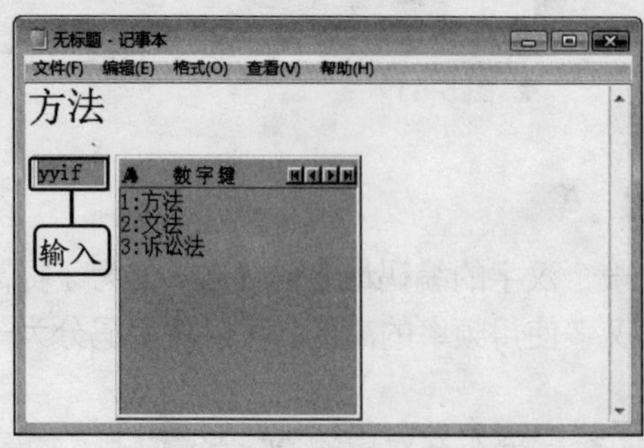

◆ 图 5-54

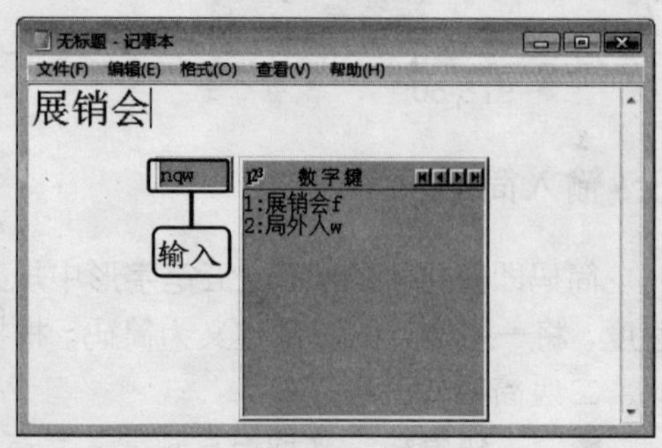

◆ 图 5-55

- **四字词组**：由 4 个汉字组成的词组。其输入规则为，第一汉字第一字根+第二汉字第一字根+第三汉字第一字根+第四汉字第一字根。如词组“精益求精”，字根所对应的按键为【O】、【U】、【F】、【O】，则依次按【O】【U】【F】

【O】键就可以输入了，如图 5-56 所示。

- ☑ **多字词组**：多字词组是由四个以上汉字组成的词组。其输入规则为，第一汉字第一字根+第二汉字第一字根+第三汉字第一字根+最末汉字第一字根。如词组“为人民服务”，字根所对应的按键为【Y】、【W】、【N】、【T】，则依次按【Y】【W】【N】【T】键，就可以输入了，如图 5-57 所示。

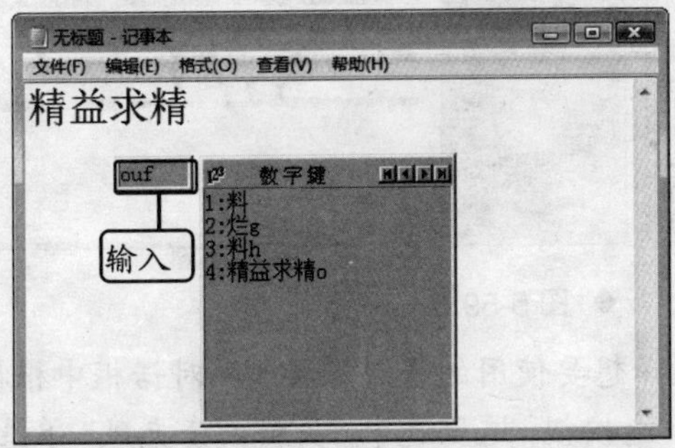

◆ 图 5-56

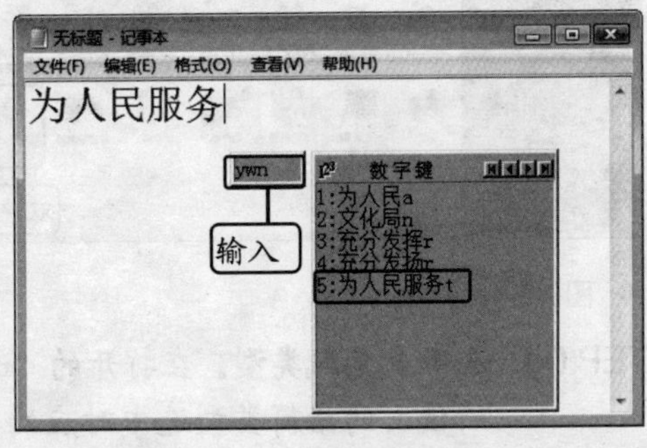

◆ 图 5-57

5.4 Windows Vista 语音识别

Windows Vista 中新增的语音识别功能，可以让用户通过语音实现在电脑中输入文本，以及对电脑进行各种控制。使用语音识别功能，必须为电脑配备音箱与话筒，并确保设备可以正常使用。使用语音识别前，用户需要启动语音识别功能并学习语音教程以及训练配置文件。

5.4.1 启用语音识别

Windows Vista 默认是不启动语音识别功能的，用户在使用语音识别功能进行输入或控制电脑之前，首先需要启用该功能。

启用 Windows Vista 的语音识别功能。

STEP 01. **双击图标。**在“开始”菜单中选择“控制面板”选项，打开“控制面板”窗口，单击窗口左侧窗格中的“经典视图”超链接，切换到经典视图，然后双击窗口中的“语音识别选项”图标，如图 5-58 所示。

STEP 02. **单击超链接。**在打开的“语音识别选项”窗口中单击“启动语音识别”超链接，如图 5-59 所示。

STEP 03. **单击按钮。**在打开的“欢迎使用语音识别”对话框中单击 下一步(N) 按钮，如图 5-60 所示。

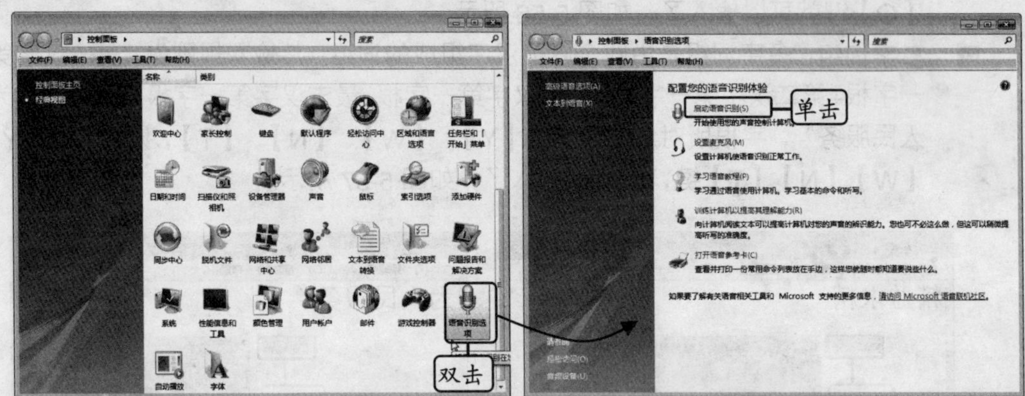

◆ 图 5-58　　◆ 图 5-59

STEP 04. **选择麦克风类型。**在打开的“选择想要使用的麦克风类型”对话框中根据自己所使用的话筒类型选中对应的单选按钮，这里选中“头戴式麦克风”单选按钮，然后单击 下一步(N) 按钮，如图 5-61 所示。

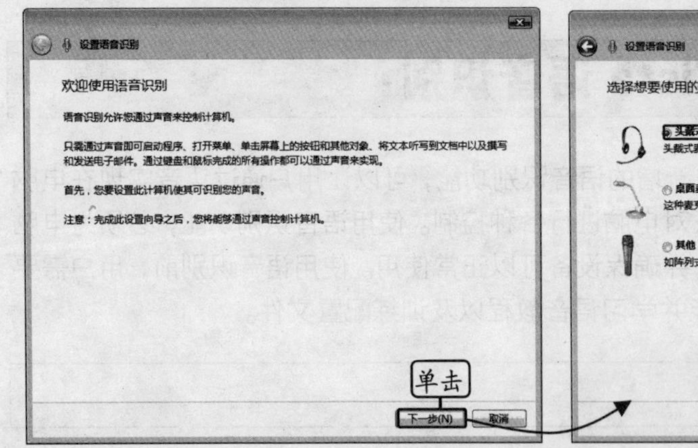

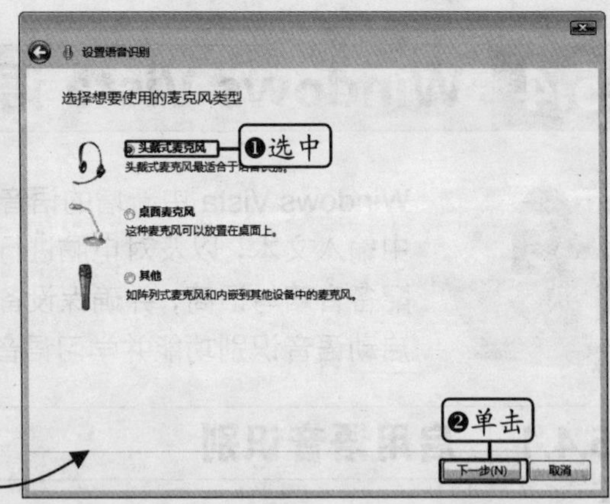

◆ 图 5-60　　◆ 图 5-61

STEP 05. **设置麦克风。**按照打开的如图 5-62 所示对话框中的提示正确设置或佩戴麦克风，然后单击 下一步(N) 按钮。

STEP 06. **调整麦克风音量。**在打开的如图 5-63 所示的“调整麦克风音量”对话框中正确朗读示例语句，朗读完毕后单击 下一步(N) 按钮。

STEP 07. **测试完毕。**如果话筒可以正常使用，则朗读完毕后会自动打开如图 5-64 所示的“您的麦

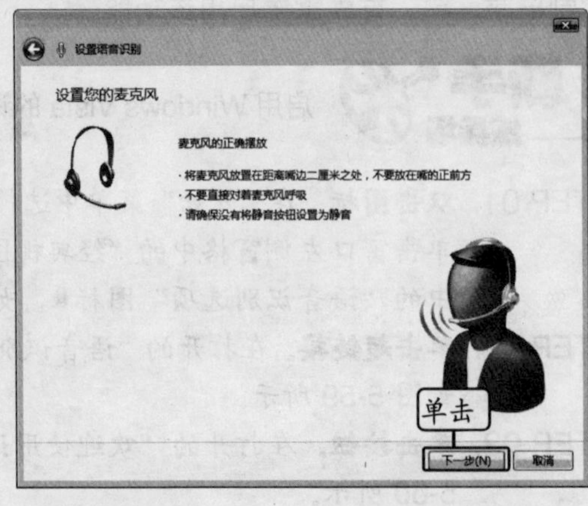

◆ 图 5-62

克风已经设置完成”对话框，单击下一步(N)按钮。

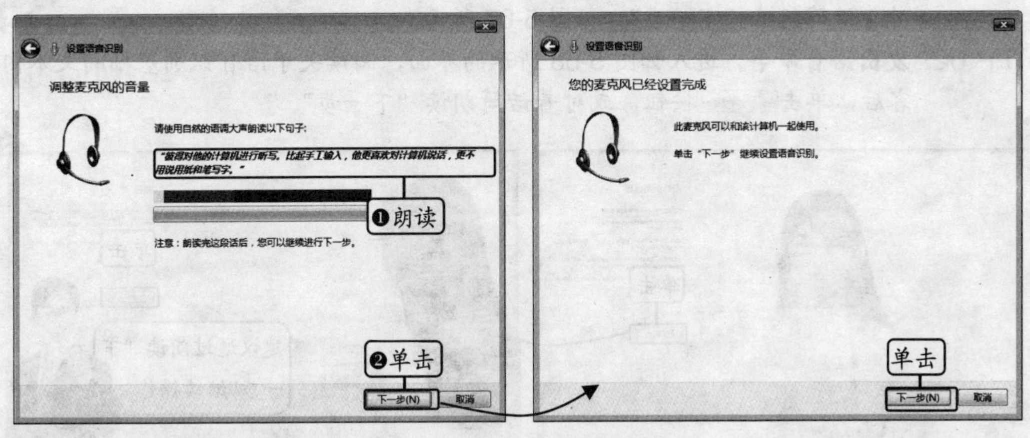

◆ 图 5-63　　◆ 图 5-64

STEP 08. **启用文档检查。**在打开的如图 5-65 所示的“提高语音识别的准确度”对话框中选中“启用文档检查”单选按钮，然后单击下一步(N)按钮。

STEP 09. **设置完成。**在打开的如图 5-66 所示的对话框中告知用户语音设置已经完成，此时单击开始教程(S)按钮即可开始学习语音教程。

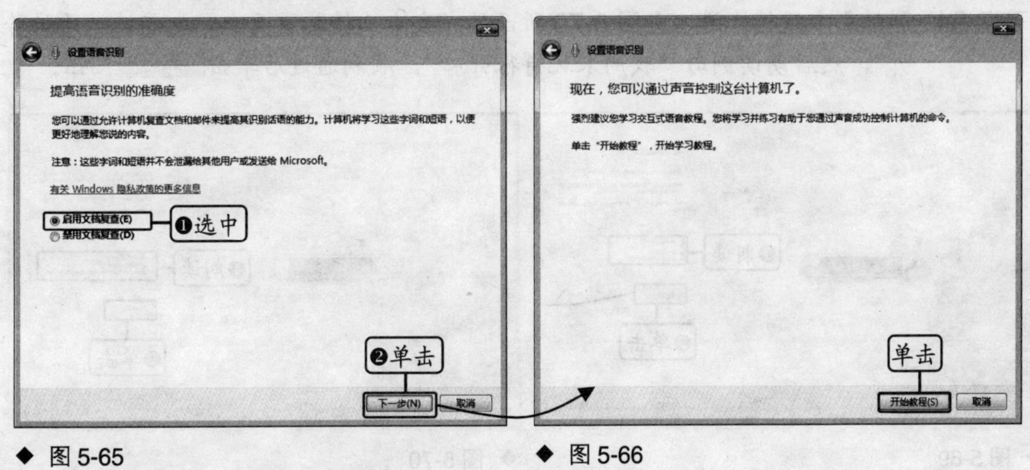

◆ 图 5-65　　◆ 图 5-66

5.4.2　学习语音教程

由于不同地域的人群有着不同的语音习惯，在启用语音识别功能后，接下来就需要学习语音识别教程，从而让系统存储用户发出的语音以正确识别。

学习语音识别教程。

STEP 01. **单击超链接。**在“语音识别选项”窗口中单击“学习语音教程”超链接，或在启用语音识别时打开的对话框中单击开始教程(S)按钮，全屏进入语音识别教程

界面，当动画播放完毕后，阅读界面中的说明文本，然后单击[下一步(N)]按钮，或对着话筒朗读“下一步”，如图 5-67 所示。

STEP 02. **发出语音命令。**进入如图 5-68 所示的界面，阅读关于语音识别基础的文本内容后，单击[下一步(N)]按钮，或对着话筒朗读“下一步”。

◆ 图 5-67

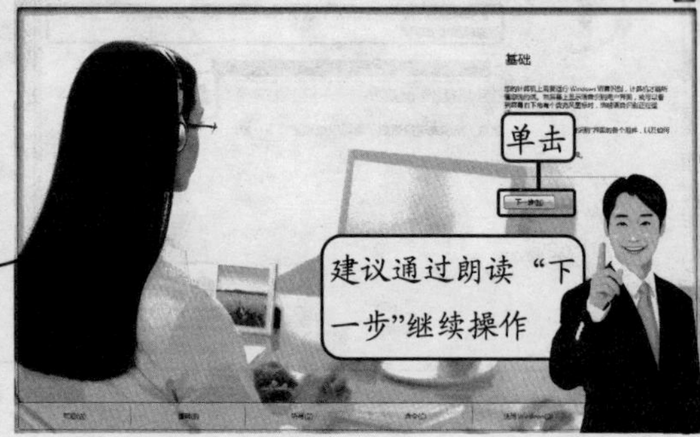

◆ 图 5-68

STEP 03. **控制音频混合器。**进入如图 5-69 所示的“音频混合器”界面中要求用户掌握音频控制器的打开与关闭，此时先朗读“开始聆听”，然后朗读“停止聆听”，单击[下一步(N)]按钮。

STEP 04. **训练文本反馈。**进入如图 5-70 所示的“文本反馈”界面中，先朗读“开始聆听”，然后朗读例句“我周末玩得很开心”，顺利通过后单击[下一步(N)]按钮。

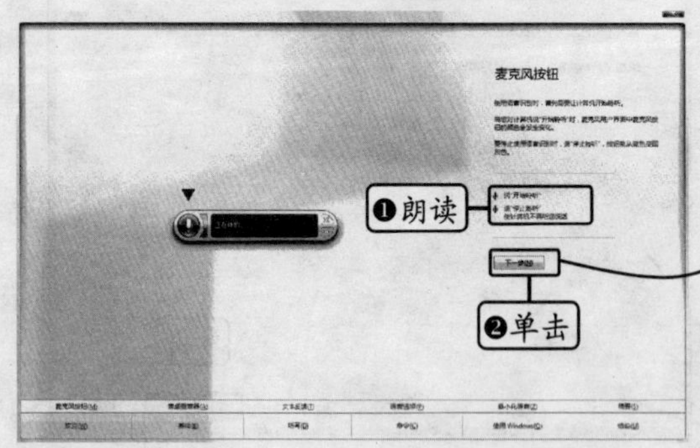

◆ 图 5-69 ◆ 图 5-70

STEP 05. **显示语音选项。**进入如图 5-71 的“语音选项”界面中朗读“显示语音选项”，将弹出语音选项菜单，并同时提示用户朗读“开始语音教程”。

STEP 06. **最小化语音训练。**单击[下一步(N)]按钮，进入“最小化语音”界面中朗读“隐藏语音识别”，将语音识别工具隐藏，隐藏后，朗读

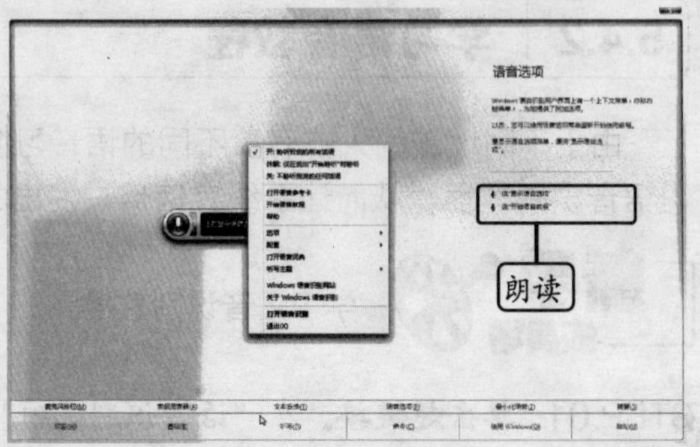

◆ 图 5-71

"显示语音识别"，可以恢复显示，如图 5-72 所示。

STEP 07. **查看摘要。**在如图 5-73 所示的"摘要"界面中朗读"我能说什么"，将显示"Windows 帮助和支持"窗口，查看相关帮助信息后单击 下一步(N) 按钮。

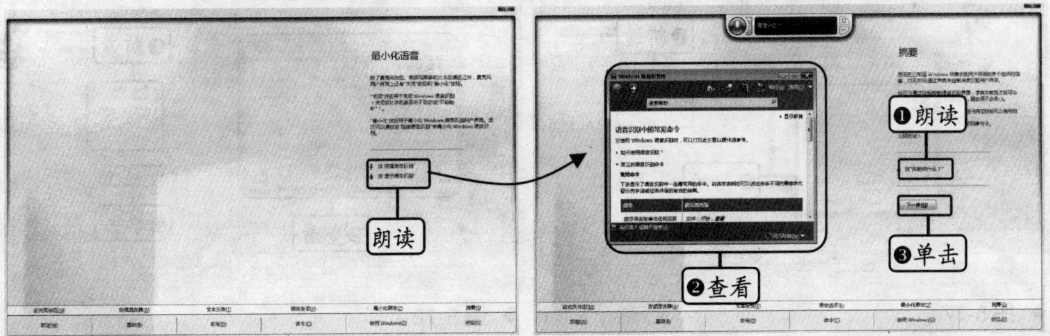

◆ 图 5-72　◆ 图 5-73

STEP 08. **开始听写训练。**进入如图 5-74 所示的"听写"界面中单击 下一步(N) 按钮或对着话筒朗读"下一步"，开始听写训练。

STEP 09. **语音训练。**进入如图 5-75 所示的"简介"界面中依次朗读提示文字，界面左侧的写字板窗口中将随着用户的正确朗读将文字全部显示出来，完成训练后单击 下一步(N) 按钮。

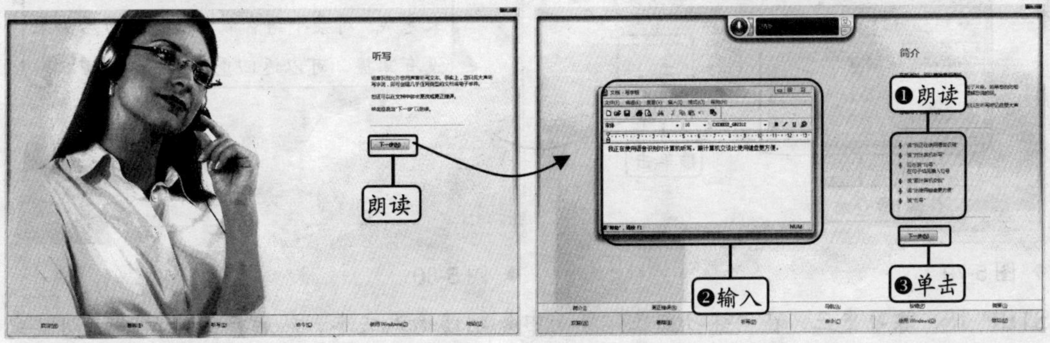

◆ 图 5-74　◆ 图 5-75

STEP 10. **听写更多内容。**继续按照提示文本朗读更多内容，写字板窗口中会自动进行输入，然后单击 下一步(N) 按钮，如图 5-76 所示。

STEP 11. **更正错误。**进入如图 5-77 所示的"更正错误"界面中。首先按照提示朗读输入一个语句，然后通过朗读实现对语句中词或短语的更正，更正后单击 下一步(N) 按钮。

STEP 12. **改变主意。**进入如图 5-78

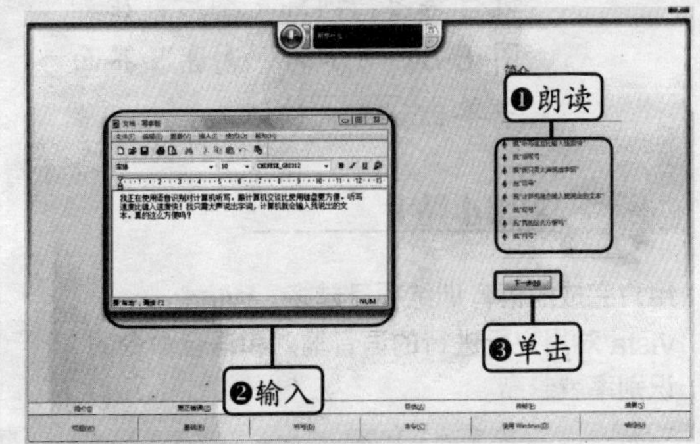

◆ 图 5-76

所示的"改变主意"界面中先朗读例句进行输入，然后可以朗读"撤销"或"删除"，将前面输入的内容删除，然后单击 下一步(N) 按钮。

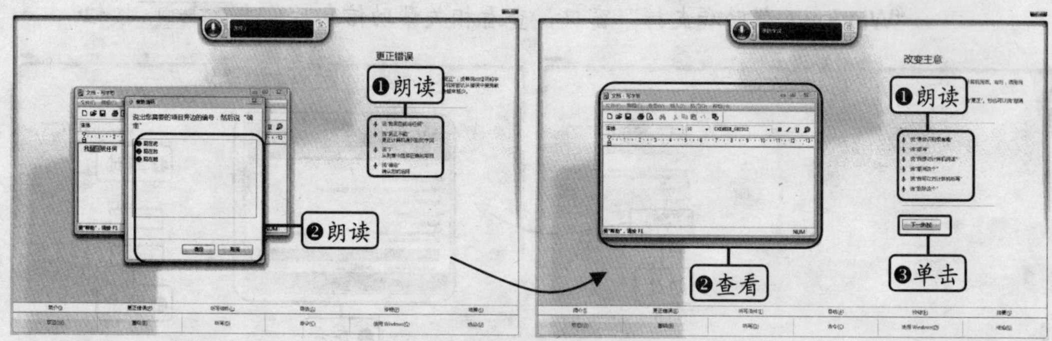

◆ 图 5-77　　◆ 图 5-78

STEP 13. **删除特定字词。**在"删除特定字词"界面中先朗读输入文本，然后通过朗读"删除"命令来删除语句中的指定字词，之后单击 下一步(N) 按钮，如图 5-79 所示。

STEP 14. **删除部分文本。**进入如图 5-80 所示的"删除部分文本"界面中练习指定语句的选择、删除、撤销以及取消选择，练习完毕后单击 下一步(N) 按钮。

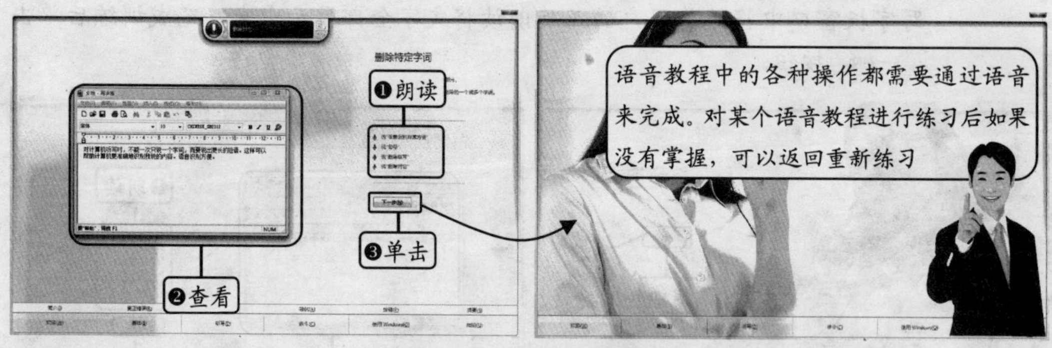

◆ 图 5-79　　◆ 图 5-80

STEP 15. **练习更正。**在"练习更正"界面中先朗读输入文本，然后根据提示通过朗读更正指定字词，单击 下一步(N) 按钮。

STEP 16. **其他练习。**接着将练习到输入字母、控制命令以及窗口操作等，按照提示不断进行练习，训练完毕后，在如图 5-81 所示的"谢谢"界面中单击 完成(F) 按钮。

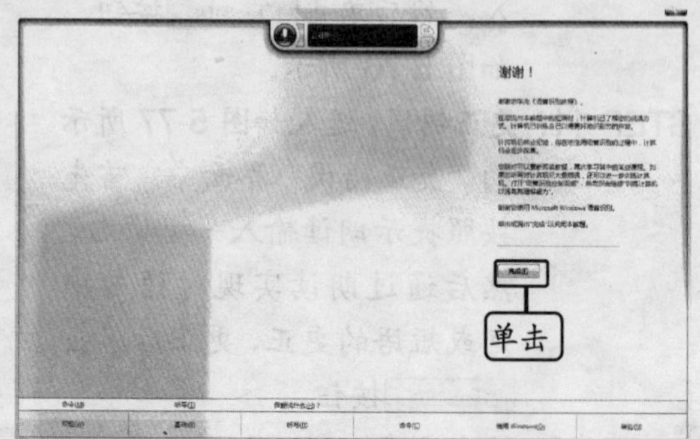

◆ 图 5-81

温馨小贴士

用户完成的语音训练项目越多，Windows Vista 对用户所进行的语音输入和语音命令的识别率就越高。

5.4.3　训练配置文件

完成语音教程，只是进行了基本的语音训练，这时如果通过语音识别输入文本或控制命令，并不会有太高的准确率。用户还需要进行额外的训练，从而使电脑能更准确地识别用户语音。

训练配置文件以使 Windows Vista 能够更准确地识别用户语音。

STEP 01. **单击超链接。**打开“语音识别选项”窗口，单击“训练计算机以提高其理解能力”超链接，如图 5-82 所示。

STEP 02. **单击按钮。**在打开的如图 5-83 所示的“语音识别语音训练”对话框中阅读介绍内容后，单击 下一步(N) 按钮。

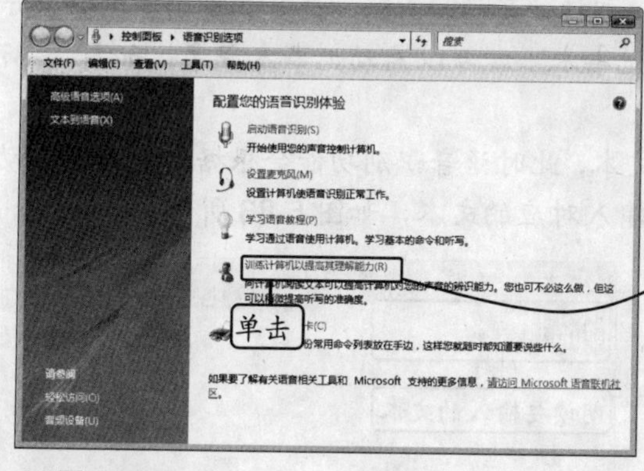

◆ 图 5-82

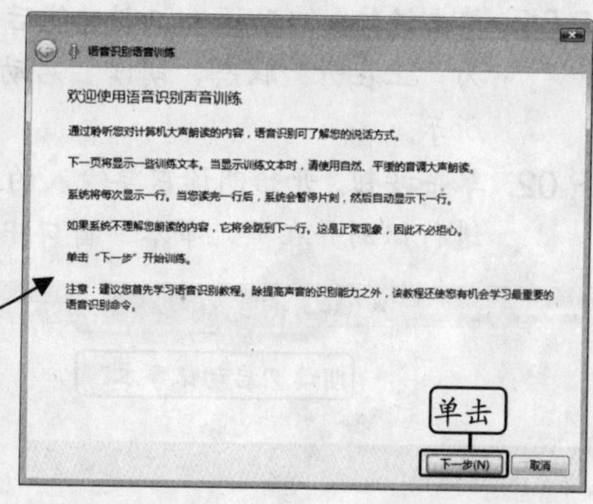

◆ 图 5-83

STEP 03. **训练文本。**在打开的“训练文本”对话框中逐句朗读列表框中显示的内容，下方的进度条将显示训练进度，如图 5-84 所示。

STEP 04. **更多训练。**完毕后，在打开的如图 5-85 所示的“语音识别训练已完成”对话框中单击 更多训练(M) 按钮，进行更多训练，最后单击 完成(F) 按钮结束训练。

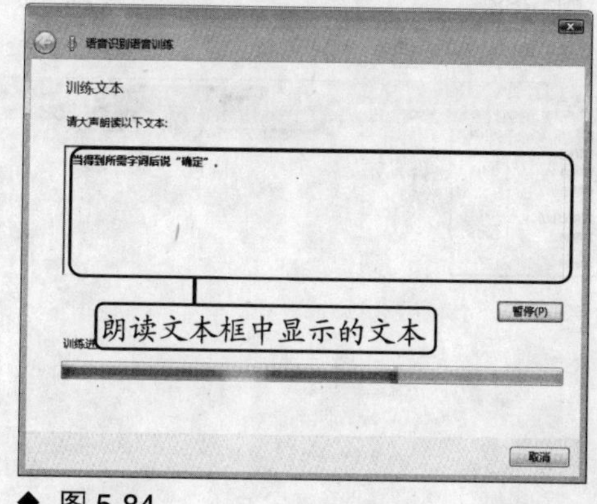

◆ 图 5-84

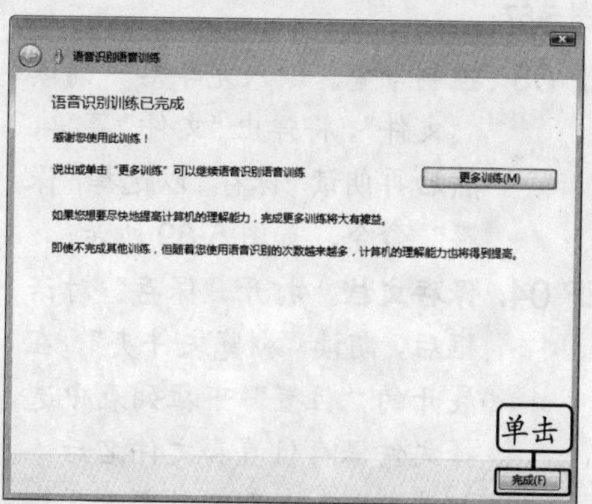

◆ 图 5-85

5.4.4 使用语音识别输入

完成语音识别教程并训练配置文件后，就可以使用 Windows Vista 语音识别功能输入文本与控制命令了。

使用语音识别功能之前，需要先在“语音识别选项”窗口中单击“启用语音识别”超链接，在屏幕上方显示出“语音识别”界面，当显示为“正在休眠”状态时，如图 5-86 所示，就可以通过语音命令来输入文本，或对电脑进行控制了。

◆ 图 5-86

使用语音识别功能在记事本中输入文本并保存文档。

STEP 01. **单击链接。**启动语音识别功能后，朗读“开始聆听”，“语音识别”界面将显示为“正在听”状态，朗读“启动记事本”就可以启动记事本程序，如图 5-87 所示。

STEP 02. **单击按钮。**开始朗读需要输入的文本，此时语音识别功能会根据朗读内容自动进行识别并在“记事本”窗口中输入对应的文本，如图 5-88 所示。

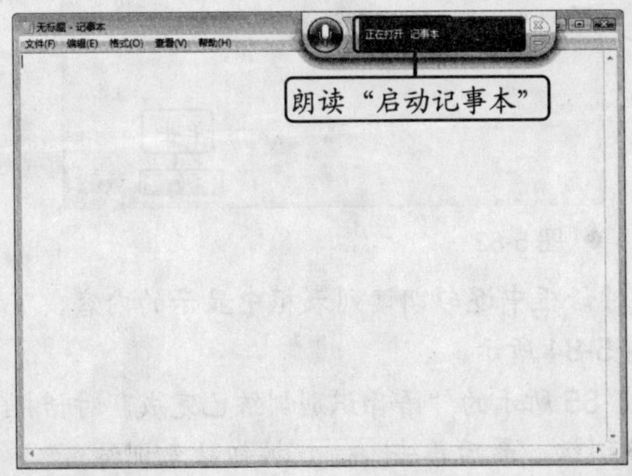

◆ 图 5-87

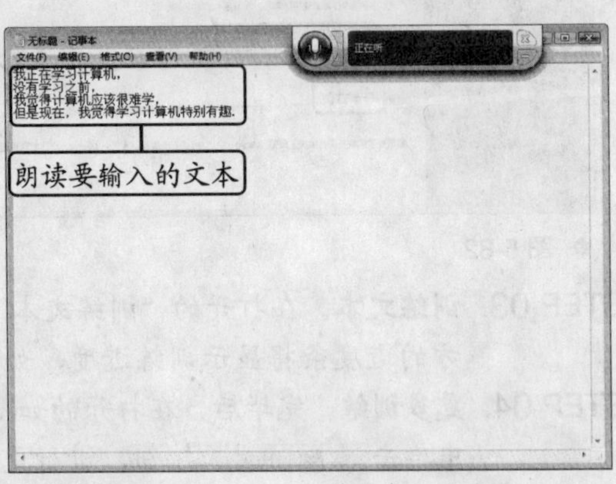

◆ 图 5-88

STEP 03. **控制命令。**输入完毕后，朗读“文件”，将弹出“文件”菜单，然后再朗读“保存”以选择“保存”命令，如图 5-89 所示。

STEP 04. **保存文档。**打开“保存”对话框后，朗读“浏览文件夹”，在展开的“位置”下拉列表中选择文件保存位置和文件名后，朗读“保存”，即可对文本文档进行保存。

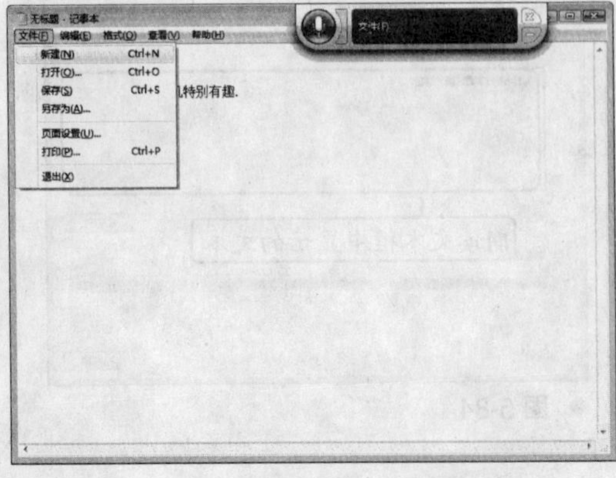

◆ 图 5-89

5.5 安装系统字体

字体是指系统中字符的外观样式，如常说的“楷体”、“宋体”等就是指字符的字体。Windows Vista 中自带了很多中、英文字体，用户也可以根据需要安装更多的字体。

5.5.1 以添加方式安装字体

安装字体之前，需要先从网络或光盘中获取要安装的字体，然后通过添加方式添加到 Windows Vista 字体文件目录中。

获取多种字体并安装到 Windows Vista 中。

STEP 01. **双击图标。**打开“控制面板”窗口，双击窗口中的“字体”图标，如图 5-90 所示。

STEP 02. **选择命令。**在打开的“字体”窗口空白处单击鼠标右键，在弹出的快捷菜单中选择“添加新字体”命令，如图 5-91 所示。

◆ 图 5-90

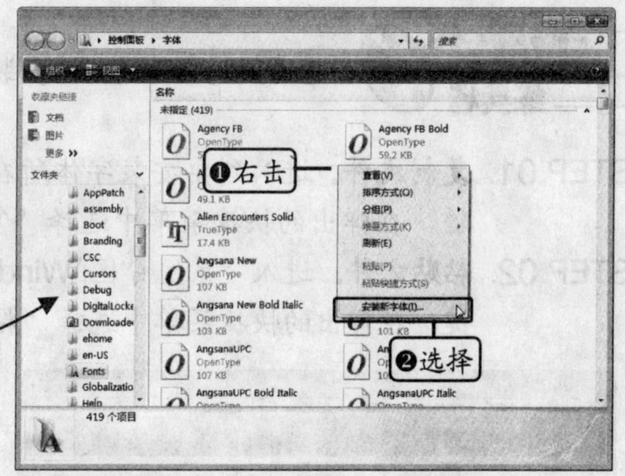

◆ 图 5-91

STEP 03. **选择位置。**在打开的“添加字体”对话框中的“驱动器”下拉列表框与“文件夹”列表框中分别选择字体文件的保存位置，“字体列表”列表框中即显示该位置的字体文件，单击 全选(S) 按钮将字体全部选中，然后单击 安装(I) 按钮，如图 5-92 所示。

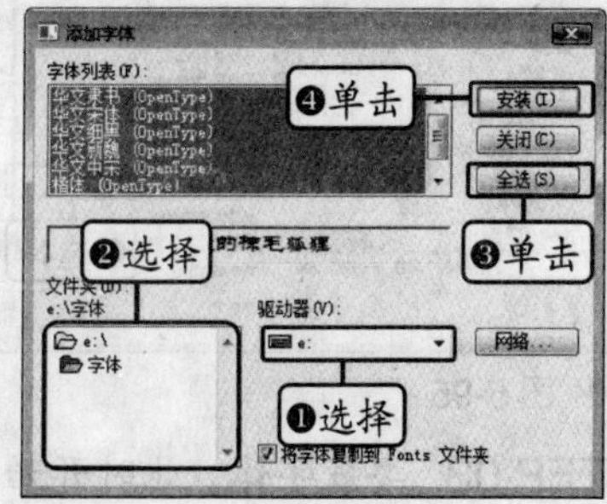

◆ 图 5-92

STEP 04. **确认操作。**在打开的如图 5-93 所示的“用户账户控制”对话框中要求用户确认操作，单击 继续(C) 按钮。

快学快用

STEP 05. **安装字体。**系统开始安装所选字体，并打开“Windows Fonts 文件夹”对话框显示安装进度，如图 5-94 所示。

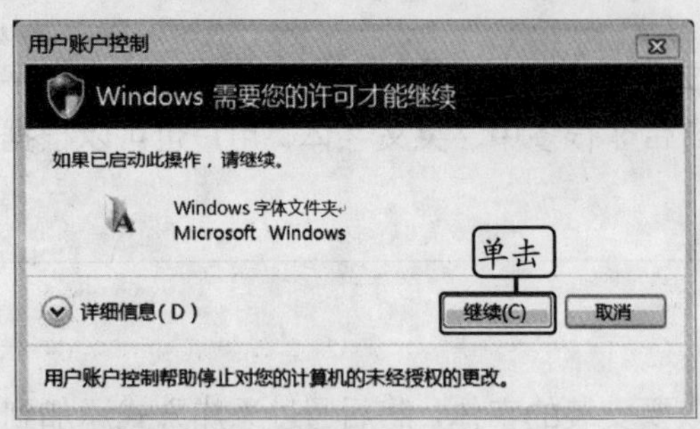

◆ 图 5-93

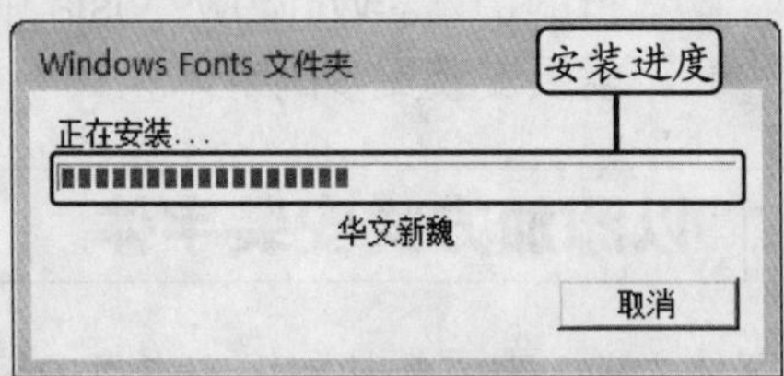

◆ 图 5-94

STEP 06. **安装完毕。**安装完毕后，单击“添加字体”对话框中的 关闭(C) 按钮关闭对话框，然后再关闭“字体”窗口即可。

5.5.2 以复制方式安装字体

Windows Vista 中的字体文件保存在“系统分区:\Windows\Fonts”目录中，用户可以通过“我的电脑”窗口进入到该目录，然后通过复制文件的方法将字体复制到该目录中实现字体的安装。

通过复制文件的方法安装字体。

STEP 01. **复制文件。**进入到要安装字体所在的目录，选择所有字体文件后，单击鼠标右键，在弹出的快捷菜单中选择“复制”命令，如图 5-95 所示。

STEP 02. **粘贴文件。**进入“系统分区:\Windows\Fonts”目录，在窗口空白处单击鼠标右键，在弹出的快捷菜单中选择“粘贴”命令，如图 5-96 所示。

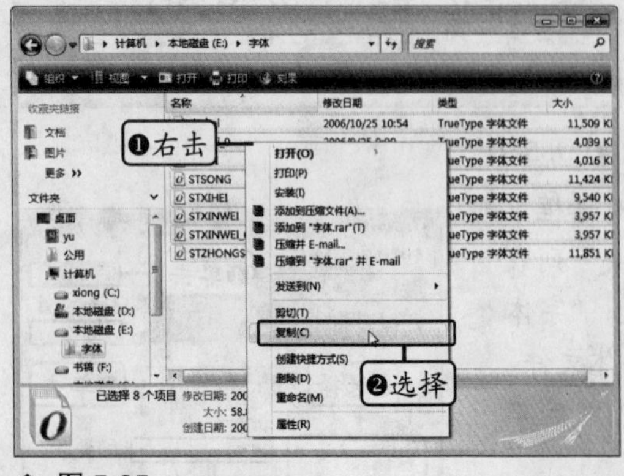

◆ 图 5-95

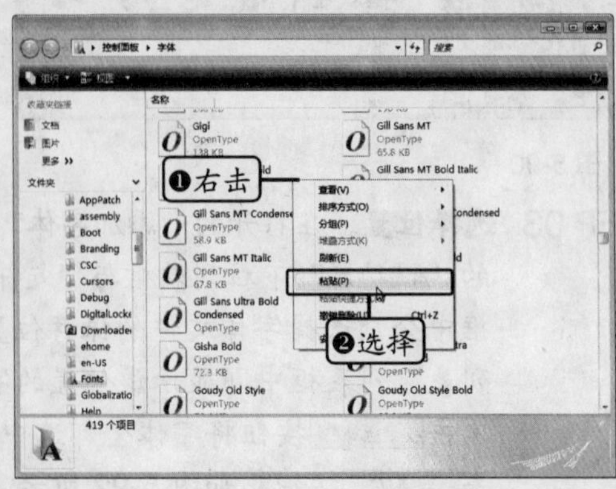

◆ 图 5-96

STEP 03. **安装字体。**此时开始安装字体，同时会打开“Windows Fonts 文件夹”对话框显示安装进度，安装完毕后，对话框会自动关闭。

5.6 疑难解答

学习完本章后，是否发现自己对 Windows Vista 中输入法的认识又提升到了一个新的台阶？关于输入法的操作与使用过程中遇到的相关问题自己是否已经顺利解决了？下面将为您提供一些关于输入法与字体的常见问题解答，使您的学习路途更加顺畅。

问： 通过快捷键可以快速在各个输入法之间进行切换，但由于对输入法不熟悉，所以无法通过语言栏中的输入法图标判断当前切换到哪种输入法，如何才能在语言栏中显示当前输入法的名称呢？

答： 对于这种情况，可以通过设置在语言栏中显示出当前输入法的名称。在语言栏的任意位置单击鼠标右键，在弹出的快捷菜单中选择“设置”命令，打开“文本服务和输入语言”对话框，单击“语言栏”选项卡，然后选中“在语言栏上显示文本标签”复选框，单击 确定 按钮即可在语言栏中显示当前输入法的名称了，如图 5-97 所示。

问： 当键盘出现故障无法使用时，有什么方法可以暂时在不使用键盘的情况下输入键盘上的任意字符和符号呢？

答： 出现这种情况，可以使用 Windows Vista 提供的“屏幕键盘”进行输入。在“开始”菜单中选择“所有程序/附件/轻松访问/屏幕键盘”命令，启动屏幕键盘，其按键布局与键盘完全相同，通过鼠标单击按键即可进行输入或执行对应的控制命令了，如图 5-98 所示。

中文(简体) - 美式键盘

◆ 图 5-97

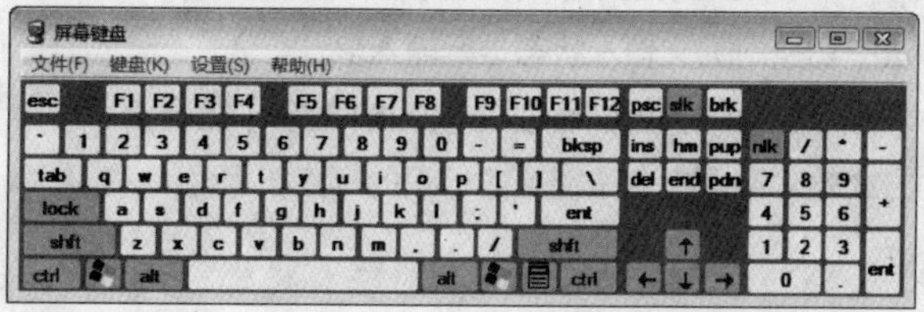

◆ 图 5-98

问： 安装某些字体时，会打开对话框显示“某某字体已安装，是否替换它”，此时该如何操作？

答： 该对话框表示当前系统中已经安装了该字体，此时可单击 是(Y) 按钮替换原有字体，或者单击 否(N) 保留原有字体。

5.7 上机练习

本章上机练习一将安装拼音加加输入法，并将其设置为系统默认的输入法；上机练习二将使用自己熟悉的中文输入法在记事本中输入一段文本。各练习的最终效果及制作提示介绍如下。

练习一

① 获取拼音加加输入法的安装文件并运行安装程序，在打开的“用户账户控制”对话框中单击 继续(C) 按钮。

② 在打开的安装对话框中按照提示接受许可协议并选择安装路径，然后进行安装直至完成。

③ 打开“文本服务和输入语言”对话框，在“常规”选项卡中的“默认输入语言”下拉列表框中选择“加加输入法”，然后单击 确定 按钮完成设置，如图5-99所示。

④ 以后登录系统或运行某个程序时，其默认的输入法就是拼音加加输入法。

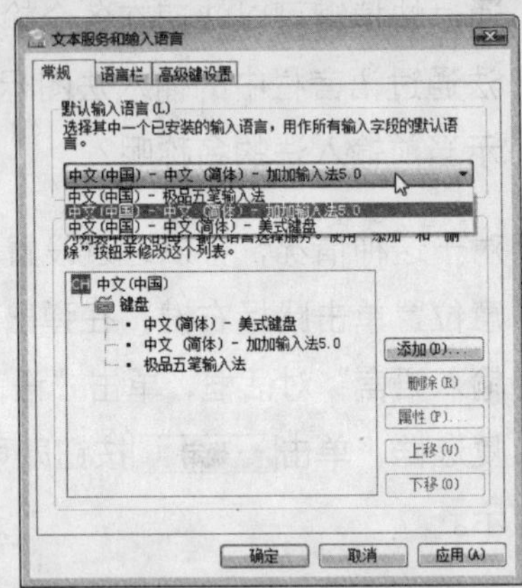

◆ 图 5-99

练习二

① 通过“开始”菜单启动记事本程序，然后切换到自己能够熟练使用的输入法。

② 在记事本中输入如图5-100所示的文本，当输入英文字母时，可切换到英文输入法进行输入，或在中文输入法中切换到英文输入状态进行输入。

③ 输入标点符号时，可以通过按【Shift+数字】组合键的方式输入键盘中各按键上方标识的标点符号。

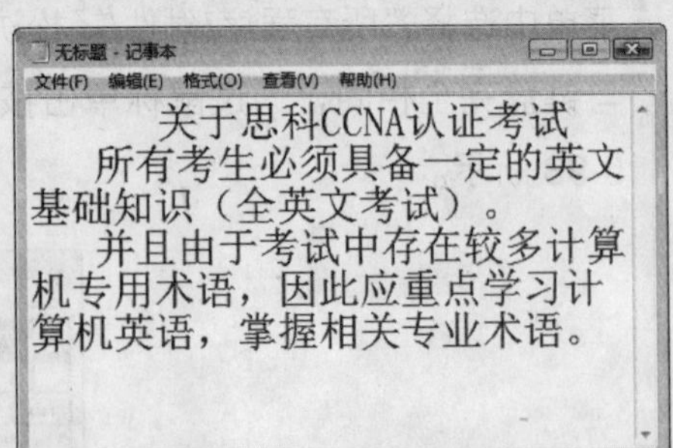

◆ 图 5-100

第 6 章 Windows Vista 账户管理

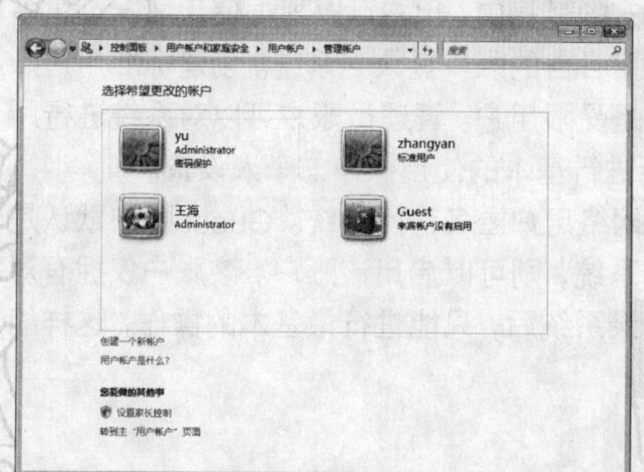

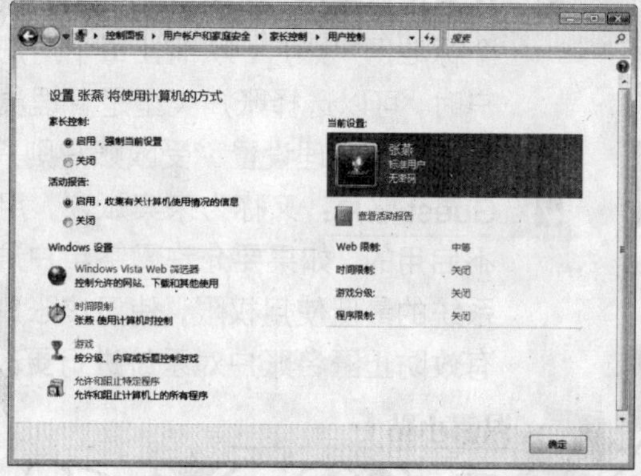

Windows Vista 是一款多用户操作系统，支持多个用户操作。在 Windows Vista 中，用户可根据需要在电脑中建立多个账户，每个账户可以有自己的操作界面与个性设置，从而方便多个用户共同使用一台电脑。通过 Windows Vista 中新增的家长控制功能，还可以对不同账户使用电脑的时间、权限等进行限制。

6.1 认识 Windows Vista 账户类型

在 Windows Vista 中有 3 种不同的账户类型，即 Administrator 账户、标准用户账户和 Guest 账户。不同账户类型所具有的操作权限也不同。标准用户账户可以被赋予管理员权限或受限使用权限。

- **Administrator 账户**：该账户属于系统自建账户，拥有操作系统的最高权限，对系统进行的许多高级管理操作都需要通过该账户进行。Windows Vista 默认是不显示该账户的，用户一般也无需使用该账户登录系统。Administrator 账户只有在进行高级管理时使用，不宜将其作为日常登录账户。
- **标准用户账户**：在使用 Windows Vista 的过程中，用户可以根据使用情况创建多个标准用户账户，从而让每个用户使用各自的账户登录到系统。创建标准用户账户时，可以选择账户类型是管理员还是受限用户。管理员账户可以对系统进行所有操作与管理设置；受限账户则只能进行基本的使用操作与个人设置。
- **Guest 账户**：又称为来宾账户，用于网络用户匿名访问系统。Guest 账户默认是不启用的，如果要允许网络用户访问系统，则可以启用该账户。该账户仅拥有对系统的最低使用权限，使用该账户登录系统后，只能进行最基本的操作，这样能有效防止匿名账户对系统进行更改。

温馨小贴士

由于 Administrator 账户拥有对系统的最高权限，因此不宜作为常用的登录账户。因为一旦被病毒或黑客程序获取该账户权限后，就会对系统造成不可估量的损失。

6.2 创建用户账户

安装 Windows Vista 的过程中，会要求用户创建一个或多个用户账户，此时至少需要建立一个用户账户，并且 Windows Vista 默认使用该账户登录系统。在使用电脑的过程中，还可以根据电脑的使用情况建立一个或多个用户账户，以便不同用户使用各自的账户登录到系统。

在 Windows Vista 中新建一个名为“王海”的账户。

STEP 01. **单击超链接。**在“开始”菜单中选择“控制面板”选项，打开“控制面板”窗口，单击“用户账户和家庭安全”超链接，如图 6-1 所示。

STEP 02. **单击超链接。**在打开的“用户账户和家庭安全”窗口中单击“添加或删除用户账户”超链接，如图 6-2 所示。

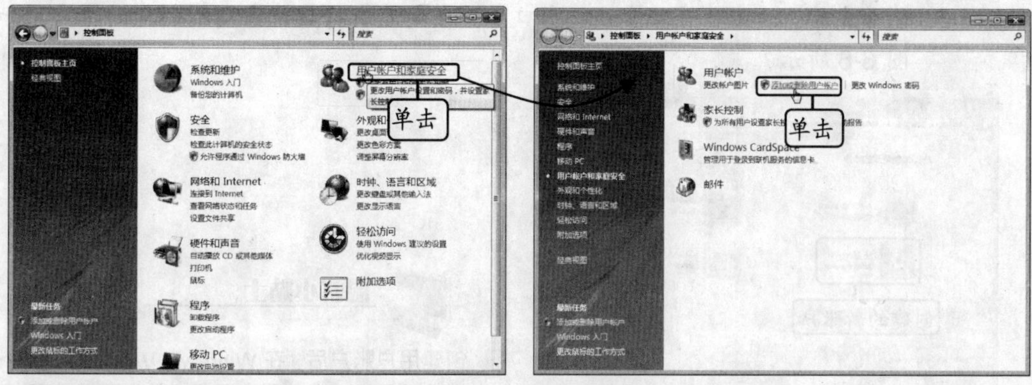

◆ 图 6-1　　　◆ 图 6-2

STEP 03. **确认操作。** 在打开的“用户账户控制”对话框中单击继续(C)按钮确认操作，如图 6-3 所示。

STEP 04. **单击超链接。** 在打开的“管理账户”窗口中单击“创建一个新账户”超链接，如图 6-4 所示。

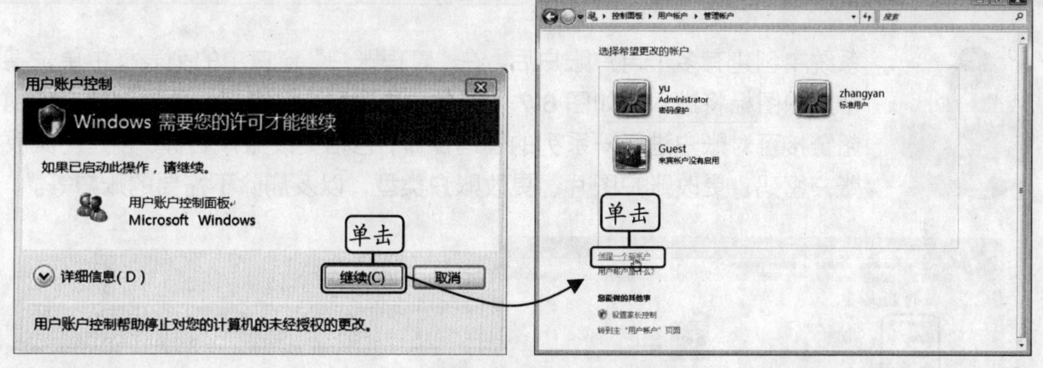

◆ 图 6-3　　　◆ 图 6-4

STEP 05. **设定名称与类型。** 在打开的“创建新账户”窗口中的文本框中输入要创建账户的名称“王海”，选中“管理员”单选按钮，单击创建帐户按钮，如图 6-5 所示。

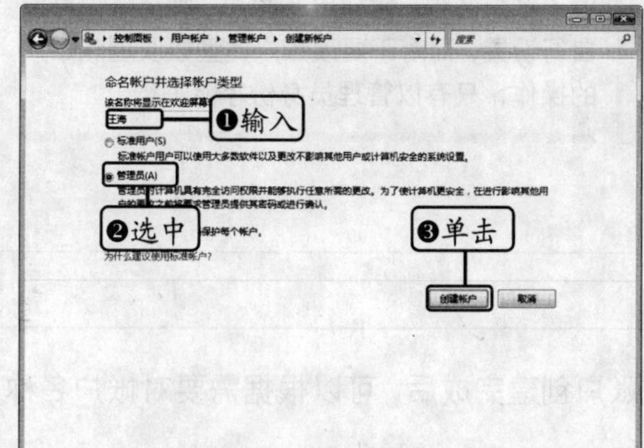

◆ 图 6-5

温馨小贴士

一般情况下，在电脑中创建多个用户账户时，将其中一个账户创建为管理员，而将其他账户创建为受限标准用户账户。这样便于对用户账户进行管理，以及限制其他账户的权限。

STEP 06. **创建完毕。**返回“管理账户”窗口中，在列表中将显示出刚刚创建的账户，如图 6-6 所示。

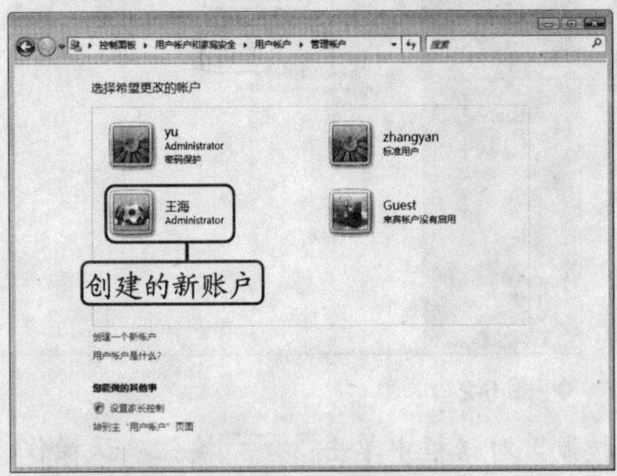

◆ 图 6-6

温馨小贴士

创建用户账户后，在 Windows Vista 登录界面中就会显示对应的账户图标，单击图标就可以使用对应账户登录到 Windows Vista。

6.3 管理用户账户

系统中创建有多个用户账户后，在“管理账户”窗口中的列表框中单击某个账户图标将进入到如图 6-7 所示的“更改账户”窗口，通过窗口左侧的超链接可对账户进行一系列的管理操作，包括更改账户名称、创建与更改账户密码、更改账户图片、更改账户类型，以及删除不需要的账户等。

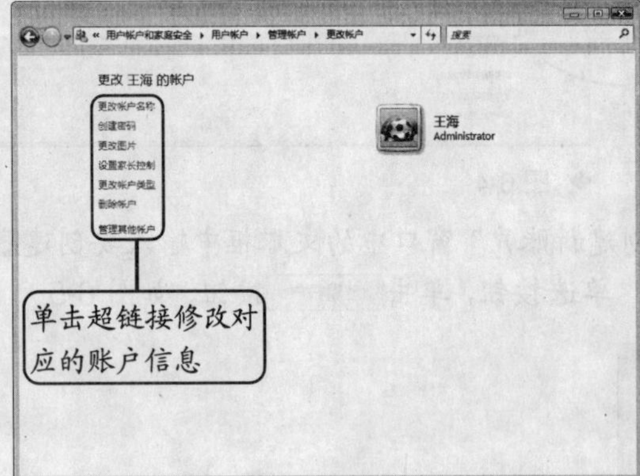

◆ 图 6-7

温馨小贴士

对于账户名称、密码以及图片，每个账户可以自行设置，而对于更改账户类型以及删除账户的操作，只有以管理员身份才能进行。

6.3.1 更改账户名称

账户名称是在创建用户账户时设置的。当账户创建完成后，可以根据需要对帐户名称进行更改。

将前面创建的“王海”账户的账户名更改为“王海洋”。

STEP 01. **单击超链接。**在“管理账户”窗口中单击列表框中的“王海”账户图标，进入“更改账户”窗口，单击“更改账户名称”超链接。

STEP 02. **输入名称。**在打开的“重命名账户”窗口中的“新账户名”文本框中输入新的名称“王海洋”，单击 更改名称 按钮，如图 6-8 所示。

STEP 03. **更改名称。**返回“更改账户”窗口，可看到账户名称已经改变了，如图 6-9 所示。

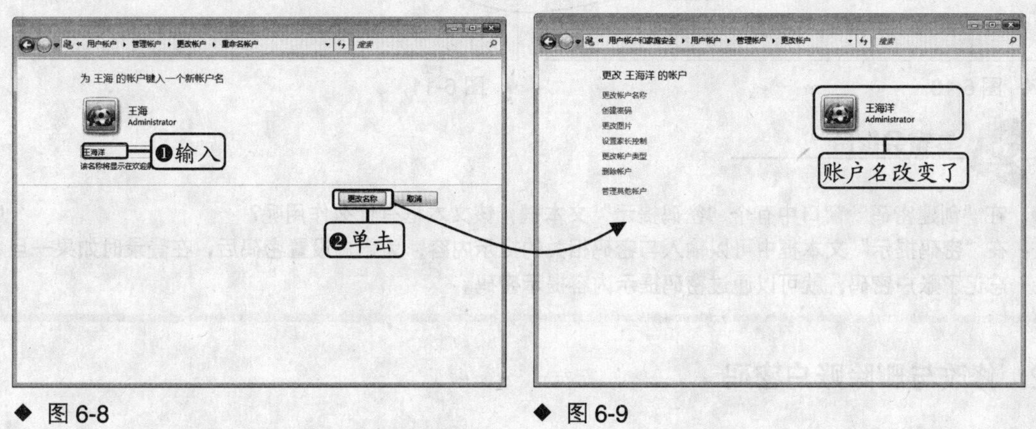

◆ 图 6-8　　◆ 图 6-9

6.3.2　创建与更改账户密码

创建用户账户后，可以为账户创建密码以防止其他人通过该账户登录到系统。创建账户密码后，使用该账户登录时就必须输入正确的密码才能登录到系统。用户还可以更改帐户密码。

1. 创建账户密码

创建用户账户时并不要求创建密码，用户可根据需要为指定账户添加密码。例如，为管理员创建密码可以避免其他人更改系统的高级管理设置，为标准用户账户设置密码可防止其他用户查看个人使用环境以及个人文件。

为创建的“王海洋”账户创建账户密码。

STEP 01. **输入密码。**在“更改账户”窗口中单击“创建密码”超链接，打开“创建密码”窗口，在“新密码”文本框中输入要创建的密码，在“确认新密码”文本框中重复输入，如图 6-10 所示。

STEP 02. **创建密码。**单击 创建密码 按钮为账户添加密码并返回“管理账户”窗口，窗口右侧

的账户图标将显示“密码保护”字样，如图 6-11 所示。

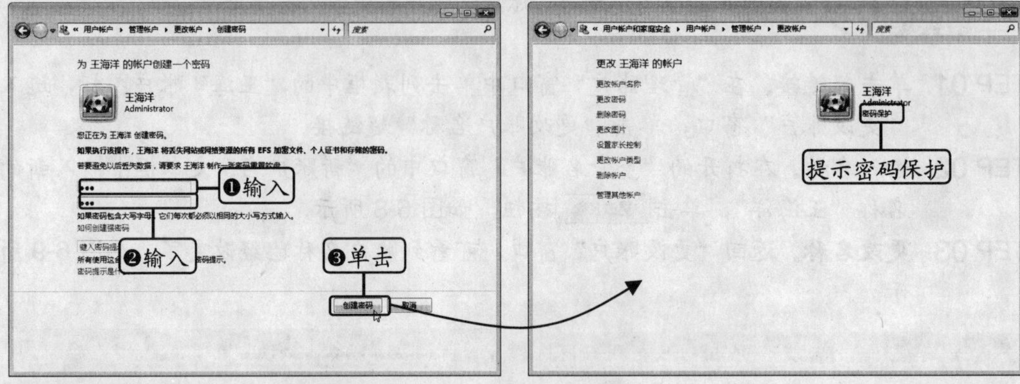

◆ 图 6-10

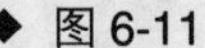

◆ 图 6-11

专家会诊台

Q：在“创建密码”窗口中有个“密码提示”文本框，该文本框有什么作用呢?

A：在“密码提示”文本框中可以输入与密码相关的提示内容，为账户设置密码后，在登录时如果一旦忘记了账户密码，就可以通过密码提示内容提示密码。

2. 修改与删除账户密码

为账户创建密码后，“更改账户”窗口中的“创建密码”超链接将被“更改密码”与“删除密码”超链接所代替。通过单击超链接可以修改或者删除原有的账户密码。

- ☑ **更改密码**：单击“更改密码”超链接，在打开的“更改密码”窗口中按照创建密码的方法输入与确认输入新密码后，单击更改密码按钮即可用新密码替换原来的密码，如图 6-12 所示。
- ☑ **删除密码**：单击“删除密码”超链接，在打开的“删除密码”窗口中单击删除密码按钮，即可将当前账户的密码删除，如图 6-13 所示。

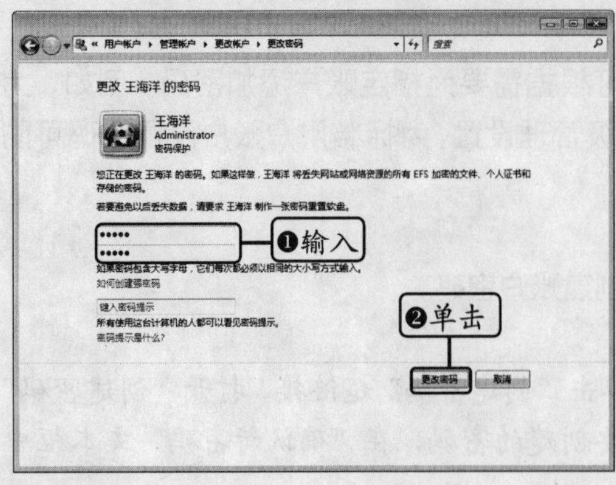

◆ 图 6-12

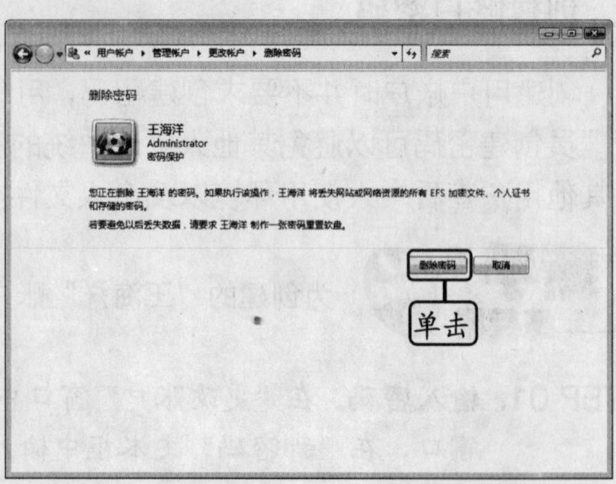

◆ 图 6-13

6.3.3　更改账户图片

账户图片是用户账户的个性化标识，登录 Windows Vista 时，欢迎屏幕中将显示账户图片。用户可以选择 Windows Vista 提供的多种不同的账户图片，也可以将电脑中保存的图片文件设置为账户图片。

将电脑中保存的照片设置为“王海洋”账户的账户图片。

STEP 01. **单击超链接。**在“更改账户”窗口中单击“更改图片”超链接，打开“选择图片”窗口，在列表框中可选择 Windows Vista 提供的账户图片。这里要将照片设置为账户图片，可以单击列表框下方的“浏览更多图片”超链接，如图 6-14 所示。

STEP 02. **选择图片。**在打开的“打开”对话框中的地址栏中选择照片的保存路径，然后选择要设置为账户图片的照片，单击 打开(O) 按钮，如图 6-15 所示。

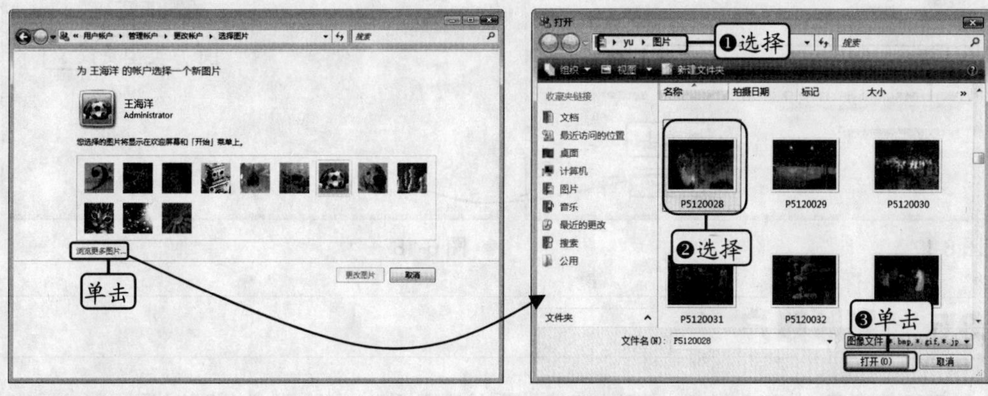

◆ 图 6-14　　◆ 图 6-15

STEP 03. **应用更改。**返回“更改账户”窗口，同时账户图标也变更为所选图片，如图 6-16 所示。

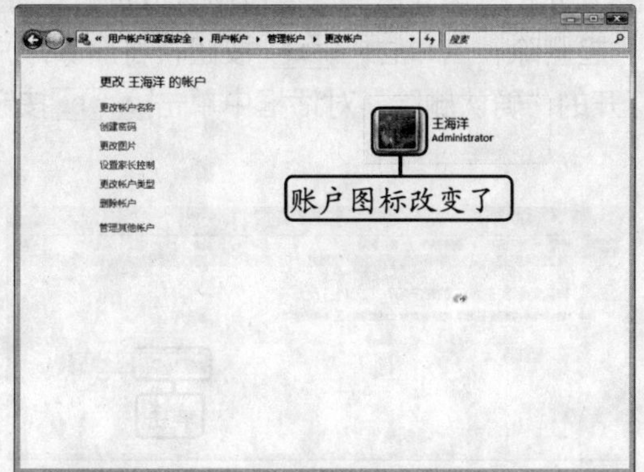

◆ 图 6-16

温馨小贴士

如果选择 Windows Vista 提供的账户图片，则需要在选择后单击  按钮。

6.3.4 更改账户类型

在创建用户账户时需要选择账户类型，创建完毕后，还可以对账户类型进行更改。

将“王海洋”账户的类型由系统管理员更改为标准用户。

STEP 01. **选择账户类型。**在“更改账户”窗口中单击“更改账户类型”超链接，在打开的“更改类型”窗口中选中“标准账户”单选按钮，然后单击 更改帐户类型 按钮，如图 6-17 所示。

STEP 02. **单击按钮。**账户类型由之前的管理员更改为标准账户，同时返回“更改账户”窗口，账户图标显示的账户类型也相应更改，如图 6-18 所示。

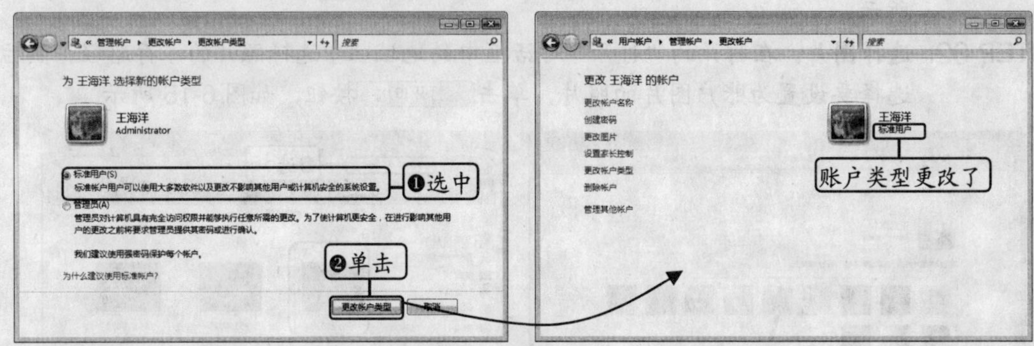

◆ 图 6-17 ◆ 图 6-18

6.3.5 删除账户

对于不再使用的用户账户，可以将其从系统中删除。删除账户时可以保留账户文件，也可以连同账户文件一起删除。删除账户操作必须以系统管理员身份进行。

在“管理账户”窗口中单击要删除账户的账户图标，打开“更改账户”窗口，在其中单击 “删除账户”超链接，在打开的如图 6-19 所示的“删除账户”窗口中可以进行选择。若单击 删除文件 按钮，将会把账户和账户文件一起删除；若单击 保留文件 按钮，将删除账户而将账户文件整理到同名文件夹中。然后在打开的“确认删除”对话框中单击 删除帐户 按钮即可删除账户，如图 6-20 所示。

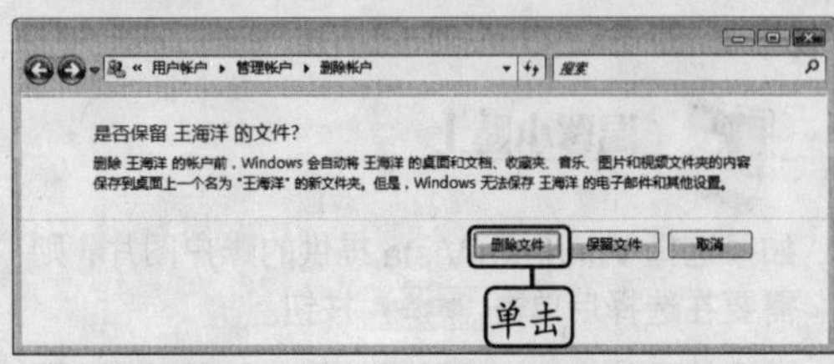

◆ 图 6-19

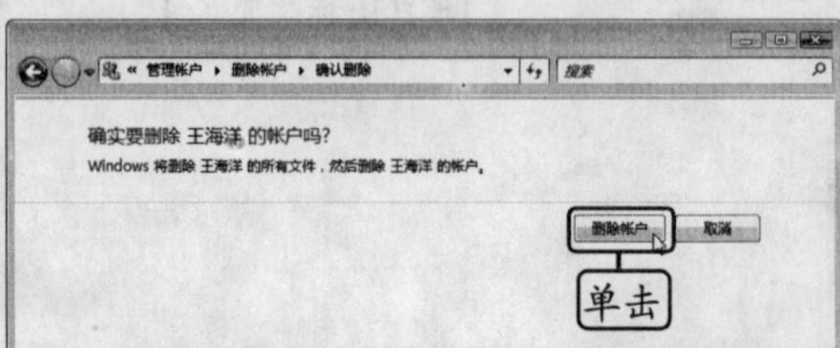

◆ 图 6-20

6.3.6　应用实例——为电脑用户创建账户

本实例将在 Windows Vista 中创建一个标准用户账户，并自定义设置账户图片，为账户添加密码，从而方便该用户使用电脑以及保护个人信息的安全。

其具体操作步骤如下。

STEP 01. **单击超链接。**打开“控制面板”窗口，单击“用户账户和家庭安全”超链接，在打开的窗口中单击“添加或删除用户账户”超链接，如图 6-21 所示。

STEP 02. **确认操作。**在打开的“用户账户控制”对话框中单击继续(C)按钮确认操作，如图 6-22 所示。

◆ 图 6-21　◆ 图 6-22

STEP 03. **单击超链接。**在打开的“管理账户”窗口中单击“创建一个新账户”超链接，如图 6-23 所示。

STEP 04. **输入名称。**在打开的“创建新账户”窗口中的“新账户名”文本框中输入账户名称“张燕”，选中“标准用户”单选按钮，然后单击创建帐户按钮，如图 6-24 所示。

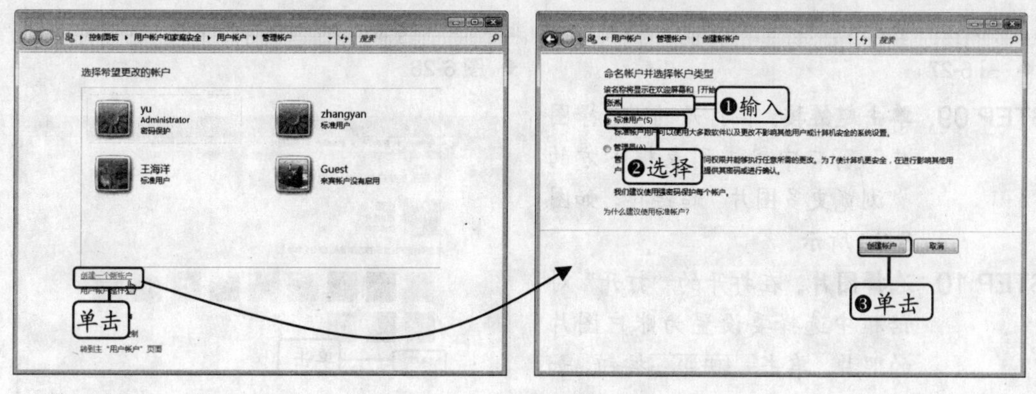

◆ 图 6-23　◆ 图 6-24

STEP 05. **选择账户。**返回到“管理账户”窗口，列表框中将显示出新创建的账户，单击该账户图标，如图 6-25 所示。

STEP 06. **单击超链接。**在打开的“更改账户”窗口中单击“创建密码”超链接，如图 6-26 所示。

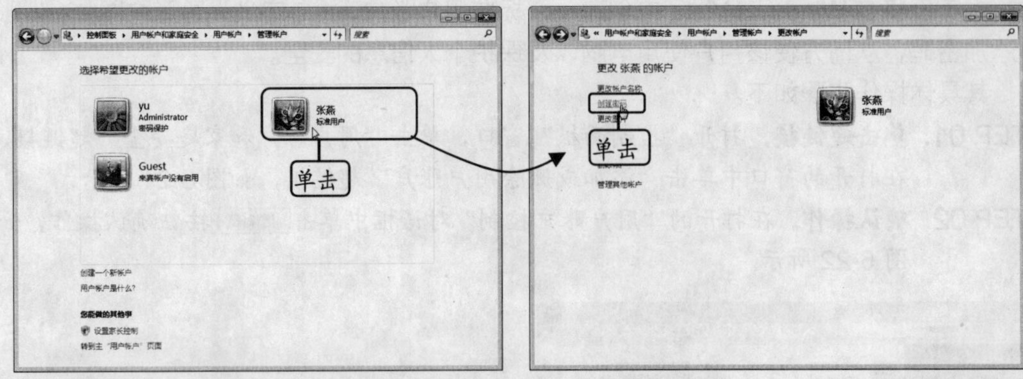

◆ 图 6-25　　◆ 图 6-26

STEP 07. **创建密码。**在打开的“创建密码”窗口中输入与确认输入密码，在“密码提示”文本框中输入密码提示信息，然后单击 创建密码 按钮，如图 6-27 所示。

STEP 08. **单击超链接。**返回“更改账户”窗口中可以看到账户图标下方显示了“密码保护”字样。单击左侧的“更改图片”超链接，如图 6-28 所示。

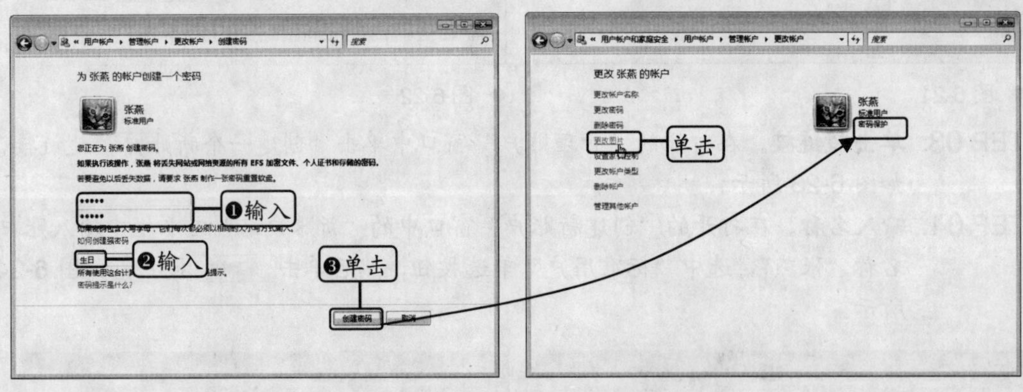

◆ 图 6-27　　◆ 图 6-28

STEP 09. **单击超链接。**在打开的“选择图片”窗口中单击列表框下方的“浏览更多图片”超链接，如图 6-29 所示。

STEP 10. **选择图片。**在打开的“打开”对话框中选择要设置为账户图片的照片，单击 打开(O) 按钮，如图 6-30 所示。

STEP 11. **完成设置。**在返回的“更改账户”窗口中可以看到账户图标已经

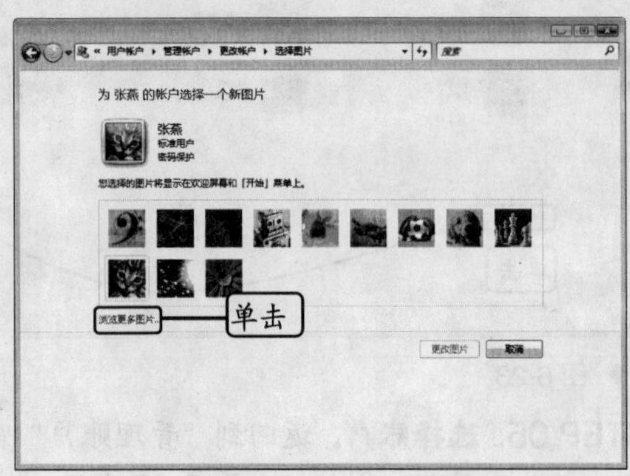

◆ 图 6-29

更改为所选图片，如图 6-31 所示。至此完成了对账户的设置，单击窗口右上角的“关闭”按钮 ✕ 关闭当前窗口。

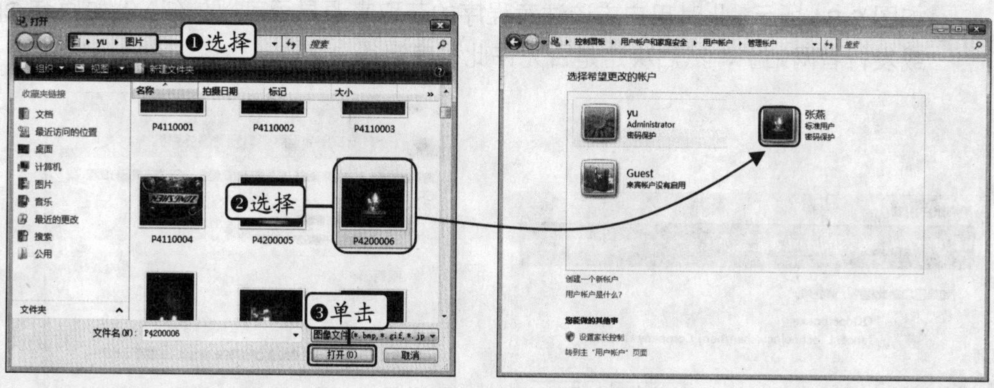

◆ 图 6-30　　◆ 图 6-31

6.4 用户账户控制（UAC）

用户账户控制（UAC）是 Windows Vista 中新增的一项功能，该功能可有效地帮助用户防止对电脑进行未经授权的更改。Windows Vista 默认情况下启用了用户账户控制功能，用户也可根据自己的使用习惯将其关闭。

6.4.1 认识用户账户控制

在执行可能会影响电脑运行速度的操作或执行更改其他用户的设置的操作时，Windows Vista 会自动打开“用户账户控制”对话框要求用户确认操作，并且屏幕变为不可操作状态。这样就可以有效防止恶意软件或间谍软件在未经许可的情况下在电脑中进行安装或更改电脑设置。

Windows Vista 中的用户账户控制一般作用于以下几个方面。

- ☑ **Windows 需要您的许可才能继续：**当用户执行了可能会影响到系统或其他用户的操作时，将打开“用户账户控制”对话框要求用户确认操作，如图 6-32 所示。此时用户可检查操作的名称以确保是否要执行该操作。
- ☑ **程序需要您的许可才能继续：**当用户运行一些非 Windows 自带的程序时，将打开“用户账户控制”对话框要求用户确认操作，如图 6-33 所示。此时用户可检查程序的名称以确保其是要运行的程序。

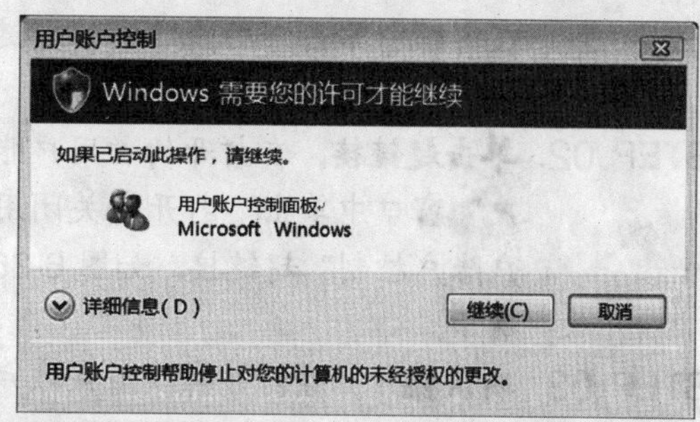

◆ 图 6-32

快学快用

- **一个未能识别的程序要访问您的计算机：**当运行一些软件的安装程序，或没有提供有效数字签名的程序时，将打开“用户账户控制”对话框要求用户确认操作，如图 6-34 所示。此时用户应该注意程序的获取来源是否可以信任（例如原装 CD 或发行者网站），然后决定是否允许此程序运行。

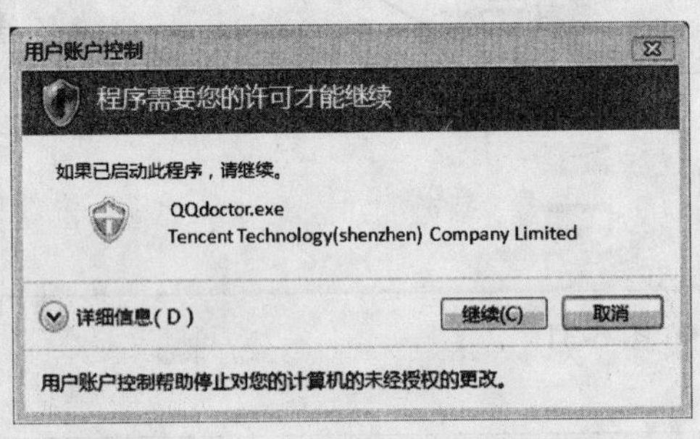

◆ 图 6-33

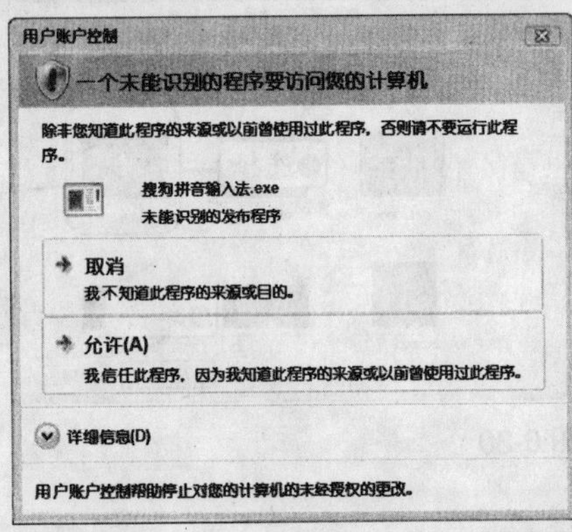

◆ 图 6-34

- **此程序已被阻止：**如果当前正在运行的是系统管理员所阻止在电脑中运行的程序，将打开“用户账户控制”对话框提示用户程序已被阻止。如果要继续运行此程序，则必须以系统管理员身份登录系统，并解除阻止此程序。

6.4.2 关闭用户账户控制（UAC）

如果用户对于在 Windows Vista 中安装与运行程序以及系统设置比较熟悉，或者仅在电脑中进行一些基本操作，如上网、看电影以及运行办公软件等，就可以将用户账户控制（UAC）关闭。关闭用户账户控制后，进行上述操作或设置时，将不会打开“用户账户控制”对话框。

关闭 Windows Vista 中的用户账户控制（UAC）。

STEP 01. **单击超链接。**在“控制面板”窗口中单击“用户账户和家庭安全”超链接，打开“用户账户和家庭安全”窗口，在窗口中单击“用户账户”超链接，如图 6-35 所示。

STEP 02. **单击超链接。**在打开的“用户账户”窗口中单击“打开或关闭用户账户控制”超链接，如图 6-36 所示。

STEP 03. **确认操作。**在打开的“用户账户控制”对话框中单击 继续(C) 按钮，

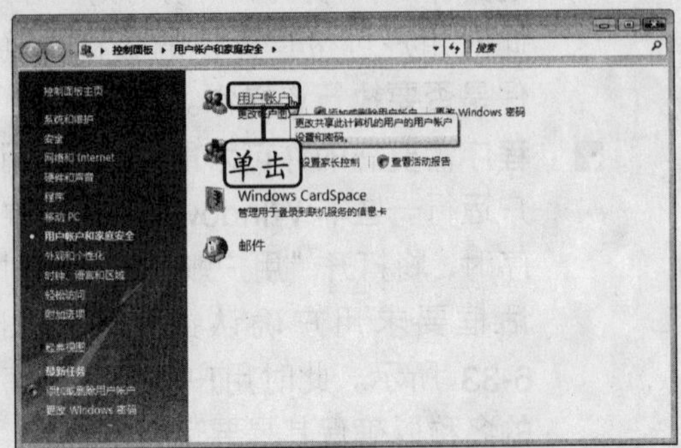

◆ 图 6-35

如图 6-37 所示。

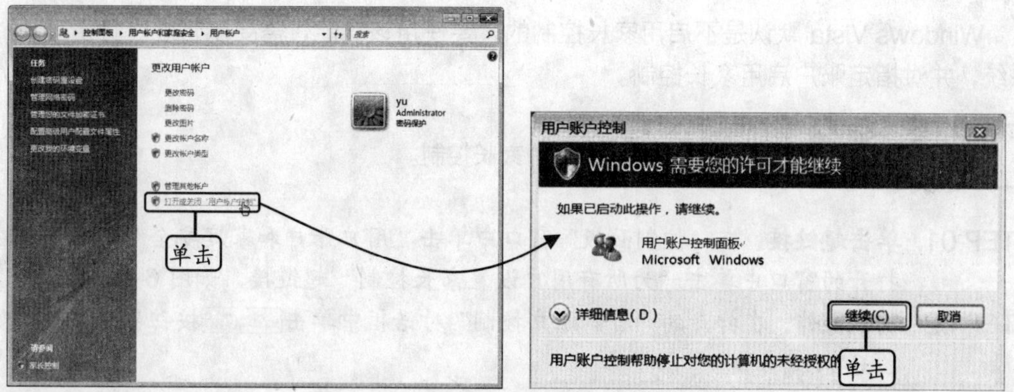

◆ 图 6-36　　◆ 图 6-37

STEP 04. **取消选中复选框。**在打开的“打开或关闭‘用户账户控制’”窗口中取消选中“使用用户账户（UAC）帮助保护您的计算机”复选框，然后单击[确定]按钮，如图 6-38 所示。

STEP 05. **重启系统。**在打开的如图 6-39 所示的提示对话框中将告知用户重新启动系统才能使设置生效，此时单击[立即重新启动(R)]按钮将立即重新启动；单击[稍后重新启动(L)]按钮稍后再手动重新启动。

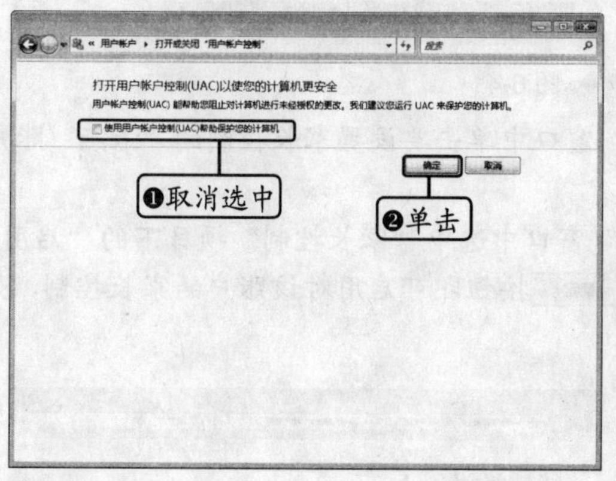

◆ 图 6-38　　◆ 图 6-39

6.5 家长控制

Windows Vista 提供了家长控制功能，可以帮助系统管理员控制其他用户账户使用电脑。家长控制包括限制使用时间、Web 限制、游戏控制以及应用程序 4 个方面。当建立了多个账户后，可以根据各个用户的使用情况，分别对不同账户设置不同的使用限制。

6.5.1 启用家长控制

Windows Vista 默认是不启用家长控制的，要使用该功能，需要以管理员身份登录到系统，并对指定账户启用家长控制。

启用对“张燕”账户的家长控制。

STEP 01. **单击超链接。**在“控制面板”窗口中单击“用户账户和家庭安全”超链接，在打开的窗口中单击“为所有用户设置家长控制”超链接，如图 6-40 所示。

STEP 02. **确认操作。**在打开的“用户账户控制”对话框中单击继续(C)按钮确认操作，如图 6-41 所示。

◆ 图 6-40

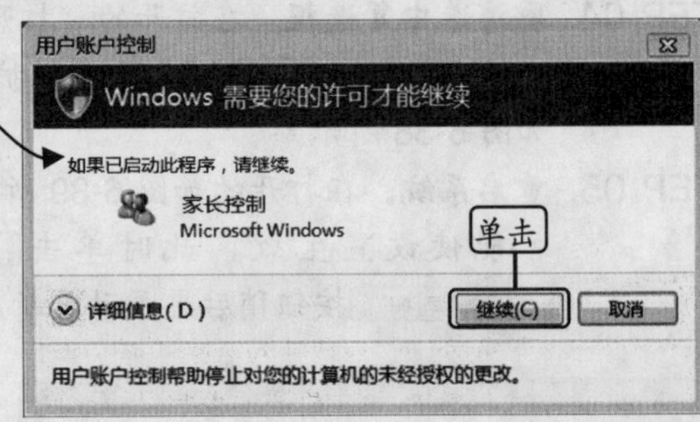

◆ 图 6-41

STEP 03. **选择账户。**在打开的“家长控制”窗口中单击要设置家长控制的“张燕”账户的账户图标，如图 6-42 所示。

STEP 04. **选择选项。**在打开的“用户控制”窗口中选中“家长控制”项目下的“启用，强制当前设置”单选按钮，单击确定按钮即可启用对该账户的家长控制，如图 6-43 所示。

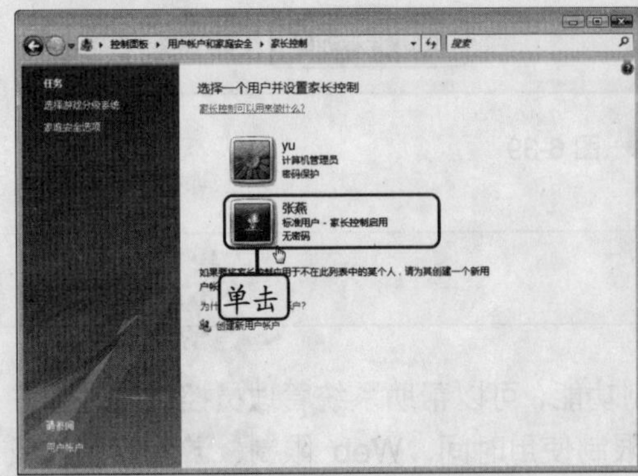

◆ 图 6-42

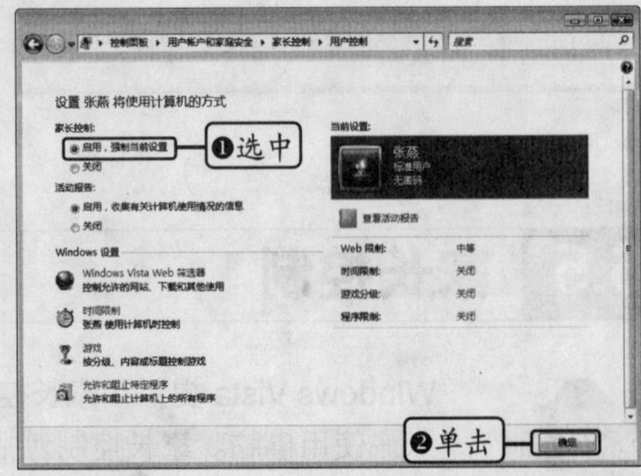

◆ 图 6-43

6.5.2　Web 访问限制

通过家长控制功能，能够对指定账户访问 Web 网页进行限制，包括可访问的网站、是否允许下载等。在“用户控制”窗口中单击“Windows Vista Web 筛选器”超链接，将打开如图 6-44 所示的“Web 限制”窗口，在其中可进行 Web 访问限制的设置。

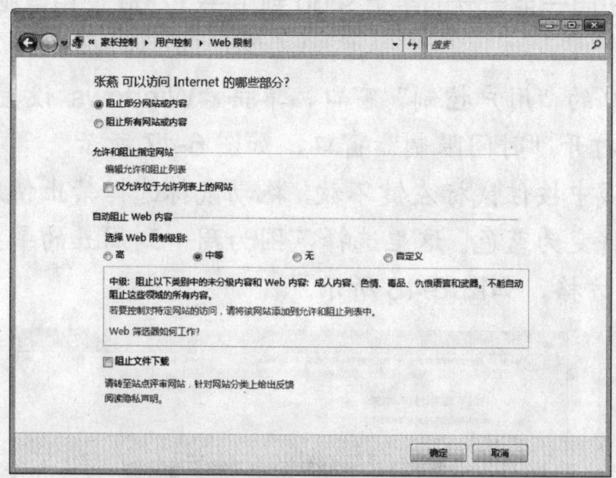

◆ 图 6-44

温馨小贴士

只有电脑连接到网络并可以正常访问 Internet 时，用户才有必要通过家长控制功能对账户进行 Web 访问限制。

- **网站阻止**：选中窗口上方的“阻止所有网站或内容”单选按钮，则该账户将无法访问任何网站；选中“阻止部分网站或内容”单选按钮，则可单击下方的“编辑允许和阻止列表”超链接，在打开的“允许阻止网页”对话框中自定义设置允许和禁止该账户访问的网站，如图 6-45 所示。
- **Web 限制级别**：在窗口中的“选择 Web 限制级别”栏中可选择对应的级别，Windows Vista 会按照所选级别自动根据网站内容对网站进行过滤。选择不同的限制级别，能够访问的网站也不同，如选中“自定义”单选按钮，那么可在打开的列表框中自定义选择要阻止哪些内容的网站，如图 6-46 所示。

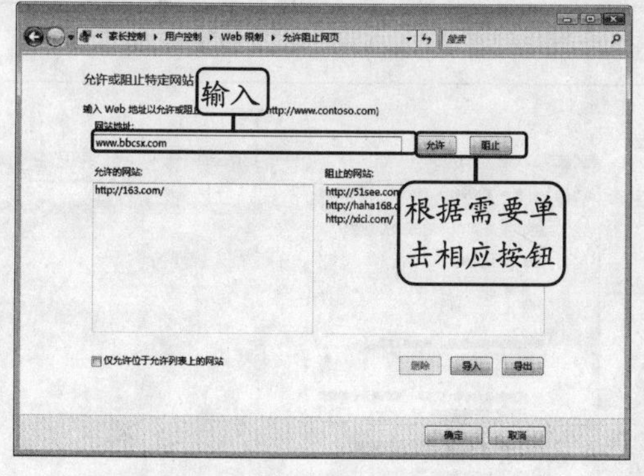

◆ 图 6-45

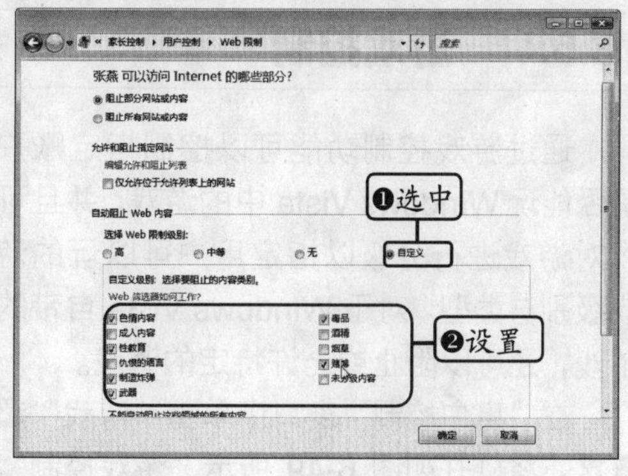

◆ 图 6-46

- **下载阻止**：选中窗口下方的“阻止文件下载”复选框，将阻止该账户通过网络下载任何文件。

6.5.3 时间限制

通过时间限制功能可以限制指定账户使用电脑的时间。例如，可以限制该账户只能在每周指定的时间范围使用电脑。

仅允许“张燕”账户在周一至周五的早上 9:00 到下午 17:00 使用电脑。

STEP 01. **单击超链接。**进入“张燕”账户的“用户控制”窗口，单击“Windows 设置”栏中的“时间限制”超链接，打开“时间限制”窗口，如图 6-47 所示。

STEP 02. **拖动鼠标。**在窗口中的方格区域中按住鼠标左键不放，拖动鼠标选择禁止使用电脑的时间范围，被选择范围将变为蓝色。这里选择范围为周一到周五的早上 9:00 到下午 17:00 以外的所有方格，如图 6-48 所示。

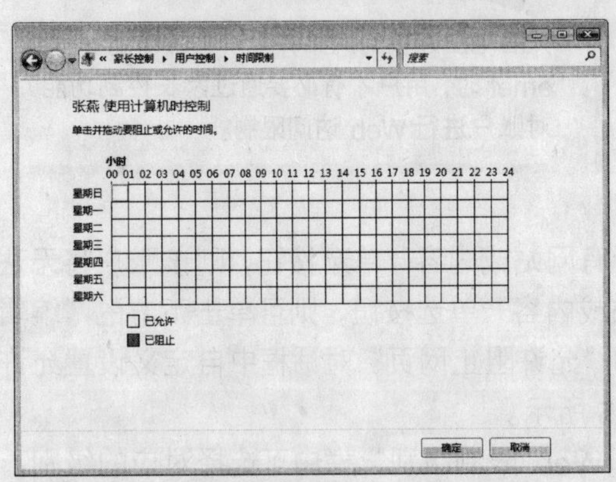

◆ 图 6-47

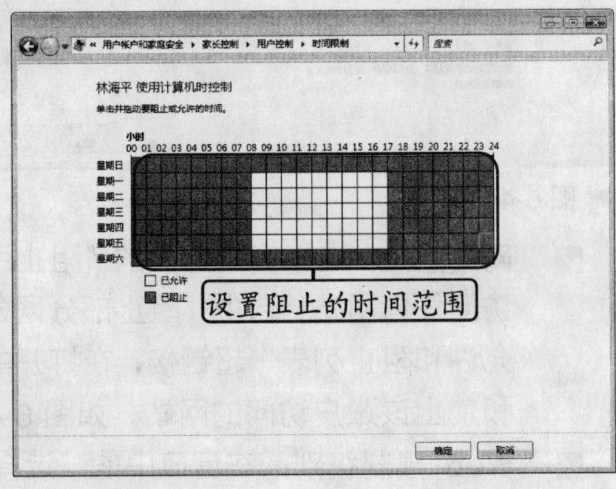

◆ 图 6-48

STEP 03. **应用设置。**单击 确定 按钮，即可应用对该账户进行的时间限制。该账户在非允许时间就无法登录和使用电脑了。

6.5.4 游戏控制

通过游戏控制功能可以控制指定账户是否能玩 Windows Vista 中的游戏，并且可以对游戏进行分级以指定用户可以玩的游戏级别与类型。对于 Windows Vista 自带的游戏，还可以阻止或允许特定的游戏。

在“用户控制”窗口中单击“游戏”超链接，将打开如图 6-49 所示“游戏控制”窗口。在窗口上方选择“否”单选按钮，该账户将禁止所有游戏，选择“是”单选按钮，可以通过下方的链接设置该账户的游戏控制。

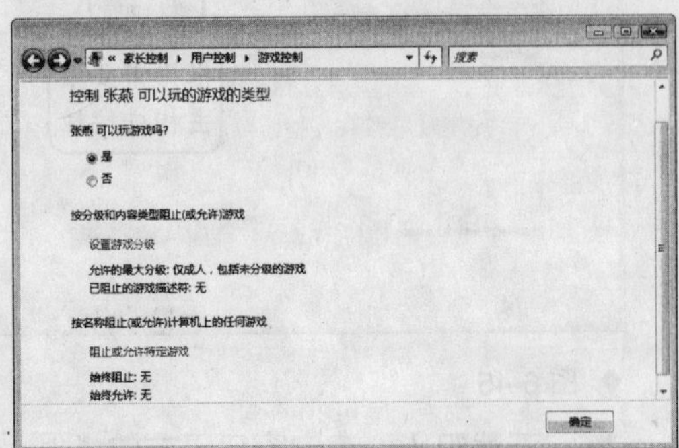

◆ 图 6-49

- **游戏分级**：单击窗口中的“设置游戏分级”超链接，将打开“游戏限制”窗口，选中上方的“允许未分级的游戏”单选按钮，在下方的列表框中可选择该账户可进行的游戏级别，如图 6-50 所示。
- **阻止游戏类型**：在“游戏限制”窗口中的“阻止这些类型的内容”栏中，可选中多个复选框以阻止包含对应内容的游戏，如图 6-51 所示。

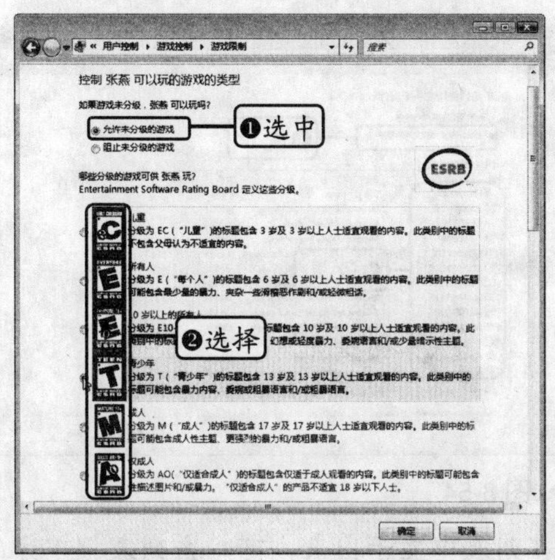

◆ 图 6-50

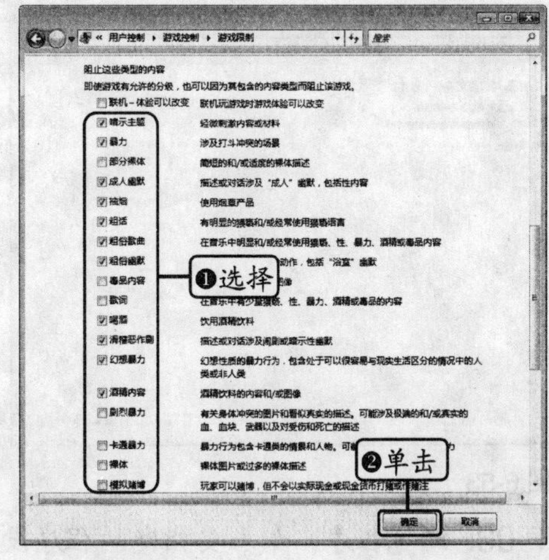

◆ 图 6-51

- **阻止或允许特定游戏**：在“游戏控制”窗口中单击“阻止或允许特定游戏”超链接，在打开的“游戏覆盖”对话框中列出了 Windows Vista 自带的所有游戏，选中“始终允许”单选按钮，不论是否在游戏分级和类型阻止中禁止该游戏，都允许该用户进行此游戏；选中“始终阻止”单选按钮，将阻止该用户进行此游戏，设置后单击“确定”按钮即可，如图 6-52 所示。

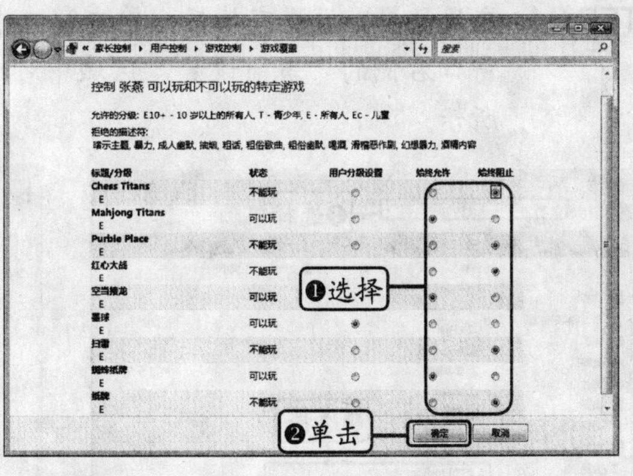

◆ 图 6-52

6.5.5　应用程序限制

家长控制中的应用程序限制功能可以限制指定账户使用电脑中安装的程序。如仅允许指定账户使用特定程序，而不允许使用其他程序。

仅允许“张燕”账户使用电脑中安装的指定软件。

STEP 01. **单击超链接。**进入“张燕”账户的“用户控制”窗口，单击“Windows 设

置”栏中的“允许和阻止特定程序”超链接，打开“应用程序限制”窗口，如图 6-53 所示。

STEP 02. **选择程序。**选中“张燕只能使用我允许的程序”单选按钮，稍后窗口中将显示出当前安装的程序列表，在列表中选中允许使用程序前的复选框，如图 6-54 所示。

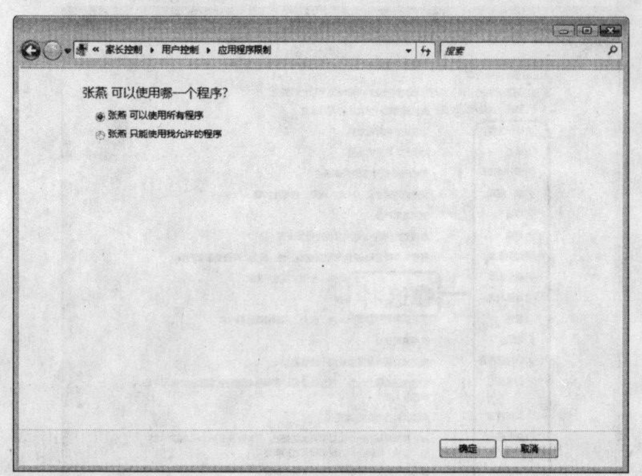

◆ 图 6-53

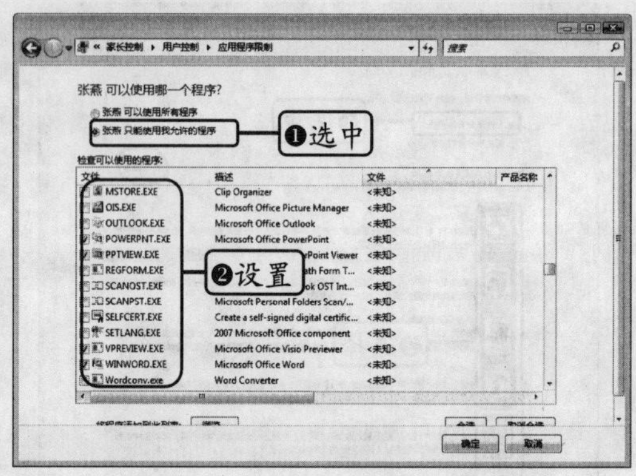

◆ 图 6-54

STEP 03. **浏览程序。**如果要指定的程序没有在列表中显示出来，可单击列表框下方的 浏览... 按钮，在打开的“打开”对话框中选择进入该程序的路径并选择程序文件，完成后单击 打开(O) 按钮，如图 6-55 所示。

STEP 04. **应用设置。**设置完毕后，单击窗口中的 确定 按钮返回“用户控制”窗口，在窗口右侧的“当前设置”区域中可以查看到各个功能的启用情况，如图 6-56 所示。

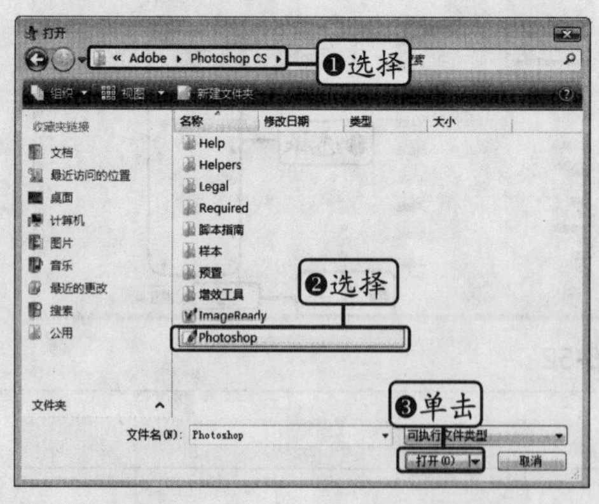

◆ 图 6-55

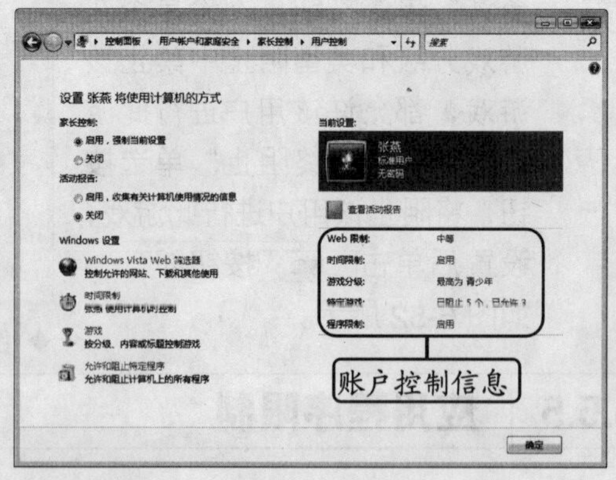

◆ 图 6-56

6.5.6 查看活动报告

通过家长控制功能还可以监视指定账户的活动情况，包括该账户浏览网页数目、登录系统次数、使用过的应用程序，以及进行的游戏等。要查看指定账户的活动报告，首先需要在“用户控制”窗口中选中“活动报告”栏中的“启用，收集有关计算机使用情况的信

息”单选按钮，启用活动报告，如图 6-57 所示。

启用活动报告后，以后要查看该账户的活动报告，只要在“用户控制”窗口中单击“查看活动报告”超级链接，就可以打开“活动查看器”窗口进行查看了，如图 6-58 所示。

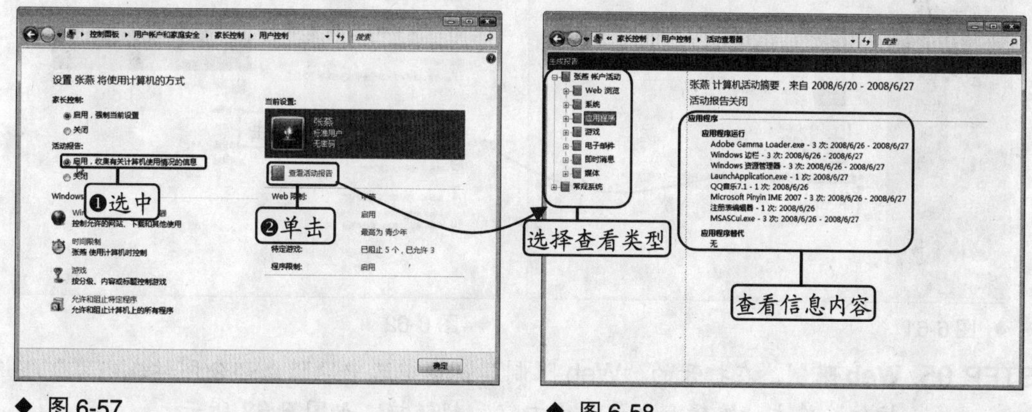

◆ 图 6-57　　◆ 图 6-58

6.5.7 应用实例——控制电脑的使用

本实例将通过家长控制功能限制电脑指定账户使用电脑的时间，并指定禁止访问的网页、游戏以及限定使用应用程序。

其具体操作步骤如下。

STEP 01. **单击超链接。**在“开始”菜单中选择“控制面板”选项，打开“控制面板”窗口，单击“为所有用户设置家长控制”超链接，如图 6-59 所示。

STEP 02. **确认操作。**在打开的“用户账户控制”对话框中单击继续(C)按钮确认操作，如图 6-60 所示。

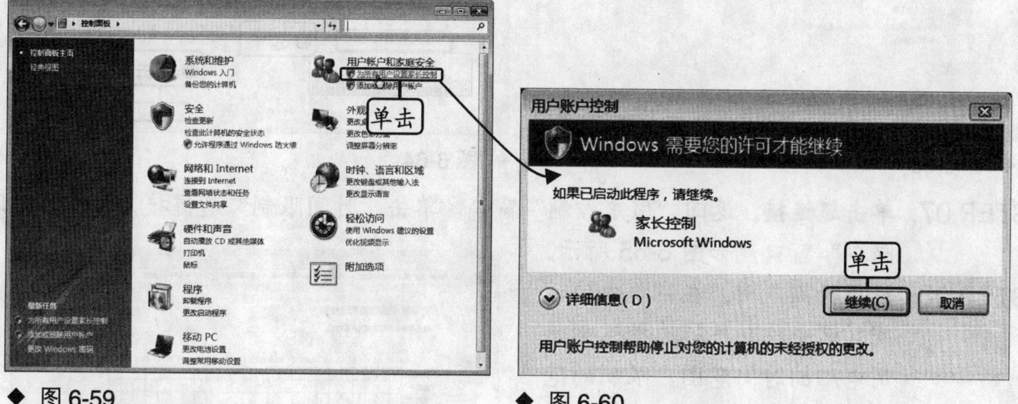

◆ 图 6-59　　◆ 图 6-60

STEP 03. **选择账户。**在打开的“家长控制”窗口中单击要设置家长控制的“林海平”账户的账户图标，如图 6-61 所示。

STEP 04. **选择选项。**在打开的“用户控制”窗口中选中“家长控制”栏下的“启用，强制当前设置”单选按钮，单击窗口中的“Windows Vista Web 筛选器”超链接，

如图 6-62 所示。

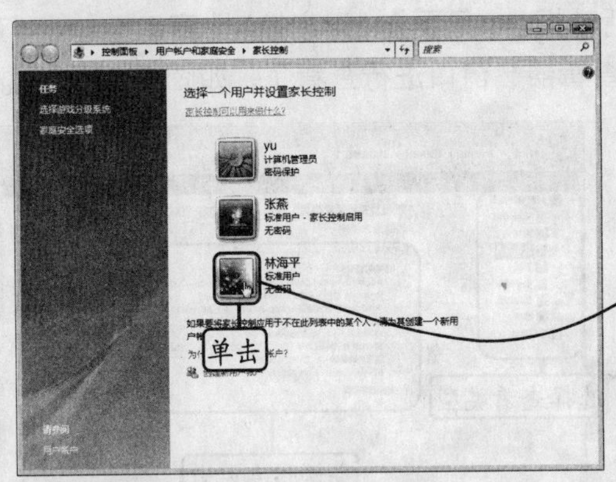

◆ 图 6-61

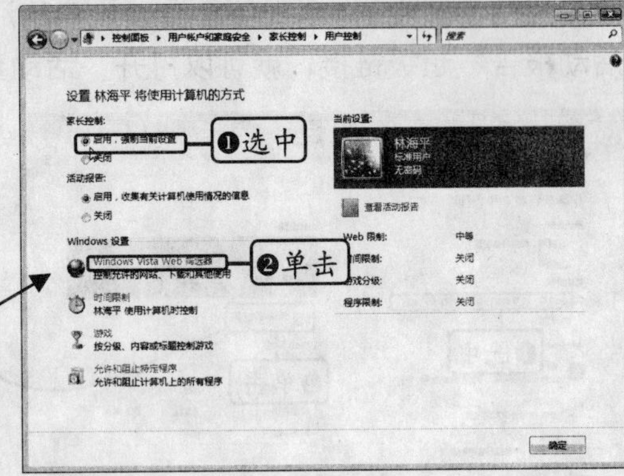

◆ 图 6-62

STEP 05. **Web 限制。**在打开的“Web 限制”窗口中选中“阻止部分网站或内容”单选按钮，单击“编辑和允许阻止内容”超链接，如图 6-63 所示。

STEP 06. **添加网址。**在打开的“允许阻止网页”窗口的“网站地址”文本框中依次输入允许该账户访问的地址，并分别单击 允许 按钮将其添加到“允许的网站”列表框中，选中“仅允许位于允许列表上的网站”复选框，然后单击 确定 按钮，如图 6-64 所示。

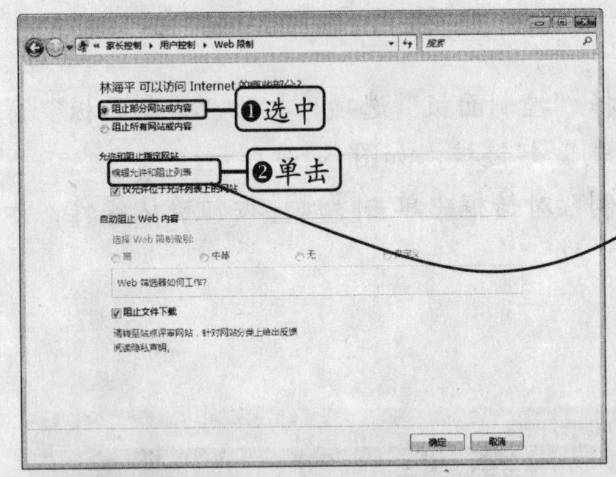

◆ 图 6-63

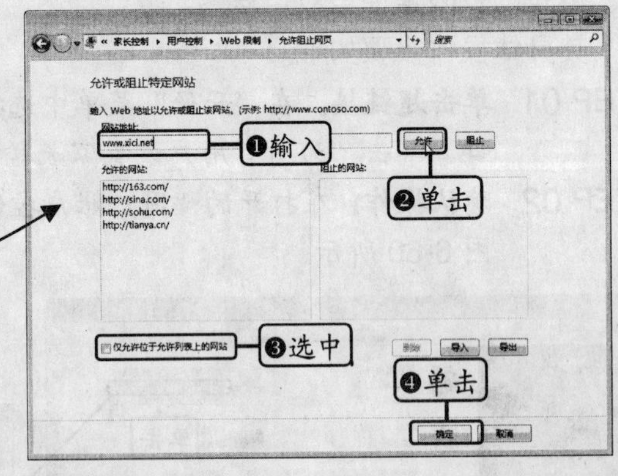

◆ 图 6-64

STEP 07. **单击超链接。**返回“用户控制”窗口，单击“时间限制”超链接，打开“时间限制”窗口，如图 6-65 所示。

STEP 08. **设置时间范围。**在窗口中的时间区域中拖动鼠标选择限制使用电脑的时间范围，限制的范围用蓝色显示，如图 6-66 所示，设置后单击 确定 按钮。

STEP 09. **禁止游戏。**返回“用户控制”窗口，单击“游戏”超链接，

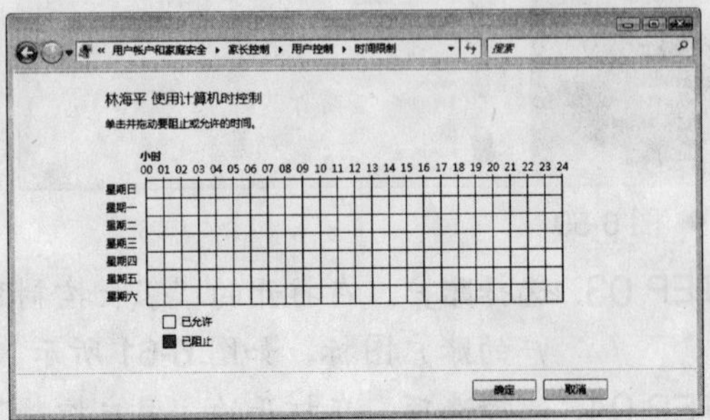

◆ 图 6-65

在打开的“游戏控制”窗口中选中“否”单选按钮，禁止该用户进行游戏，单击确定按钮，如图 6-67 所示。

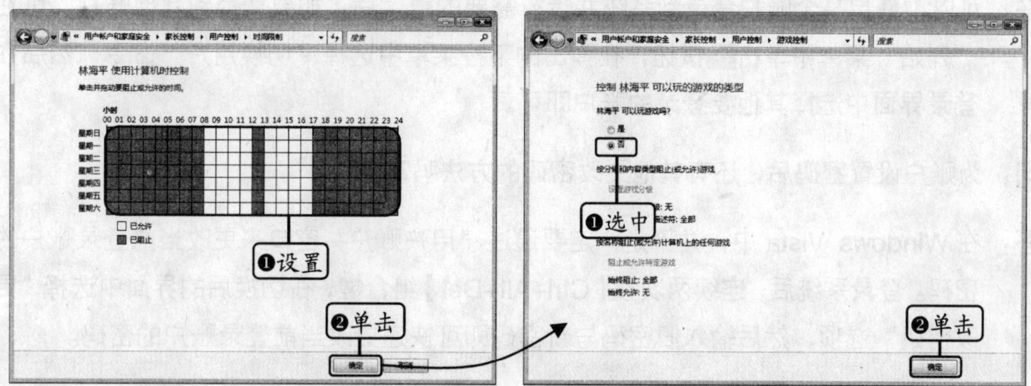

◆ 图 6-66　　◆ 图 6-67

STEP 10. **程序限制。**返回“用户控制”窗口，单击“允许和阻止特定程序”超链接，在打开的“应用程序限制”窗口中选中“林海平只能使用我允许的程序”单选按钮，在列表框中选中允许该用户使用的程序前的复选框，最后单击确定按钮，如图 6-68 所示。

STEP 11. **设置完毕。**返回“用户控制”窗口，通过窗口右侧的列表即可查看到当前家长控制的状态，单击窗口下方的确定按钮完成设置，如图 6-69 所示。

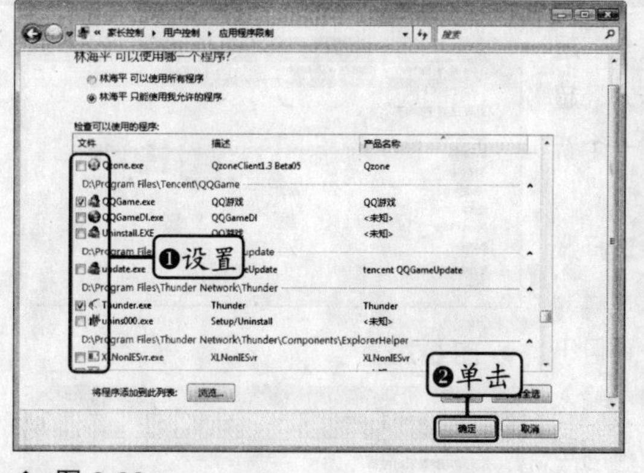

◆ 图 6-68

◆ 图 6-69

6.6 疑难解答

学习完本章后，是否发现自己对用户账户的认识又提升到了一个新的台阶？在对用户账户进行设置与管理的过程中遇到的相关问题是否已经顺利解决了？下面将为您提供一些关于用户账户与家长控制的常见问题解答，使您的学习路途更加顺畅。

问：在同一台电脑上能否实现多个账户同时登录到系统？

答：可以，使用某个账户登录到系统并运行需要的程序后，如要切换到其他账户，可在“开始”菜单中单击▶按钮，在弹出的下拉菜单中选择“切换用户”命令，然后在登录界面中选择其他要登录的账户即可。

问：为账户设置密码后，还有其他更改密码的方法吗？

答：在 Windows Vista 中，并不是一定要通过“用户账户”窗口来更改当前登录账户的密码。登录系统后，连续两次按【Ctrl+Alt+Del】组合键，在切换后的界面中选择“更改密码”选项，然后输入旧密码与新密码即可快速更改当前登录账户的密码。

6.7 上机练习

本章上机练习将练习在 Windows Vista 中新建一个标准用户账户，并为账户设置密码，然后通过家长控制功能限制该账户使用电脑的时间。其制作提示介绍如下。

练习

① 在“控制面板”窗口中单击“用户账户和家庭安全”超链接，在打开的窗口中单击“添加或删除用户账户”超链接，在打开的“管理账户”窗口中单击“创建一个新账户”超链接。

② 在打开的“创建新账户”窗口中输入账户名称并选择账户类型，然后单击创建帐户按钮。

③ 单击新创建的账户图标，在打开的“更改账户”窗口中单击“创建密码”超链接，在“创建密码”窗口中输入并确认输入账户密码，单击创建密码按钮，为账户添加密码，如图 6-70 所示。

④ 返回“管理账户”窗口，单击“设置家长控制”超链接，选择新创建的账户后，在“用户控制”窗口中启用家长控制，单击“时间限制”超链接，在打开的“时间限制”窗口中设置该账户使用电脑的时间范围，如图 6-71 所示，依次单击确定按钮完成设置。

◆ 图 6-70

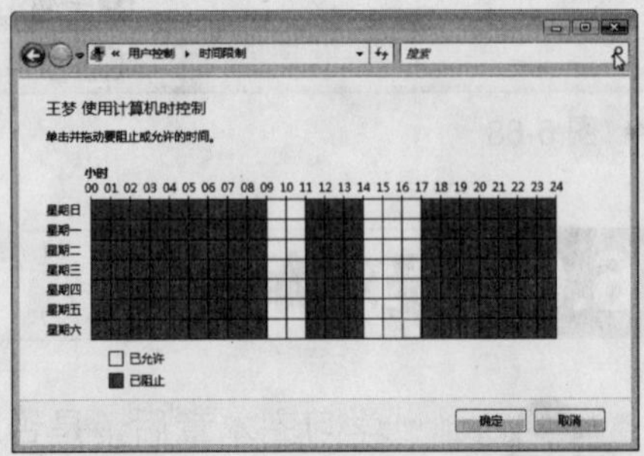

◆ 图 6-71

第 7 章 Windows Vista 自带工具的使用

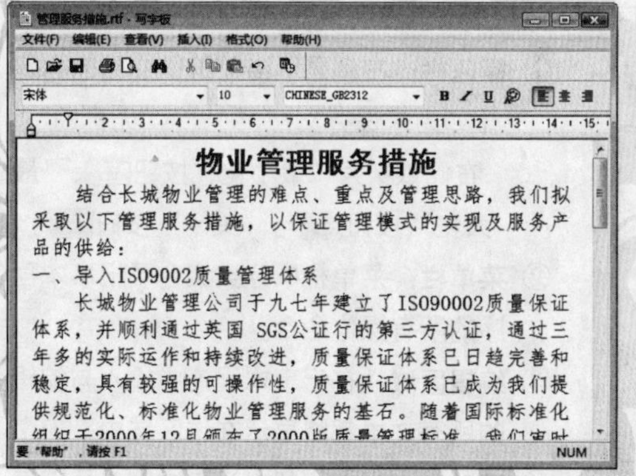

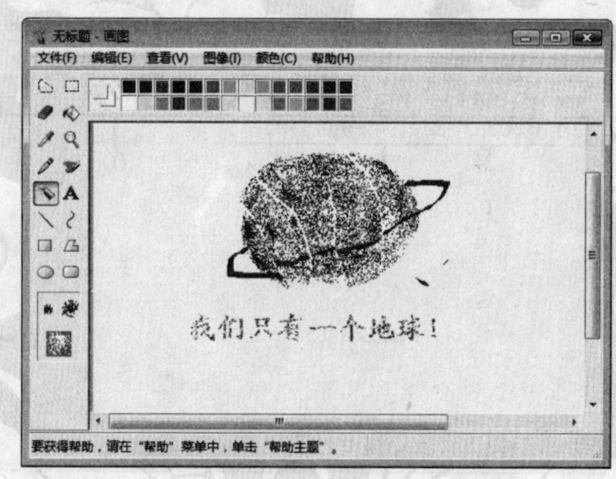

Windows Vista 中自带了很多常用的工具，包括记事本、写字板、画图程序，以及计算器等。即使没有安装专门的应用程序，用户通过 Windows Vista 自带的这些工具，也可以满足日常的使用需求，如编排文本、绘制图形、计算数值等。本章我们就一起来学习 Windows Vista 自带的各常用工具的使用方法。

7.1 记事本

记事本是一款纯文本编辑工具，主要用于在电脑中输入与记录各种文本内容。记事本的界面简单，且操作容易，初级用户可以很快上手并熟练使用。对于一些特殊用户，还可以在记事本中编写代码。

7.1.1 启动与认识记事本程序

在“开始”菜单中选择“所有程序”选项，在打开的“所有程序”列表中展开“附件”选项，选择“记事本”命令即可启动记事本程序，其界面如图 7-1 所示。

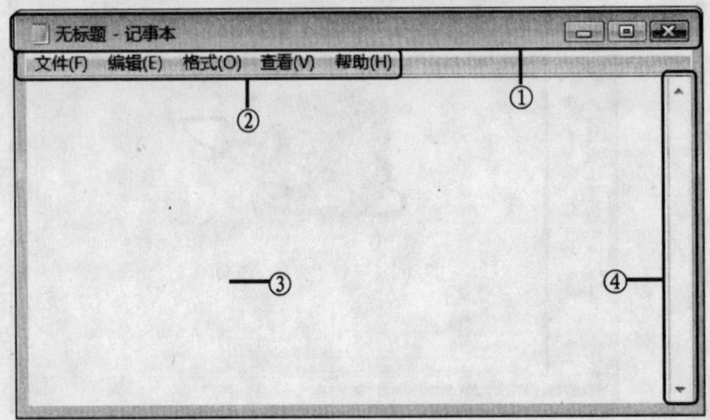

◆ 图 7-1

① **标题栏**：左侧显示当前编排文档的标题（如为未保存文档，则显示“无标题”），右侧依次为“最小化”按钮、“最大化”按钮与“关闭”按钮。

② **菜单栏**：菜单栏中分类集合了记事本程序的所有操作命令。

③ **编辑区域**：在记事本程序中输入与编辑的所有文本都将显示在该区域中。

④ **滚动条**：当内容超出记事本窗口显示区域时，将显示滚动条用于调整查看范围。

7.1.2 输入与编辑文本

打开记事本后，就可以在其中输入与编辑文本了。文本的输入很简单，只要切换到自己熟练的输入法，然后按照输入规则进行输入即可。在记事本中输入文本时，文本并不会自动换行，如果文本的长度超过窗口的显示宽度时，将无限制向右延伸，同时显示出水平滚动条，如图 7-2 所示。如果要根据窗口宽度自动换行，需要在菜单栏中选择“查看”菜单项，在弹出的下拉菜单中选择“自动换行”命令，如图 7-3 所示。

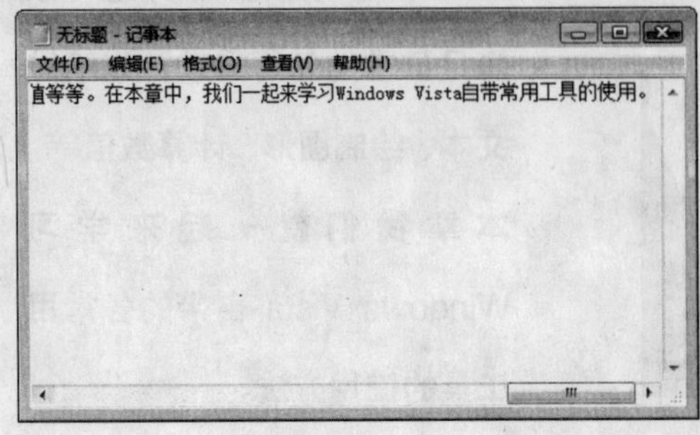

◆ 图 7-2

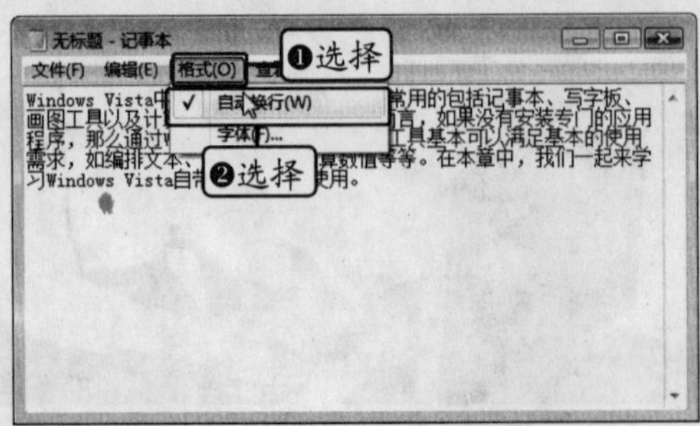

◆ 图 7-3

在记事本中编排文本时，可以对文本进行复制、移动和替换等编辑操作，从而提高编排效率。此外，还可以对文本格式进行简单设置。

1. 复制文本

输入文本时，如果需要输入已经输入过的文本，可以通过复制文本的方法实现快速输入。复制文本的方法与前面讲解的复制文件的方法基本相同，即先选择文本并将其复制，然后再粘贴到目标位置。

通过复制的方法，在记事本中快速输入“Microsoft Windows 操作系统”。

STEP 01. **输入文本。**在“记事本”窗口中输入文本“Microsoft Windows 操作系统”，然后继续输入其他文本，如图 7-4 所示。

STEP 02. **复制文本。**用拖动鼠标的方式选择前面输入的文本“Microsoft Windows 操作系统”，然后选择“编辑/复制”命令，如图 7-5 所示。

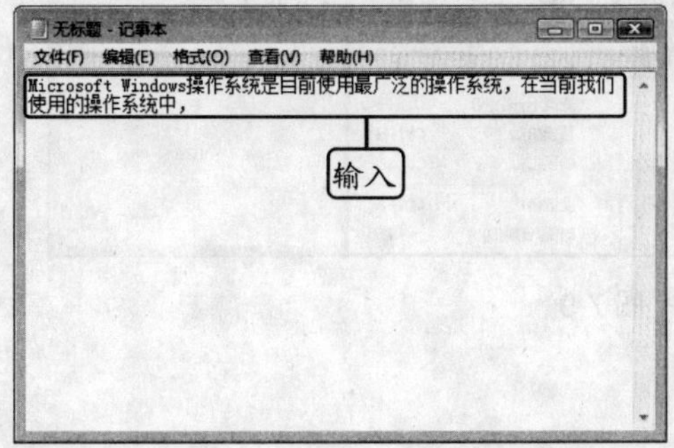

◆ 图 7-4

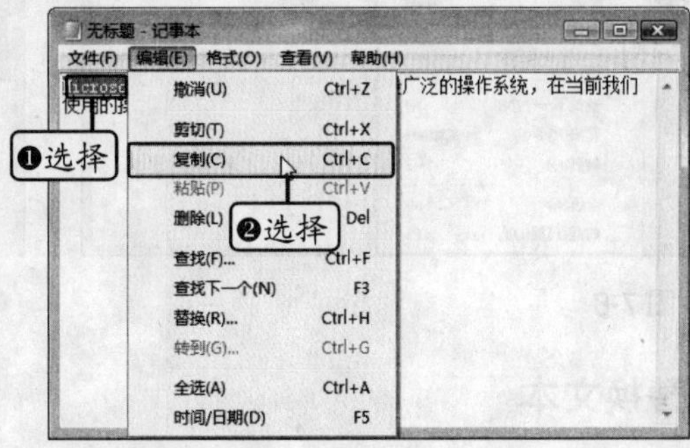

◆ 图 7-5

STEP 03. **粘贴文本。**在要再次输入文本“Microsoft Windows 操作系统”的位置单击鼠标左键，将文本插入点定位在此处，选择“编辑/粘贴”命令，如图 7-6 所示。

STEP 04. **继续输入。**此时文本“Microsoft Windows 操作系统”就会粘贴到文本插入点位置，继续输入其他文本，如图 7-7 所示。

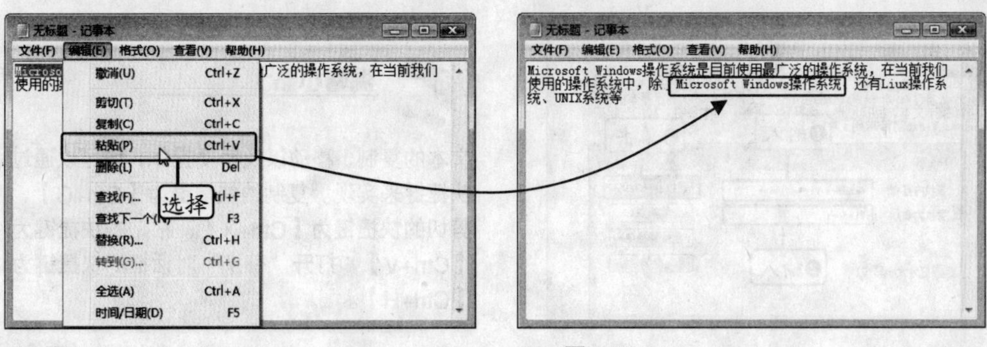

◆ 图 7-6　　　　◆ 图 7-7

2. 移动文本

移动文本是将已经输入的指定文本从原位置移动到记事本中的其他位置。移动操作要通过“剪切”与“粘贴”命令来完成。

通过剪切的方法，在记事本中移动文本。

STEP 01. **剪切文本。**在“记事本”窗口中选择要移动的文本，选择“编辑/剪切”命令将文本剪切，如图 7-8 所示。

STEP 02. **粘贴文本。**将文本插入点定位在要移动到的目标位置，选择“编辑/粘贴”命令，如图 7-9 所示，将剪切的文本粘贴到该位置，实现文本的移动。

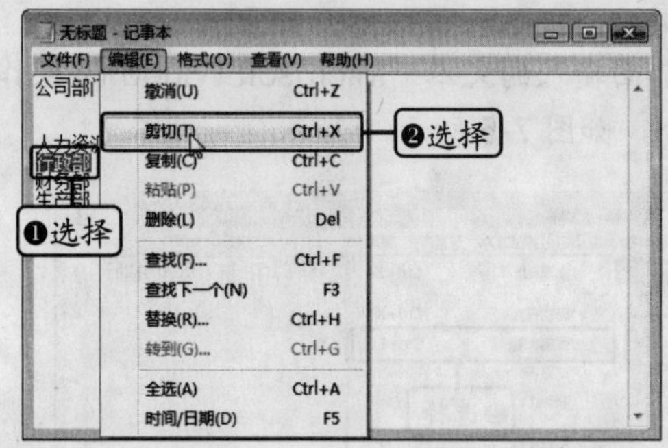

◆ 图 7-8

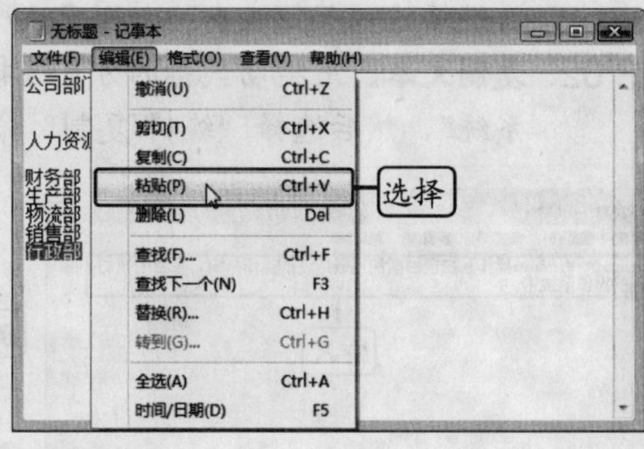

◆ 图 7-9

3. 替换文本

替换文本即是将已经输入的指定文本替换为其他文本，当要对多个位置相同的文本进行替换时，可以通过“替换”功能来快速进行替换。

选择“编辑/替换”命令，打开“替换”对话框，在“查找内容”文本框中输入要替换的内容，在“替换为”文本框中输入替换后的内容，然后单击替换(R)按钮逐个替换，或单击全部替换(A)按钮全部替换即可，如图 7-10 所示。

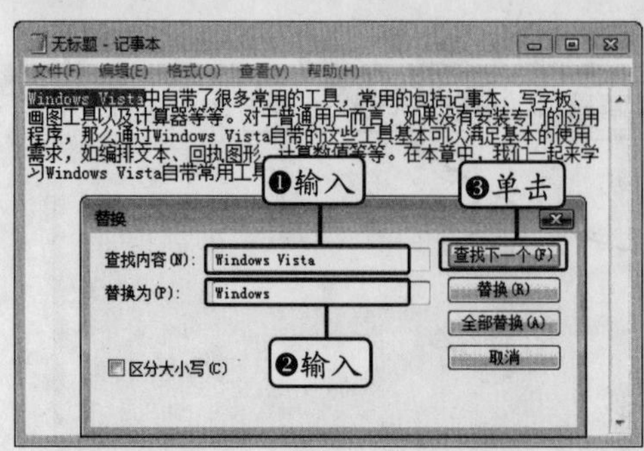

◆ 图 7-10

温馨小贴士

文本的复制、移动以及替换操作，均可以通过快捷键来实现。复制的快捷键为【Ctrl+C】、剪切的快捷键为【Ctrl+X】、粘贴的快捷键为【Ctrl+V】，打开“替换”对话框的快捷键为【Ctrl+H】。

4. 设置文本格式

在记事本中输入文本后，可以对文本格式进行设置。文本格式包括文本的字体、字号和字形，设置记事本文本字体格式时，只能同时对所有文本的字体进行设置。

将记事本中文本的字体格式设置为“楷体、三号、加粗”。

STEP 01. **选择命令。** 在记事本中输入文本后，选择“格式/字体”命令，如图 7-11 所示。

STEP 02. **设置字体格式。** 在打开的“字体”对话框的“字体”栏的列表框中选择“楷体-GB2312”选项，在“字形”栏的列表框中选择“粗体”选项，在“大小”栏的列表框中选择“三号”选项，最后单击 确定 按钮，如图 7-12 所示。

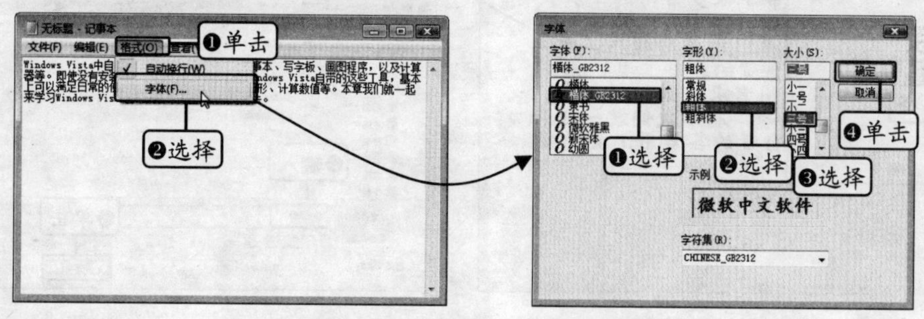

◆ 图 7-11　　◆ 图 7-12

STEP 03. **查看效果。** 返回“记事本”窗口中，可查看所有文本应用字体格式后的效果，如图 7-13 所示。

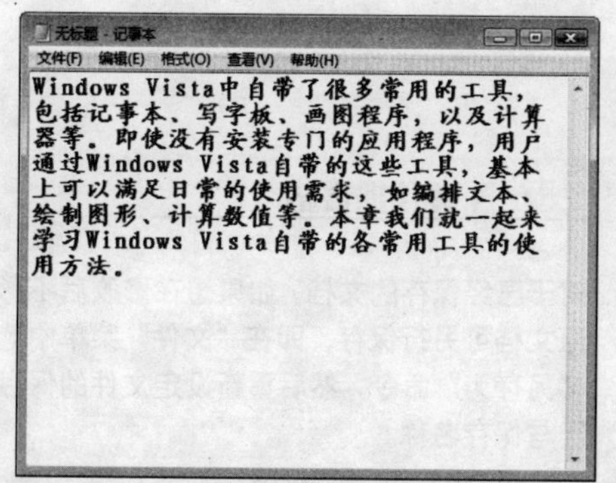

◆ 图 7-13

温馨小贴士

设置字体格式时，可在“字体”对话框中的“字体”栏、“字形”栏、“大小”栏中的文本框中直接输入需要的选项。

7.1.3 保存文本文档

在记事本中输入与编辑文本后，可以将文档保存到电脑中，这样以后就可以随时打开文档查看或重新编辑文本内容了。

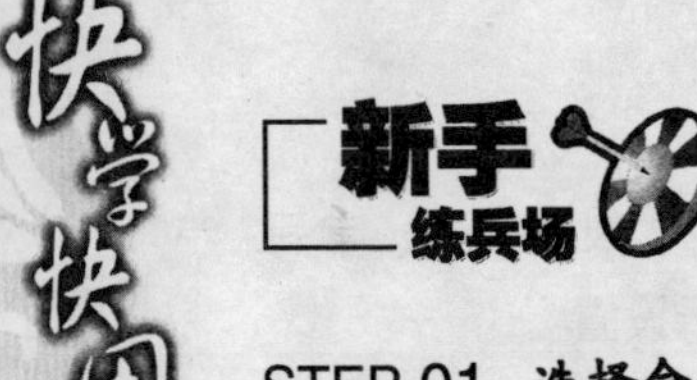

将前面编辑的记事本文档以“临时记录”为名保存到“用户的文件”目录中（CD:\效果\第 7 章\临时记录.txt）。

STEP 01. **选择命令。**在“记事本”窗口中选择“文件/保存”命令，如图 7-14 所示。

STEP 02. **设置保存位置和名称。**在打开的“另存为”对话框中单击左下角的 浏览文件夹(B) 按钮，此时该按钮将变为 隐藏文件夹 按钮。在左侧的文件夹列表中选择用户账户目录下的“文档”文件夹，在“文件名”下拉列表框中输入保存名称“临时记录”，单击 保存(S) 按钮，如图 7-15 所示。

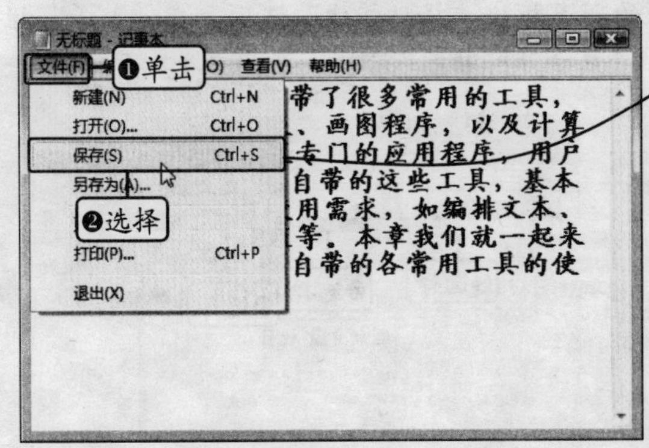

◆ 图 7-14

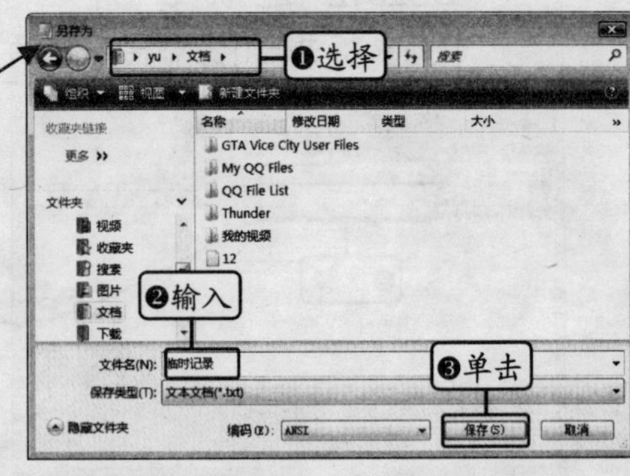

◆ 图 7-15

STEP 03. **查看保存的文档。**打开“计算机”窗口并进入文档保存的文件夹，在其中可看到保存的文本文档，如图 7-16 所示。

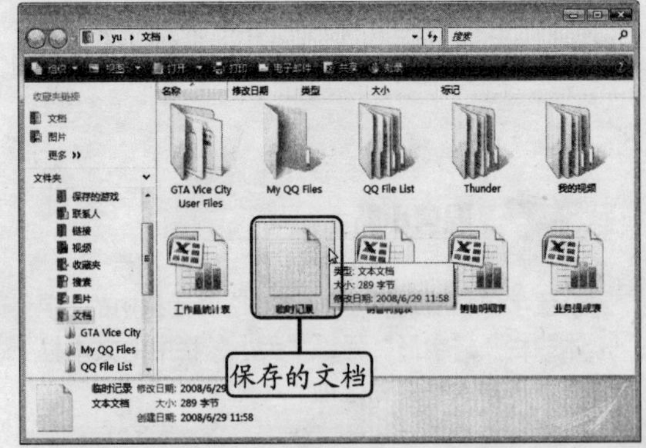

◆ 图 7-16

秘技播报站

对于已经保存的文档，如果想在修改后不影响原文档可另行保存，即在“文件”菜单中选择“另存为”命令，然后重新设定文件的保存路径与保存名称。

7.1.4 应用实例——使用记事本编排工作计划

本实例将介绍在记事本中编排一份工作计划文档，并将文档保存到用户的文件目录中，然后再打开文档在其中添加内容（CD:\效果\第 7 章\工作计划.txt）。

其具体操作步骤如下。

STEP 01. **运行程序。**在“开始”菜单中选择“所有程序/附件/记事本”命令，如图 7-17 所示。

STEP 02. **输入文本。**在打开的记事本窗口中输入相关工作计划内容，如图 7-18 所示。

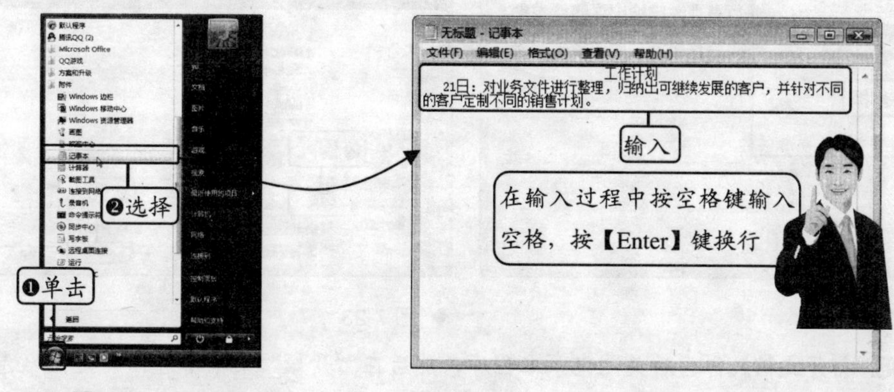

◆ 图 7-17　　◆ 图 7-18

STEP 03. **选择命令。**选择菜单栏中的“格式”菜单项，在弹出的下拉菜单中选择“字体”命令，如图 7-19 所示。

STEP 04. **设置格式。**在打开的“字体”对话框中将字体设置为“幼圆”，字号设置为“四号”，单击 确定 按钮，如图 7-20 所示。

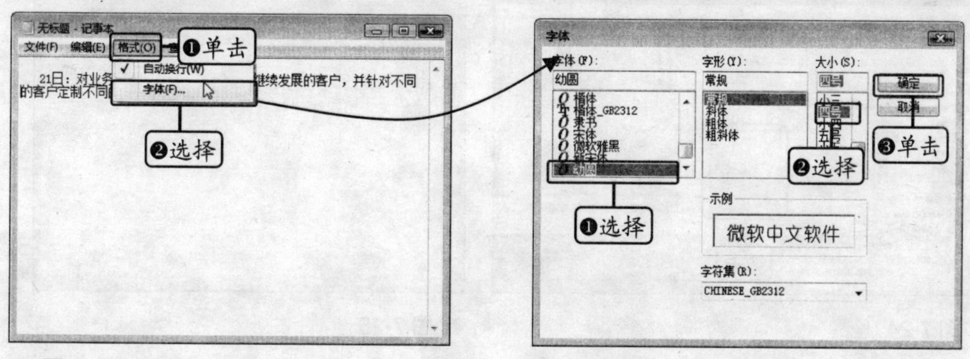

◆ 图 7-19　　◆ 图 7-20

STEP 05. **查看效果。**对记事本中文本的字体进行更改后的效果如图 7-21 所示。

STEP 06. **选择命令。**选择菜单栏中的“文件”菜单项，在弹出的下拉菜单中选择“保存”命令，如图 7-22 所示。

STEP 07. **保存文档。**在打开的如图 7-23 所示的“另存为”对话框中将保存路径设置为用户账户目录下的“文档”文件夹，文档名称设置为“工作计划”，然后单击

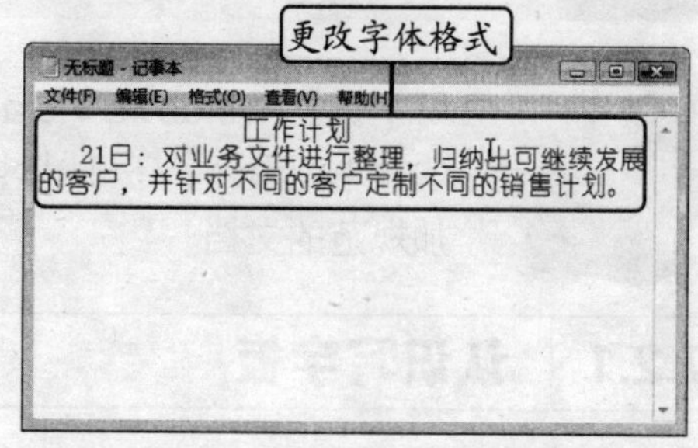

◆ 图 7-21

保存(S) 按钮。

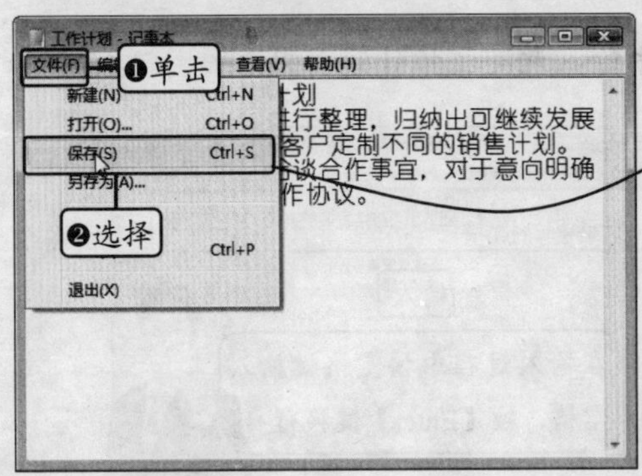

◆ 图 7-22

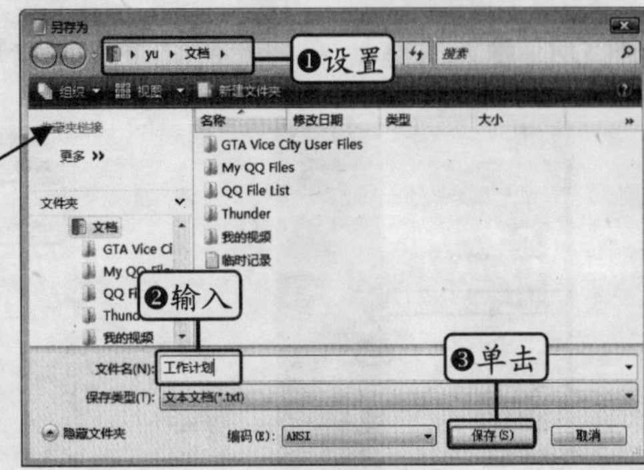

◆ 图 7-23

STEP 08. **打开文档。**保存后关闭记事本程序，然后在“开始”菜单中选择“文档”选项，在打开的“文档”窗口中双击保存的“工作计划”文本文档，如图 7-24 所示。

STEP 09. **选择命令。**在打开的文档中继续添加文本，如图 7-25 所示，添加完毕后选择“文件/保存”命令，将添加的内容保存到原文档中。

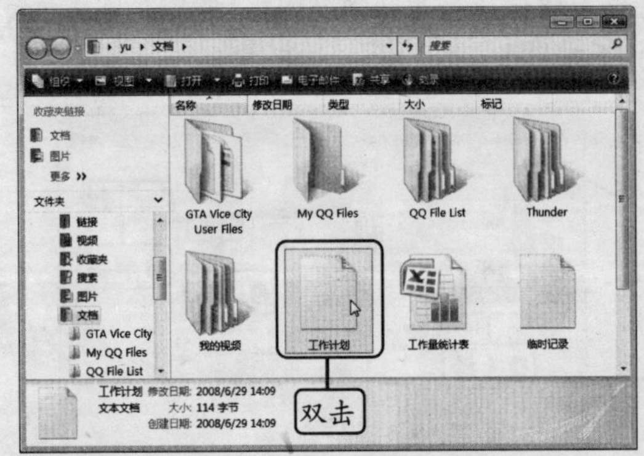

◆ 图 7-24

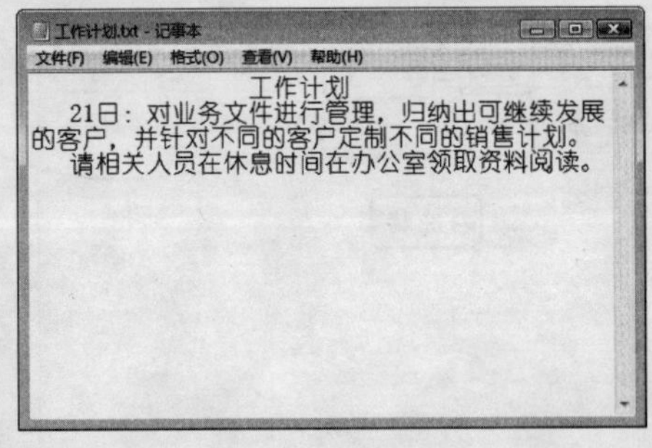

◆ 图 7-25

7.2 写字板

写字板是 Windows Vista 中自带的一款文字处理软件，除了可以进行简单的文本记录外，还可以对文档的格式、页面排列进行调整，从而编排出更加规范的文档。

7.2.1 认识写字板

在“开始”菜单中选择“所有程序/附件/写字板”命令即可启动写字板程序，其界面如图 7-26 所示。

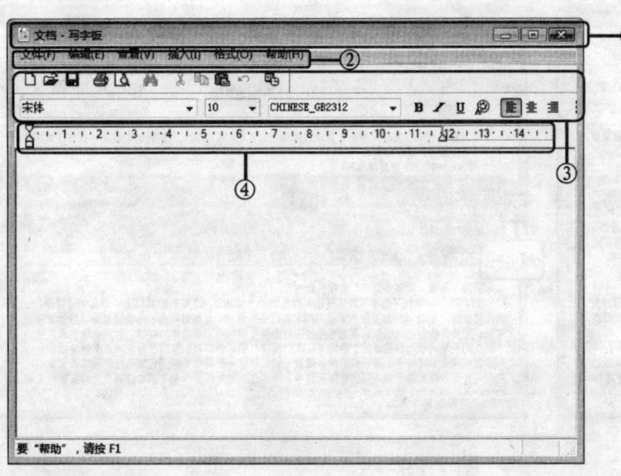

◆ 图 7-26

① **标题栏**：左侧显示当前文档的标题，右侧依次为"最小化"按钮、"最大化"（或"还原"）按钮与"关闭"按钮。

② **菜单栏**：菜单栏中分类集合了写字板程序的所有操作命令。

③ **工具栏**：上方为"常用"工具栏，显示一些对文档的操作按钮；下方为"格式"工具栏，用于对文本格式进行设置。

④ **标尺**：用于显示和调整文本与文档页面之间的宽度。标尺中缩进按钮可调整对应的段落缩进。

7.2.2 输入文本

启动写字板后，就可以在写字板中输入文本了，其输入方法与记事本完全相同。在输入的过程中，可以通过复制、移动和替换等功能对文档进行修改。如图 7-27 所示为在写字板中输入文本的效果。

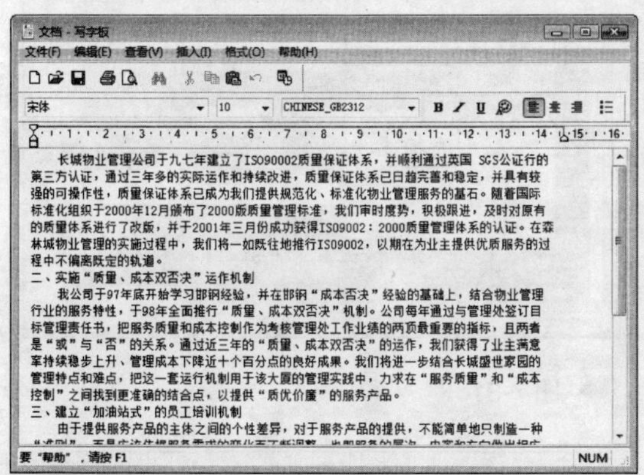

◆ 图 7-27

秘技播报站

在写字板中，对文本进行剪切、复制和粘贴等操作时，可以通过工具栏中对应的按钮来实现。

7.2.3 选择文本

在写字板中可以更灵活地对文本与段落进行编辑与格式设置。在编辑与设置文本格式之前需要选择相应的文本，也就是指明要对哪些文本进行操作。

- ☑ **选择一行文本**：将鼠标指针移动到要选择行的左侧，当其变为形状时，单击鼠标即选择该行文本，如图 7-28 所示。
- ☑ **选择一段文本**：将鼠标指针移动到要选择行的左侧，当其变为形状时，双击鼠标左键选择该行所在的整个段落，如图 7-29 所示。

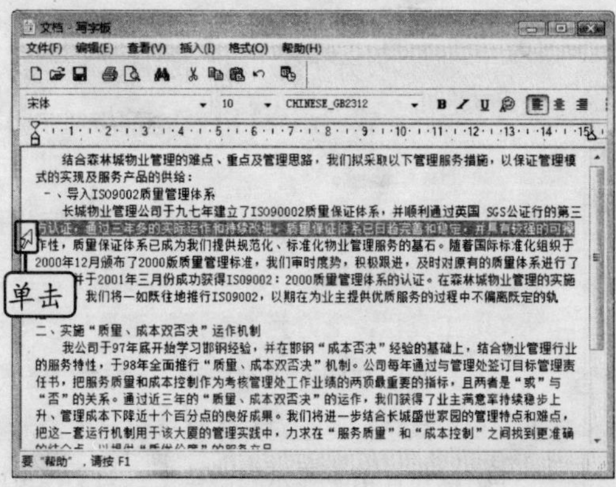

◆ 图 7-28

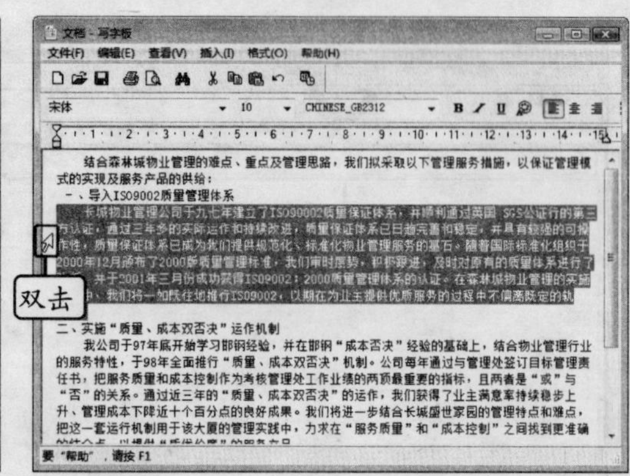

◆ 图 7-29

- **选择连续文本：**在文本的起始位置按住鼠标左键不放并拖动到结束位置，这之间的文本将被选择，如图 7-30 所示。
- **选择全部文本：**在菜单中选择“编辑/全选”命令，或按【Ctrl+A】组合键可选择写字板中的所有文本，如图 7-31 所示。

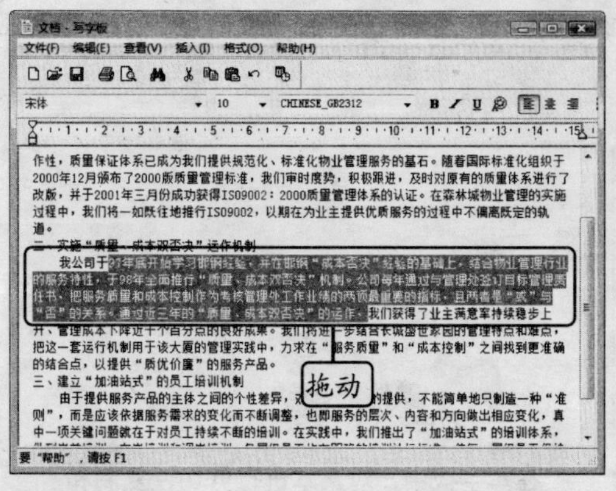

◆ 图 7-30

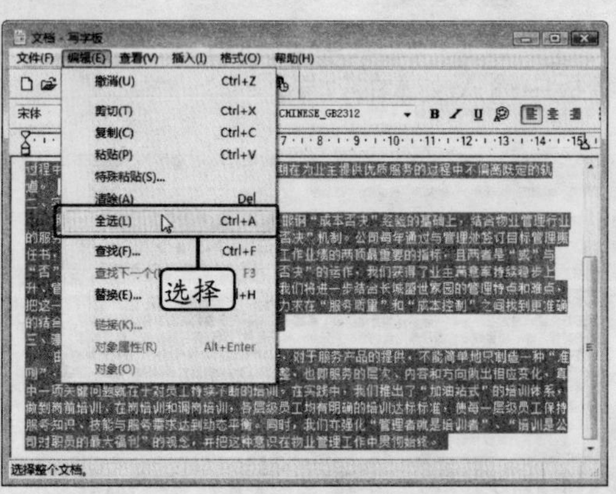

◆ 图 7-31

7.2.4 设置文本格式

在写字板中输入文本后，可以对文本的字体与段落格式进行相应设置，对于并列的内容，还可以通过项目符号来表示。尤其是在编排一些规范的文档时，用户有必要对文档内容的格式进行设置，从而使编排出的文档更加美观。

1. 设置字体格式

与记事本不同，在写字板中可以单独对指定文本的格式进行设置，包括字体、字号、字形和字符颜色等的设置。在编排文档时，对于不同的文档内容，可以设置不同的字体格式以修饰文档。

为“CD:\素材\第 7 章\管理服务措施.rtf”文档中标题与正文文本设置不同的字体格式（CD:\效果\第 7 章\管理服务措施.rtf）。

STEP 01. **选择文本。** 打开“管理服务措施.rtf”文档，拖动鼠标选择第 1 行的标题文本，如图 7-32 所示。

STEP 02. **选择字体。** 单击工具栏中的“字体”下拉列表框右侧的下拉按钮▾，在弹出的下拉列表中选择“黑体”选项，将字体更改为“黑体”，如图 7-33 所示。

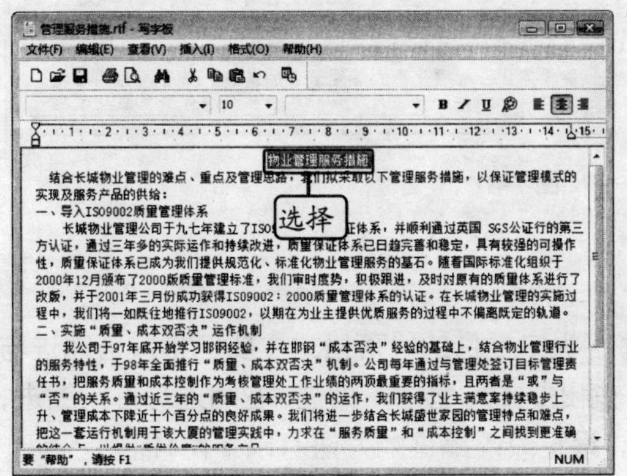

◆ 图 7-32

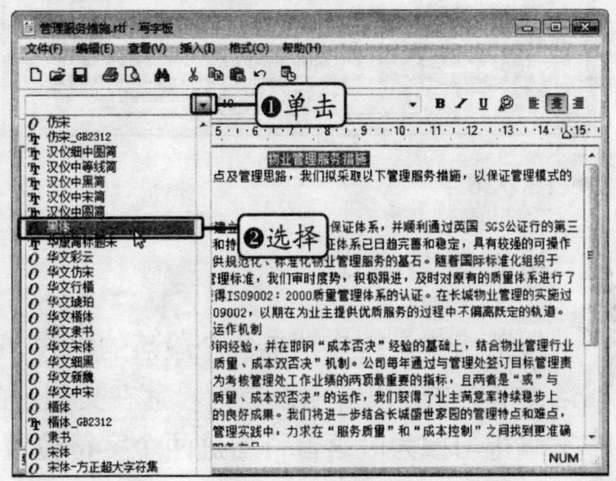

◆ 图 7-33

STEP 03. **选择字号。** 单击工具栏中的“字号”下拉列表框右侧的下拉按钮▾，在弹出的下拉列表中选择“22”选项，将文本的字号更改为“22 磅”，如图 7-34 所示。

STEP 04. **设置字型。** 单击工具栏中的“加粗”按钮B，将标题文本加粗显示，如图 7-35 所示。

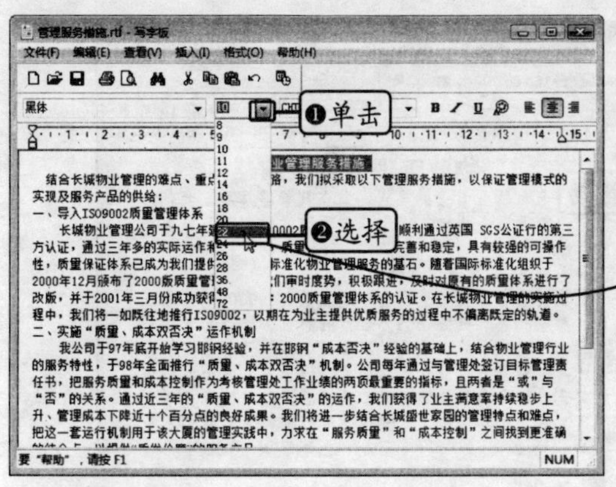

◆ 图 7-34

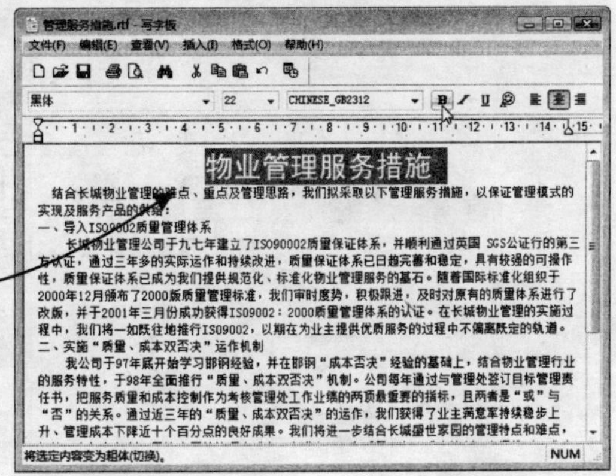

◆ 图 7-35

STEP 05. **选择字符颜色。** 单击工具栏中的“颜色”按钮，在弹出的颜色列表中选择“红色”选项，将标题文本颜色更改为红色，如图 7-36 所示。

STEP 06. **更改正文字体。** 选择所有正文文本，按照同样的方法，将字体设置为“仿宋”、

字号设置为“16”，完成对文本的字体格式的设置，效果如图 7-37 所示。

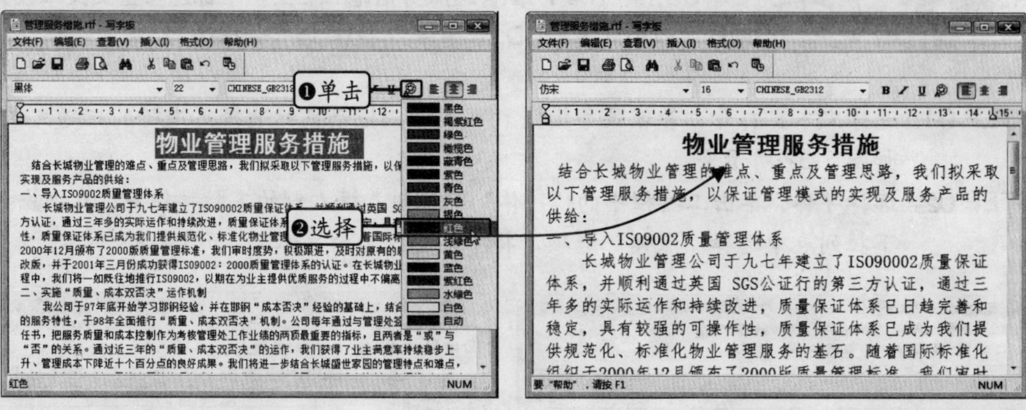

◆ 图 7-36　　◆ 图 7-37

2. 设置段落格式

段落格式是指文档中各个段落的格式，写字板中提供的段落格式主要包括段落缩进与段落对齐方式。段落缩进是指段落在文档中的缩进方式，包括左缩进、右缩进与首行缩进，中文编排习惯为段落首行缩进两个字符位置。设置段落缩进的方法有以下两种。

- **通过“段落”对话框设置**：先选择要调整缩进的段落，然后选择“格式/段落”命令，打开“段落”对话框，在对应的缩进文本框中输入缩进距离，然后单击 确定 按钮，如图 7-38 所示为将首行缩进设置为“1 厘米”。
- **通过缩进滑块调整**：编辑窗口上方的标尺中包含左缩进、右缩进与首行缩进 3 个滑块，选择段落后，将鼠标指针移动到滑块上，按住鼠标左键不放并拖动，即可调整对应段落的缩进位置，如图 7-39 所示。

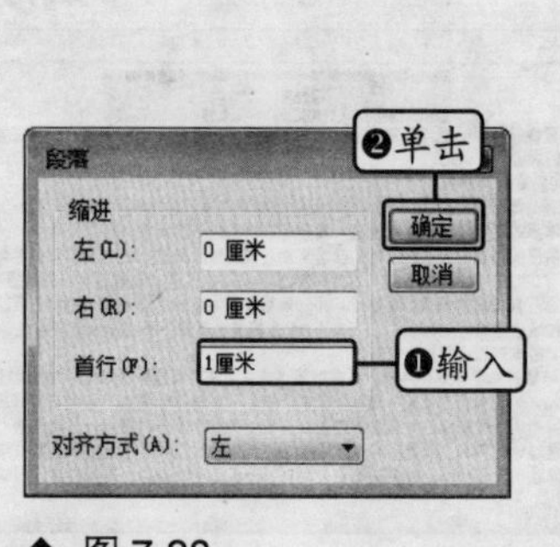

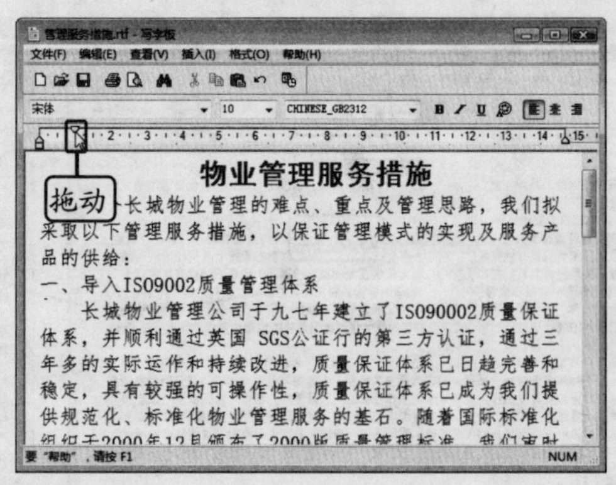

◆ 图 7-38　　◆ 图 7-39

段落对齐方式是指段落在文档页面中的对齐方式，写字板中提供的段落对齐方式包括左对齐、右对齐和居中对齐。调整段落对齐方式时，先选择要调整的段落，然后单击工具栏中对应的对齐按钮即可，如图 7-40 所示为采用不同对齐方式后的效果。

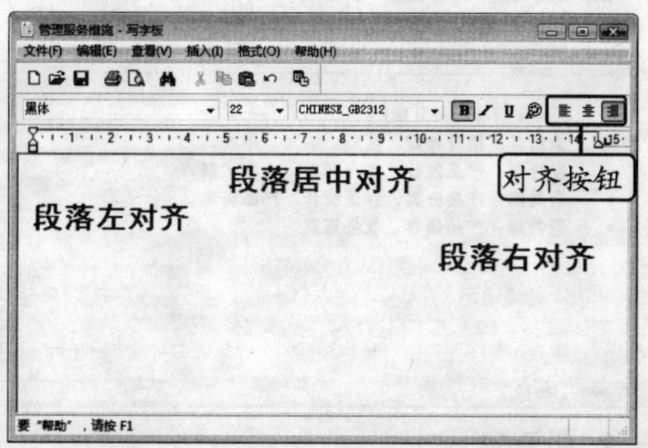

◆ 图 7-40

温馨小贴士

一般文档标题多采用居中对齐，正文段落采用左对齐，而文档末尾的署名、签字以及时间与日期等内容则采用右对齐。

3. 创建项目符号列表

当需要编排一些并列的内容时，可以通过项目符号进行编排，从而使文档的内容结构更加清晰合理。

在写字板中通过项目符号列表编排公司部门介绍。

STEP 01. **输入文本。**打开“写字板”窗口，输入文本“公司职能部门与职责分配:”，然后按【Enter】键换行，如图 7-41 所示。

STEP 02. **单击按钮。**单击工具栏中的“项目符号”按钮，在文本插入点处创建一个项目符号，如图 7-42 所示。

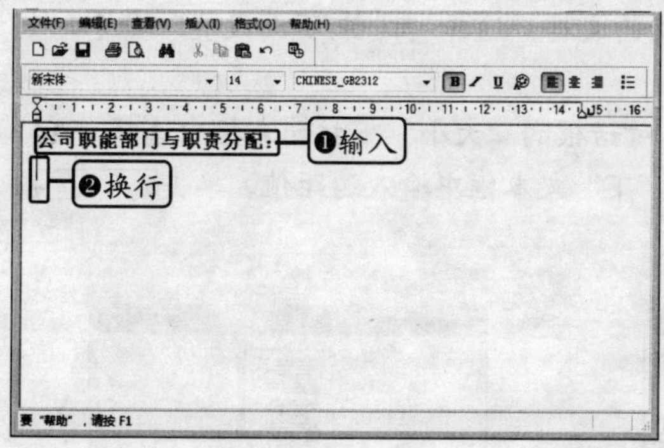

◆ 图 7-41

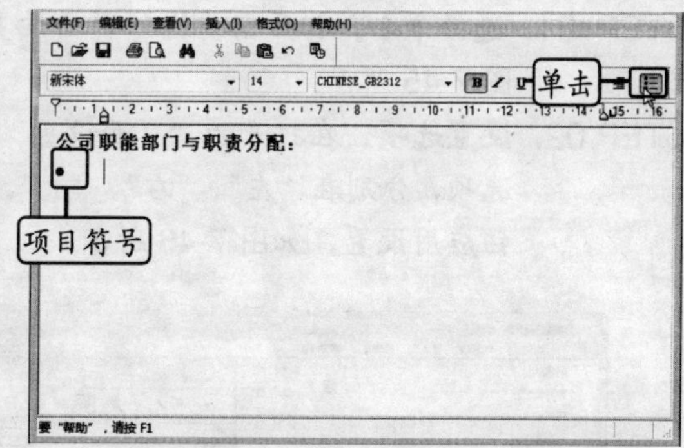

◆ 图 7-42

STEP 03. **输入文本。**在项目符号后输入列表内容，输入完毕后按【Enter】键换行，将自动创建第二个项目符号，如图 7-43 所示。

STEP 04. **继续输入。**继续在项目符号后输入列表内容，然后按照同样的方法，按【Enter】键创建多个项目符号并输入列表内容，如图 7-44 所示。

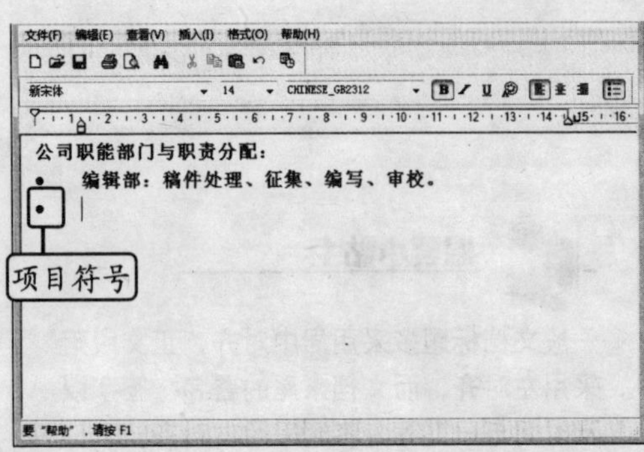

◆ 图 7-43

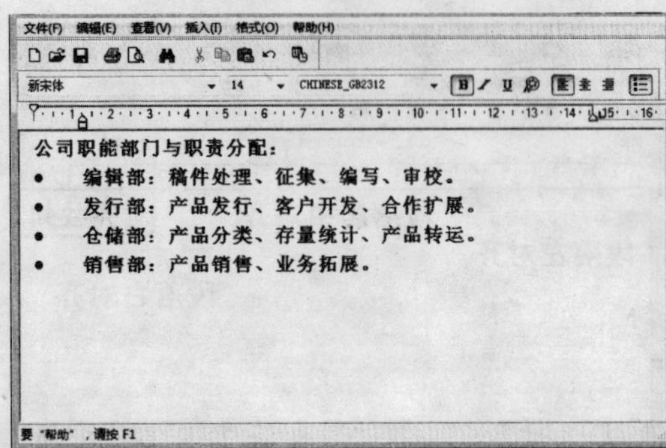

◆ 图 7-44

7.2.5 页面设置与打印文档

在打印编辑好的文档之前，还需要对文档的页面进行相应的设置，然后预览打印效果，满意后再通过打印机打印出来。

1. 设置页面格式

页面设置包括设置纸张大小与页边距两个方面，纸张大小需要根据打印机使用的纸张进行设置，页边距则用于调整文档内容与纸张边缘之间的距离。

将文档页面设置为“A4”；页面上边距、下边距和右边距设置为 18 毫米，左边距设置为 30 毫米。

STEP 01. **选择命令。** 打开需要进行页面设置的文档，选择“文件/页面设置”命令，如图 7-45 所示。

STEP 02. **设置选项。** 在打开的“页面设置”对话框的“大小”下拉列表框中选择“A4”选项，分别在“左”、“右”、“上”、“下”文本框中输入边距值，单击 确定 按钮应用设置，如图 7-46 所示。

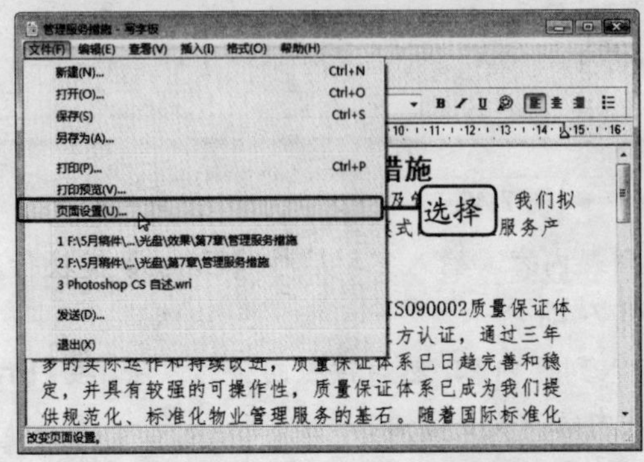

◆ 图 7-45

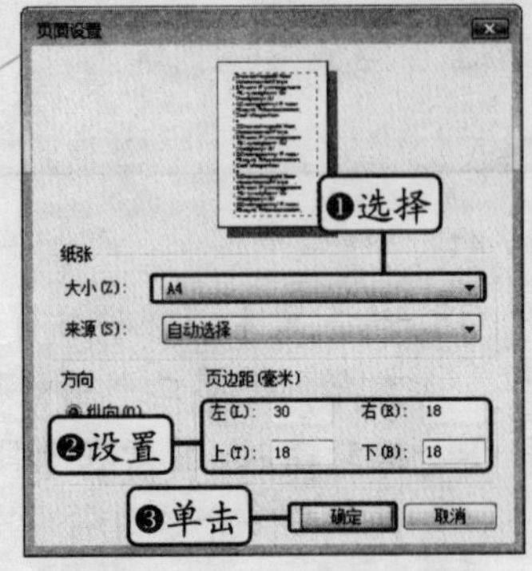

◆ 图 7-46

STEP 03. **查看设置后的效果。**文档进行页面设置后的效果如图 7-47 所示。

◆ 图 7-47

温馨小贴士

为了避免出现调整页面与页边距而导致文档排版变化，可以先对页面和页边距进行设置，然后再编排文本。

2. 预览打印文档

在打印文档之前，可以先预览文档的打印效果，确认无误后再进行打印。单击工具栏中的“打印预览”按钮即可切换到“打印预览”视图，如图 7-48 所示。在视图中可以查看到文档的打印效果，并可以放大预览文档局部，或缩小预览整体文档的编排效果。如果文档有多页，可以单击工具栏中的 下一页(N) 、 前一页(V) 、 两页(T) 按钮进行预览。

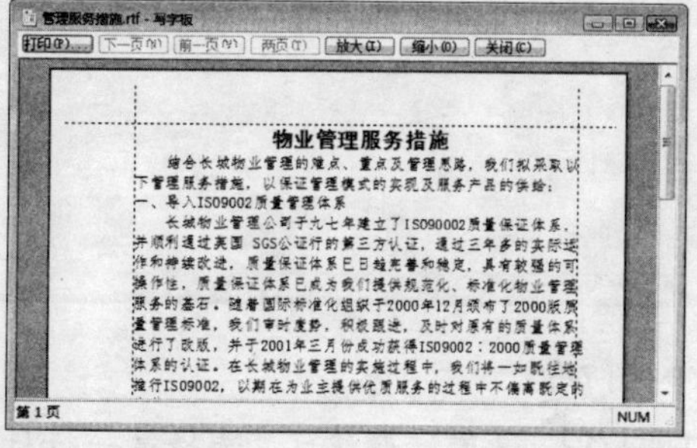

◆ 图 7-48

3. 打印文档

打印文档之前，需要先确保打印机已经连接到电脑上，并可以正常使用，然后单击工具栏中的“打印”按钮，根据默认设置打印文档。如选择“文件/打印”命令，则将打开如图 7-49 所示的“打印”对话框，在其中进行相应设置后，单击 打印(P) 按钮即可打印文档。

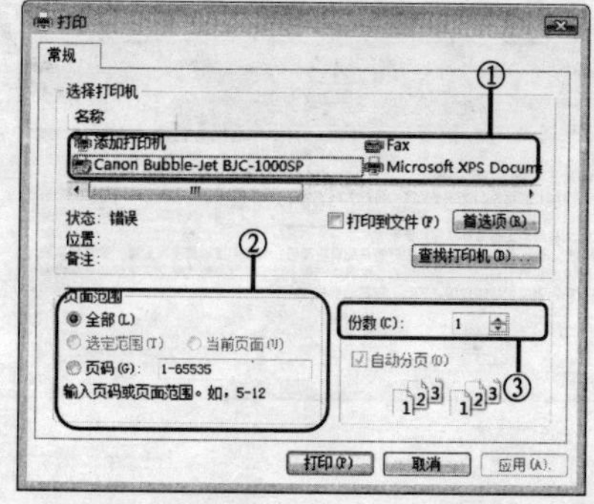

◆ 图 7-49

① **选择打印机：**如果安装了多个打印机，则需要在该列表框中选择要使用的打印机进行打印。

② **选择打印范围：**如果当前文档包含多页，则可在此选择要打印的页面范围，可选择打印全部页面、当前页面或打印指定范围的页面，如要设定页面范围，只要在后面文本框中进行输入即可。

③ **打印份数：**在“份数”数值框中可输入当前文档的打印份数，如输入“5”，则表示打印 5 份。

7.2.6 应用实例——编辑“相处之道”文档

本实例将在写字板中编辑“相处之道”文档，在输入文档内容后，对文本与段落格式进行设置，然后通过打印机将文档打印出来（CD:\效果\第 7 章\相处之道.rtf）。

其具体操作步骤如下。

STEP 01. **运行程序。**在“开始”菜单中选择“所有程序/附件/写字板”命令，启动写字板程序，如图 7-50 所示。

STEP 02. **输入文本。**切换到自己熟练的中文输入法，在写字板中输入相应的文本内容，输入后的效果如图 7-51 所示。

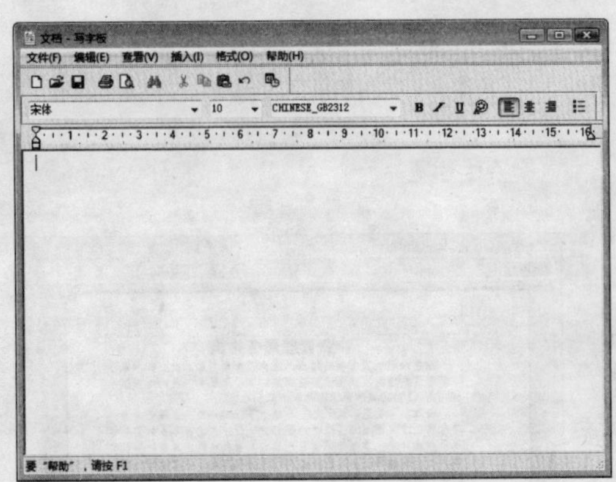

◆ 图 7-50

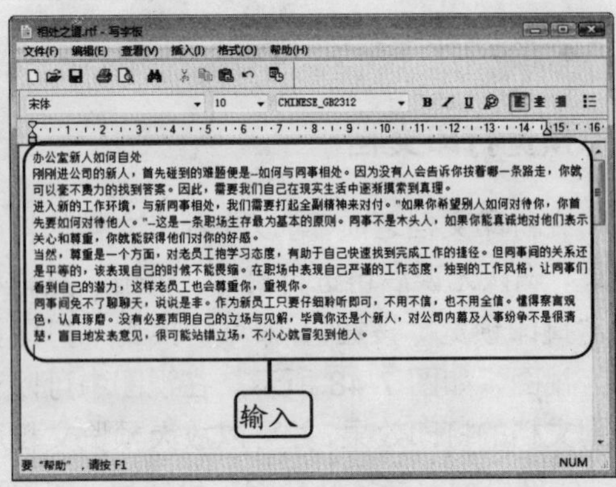

◆ 图 7-51

STEP 03. **设置标题格式。**选择第一行标题文本，将字体设置为“黑体”、字号设置为“20 磅”，然后单击“居中”按钮使文本居中对齐，如图 7-52 所示。

STEP 04. **设置正文格式。**选择第 1 段正文，将字体设置为“仿宋”、字号设置为“14 磅”，拖动标尺中的“首行缩进”滑块将首行缩进调整为 1 厘米，如图 7-53 所示。

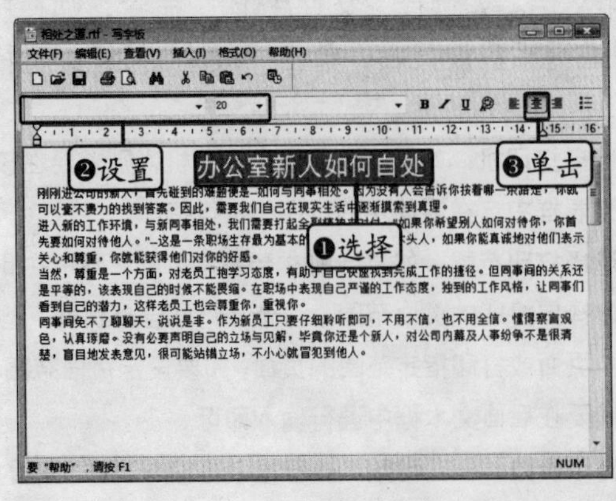

◆ 图 7-52

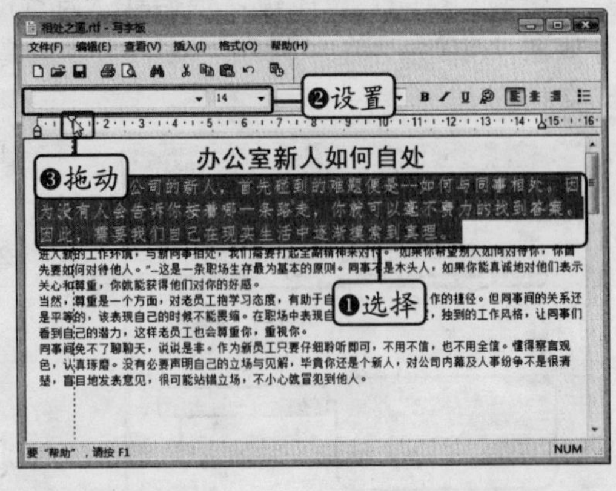

◆ 图 7-53

STEP 05. **设置相同格式。**按照同样的方法，为其他正文设置相同的文本和段落格式，并

在正文后输入如图 7-54 所示的文本。

STEP 06. **设置对齐方式。**选择最后一行文本，将其对齐方式设置为“右对齐”，如图 7-55 所示。

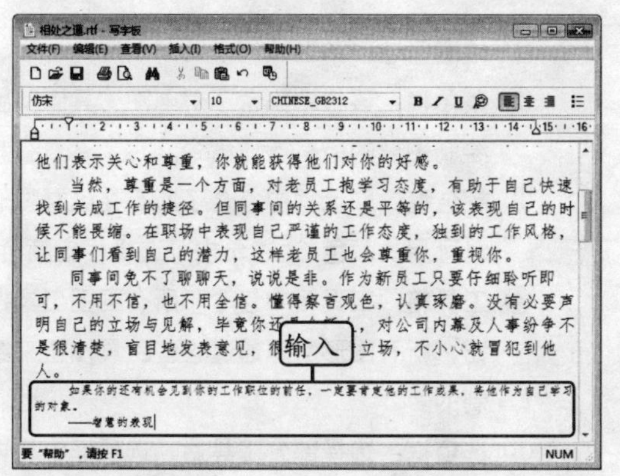

◆ 图 7-54

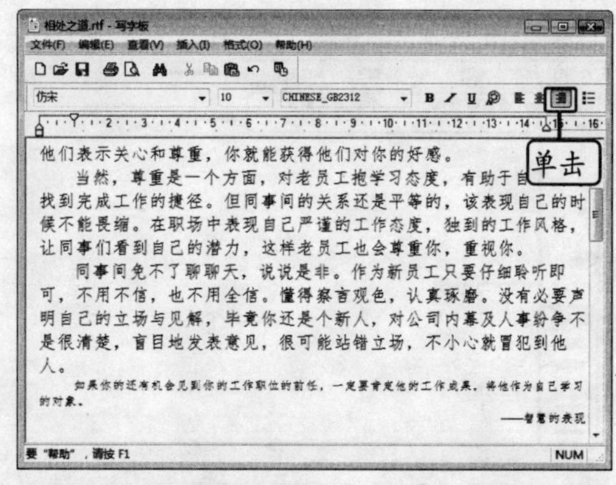

◆ 图 7-55

STEP 07. **设置页面。**选择“文件/页面设置”命令，打开“页面设置”对话框，将纸张大小设置为“B5”、页边距均设置为“25 毫米”，然后单击 确定 按钮，如图 7-56 所示。

STEP 08. **打印文档。**选择“文件/打印”命令，打开“打印”对话框，在对话框中将打印份数设置为“3”份，单击 打印(P) 按钮开始打印文档，如图 7-57 所示。

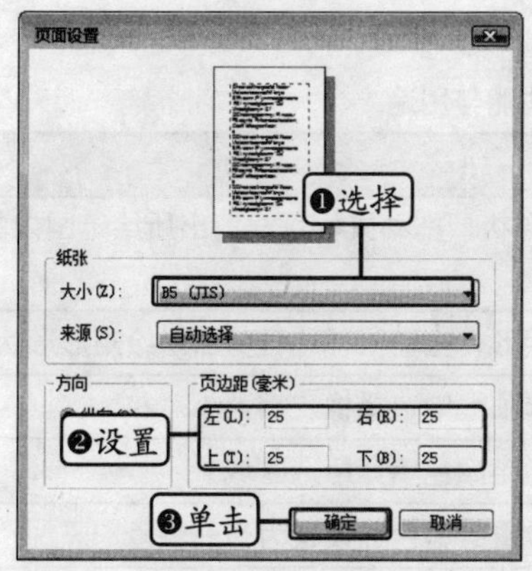

◆ 图 7-56

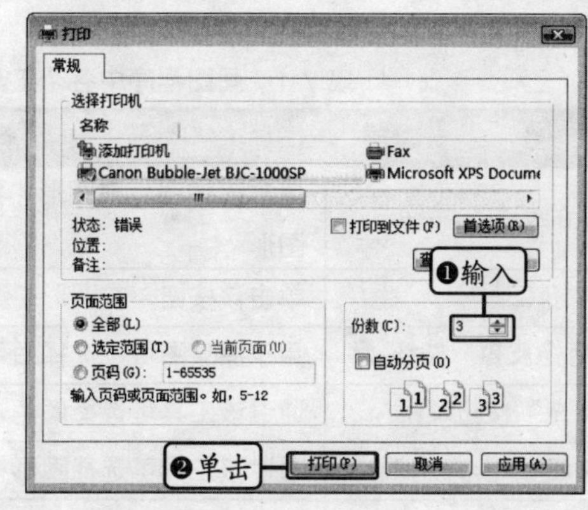

◆ 图 7-57

7.3 画图程序

画图程序是 Windows Vista 自带的一款图形绘制工具，其界面简洁，操作也非常简单，可用于绘制各种简单的图像，以及对已有的图片进行简单的处理。

7.3.1 认识画图程序

在“开始”菜单中选择“所有程序/附件/画图”命令，启动画图程序，其界面如图 7-58 所示。

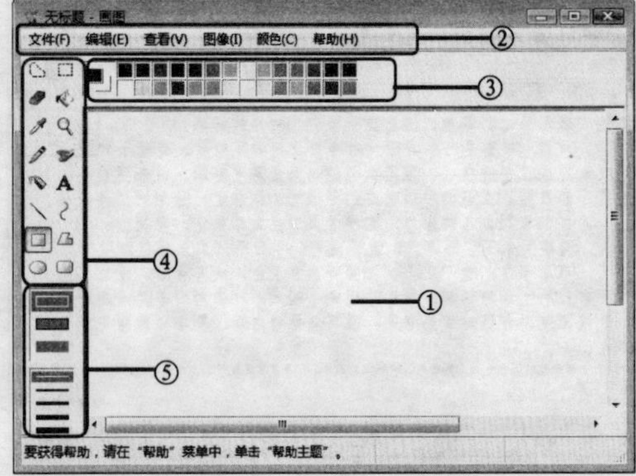

◆ 图 7-58

① **绘图区域**：该区域用于绘制图形。

② **菜单栏**：该栏中集合了对画图工具以及所绘制图形的所有操作命令。

③ **颜色框**：颜色框中集合了所有在绘制图形时可用的颜色，通过单击可选择相应颜色。

④ **工具箱**：工具箱中包含了所有画图工具按钮，所有图形都是通过这些工具按钮来绘制的。

⑤ **选项框**：选择部分工具后，选项框中将显示出该工具的相关选项，用户可在该框中根据需要进行选择。

7.3.2 画图工具的使用

在画图程序中，所有的绘制操作都是通过工具箱中的工具按钮来实现的。用户在学习画图程序时，必须先了解各个工具按钮的功能以及使用方法。表 7-1 所示为各个工具的功能与用途。

表 7-1 画图程序中各个工具的功能与用途

工具	用途
“任意形状的裁剪”按钮	单击该按钮，在图形中绘制形状，拖动鼠标可裁剪出所绘范围内的图形
“选定”按钮	单击该按钮，在图形中绘制矩形，拖动鼠标可裁剪出所绘矩形形状
“橡皮/彩色橡皮擦”按钮	用于擦除图像，选择后可在选项框中选择橡皮擦大小
“用颜色填充”按钮	通过该工具可选择颜色，用指定颜色填充所选区域
“取色”按钮	通过该工具可选择图形指定位置的颜色并设置为当前颜色
“放大镜”按钮	用于放大图形的局部位置，或缩小显示图形
“铅笔”按钮	用于在图形中绘制铅笔形状线条，可在颜色框中选择铅笔颜色
“刷子”按钮	用于绘制刷子效果线条，可在颜色框与选项框中选择颜色与形状
“喷枪”按钮	用于绘制喷枪效果的颜色，可通过颜色框与选项框来选择颜色与形状
“文本”按钮	用于在图形中添加文本，并可对文本的字体格式进行设置
“直线”按钮	用于绘制直线，可选择线条颜色与线条粗细

续表

工具	用途
"曲线"按钮	用于绘制曲线，可选择线条颜色与线条粗细
矩形按钮	用于绘制矩形，可选择绘制矩形边框，或矩形填充，并自定义颜色
多边形按钮	用于绘制多边形，可绘制多边形边框，或多边形填充
椭圆按钮	用于绘制椭圆形，可绘制椭圆边框，或椭圆形填充
圆角矩形按钮	用于绘制椭圆形，可绘制圆角矩形边框，或圆角矩形填充

7.3.3 绘制简单图形

了解了各个画图工具的功能后，就可以综合运用这些工具按钮来绘制简单图形了。在绘制图形时，要注意灵活运用颜色框和选项框，以达到更丰富的绘制效果。

在画图程序中绘制一幅简单的图形。

STEP 01. **绘制椭圆形。**启动画图程序，单击工具箱中的"椭圆"按钮，在颜色框中选择深蓝色，在下方的选项框中选择"填充"样式，拖动鼠标在绘图区域中绘制一个深蓝色的椭圆形，如图 7-59 所示。

STEP 02. **喷溅颜色。**单击工具箱中的"喷枪"按钮，在颜色框中选择白色，在下方的选项框中选择喷溅面积最大的形状，然后在蓝色椭圆形中按住鼠标左键并拖动鼠标进行喷溅，如图 7-60 所示。

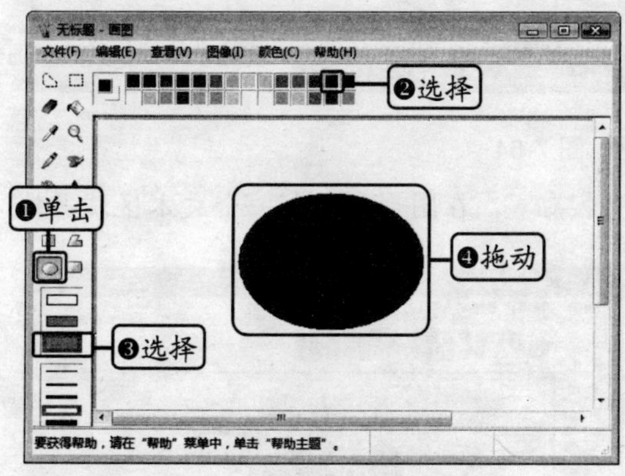

◆ 图 7-59

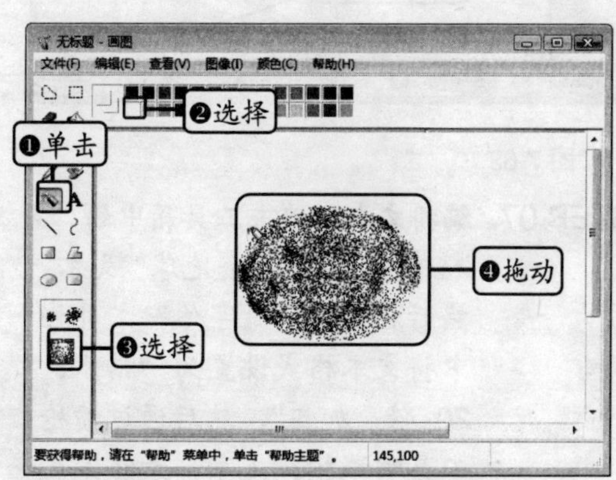

◆ 图 7-60

STEP 03. **绘制线条。**单击工具箱中的"刷子"按钮，在颜色框中选择橙色，在下方的选项框中选择/样式，然后绘制如图 7-61 所示的线条。

STEP 04. **用颜色填充。**单击工具箱中的"用颜色填充"按钮，在颜色框中选择淡黄色，单击绘图区域中的白色区域，将颜色填充为淡黄色，填充后的效果如图 7-62 所示。

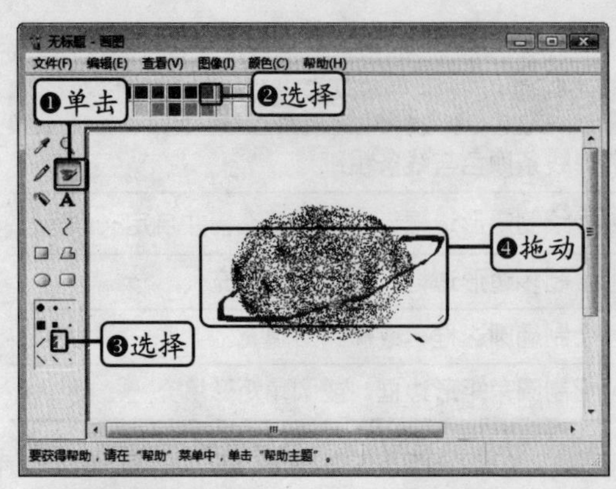

◆ 图 7-61

◆ 图 7-62

STEP 05. **裁剪形状。**单击工具箱中的“任意形状的裁剪”按钮，然后拖动鼠标在如图 7-63 所示的位置绘制形状。

STEP 06. **移动图形。**绘制后，拖动鼠标移动图形，然后按照同样的方法，将图形裁剪为多个形状并进行移动，最终效果如图 7-64 所示。

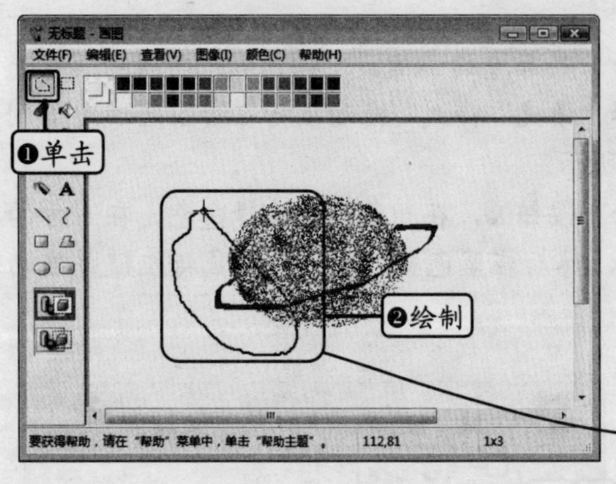

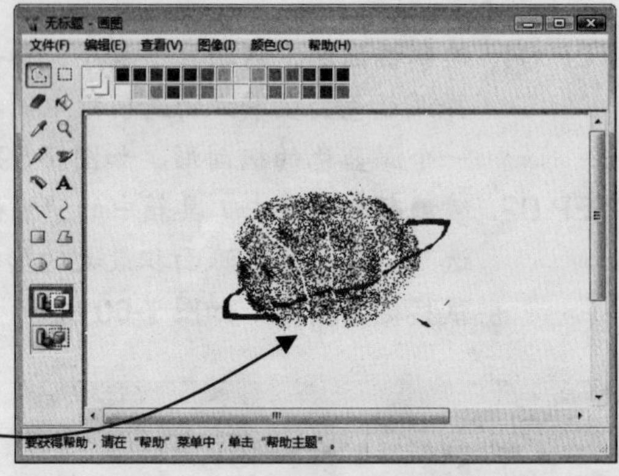

◆ 图 7-63

◆ 图 7-64

STEP 07. **编排文本。**单击工具箱中的“文本”按钮，在图形中绘制一个文本区域并输入“我们只有一个地球”文本，然后在出现的“字体”工具栏中将文本格式设置为“楷体、20 磅、加粗”，然后通过喷枪工具喷溅模糊文字，最终完成的效果如图 7-65 所示。

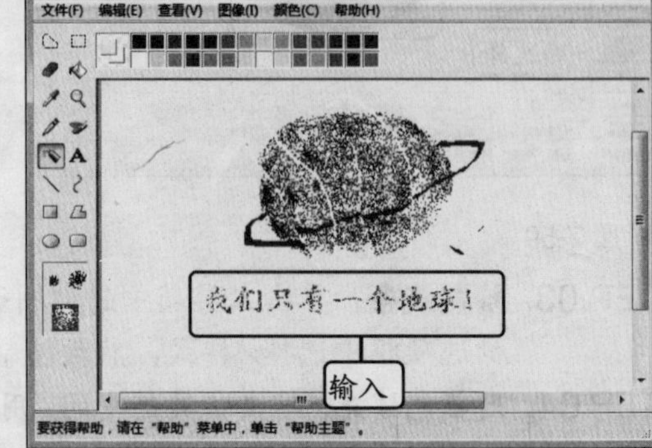

◆ 图 7-65

温馨小贴士

使用画图工具绘制简单图形时，要掌握到各种工具按钮的综合运用，而不能局限于某个工具按钮特定的功能与用途。

7.3.4　打开与处理图片

在画图程序中除了可以绘制简单图形外，还可以打开电脑中的图片文件，对图片进行简单的处理，如翻转与旋转图片、反色、调整大小、扭曲图像、裁剪图片等。

1. 打开图片文件

启动画图程序后，选择"文件/打开"命令，在打开的"打开"对话框中选择图片文件，如图 7-66 所示，单击 打开(O) 按钮，即可在画图程序中打开图片，如图 7-67 所示。

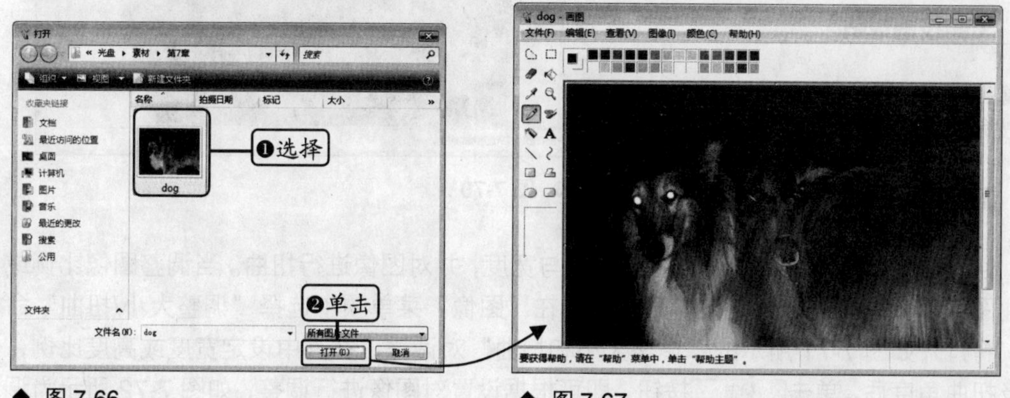

◆ 图 7-66　　◆ 图 7-67

2. 翻转与旋转图片

打开图片后，可以对图片进行水平或垂直翻转，或按照 90° 的角度叠加旋转。在"图像"菜单项中选择"翻转/旋转"命令，将打开如图 7-68 所示的"翻转和旋转"对话框，在对话框中选中"水平翻转"单选按钮对图片进行水平翻转；选中"垂直翻转"单选按钮对图片进行垂直翻转；如要进行指定角度选择，则选中"按一定角度旋转"单选按钮，然后在下方选择旋转角度。选择后，单击 确定 按钮即可按照所选方式对图片进行旋转或翻转了，如图 7-69 所示为水平翻转图片后的效果。

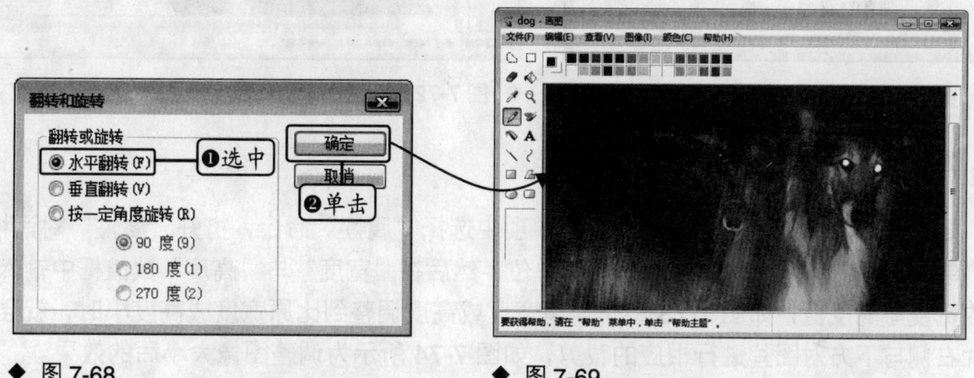

◆ 图 7-68　　◆ 图 7-69

3. 反色

图片的反色效果即相当于照片底片效果。当需要对图片进行一些特殊应用时，就可以将图片设置为反色效果。反色显示图片的方法很简单，只要在“图像”菜单项中选择“反色”命令即可，如图 7-70 所示。反色显示图片后，只要再次选择“反色”命令就能恢复。

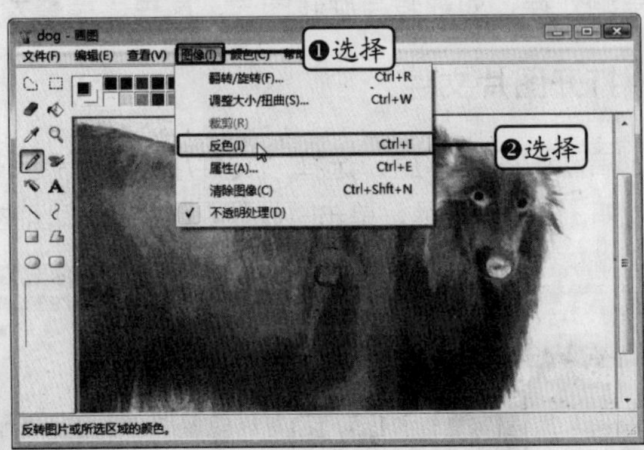

◆ 图 7-70

秘技播报站

对图像各种处理都可以通过快捷键来完成，只要按命令右侧对应的快捷键即可。

4. 调整与扭曲图像

通过画图程序还可以调整图像的高度与宽度，并对图像进行扭曲。当调整图像比例或扭曲图像后，可能会导致图像内容变形。在“图像”菜单项中选择“调整大小/扭曲”命令，将打开如图 7-71 所示的“调整大小和扭曲”对话框，在其中设定宽度或高度比例，以及扭曲角度后，单击 确定 按钮，即可根据设置对图像进行调整，如图 7-72 所示为调整大小和扭曲后的效果。

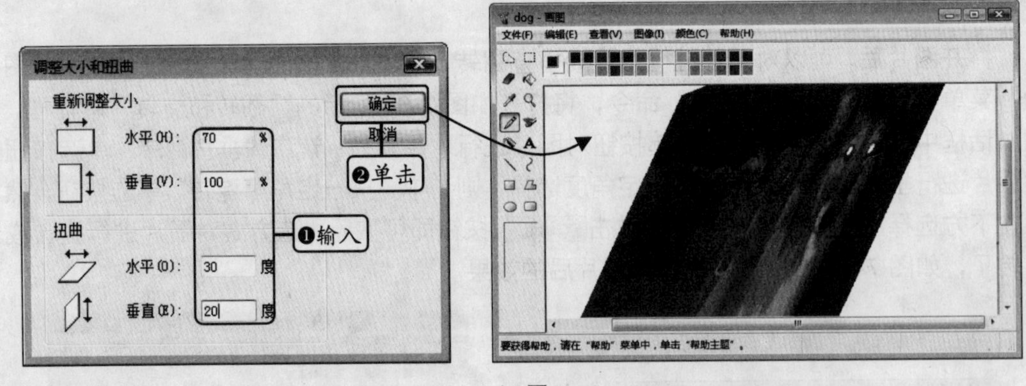

◆ 图 7-71

◆ 图 7-72

5. 调整

要调整图片大小，可在“图像”菜单项中选择“属性”命令，打开“属性”对话框，在“单位”栏中选择图片的高度与宽度单位，然后在“宽度”与“高度”数值框中输入对应的宽度与高度值，如图 7-73 所示。将宽度或高度调整到比原宽度或高度小时，就会从图片右侧与下方对图片进行相应的裁剪，如图 7-74 所示为调整图像大小后的效果。

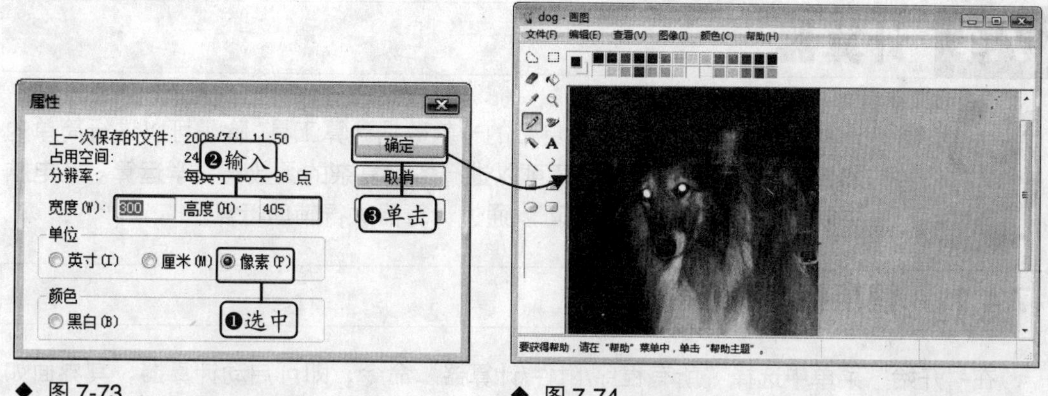

◆ 图 7-73　　◆ 图 7-74

7.3.5　保存图像

图像绘制完毕后，可以将其以文件的形式保存到电脑中，以后随时可以通过画图程序将保存的图像文件打开。在保存图像时，需要设置图像文件的保存位置、保存名称，也可根据需要选择保存类型。

将绘制完毕的图像保存到“图片”文件夹中，保存名称为“涂鸦”，保存格式为“.jpg”。

STEP 01. **选择命令。**绘制完图像后，选择菜单栏中的“文件”菜单项，在弹出的下拉菜单中选择“保存”命令，如图 7-75 所示。

STEP 02. **保存文件。**在打开的“另存为”对话框中将保存路径设置为“用户的文件”文件夹的“图片”子文件夹，在“保存名称”文本框中输入“涂鸦”，在“保存类型”下拉列表中选择“JPEG”选项，然后单击 保存(S) 按钮，如图 7-76 所示。

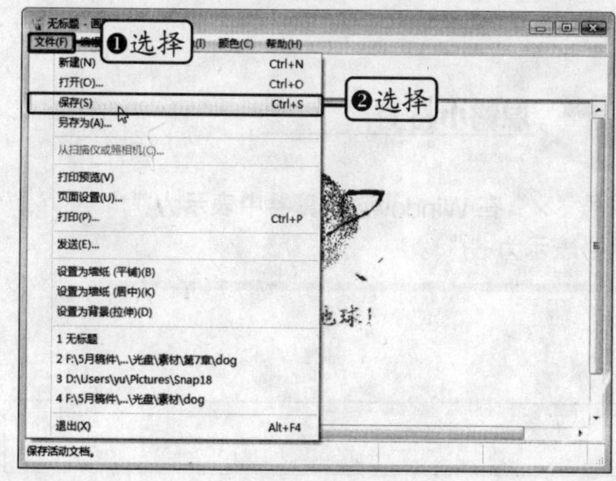

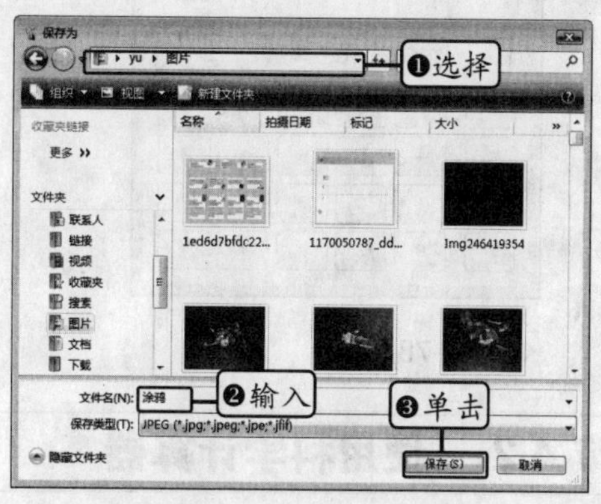

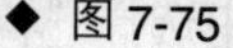
◆ 图 7-75　　◆ 图 7-76

7.4 计算器

计算器是 Windows Vista 自带的一款数据计算工具，除了可以进行简单的加、减、乘、除运算外，还可以进行各种复杂的函数与科学运算。在电脑中制作一些数据表格时，可以通过计算器进行辅助运算。

7.4.1 使用标准计算器

在“开始”菜单中选择“所有程序/附件/计算器”命令，即可启动计算器，其界面如图 7-77 所示。

◆ 图 7-77

温馨小贴士

计算器按钮的布局与数字小键盘的按键布局大致一样，在进行数据计算时，也可以按数字小键盘上的按键输入数字与运算符号进行计算。

Windows Vista 中计算器的使用与现实中计算器的使用方法完全相同，按“数字+运算符(+、-、×、÷)+数字+=”即可计算出运算结果。以计算“50+200”为例，先单击数字按钮“5”、“0”、“0”，再单击“+”按钮，然后单击数字“2”、“0”、“0”所对应的按钮，最后按“=”键，就可以得出计算结果了，如图 7-78 所示。

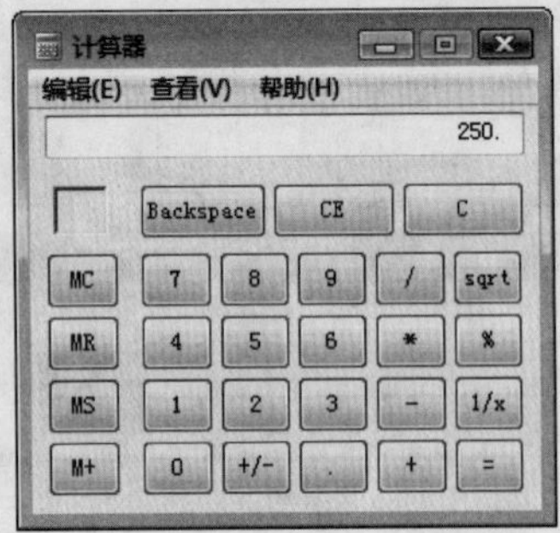

◆ 图 7-78

温馨小贴士

乘号“×”在 Windows 计算器中表示为“*”，除号表示为“/”。

7.4.2 使用科学计算器

如果要进行更复杂的科学或函数计算，可在“计算器”的“查看”菜单项中选择“科学型”命令，切换到科学计算器，此时将扩展显示出更多按钮，如图 7-79 所示，这时就可以进行更复杂的运算了。

◆ 图 7-79

7.5 疑难解答

学习完本章后，是否发现自己对 Windows Vista 自带的一些常用工具的认识又提升到了一个新的台阶？在使用这些工具的过程中遇到的相关问题自己是否已经顺利解决了？下面将为你提供一些 Windows Vista 自带工具的常见问题解答，使你的学习路途更加顺畅。

问：当需要在电脑中记录一份文档时，应该使用记事本，还是使用写字板呢？

答：这需要用户根据自己输入内容的情况来决定，如果仅用于记录一些简单的文本，那么使用记事本就可以了，如果记录的内容比较多，而且需要进行排版或者打印的话，则需要使用写字板来编排。当然，如果电脑中安装了专门的文字处理软件，如 Word、WPS 等，对于一些格式复杂的文档，则可以通过这些软件进行编排。

问：在写字板中输入文本时，为什么文本不会自动根据标尺而换行呢？

答：出现这种情况，可能是由于用户将文本设置为“不自动换行”而导致的，可选择“查看/选项”命令，打开“选项”对话框，在“多信息文本”选项卡中查看是否选中了“不自动换行”单选按钮，如已选中，则改为选中“按标尺自动换行”单选按钮，完成后单击 确定 按钮即可，如图 7-80 所示。

问：画图程序中的颜色框中仅提供了一些基本的颜色，如何才能根据自己需要添加新的颜色呢？

答：除了标准颜色外，用户可根据需要添加自定义颜色，选择“颜色/编辑颜色”命令，

打开“编辑颜色”对话框，单击[规定自定义颜色(D) >>]按钮，扩展显示出色谱，如图 7-81 所示，移动鼠标指针在其中选择自定义颜色后，单击[添加到自定义颜色(A)]按钮即可。

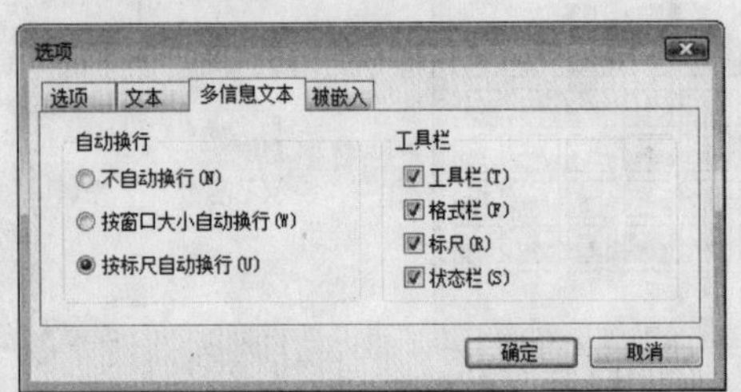

◆ 图 7-80

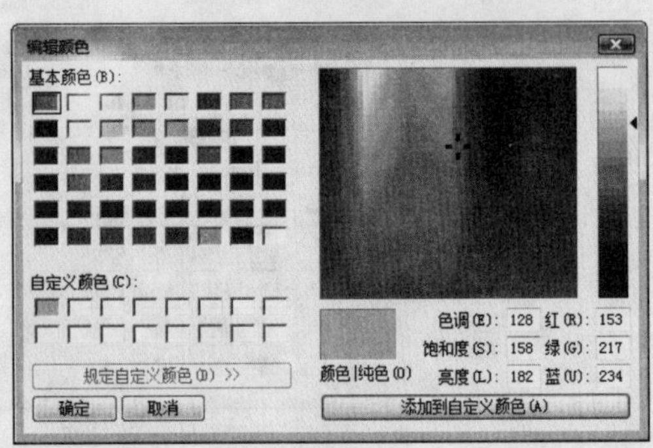

◆ 图 7-81

7.6 上机练习

本章上机练习将在写字板中编排一首诗词，并对文本的格式进行相应设置，使编排后的内容结构更加清晰，布局更加合理，最后通过打印机打印到纸张上。其最终效果及制作提示介绍如下。

练习

CD:\效果\第 7 章\金陵酒肆留别.rtf

① 在“开始”菜单中选择“所有程序/附件/写字板”命令，启动写字板。

② 在“写字板”窗口中输入古诗“金陵酒肆留别”以及作者“李白”等内容。

③ 选择诗词标题，设置字体为“楷体”、字号为“28 磅”、字形为“加粗”。

④ 选择文本“李白”，设置字体为“仿宋”、字号为“14 磅”、字形为“加粗”。

⑤ 将诗词内容格式设置为“楷体”、“20 磅”，然后选择所有文本，将对齐方式设置为“居中”，如图 7-82 所示。

金陵酒肆留别

李白

风吹柳花满店香，吴姬压酒唤客尝。

金陵子弟来相送，欲行不行各尽觞。

请君试问东流水，别意与之谁短长。

◆ 图 7-82

⑥ 单击工具栏中的“打印”按钮，将文档通过打印机打印到纸张上。

媒体娱乐篇

Windows Vista 为我们带来了前所未有的媒体娱乐感受。在 Windows Vista 中，我们可以轻松地浏览照片、播放歌曲、放映电影以及制作个人电影。这一篇我们首先来认识 Windows 照片库、Windows Media Player、Windows Movie Maker 和 Windows DVD Maker 的使用，然后体验全新的 Windows Media Center 媒体中心。

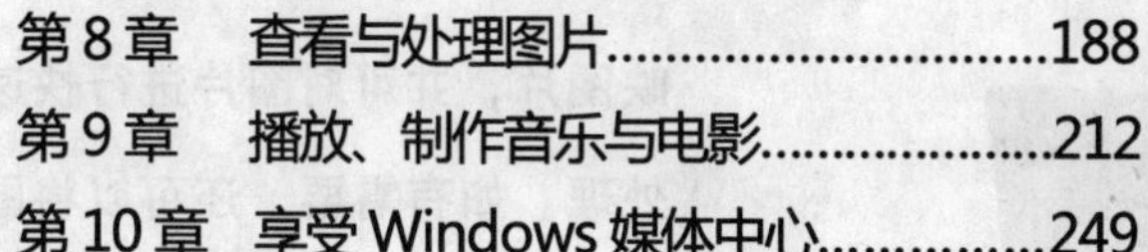

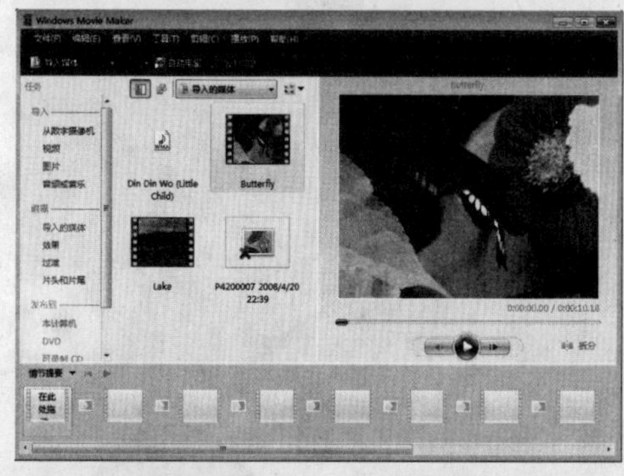

第 8 章

查看与处理图片

在 Windows Vista 中，用户可以方便地从数码设备中获取图片。通过截图功能，还能够把屏幕中的指定区域截取为图片进行保存。此外，Windows Vista 的图片浏览功能可以让用户直观地浏览图片，使用 Windows 照片库可以查看、放映图片，并可对图片进行快速处理。如有需要，还可以将图片打印出来。本章将讲解在 Windows Vista 中查看与处理图片的方法。

8.1 从数码设备中获取图片

随着可拍摄照片的数码设备越来越多，用户获得照片的途径也越来越多，除了通过数码相机、拍照手机等获取照片以外，用户还可通过 CD、DVD、扫描仪等获得图片。

8.1.1 从数码相机中获取图片

目前主流的数码相机像素在 700～1200 万像素之间，可以拍摄高分辨率的照片，而且能方便地连接到电脑上。数码相机一般通过 USB 接口与电脑连接，其 USB 连线接口比电脑 USB 接口稍小，因此称为 MiniUSB 接口，与电脑连接时，需要使用专门的连接线（一般购买相机时会附带）。

温馨小贴士

不同品牌不同型号的数码相机，其规格可能存在一定差别，但与电脑连接的方法大致相同。

将数码相机与电脑连接，并将其中的图片复制到电脑中。

STEP 01. **连接设备。**将数码相机的数据线一端插入数码相机上的 MiniUSB 接口，如图 8-1 所示。然后将另一端插入电脑 USB 接口中。

STEP 02. **选择连接方式。**数码相机屏幕中将显示连接选项，通过控制键选择“PC”选项（不同相机的连接选项可能不同，用户可参考说明书进行），如图 8-2 所示。

◆ 图 8-1

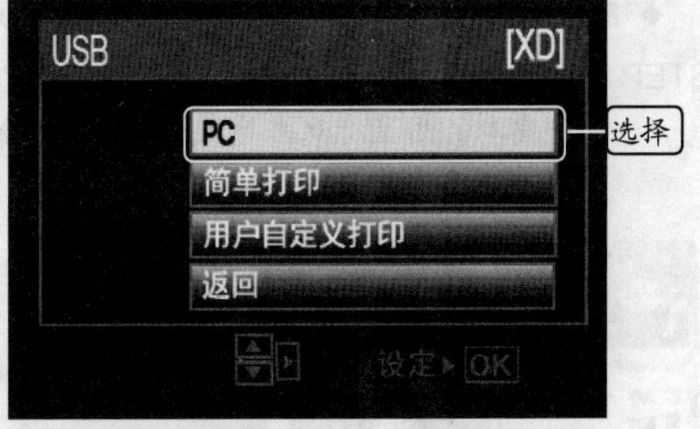

◆ 图 8-2

STEP 03. **安装设备。**稍等片刻，电脑将开始监测并安装新设备，此时会在任务栏的通知区域中显示安装信息，如图 8-3 所示。

STEP 04. **选择选项。**设备安装完毕后，将打开如图 8-4 所示的“自动播放”对话框，通过对话框中的选项，可导入图片，观看图片以及浏览图片，这里选择“导入图片”选项。

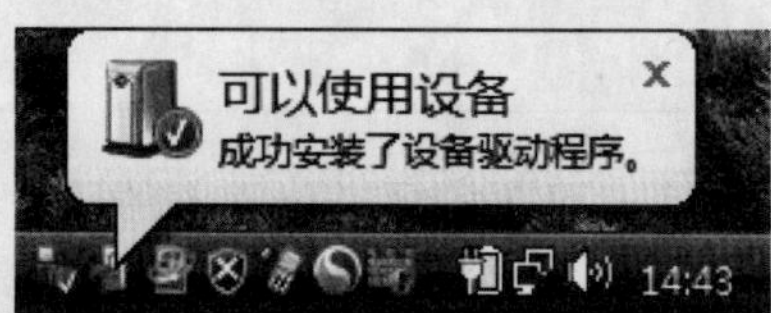

◆ 图 8-3

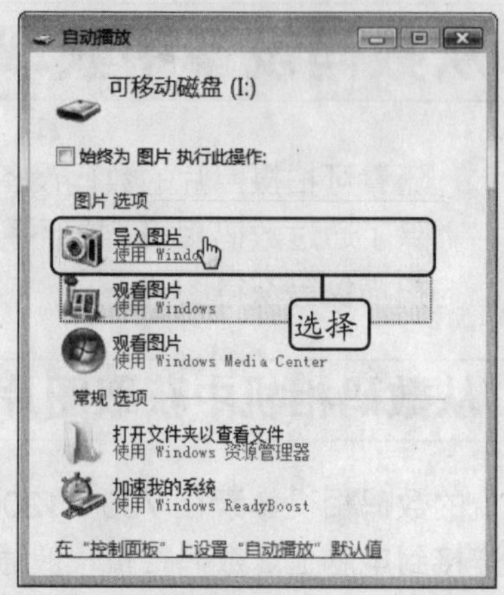

◆ 图 8-4

STEP 05. **导入图片。**监测相机中的图片和视频后，在打开的"正在导入图片和视频"对话框中提示用户正在将图片从数码相机中导入到电脑中，如图 8-5 所示。

STEP 06. **标记图片。**在打开的如图 8-6 所示的对话框中输入图片的标记名称，单击 导入(M) 按钮，将图片导入到"用户的文件"文件夹中的"图片"文件夹中。

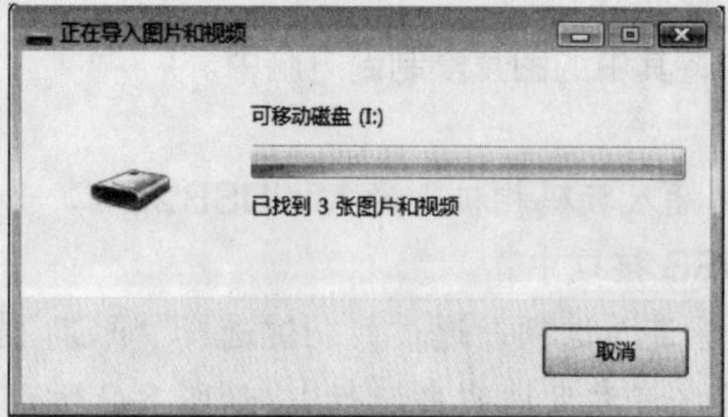

◆ 图 8-5

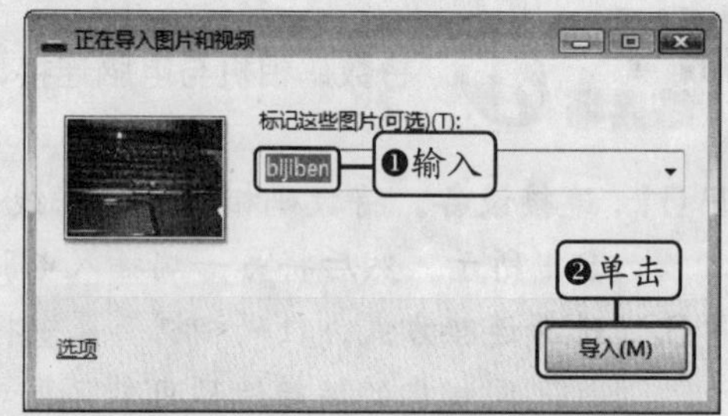

◆ 图 8-6

STEP 07. **浏览图片。**导入完毕后，在"开始"菜单中选择"图片"选项，打开"图片"窗口，用鼠标双击导入图片时的"标记名称"文件夹，即可浏览导入的图片，如图 8-7 所示。

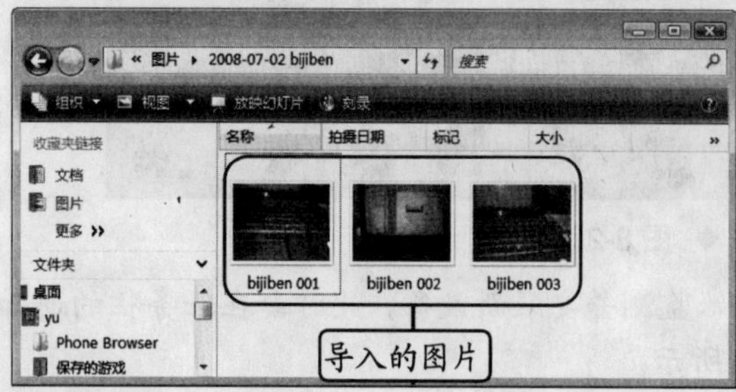

◆ 图 8-7

温馨小贴士

在"自动播放"对话框中选择"浏览图片"选项，可在打开的窗口中浏览所有图片；打开"计算机"窗口，双击"可移动磁盘"图标，打开数码相机存储卡窗口，可浏览所有图片，使用复制或移动功能也可以将数码相机存储卡中的图片移动到电脑中。

8.1.2　从存储卡中获取图片

数码相机拍摄的照片都存储在相机的存储卡中，现在很多具有拍照功能的设备如 MP4、手机等所拍摄的照片也是存储在内置的存储卡中。要从这些设备中获取照片，不仅可以将设备连接到电脑中获取，还可以将存储卡插接到电脑中获取。

如果电脑提供了对应的存储卡接口，就可以将存储卡直接插接到电脑中；如果电脑没有提供存储卡接口，则需要购买对应的读卡器，然后将存储卡安装到读卡器中，再将读卡器插入电脑 USB 接口中。如图 8-8 所示为常见的 SD 存储卡，图 8-9 所示为一款多功能读卡器。

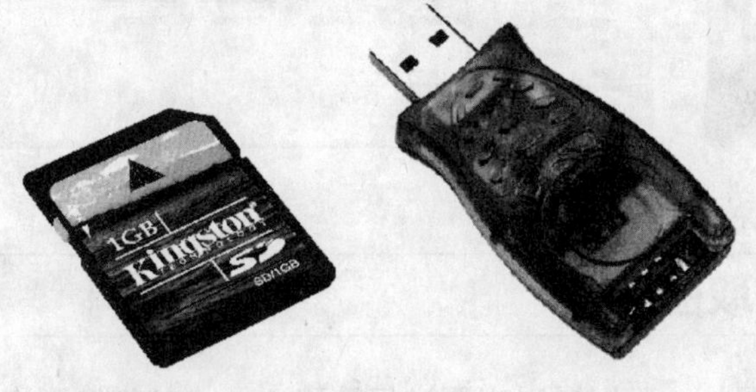

◆ 图 8-8　◆ 图 8-9

温馨小贴士

目前市面上的存储卡种类繁多，不同的数码设备所采用的存储卡类型也不同。而不同类型存储卡的接口是不相同的。用户在选配读卡器时，也需要注意到这一点。

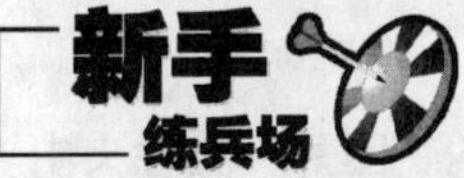

将数码相机存储卡中的照片复制到电脑中。

STEP 01. **安装设备。**将存储卡从数码相机中取出，然后插入到读卡器中，再将读卡器插入电脑 USB 接口中，电脑会自动安装新硬件并打开“自动播放”对话框，单击 [X] 按钮关闭对话框，如图 8-10 所示。

STEP 02. **双击图标。**打开“计算机”窗口，在其中可以看到“存储卡”图标，双击该图标，如图 8-11 所示。

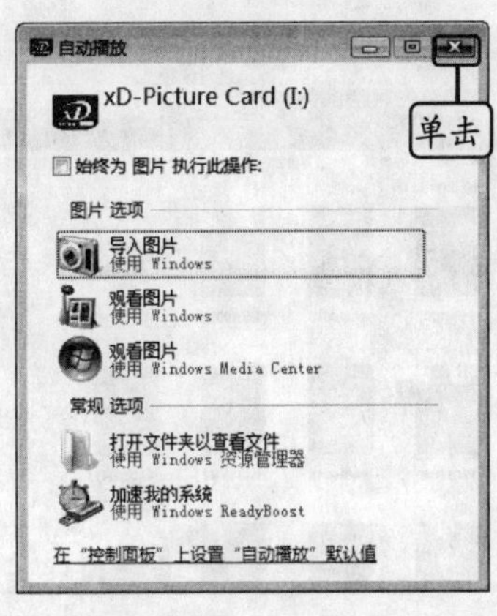

◆ 图 8-10　◆ 图 8-11

STEP 03. **浏览照片。**在打开的窗口中可查看存储卡中的所有图片，如图 8-12 所示。

STEP 04. **复制图片。**在窗口中选择要复制到电脑中的图片文件，单击组织按钮，在弹出的下拉菜单中选择“复制”命令，如图 8-13 所示。进入磁盘中放置图片的文件夹中，通过“粘贴”命令将存储卡中的文件复制到电脑中。

◆ 图 8-12

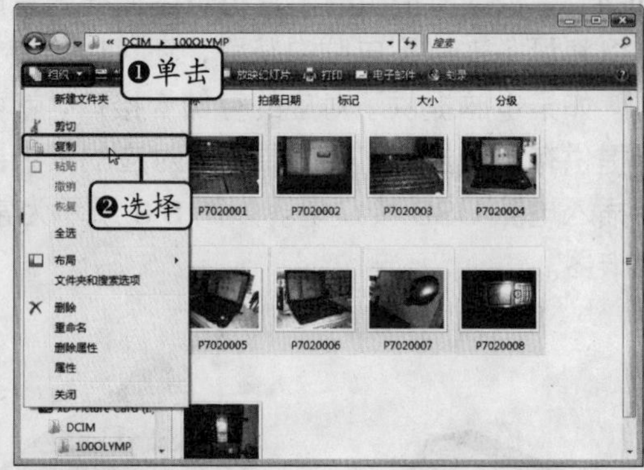

◆ 图 8-13

8.1.3 从 CD 或 DVD 中获取图片

对于保存在 CD 或 DVD 光盘中的图片，可以通过光驱进行读取，再将其复制到电脑中。

将光盘中的图片复制到“用户的文件”文件夹中的“图片”文件夹中。

STEP 01. **读取光盘。**将光盘放入电脑光驱中，然后打开“计算机”窗口，可以看到窗口中的光驱图标会变为光盘状，如图 8-14 所示。

STEP 02. **浏览文件。**双击光驱图标，进入光盘目录中，如果光盘中包含文件夹，则需双击文件夹图标进入文件夹窗口，其中显示了光盘中的所有文件，如图 8-15 所示。

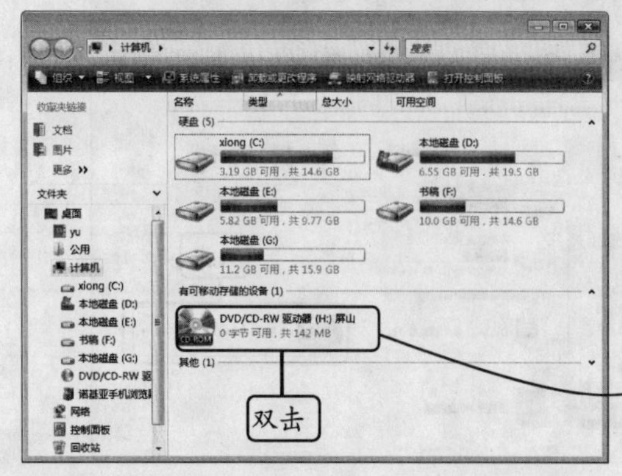

◆ 图 8-14

◆ 图 8-15

STEP 03. **复制文件。**在窗口中选择需要复制到电脑中的图片文件，然后单击组织按钮，

在弹出的下拉菜单中选择“复制”命令，如图 8-16 所示。

STEP 04. **粘贴文件。** 进入“用户的文件”文件夹中的“图片”文件夹窗口，单击“组织”按钮，在弹出的下拉菜单中选择“粘贴”命令，系统会将复制的图片粘贴到该文件夹中，并打开如图 8-17 所示的对话框显示复制进度，等待一段时间即可完成粘贴。

◆ 图 8-16

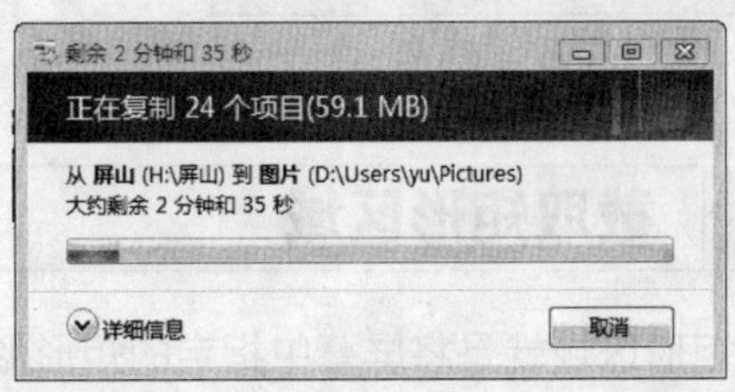

◆ 图 8-17

8.1.4 从扫描仪中获取图片

对于一些印刷在纸张上的图片或照片，可以通过扫描仪将其扫描到电脑中，使用扫描仪前，需要正确连接扫描仪并安装驱动程序，然后将图片放入扫描仪中，运行相应的扫描程序，将纸张上的内容以图片形式扫描到电脑中，或以文件形式保存到电脑中。如图 8-18 所示为一款常见的扫描仪。

◆ 图 8-18

温馨小贴士

目前扫描仪的种类繁多，不同类型的扫描仪用途也不同。而且扫描仪的应用已不仅仅是扫描图片，一些带文字识别功能的扫描仪还可以扫描纸张中的文字。

8.2 屏幕截图

Windows Vista 中提供了一款简单好用的截图工具，使用该工具可以快速将整个屏幕、指定窗口或者指定区域截取为图像，并以文件形式保存到电脑中。

8.2.1 启动截图工具

在“开始”菜单中选择“所有程序/附件/截图工具”命令，即可启动截图工具，同时屏幕变为不可操作状态，截图工具的界面如图 8-19 所示。

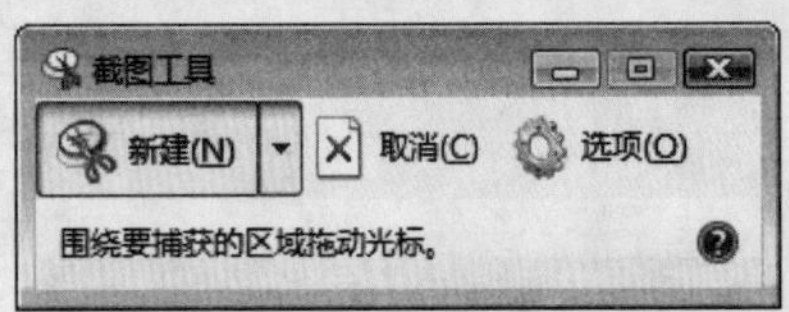

◆ 图 8-19

温馨小贴士

第一次启动截图工具时，将询问用户是否将裁图工具添加到快速启动栏，如果不经常使用截图工具，可单击 否(N) 按钮。

8.2.2 截取矩形区域

截取矩形区域就是将屏幕中指定的矩形形状区域截取为图像。在截取时，用户只需要拖动鼠标控制所截取区域的范围。

将屏幕中的指定区域截取为图像，并保存到“图片”文件夹中。

STEP 01. **选择命令。**启动截图工具后，单击 新建(N) 按钮旁的下拉按钮▾，在弹出的下拉菜单中选择“矩形截图”命令，如图 8-20 所示。

STEP 02. **选择截取区域。**当鼠标指针变为+形状时，按住鼠标左键不放，拖动鼠标框选要截取为图像的区域，如图 8-21 所示。

◆ 图 8-20　　◆ 图 8-21

STEP 03. **截取图像。**选择要截图的区域后，释放鼠标，将所选区域截取为图像并在截图工具窗口中显示，如图 8-22 所示。

STEP 04. **保存图像。**在窗口中选择“文件/另存为”命令，打开“另存为”对话框，单击 浏览文件夹(B) 按钮，展开文件夹列表，将保存路径设置为“图片”文件夹，

在“文件名”下拉列表框中输入“捕获屏幕区域”，单击[保存(S)]按钮即可保存该截图，如图 8-23 所示。

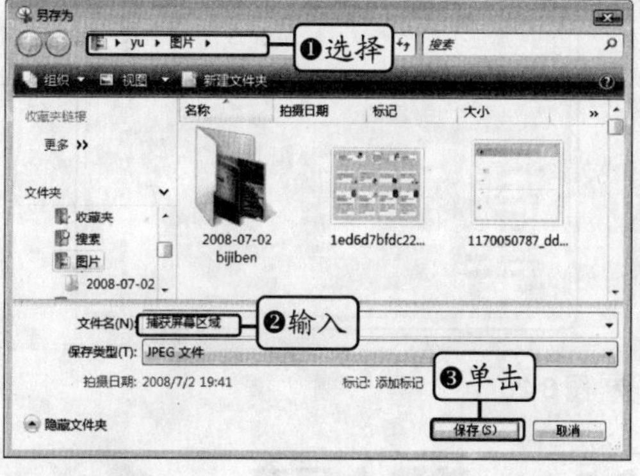

◆ 图 8-22　　◆ 图 8-23

8.2.3　截取窗口

当在屏幕中打开一个或多个窗口后，可以将指定窗口截取为图像，使用截图工具截取窗口时，即使没有将要截取的窗口全部显示，也可截取到完整的窗口。

将“计算机”窗口截取为图像。

STEP 01. **选择命令。** 打开“计算器”窗口，启动截图工具后，单击[新建]按钮旁的下拉按钮▾，在弹出的下拉菜单中选择“窗口截图”命令，如图 8-24 所示。

STEP 02. **选择窗口。** 将鼠标指针移动到要截取窗口的可见部分，屏幕中将清晰显示该窗口的整个区域，此时单击鼠标左键，如图 8-25 所示。

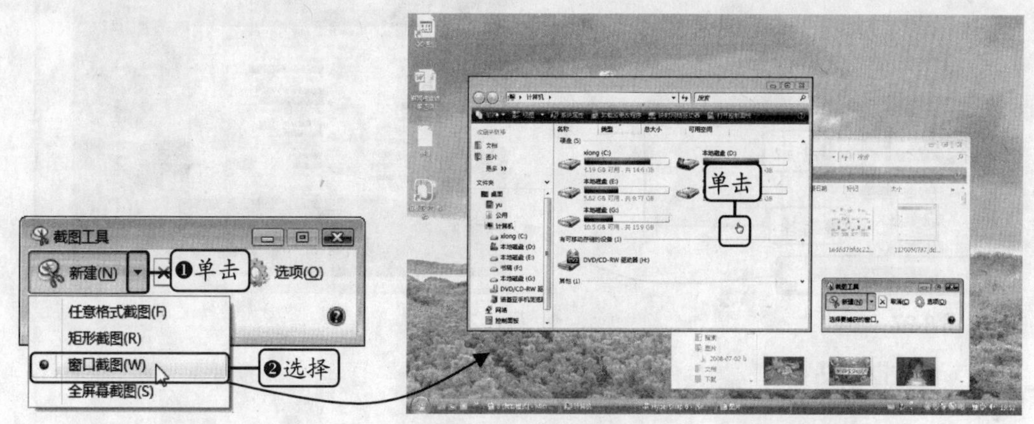

◆ 图 8-24　　◆ 图 8-25

STEP 03. **截取窗口。** 整个“计算机”窗口截取为图像并在裁图工具窗口中显示，如图

8-26 所示。

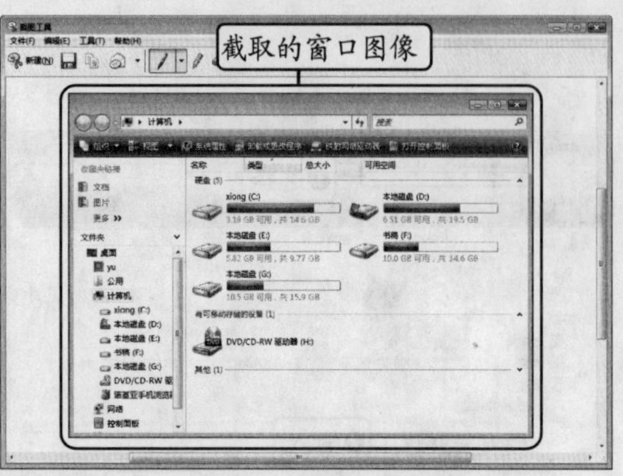

◆ 图 8-26

专家会诊台

Q：截取一幅图像后，如何继续截取呢？

A：当采用任意一种截图方式截取图像后，在截图工具窗口中单击新建(N)按钮，然后再单击新建(N)按钮旁的下拉按钮▾，在弹出的下拉菜单中选择截取方式后即可继续截取。

8.2.4 截取全屏幕

截取全屏幕是将整个屏幕截取为图像，截取全屏幕时会将当前屏幕中显示的所有内容全部截取。

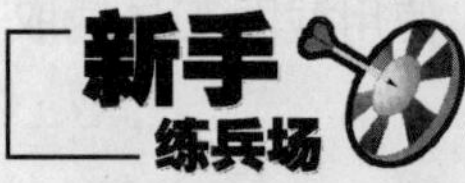

将当前整个屏幕截取为图像。

STEP 01. **选择命令。**单击截图工具中新建(N)按钮旁的下拉按钮▾，在弹出的下拉菜单中选择“全屏幕截图”命令，如图 8-27 所示。

STEP 02. **选择全屏幕。**所截取的全屏幕图像将显示在截图工具窗口中，如图 8-28 所示。

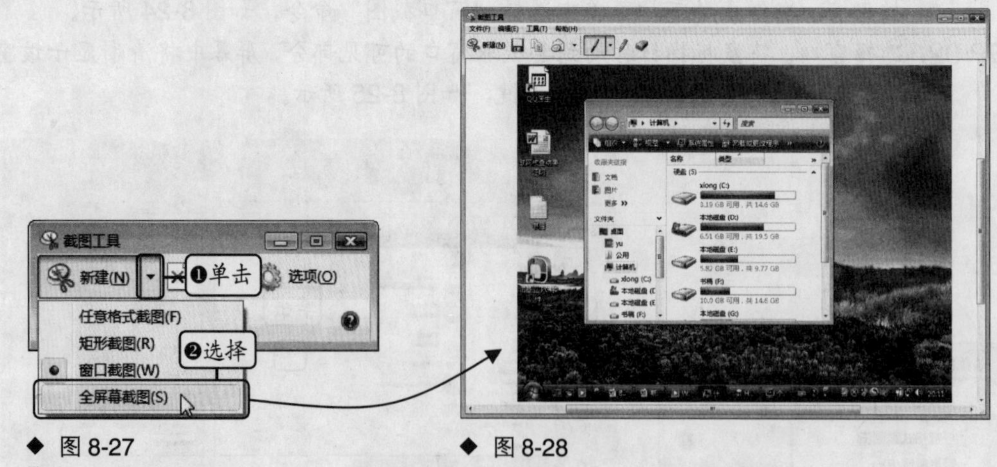

◆ 图 8-27　　◆ 图 8-28

秘技播报站

使用“捕捉屏幕”键【PrtScreenSysRq】键也可以截取全屏幕。其使用方法为：按【PrtScreenSysRq】键，然后打开画图程序，选择“编辑/粘贴”命令，可将捕捉的全屏幕图像粘贴到画图程序中。

8.3 浏览图片文件

从其他设备获取图片并保存到电脑中之后，可以打开保存图片的文件夹浏览图片文件。其浏览方法与文件的浏览方法完全相同，只是在 Windows Vista 中，针对图片可以进行更多样化的浏览。

8.3.1 认识“图片”文件夹

Windows Vista 提供了特定的图片文件模板，用户可以为用于存储图片的文件夹定义该类型模板，这样就为浏览图片提供了更多的便利。在 Windows Vista 中，默认定义了一个图片模板的目录，那就是“图片”文件夹，该文件夹位于“用户的文件”文件夹中，在“开始”菜单中选择“图片”选项，就可以打开“图片”文件夹窗口，如图 8-29 所示。

◆ 图 8-29

“图片”文件夹窗口与普通文件夹窗口的不同之处主要体现在工具栏和排序序列两个方面：

- ☑ **工具栏**：在“图片”文件夹窗口工具栏中显示有“放映幻灯片”按钮，单击该按钮后将在电脑屏幕上以幻灯片的形式放映文件夹中的图片。
- ☑ **排序序列**：在“图片”文件夹窗口中，文件的排序序列与普通窗口不同，如“拍摄日期”是图片文件所特有的排序依据，而“标记”与“分级”序列则是 Windows Vista 针对图片与视频等媒体文件所特有的功能。

8.3.2 快速查看图片信息

在 Windows Vista 中浏览图片时，无需通过文件的“属性”对话框就可查看到图片文件的相关信息，如图片类型、拍摄日期、尺寸和大小等。其查看方法非常简单，只要在窗口中将鼠标指针指向某个图片文件并稍作停留，就会弹出浮动框显示该图片文件的相关信息，如图 8-30 所示。

◆ 图 8-30

对于“标记”、“分级”和“标题”等信息，必须在用户定义后才会在浮动框中显示出来。

快学快用

8.3.3 调整图片查看方式

在 Windows Vista 中，可以通过多种查看方式浏览窗口中的图片文件。选择适合的图片查看方式，可以让用户在浏览图片时更加直观方便。

调整图片查看方式为：在窗口中的空白处单击鼠标右键，在弹出的快捷菜单中选择“查看”命令，在弹出的子菜单中进行选择，如图 8-31 和图 8-32 所示分别为选择“大图标”命令前后的图片显示效果。

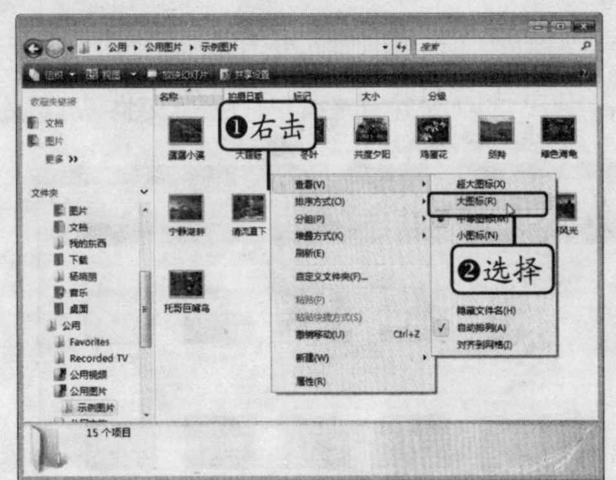

◆ 图 8-31

◆ 图 8-32

8.3.4 排序与筛选图片

用户在整理图片时，通常会将许多图片放置到一个文件夹中。在查看图片时，就可以按照一定规则对图片进行排序，也可以在窗口中仅筛选显示符合指定条件的图片，从而便于快速有效地浏览图片。

在“图片”文件夹中，可以按照“名称”、“拍摄日期”、“标记”、“大小”和“分级”方式对图片进行升序或降序排序。为了便于浏览排序后的图片，在排序前可将查看方式更改为“详细信息”，然后单击工作区上方对应的排序按钮，如要按“拍摄日期”进行降序排序，则单击 **拍摄日期** 按钮，此时该按钮中显示降序排序标记▾；要升序排序，则单击两次 **拍摄日期** 按钮，此时该按钮中显示升序排序标记▴，如图 8-33 所示。

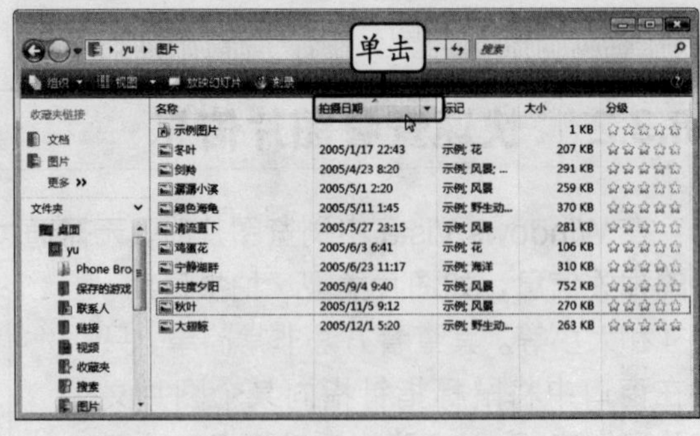

◆ 图 8-33

筛选图片则是将符合指定条件的图片显示出来，而暂时将其他图片隐藏。筛选的依据与排序相同，同样可以按照“名称”、“拍摄日期”、“标记”、“大小”和“分级”方式对图片进行筛选。当根据某个筛选类型进行筛选时，需要设置对应的筛选条件。如要按照图片的分级对图片进行筛选，则单击

分级 中的按钮，在弹出的下拉列表中选中“3 星级”复选框，如图 8-34 所示。这样在窗口中仅显示分级为“3 星级”的所有图片，如图 8-35 所示。

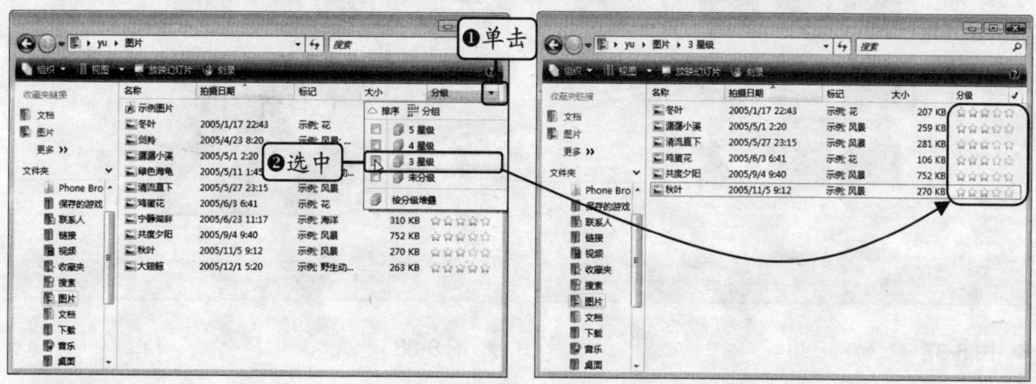

◆ 图 8-34　　◆ 图 8-35

8.4 使用 Windows 照片库

Windows 照片库是 Windows Vista 中自带的一款图片查看、管理和编辑工具。使用 Windows 照片库可以方便地浏览和查看电脑中的图片，为图片添加标记与分级设置，并进行修复与处理操作。

8.4.1 启动 Windows 照片库

使用 Windows 照片库前，需要先启动 Windows 照片库，启动之后将默认显示“用户的文件”文件夹的“图片”文件夹中的图片。

启动 Windows 照片库，浏览“图片”文件夹中的图片。

STEP 01. **选择命令**。在“开始”菜单中选择“所有程序”选项，弹出“所有程序”列表，选择“Windows 照片库”命令，如图 8-36 所示。

STEP 02. **启动程序**。稍后将启动 Windows 照片库，在窗口的左侧窗格中显示了图库目录以及标记与分级选项等，中间窗格中显示了“图片”文件夹中的所有图片，右侧窗格中显示当前位置的图片数量，如图 8-37 所示。

STEP 03. **查看图片信息**。将鼠标指针指向某张图片，将出现浮动框，显示该图片的缩略图以及相关信息，如图 8-38 所示。

◆ 图 8-36

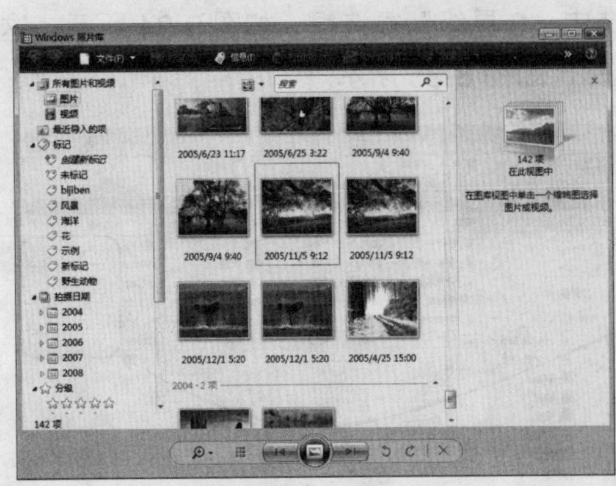

◆ 图 8-37

◆ 图 8-38

8.4.2 在 Windows 照片库中查看图片

在浏览图片的过程中，用鼠标双击任意一张图片，即可在照片库中打开该图片，此时界面下方会显示一排控制按钮，如图 8-39 所示。

◆ 图 8-39

通过控制按钮可以对当前浏览的图片进行一系列调整，也可以浏览其他图片，或者以幻灯片方式放映照片库中的图片。

- **"更改显示大小"按钮**：单击"更改显示大小"按钮，然后拖动显示出的滑块可调整当前图片的显示比例，如图 8-40 所示。放大显示图片后，将鼠标指针移动到图片中，当其变为形状时，拖动鼠标可调整图片在窗口中的显示范围。
- **"显示实际大小"按钮**：默认打开图片后，图片将自动调整显示大小以适应窗口。单击"实际大小"按钮，可在窗口中显示图片的实际大小，拖动鼠标可调整图片在窗口中的显示范围，如图 8-41 所示。此时该按钮将变为"按窗口大小显示"按钮，再次单击该按钮，即恢复显示适应窗口大小的图片。
- **"上一张"按钮和"下一张"按钮**：单击"上一张"按钮或"下

一张”按钮▶|，可按顺序查看当前图片的上一张图片或下一张图片。

◆ 图 8-40

◆ 图 8-41

- ☑ **“放映幻灯片”按钮**：单击“放映幻灯片”按钮，可以以幻灯片的形式从当前打开的图片开始，全屏放映 Windows 照片库中的所有图片。以幻灯片方式放映图片时，可以通过下方的控制按钮控制放映，更改放映速度以及放映主题，如图 8-42 所示。若要退出放映，只要单击退出按钮，或按【Esc】按钮即可。
- ☑ **“顺时针旋转”按钮和“逆时针旋转”按钮**：单击“顺时针旋转”按钮或“逆时针旋转”按钮，可以按顺时针或逆时针方向将图片旋转 90°，如图 8-43 所示为将图片顺时针旋转 90° 后的效果。

◆ 图 8-42

◆ 图 8-43

- ☑ **“删除”按钮**：在查看图片时，单击“删除”按钮，可以将当前图片从文件夹中删除。

8.4.3　将图片添加到图片库中

从其他设备中获取图片并复制到电脑中后，可以将这些图片添加到 Windows 照片库中，以便通过照片库浏览、查看与编辑图片。

将 G 盘“图片汇总”文件夹中的图片添加到 Windows 照片库中。

STEP 01. **选择命令。** 单击 Windows 照片库上方的“文件”按钮，在弹出的下拉菜单中选择“将文件夹添加到图库中”命令，如图 8-44 所示。

STEP 02. **选择目录。** 在打开的“将文件夹添加到图库中”对话框的列表框中逐级展开“计算机”与“本地磁盘（G:）”选项，选择“图片汇总”文件夹，然后单击“确定”按钮，如图 8-45 所示。

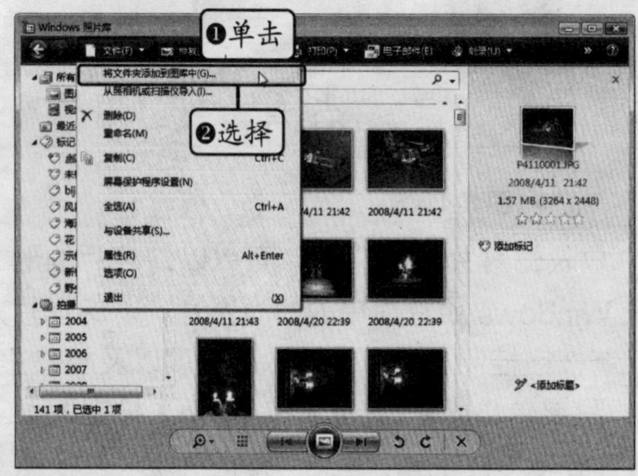

◆ 图 8-44

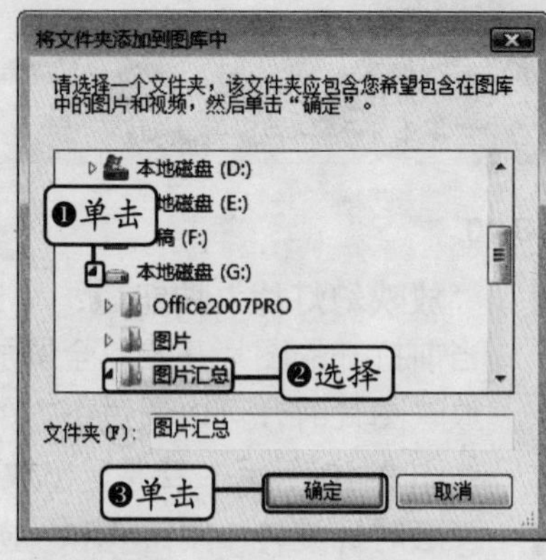

◆ 图 8-45

STEP 03. **添加图片。** 系统开始将所选文件夹中的图片文件添加到 Windows 照片库中，并打开如图 8-46 所示的“将文件夹添加到图库中”对话框提示用户正在将文件夹添加到图库中，单击“确定”按钮。

STEP 04. **添加完毕。** 添加完毕后，Windows 照片库中就会显示“图片汇总”文件夹中的所有图片，如图 8-47 所示。

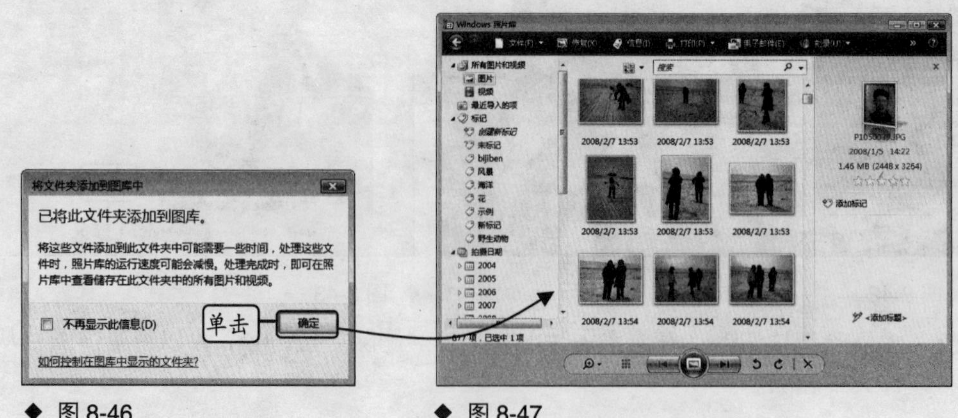

◆ 图 8-46

◆ 图 8-47

8.4.4 图片标记与分级设置

图片标记与分级设置是 Windows 照片库提供的图片分类功能。图片标记即为某个类型的图片添加相同的标记；图片分级则可以将图片分为多个级别。图片标记与分级设置可以方便用户更加有效地管理与查看图片。

1. 添加图片标记

对于相同类型的图片，可以为其添加相同的标记，如在个人照片集中，可以根据人物分为“家人”、“朋友”和“同事”，也可以根据地点或事件分为“海南游”和“结婚”等。用户可在 Windows Vista 照片库中创建对应的标记，然后根据图片类型为图片添加标记。

在 Windows Vista 照片库中创建多个标记，并为图片添加相应标记。

STEP 01. **单击选项。**在 Windows 照片库左侧窗格中选择“标记”选项下的“创建新标记”选项，如图 8-48 所示。

STEP 02. **输入名称。**“创建新标记”选项的名称变为“新标记”，并处于可编辑状态，输入新的名称“美景”，如图 8-49 所示。

◆ 图 8-48

◆ 图 8-49

STEP 03. **创建标记。**输入完毕后，在窗口空白处单击鼠标左键，完成新标记“美景”的创建，如图 8-50 所示。

STEP 04. **创建其他标记。**按照同样的方法，继续创建“植物”与“动物”标记，如图 8-51 所示。

温馨小贴士

Windows 照片库中预置了若干标记，并为系统自带的图片添加了对应的标记。用户也可以为自己添加到图片库中的图片添加这些标记。

◆ 图 8-50

STEP 05. **输入标记。**在中间窗格的列表框中选择一幅或多幅图片，在右侧窗格中选择“添

加标记”选项，在显示的文本框中输入前面创建的标记“美景”，如图 8-52 所示。

◆ 图 8-51

◆ 图 8-52

STEP 06. **添加标记。**输入文本标记后，在窗口空白处单击鼠标左键，即可为所选图片添加对应的标记，添加的标记会显示在窗格下方，如图 8-53 所示。

STEP 07. **添加其他标记。**选择其他需添加标记的文本，再次选择“添加标记”选项，输入标记名称，如图 8-54 所示。

◆ 图 8-53

◆ 图 8-54

STEP 08. **查看标记图片。**按照相同的方法，为不同的图片添加相应标记后，在左侧窗格中单击标记名称，如“美景”，即可在窗口中仅显示标记为“美景”的所有图片，如图 8-55 所示。

温馨小贴士

如果要删除图片标记，只需在右侧窗格中的标记名称上单击鼠标右键，在弹出的快捷菜单中选择“删除标记”命令即可。

◆ 图 8-55

2. 设置图片分级

图片分级就是将图片分为多个级别，Windows 照片库中提供了 5 个级别，越重要的图片显示星级越高，这样就可以根据级别来快速筛选查看图片。

要设置图片分级，只需在 Windows 照片库中选择一幅或多幅图片，然后在右侧窗格中的“星级”位置选择对应的星级即可，如选择第 4 个星级，即表示将所选图片设置为 4 星级，如图 8-56 所示。

设置图片分级后，在左侧窗格中展开“分级”选项，选择某个分级选项，如 4 星级，即可在窗口中仅显示设置为 4 星级的所有图片，如图 8-57 所示。

◆ 图 8-56

◆ 图 8-57

8.4.5 修复与调整图片

除了查看、浏览以及标记图片外，通过 Windows 照片库，还可以对图片进行修复以及简单的调整。对图片的操作包括调整曝光、调整颜色、裁剪图片和清除红眼等，还可以让 Windows 照片库自动对图片进行修复。

要对图片进行修复或调整，需要在照片库中选择或打开图片，然后单击窗口上方的 修复(X) 按钮，打开如图 8-58 所示的图片修复窗口，在窗口右侧窗格中显示了对应的图片调整选项，下面分别介绍这些选项的操作方法和功能。

◆ 图 8-58

- ☑ **自动调整**：Windows 照片库中的“自动调整”具有高度智能性，会自动判断照片的亮度、对比度以及颜色等因素，并自动进行调整。其调整效果一般都会令用户满意。要对照片进行自动调整，主要通过单击 自动调整(D) 按钮来完成。自动调整后，如果下方的其他调整选项后

面显示✓标记，即表示已经对相应的选项进行了自动调整，如图 8-59 所示。

- ☑ **调整曝光**：调整曝光包括调整亮度与对比度两个方面。单击[调整曝光(J)]按钮，将展开“亮度”与“对比度”滑块，拖动对应的滑块进行调整即可，如图 8-60 所示。

◆ 图 8-59

◆ 图 8-60

- ☑ **调整颜色**：调整颜色包括调整图片的色温、色彩和饱和度三个方面。单击[调整颜色(S)]按钮，展开“色温”、“色彩”与“饱和度”滑块，然后拖动滑块进行调整即可，如图 8-61 所示。
- ☑ **裁剪图片**：将图片指定区域裁剪，只保留需要的区域。裁剪图片时，可以自定义区域，也可以直接指定裁剪区域的大小。单击[剪裁图片(T)]按钮，展开裁剪选项，此时图片中将显示裁剪框，拖动四周的控点调整裁剪范围后，单击[应用(A)]按钮即可，如图 8-62 所示。

◆ 图 8-61

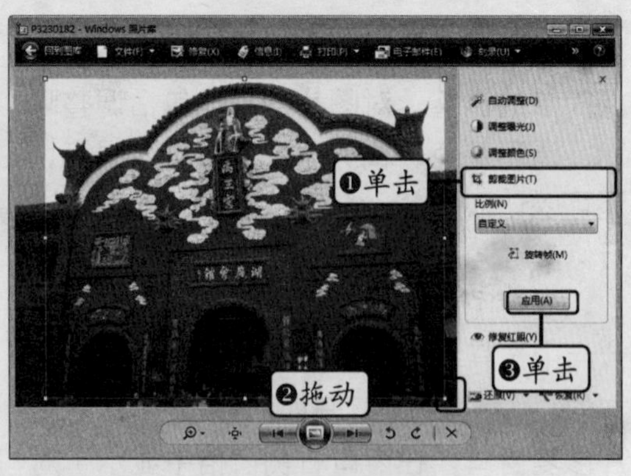

◆ 图 8-62

- ☑ **修复红眼**：主要用于去除照片中人物眼部的红晕。单击[修复红眼(Y)]按钮，然后拖动鼠标选择照片中人物的眼部，程序会自动对所选区域进行去除红眼调整，如图 8-63 所示。

◆ 图 8-63

温馨小贴士

在修复与调整图片的过程中，如果不满意所作的调整，可单击下方的撤消(U)按钮撤销一步或多步操作。修复与调整完毕后，单击窗口上方的回到图库按钮，程序会自动保存所进行的修复并返回到照片浏览窗口。

8.4.6　应用实例——修复个人照片

本实例将讲解在 Windows 照片库中导入电脑中保存的个人照片，并通过修复与调整功能对照片进行处理。

其具体操作步骤如下。

STEP 01. **选择命令。**单击 Windows 照片库窗口上方的文件(F)按钮，在弹出的下拉菜单中选择“将文件夹添加到图库中”命令，如图 8-64 所示。

STEP 02. **选择文件夹。**在打开的“将文件夹添加到图库中”对话框中选择照片的保存目录，单击确定按钮，如图 8-65 所示。

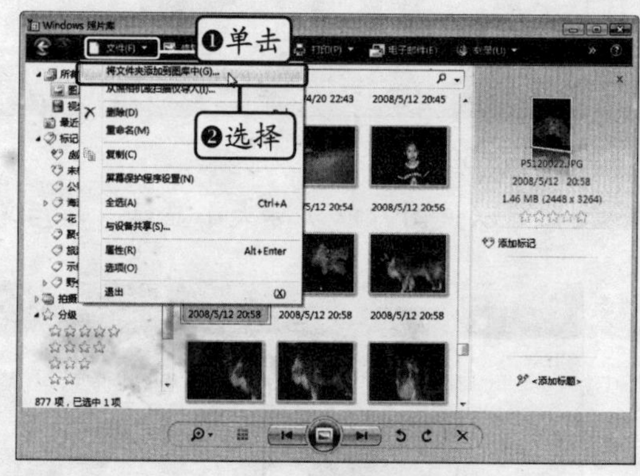

◆ 图 8-64

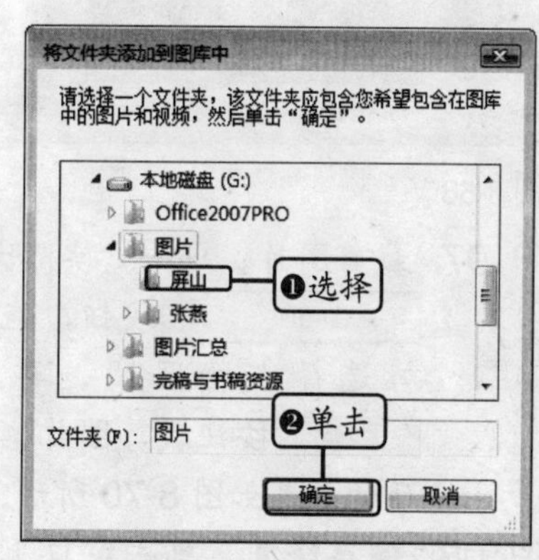

◆ 图 8-65

STEP 03. **浏览图片。**选择的照片将全部添加到 Windows 照片库中，在窗口中即可浏览到这些照片，如图 8-66 所示。

STEP 04. **查看照片。**在要查看的照片上双击鼠标，即可在打开的窗口中显示该照片，通过下方的控制按钮调整查看比例，如图 8-67 所示。

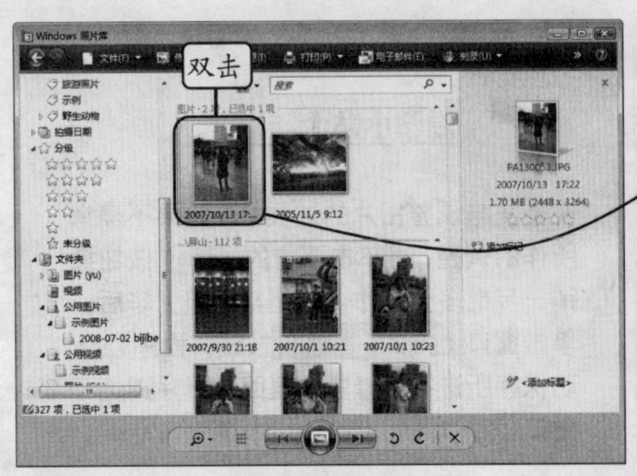

◆ 图 8-66

◆ 图 8-67

STEP 05. **单击按钮。**单击窗口上方的 修复(X) 按钮显示修复窗格，如图 8-68 所示。

STEP 06. **修复照片。**单击窗口中的 自动调整(D) 按钮，对照片进行自动调整，调整后的效果如图 8-69 所示。

◆ 图 8-68

◆ 图 8-69

STEP 07. **裁剪图片。**单击“实际大小”按钮可以使图片以实际大小显示，然后单击 剪裁图片(I) 按钮，拖动鼠标选择人物区域，再单击 应用(A) 按钮裁剪图片，裁剪后的效果如图 8-70 所示。

STEP 08. **保存修复。**单击窗口上方的 回到图库 按钮，对所作的修复与调整进行保存并返回到图片浏览窗口。

STEP 09. **修复其他照片。**按照同样的方法，对导入到 Windows 照片库中的其他照片进行自动修复并保存。

◆ 图 8-70

8.5 打印图片

如果电脑连接了打印机，用户就可以将电脑中的图片通过打印机打印到纸张上。为了获取更逼真的打印效果，最好采用照片打印机以及专用的照片纸。

8.5.1 直接打印图片

Windows Vista 可以在不打开图片的情况下直接打印图片，并且允许用户对图片的打印选项进行设置。打开“计算机”窗口并进入到要打印图片的保存位置，在图片上单击鼠标右键，在弹出的快捷菜单中选择“打印”命令，打开如图 8-71 所示的“打印图片”对话框，在对话框中对打印选项进行相关设置后，单击打印(P)按钮即可开始打印。

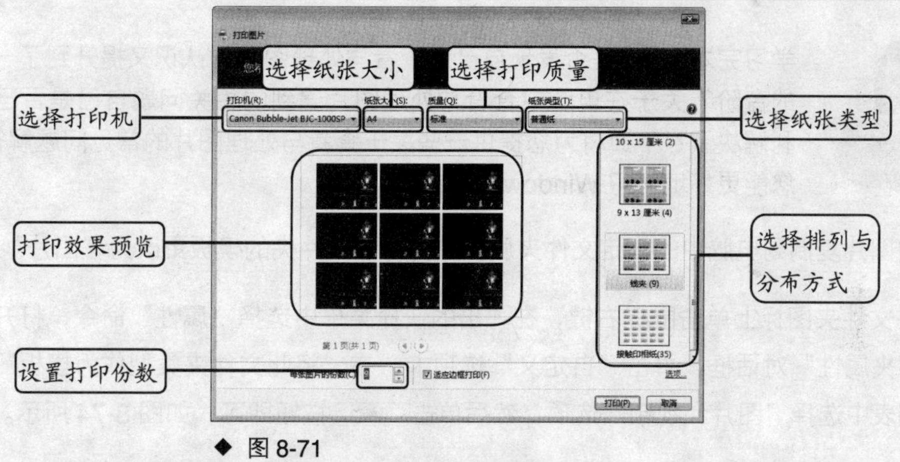

◆ 图 8-71

8.5.2 在 Windows 照片库中打印图片

在 Windows 照片库中，用户可以先查看图片，也可以对图片进行修复与调整后进行打印，这样能更直观地选择图片以获取更好的图片打印效果。

在 Windows 照片库中将指定照片打印出来。

STEP 01. **选择命令。**在浏览窗口中选择要打印的图片，或双击图片将图片打开，然后单击窗口上方的打印(P)按钮，在弹出的下拉菜单中选择“打印”命令，如图 8-72 所示。

STEP 02. **设置选项。**在打开的如图 8-73 所示的“打印图片”对话框中对各个打印选项进行相应的设置，单击打印(P)按钮进行打印。

◆ 图 8-72

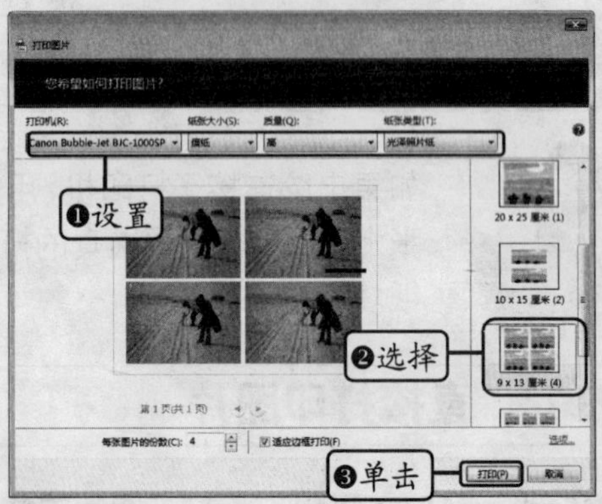

◆ 图 8-73

8.6 疑难解答

学习完本章后，是否发现自己对查看与处理图片的认识又提升到了一个新的台阶？关于在电脑中查看与处理图片遇到的相关问题自己是否已经顺利解决了？下面将为您提供一些关于查看与处理图片的常见问题解答，使您能更好地学习 Windows Vista。

问： 将图片复制到电脑中的指定文件夹后，如何将该文件夹的模板更改为“图片”呢？

答： 在文件夹图标上单击鼠标右键，在弹出的快捷菜单中选择“属性”命令，打开“文件夹属性”对话框，单击“自定义”选项卡，在“将此文件夹类型作为模板”下拉列表中选择“图片和视频”选项，然后单击 确定 按钮即可，如图 8-74 所示。

问： 如何在 Windows 照片库中使用画图程序打开指定图片？

答： 在 Windows 照片库中浏览图片时，如果要在画图程序中打开图片，则需要先选择要打开的图片，然后单击窗口上方的 打开(O) 按钮，在弹出的下拉菜单中选择“画图”命令，如图 8-75 所示。这样就可以启动画图程序并打开所选图片文件了。

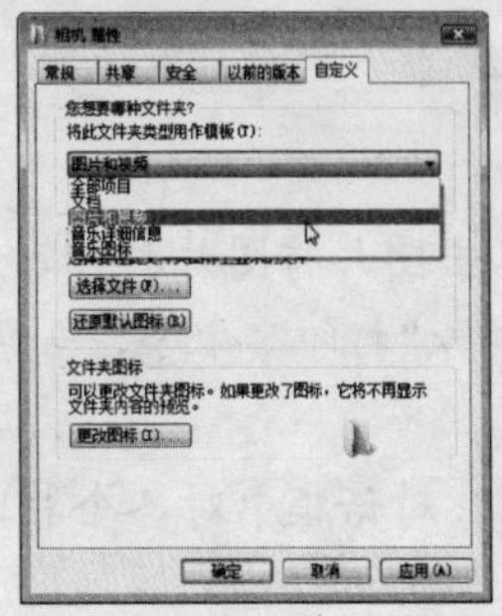

◆ 图 8-74

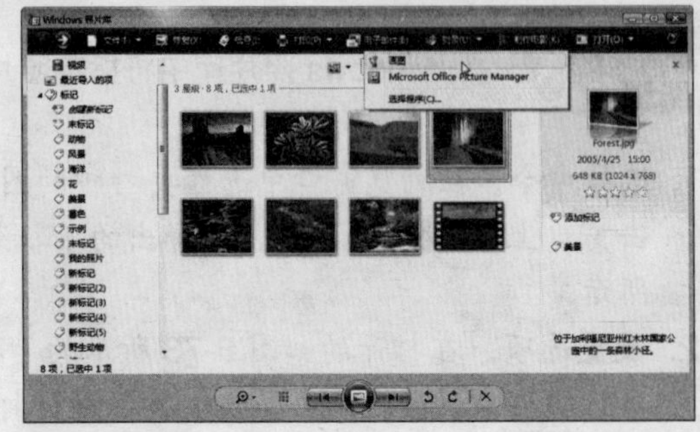

◆ 图 8-75

8.7 上机练习

本章上机练习一将练习从数码相机中获取照片并复制到电脑中；上机练习二将练习在 Windows 照片库中浏览并修复照片。各练习的最终效果及制作提示介绍如下。

练习一

① 将数码相机正确连接到电脑上，在数码相机界面中选择“连接到 PC”（根据数码相机显示进行选择）。

② 电脑开始检测并安装新硬件，安装完毕后将打开“自动播放”对话框。

③ 选择对话框中的“打开文件夹以查看文件”选项，打开数码相机存储卡窗口，在窗口中浏览所有图片。

④ 在窗口中选择要复制到电脑中的图片文件，按【Ctrl+C】组合键进行复制，如图 8-76 所示。

⑤ 打开电脑中的目标文件夹，在窗口空白处单击鼠标右键，在弹出的快捷菜单中选择“粘贴”命令，将所复制的图片粘贴到电脑中。

◆ 图 8-76

练习二

① 启动 Windows 照片库程序，单击窗口上方的“文件”按钮，在弹出的下拉菜单中选择“将文件夹添加到图库中”命令。

② 在打开的对话框中选择要导入到 Windows 照片库中图片所在的目录，单击“确定”按钮。

③ 用鼠标双击导入的图片，在窗口中查看完整的图片，通过下方的控制按钮，逐张浏览所有图片。

④ 单击窗口上方的“修复”按钮，显示出“修复”窗格，单击“自动调整”按钮对图片进行自动调整，如图 8-77 所示。

⑤ 调整完毕后单击“回到图库”按钮，保存所进行的调整并返回图库。

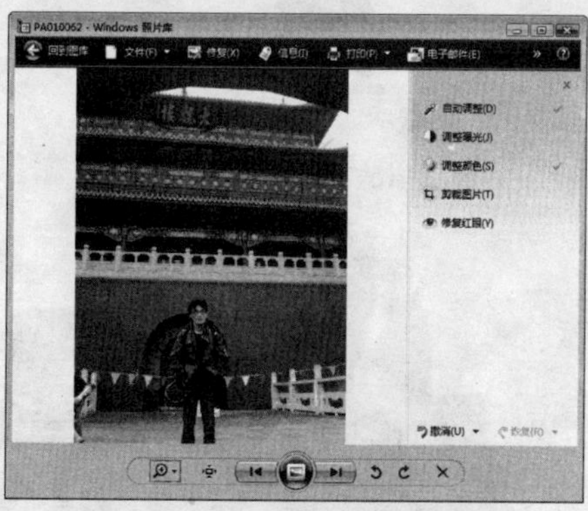

◆ 图 8-77

第 9 章 播放、制作音乐与电影

Windows Vista 提供了强大的影音媒体功能，用户可以方便地播放音乐与电影，并将音乐和电影刻录到光盘中。在 Windows Vista 中，可以使用系统自带的 Windows Media Player 播放器、Windows Movie Maker 电影制作工具以及全新的 DVD 刻录程序——Windows DVD maker 播放、制作音乐与电影。

9.1 运行与配置 Windows Media Player

在使用 Windows Media Player 之前，需要先启动它并认识它的窗口界面。此外，用户也可以根据需要设定合适的 Windows Media Player 外观界面。

9.1.1 启动 Windows Media Player

Windows Media Player 程序位于“开始”菜单中的“所有程序”列表中，在“开始”菜单中选择“所有程序”选项，弹出“所有程序”列表，在其中选择“Windows Media Player”命令，就可以启动 Windows Media Player 播放器，如图 9-1 所示。

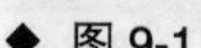

◆ 图 9-1

温馨小贴士

在任务栏的快速启动区域中单击 Windows Media Player 程序的快速启动按钮可快速启动 Windows Media Player 播放器。

9.1.2 配置 Windows Media Player

用户第一次启动 Windows Media Player 时，需要对 Windows Media Player 进行简单的配置。在配置时，可以保持默认设置，也可以自定义设置。

配置 Windows Media Player。

STEP 01. **选择选项。**在“开始”菜单中选择“所有程序/Windows Media Player”命令，打开如图 9-2 所示的对话框，选中“自定义设置”单选按钮，单击 下一步(N) 按钮。

STEP 02. **选择隐私选项。**在打开的“选择隐私选项”对话框中根据需要选择体验选项，这里保持默认设置，单击 下一步(N) 按钮，如图 9-3 所示。

STEP 03. **创建快捷方式。**在打开的“自定义安装选项”对话框中选中“在快速启动栏上添加快捷方式”复选框，然后单击 下一步(N) 按钮，如图 9-4 所示。

◆ 图 9-2　　◆ 图 9-3

STEP 04. **完成设置。**在打开的如图 9-5 所示的"选择默认的音乐或视频播放机"对话框中选中"将 Windows Media Player 设置为默认音乐和视频播放机"单选按钮，单击 完成(F) 按钮，结束对 Windows Media Player 的配置。配置完毕后，Windows Media Player 会自动启动。

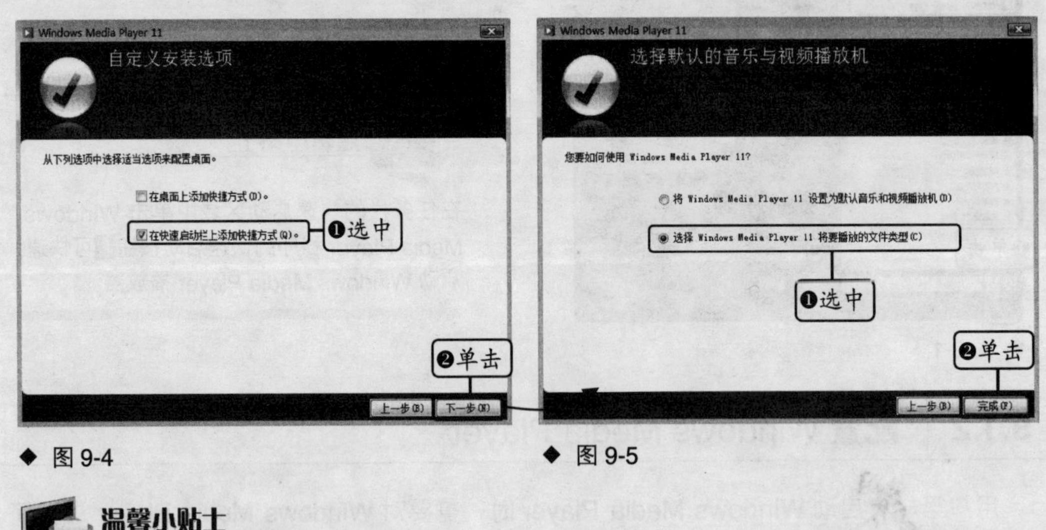

◆ 图 9-4　　◆ 图 9-5

温馨小贴士

对于普通电脑用户，一般无需自定义配置 Windows Media Player，只需在操作步骤中的第一个对话框中选中"快速设置"单选按钮，然后单击 完成(F) 按钮就可以结束配置。

9.1.3 认识 Windows Media Player 界面

在第一次启动时配置 Windows Media Player 后，以后只要选择"Windows Media Player"命令，就可以直接启动 Windows Media Player 了，启动后默认显示"媒体库"界面，如图 9-6 所示。Windows Media Player 提供了丰富的媒体功能，当使用某个功能

时，需要单击窗口上方对应的功能切换按钮，切换到相应的界面。

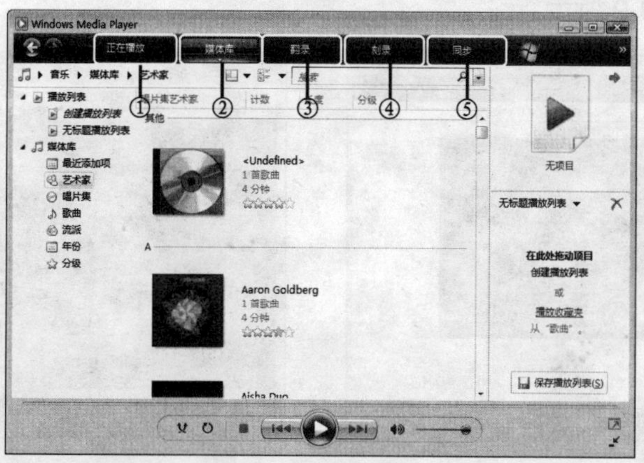

◆ 图 9-6

① **正在播放按钮** 正在播放 ：用于播放电脑中的音乐或视频文件，以及媒体光盘。

② **媒体库按钮** 媒体库 ：显示当前 Windows Media Player 中的所有媒体库与播放列表，用户也可自定义新的播放列表。

③ **翻录按钮** 翻录 ：用于将 CD 光盘中的 CD 曲目复制到媒体库中。

④ **刻录按钮** 刻录 ：用于将电脑中的音乐刻录到 CD 光盘中。

⑤ **同步按钮** 同步 ：用于将媒体库中的曲目与数码设备保持同步。

9.1.4　设定 Windows Media Player 外观界面

用户可以根据使用习惯自定义设置 Windows Media Player 的外观界面，包括更改外观、显示模式和在界面中显示菜单栏等。

外观界面的调整操作都是在“视图”菜单中进行的，在窗口右下角位置单击鼠标右键，在弹出的快捷菜单中的“视图”子菜单中进行选择即可，如图 9-7 所示。其中在常用命令后都标有对应的快捷键，要快速应用相应功能，可以不通过选择快捷菜单命令而直接按对应的快捷键。

◆ 图 9-7

- ☑ **选择外观**：在“视图”子菜单中选择“外观选择器”命令，将切换到如图 9-8 所示的外观选择界面，在左侧窗格中选择外观后，单击上方的 ✓应用外观(A) 按钮，可更改为所选外观。
- ☑ **切换外观**：在外观选择界面中选择外观后，在“视图”子菜单中选择“完整模式”

命令，可切换到默认外观；选择“外观模式”命令，可切换到在外观选择器中所选的外观，如图 9-9 所示。

◆ 图 9-8

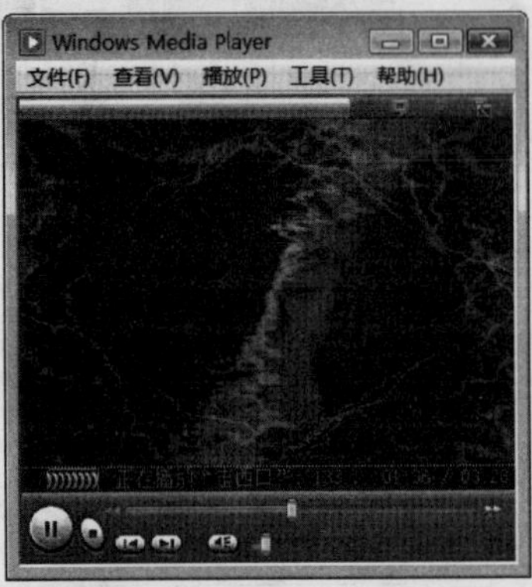

◆ 图 9-9

- **精简外观**：单击窗口右下角的“切换到最小模式”按钮，可以切换到精简外观，如图 9-10 所示。如果要返回完整外观，再次单击“回到完美模式”按钮即可。
- **显示菜单栏**：Windows Media Player 默认没有显示菜单栏，如果用户习惯使用菜单进行操作，只要在“视图”子菜单中选择“经典菜单”命令，即可在窗口中显示出菜单栏，如图 9-11 所示。利用菜单栏中的“查看菜单”项也可进行 Windows Media Player 外观的设置。

◆ 图 9-10

◆ 图 9-11

9.2 播放媒体文件

启动 Windows Media Player 后，就可以使用它来播放电脑中的音频和视频文件了。Windows Media Player 可以播放多种格式的媒体文件格式。

9.2.1 播放视频文件

Windows Media Player 可以播放多种格式的视频文件，播放过程中还可以调整视频窗口以及对播放进行控制。

使用 Windows Media Player 播放电脑中保存的视频文件。

STEP 01. **选择命令。**在 Windows Media Player 中显示出菜单栏，选择“文件/打开”命令，如图 9-12 所示。

STEP 02. **选择文件。**在打开的“打开”对话框中选择要播放的一个或多个视频文件，然后单击 打开(O) 按钮，如图 9-13 所示。

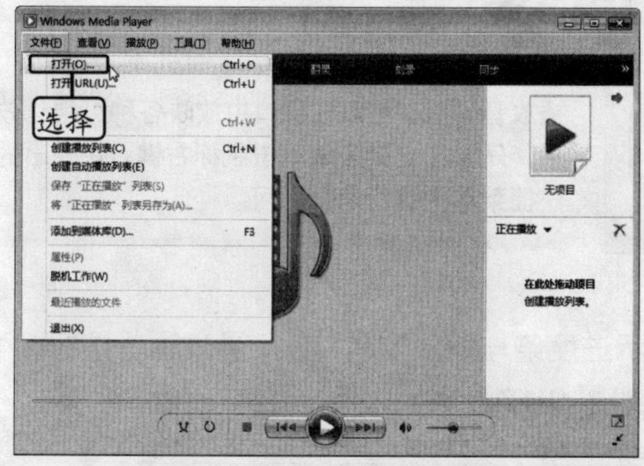

◆ 图 9-12

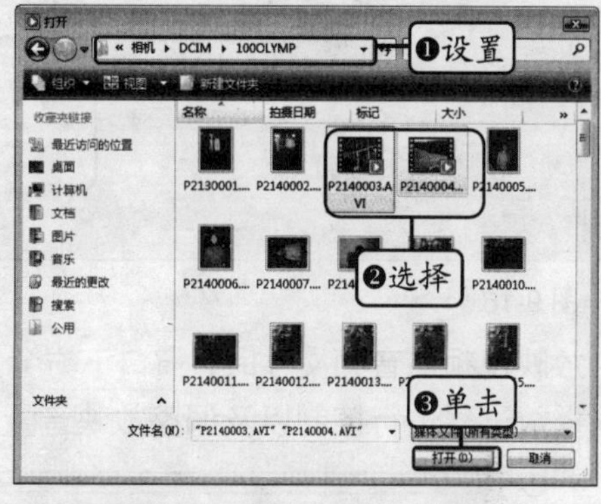

◆ 图 9-13

STEP 03. **播放视频。**在 Windows Media Player 中播放所选的视频文件，如果同时选择了多个视频文件，在右侧窗格中将显示播放列表，如图 9-14 所示，在列表中双击某个视频文件的项目，即可跳转播放对应的视频。

STEP 04. **调整视频大小。**在视频位置单击鼠标右键，在弹出的快捷菜单中可选择视频窗口的大小，如选择“全屏”选项，则全屏幕播放，如图 9-15 所示。

◆ 图 9-14

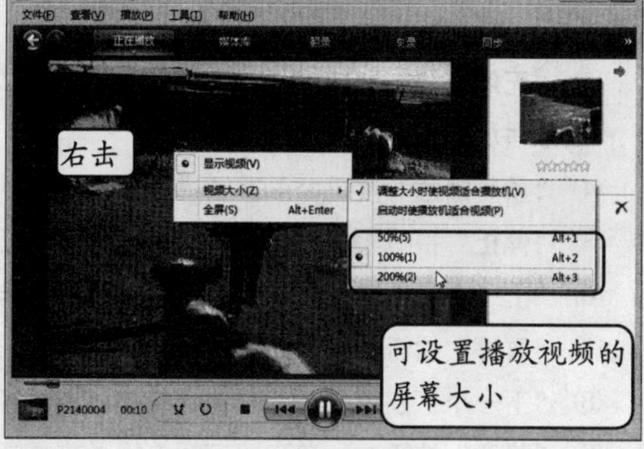

◆ 图 9-15

9.2.2 播放音乐

在 Windows Media Player 中播放音乐的方法与播放视频的方法基本相同。在菜单栏中选择“文件/打开”命令，在“打开”对话框中选择要播放的音乐文件，单击打开(O)按钮即可进行播放。如果选择了多个音乐文件，同样可在右侧窗格的播放列表中显示选择的播放曲目，如图 9-16 所示。

◆ 图 9-16

播放音乐时，可以在窗口中放映各种可视化效果，只要在窗口区域单击鼠标右键，在弹出的快捷菜单中进行选择即可。

放映视频与音频文件时，窗口下方会显示进度条与播放控制按钮，通过这些按钮，可以对播放过程进行控制以及调整放映音量，如图 9-17 所示。

◆ 图 9-17

① **播放进度条**：显示当前播放的进度，将鼠标指针指向进度条时，将显示进度滑块，拖动该滑块可调整播放进度。

② **媒体信息**：显示当前播放媒体的名称和时间，如播放音乐，则前方的图标显示为；如播放视频，则图标显示为视频缩略图。

③ **“无序播放”按钮**：单击该按钮可将播放列表中曲目的播放顺序设置为随机播放，而不再按照播放列表中的顺序进行播放。

④ **“重复播放”按钮**：重复播放当前曲目（视频）。

⑤ **“停止”按钮**：单击该按钮可停止播放正在播放的曲目（视频）。

⑥ **“上一个”按钮**：单击该按钮可播放当前播放列表中的上一个曲目（上一段视频）。

⑦ **“暂停”按钮**：暂停播放，暂停后该按钮将变为“播放”按钮，再次单击可以恢复播放。

⑧ **“下一个”按钮**：单击该按钮可播放当前播放列表中的下一个曲目（下一段视频）。

⑨ **“静音”按钮**：单击该按钮关闭播放声音，此时按钮将变为，再次单击可以恢复声音。

⑩ **“音量”滑块**：拖动“音量”滑块可调整当前播放音量的高低。

9.2.3 播放 CD 音乐

CD 光盘中的曲目也可以通过 Windows Media Player 进行播放。将 CD 放入光驱后，将打开如图 9-18 所示的“自动播放”对话框，选择“自动播放”选项即可启动 Windows Media Player 进行播放。在 Windows Media Player 中选择“播放/DVD、VCD 或 CD 音频”命令也可播放 CD 曲目，如图 9-19 所示。

◆ 图 9-18

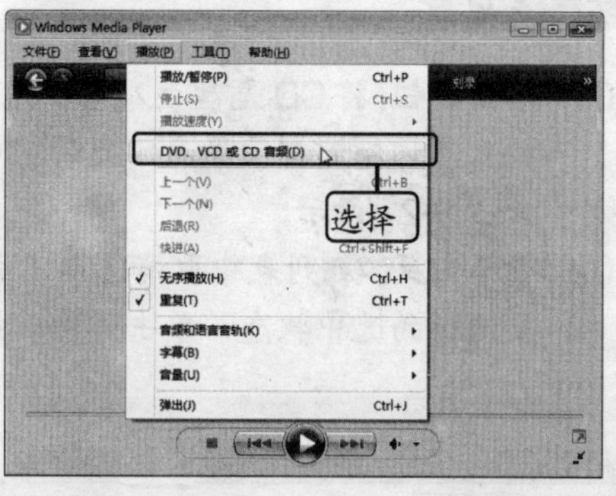

◆ 图 9-19

CD 音乐的播放方式与播放电脑中的音乐文件相同，在播放过程中可在播放列表中选择要播放的曲目，以及通过下方的控制按钮控制播放，如图 9-20 所示。

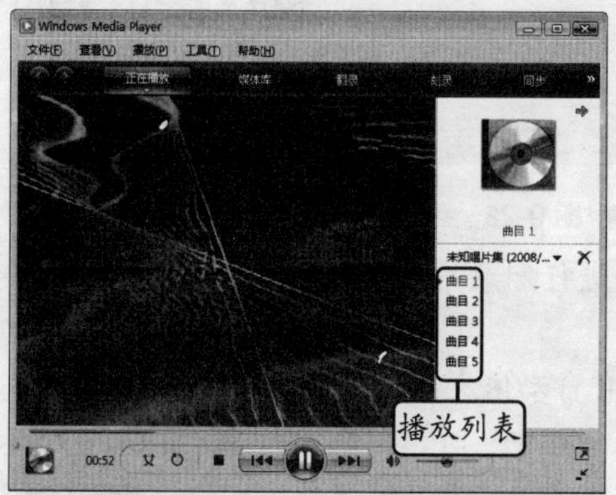

◆ 图 9-20

温馨小贴士

将 CD 光盘放入光驱后，打开“计算机”窗口并双击光驱图标，将自动启动 Windows Media Player 播放 CD 曲目。

9.3 翻录与刻录 CD

通过 Windows Media Player，用户可以方便地将音频 CD 光盘中的曲目翻录到电脑中，也可以将电脑中的歌曲刻录到 CD 光盘中。在翻录与刻录过程中，Windows Media Player 会自动转换曲目的格式，用户只需要选择曲目就可以完成。

9.3.1 翻录 CD 曲目

通过复制文件的方法将CD中的曲目复制到电脑中时，仅仅是复制了曲目的快捷方式，而不是 CD 曲目。因为 CD 曲目是以轨道方式刻录在光盘中的，无法直接进行复制，这时可以通过 Windows Media Player 提供的翻录功能进行翻录。

将 CD 光盘中的曲目翻录到电脑中。

STEP 01. **单击按钮。**将 CD 光盘放入电脑光驱中，在 Windows Media Player 中单击翻录按钮，切换到翻录界面，此时窗口中将以列表显示出 CD 光盘中的所有曲目，如图 9-21 所示。

STEP 02. **选择曲目。**在列表中取消选中不进行翻录的曲目前的复选框，保留要翻录曲目复选框的选中状态，单击开始翻录(S)按钮，如图 9-22 所示。

◆ 图 9-21

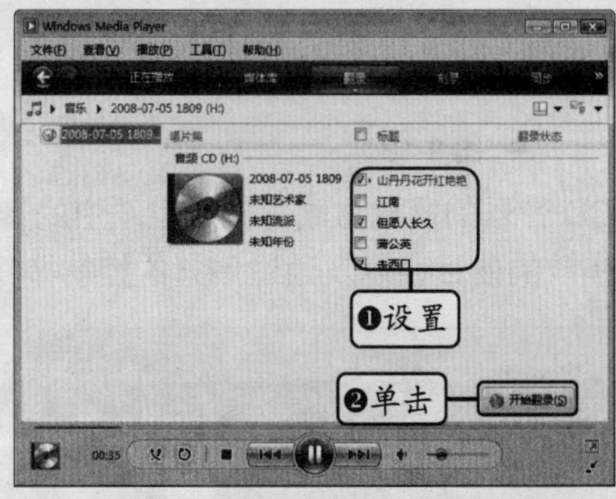

◆ 图 9-22

STEP 03. **翻录曲目。**程序将从第一首曲目开始进行翻录并在“翻录状态”栏中显示翻录进度，如图 9-23 所示。

STEP 04. **翻录完成。**第一首曲目翻录完毕后，会自动依次翻录其他曲目，当“翻录状态”栏中的所有曲目都提示“已翻录到媒体库中”时，翻录完成，如图 9-24 所示。

◆ 图 9-23

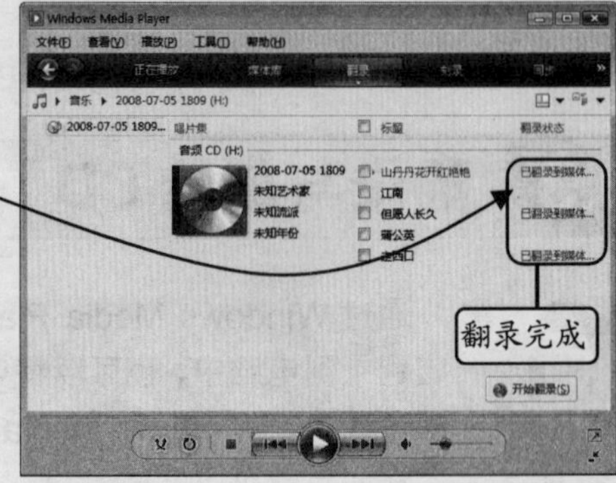

◆ 图 9-24

专家会诊台

Q：翻录后的音乐文件保存在电脑的什么位置?

A：通过 Windows Media Player 从 CD 中翻录的文件，默认保存在“用户的文档”文件夹中的“音乐”文件夹中。

9.3.2　刻录音乐 CD

通过 Windows Media Player 还可以制作音乐 CD，即将电脑中的音乐文件以轨道方式刻录到 CD 光盘中，刻录过程中会自动将音乐文件转换为 CD 音频格式。

将电脑中的音乐文件刻录到音频 CD 中。

STEP 01. **选择音乐。**在 Windows Media Player 中播放要刻录的曲目，如图 9-25 所示。

STEP 02. **单击按钮。**将空白 CD 光盘放入电脑光驱中，在 Windows Media Player 中单击刻录按钮，切换到刻录界面，如图 9-26 所示。

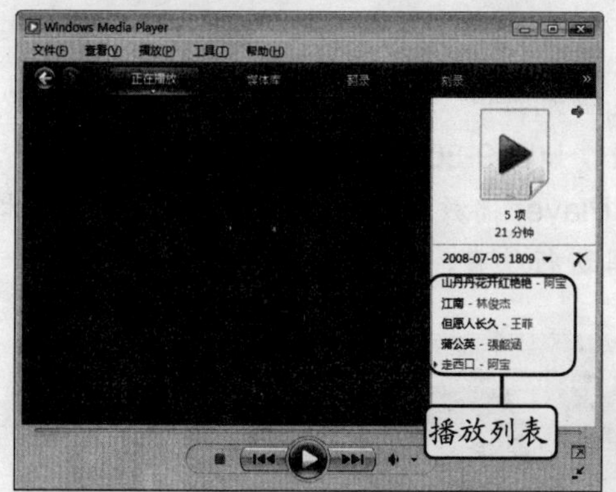

◆ 图 9-25

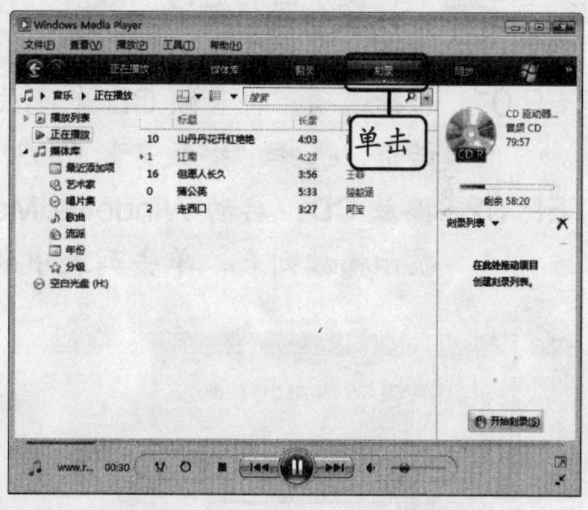

◆ 图 9-26

STEP 03. **添加曲目。**通过鼠标将中间窗格中需要刻录的歌曲拖动到窗口右侧的“刻录列表”中，单击刻录列表下方的开始刻录按钮，如图 9-27 所示。

STEP 04. **开始刻录。**程序将从列表第一首曲目开始将刻录列表中的音乐文件刻录到 CD 中，同时显示每首曲目的刻录进度，如图 9-28 所示。

STEP 05. **刻录完毕。**当列表中的所有曲目刻录完毕后，光驱将自动弹出，并且

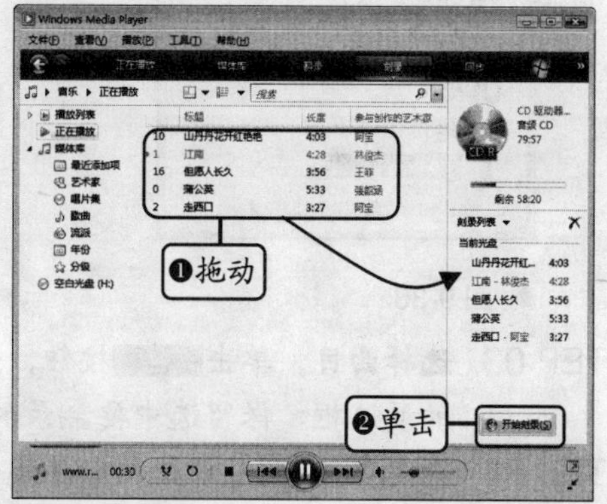

◆ 图 9-27

在 Windows Media Player 中曲目的刻录状态均显示“完成”，如图 9-29 所示。

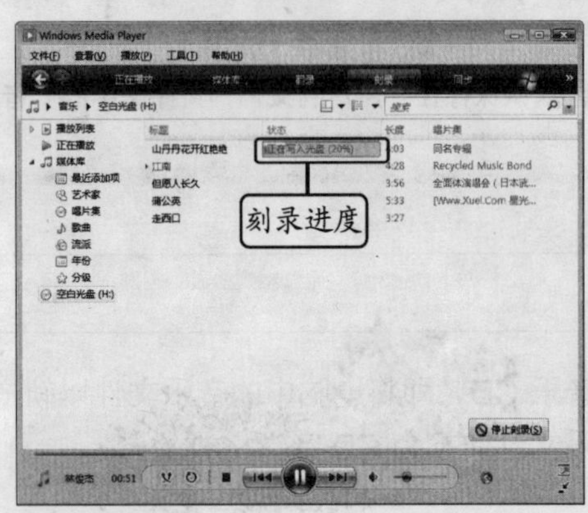

◆ 图 9-28

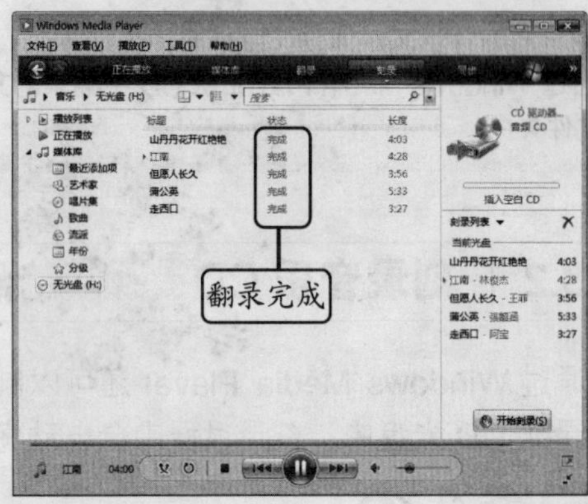

◆ 图 9-29

9.3.3 应用实例——播放 CD 歌曲并翻录到电脑中

本实例将使用 Windows Media Player 播放音频 CD 中的曲目，并将自己喜欢的曲目翻录到电脑中，便于日后进行播放。

其具体操作步骤如下。

STEP 01. **选择选项。**将音频 CD 光盘放入电脑光驱中，稍等片刻将打开“自动播放”对话框，选择“播放音频 CD”选项，如图 9-30 所示。

STEP 02. **播放 CD。**启动 Windows Media Player 播放 CD 中的曲目，并在右侧窗格中显示播放列表，单击列表中的曲目进行欣赏，如图 9-31 所示。

◆ 图 9-30

◆ 图 9-31

STEP 03. **选择曲目。**单击翻录按钮，切换到翻录界面，取消选中不进行翻录的歌曲前的复选框，保留选中要翻录的歌曲，然后单击开始翻录(S)按钮，如图 9-32 所示。

STEP 04. **翻录曲目。**程序开始按顺序逐个翻录 CD 曲目并显示翻录进度，如图 9-33 所示。

STEP 05. **翻录完毕。**当“翻录状态”栏中的所有曲目都提示“已翻录到媒体库中”时，

即表示翻录已经完成，如图 9-34 所示。

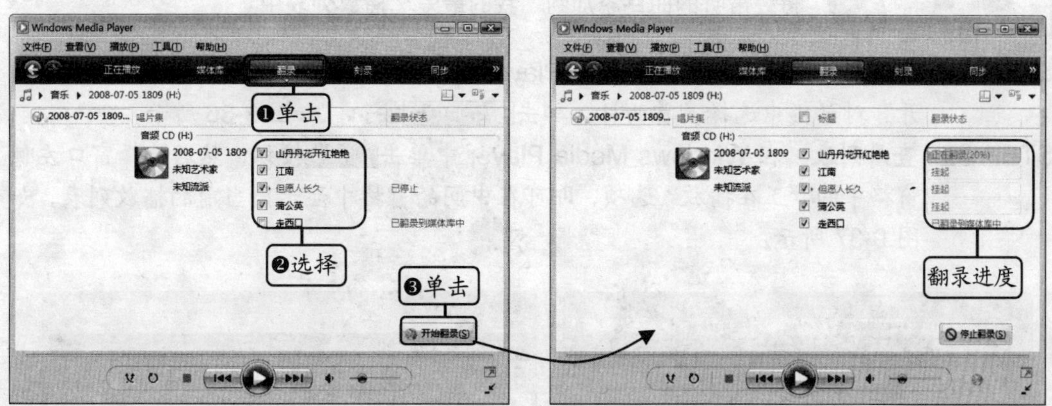

◆ 图 9-32　　◆ 图 9-33

STEP 06. **查看曲目。**在“开始”菜单中选择“音乐”选项，在打开的“音乐”窗口中即可查看翻录的歌曲了，如图 9-35 所示。

◆ 图 9-34　　◆ 图 9-35

9.4 Windows Media Player 媒体库

Windows Media Player 媒体库用于集合与管理电脑中的音频与视频媒体。用户可以根据自己的需要来创建播放列表，在 Windows Media Player 中添加媒体文件后，媒体库会根据媒体文件的信息自动对文件进行分类。

9.4.1 创建播放列表

可以将经常听的曲目创建为 Windows Media Player 播放列表，这样以后播放时，只要选择播放列表即可，无需再逐个选择歌曲。

新手练兵场 将经常听的曲目添加到“我的最爱”播放列表中。

STEP 01. **选择文件。**在 Windows Media Player 中选择“文件/打开”命令，在打开的“打开”对话框中选择多首曲目，单击 打开(O) 按钮，如图 9-36 所示。

STEP 02. **查看列表。**在 Windows Media Player 中单击 媒体库 按钮，然后选择窗口左侧窗格中的“正在播放”选项，即可在中间的窗格中显示出当前的播放列表，如图 9-37 所示。

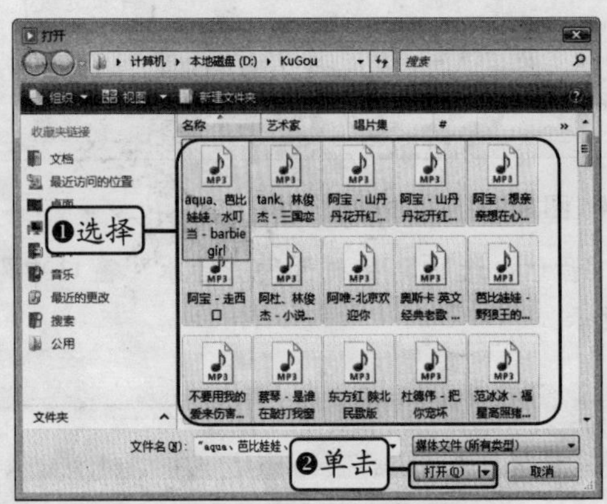

◆ 图 9-36

◆ 图 9-37

STEP 03. **选择选项。**单击左侧窗格中“播放列表”选项前的◢按钮展开列表，选择“创建播放列表”选项，如图 9-38 所示。

STEP 04. **输入文本。**此时“创建播放列表”选项变为可编辑状态，输入新的名称“我的最爱”，单击窗口空白位置，创建名为“我的最爱”的播放列表，如图 9-39 所示。

◆ 图 9-38

◆ 图 9-39

STEP 05. **添加曲目。**创建播放列表后，右侧窗格中即显示新建的播放列表，通过鼠标将中间窗格中显示的曲目拖动到右侧窗格中，就可以将曲目添加到播放列表中，如图 9-40 所示。

STEP 06. **单击按钮。** 按照同样的方法，在播放列表中添加多首自己喜欢的曲目，最后单击 保存播放列表(S) 按钮，如图 9-41 所示。

◆ 图 9-40　　◆ 图 9-41

STEP 07. **播放曲目。** 创建并保存播放列表后，如果要播放该列表中的曲目，只要用鼠标双击左侧窗格中的播放列表名称"我的最爱"即可。

9.4.2 将媒体添加到媒体库

用户可以将电脑中的媒体文件全部添加到媒体库中。Windows Media Player 会根据添加的媒体文件的信息自动进行分类，并且以后将自动监视指定文件夹，当文件夹中媒体文件发生变更时，媒体库也会自动进行更新。

将电脑中的媒体文件导入到媒体库中。

STEP 01. **选择命令。** 在 Windows Media Player 中单击 媒体库 按钮，在弹出的下拉菜单中选择"添加到媒体库"命令，如图 9-42 所示。

STEP 02. **单击按钮。** 打开"添加到媒体库"对话框，选中"我的文件夹以及我可以访问的其他用户的文件夹"单选按钮，然后单击 高级选项(D) >> 按钮，如图 9-43 所示。

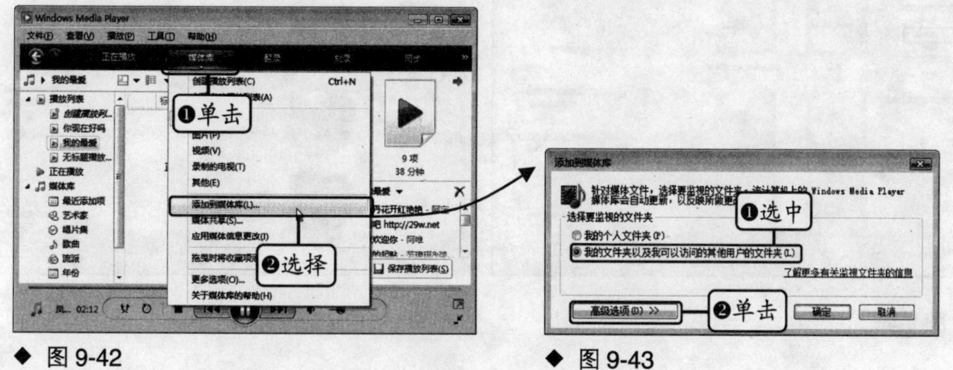

◆ 图 9-42　　◆ 图 9-43

STEP 03. **设置选项。**在展开的对话框中单击添加(A)...按钮，在打开的对话框中添加要监视的媒体文件夹，完成后单击确定按钮。在右侧的数值框中设置音频文件与视频文件的添加条件，最后单击确定按钮，如图 9-44 所示。

STEP 04. **添加媒体。**程序开始将设置的文件夹中的媒体添加到媒体库中，并打开“通过搜索计算机添加媒体库”对话框显示搜索进度，如图 9-45 所示。搜索完毕后，单击关闭按钮即可。

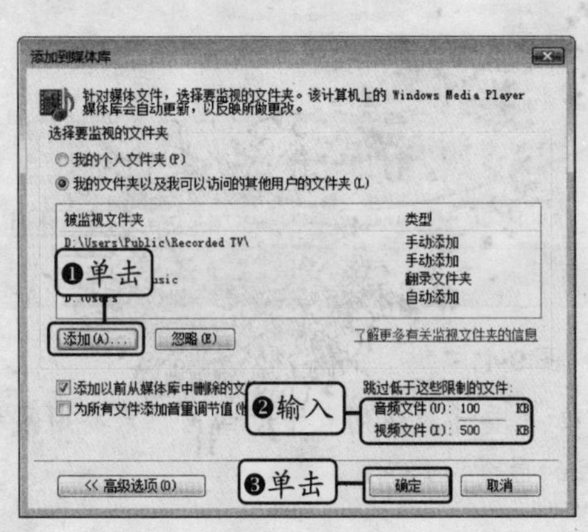

◆ 图 9-44

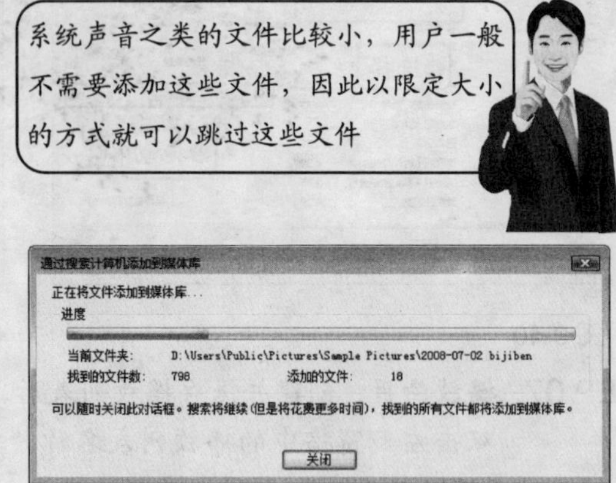

◆ 图 9-45

9.4.3 浏览媒体库

在媒体库中，可以根据曲目信息以不同的分类方式浏览媒体文件。在 Windows Media Player 左侧窗格中的“媒体库”选项下分类显示了媒体的不同信息，选择某个选项，即可在窗口中按对应的方式显示媒体文件。如选择“唱片集”选项，Windows Media Player 就会按照媒体文件信息中的“唱片”来显示媒体文件，如图 9-46 所示；如选择“年份”选项，则按照媒体的年份来分类显示，如图 9-47 所示。

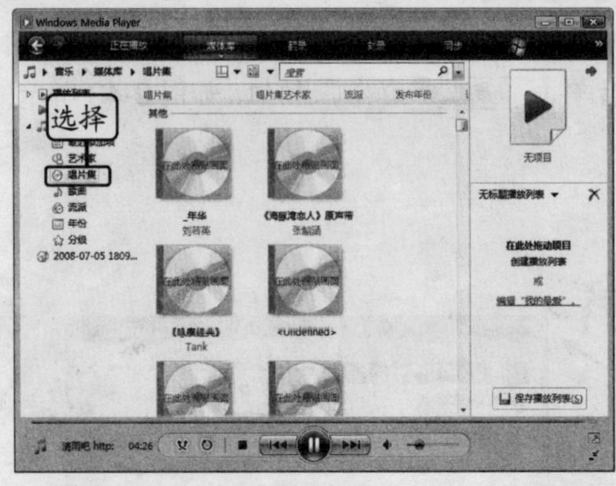

◆ 图 9-46

◆ 图 9-47

9.4.4　标记媒体信息

浏览媒体库时，可以按照“艺术家”、“唱片集”、“流派”、“年份”等媒体信息进行分类浏览。但在一些媒体文件中这些信息可能并不完整，或者存在错误的信息，导致 Windows Media Player 无法有效地对这些媒体文件进行分类。此时用户就需要自己标记媒体文件的信息。

标记指定曲目的媒体信息。

STEP 01. **选择命令。**在要重新标记媒体信息的曲目上单击鼠标右键，在弹出的快捷菜单中选择“高级标记编辑器”命令，如图 9-48 所示。

STEP 02. **设置曲目信息。**在打开的“高级标记编辑器”对话框中单击“曲目信息”选项卡，在其中设置曲目相关信息，如图 9-49 所示。

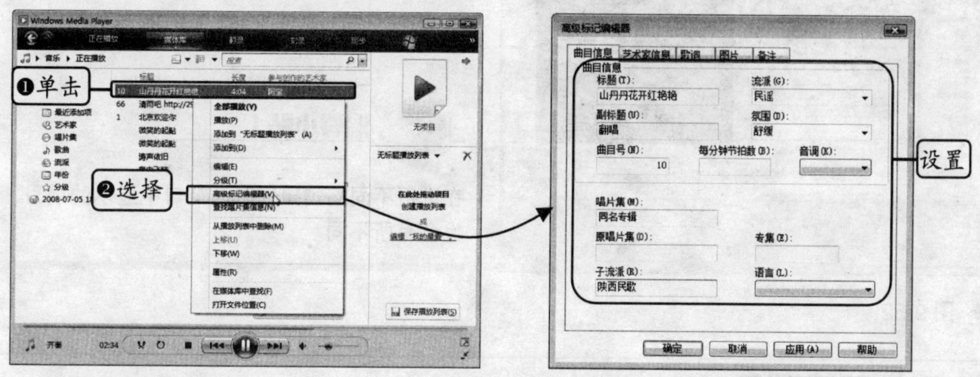

◆ 图 9-48

◆ 图 9-49

STEP 03. **设置艺术家信息。**单击“艺术家信息”选项卡，在其中添加“艺术家”、“词作者”和“曲作者”等信息，如图 9-50 所示。

STEP 04. **添加图片。**单击“图片”选项卡，然后单击 添加(D)... 按钮，在打开的对话框中为媒体文件添加图片，添加完毕后，单击 确定 按钮，如图 9-51 所示。

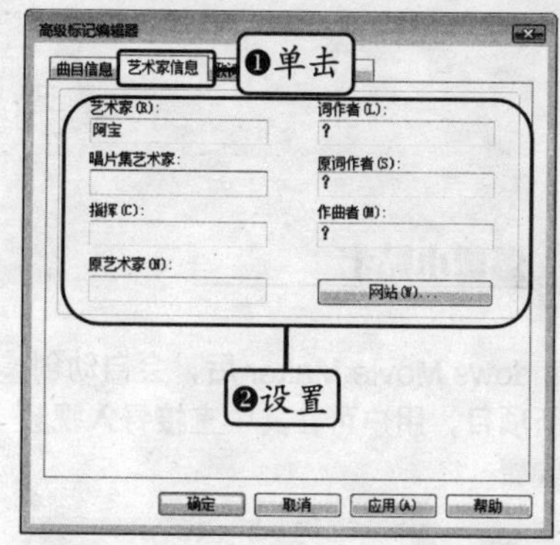

◆ 图 9-50

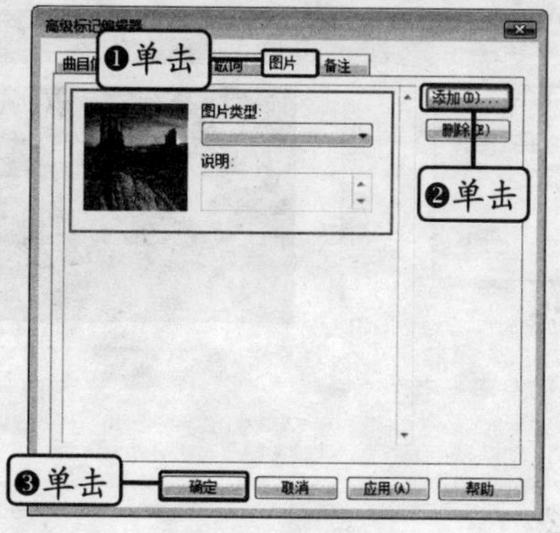

◆ 图 9-51

9.5 Windows Movie Maker 基本操作

Windows Movie Maker 是 Windows Vista 内置的一款视频编辑与制作工具，使用 Windows Movie Maker 可以对电脑中的视频文件进行各种编辑与处理，也可以从摄像机中导入视频进行编辑，从而制作属于自己的电影。

9.5.1 Windows Movie Maker 窗口界面

在“开始”菜单的“所有程序”列表中选择“Windows Movie Maker”命令，即可启动 Windows Movie Maker，其界面如图 9-52 所示。

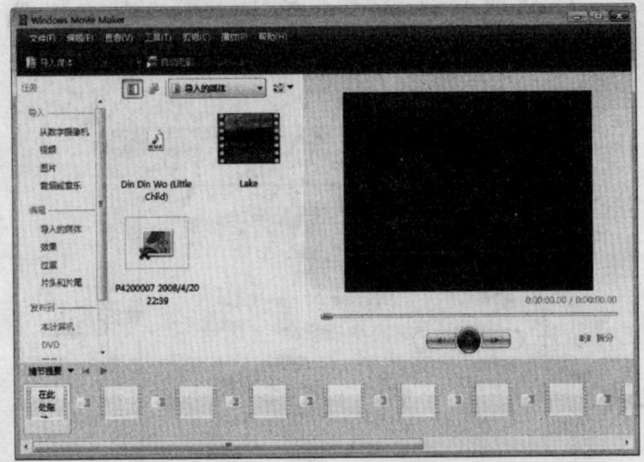

◆ 图 9-52

温馨小贴士

在进行不同编辑操作时，窗口中显示的项目也会有所不同。

9.5.2 新建项目

在 Windows Movie Maker 中，被编辑视频内容的载体称为“项目”，用户在编辑与制作视频前，需要先新建一个项目。新建项目的方法很简单，只要选择“文件/新建项目”命令即可，如图 9-53 所示。

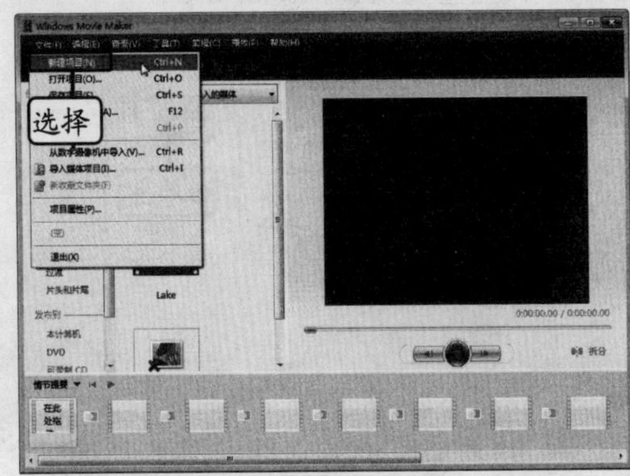

◆ 图 9-53

温馨小贴士

启动 Windows Movie Maker 后，会自动创建一个新项目，用户可在其中直接导入视频并进行编辑。

9.5.3　打开项目

对于已经保存的视频项目，可以在 Windows Movie Maker 中重新打开进行编辑。选择“文件/打开项目”命令，在打开的如图 9-54 所示的“打开项目”对话框中选择视频项目后，单击打开(O)按钮即可。打开后，视频播放窗口中将显示项目的截图，如图 9-55 所示。

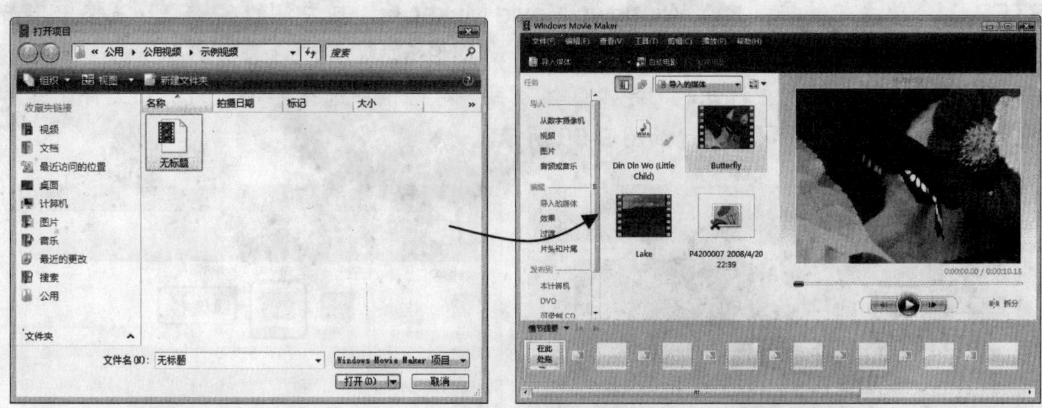

◆ 图 9-54　　◆ 图 9-55

9.5.4　保存项目

对视频项目进行编辑与处理后，可以将其保存到电脑中，选择“文件/保存项目”命令，在打开的如图 9-56 所示的“将项目另存为”对话框中设定保存名称后，单击保存(S)按钮即可。如果要自定义项目的保存位置，则需单击浏览文件夹(B)按钮，展开文件列表框，然后在其中进行选择。

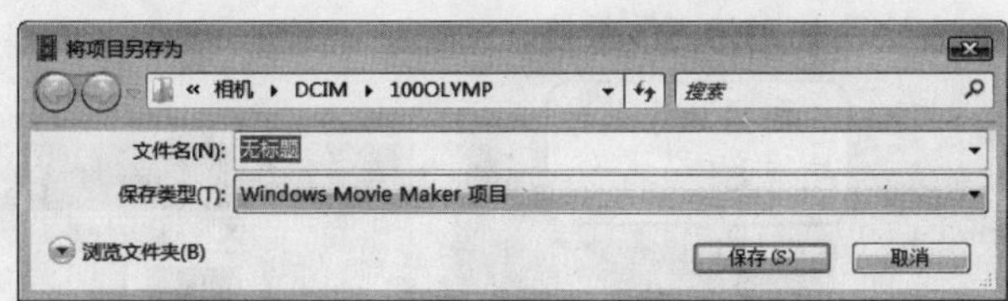

◆ 图 9-56

9.6　导入媒体

在 Windows Movie Maker 中建立视频项目后，就可以将电脑中的媒体导入到项目中进行制作，在 Windows Movie Maker 中可以导入视频、图像和音频媒体，还可以直接从数码摄像机中导入拍摄的视频内容。

9.6.1 导入视频

通过导入视频可以将多段视频导入到项目中进行编辑，从而制作出自己的电影。

新手练兵场 将电脑中的多个视频文件导入到 Windows Movie Maker 中。

STEP 01. **单击超链接。**启动 Windows Movie Maker 后，在左侧的“任务”窗格中单击“导入”栏中的“视频”超链接，如图 9-57 所示。

STEP 02. **选择文件。**在打开的“导入媒体项目”对话框中选择要导入的视频文件，然后单击导入(M)按钮，如图 9-58 所示。

◆ 图 9-57　　◆ 图 9-58

STEP 03. **导入视频。**将所选视频导入到 Windows Movie Maker 中，视频播放窗口中将显示项目的截图，单击下方的“播放”按钮，播放导入的视频，如图 9-59 所示。

STEP 04. **继续导入。**按照同样的方法，将其他视频文件导入到 Windows Movie Maker，导入后的效果如图 9-60 所示。

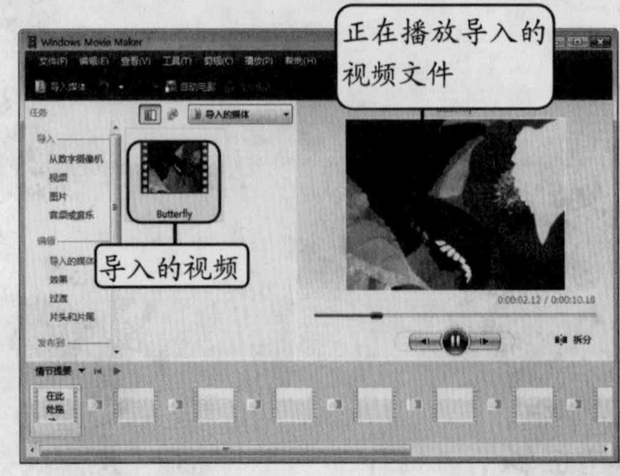

◆ 图 9-59

◆ 图 9-60

9.6.2 导入图片与音频

Windows Movie Maker 允许在视频项目中添加图片与音频文件，图片多用于制作视频项目的封面，或配合视频内容使用；音频则多用于作为视频的背景音乐。其导入方法与导入视频基本相同，单击“导入”栏中的“图片”或“音频或音乐”超链接，在打开的“导入媒体项目”对话框中选择图片或音频文件后，单击导入(M)按钮即可。如图 9-61 和图 9-62 所示分别为导入图片与音频后的效果。

◆ 图 9-61

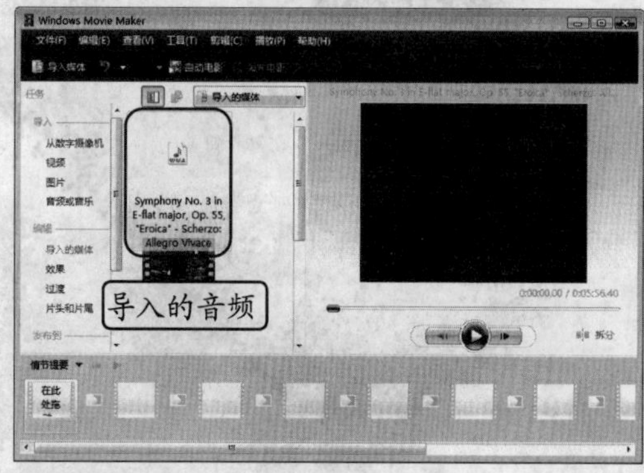

◆ 图 9-62

9.6.3 从摄像机中导入媒体

对于使用摄像机拍摄的视频，可以直接导入到 Windows Movie Maker 中进行编辑与处理。导入之前，需要将摄像机正确连接到电脑，然后单击“导入”栏中的“从数字摄像机”超链接，连接摄像机就可导入视频了。

9.7 使用剪辑

在 Windows Movie Maker 中导入视频文件后，可以将其创建为剪辑，从而方便管理与调整视频片段，还可以根据制作需求对剪辑进行拆分和合并处理。

9.7.1 创建剪辑

导入视频文件后，可以根据需要将单个视频创建为多个更小、更易管理的剪辑，方便日后处理项目。Windows Movie Maker 会根据剪辑的来源采用不同的方式创建剪辑。

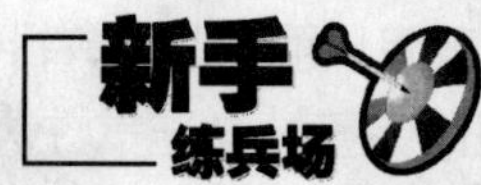

将导入的视频文件创建为多个剪辑。

STEP 01. **选择命令。**在 Windows Movie Maker 中导入视频文件，在“导入的媒体”窗格中的媒体文件图标上单击鼠标右键，在弹出的快捷菜单中选择“创建剪辑”命令，如图 9-63 所示。

STEP 02. **创建剪辑。**程序开始创建剪辑，同时打开“正在创建剪辑”对话框显示创建进度，如图 9-64 所示。

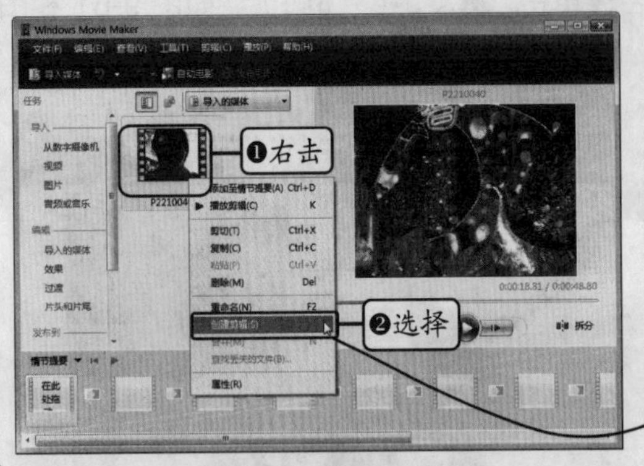

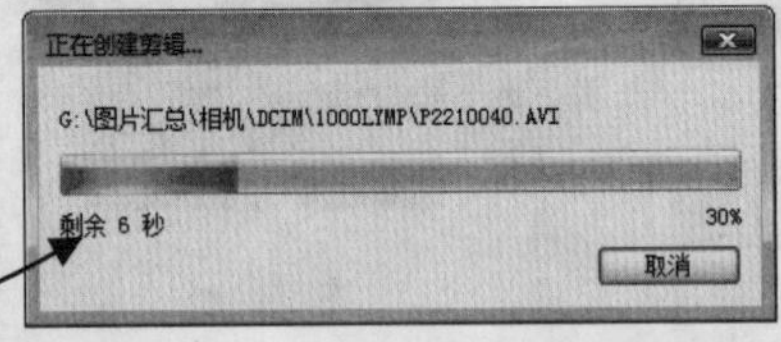

◆ 图 9-63

◆ 图 9-64

STEP 03. **创建完毕。**剪辑创建完毕，可以看到“导入的媒体”窗格中将原视频文件分割为多个视频剪辑，如图 9-65 所示。

温馨小贴士

创建剪辑多用于为一段视频应用不同的放映效果，或在视频中添加过渡效果。还可以为剪辑应用不同的片头、片尾等。即通过剪辑，可以把一段视频分割为多段视频来编辑。

◆ 图 9-65

9.7.2 拆分与合并剪辑

导入视频或创建剪辑后，用户可以根据制作需要将多段剪辑合并为一段剪辑，或将一段视频或剪辑拆分为多段剪辑。

1. 拆分剪辑

拆分剪辑是将当前视频或视频剪辑拆分为多段剪辑，与创建剪辑不同，通过拆分剪辑功能，用户可以自定义选择各个剪辑的拆分位置，从而保证各个剪辑的完整性与连贯性。

拆分剪辑时，需要先放映视频，以方便在放映中控制拆分位置。

将导入的视频拆分为多段剪辑。

STEP 01. **播放视频。**选择导入到 Windows Movie Maker 中的视频文件，单击视频播放窗口中的“播放”按钮播放视频，如图 9-66 所示。

STEP 02. **单击按钮。**当放映到要拆分的位置时，单击“暂停”按钮暂停放映，单击右侧的“拆分”按钮，如图 9-67 所示。

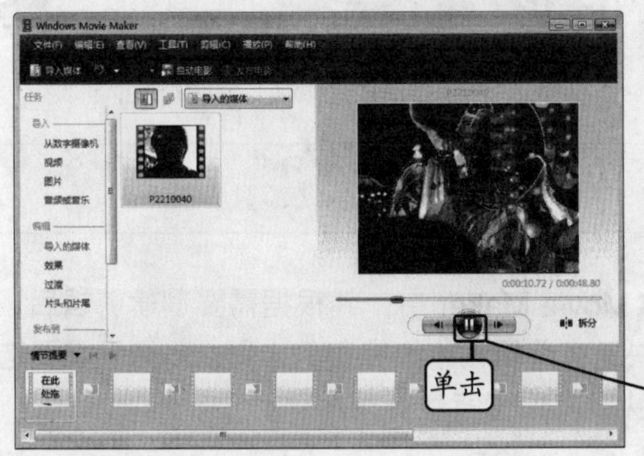

◆ 图 9-66

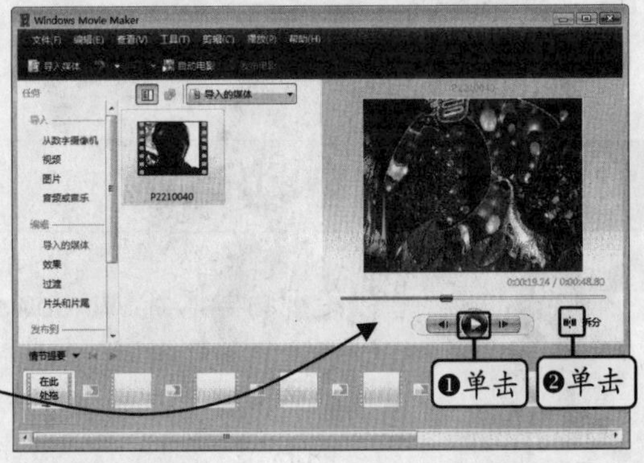

◆ 图 9-67

STEP 03. **查看拆分的剪辑。**程序将视频文件拆分为两段剪辑，拆分后的剪辑将单独显示在“导入的媒体”窗格中，如图 9-68 所示。

STEP 04. **继续拆分。**放映第 2 段剪辑，按照相同的方法拆分其他剪辑，如图 9-69 所示。

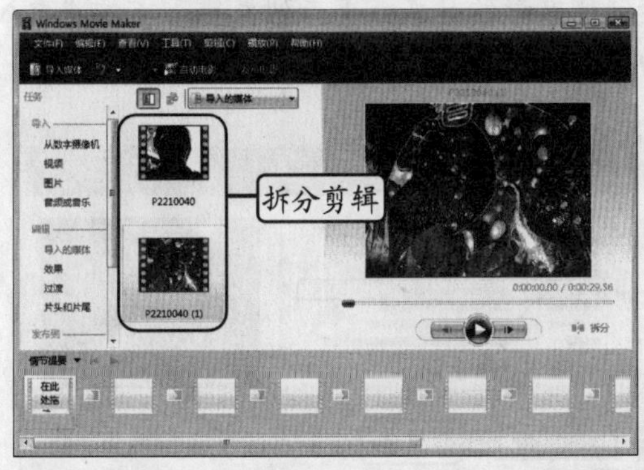

◆ 图 9-68

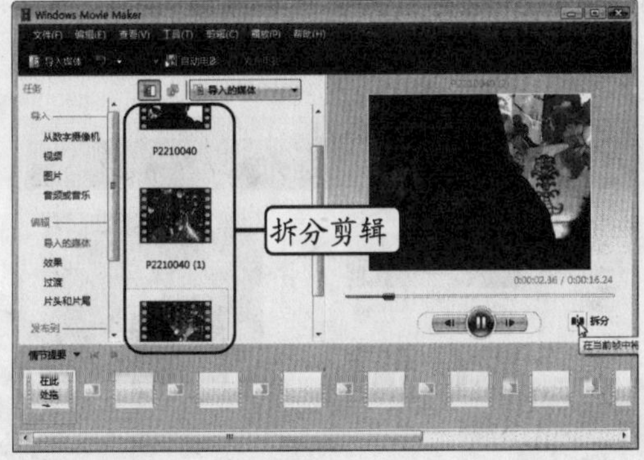

◆ 图 9-69

2. 合并剪辑

与拆分剪辑相反，合并剪辑则是将多段剪辑合并为一段剪辑。合并剪辑时，只能合并连续的剪辑。要合并剪辑，只要在“导入的媒体”窗格中选择连续的多段剪辑，单击鼠标右键，在弹出的快捷菜单中选择“合并”命令即可，如图 9-70 所示。

快学快用

◆ 图 9-70

温馨小贴士

通过合并剪辑功能，可以在创建或拆分剪辑后，将所有剪辑再合并还原为一段剪辑。

9.8 制作自动电影

将多段视频导入到 Windows Movie Maker 中，并根据需要创建剪辑后，可以通过"自动电影"功能快速将剪辑创建为完整的电影。用户只需要选择电影的效果、添加电影片头以及设置背景音乐即可。

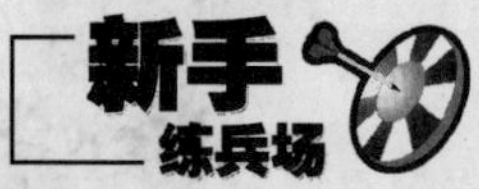

将视频剪辑创建为自动电影。

STEP 01. **单击按钮。**将视频文件导入到 Windows Movie Maker 中，根据需要创建剪辑后，单击窗口上方的自动电影按钮，如图 9-71 所示。

STEP 02. **选择样式。**在显示出的界面中选择创建电影的样式，单击列表框下方的"输入电影的片头文本"超链接，如图 9-72 所示。

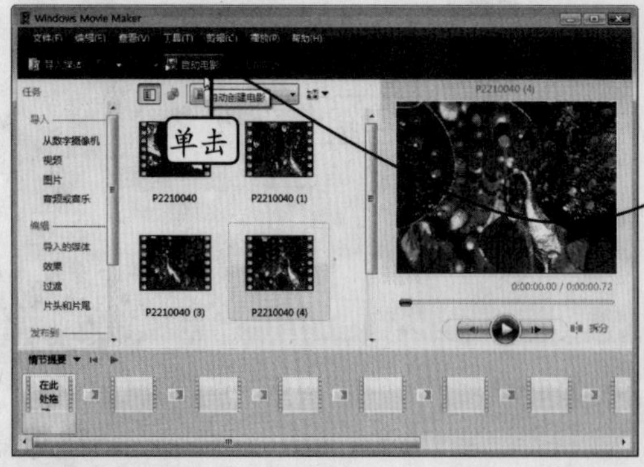

◆ 图 9-71

◆ 图 9-72

STEP 03. **输入片头。**在打开的界面中的文本框中输入片头文本，单击"选择音频或背景音乐"超链接，如图 9-73 所示。

STEP 04. **设置音频。**在打开的界面中单击"音频和音乐文件"下拉列表框右侧的"浏览"

超链接，在打开的对话框中选择电影的背景音乐。拖动“音频级别”栏中的滑块调整音频的音量，然后单击创建自动电影按钮，如图 9-74 所示。

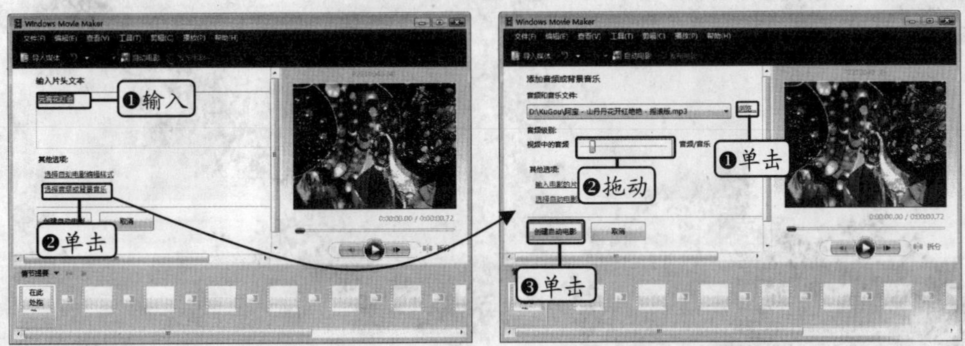

◆ 图 9-73　　◆ 图 9-74

STEP 05. **开始创建电影。**程序开始创建电影，同时打开如图 9-75 所示的“正在创建自动电影”对话框显示创建进度。

STEP 06. **创建完毕。**创建完毕后，单击播放窗口中的“播放”按钮，即可放映自动创建的电影了，效果如图 9-76 所示。

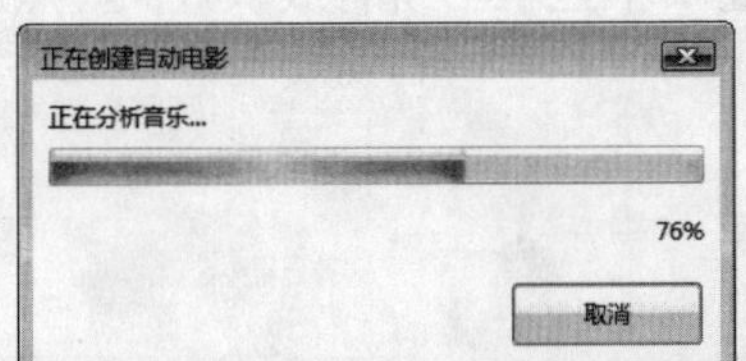

◆ 图 9-75

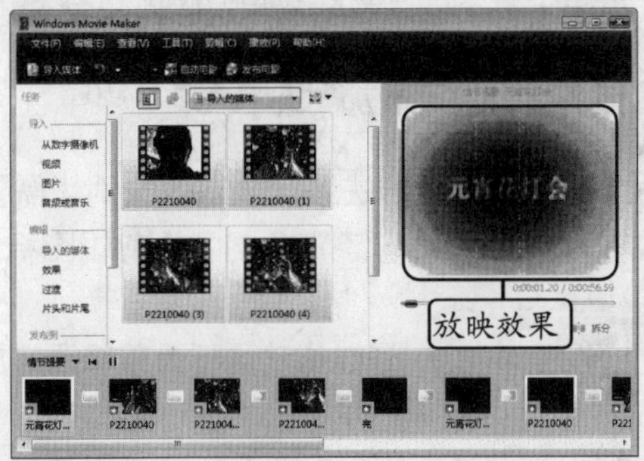

◆ 图 9-76

9.9 自制电影

将视频导入到 Windows Movie Maker 后，用户可自定义设计剪辑顺序、放映效果和剪辑过渡等，从而制作出个性化的电影。

9.9.1 添加剪辑到情节提要

情节提要相当于电影的时间轴，将多段视频剪辑制作为完整电影时，需要先将剪辑添加到 Windows Movie Maker 情节提要中。情节提要显示在 Windows Movie Maker 窗口的最下方，每一个位置可放置一段视频，添加剪辑到情节提要时，只要将剪辑拖动到情节

提要中即可，添加后的情节提要位置将显示对应的剪辑缩略图，如图 9-77 和图 9-78 所示。

◆ 图 9-77

◆ 图 9-78

9.9.2 设置放映效果

Windows Movie Maker 中提供了多种影片放映效果，将剪辑添加到情节提要后，即可为各个剪辑设置不同的放映效果。下面将分别讲解为自制的电影添加放映效果的两种方法。

1. 通过拖动鼠标添加放映效果

通过拖动鼠标的方法添加放映效果时，需要先在窗口中显示出所有放映效果，然后将一种或多种效果拖动到情节提要中的剪辑图标上。

通过拖动鼠标为剪辑添加放映效果。

STEP 01. **单击超链接。**单击左侧窗格中“编辑”栏中的“效果”超链接，在窗口中显示出所有放映效果，如图 9-79 所示。

STEP 02. **拖动项目。**在列表中选择要应用的放映效果后，用鼠标将效果拖动到情节提要中指定的剪辑图标上，如图 9-80 所示。

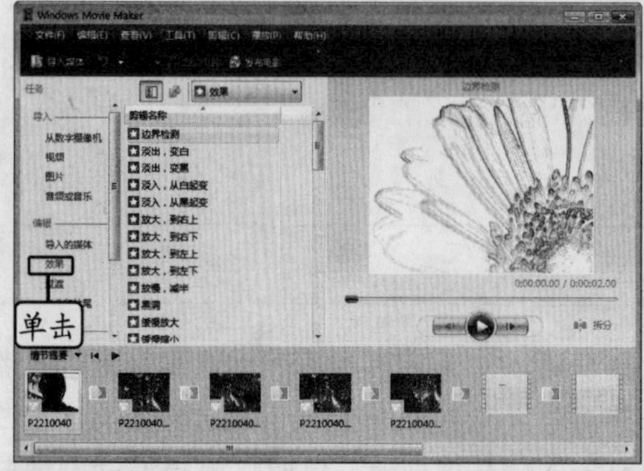

◆ 图 9-79

◆ 图 9-80

STEP 03. **添加放映效果。**释放鼠标，情节提要中的剪辑缩略图左下角将显示标记，表示该剪辑已添加了放映效果。选择该剪辑后，单击播放窗口中的“播放”按钮，放映最终效果，如图 9-81 所示。

STEP 04. **删除效果。**如果对添加的放映效果不满意，可以在剪辑缩略图的标记上单击鼠标右键，在弹出的快捷菜单中选择“删除效果”命令，如图 9-82 所示。

◆ 图 9-81

◆ 图 9-82

2. 通过对话框添加放映效果

通过“添加或删除效果”对话框，可以很方便地为剪辑添加或删除多个放映效果。

使用“添加或删除效果”对话框为剪辑添加多个放映效果。

STEP 01. **选择命令。**在情节提要中要添加放映效果的剪辑上单击鼠标右键，在弹出的快捷菜单中选择“效果”命令，如图 9-83 所示。

STEP 02. **添加放映效果。**在打开的“添加或删除效果”对话框的左侧列表框中选择要添加的效果，单击添加(A) >>按钮添加到右侧列表框中，单击确定按钮即可为剪辑添加所选的一个或多个放映效果，如图 9-84 所示。

◆ 图 9-83

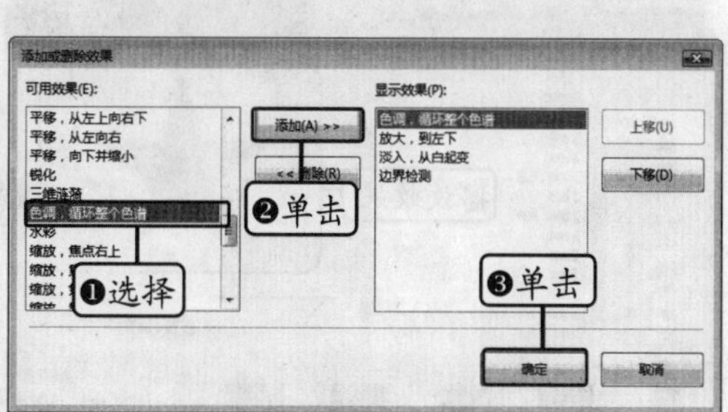

◆ 图 9-84

9.9.3 设置过渡效果

过渡效果是指在放映影片过程中，由上一段剪辑过渡到下一段之间的播放效果。通过多个剪辑创建电影时，合理地设置过渡效果，可以使播放过程更流畅。

在情节提要中，过渡效果放置在两个剪辑缩略图之间的位置，只要将过渡效果直接拖动到该位置即可。

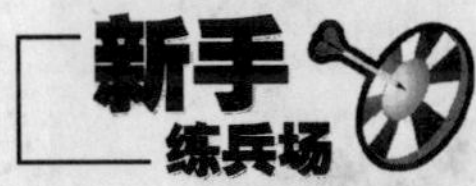

在剪辑之间添加过渡效果。

STEP 01. **单击超链接。**单击左侧窗格中“编辑”栏中的“过渡”超链接，在窗口中显示出所有过渡效果，如图 9-85 所示。

STEP 02. **拖动项目。**在中间列表中选择某个过渡效果，然后将其拖动到情节提要中两个剪辑之间的位置，如图 9-86 所示。将过渡效果添加到两段剪辑之间，位置将显示为对应的过渡效果标记，如这里显示的标记，如图 9-87 所示，在放映过程中会同时放映过渡效果。

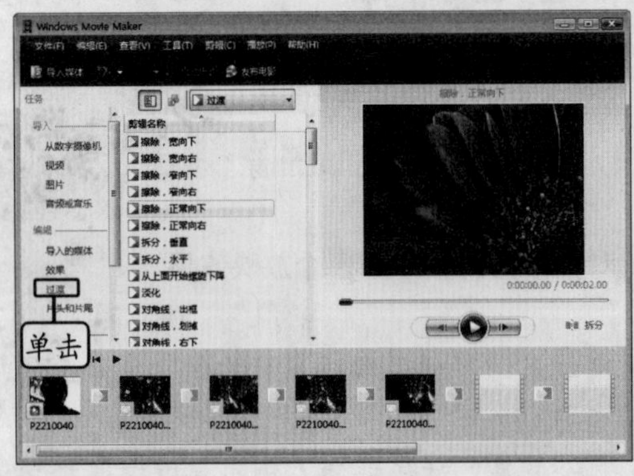

◆ 图 9-85

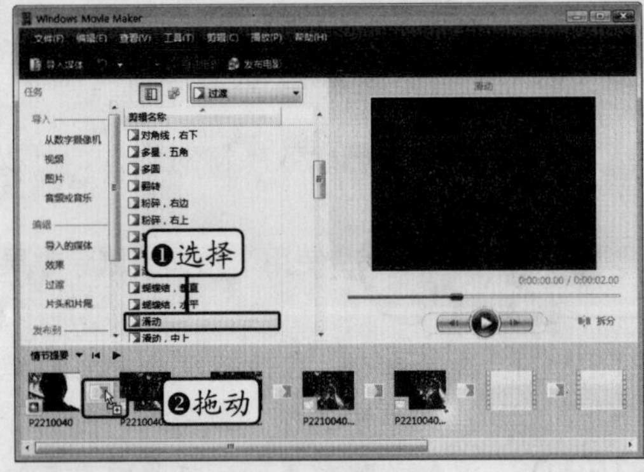

◆ 图 9-86

STEP 03. **删除过渡效果。**如果要删除添加的过渡效果，可在过渡效果位置单击鼠标右键，在弹出的快捷菜单中选择“删除”命令，如图 9-88 所示。

◆ 图 9-87

◆ 图 9-88

9.9.4　添加片头与片尾

片头片尾是一部完整电影中必不可少的部分，片头位于电影开始位置，多为电影的名称以及说明信息；片尾位于电影结束位置，多显示电影结束后的相关信息。

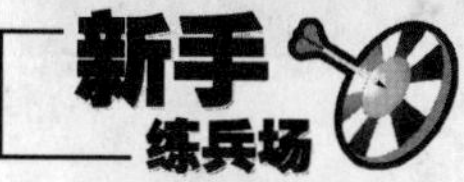

为电影添加片头与片尾信息。

STEP 01. **单击超链接。**单击左侧窗格中“编辑”栏中的“片头和片尾”超链接，在显示出的窗口中单击“在开始处”超链接，如图 9-89 所示。

STEP 02. **输入文本。**在显示出的界面中的“输入片头文本”文本框中输入标题等片头信息，右侧播放窗口中会自动播放效果，单击“更改文本字体与颜色”超链接，如图 9-90 所示。

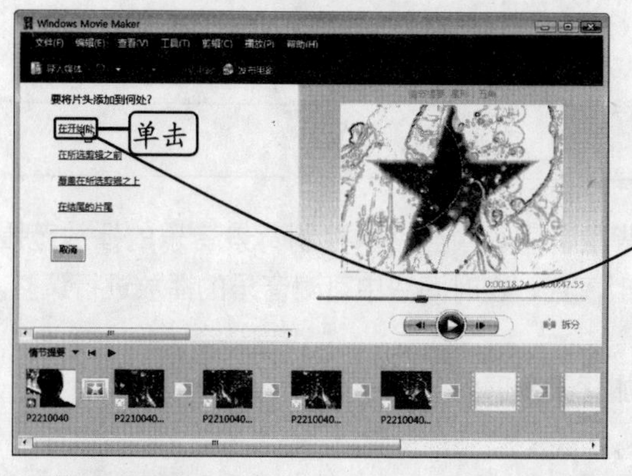

◆ 图 9-89

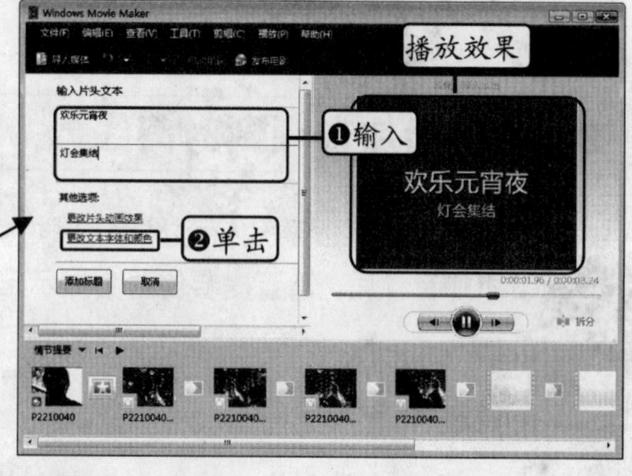

◆ 图 9-90

STEP 03. **设置字体。**在显示出的界面中设置片头文本的字体、颜色以及背景颜色，然后单击“更改片头动画效果”超链接，如图 9-91 所示。

STEP 04. **添加动画。**在列表框中选择片头内容的动画效果，如图 9-92 所示。

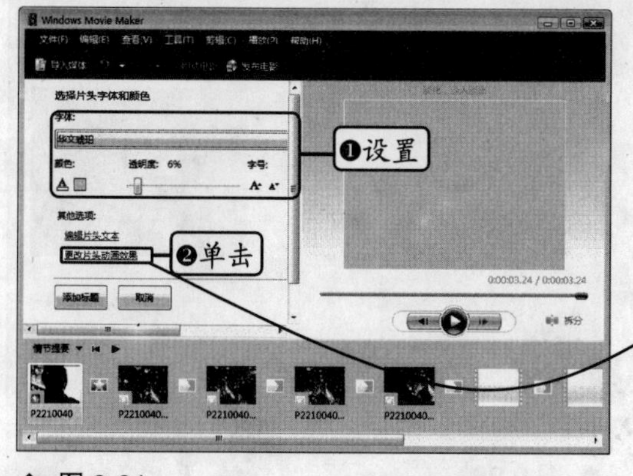

◆ 图 9-91

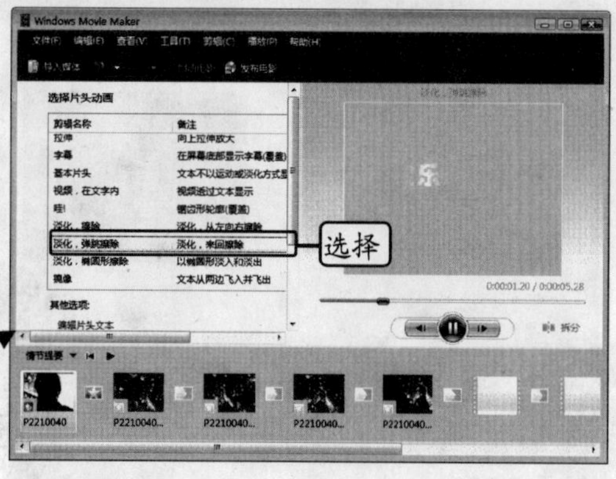

◆ 图 9-92

STEP 05. **添加片头。**设置完毕后，单击 添加标题 按钮，即可在情节提要最前面添加片头动画，如图 9-93 所示。

STEP 06. **添加片尾。** 单击左侧窗格中的“片头和片尾”超链接，在界面中单击“在结尾的片尾”超链接，在如图 9-94 所示的界面中输入片尾信息，然后用与设置片头同样的方法对字体和颜色进行设置，添加片尾动画。

◆ 图 9-93

◆ 图 9-94

9.9.5 添加音频到时间线

制作电影时，可以添加音频作为电影的背景音乐，并且可以控制背景音乐的播放范围与时间。添加音频后，情节提要位置会显示出时间线，在时间线中可对音乐的播放进行调整。

在电影中的指定范围添加背景音乐。

STEP 01. **导入音频文件。** 单击左侧窗格中“导入”栏中的“音频或音乐”超链接，导入要作为背景音乐的音频文件，如图 9-95 所示，将其拖动到“情节提要”位置。

STEP 02. **查看音乐播放的范围。** 切换到“时间线”视图，可看到在时间轴中显示音频文件的范围，如图 9-96 所示。

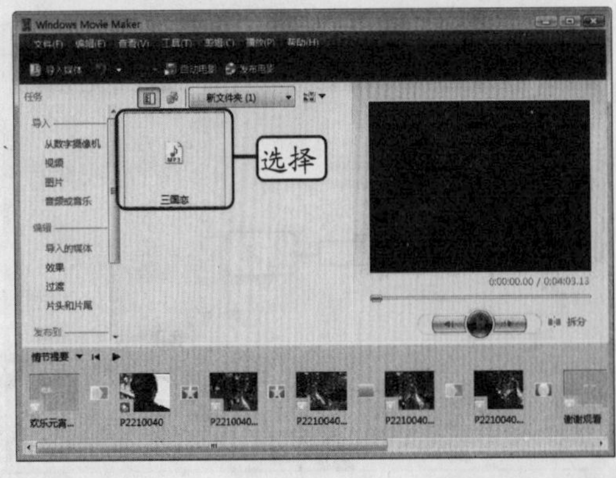

◆ 图 9-95

◆ 图 9-96

STEP 03. **调整范围。** 将鼠标指针指向时间轴的音频范围，然后拖动鼠标调整音乐在电影中的播放范围，如图 9-97 所示。

STEP 04. **调整音量。**添加背景音乐后，单击 时间线 ▾ 按钮，在弹出的下拉菜单中选择“音频级别”命令，打开“音频级别”对话框，拖动其中的滑块调整音频的音量后关闭对话框，如图 9-98 所示。

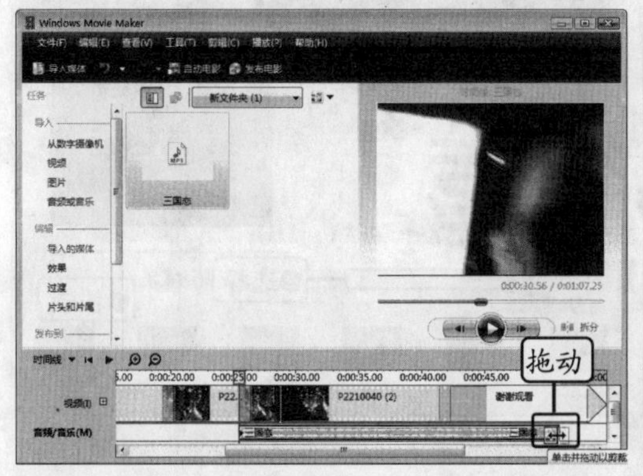

◆ 图 9-97

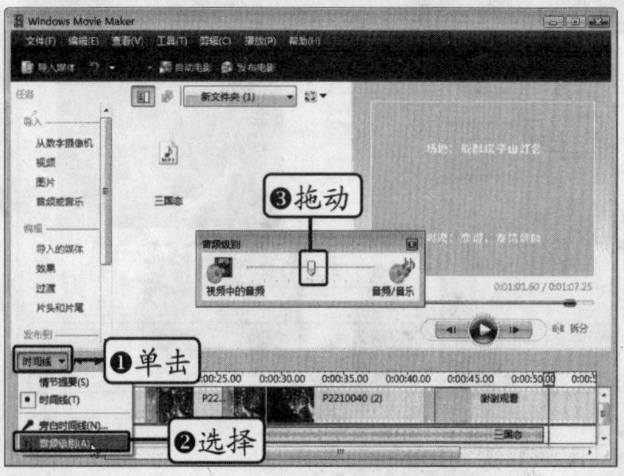

◆ 图 9-98

9.9.6　应用实例——制作个人电影

本次实例将使用 Windows Movie Maker 导入视频文件并拆分为若干剪辑，为剪辑应用不同的效果后，添加到情节提要中，再添加过渡效果，从而制作出属于自己的电影。

其具体操作步骤如下。

STEP 01. **导入媒体。**启动 Windows Movie Maker，单击左侧窗格中的“视频”超链接，在打开的“导入媒体项目”对话框中选择要导入的视频文件，单击 导入(M) 按钮，如图 9-99 所示。

STEP 02. **拆分剪辑。**单击播放窗口下方的“播放”按钮播放视频，在需要拆分的位置单击“暂停”按钮暂停播放，再单击“拆分”按钮拆分剪辑，如图 9-100 所示。

◆ 图 9-99

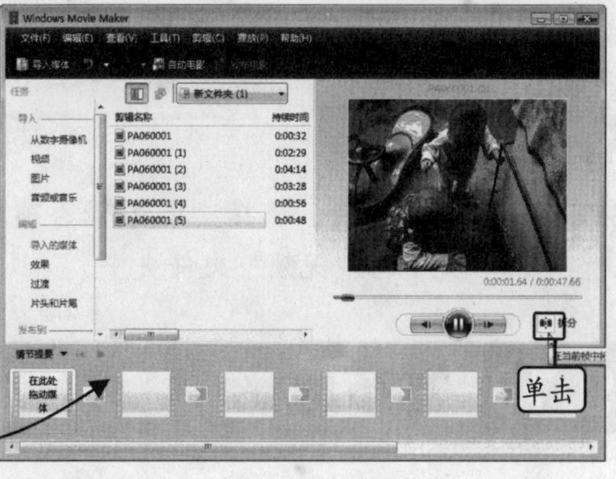

◆ 图 9-100

STEP 03. **添加到情节提要。**按照顺序将视频剪辑拖动到情节提要中对应的位置，拖动后的效果如图 9-101 所示。

STEP 04. **添加放映效果。**单击窗口左侧窗格中的“效果”超链接，在窗口中显示出所有

放映效果，将要使用的放映效果拖动到情节提要中对应的剪辑位置，如图 9-102 所示。

◆ 图 9-101

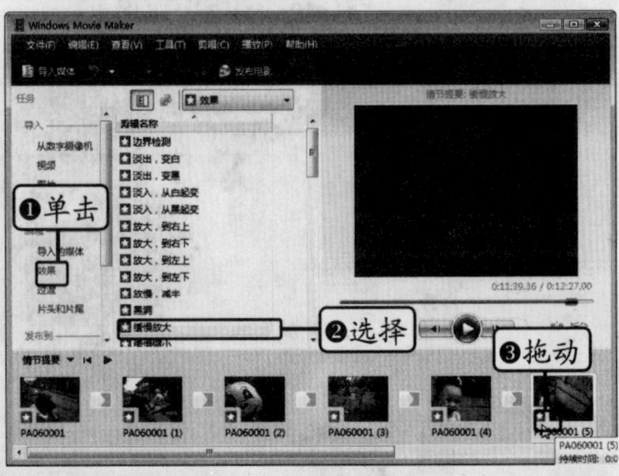

◆ 图 9-102

STEP 05. **添加过渡效果。**单击窗口左侧窗格中的“过渡”超链接，在窗口中显示出所有过渡效果，将要使用的过渡效果拖动到情节提要中剪辑位置之间的位置，如图 9-103 所示。

STEP 06. **放映电影。**单击播放窗口下方的“播放”按钮播放视频，此时就会播放添加的各种放映效果与过渡效果了，如图 9-104 所示。

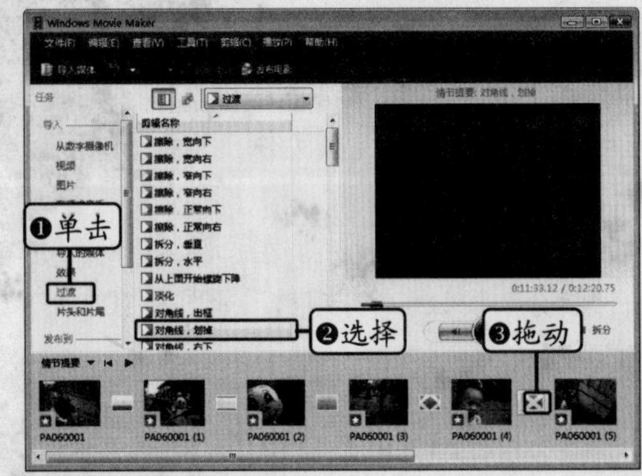

◆ 图 9-103

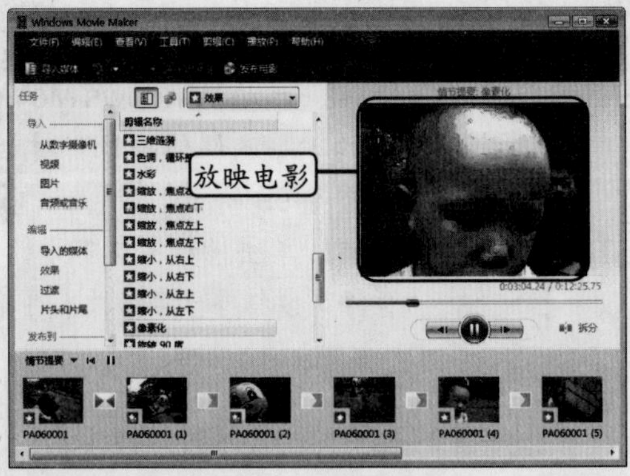

◆ 图 9-104

STEP 07. **保存项目。**选择“文件/保存项目”命令，将项目保存到“用户的文件”文件夹下的“视频”文件夹中。

9.10 发布电影

在 Windows Movie Maker 中将视频剪辑制作为电影后，就可以发布电影了。Windows Movie Maker 有多种发布方式，可以将电影发布到电脑中、DVD 或 CD 光盘中，也可通过电子邮件发布，还可以发布到摄像机。本书主要讲解将电影发布到电脑、CD 光盘和通过电子邮件发布的方法。

9.10.1 发布到电脑

将电影发布到电脑中是最常用的发布方式，即将电影文件发布到电脑中进行保存。保存后的电影可以随时播放，也可以刻录到光盘以及通过邮件发送等。

将制作好的电影发布到电脑中。

STEP 01. **单击按钮。** 对电影进行剪辑与编辑之后，单击 Windows Movie Maker 窗口上方的 发布电影 按钮，如图 9-105 所示。

STEP 02. **选择选项。** 在打开的“发布电影”对话框中选择“本计算机”选项，然后单击 下一步(N) 按钮，如图 9-106 所示。

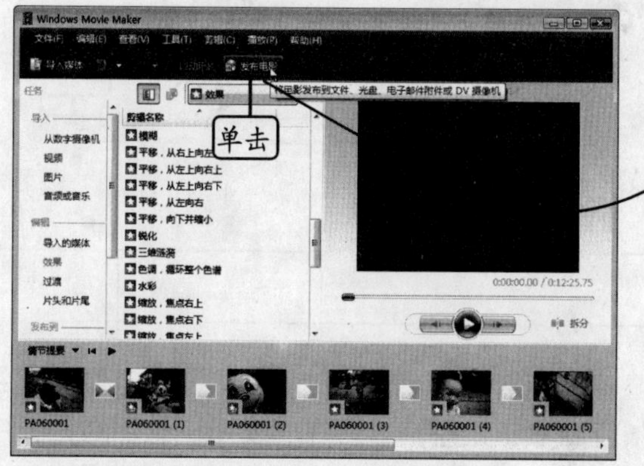

◆ 图 9-105

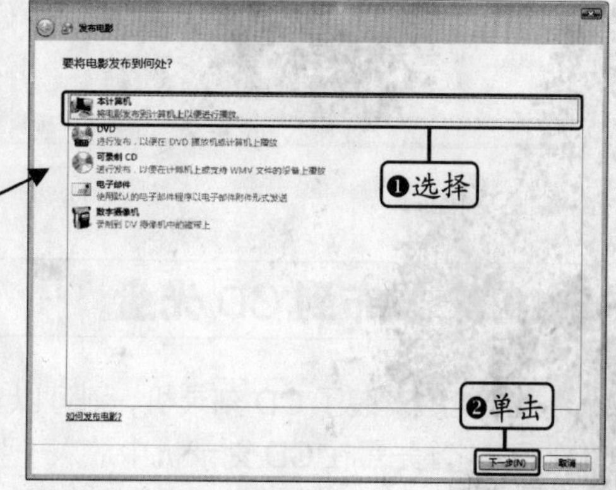

◆ 图 9-106

STEP 03. **设置名称与位置。** 在打开的“命名正在发布的电影”对话框中输入电影的发布名称，单击 浏览(R)... 按钮，在打开的对话框中选择发布位置，单击 下一步(N) 按钮，如图 9-107 所示。

STEP 04. **选择电影质量。** 在打开的“为电影选择设置”对话框中设置电影的播放质量，这里保持默认设置不变，单击 发布(P) 按钮，如图 9-108 所示。

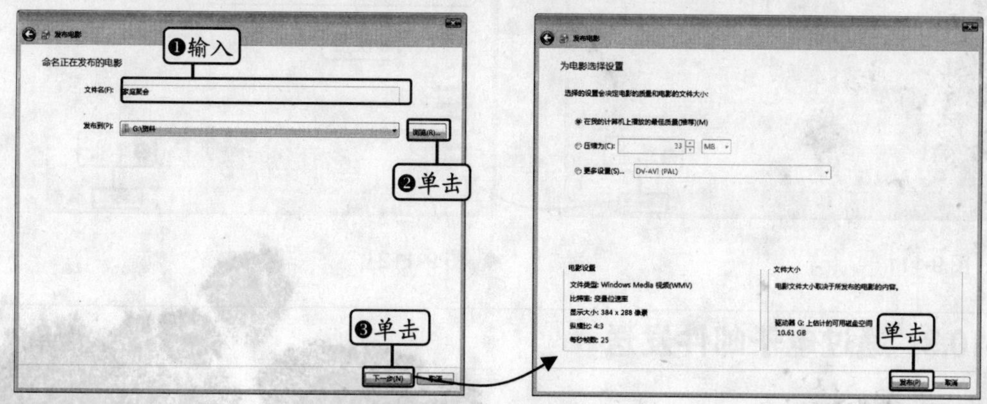

◆ 图 9-107

◆ 图 9-108

STEP 05. **开始发布电影。**程序开始发布电影，并在对话框中显示发布进度，如图 9-109 所示。

STEP 06. **发布完成。**发布完毕后，在打开的对话框中单击 完成(F) 按钮，如图 9-110 所示，系统将打开 Windows Media Player 播放发布的电影。

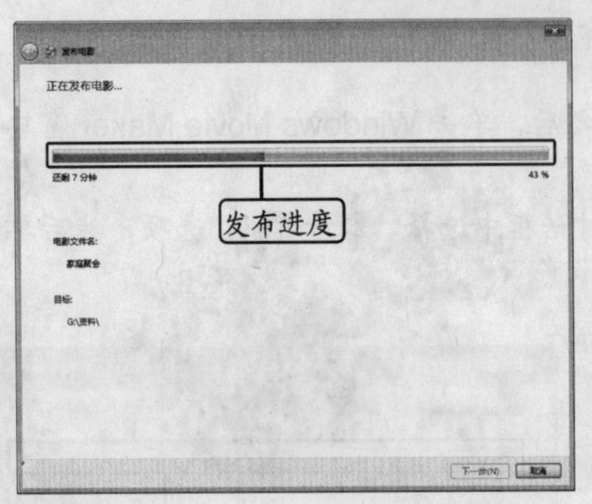

◆ 图 9-109

◆ 图 9-110

9.10.2 发布到 CD 光盘

如果电脑安装了 CD 刻录机，则可以直接将电影发布到 CD 光盘中。要将电影发布到 CD 光盘，首先需在 CD 刻录机中放入一张空白 CD 光盘，然后在“发布电影”对话框中选择“可录制 CD”选项，单击 下一步(N) 按钮，在依次打开的对话框中分别设置电影与 CD 名称以及电影质量，然后单击 发布(P) 按钮，如图 9-111 和图 9-112 所示。

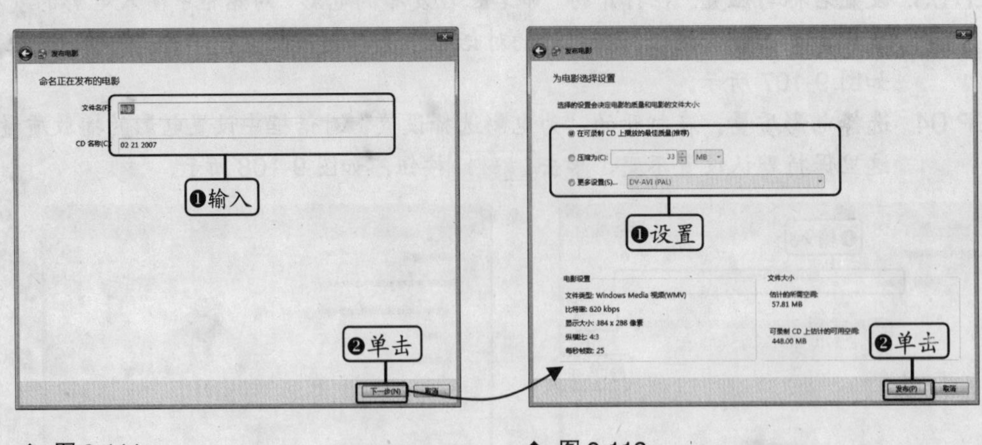

◆ 图 9-111

◆ 图 9-112

9.10.3 通过电子邮件发送

还可以通过电子邮件将制作好的电影直接发送给指定收件人。要使用电子邮件发送电影，必须将电脑连接到网络，并且用户已经正确配置了邮件客户端程序。

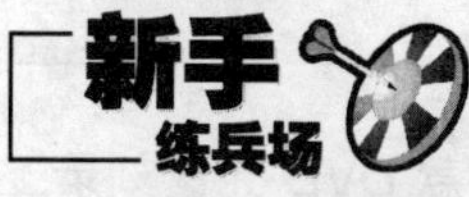

通过电子邮件发送制作完成的电影。

STEP 01. **选择选项。**在“发布电影”对话框中选择“电子邮件”选项，单击下一步(N)按钮，如图 9-113 所示。

STEP 02. **发布电影。**程序开始发布电影到系统缓存中，并在对话框中显示发布进度，如图 9-114 所示。

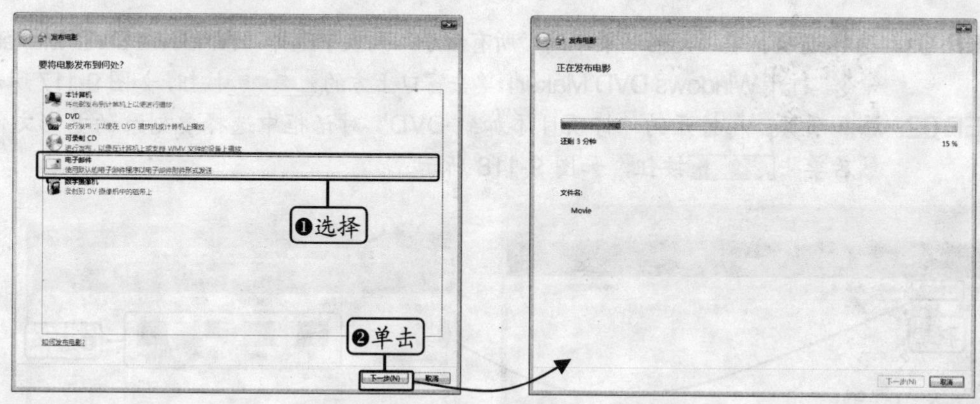

◆ 图 9-113　　◆ 图 9-114

STEP 03. **单击按钮。**电影发布完毕后，在打开的对话框中单击附加电影按钮，如图 9-115 所示。

STEP 04. **发送邮件。**启动系统默认的邮件客户端程序，并且自动将发布的电影添加到邮件附件，用户只需在邮件窗口中输入收件人地址以及邮件内容后，单击“发送”按钮进行发送即可，如图 9-116 所示。

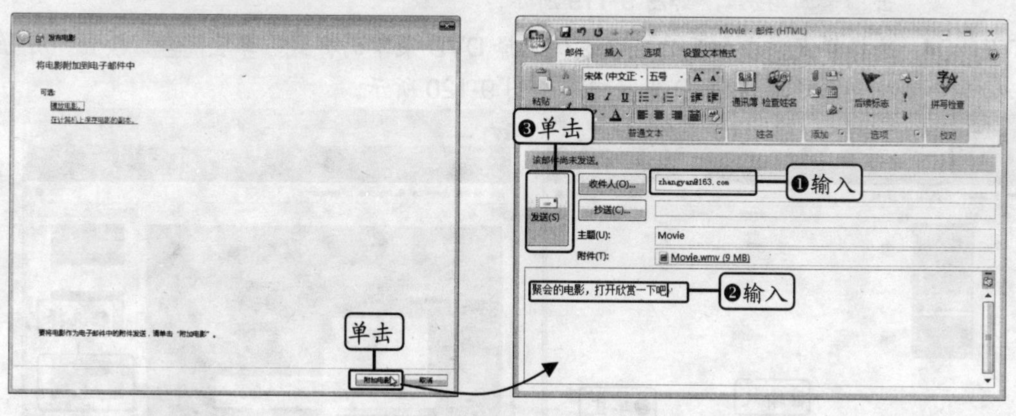

◆ 图 9-115　　◆ 图 9-116

9.11 使用 Windows DVD Maker

Windows DVD Maker 是 Windows Vista 中内置的一款 DVD 光盘刻录工具，用于将视频和图片等媒体刻录到 DVD 光盘中。Windows DVD Maker 界面简洁，操作简单易用，学习起来也简单。

使用 Windows DVD Maker 将电影刻录到 DVD 光盘中。

STEP 01. **选择选项。**在“开始”菜单的“所有程序”列表中选择“Windows DVD Maker”命令，打开 Windows DVD Maker，单击窗口上方的 添加项目 按钮，如图 9-117 所示。

STEP 02. **添加项目。**在打开的“将项目添加到 DVD”对话框中选择要刻录的电影文件，然后单击 添加 按钮，如图 9-118 所示。

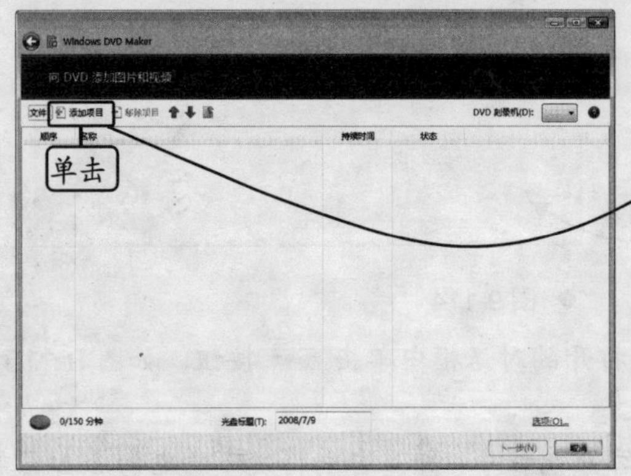

◆ 图 9-117

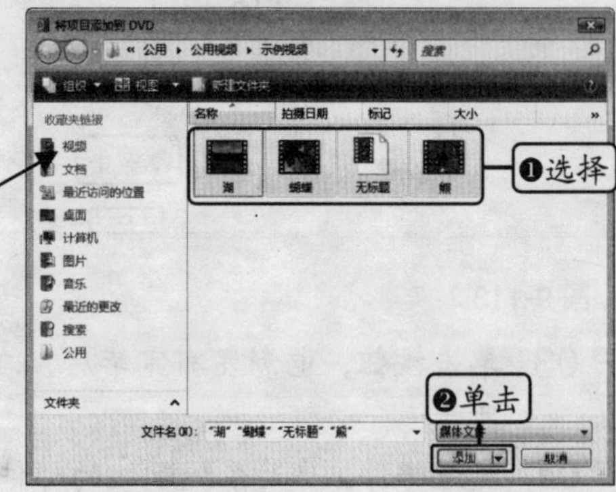

◆ 图 9-118

STEP 03. **输入标题。**将电影添加到刻录列表中，在列表框下方输入光盘的标题，然后单击 下一步(N) 按钮，如图 9-119 所示。

STEP 04. **选择样式。**在打开的窗口右侧选择 DVD 菜单的样式，单击 刻录(U) 按钮，开始将电影刻录到 DVD 光盘中，如图 9-120 所示。

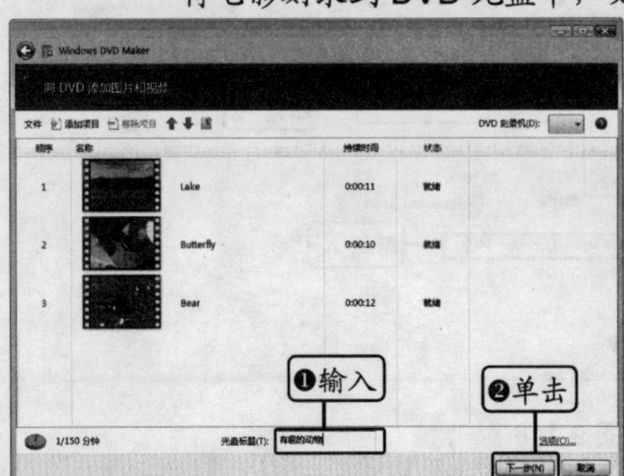

◆ 图 9-119

◆ 图 9-120

9.12 疑难解答

学习完本章后，是否发现自己对播放、编辑音频与视频的认识又提升到了一个新的台阶？关于播放、制作音乐与电影过程中遇到的相关问题自己是否已经顺利解决了？下面将为您提供一些关于在 Windows Vista 中播放与制作音频与视频的常见问题解答，使您的学习路途更加顺畅。

问： 在 Windows Media Player 中将音乐刻录成 CD 时，如何才能刻录数据 CD 而不刻录音频 CD 呢？

答： Windows Media Player 默认设置是将音频文件转换为 CD 音频格式进行刻录，也就是刻录音频 CD 光盘，在刻录时会自动转换音频文件的格式。如果要将音频文件保留原格式刻录到 CD 光盘中，则需要刻录为数据 CD 光盘。只要单击 Windows Media Player 中的按钮，在弹出的下拉菜单中选择“数据 CD 或 DVD”命令，然后进行刻录，就可以刻录出数据 CD 了，如图 9-121 所示。

问： 翻录音频 CD 中的曲目时，如何才能将曲目翻录为 MP3 格式？

答： Windows Media Player 默认的翻录格式为“Windows Media 音频”，如果要翻录为 MP3 格式，只要单击按钮，在弹出的下拉菜单中选择“格式化/MP3”命令，然后进行翻录即可，如图 9-122 所示。

◆ 图 9-121

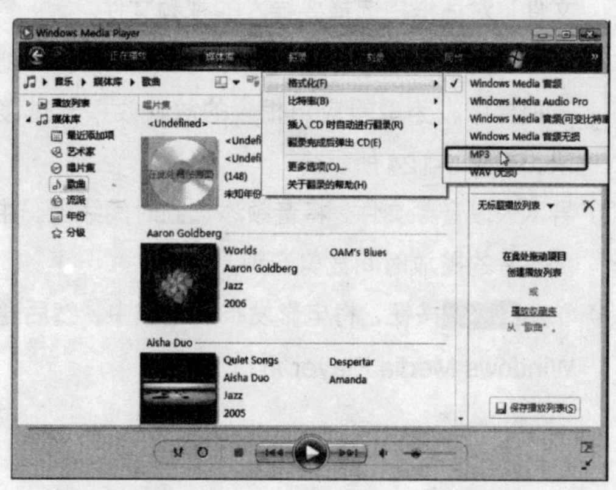

◆ 图 9-122

问： 使用 Windows Movie Maker 制作电影时，如何才能在电影中添加旁白？

答： 如果要为电影录制旁白，只要单击按钮，在弹出的下拉列表中选择“旁白时间线”选项，然后单击按钮开始录制旁白即可。

快学快用

9.13 上机练习

本章上机练习一将练习使用 Windows Media Player 播放电脑中的视频文件。上机练习二将练习使用 Windows Movie Maker 制作个人电影。各练习的最终效果及制作提示介绍如下。

练习一

① 启动 Windows Media Player，按【Ctrl+O】组合键，在“打开”对话框中选择需要的视频文件，单击 打开(O) 按钮。

② 在窗口中播放电影后，在视频位置单击鼠标右键，在弹出的快捷菜单中选择“全屏”命令。

③ 切换为全屏幕播放电影，通过下方的控制按钮控制播放进度以及调整播放音量，如图 9-123 所示。

④ 播放完毕后，按【Esc】键退出播放。

◆ 图 9-123

练习二

① 启动 Windows Movie Maker，单击左侧窗格中“导入”栏中的“视频”超链接，在打开的“导入媒体文件”对话框中选择要导入的视频文件。

② 将视频文件拆分为多段剪辑，然后将剪辑添加到情节提要中，为剪辑应用相应的放映效果与过渡效果，如图 9-124 所示。

③ 导入一段音频文件，将音频添加到时间线上，并根据影片的播放时间裁剪音频。

④ 单击 发布电影 按钮，将电影发布到电脑中，然后通过 Windows Media Player 进行放映。

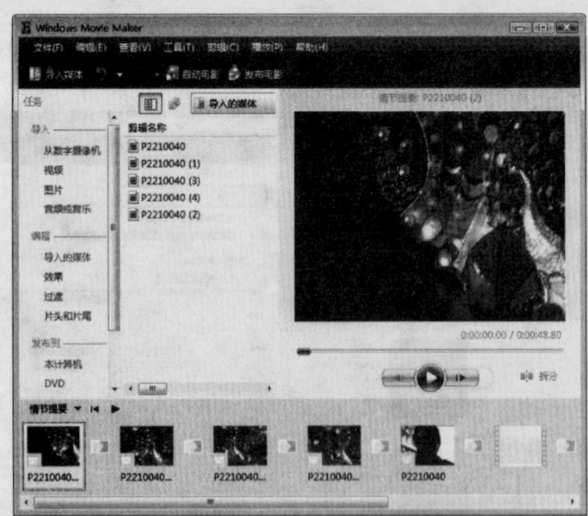

◆ 图 9-124

第 10 章
享受 Windows 媒体中心

Windows 媒体中心是 Windows Vista 中自带的一款集音频、视频、图片、电视、游戏于一体的多媒体系统，它可以实现电脑与家庭影音设备的完美结合。通过媒体中心，用户可以方便地浏览图片、欣赏音乐以及播放电影等。Windows 媒体中心的各个媒体功能都是与对应的程序所关联的。在本章中，我们将一起来体验媒体中心所带来的全新感受。

10.1 运行 Windows Media Center

Windows Media Center（媒体中心）启动后，它将以全屏幕方式显示，用户可通过鼠标、键盘或专用遥控器对其进行控制。

10.1.1 启动 Windows Media Center

在“开始”菜单中选择“开始/所有程序/Windows Media Center”命令即可启动 Windows Media Center，其界面如图 10-1 所示。

◆ 图 10-1

在“欢迎中心”窗口的“Windows”入门栏中单击“显示全部 14 项”超链接，在显示的选项中选择“Windows Media Center”选项，也可以启动 Windows 媒体中心。

10.1.2 控制 Windows Media Center

在 Windows Media Center 中播放视频、音乐或电视时，可以使用鼠标、键盘或摇控器进行控制，下面分别讲解其控制方法。

1. 通过鼠标控制 Windows Media Center

运行 Windows Media Center 后，可以方便地通过鼠标进行控制，其方法与操作电脑中的其他对象相同，在某个项目上单击鼠标即可选择该项目，并显示与其相关的选项，再单击某个选项，即可选择并进入选项界面中。

例如，启动 Windows Media Center 后，系统默认选择“电视 + 电影”项目中的“录制的电视”选项，滚动鼠标滚轮，使界面中的项目上移或下移，显示出“图像 + 视频”项目时，即表示选择该项目并显示出“图片库”选项，如图 10-2 所示。用鼠标单击“图片库”选项，则可进入“图片库”界面。

◆ 图 10-2

2. 通过键盘控制 Windows Media Center

使用键盘控制 Windows Media Center 时，主要是通过上、下、左、右 4 个方向键并配合【Enter】键来进行，操作起来也非常方便。

在 Windows Media Center 中，各个项目都是纵向排列的，按键盘上的【↑】与【↓】键，可以在纵向排列的各个项目之间进行切换；当切换至某个项目上之后，会在其下以横向排列的方式显示与该项目相关的所有选项，此时通过【←】与【→】键即可在各个选项之间切换，按【Enter】键，即可进入与当前选项相关的界面。进入选项界面后，同样可以根据对应的排列规则使用方向键控制选择，按【Enter】键即可确认选择。

3. 通过遥控器控制 Windows Media Center

Windows Media Center 允许用户使用专用的遥控器进行控制，目前很多品牌电脑都配备有专用的遥控器，这时就可以利用遥控器来方便地控制 Windows Media Center。其控制方法与控制电视的方法大致相同，用户使用时可参考相关说明文件。

10.2 在 Windows Media Center 中放映媒体

Windows Media Center 提供了丰富的影音功能，可以放映音频、视频以及图像幻灯片等媒体。在 Windows Media Center 中放映媒体时都需要相应程序的支持，如视频与音频需要 Windows Media Player 媒体库支持，图片则需要 Windows 照片库支持。

10.2.1 播放音乐

通过 Windows Media Center 可以播放 Windows Media Player 媒体库中的所有音乐文件，并可以根据 Windows Media Player 媒体库的分类来选择音乐，而且在播放过程中还可以运用其中的按钮控制播放。

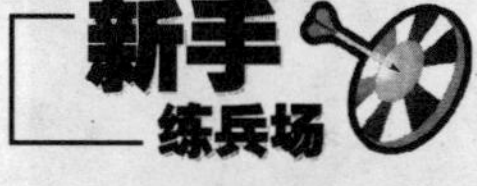

使用 Windows Media Center 播放音乐。

STEP 01. **选择项目。**在 Windows Media Center 界面中通过方向键选择“音乐”项目，此时会自动选择“音乐”项目下的“音乐库”选项，如图 10-3 所示。按【Enter】键进入“音乐库”界面，其中默认按照“唱片集”分类显示音乐文件，如图 10-4 所示。

STEP 02. **选择分类。**按【↑】键激活歌曲分类选项，再按【→】方向键选择“<歌曲>”选项，界面中将显示“歌曲”分类中的所有曲目，如图 10-5 所示。

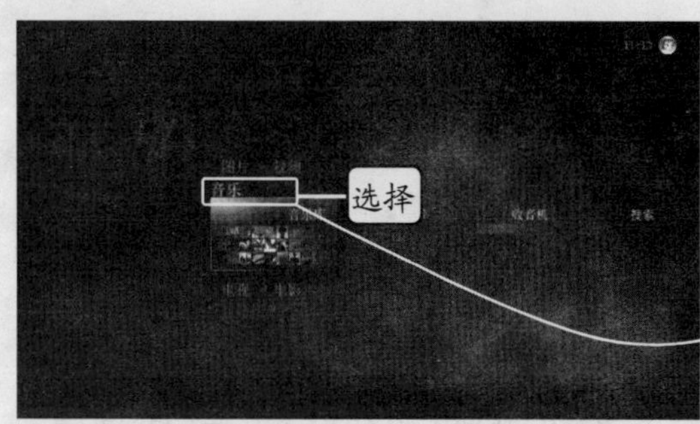

◆ 图 10-3　　◆ 图 10-4

STEP 03. **选择曲目。**按【↓】键激活曲目列表，使用方向键在列表中选择要放映的曲目，这里选择“阿宝 – 山丹丹花开红艳艳”歌曲，如图 10-6 所示，按【Enter】键。

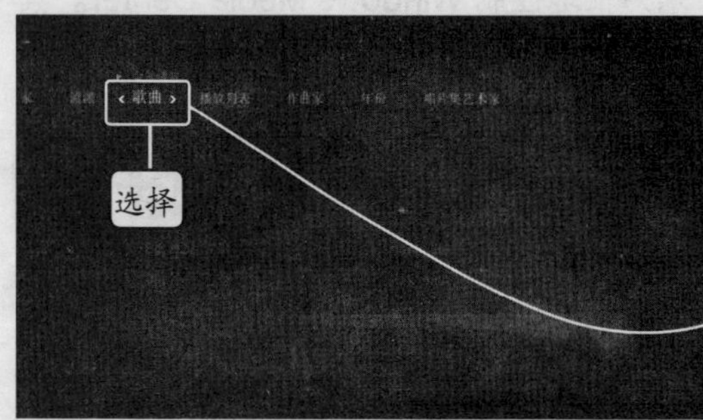

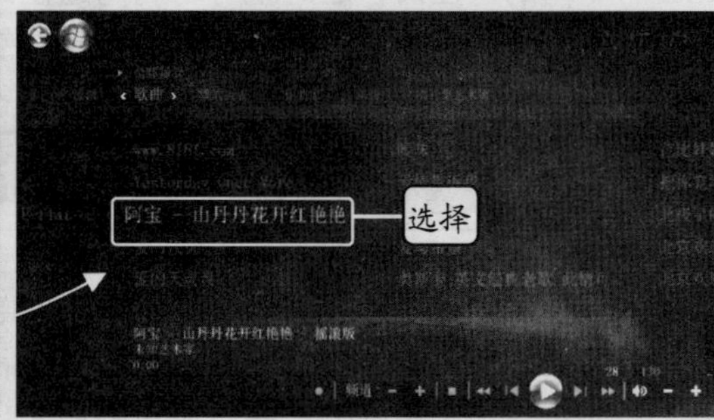

◆ 图 10-5　　◆ 图 10-6

STEP 04. **选择选项。**进入“歌曲详细资料”界面，使用方向键选择“播放歌曲”选项，如图 10-7 所示，按【Enter】键。

STEP 05. **播放歌曲。**此时即开始播放所选择的歌曲，通过下方的控制按钮可以控制歌曲的播放进度及调整音量，如图 10-8 所示。

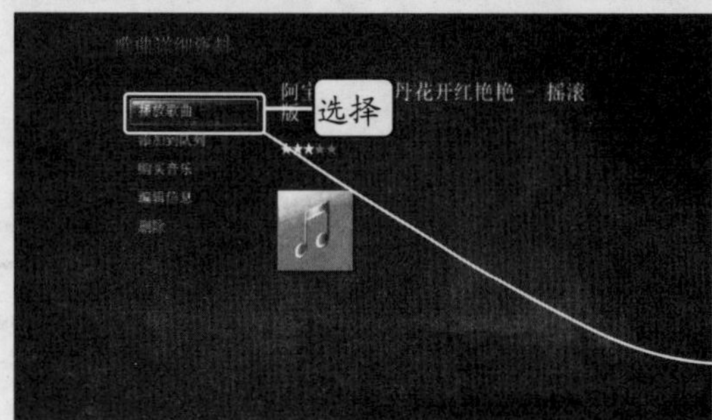

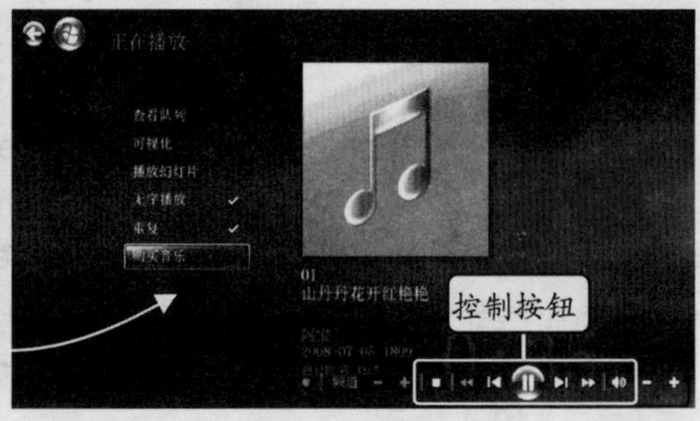

◆ 图 10-7　　◆ 图 10-8

10.2.2 查看图片

通过 Windows Media Center 可以浏览 Windows 照片库中或指定文件夹中的所有图片文件，或者将图片打开并以幻灯片方式动态播放。

使用 Windows Media Center 浏览、查看并播放图片。

STEP 01. **选择项目。**在 Windows Media Center 界面中通过方向键选择“图片 + 视频”项目，此时会自动选择“图片 + 视频”项目下的“图片库”选项，如图 10-9 所示，按【Enter】键。

STEP 02. **选择选项。**进入图片库界面，通过方向键选择“<文件夹>”选项，如图 10-10 所示。

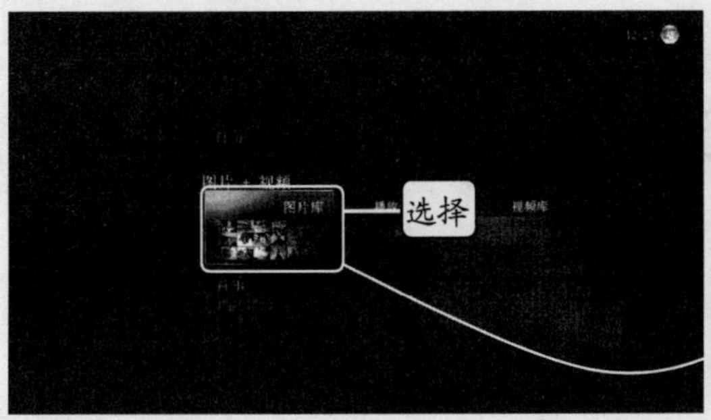

◆ 图 10-9

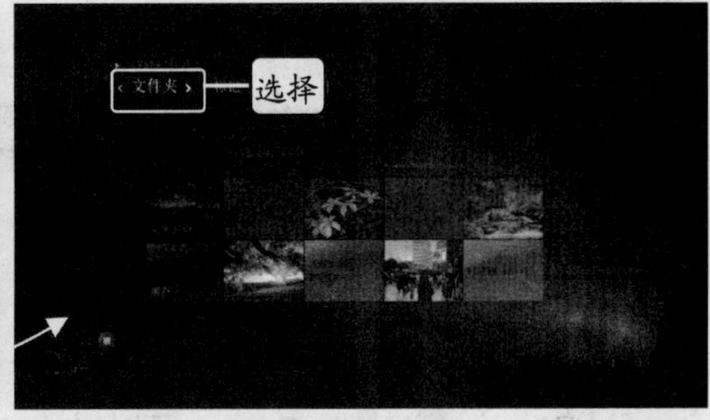

◆ 图 10-10

STEP 03. **显示图片缩略图。**在下方的文件与文件夹列表中选择要进入的文件夹缩略图，如图 10-11 所示，按【Enter】键，此时即可进入所选文件夹中，并在界面中显示所有图片的缩略图，如图 10-12 所示。

◆ 图 10-11

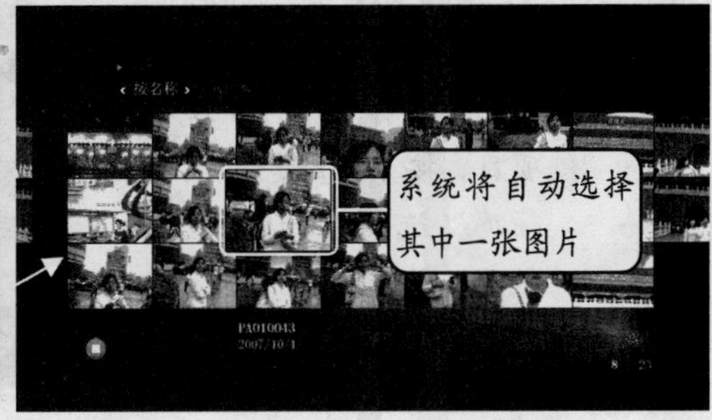

◆ 图 10-12

STEP 04. **查看图片。**在图片缩略图列表中通过方向键选择要查看的图片，按【Enter】键在界面中打开该图片，如图 10-13 所示。在查看过程中，通过【←】与【→】键可查看其他图片。

快学快用

STEP 05. **播放图片。**将鼠标移动到界面中，单击下方显示的“播放”按钮，系统将以幻灯片方式播放图片，如图 10-14 所示。

◆ 图 10-13

◆ 图 10-14

专家会诊台

Q：在播放图片的时候可以同时播放音乐吗？

A：可以。Windows Media Center 允许用户同时播放音乐与图片，首先进入“音乐”项目，选择歌曲后进行播放，然后返回到主界面，再进入“图片库”界面中，选择并放映图片即可。

10.2.3 放映视频

通过 Windows Media Center 可以播放 Windows Media Player 媒体库以及电脑中的所有视频文件，这也是 Windows Media Center 最显著的功能。

新手练兵场 使用 Windows Media Center 播放电脑中的视频文件。

STEP 01. **选择项目。**在 Windows Media Center 界面中通过方向键选择“图片＋视频”项目，按【→】键选择“视频库”选项，如图 10-15 所示，按【Enter】键。

◆ 图 10-15

STEP 02. **选择要播放的视频文件。**此时即可进入“视频库”界面中，通过方向键选择视频文件的保存目录后，按【Enter】键进入目录，从中可查看到该目录下的所有视频文件，通过方向键选择要播放的视频文件，这里选择“P2140003”视频，如图 10-16 所示，按【Enter】键。

STEP 03. **放映视频。**在界面中即可放映视频，如图 10-17 所示。在放映过程中，通过下

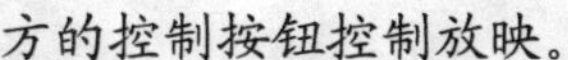
方的控制按钮控制放映。

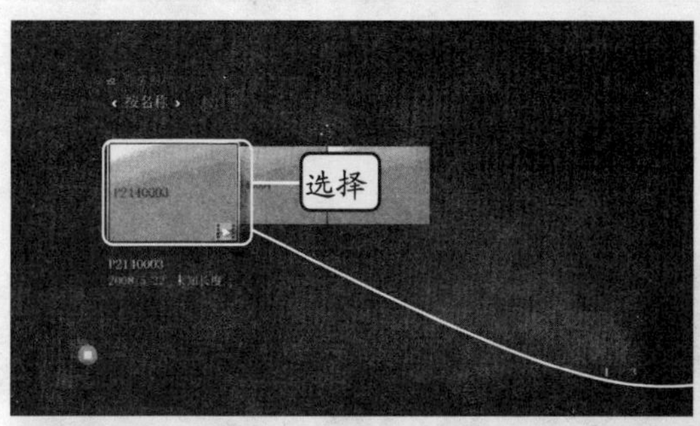

◆ 图 10-16

◆ 图 10-17

10.2.4　应用实例——播放 DVD 影片

本实例将在 Windows Media Center 中播放 DVD 影片，在播放前需先将 DVD 光盘放入到电脑的 DVD 光驱中。

其具体操作步骤如下。

STEP 01. **选择选项。**将 DVD 光盘放入光驱中。启动 Windows Media Center，通过方向键在 Windows Media Center 界面中选择“电视 + 电影”项目下的“播放 DVD”选项，按【Enter】键，如图 10-18 所示。

STEP 02. **播放影片。**此时即可载入 DVD 数据并在屏幕中放映 DVD 影片，如图 10-19 所示。在放映过程中可通过下方的控制按钮控制放映。

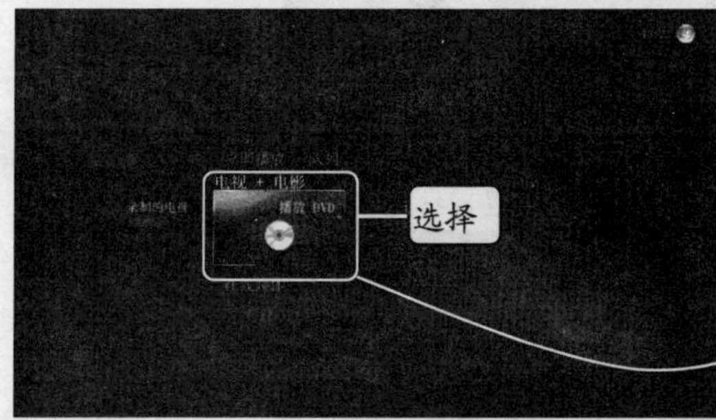

◆ 图 10-18

◆ 图 10-19

10.3　个性化设置 Windows Media Center

使用 Windows Media Center 时，可以根据需要进行一系列设置，包括常规设置、各种媒体相关设置等，从而让 Windows Media Center 更符合用户的使用风格。

10.3.1 进入设置界面

在对 Windows Media Center 进行设置前，需要先进入设置界面。在主界面中通过方向键选择“任务”项目中的“设置”选项，如图 10-20 所示，按【Enter】键即进入 Windows Media Center 设置界面，如图 10-21 所示。

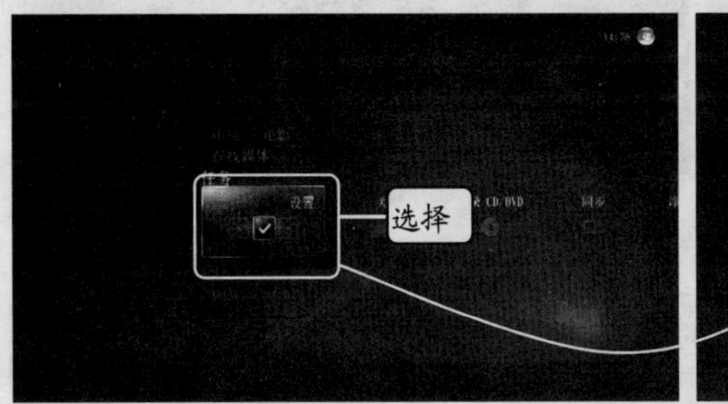

◆ 图 10-20

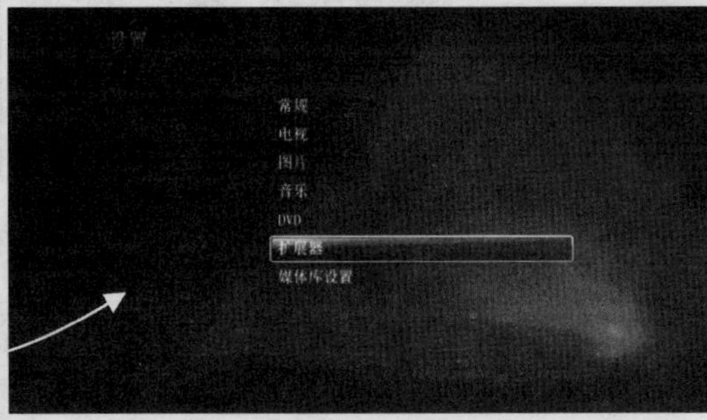

◆ 图 10-21

10.3.2 常规设置

“常规”设置即指对 Windows Media Center 的基本设置，在“设置”界面中选择“常规”选项，就可以进入“常规”设置界面中，如图 10-22 所示。在界面中选择不同的选项，即可进入相应的设置界面进行设置了。

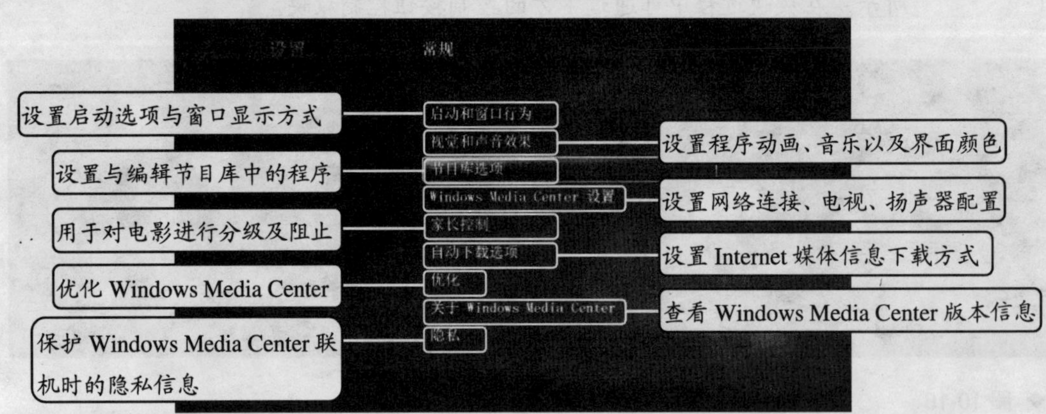

◆ 图 10-22

10.3.3 图片设置

“图片”设置用于设定在使用 Windows Media Center 浏览与放映图片时，可以设置图片的显示方式、过渡效果与过渡颜色等。在“设置”界面中选择“图片”选项，就可以进入图片设置界面，如图 10-23 所示。

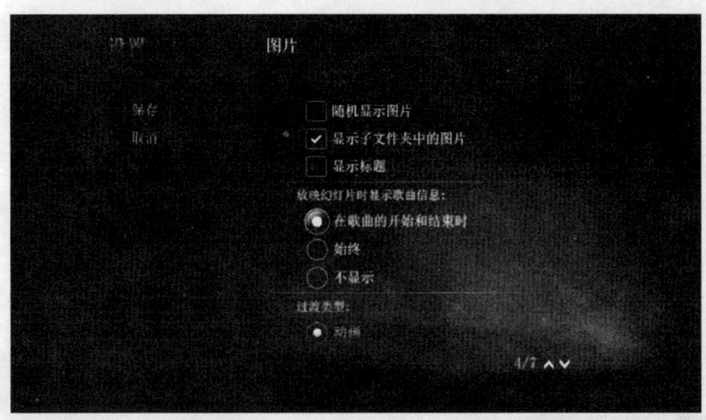

界面中无法显示出所有选项时，可按下“向下”方向键滚动显示

◆ 图 10-23

10.3.4 音乐与 DVD 设置

“音乐”设置用于设定在使用 Windows Media Center 播放音频与音乐文件时，界面中同步播放的可视效果的样式以及歌曲信息等；“DVD”设置则用于设置播放 DVD 影片时的相关选项。在“设置”界面中选择“音乐”选项或“DVD”选项，进入相应的设置界面，在其中根据需要对各个选项进行设置即可，分别如图 10-24 与图 10-25 所示。

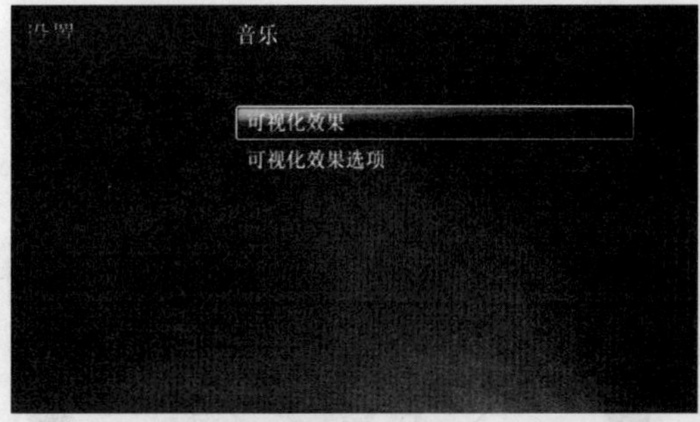

◆ 图 10-24

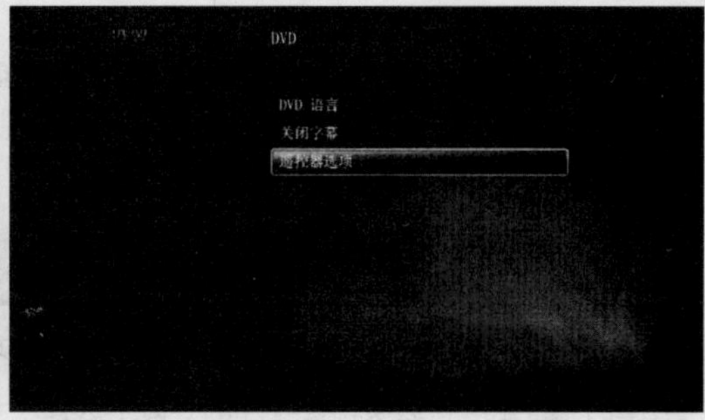

◆ 图 10-25

10.4 疑难解答

学习完本章后，是否发现自己对 Windows Media Center 有了全面的认识与了解？在使用 Windows Media Center 的过程中遇到的问题是否能顺利解决？下面将为您提供一些关于使用 Windows Media Center 的常见问题解答，使您的学习路途更加顺畅。

问：如何将 Windows Media Center 与媒体设备同步？

答：要与媒体设备进行同步，需要先将该设备与电脑连接，然后打开 Windows Media Center，在“任务”项目中选择“同步”选项，此时 Windows Media Center 会开始检测设备，检测完成后就会自动与媒体设备同步了，如图 10-26 所示。

问：如何通过 Windows Media Center 关闭或重启电脑呢?

答：如果用户将电脑作为单纯的家庭媒体设备，那么只要在 Windows Media Center 界面中的“任务”项目中选择“关闭”选项，在打开的窗口中选择操作电脑的方式即可，如图 10-27 所示。

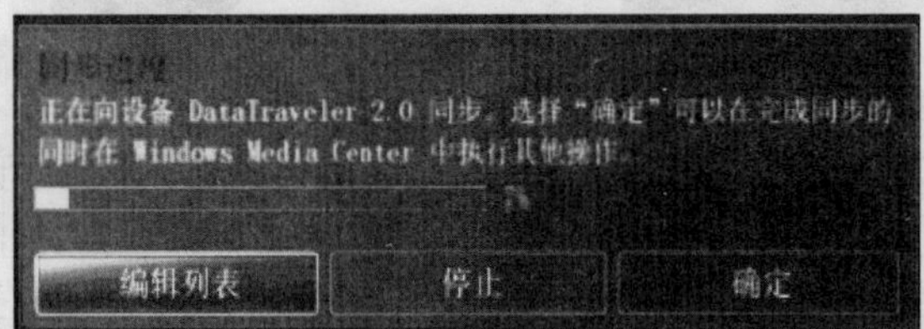

◆ 图 10-26

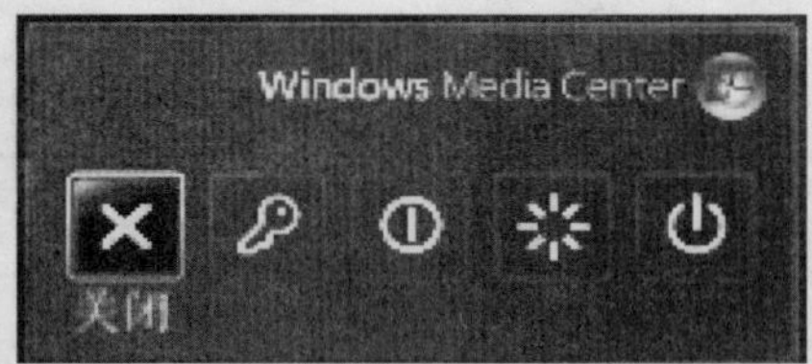

◆ 图 10-27

10.5 上机练习

本章上机练习将练习在Windows Media Center中播放音频文件的同时浏览图片库中的图片，从而实现图片浏览与欣赏音乐同时进行。练习的最终效果及制作提示介绍如下。

练习

① 在 Windows Media Center 界面中选择“音乐”项目中的“音乐库”选项，在打开的界面中选择“全部播放”选项，放映媒体库中的所有音乐文件。

② 单击界面右上角的“返回”按钮返回到主界面中，选择“图片＋视频”项目中的“图片库”选项，在进入的界面中选择要浏览的文件夹。

③ 进入文件夹界面，选择“放映幻灯片”选项，即可开始播放歌曲并放映图片幻灯片，如图 10-28 所示。

◆ 图 10-28

系统配置篇

在使用 Windows Vista 的过程中，用户可以根据自己的个人喜好与使用习惯对电脑的外观、鼠标指针与系统等进行设置，并在电脑中安装需要的软件或硬件。这一篇我们将了解个性化设置 Windows Vista、对系统进行基本设置以及安装软件、添加硬件和外部设备的方法。

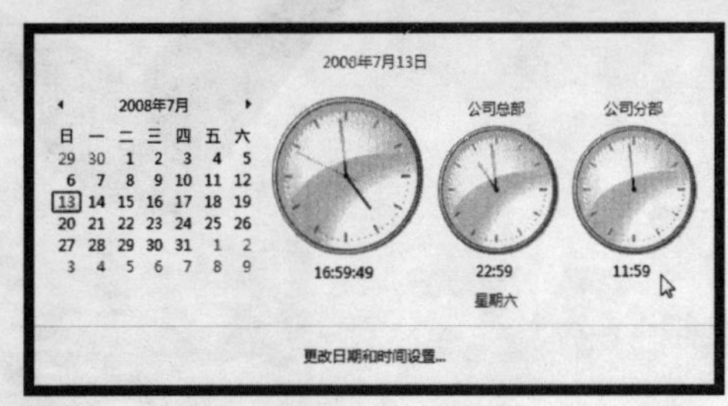

第 11 章

个性化设置 Windows Vista

在使用 Windows Vista 的过程中，用户可以根据自己的喜好对系统进行个性化设置。对系统进行设置主要包括更改桌面背景、更改系统主题与自定义屏幕保护等。合理地设置 Windows Vista，可以为自己创造一个赏心悦目的工作环境。

11.1 更改系统主题

主题定义了系统桌面、菜单、图标、屏幕保护、系统声音以及指针样式等系统视觉效果的外观。Windows Vista 中提供了“Windows Vista”与“Windows 经典”两种主题，用户也可以根据需要安装第三方的主题。

11.1.1 更改为 Windows 经典主题

Windows Vista 默认的主题为“Windows Vista”主题样式，如果用户习惯使用 Windows 2000 或以前版本的界面，就可以将系统主题更改为“Windows 经典”主题样式。

将系统默认的“Windows Vista”主题样式更改为“Windows 经典”主题样式。

STEP 01. **选择命令。**在桌面空白处单击鼠标右键，在弹出的快捷菜单中选择“个性化”命令，如图 11-1 所示。

STEP 02. **单击超链接。**在打开的“个性化”窗口的下方单击“主题”超链接，如图 11-2 所示。

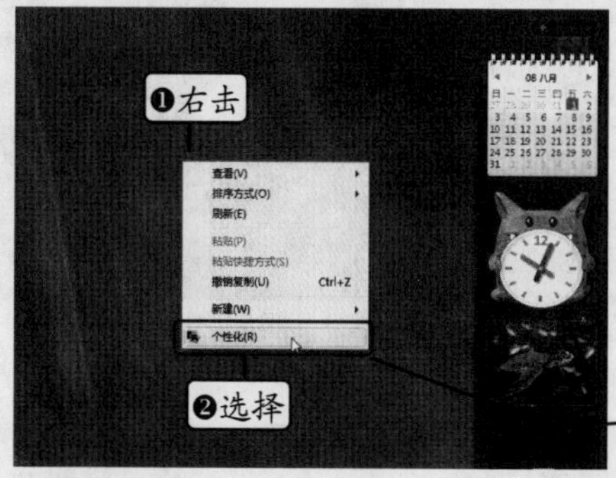

◆ 图 11-1

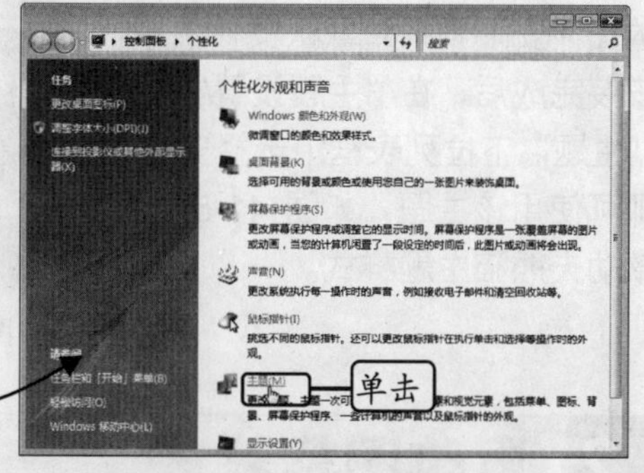

◆ 图 11-2

STEP 03. **选择主题。**在打开的“主题设置”对话框中的“主题”下拉列表框中选择“Windows 经典”选项，此时在对话框下方的“示例”栏中将显示出所选主题的效果，单击 确定 按钮，如图 11-3 所示。稍后即可将系统主题更改为“Windows 经典”样式，更改后的效果如图 11-4 所示。

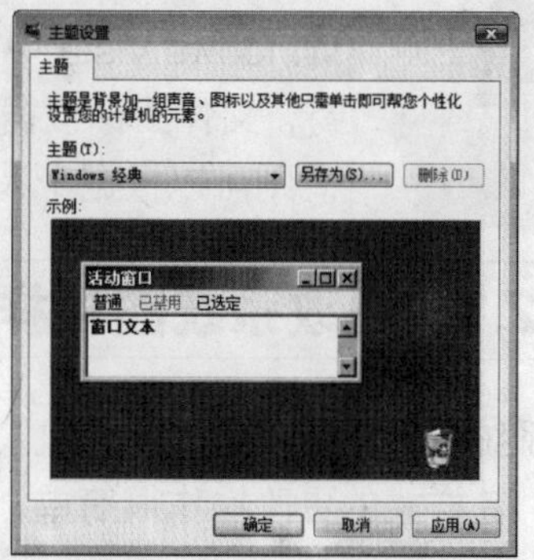

◆ 图 11-3

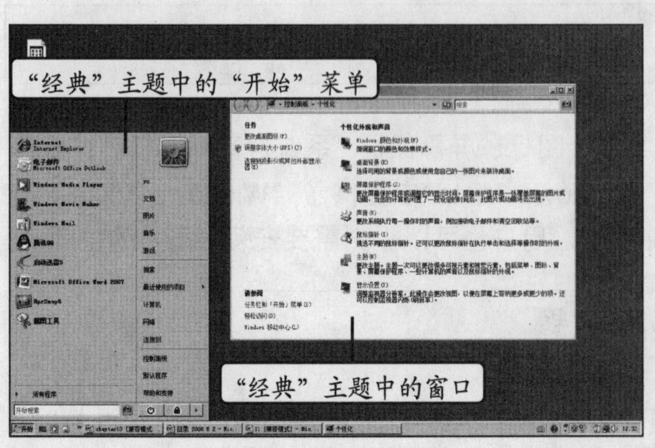

◆ 图 11-4

专家会诊台

Q：为何在“主题设置”对话框的“主题”下拉列表框中显示有“更改的主题”选项？

A：采用主题后，如果用户对桌面背景、屏幕保护、系统声音等主题中定义的外观进行了自定义修改，那么就会显示出“更改的主题”选项了。

11.1.2 安装第三方主题

除使用 Windows Vista 自带的主题样式外，还可将系统主题更改为第三方主题，这些主题一般可以通过网络来获取。

在网络中搜索并下载要使用的第三方 Windows Vista 主题后，运行其中的可执行文件即可进行自动安装，并将所需的文件安装到系统默认文件夹中。

安装完成后，在“主题设置”对话框的“主题”下拉列表框中选择安装的主题即可使用该主题，如图 11-5 所示为一款功夫熊猫主题样式。

◆ 图 11-5

11.2 更改图标样式

Windows Vista 中的图标分为 3 种，即系统图标、文件夹图标以及文件图标。文件图标根据文件类型的不同而不同，而系统图标与文件夹图标的样式则可以根据个人喜好来修改。

11.2.1 更改系统图标样式

系统图标主要包括“计算机”、“网络”、“用户的文件”、“控制面板”以及“回收站”图标，其样式的更改操作很简单，通过“个性化”窗口即可完成。

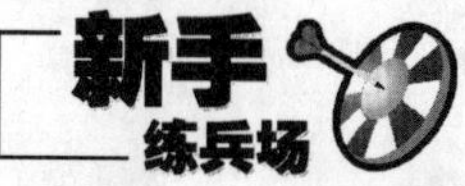

更改“计算机”图标的外观样式。

STEP 01. **单击超链接。**打开“个性化”窗口，在左侧窗格的“任务”栏中单击“更改桌面图标”超链接，如图 11-6 所示。

STEP 02. **单击按钮。**在打开的“桌面图标设置”对话框中间的列表框中单击“计算机”图标，再单击列表框下方的更改图标(H)...按钮，如图 11-7 所示。

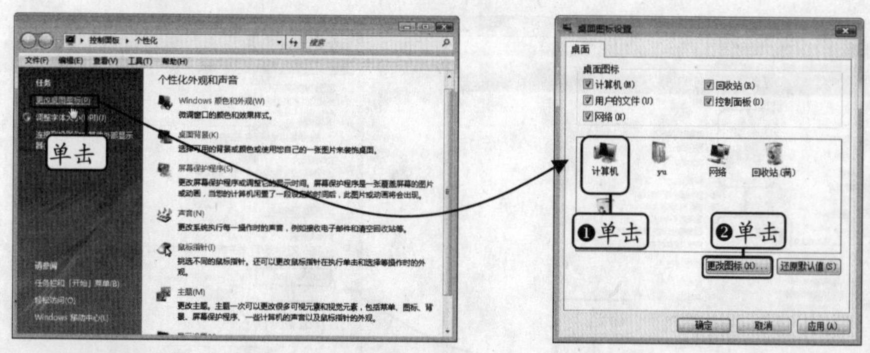

◆ 图 11-6　　◆ 图 11-7

STEP 03. **选择图标样式。**在打开的“更改图标”对话框中选择要更改的图标样式，单击确定按钮，如图 11-8 所示。

STEP 04. **更改图标。**返回到“桌面图标设置”对话框，可以看到“计算机”图标样式已经更改，如图 11-9 所示，单击确定按钮应用设置，如图 11-10 所示为更改后的“计算机”图标。

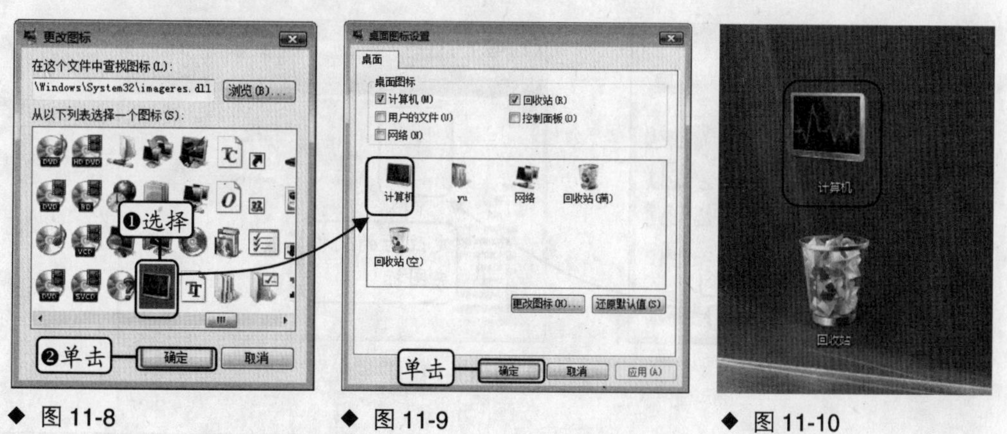

◆ 图 11-8　　◆ 图 11-9　　◆ 图 11-10

11.2.2　更改文件夹图标样式

除“用户的文件”文件夹中系统自定义的文件夹外，Windows Vista 允许用户更改其他所有文件夹的图标样式。用户可以为一些特定的文件夹设定不同的图标，从而使自己的文件目录更加个性化。

更改 E 盘中“我的文件”文件夹的外观样式。

STEP 01. **选择命令。**打开“计算机”窗口并进入到 E 盘中，在“我的文件”图标上单击鼠标右键，在弹出的快捷菜单中选择“属性”命令，如图 11-11 所示。

STEP 02. **单击按钮。**在打开的“我的文件 属性”对话框中单击“自定义”选项卡，在“文件夹图标”栏中单击更改图标(I)...按钮，如图 11-12 所示。

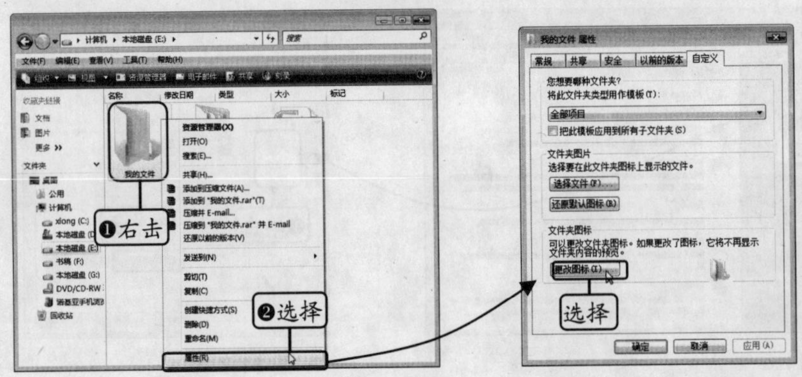

◆ 图 11-11　　◆ 图 11-12

STEP 03. **选择图标。**在打开的“为文件夹 我的文件 更改图标”对话框中选择要更改的图标，单击确定按钮关闭对话框，如图 11-13 所示。

STEP 04. **更改图标。**返回“我的文件 属性”对话框，单击确定按钮应用设置并关闭该对话框，此时即可为文件夹应用所选的图标样式，其效果如图 11-14 所示。

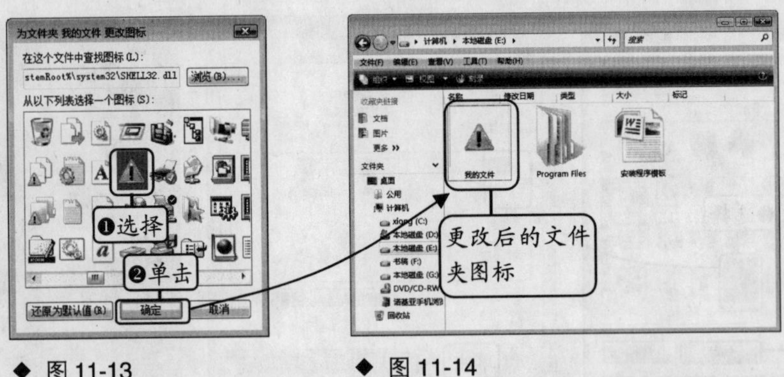

◆ 图 11-13　　◆ 图 11-14

11.3 颜色与外观设置

Windows Vista 中提供了基本以及 Aero 两种颜色方案，其中 Aero 即为窗口透明效果。使用不同的颜色方案后，系统将自动对界面的外观与显示颜色进行相应的调整。

11.3.1　Windows Vista 基本外观设置

对 Windows Vista 基本外观进行设置主要包括对字体与菜单效果进行调整，以及对系统的窗口、按钮、图标等元素的外观进行设置。

自定义设置 Windows Vista 基本外观。

STEP 01. **单击超链接。** 打开“个性化”窗口，单击“Windows 颜色和外观”超链接，如图 11-15 所示。

STEP 02. **单击按钮。** 在打开的“外观设置”对话框中单击 效果(E)... 按钮，如图 11-16 所示。

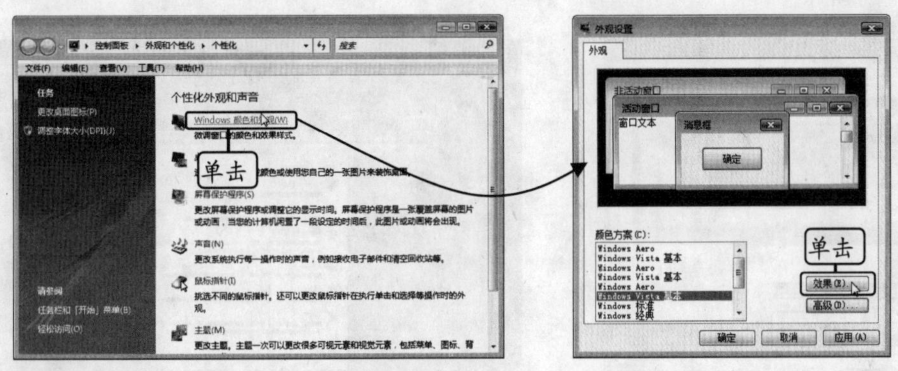

◆ 图 11-15　　◆ 图 11-16

STEP 03. **设置效果。** 在打开的“效果”对话框中选中全部复选框，然后单击 确定 按钮，如图 11-17 所示。

STEP 04. **设置外观。** 返回“外观设置”对话框，单击 高级(D)... 按钮，打开“高级外观”对话框，在“项目”下拉列表框中选择要设定外观的项目，这里选择“活动窗口边框”选项，在“大小”数值框中输入“1”，在“颜色”下拉列表框中选择“红色”，单击 确定 按钮应用设置，如图 11-18 所示。

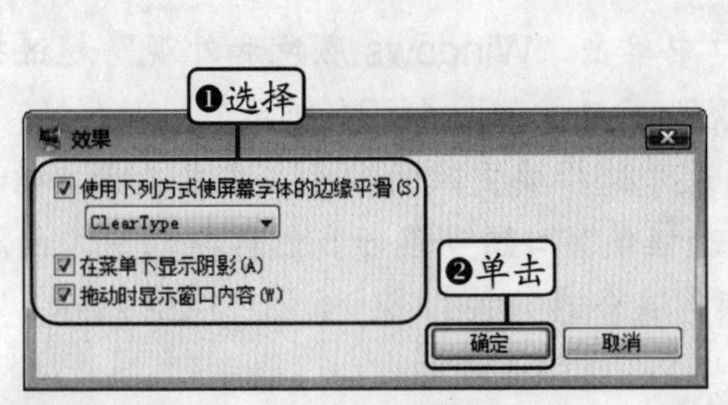

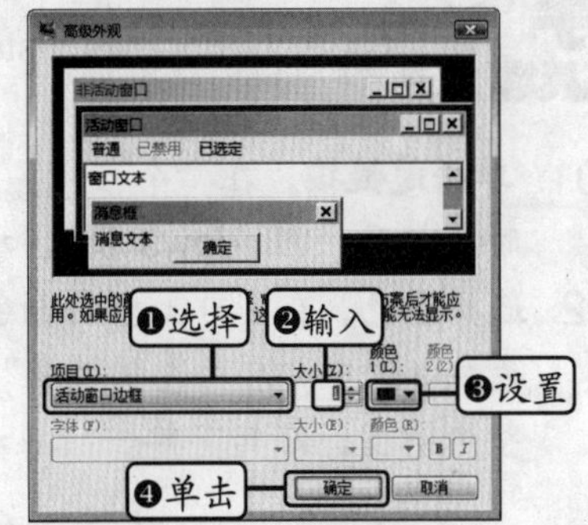

◆ 图 11-17　　◆ 图 11-18

STEP 05. **单击按钮。** 返回“外观设置”对话框，单击 确定 按钮应用设置。

11.3.2 开启 Aero 效果

安装 Windows Vista 后，系统会根据电脑的配置而自动开启或关闭 Aero 效果，但是，若电脑显卡配置较低，则 Aero 效果是不会自动开启的，这时就需要手动开启。

将 Windows Vista 的颜色方案更改为 Windows Aero。

STEP 01. **选择选项。**在“个性化”窗口中单击“Windows 颜色和外观”超链接，打开“外观设置”对话框，在“颜色方案”列表框中选择“Windows Aero”选项，单击确定按钮，如图 11-19 所示。

STEP 02. **查看效果。**此时屏幕将呈灰色不可用状态，稍后即可应用 Aero 效果，如图 11-20 所示。

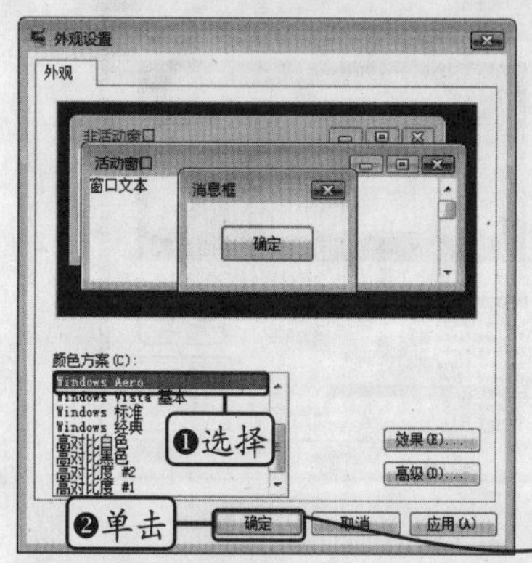

◆ 图 11-19

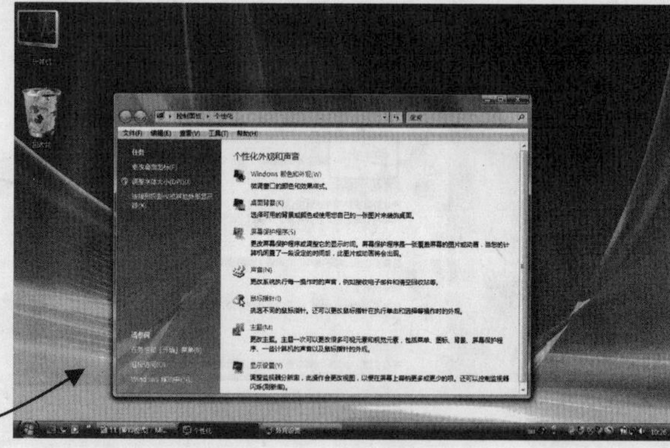

◆ 图 11-20

11.3.3 更改颜色与透明度

当启用 Aero 效果后，就可以对系统的颜色外观以及透明度进行调整。在调整颜色时，除了可以选择预设颜色外，还可以对颜色的色调、饱和度以及亮度进行调整。

更改 Windows Vista 系统的颜色外观与透明度。

STEP 01. **单击超链接。**在“个性化”窗口中单击“Windows 颜色和外观”超链接，此时将打开“Windows 颜色和外观”窗口，如图 11-21 所示。

STEP 02. **选择颜色。**在窗口上方的颜色列表中选择要更改的颜色，这里选择“桔黄”颜色块，选中“启用透明效果”复选框使窗口透明显示，然后拖动下方的滑块调整透明度，在其下单击“显示颜色混合器”按钮⊙，如图 11-22 所示。

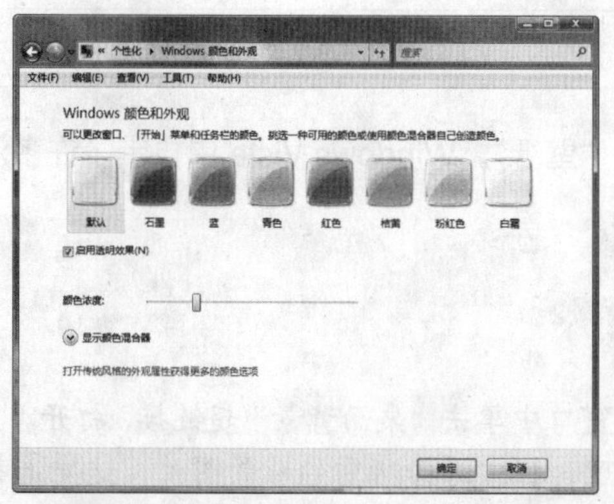

◆ 图 11-21

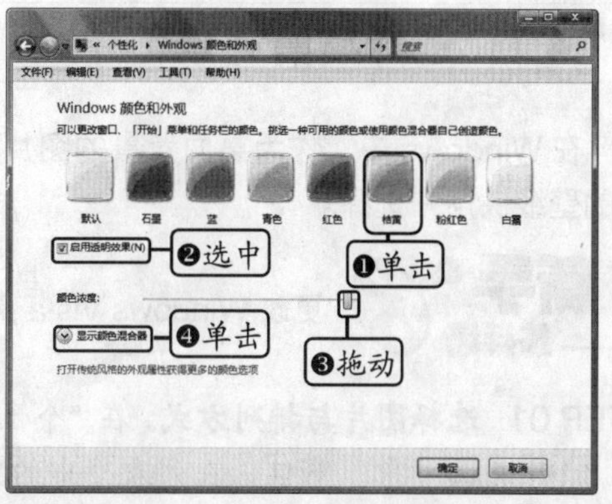

◆ 图 11-22

STEP 03. **调整颜色。**展开颜色调整滑块，拖动对应的滑块调整色调、饱和度以及亮度，如图 11-23 所示。调整完毕后，单击 确定 按钮，即可应用所作的颜色与外观设置，其效果如图 11-24 所示。

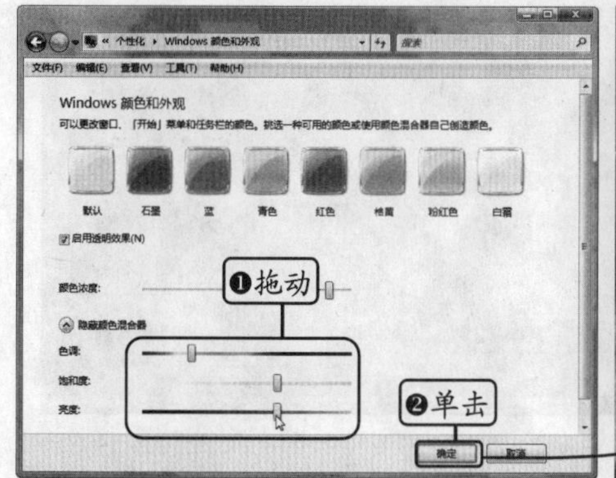

◆ 图 11-23

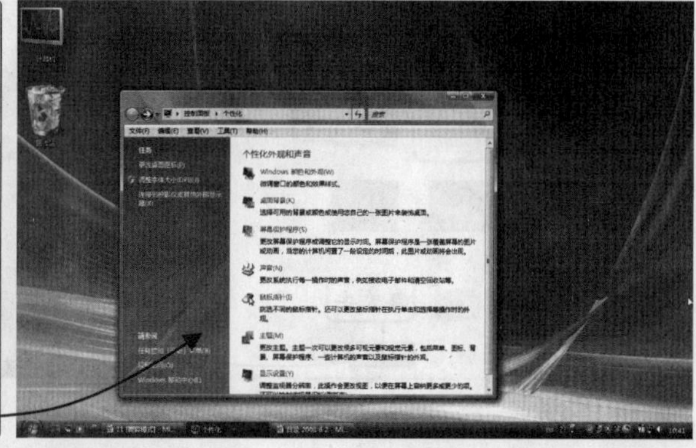

◆ 图 11-24

温馨小贴士

应用 Aero 效果后，如果要将颜色方案恢复为 Windows Vista 基本，则在如图 11-21 所示的“Windows 颜色和外观”窗口中单击“打开传统风格的外观属性获取更多的颜色选项”超链接，在打开的“外观设置”对话框中进行选择即可。

11.4 设置桌面背景

Windows Vista 提供了许多漂亮的桌面背景图片，用户可根据自己的喜好进行选择。另外，如果电脑中保存有其他图片，那么也可以将其设置为桌面背景。

11.4.1 选择桌面背景

在 Windows 中，作为桌面背景的图片称为“壁纸”，Windows Vista 中自带了许多漂亮的壁纸供用户选择。

更改 Windows Vista 桌面背景。

STEP 01. **选择图片与排列方式。**在“个性化”窗口中单击“桌面背景”超链接，打开“桌面背景”窗口，在列表框中的“纹理”栏中选择所需的背景图片，这里选择“img6.jpg”图片，在“应该如何定位图片”栏中选择图片在屏幕中的排列方式，这里选中“适应屏幕”单选按钮，然后单击确定(O)按钮，如图 11-25 所示。

STEP 02. **查看效果。**稍后系统即可将所选图片设置为桌面背景，其效果如图 11-26 所示。

◆ 图 11-25

◆ 图 11-26

11.4.2 自定义背景

Windows Vista 允许用户将电脑中的任意图片文件设置为桌面背景，如照片、从网络中下载的壁纸等等。另外，将图片设置为桌面背景时，需要注意图片的分辨率是否与屏幕分辨率比例相同，如果不同，则需要调整排列方式。

将电脑中保存的个人照片（CD:\素材\第 11 章\美景.jpg）设置为桌面背景。

STEP 01. **选择图片。**在“桌面背景”窗口中单击“图片位置”下拉列表框后的浏览(B)...按钮，打开“浏览”对话框，在其中选择要设置为背景的图片文件，这里选择“snap1 副本”文件，单击打开(O)按钮，如图 11-27 所示。

STEP 02. **确认选择。**返回“桌面背景”窗口，在列表框中将显示所选图片的缩略图，在列表框下方选中“适应屏幕”单选按钮，单击确定(O)按钮，如图 11-28 所示。

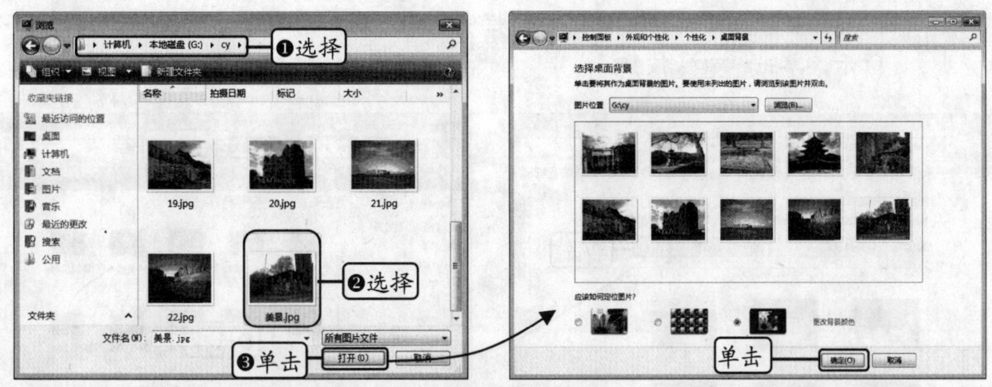

◆ 图 11-27　　◆ 图 11-28

STEP 03. **查看效果。**此时“桌面设置”窗口将自动关闭，并将所选图片设置为桌面背景，其效果如图 11-29 所示。

◆ 图 11-29

秘技播报站

在“计算机”窗口或 Windows 照片库中选择要设为桌面背景的图片，在其上单击鼠标右键，在弹出的快捷菜单中选择“设置为桌面背景”命令，可将该图片快速设置为桌面背景。

11.4.3 应用实例——将电脑中保存的图片设置为桌面背景

将保存在电脑中的个人照片（CD:\素材\第 11 章\IMG_2543.jpg）设置为桌面背景，进行设置时，由于一般照片的分辨率与屏幕分辨率不同，因此需要对照片的排列方式进行调整。

其具体操作步骤如下。

STEP 01. **选择命令。**在“个性化”窗口中单击“桌面背景”超链接，打开“桌面背景”窗口，在“图片位置”下拉列表框后单击 浏览(B)... 按钮，如图 11-30 所示。

STEP 02. **选择路径。**在打开的“浏览”对话框的“地址”下拉列表框中选择照片文件的保存路径，在其下的列表框中选择要设为桌面背景的图片，这里选择“IMG_2536.jpg”图片，单击 打开(O) 按钮，如图 11-31 所示。

STEP 03. **选择图片并设置排列方式。**返回“桌面背景”对话框，列表框中将显示出所选文件夹中的所有图片，并默认选中在“浏览”对话框中所选的“IMG_2543.jpg”

图片，在“应该如何定位图片”栏中选中“适应屏幕”单选按钮，如图 11-32 所示，单击确定(O)按钮。

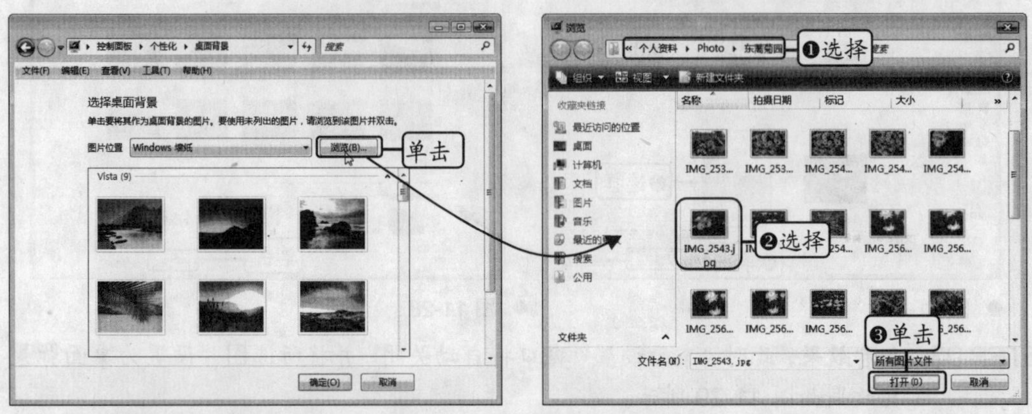

◆ 图 11-30　　◆ 图 11-31

STEP 04. **查看效果。**系统按照平铺的方式将所选图片设置为桌面背景，设置后的效果如图 11-33 所示。

◆ 图 11-32　　◆ 图 11-33

11.5 设置屏幕保护

屏幕保护程序是 Windows 操作系统保护屏幕的一种措施，它可以避免一段时间内不对电脑进行操作时屏幕长时间显示固定颜色，并且可以加密电脑，以及对电脑进行修饰。

11.5.1 设置系统自带的屏幕保护

Windows Vista 中自带了多种屏幕保护程序，用户可以直接选择并应用，并且还可对不同的屏幕保护程序进行相应的设置。

设置 Windows Vista 的屏幕保护程序为“三维文字”，等待时间为“15”分钟。

STEP 01. **打开对话框。**在“个性化”窗口中单击“屏幕保护程序”超链接，打开如图 11-34 所示的“屏幕保护程序设置”对话框。

STEP 02. **选择选项。**在“屏幕保护程序”下拉列表框中选择“三维文字”选项，然后单击 设置(T)... 按钮，如图 11-35 所示。

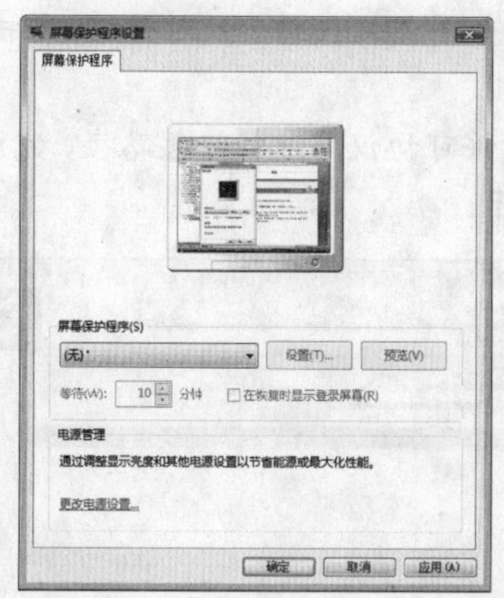

◆ 图 11-34

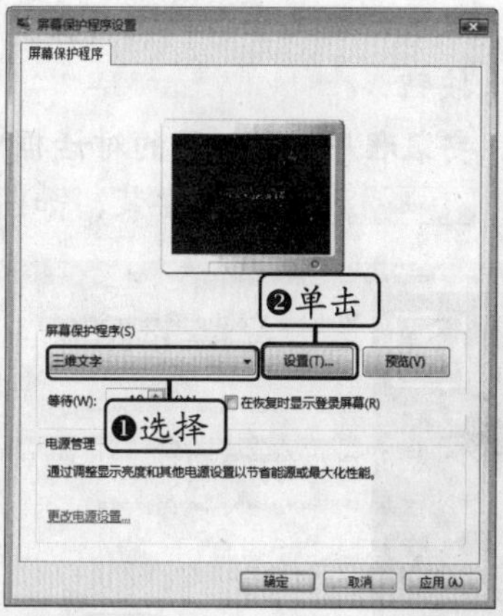

◆ 图 11-35

STEP 03. **设置效果。**在打开的“三维文字设置”对话框中设置运行屏幕保护时要显示的文字，以及文字的字体与效果等。设置完毕后，单击 确定 按钮，如图 11-36 所示。

STEP 04. **设置等待时间。**返回“屏幕保护程序设置”对话框，在“等待”数值框中输入屏幕保护程序的启动时间，这里输入“15”，单击 确定 按钮，如图 11-37 所示。

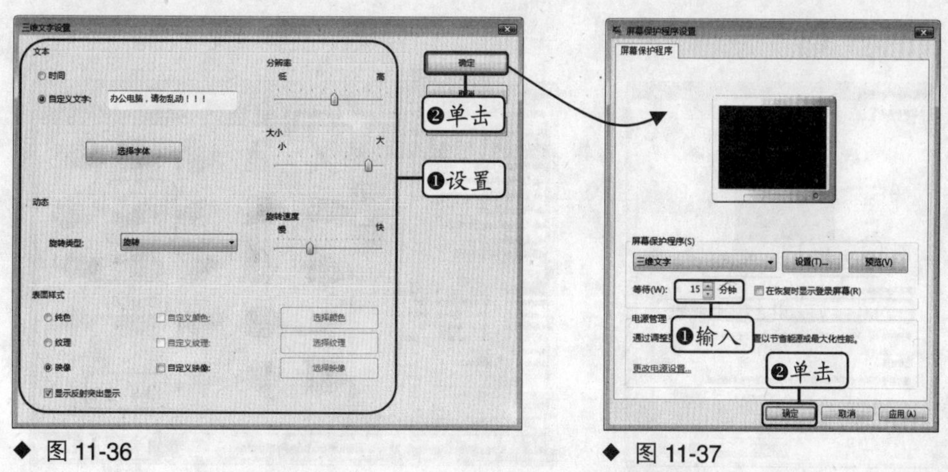

◆ 图 11-36

◆ 图 11-37

11.5.2 安装与使用第三方屏幕保护

除了选择系统自带的屏幕保护程序外，还可以使用更加多彩的第三方屏幕保护程序。该类型屏幕保护程序可通过在网络中下载的方式获取，然后将其安装到电脑中即可使用。

在 Windows Vista 中安装并使用“热带鱼”屏幕保护程序。

STEP 01. **双击图标。**将“热带鱼”屏幕保护程序下载到本地电脑中，打开其保存文件夹，双击安装文件图标运行安装文件，打开如图 11-38 所示的对话框，单击 Next > 按钮。

STEP 02. **安装程序。**在打开的对话框中依次接受许可协议与选择安装路径，完成后单击 Next > 按钮开始安装，如图 11-39 所示。

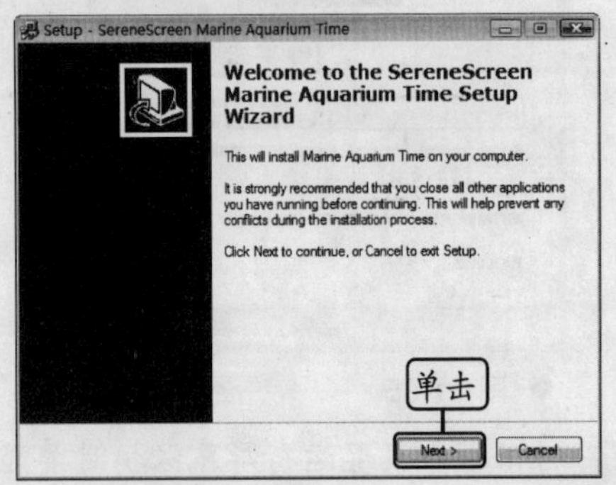

◆ 图 11-38

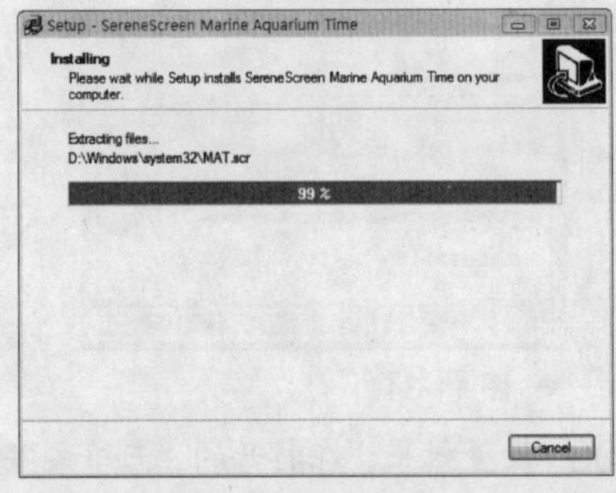

◆ 图 11-39

STEP 03. **设置屏幕保护程序。**安装完毕后打开“屏幕保护程序设置”对话框，在“屏幕保护程序”下拉列表框中选择“Mat”选项，单击 设置(T)... 按钮，如图 11-40 所示。

STEP 04. **设置选项。**在打开的对话框中对屏幕保护程序的选项进行相应设置，这里在右侧窗格中选择运行屏幕保护程序时显示的图片，单击 OK 按钮，如图 11-41 所示。

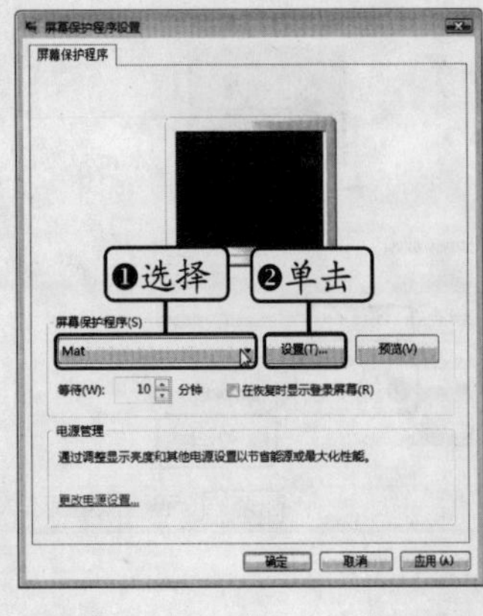

◆ 图 11-40

◆ 图 11-41

STEP 05. **查看效果。**返回“屏幕保护程序设置”对话框，在“等待”数值框中输入“10”，单击 确定 按钮。如图 11-42 所示为启动“热带鱼”屏幕保护程序的效果。

◆ 图 11-42

温馨小贴士

不同第三方屏幕保护程序的安装与设置方法也不尽相同，用户可根据自己所选择的屏幕保护程序进行相应操作。

11.5.3　应用实例——使用“气泡”屏幕保护

本实例将为系统设置 Windows Vista 自带的“气泡”屏幕保护程序，并设定屏幕保护程序的等待时间，然后等待屏幕保护程序启动，以观察其效果。

其具体操作步骤如下。

STEP 01. **选择选项。**在“个性化”窗口中单击“屏幕保护程序”超链接，打开“屏幕保护程序设置”对话框，在“屏幕保护程序”下拉列表框中选择“气泡”选项，如图 11-43 所示。

STEP 02. **设置等待时间。**此时预览区域中将显示出“气泡”屏幕保护的效果，在下方的“等待”数值框中输入“5”分钟，单击 确定 按钮，如图 11-44 所示。

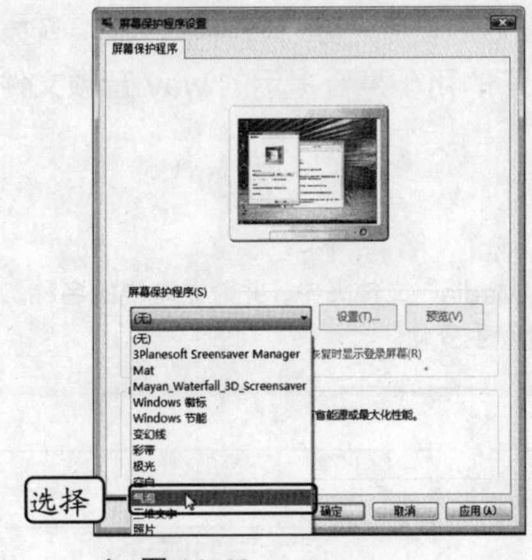

◆ 图 11-43

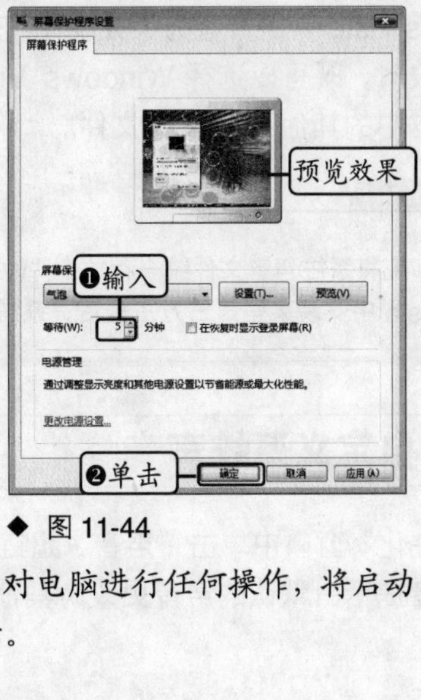

◆ 图 11-44

STEP 03. **启动屏幕保护程序。**保持 5 分钟不对电脑进行任何操作，将启动“气泡”屏幕保护程序，其效果如图 11-45 所示。

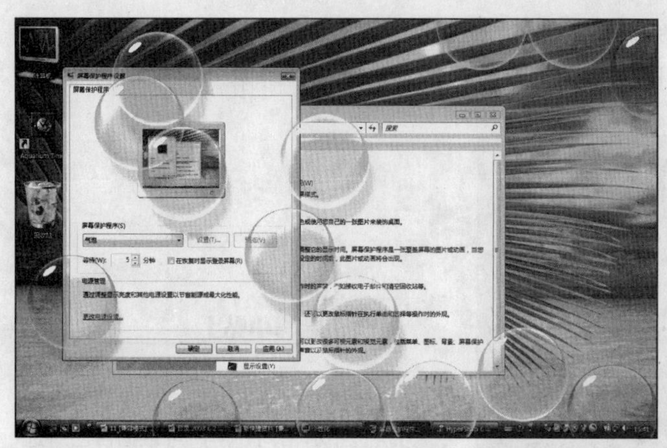

在“屏幕保护程序设置”对话框中选择所需的屏幕保护程序后，单击 预览(V) 按钮可立即预览设置后的效果

◆ 图 11-45

11.6 自定义系统声音

系统声音是指在使用 Windows Vista 的过程中，当进行某些操作时系统所发出的相应声音提示。登录系统、注销系统、关闭系统、打开窗口以及错误操作等都会有系统声音。对于这些系统声音，用户可根据个人喜好进行设置。

11.6.1 认识系统声音

系统的提示声音均为 Windows Vista 中内置的波形文件（wav 音频文件），这些声音文件都存放在“Windows\Media”文件夹中。当对系统进行指定操作（即发生事件）时，就会激活对应的声音文件，从而发出不同的提示音。

Windows Vista 中的声音方案是由系统默认设置的，用户可对每种事件的声音方案进行更改。更改时，既可以选择 Windows Vista 自带的用于声音提示的 wav 音频文件，也可以选择电脑中的其他 wav 音频文件。

秘技播报站

为了方便管理，应将系统声音文件统一存放在“Windows\Media”文件夹中，并赋予直观的名称。另外，在 Windows Vista 中安装某些第三方主题后，系统声音会发生变化。

11.6.2 自定义系统声音

在“个性化”窗口中单击“声音”超链接后，将打开“声音”对话框，在其中可将指定事件的声音提示由默认的声音更改为其他声音。

更改登录 Windows Vista 与退出 Windows Vista 时的声音。

STEP 01. **单击链接。**在“个性化”窗口中单击“声音”超链接，打开“声音”对话框的“声音”选项卡，如图 11-46 所示。

STEP 02. **选择事件。**在“程序事件”列表框中选择“Windows 登录”选项，如图 11-47 所示。

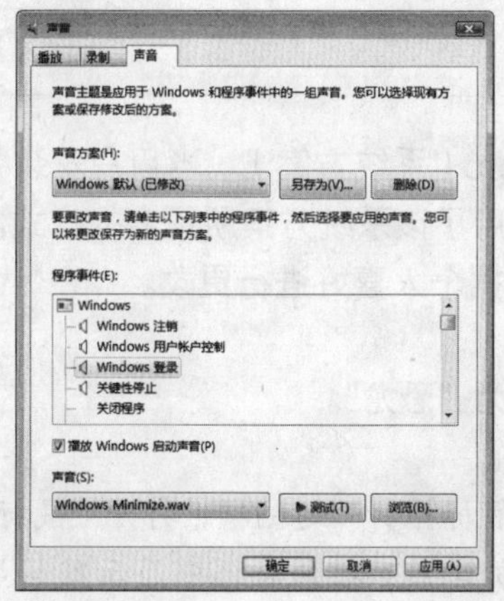

◆ 图 11-46

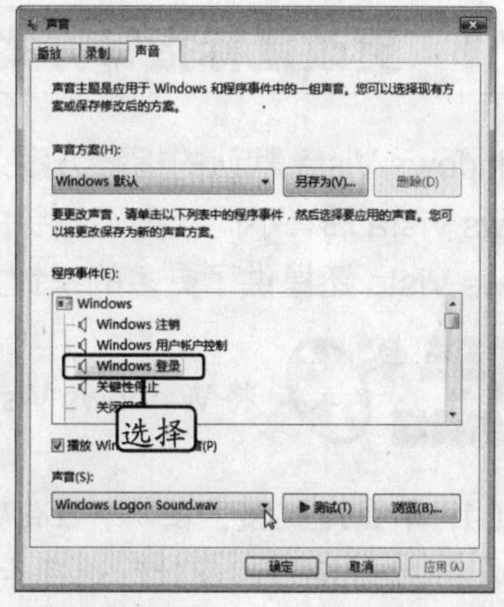

◆ 图 11-47

STEP 03. **选择声音。**在“声音”下拉列表框中选择要采用的声音，这里选择“Windows Minimize.wav”选项，如图 11-48 所示。选择后，可单击下拉列表框右侧的 ▶测试(T) 按钮播放声音以确认。

STEP 04. **自定义声音。**在“程序事件”列表框中选中“退出 Windows”选项，单击下方的 浏览(B)... 按钮，在打开的“浏览新的声音”对话框中选择要自定义设置的声音文件，这里选择“recycle.wav”选项，单击 打开(O) 按钮即可将所选声音设置为退出 Windows 时播放的声音，如图 11-49 所示。

◆ 图 11-48

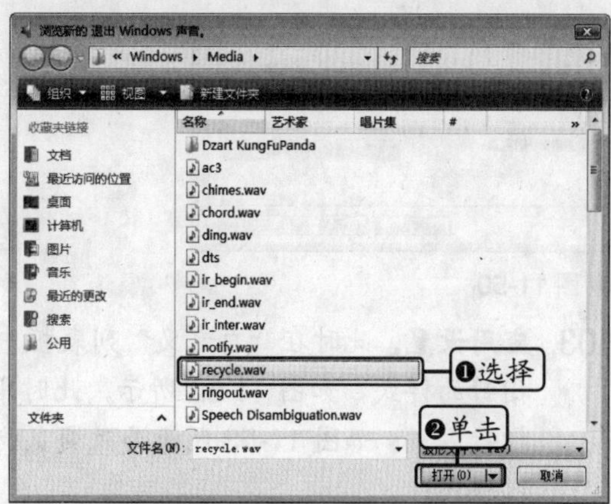

◆ 图 11-49

11.7 更改鼠标指针样式

鼠标指针样式是指鼠标在 Windows 中的形态。默认状态下，鼠标指针显示为一个斜向箭头。当用户进行不同操作，或将鼠标指向不同对象时，鼠标指针的形态也会发生相应改变。不同状态下鼠标指针样式的集合，称为指针方案，用户可以更改该方案，或单独更改指定状态下鼠标的样式。

11.7.1 更改鼠标指针方案

Windows Vista 默认的指针方案为“Windows Aero（系统方案）”，当用户安装并登录 Windows Vista 后，不同状态下指针的样式也就是采用了该系统方案所预定的样式。同时 Windows Vista 还提供了更多的指针方案，用户可根据个人喜好进行更改。

将 Windows Vista 指针方案更改为“恐龙”。

STEP 01. **单击超链接。**在“个性化”窗口中单击“鼠标指针”超链接，打开“鼠标属性”对话框的“指针”选项卡，可以看到“方案”下拉列表框中显示默认显示为“Windows Aero（系统方案）”选项，“自定义”列表框中显示该方案下不同状态的指针形状，如图 11-50 所示。

STEP 02. **选择选项。**在“方案”下拉列表框中选择“恐龙”选项，如图 11-51 所示。

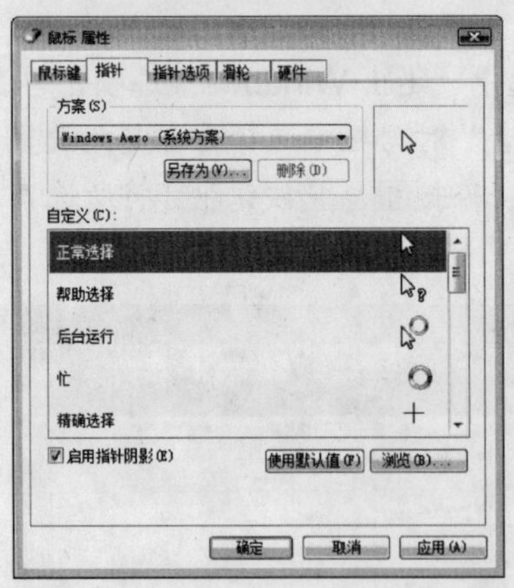

◆ 图 11-50

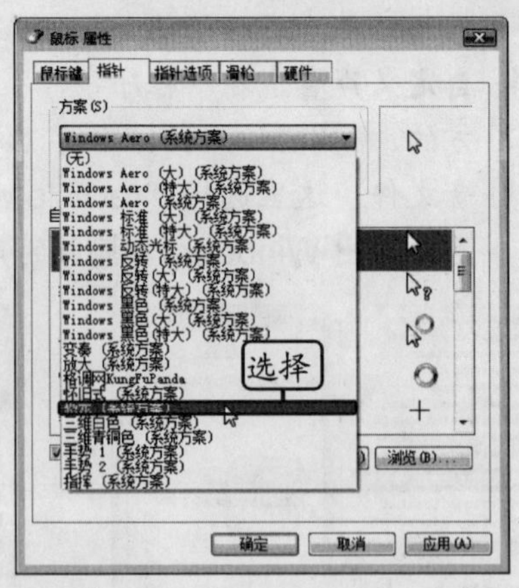

◆ 图 11-51

STEP 03. **应用设置。**此时在“自定义”列表框中即显示“恐龙”方案中不同状态下鼠标指针的样式，如图 11-52 所示，此时单击 确定 按钮即可为系统应用“恐龙”指针方案。如图 11-53 所示为改变鼠标指针方案后的“正常选择”时的鼠标指针样式。

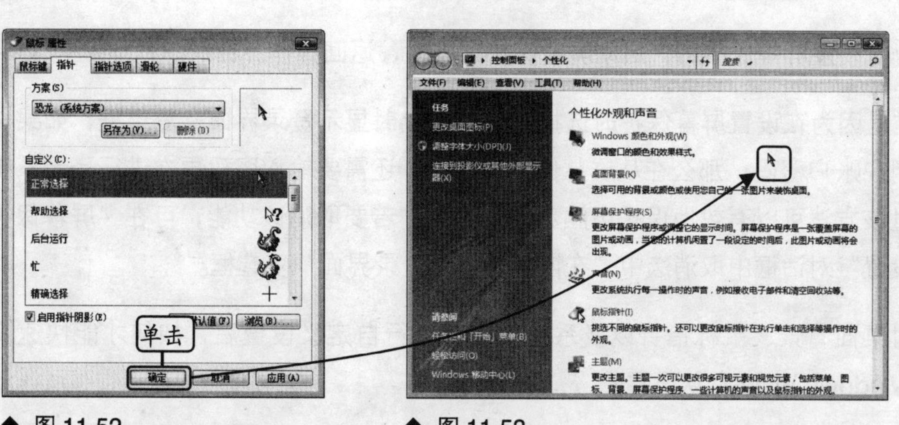

◆ 图 11-52　　◆ 图 11-53

11.7.2　自定义鼠标指针外观

每种鼠标指针方案都定义了鼠标指针在不同状态下的样式，在应用了某种指针方案后，还可以自定义鼠标指针的外观。

打开“鼠标 属性”对话框，在“自定义”列表框中选择要更改的指针样式，如“正常选择”，然后单击列表框下方的“浏览”按钮，在打开的如图 11-54 所示的“浏览”对话框中选择要更改的样式，如“horse”样式，单击[打开(O)]按钮返回“鼠标属性”对话框，可以看到列表框中“正常选择”状态的指针样式已经发生改变，如图 11-55 所示，单击[确定]按钮应用设置即可。

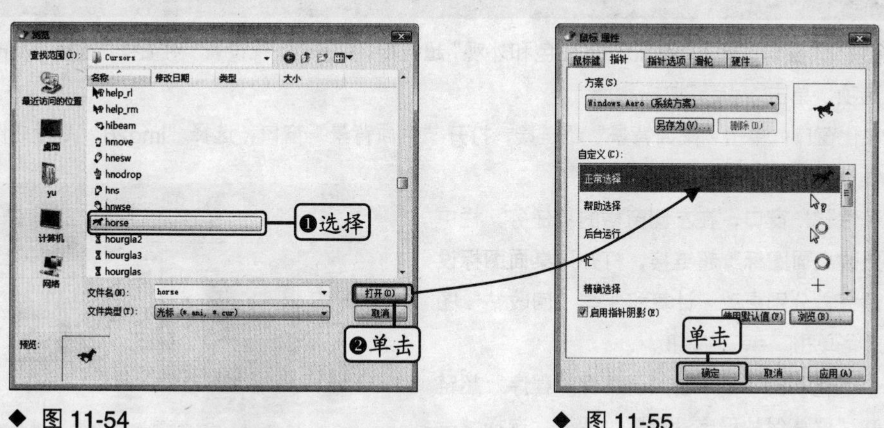

◆ 图 11-54　　◆ 图 11-55

11.8　疑难解答

学习完本章后，是否发现自己对个性化设置 Windows Vista 的认识又提升到了一个新的台阶？在个性化设置 Windows Vista 过程中遇到的相关问题自己是否已经顺利解决了？下面将为您提供一些关于个性化设置 Windows Vista 的常见问题解答，使您的学习路途更加顺畅。

问：为何设置屏幕保护后，启动屏幕保护程序时，返回操作界面时总是显示登录界面？

答：这是因为在设置屏幕保护时选择了“在恢复时显示登录界面”复选框，如果设置了用户账户密码，那么在从屏幕保护返回时，还需要输入密码再次进行登录系统。通过该方法可以有效地保护电脑数据的安全。若要取消该功能，可在“屏幕保护程序设置”对话框中取消选中“在恢复时显示登录界面”复选框。

问：对桌面背景、鼠标指针以及系统声音等进行自定义设置后，如何才能快速恢复为 Windows Vista 默认设置？

答：用户进行自定义设置后，如果要恢复为 Windows Vista 默认设置，只要将系统主题更改为“Windows Vista 基本”或“Windows Aero”即可。

11.9 上机练习

本章上机练习将自定义 Windows Vista 的使用环境，主要包括更改主题、定义桌面背景、设置屏幕保护以及更改桌面图标样式。练习的最终效果及制作提示介绍如下。

练习

① 打开“个性化”窗口，单击“Windows 颜色和外观”超链接，打开“外观设置”对话框，选择“Windows Aero”选项，单击[确定]按钮。

② 返回个性化窗口，单击“桌面背景”超链接，打开“桌面背景”窗口，选择“img26”图片文件，单击[确定(O)]按钮。

③ 返回“个性化”窗口，在左侧窗格的“任务”栏中单击“更改桌面图标”超链接，打开“桌面图标设置”对话框，分别更改“计算机”与“回收站”图标的样式，单击[确定]按钮。

④ 返回“个性化”窗口，单击“屏幕保护程序”超链接，打开“屏幕保护程序设置”对话框，选择“气泡”屏保，将等待时间设置为 15 分钟，单击[确定]按钮。对系统进行个性化设置后的最终效果如图 11-56 所示。

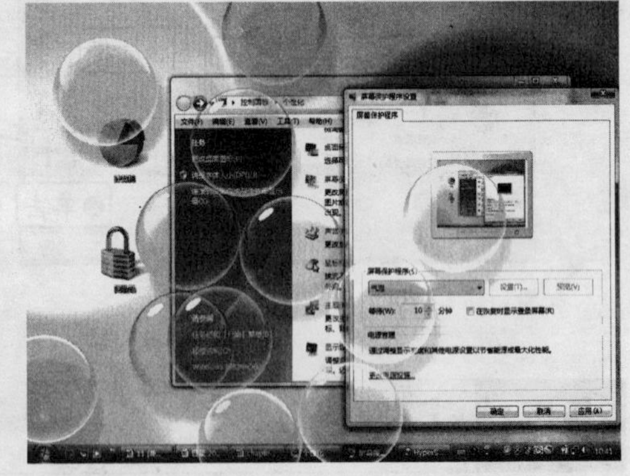

◆ 图 11-56

第 12 章 Windows Vista 系统设置

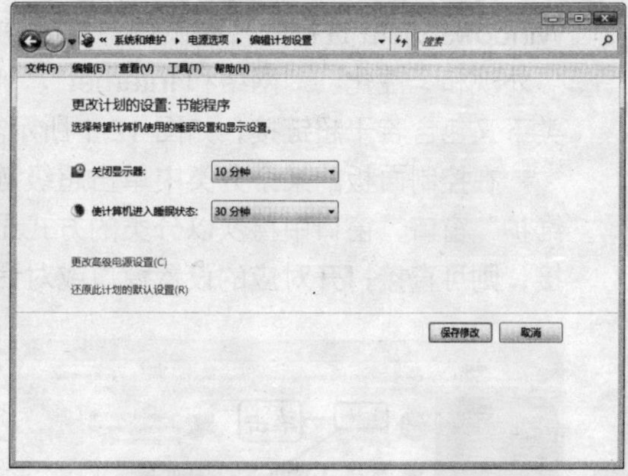

系统设置是指在 Windows Vista 中对日期和时间、鼠标与键盘的功能、电源以及外观与性能、虚拟内存和启动列表等一些系统高级选项根据使用需要进行设置与调整，从而使电脑更加符合用户的使用习惯。本章除了讲解以上系统设置的方法之外，还专门为笔记本电脑与移动 PC 增设的 Windows 移动中心进行讲解。

快学快用

12.1 Windows Vista 控制面板

控制面板是对 Windows Vista 各种功能进行设置的平台，对系统进行的所有设置都可以通过控制面板来实现。用户在进行设置之前，首先需要认识与了解控制面板。

12.1.1 认识控制面板

选择“开始/控制面板”命令，即可打开“控制面板”窗口，其中分类显示了可以对 Windows Vista 进行的各种设置，包括“系统和维护”、“用户账户和家庭安全”、“安全”、“外观和个性化”、“网络和 Internet”、“时钟、区域和语言”、“硬件和声音”等，每个分类下又包含若干超链接，如图 12-1 所示。

在控制面板的某个分类中单击超级链接，如“系统和维护”超链接，将打开“系统和维护”窗口，窗口中再次以分类的方式显示出子超链接，如图 12-2 所示。单击某个子链接，则可直接打开对应的设置窗口或对话框，进行相应设置。

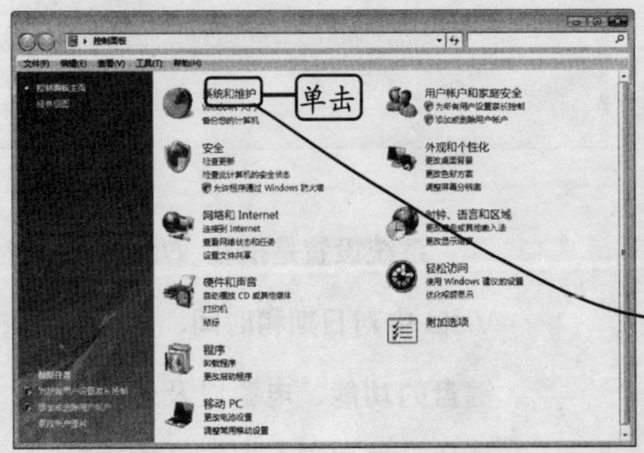

◆ 图 12-1

◆ 图 12-2

12.1.2 切换控制面板视图

“控制面板”窗口中以分类方式显示出各个设置选项，但有些选项并没有在控制面板中显示出来，如键盘与鼠标、系统属性等，在对其进行设置时，可能无法快速找到对应的设置选项，这时就可以在左侧窗格中单击“经典视图”超链接，切换到“经典视图”，该视图中以图标的方式显示出 Windows Vista 中的所有设置选项，如图 12-3 所示。

◆ 图 12-3

12.2 日期和时间设置

进入 Windows Vista 后，在桌面任务栏右侧的通知区域中可以查看到系统时间，当系统时间或日期出现误差时，就需要重新进行设置。

12.2.1 查看系统时间与日期

在 Windows Vista 中，要查看系统日期时，只需将鼠标指针移动到任务栏中通知区域的时间上，即可弹出一个浮动框并显示当前系统日期与星期，如图 12-4 所示。用鼠标单击时间，则将打开一个窗口，显示详细日期与时钟，如图 12-5 所示。

◆ 图 12-4

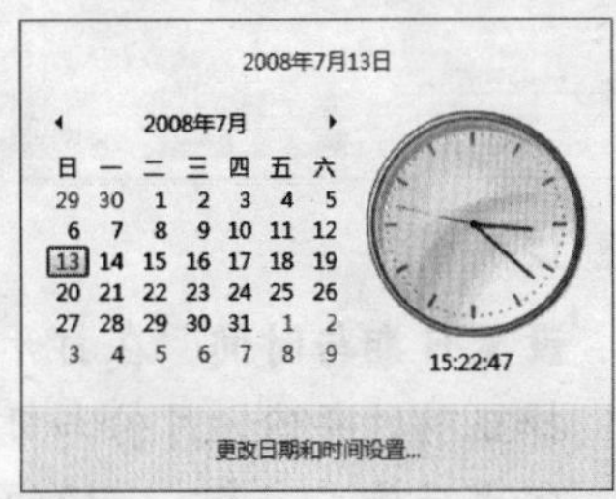

◆ 图 12-5

12.2.2 设置系统时间与日期

如果系统的日期与时间和现实中的不一致，会给工作和生活带来诸多不便，这时就需要对其进行设置和调整。需注意的是，Windows Vista 中的时间为 24 小时制。

将当前系统日期与时间调整为准确的日期与时间。

STEP 01. **单击超链接。** 打开“控制面板”窗口，在其中单击“时间、区域和语言”超链接，打开“时间、区域和语言”窗口，单击“设置时间和日期”超链接，如图 12-6 所示。

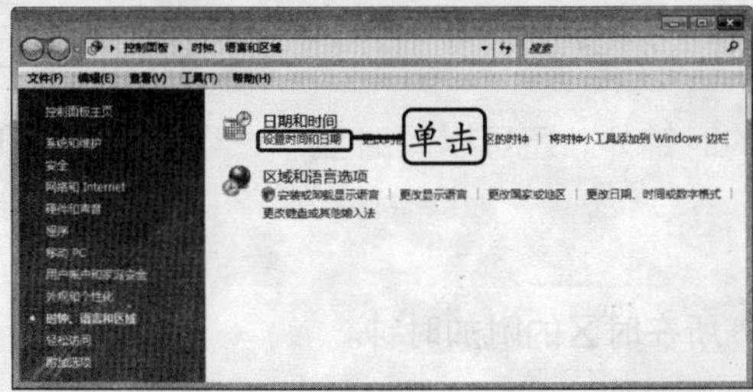

◆ 图 12-6

温馨小贴士

安装 Windows Vista 时，系统会根据 BIOS 中的信息自动设置日期和时间。如果在系统中未对日期和时间进行更改，却出现日期和时间不准确的情况，则可以检查电脑主板供电电池是否电量不足。

STEP 02. **单击按钮。**在打开的“日期和时间”对话框的“日期和时间”选项卡中显示了详细的日期与时间，单击更改日期和时间(D)...按钮，如图 12-7 所示。

STEP 03. **确认操作。**在打开的“用户账户控制”对话框中单击继续(C)按钮确认操作，如图 12-8 所示。

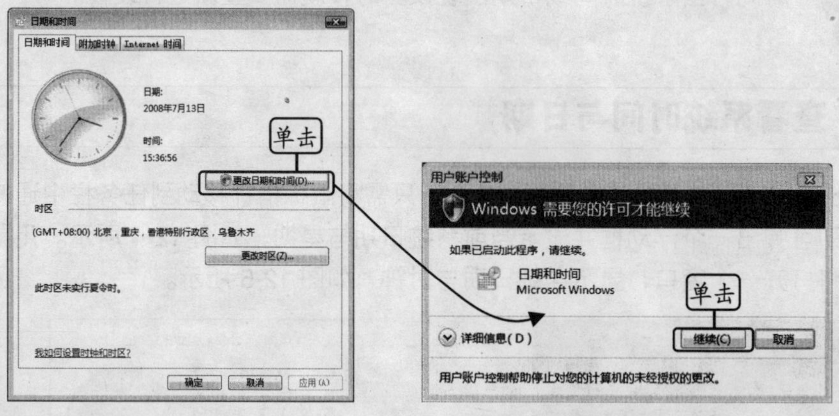

◆ 图 12-7　　◆ 图 12-8

STEP 04. **设置日期与时间。**在打开的“日期和时间设置”对话框的“日期”列表框中选择正确的年份、月份与日期，在“时间”数值框中分别设置时、分与秒，设置完成后单击确定按钮，如图 12-9 所示。

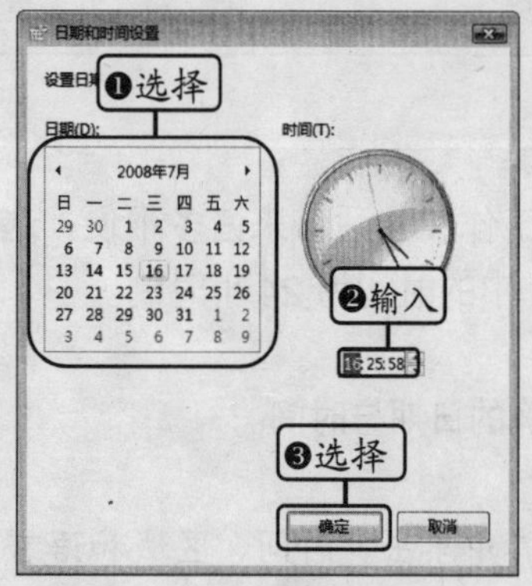

◆ 图 12-9

在任务栏的通知区域中单击时间与日期，在弹出的日历和时钟窗口中单击“更改日期和时间设置”超链接，也可打开“日期和时间”对话框。

12.2.3 显示附加时钟

在 Windows Vista 中，除了显示默认时区的时钟外，还可以同时显示一个或两个其他时区的附加时钟。

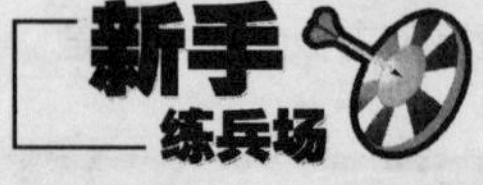

显示“夏威夷”与“开罗”所在时区的附加时钟。

STEP 01. **选中复选框。**打开“日期和时间”对话框，单击“附加时钟”选项卡，在其中选中“显示此时钟”复选框，如图 12-10 所示。

STEP 02. **选择时区。**在“选择时区”下拉列表框中选择“(GMT-10:00)夏威夷”选项，如图 12-11 所示。

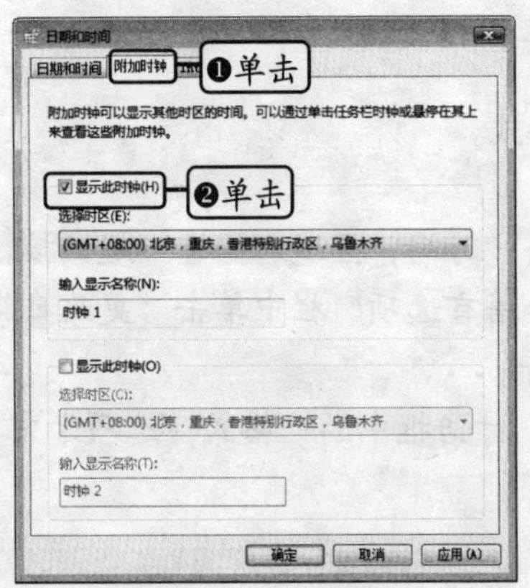

◆ 图 12-10

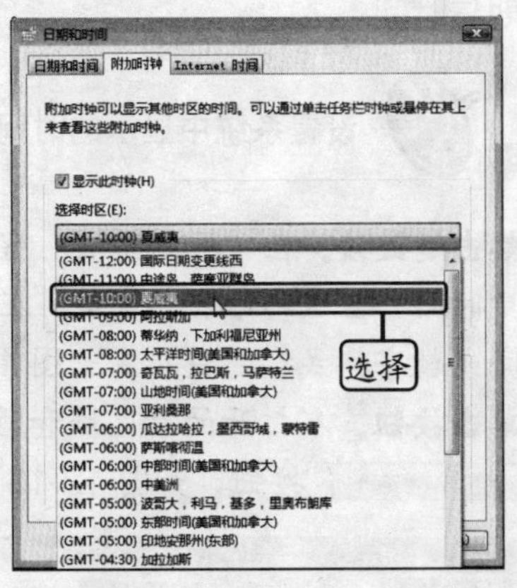

◆ 图 12-11

STEP 03. **设定名称。**在“输入显示名称”文本框中输入该时钟的名称，这里输入“公司总部”，如图 12-12 所示。

STEP 04. **设置其他时区。**在对话框下方选中“显示此时钟”复选框，在“选择时区”下拉列表框中选择“GMT+02:00 开罗”选项，将名称设置为“公司分部”，单击 确定 按钮，如图 12-13 所示。

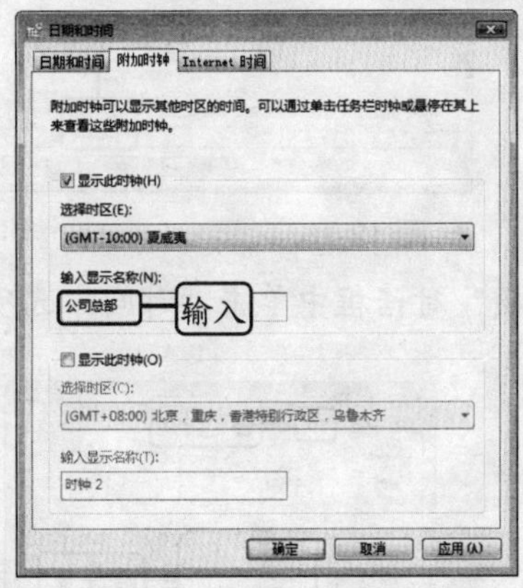

◆ 图 12-12

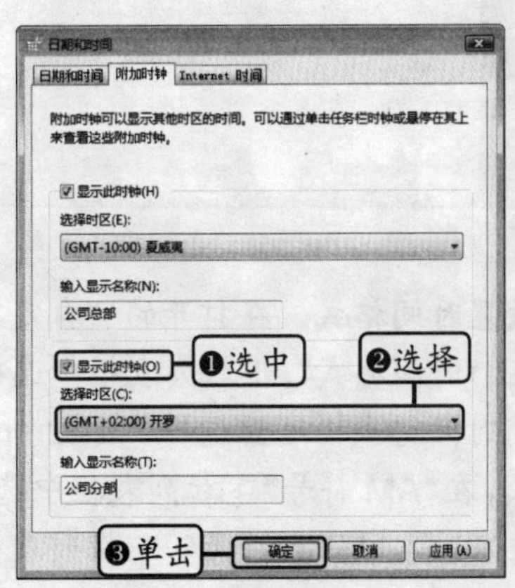

◆ 图 12-13

STEP 05. **查看设置的附加时钟。**返回桌面，在任务栏右侧的通知区域中单击时间，在打开的窗口中将同时显示默认时钟与附加时钟，如图 12-14 所示。

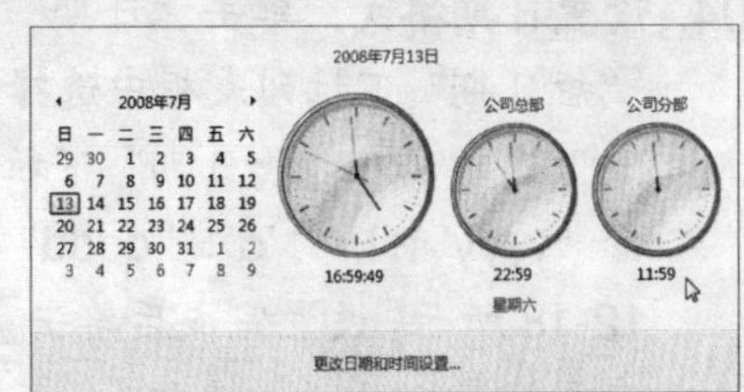

◆ 图 12-14

12.2.4 自定义时间与日期格式

Windows Vista 中提供了多种日期和时间格式，用户可根据需要选择在系统中以哪种格式显示日期与时间。

设置系统中显示的时间和日期格式。

STEP 01. **单击超链接。**在“控制面板”窗口中单击“时间、区域和语言”超链接，打开“时间、区域和语言”窗口，在“区域和语言选项”栏中单击“更改日期、时间或数字格式”超链接，如图 12-15 所示。

STEP 02. **单击按钮。**在打开的“区域和语言选项”对话框中的“格式”选项卡中单击 自定义此格式(U)... 按钮，如图 12-16 所示。

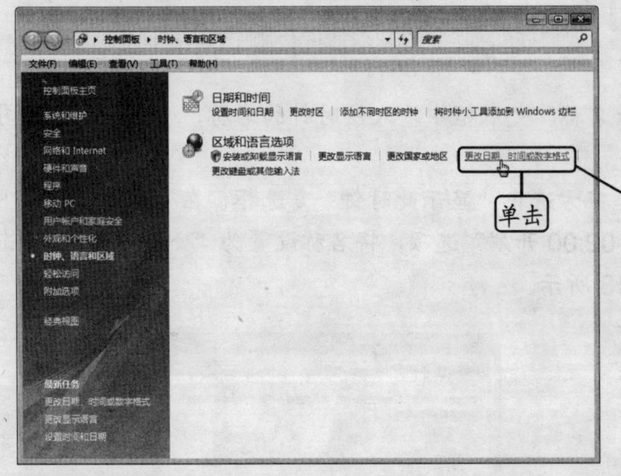

◆ 图 12-15

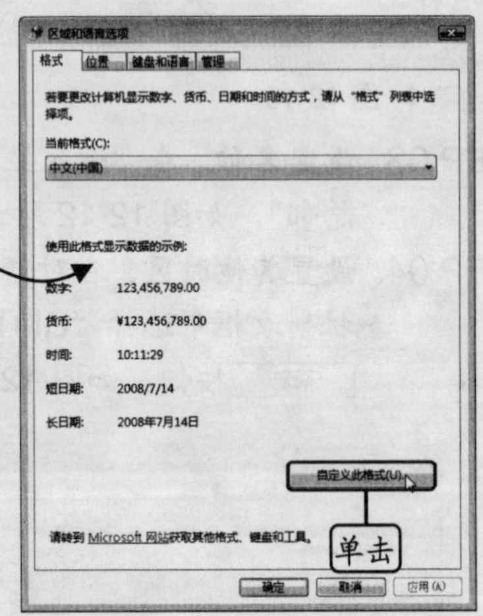

◆ 图 12-16

STEP 03. **设置时间格式。**在打开的“自定义区域选项”对话框中单击“时间”选项卡，在“时间格式”下拉列表框中选择要采用的时间格式，这里选择“tt h:mm:ss”选项，在“AM 符号”下拉列表框中选择“AM”选项，在“PM 符号”下拉列表框中选择“PM”选项，如图 12-17 所示。

STEP 04. **设置日期格式。**单击“日期”选项卡，在“短日期”下拉列表框中选择“yyyy.MM.dd”选项，在“长日期”下拉列表框中选择“yyyy'年'M'月'd'日',dddd”选项，如图 12-18 所示，设置完成后单击 确定 按钮应用设置。

STEP 05. **查看效果。**返回桌面，通知区域中的时间

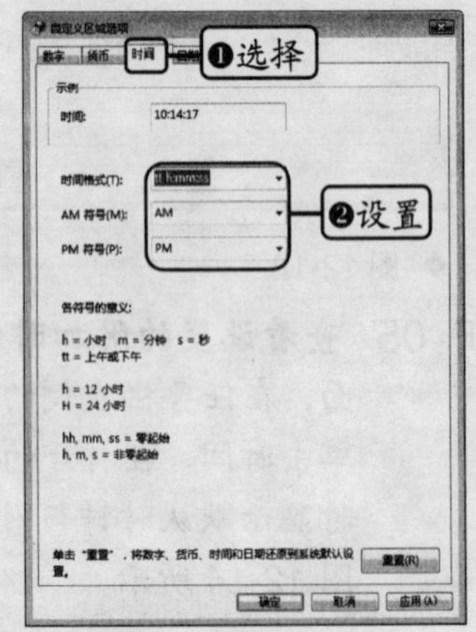

◆ 图 12-17

显示格式发生相应变化，单击时间区域，在打开的窗口中显示的时间与日期也同样采用了设置的格式，如图 12-19 所示。

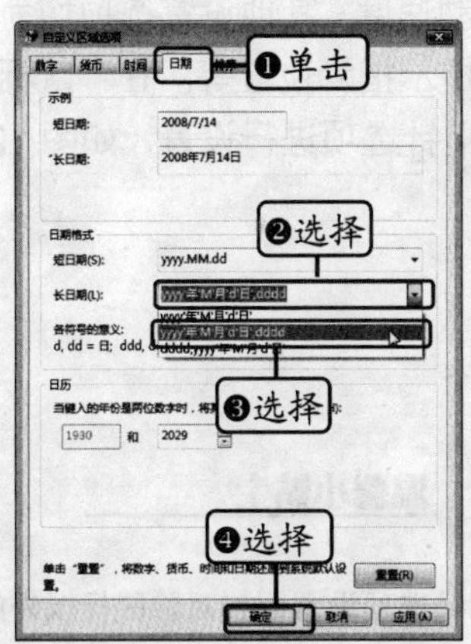

◆ 图 12-18

◆ 图 12-19

12.3 鼠标设置

对电脑进行的各种操作与控制，多数是通过鼠标来完成的。由于不同用户使用鼠标的习惯有所不同，因此，Windows 操作系统允许用户对鼠标进行相应设置，使其更符合自己的使用习惯。

12.3.1 鼠标按键设置

鼠标按键设置主要包括切换鼠标左右键功能以及鼠标双击速度的设置。在“控制面板”窗口中的“硬件和声音”栏中单击“鼠标”超链接，将打开“鼠标属性”对话框的“鼠标键”选项卡，如图 12-20 所示，在其中即可对鼠标按键功能进行设置。

如果用户习惯左手使用鼠标，则可在“鼠标键配置”栏中选中“切换主要和次要的按钮”复选框将鼠标按键的功能进行切换，即鼠标右键为主要键，而鼠标左键为次要键，这样就正好和默认的按键功能相反。

在“鼠标键”选项卡中拖动“双击速度”滑块，可以调整打开文件、文件夹或磁盘分区时鼠标的双击速度。由于不同用户的使用习惯不同，因此这里需要根据自己的使用习惯进行相应调整，调整完成后，可通过双击右侧的文件夹图标进行测试，单击 应用(A) 按钮即可应用设置。

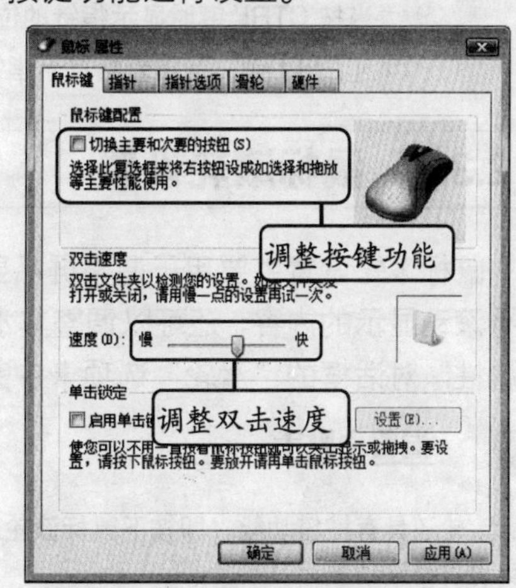

◆ 图 12-20

12.3.2 指针选项设置

鼠标指针选项的设置主要是指调整鼠标指针的移动速度，其他设置选项均为辅助功能，包括自动对齐按钮、指针轨迹、打字时隐藏指针以及提示指针位置等。在“鼠标 属性”对话框中单击“指针选项”选项卡，在其中即可对鼠标指针选项进行设置，如图 12-21 所示。

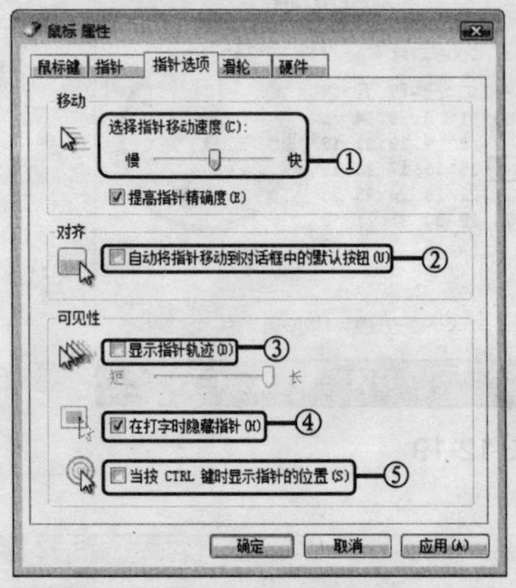

◆ 图 12-21

鼠标指针选项设置同样对除鼠标以外的一些其他输入设备有效，如笔记本电脑的触摸板、定位杆、带控制功能的手写板，以及其他触摸式设备等。

① **“选择指针移动速度”栏**：用于调整指针移动速度。拖动其中的滑块，可以调整移动鼠标时指针在屏幕中的移动速度。指针的移动速度不宜太快或太慢，用户可根据自己的操作习惯来调整。

② **“自动将指针移动到对话框中的默认按钮”复选框**：用于设置指针自动对齐。选中该复选框后，则打开对话框时，鼠标指针会自动移动到对话框中的默认按钮上，一般为 确定 按钮。

③ **“显示指针轨迹”复选框**：用于显示指针轨迹。选中该复选框，则移动鼠标时，屏幕中会显示指针的移动轨迹。拖动复选框下方的滑块可调整轨迹的长短。

④ **“在打字时隐藏指针”复选框**：选中该复选框后，用户在指定位置或程序中输入文本时，鼠标指针将会自动隐藏。

⑤ **“当按 CTRL 键时显示指针的位置”复选框**：选中该复选框后，则当找不到指针时，只要按下【Ctrl】键，系统就会提示指针所在位置。对于刚接触电脑的用户来说该功能十分有用。

12.3.3 鼠标滚轮设置

鼠标滚轮设置主要用于调整屏幕显示内容随鼠标滚轮滚动而滚动的幅度。对于某些需水平滚动显示的内容，还可以调整其水平滚动幅度。对鼠标滚轮进行设置的操作是在“鼠标属性”对话框的“滑轮”选项卡中完成的，如图 12-22 所示。

鼠标滚轮还具有按键功能，即按下鼠标滚轮后，会自动切换到滚动状态，此时向上或向下移动鼠标，即可实现屏幕滚动显示。

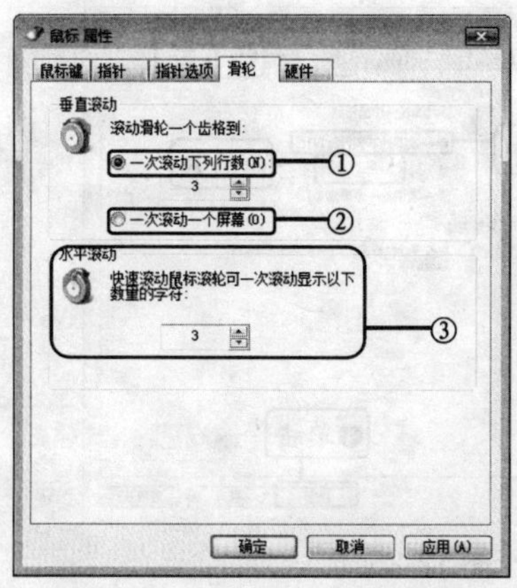

◆ 图 12-22

① **“一次滚动下列行数”单选按钮**：选中该单选按钮后，则滚轮每滚动一次，系统将按行数显示屏幕中的内容，具体滚动的行数在下方的数值框中进行设置。

② **“一次滚动一个屏幕”单选按钮**：在“垂直滚动”区域中选中该单选按钮后，则在进行垂直滚动时滚轮每滚动一次，即可显示下一屏幕的内容。

③ **“水平滚动”栏**：若鼠标滚轮提供水平滚动功能，则可在该栏的数值框中设置水平滚动滚轮时随之滚动的字符数。

12.3.4 应用实例——设置鼠标属性以使其符合自己的使用习惯

本实例将对鼠标的双击速度、移动速度以及滚轮滚动幅度进行调整，从而让鼠标更符合用户的使用习惯。

其具体操作步骤如下。

STEP 01. **单击超链接。**打开“控制面板”窗口，在“硬件和声音”栏中单击“鼠标”超链接，如图 12-23 所示。

STEP 02. **调整双击速度。**在打开的“鼠标属性”对话框的“鼠标键”选项卡中拖动“双击速度”栏中的滑块调整鼠标的双击速度，如图 12-24 所示，调整过程中可双击右侧的文件夹图标进行测试，以达到满意的效果。

◆ 图 12-23

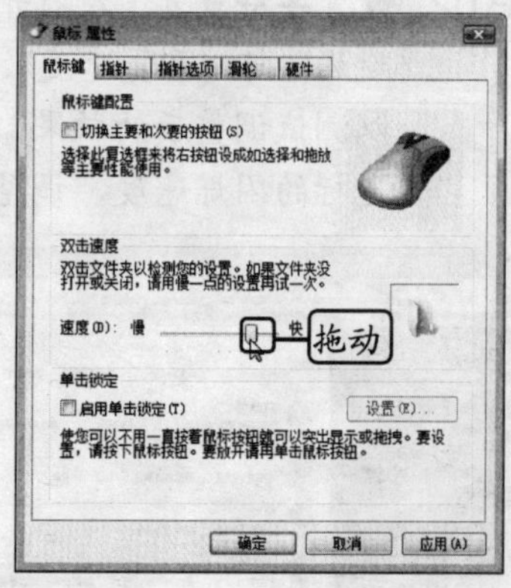

◆ 图 12-24

STEP 03. **调整移动速度。**单击“指针选项”选项卡，拖动“移动”栏中的滑块调整移动鼠标时指针对应的移动速度，如图 12-25 所示。

STEP 04. **调整滚轮幅度。**单击“滑轮”选项卡，在“垂直滚动”栏中选中“一次滚动下列行数”单选按钮，在下方的数值框中输入“5”，单击 确定 按钮应用设置，如图 12-26 所示。

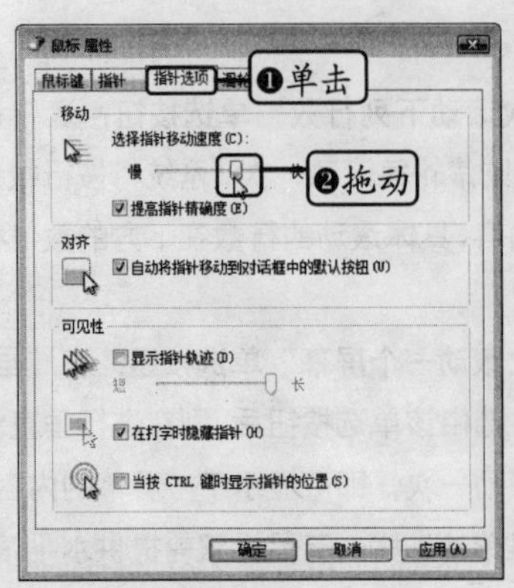

◆ 图 12-25

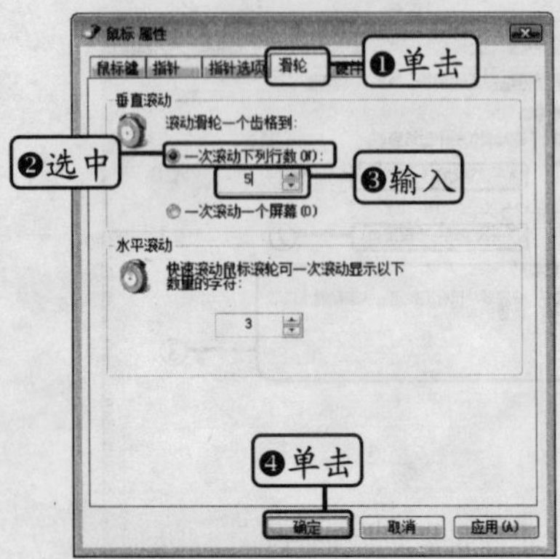

◆ 图 12-26

12.4 键盘设置

键盘是电脑最主要的输入设备之一，其功能设置主要包括设置字符重复与光标闪烁速度两个方面。

设置键盘的字符重复与光标闪烁频率。

STEP 01. **单击超链接。**在“控制面板”窗口中单击“硬件和声音”超链接，打开“硬件和声音”窗口，在其中单击“键盘”超链接，如图 12-27 所示。

STEP 02. **设置字符重复。**在打开的“键盘属性”对话框的“速度”选项卡中拖动“重复延迟”与“重复速度”栏中的滑块进行调整，在下方的文本框中输入任意文本以测试调整后的效果。拖动“光标闪烁速度”栏中的滑块，调整在输入字符时光标的闪烁速度，调整完毕后单击 确定 按钮应用设置，如图 12-28 所示。

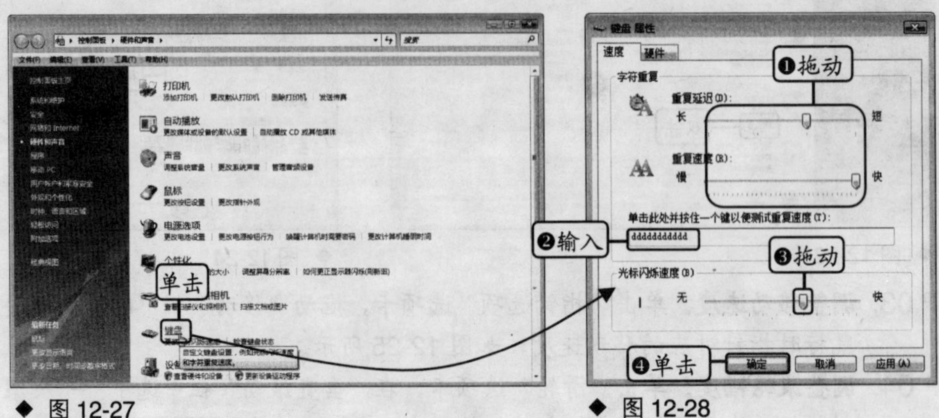

◆ 图 12-27　　◆ 图 12-28

温馨小贴士

光标闪烁速度不能太快或太慢。如果速度太慢，则输入字符时会让用户无法找到光标位置；如果速度太快，则容易使用户产生视觉疲劳。

12.5 电源设置

Windows Vista 中提供了多种高效的电源方案，使得用户可以更方便地控制与设置电脑电源的使用计划，在节能的同时也延长电脑的使用寿命。对于笔记本电脑而言，还可以有效利用电池并延长电池寿命。

12.5.1 使用电源计划

Windows Vista 中提供了 3 种默认计划帮助用户管理电脑电源，这 3 种电源计划能够满足多数用户的需求。

1. 选择电源计划

Windows Vista 中提供了“已平衡”、“节能程序”以及“高性能”3 种电源计划，每种电源计划分别定义了电脑设备的用电状态，用户可直接选择某种电源计划、根据需要更改已有电源计划，或创建适合自己的电源计划。各电源计划的含义如下。

- **已平衡**：当电脑运行时提供完全的动力，当处于不活动状态时则节省电能。
- **节能程序**：通过降低系统性能来节省电能，该计划多用于笔记本电脑，以帮助用户充分利用电池电量。
- **高性能**：使系统性能和响应速度达到最高性能。对于笔记本电脑，使用该计划将降低电池的使用时间。

Windows Vista 默认采用的电源计划为“已平衡”，若不想采用该电源计划，则可根据实际使用需求进行更改。

将 Windows Vista 电源计划更改为“节能程序”。

STEP 01. **单击超链接。**在“控制面板”窗口中单击“系统和维护”超链接，打开“系统和维护”窗口，在其中单击“电源选项”超链接，如图 12-29 所示。

STEP 02. **选择电源计划。**在打开的“电源选项”窗口中选中“节能程序”单选按钮，即可将电源计划更改为“节能程序”，如图 12-30 所示。

STEP 03. **关闭窗口。**关闭窗口完成设置。

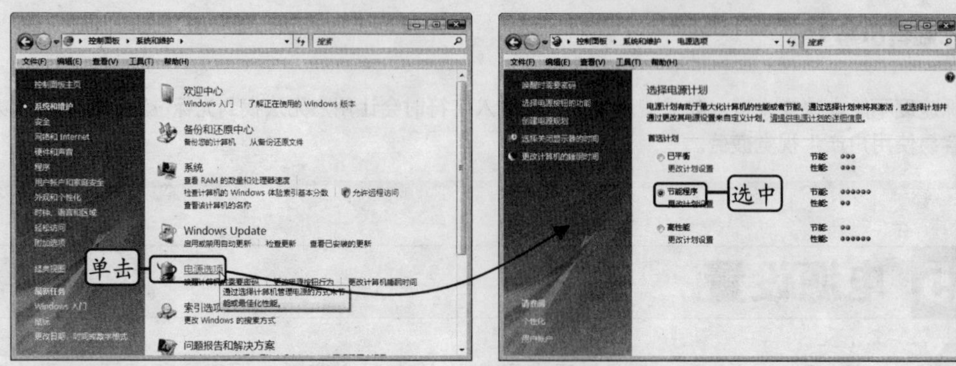

◆ 图 12-29　　◆ 图 12-30

2. 更改电源计划

如果 Windows Vista 提供的电源计划不能满足使用需求，用户可以对电源计划的设置进行更改。

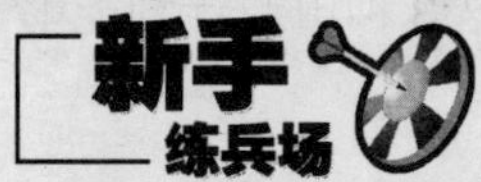

更改配置“节能程序”电源计划。

STEP 01. **单击超链接。**在“电源选项”窗口中的“节能程序”单选按钮下方单击“更改计划设置”超链接，如图 12-31 所示。

STEP 02. **更改设置。**在打开的“编辑计划设置”对话框的“关闭显示器”与“使计算机进入睡眠状态”下拉列表框中分别选择关闭显示器与使电脑睡眠的等待时间，这里分别设置为“10 分钟”与“30 分钟”，单击保存修改按钮应用设置，如图 12-32 所示。

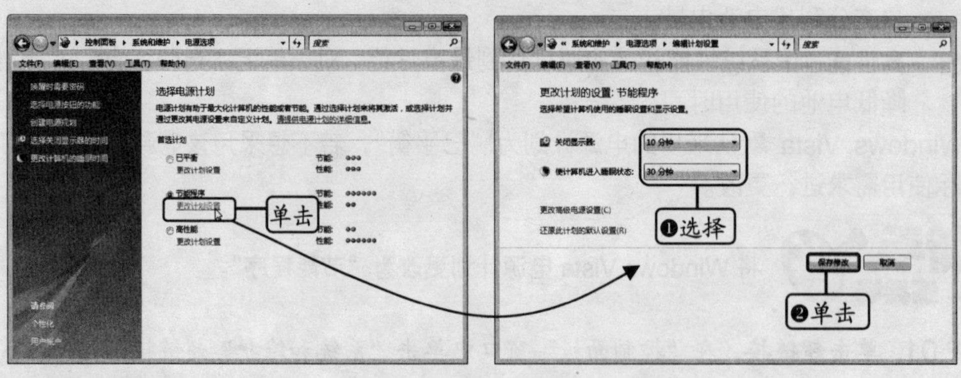

◆ 图 12-31　　◆ 图 12-32

3. 创建电源计划

除了选择或修改已有电源计划外，用户也可以创建电源计划，这样可在需要时采用自定义电源计划。

创建名为“工作时间”的电源计划。将关闭显示器的等待时间设置为 20 分钟，电脑进入睡眠状态的等待时间设置为 1 小时。

STEP 01. **单击超链接。**在“电源选项”窗口左侧的窗格中单击“创建电源规划”超链接，如图 12-33 所示。

STEP 02. **输入名称。**在打开的“创建电源计划”窗口中选择与要创建的电源计划接近的系统电源计划，这里选中“节能程序”单选按钮，在其下的“计划名称”文本框中输入创建的电源计划的名称，这里输入“工作时间”，单击 下一个 按钮，如图 12-34 所示。

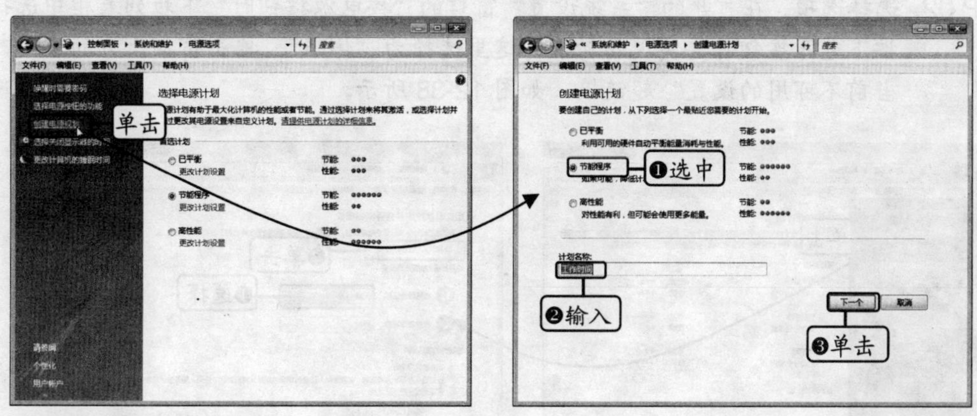

◆ 图 12-33　　◆ 图 12-34

STEP 03. **选择选项。**在打开的窗口中分别将关闭显示器与使电脑进入睡眠状态的等待时间分别设置为“20 分钟”与“1 小时”，单击 创建 按钮，如图 12-35 所示。

STEP 04. **选择计划。**返回“电源选项”窗口，可看到已创建的“工作时间”电源计划，选中其前面的单选按钮，即可使系统使用该电源计划，如图 12-36 所示。

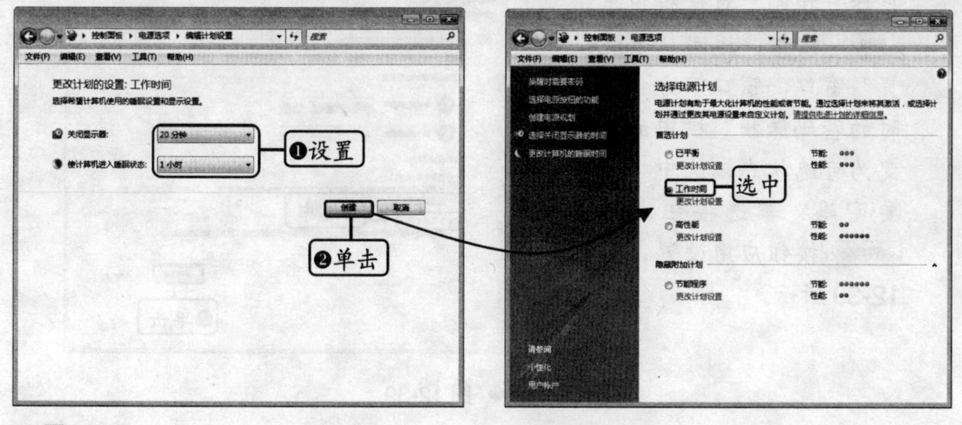

◆ 图 12-35　　◆ 图 12-36

12.5.2 定义电源按钮功能

熟悉电脑的用户都知道，机箱上的“电源（Power）”按钮用于启动与关闭电脑。但在 Windows 操作系统中，用户可以为“电源”按钮定义其他功能，如“睡眠”或“休眠”等。

将电源按钮的功能设置为“休眠”，并在唤醒时不需要密码。

STEP 01. **单击超链接。**打开“电源选项”窗口，在左侧窗格中单击“选择电源按钮的功能”超链接，如图 12-37 所示。

STEP 02. **选择选项。**在打开的“系统设置”窗口的“按电源按钮时”下拉列表框中选择按下电源按钮时要实现的功能，这里选择为“休眠”。单击窗口上方的“更改当前不可用的设置”超链接，如图 12-38 所示。

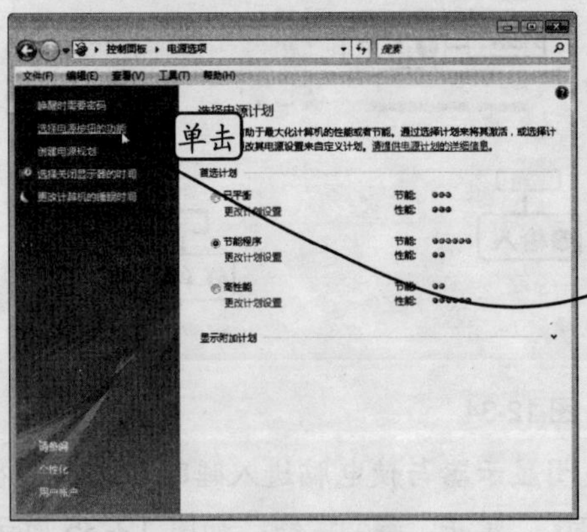

◆ 图 12-37

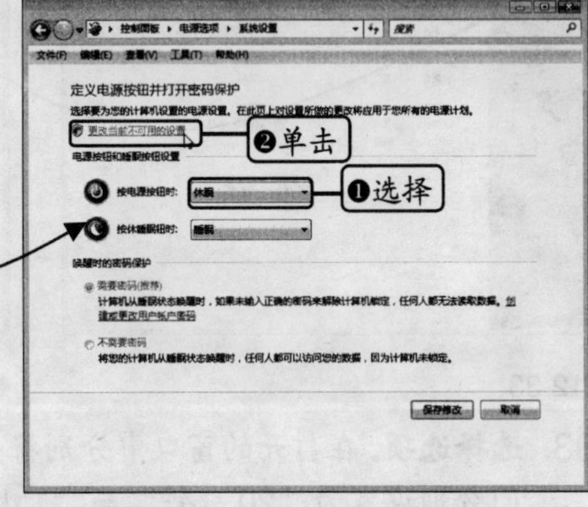

◆ 图 12-38

STEP 03. **选中单选按钮。**在打开的“用户账户控制”对话框中单击 继续(C) 按钮，返回“系统设置”窗口，窗口下方“唤醒时的密码保护”栏中的选项变为可选状态，选中“不需要密码”单选按钮，单击 保存修改 按钮应用设置，如图 12-39 所示。

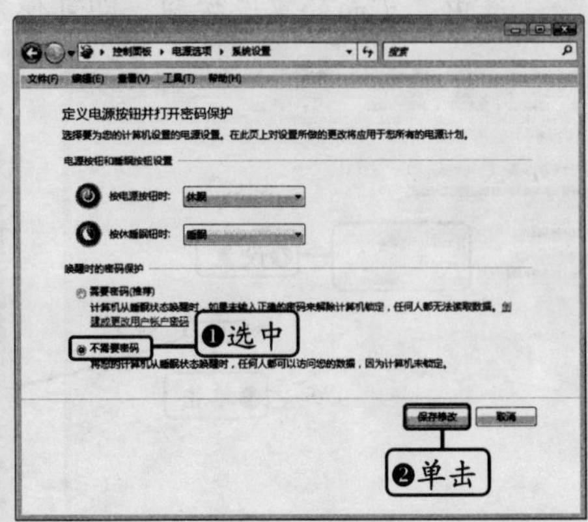

◆ 图 12-39

12.5.3 高级电源设置

从前面的讲解中我们了解到，当使用某个电源后，可以对关闭显示器以及使电脑进入睡眠状态的等待时间进行设置。其实 Windows Vista 的电源计划并不是仅包括这两个方面，而是涵盖了各种设备的电源管理，运用这一功能就可以对电源的高级设置选项进行更改。

高级电源的设置方法为：在“电源选项”窗口中单击要更改的电源计划下方的“更改计划设置”超链接，在打开的“编辑计划设置”窗口中单击“更改高级电源设置”超链接，打开“电源选项”对话框，在其中的列表框中显示了更多设备的电源管理设置。单击选项前的⊞标记，即可展开各选项并显示相关设置，如图 12-40 所示。

默认状态下，某些设置呈不可用状态，如果要更改这些设置，则单击列表框上方的“更改当前不可用的设置”超链接，在打开的“用户账户控制”对话框中单击 继续(C) 按钮，此时列表框中的选项即变为可编辑状态，如图 12-41 所示，根据需要选择对应的选项，最后单击 确定 按钮应用设置即可。

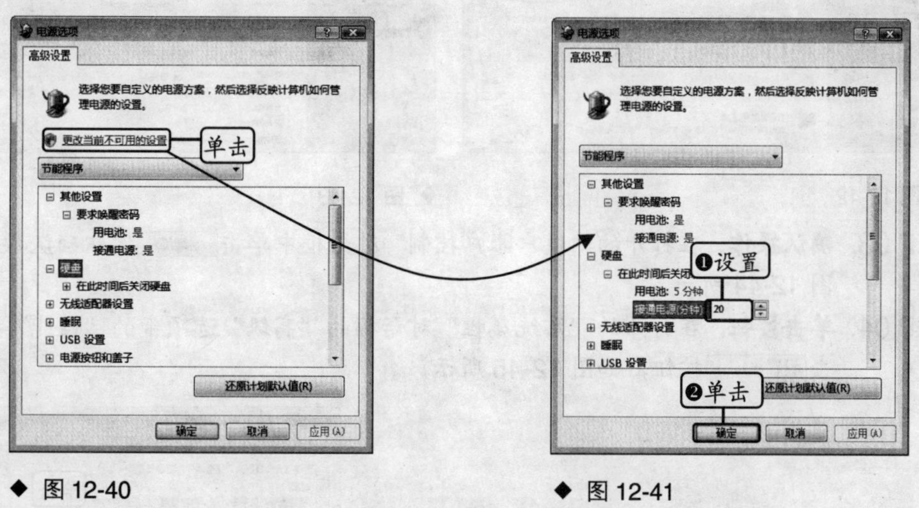

◆ 图 12-40　　◆ 图 12-41

12.6 系统高级设置

在使用电脑的过程中，可以对系统的高级功能进行一系列设置，以便优化系统性能并提高系统稳定性。这些设置包括性能与外观设置、虚拟内存设置以及启动与故障恢复设置 3 个方面。

12.6.1 外观与性能设置

Windows Vista 具有绚丽的界面与漂亮的透明效果，但这些界面与效果都需要占用一定的系统资源，这就不可避免地对系统的性能造成一定影响。针对这一情况，Windows

Vista 提供了最高性能、最佳外观与自定义设置 3 种外观与性能设置供用户选择。

根据自己的需要调整 Windows Vista 外观视觉效果。

STEP 01. **单击超链接。**在"控制面板"窗口中单击"系统和维护"超链接，打开"系统和维护"窗口，在其中单击"系统"超链接，如图 12-42 所示。

STEP 02. **单击超链接。**在打开的"系统"窗口的左侧窗格中单击"高级系统设置"超链接，如图 12-43 所示。

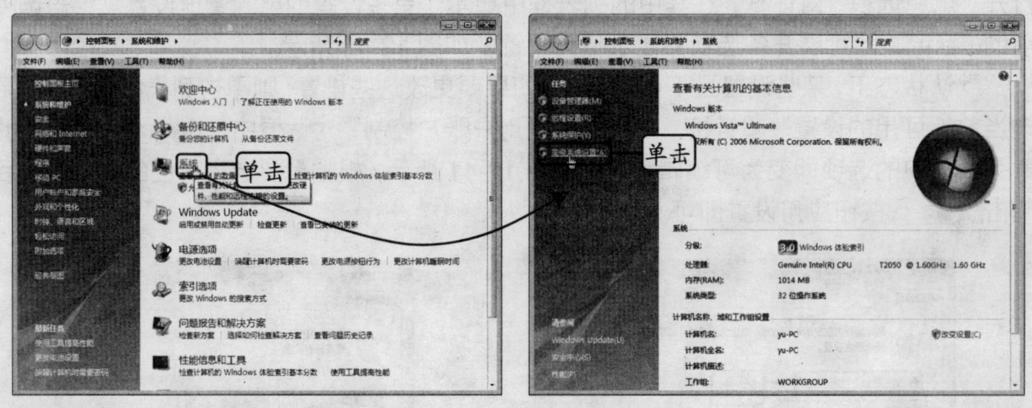

◆ 图 12-42

◆ 图 12-43

STEP 03. **确认操作。**在打开的"用户账户控制"对话框中单击 继续(C) 按钮确认操作，如图 12-44 所示。

STEP 04. **单击按钮。**在打开的"系统属性"对话框的"高级"选项卡的"性能"栏中单击 设置(S)... 按钮，如图 12-45 所示。

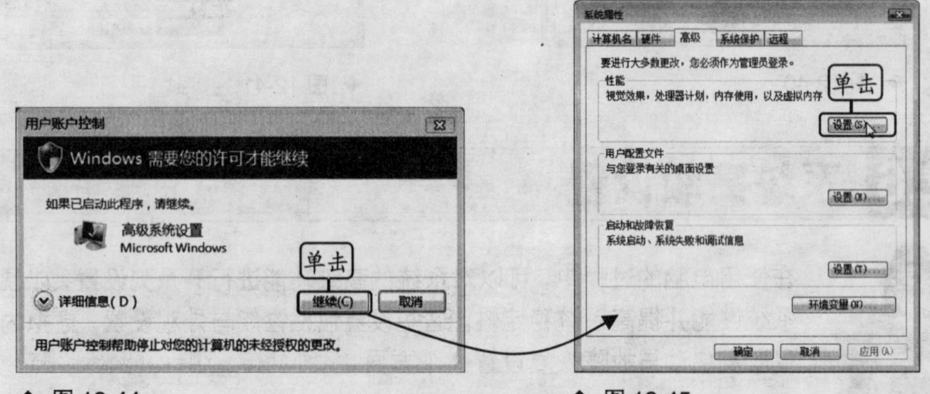

◆ 图 12-44

◆ 图 12-45

STEP 05. **自定义视觉效果。**在打开的"性能选项"对话框的"视觉效果"选项卡中即可选择适合的视觉效果，这里选中"自定义"单选按钮，在其下的列表框中选中对应效果前的复选框，单击 确定 按钮应用设置，如图 12-46 所示。

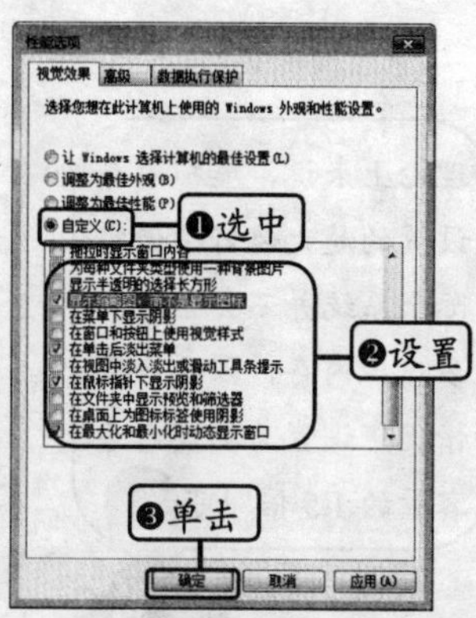

◆ 图 12-46

在“性能选项”对话框中选中“调整为最佳性能”单选按钮后，Windows Vista 将不采用任何视觉效果，其界面将变为 Windows 经典操作界面。

12.6.2　设置虚拟内存

虚拟内存是指将硬盘中的空闲空间用于临时存储缓存数据，并与内存进行交换。合理地为系统设置虚拟内存，可以提高系统性能。

在 Windows Vista 系统中设置虚拟内存。

STEP 01. **单击按钮。**打开“性能选项”对话框，单击“高级”选项卡，在“虚拟内存”栏中单击的 更改(C)... 按钮，如图 12-47 所示。

STEP 02. **输入数值。**在打开的“虚拟内存”对话框的“驱动器”列表框中选择要设置虚拟内存的磁盘分区，这里选择 C 盘，选中列表框下方的“自定义大小”单选按钮，在“初始大小”与“最大值”文本框中分别输入“500”与“2000”，最后单击 设置(S) 按钮，如图 12-48 所示，系统即可为所选磁盘分区设置指定大小的虚拟内存。

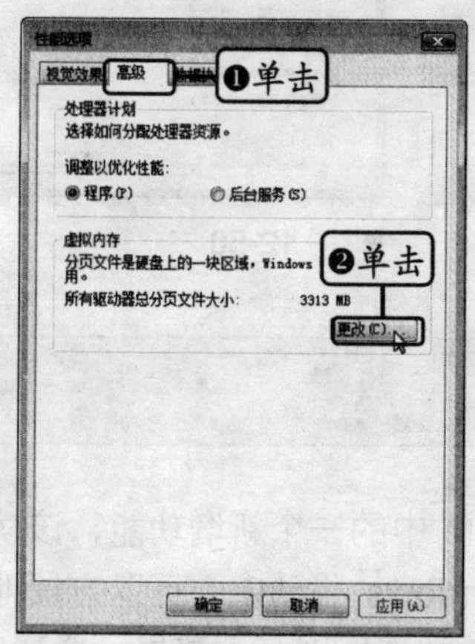

◆ 图 12-47

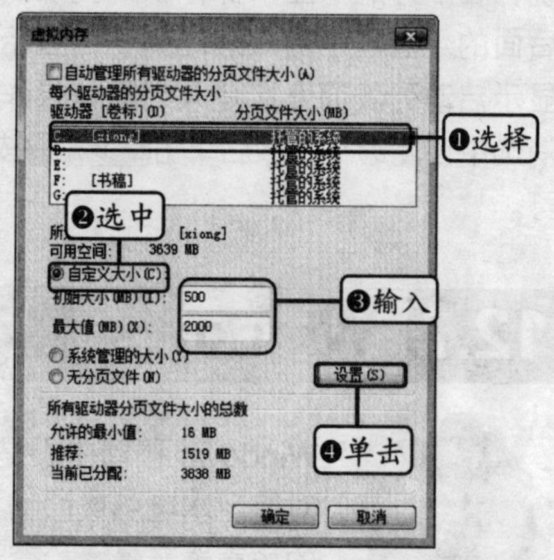

◆ 图 12-48

STEP 03. **设置其他分区的虚拟内存。**按照同样的方法，根据磁盘的空闲空间为各个磁盘

分区设置虚拟内存，如图 12-49 所示。

理论上来说，虚拟内存设置的越大越好，但实际上系统并不会占用太多虚拟内存，因此一般情况下设置为物理内存容量的 1.5 倍即可

◆ 图 12-49

STEP 04. **完成设置。**设置完毕后，单击对话框中的 确定 按钮，并重新启动电脑使设置生效。

12.6.3 设置启动列表

启动列表是指启动电脑后，在屏幕中显示的操作系统列表及等待时间。若电脑中只安装了一个操作系统则无需对其进行设置，但如果安装了多个操作系统，就需设置操作系统列表的显示时间，或者默认采用哪个操作系统登录。

在“系统属性”对话框的“高级”选项卡中的“启动与故障恢复”栏中单击 设置(T)... 按钮，打开如图 12-50 所示的“启动和故障恢复”对话框，在“默认操作系统”下拉列表框中选择默认登录的操作系统，在下方的“显示操作系统列表的时间”复选框后面的数值框中输入启动列表的显示时间；若想不显示启动列表而直接登录到默认操作系统，则可取消选中该复选框，然后单击 确定 按钮应用设置即可。

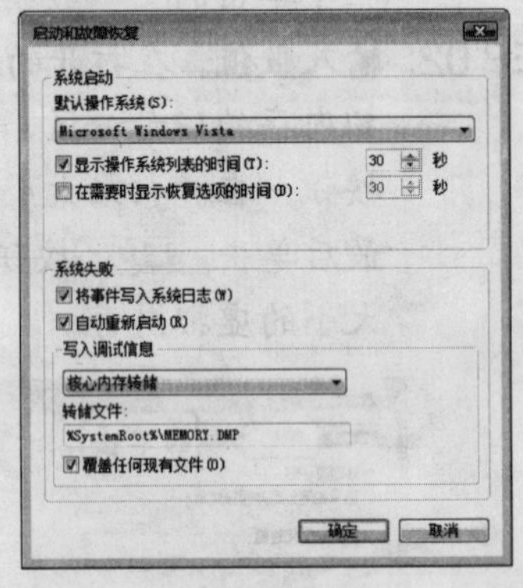

◆ 图 12-50

12.7 Windows 移动中心

Windows 移动中心是 Windows Vista 中的一个新增功能，该功能主要针对笔记本电脑或移动 PC。通过 Windows 移动中心可以方便地调整系统的扬声器音量、检查无线网络连接的状态，以及调整显示器亮度等。

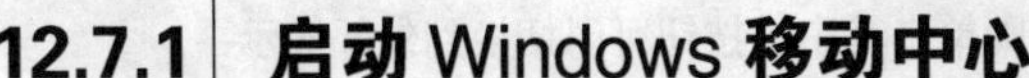

12.7.1 启动 Windows 移动中心

在 Windows Vista 中启动 Windows 移动中心的方法主要有如下 3 种。

- **方法一**：在控制面板中的“移动 PC”栏中单击“调整常用移动设置”超级链接，如图 12-51 所示。
- **方法二**：在任务栏的通知区域中单击电池图标，在弹出的列表中选择“Windows 移动中心”选项，如图 12-52 所示。该方法仅适用于笔记本电脑。

◆ 图 12-51

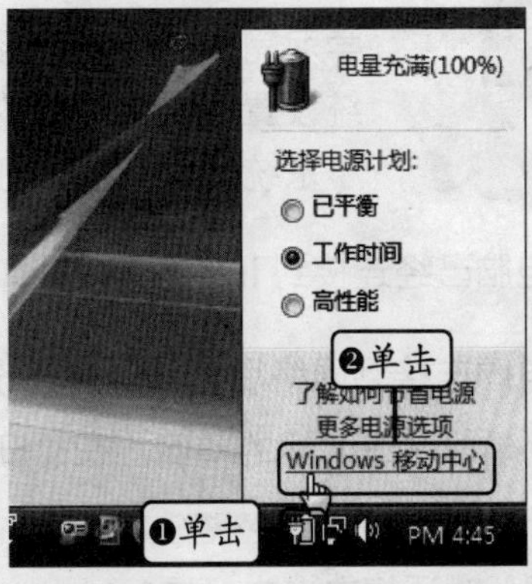

◆ 图 12-52

- **方法三**：按【Win＋X】组合键也可打开 Windows 移动中心（【Win】键是指键盘上【Ctrl】键与【Alt】键之间的 Windows 徽标键）。

12.7.2 认识 Windows 移动中心

Windows 移动中心的界面如图 12-53 所示，它由音量、电池状态、无线网络、外部显示器、同步中心以及演示设置 6 个区域组成。根据电脑设备的不同，有时还会显示亮度与屏幕旋转区域。

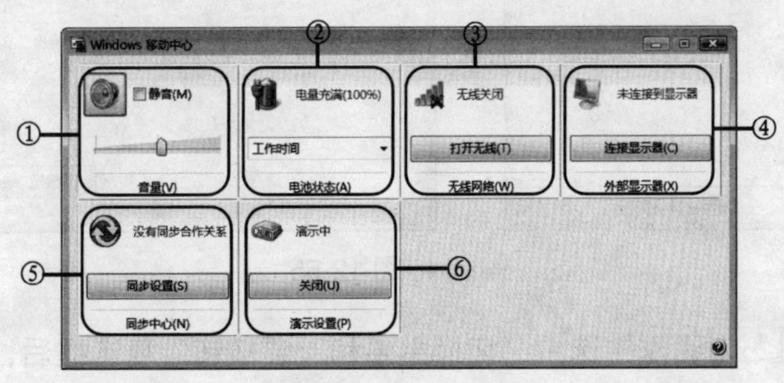

◆ 图 12-53

① **音量区域**：拖动该区域中的滑块可以调整系统的音量，选择“静音”复选框则可静音。

② **电池状态区域**：在该区域中可直观地查看当前电池的剩余电量，在下拉列表框中可选择电源计划。

③ **无线网络区域**：如果电脑连接了无线网络，则在该区域中可以查看无线网络的状态，单击下方的按钮可打开无线适配器。

④ **外部显示器区域**：如果电脑连接了外部显示器，则单击其中的按钮可以切换到外部显示器。

⑤ **同步中心区域**：在此区域可查看正在进行的文件同步的状态、启动新的同步或设置同步合作关系以及调整“同步中心”设置。

⑥ **演示设置区域**：用于调整扬声器音量和设置桌面背景图像等。

12.8 疑难解答

学习完本章后，你是否学会了对 Windows Vista 进行系统设置？在进行系统设置过程中遇到的相关问题是否已经解决了？下面将为你提供一些关于系统设置的常见问题解答，使你的学习路途更加顺畅。

问：电脑已经连接到 Internet 中，如何才能让系统时间与 Internet 时间同步呢？

答：电脑连接到网络后，可以通过设置让系统时间自动与网络中的时间服务器同步，从而确保系统时间的精确。在“日期和时间”对话框中单击 “Internet 时间”选项卡，在其中单击更改设置(C)...按钮，如图 12-54 所示，然后在打开的“Internet 时间设置”对话框中选中“与 Internet 时间服务器同步”复选框，并在下方的“服务器”下拉列表框中选择时间服务器，单击立即更新(U)按钮，系统即可连接到服务器并更新系统时间，如图 12-55 所示。

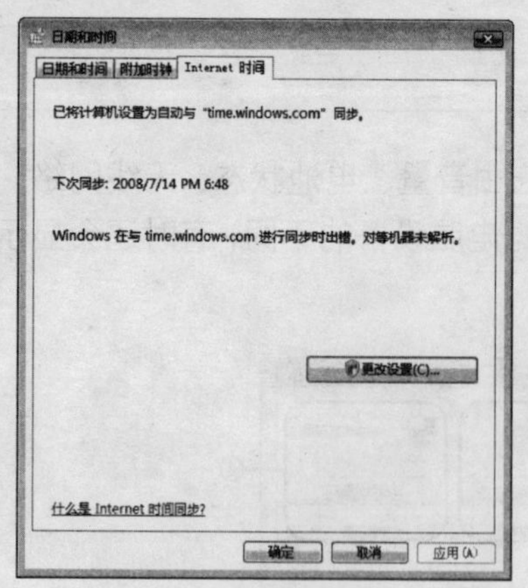

◆ 图 12-54

◆ 图 12-55

问：在“鼠标 属性”对话框中选中“切换主要和次要按钮”复选框后，怎样才能选中系统中窗口或对话框中的复选框呢？

答：当未切换左右按键的功能时，若要选中复选框可通过鼠标左键来选中；当将这两个按键的功能互换后，要选中或取消选中复选框，则需要用鼠标右键来进行。

12.9 上机练习

本章上机练习一将练习调整 Windows Vista 的系统时间与日期。上机练习二将自定义设置 Windows Vista 虚拟内存。各练习的操作提示介绍如下。

练习一

① 在任务栏的通知区域单击日期和时间，在打开的窗口中单击“更改日期和时间设置”超链接。

② 在打开的“日期和时间”对话框中单击更改日期和时间(D)...按钮，在打开的“用户账户控制”对话框中单击继续(C)按钮。

③ 在打开的“日期和时间设置”对话框中调整系统日期与时间，完成后单击确定按钮应用设置效果，如图 12-56 所示。

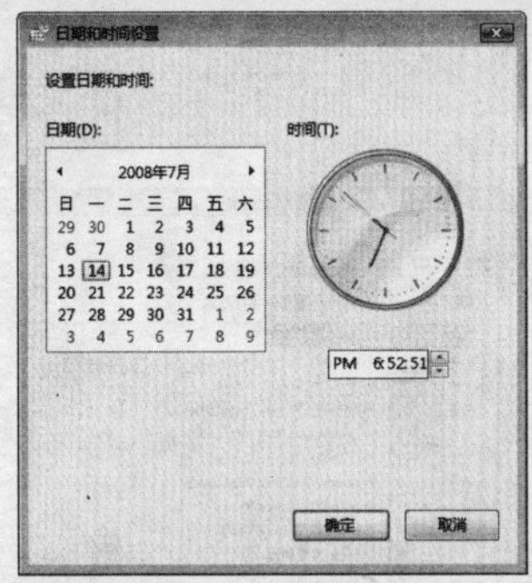

◆ 图 12-56

练习二

① 在桌面上的“计算机”图标上单击鼠标右键，在弹出的快捷菜单中选择“属性”命令，打开“系统”窗口。

② 在左侧窗格中单击“高级系统设置”超链接，在打开的“用户账户控制”对话框中单击继续(C)按钮，打开“系统属性”对话框的“高级”选项卡，在“性能”栏中单击设置(S)...按钮。

③ 在打开的“性能选项”对话框中单击“高级”选项卡，在“虚拟内存”栏中单击更改(C)...按钮。

④ 在打开的“虚拟内存”对话框中为每个磁盘分区设置相应的虚拟内存大小，如图 12-57 所示，单击设置(S)按钮并重新启动电脑。

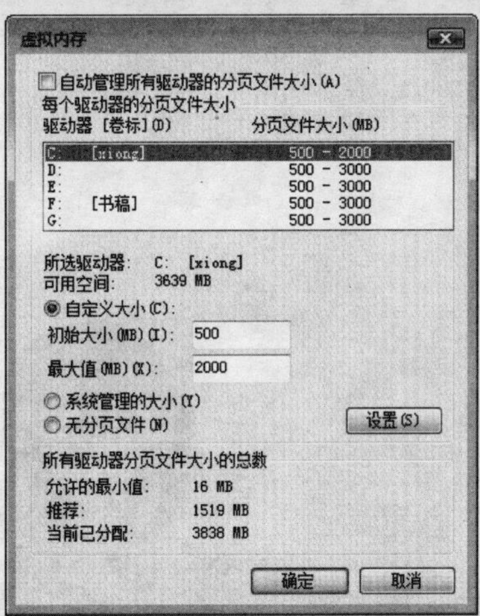

◆ 图 12-57

第 13 章 软件与硬件管理

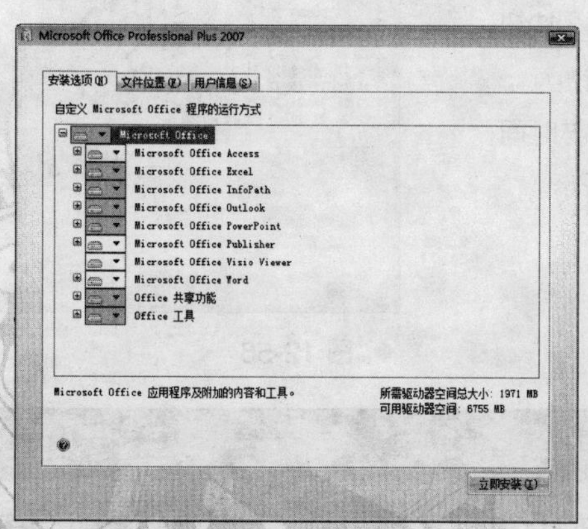

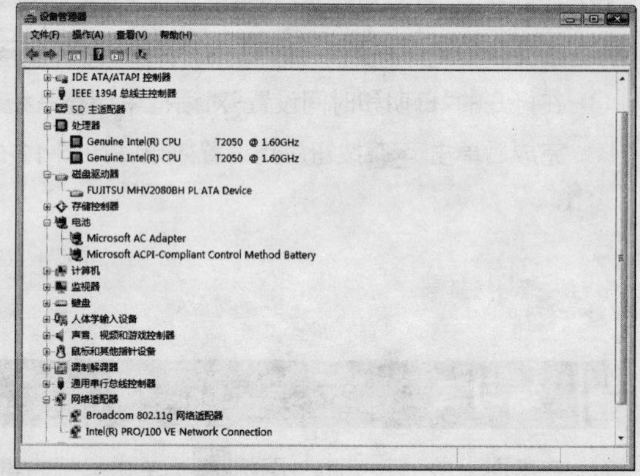

软件与硬件是电脑的两个基本组成部分。在使用电脑的过程中，为了满足需求或获得更多的功能，常需要添加新的硬件和软件。本章就将讲解如何安装与管理软件与硬件，包括安装与管理常用应用软件、打开或关闭 Windows 功能、管理 Windows Vista 中的默认程序，以及查看、管理、安装与卸载硬件等。

13.1 安装常用软件

Windows Vista 仅是电脑的使用平台，不同用户在使用电脑时，还需要安装需要的软件。在 Windows Vista 中安装各种软件的方法大致相同，下面以安装较为常用的压缩软件 WinRAR 与办公组件 Office 2007 为例，来讲解安装软件的方法。

13.1.1 安装 WinRAR

WinRAR 是目前使用最广泛的压缩与解压缩工具之一，也是使用电脑过程中必不可少的工具软件。

在 Windows Vista 中安装 WinRAR 3.71。

STEP 01. **单击按钮。**打开保存 WinRAR 安装程序的文件夹，双击其中的安装程序图标，打开 WinRAR 安装对话框，单击 浏览(W)... 按钮，如图 13-1 所示。

STEP 02. **选择安装位置。**在打开的对话框中选择软件的安装位置，这里选择 D 盘的"Program Files"文件夹，单击 确定 按钮，如图 13-2 所示。

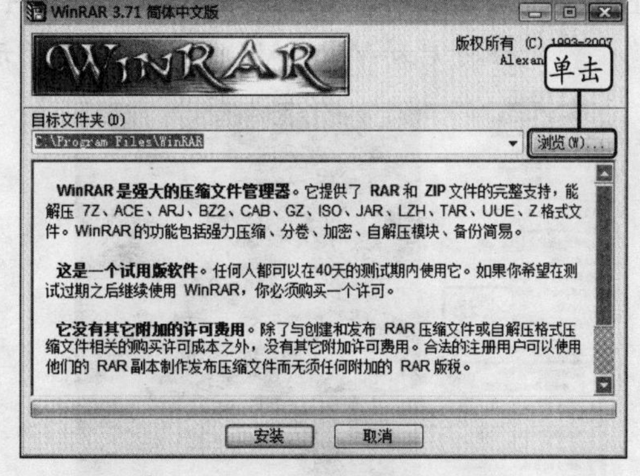

◆ 图 13-1

STEP 03. **开始安装软件。**返回 WinRAR 安装对话框，单击 安装 按钮，系统开始安装 WinRAR，同时在下方显示安装的文件与安装进度，如图 13-3 所示。

◆ 图 13-2

◆ 图 13-3

STEP 04. **选择选项。**安装完毕后，将打开如图 13-4 所示的对话框，在其中设置 WinRAR 关联的文件与界面等，这里保持默认设置，单击确定按钮。

STEP 05. **安装完成。**在打开的对话框中将提示用户 WinRAR 已经安装完成，单击完成按钮关闭对话框，如图 13-5 所示。

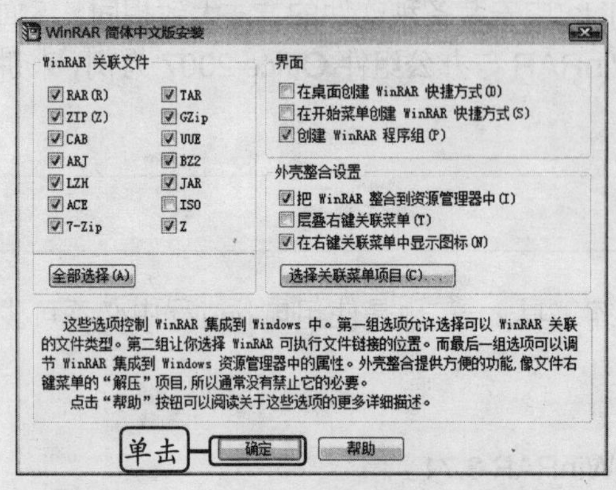

◆ 图 13-4

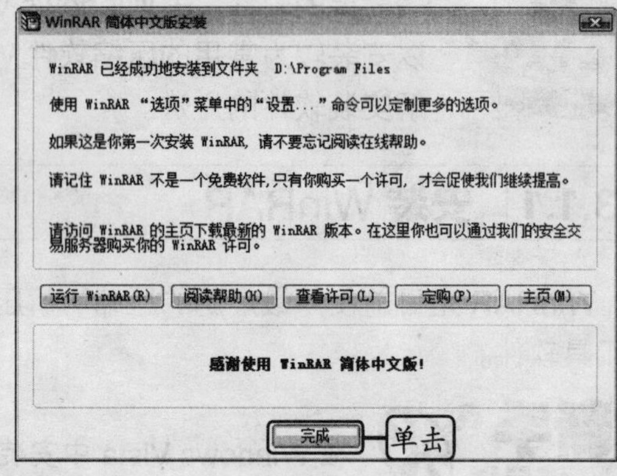

◆ 图 13-5

STEP 06. **启动程序。**在系统中安装 WinRAR 后，选择“开始/所有程序/WinRAR”命令，即可启动 WinRAR，如图 13-6 所示。

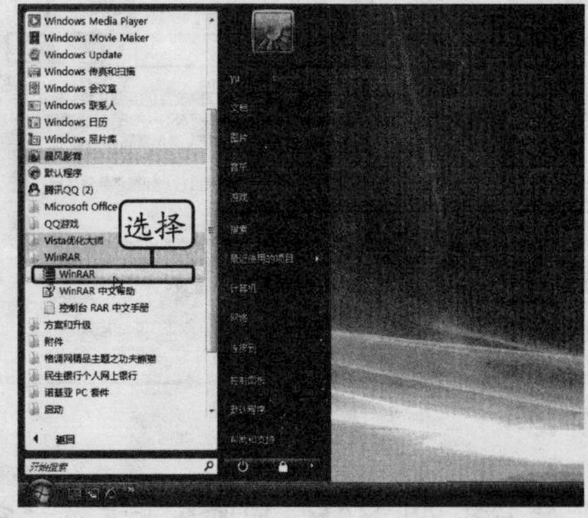

◆ 图 13-6

温馨小贴士

有些程序在安装后，除了在“开始”菜单中创建选项外，还会自动创建桌面快捷方式和快速启动图标。

13.1.2 安装 Office 2007

Office 是 Microsoft 公司推出的办公软件，其中包含 Word、Excel、PowerPoint 等组件。目前最新版本为 Office 2007，下面讲解其安装方法。

在 Windows Vista 中安装 Office 2007。

STEP 01. **打开对话框。**将 Office 2007 安装光盘放入到电脑光驱中，稍后光盘将自动运行，并打开对话框提示用户正在载入安装文件，如图 13-7 所示。

STEP 02. **输入密钥。**在打开的“输入您的产品密钥”对话框中输入 Office 2007 的安装序列号，单击继续(C)按钮，如图 13-8 所示。

◆ 图 13-7

◆ 图 13-8

STEP 03. **单击按钮。**在打开的“选择所需的安装”对话框中单击自定义(C)按钮，如图 13-9 所示。

STEP 04. **选择组件。**此时打开新的对话框，在“安装选项”选项卡中的“自定义 Microsoft Office 程序的运行方式”列表框中选择要安装的组件，如图 13-10 所示。

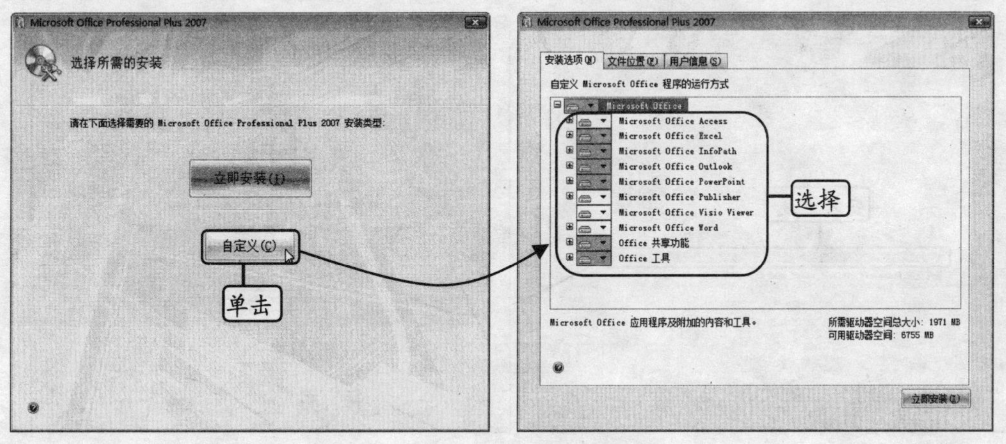

◆ 图 13-9　　◆ 图 13-10

温馨小贴士

在“选择所需的安装”对话框中单击立即安装(I)按钮，将自动安装 Office 2007；而单击自定义(C)按钮，则允许用户自定义安装的组件、安装路径以及安装信息等。

STEP 05. **选择位置。**单击“文件位置”选项卡，在其中的文本框中输入安装路径，如图 13-11 所示，或单击浏览(B)...按钮，在打开的“浏览”对话框中选择文件的安装位置。

STEP 06. **输入信息并开始安装。**单击“用户信息”选项卡，在其中输入用户个人信息与公司信息，如图 13-12 所示。设置完成后，单击立即安装(I)按钮，系统即可开始安装 Office 2007，并在对话框中显示安装进度，如图 13-13 所示。

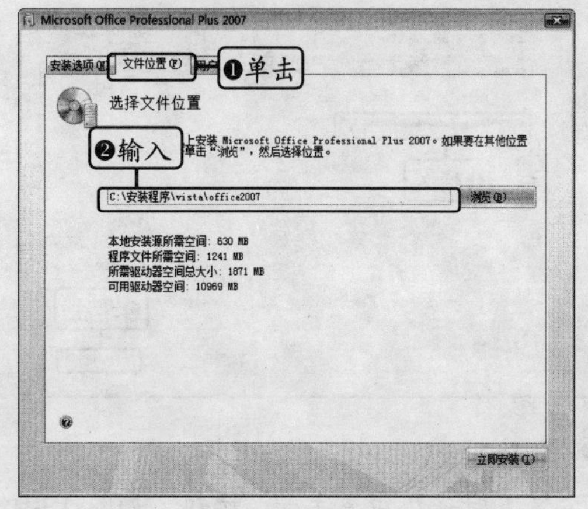

◆ 图 13-11

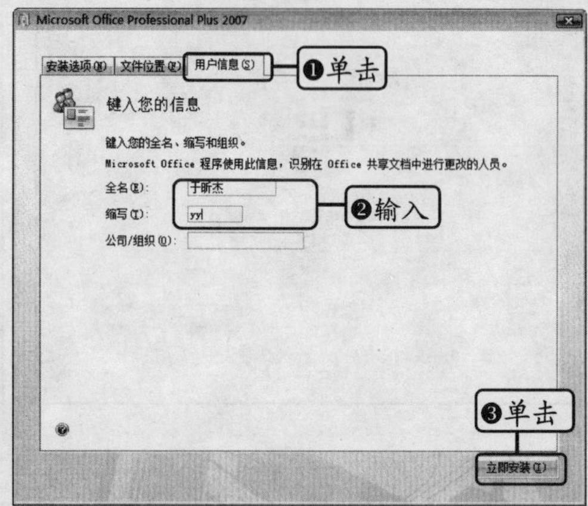

◆ 图 13-12

STEP 07. **安装完成。**安装完毕后，在打开的对话框中单击“关闭”按钮完成安装，如图 13-14 所示。

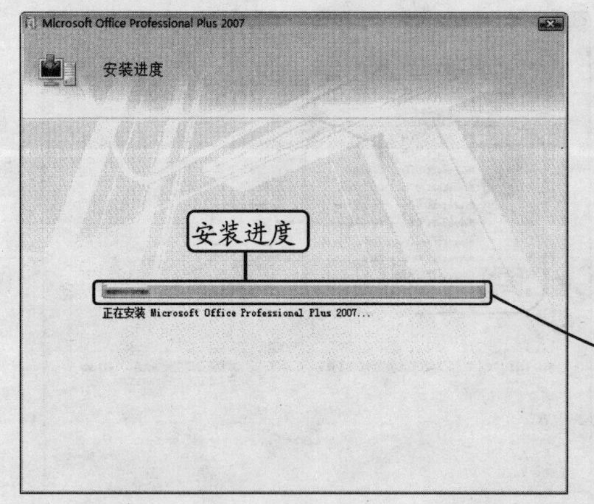

◆ 图 13-13

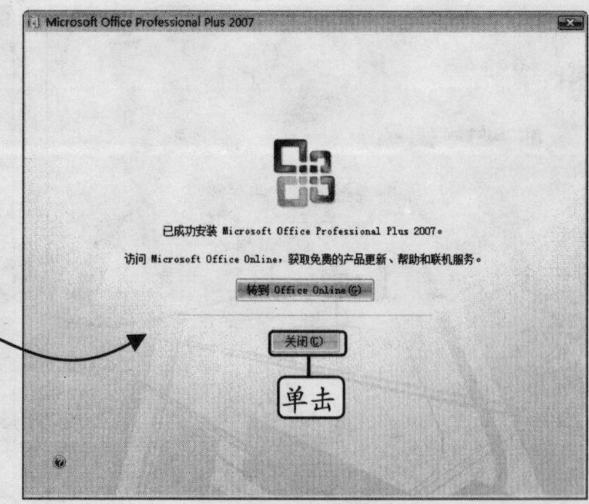

◆ 图 13-14

STEP 08. **查看安装的软件。**选择“开始/所有程序/Microsoft Office”命令，在展开的列表中可查看安装的 Office 组件，如图 13-15 所示，选择某个组件，即可启动该组件。

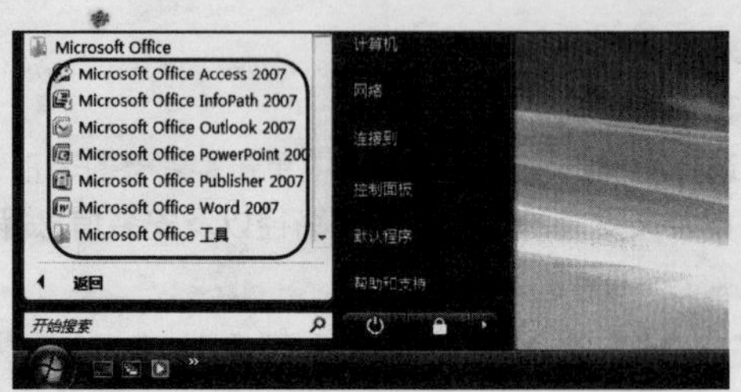

◆ 图 13-15

13.2 管理软件

在电脑中安装软件后，通过 Windows Vista 可以有效地对这些软件进行管理。对于不再需要使用的软件，可以将其从电脑中卸载；对于无法正常运行的软件，还可以对其进行修复。

13.2.1 卸载软件

在电脑中安装的软件会占用一定的磁盘空间，并且某些软件在安装后还会将一些文件加载到系统进程中从而占用一定的系统资源，这便影响到系统的运行速度。因此对于不再使用的软件，可将其从电脑中卸载以释放磁盘空间，加快系统运行。

卸载软件的方法有 3 种，一是通过“程序和功能”窗口进行卸载；二是运用软件自带的卸载程序进行卸载；三是通过程序的安装程序进行卸载。

温馨小贴士

并不是所有的软件都自带有卸载程序，而且有些软件无法通过其自身安装程序卸载。

在 Windows Vista 中卸载“QQ 音乐”。

STEP 01. **单击超链接。**打开“控制面板”窗口，在“程序”栏中单击“卸载程序”超链接，如图 13-16 所示。

STEP 02. **选择程序。**在打开的“程序和功能”窗口中的列表框中显示了当前安装的所有软件，选择“QQ 音乐”选项，然后单击上方的卸载/更改按钮，如图 13-17 所示。

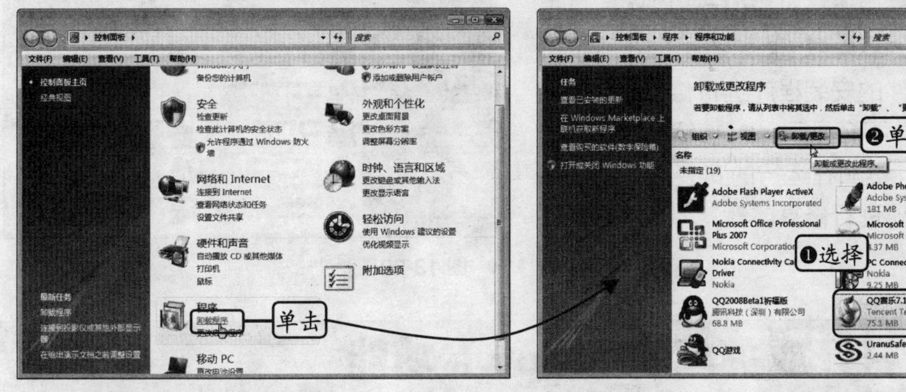

◆ 图 13-16　　◆ 图 13-17

STEP 03. **确认操作。**在打开的“用户账户控制”对话框中单击继续(C)按钮确认操作，在打开的对话框中单击是(Y)按钮，如图 13-18 所示。

STEP 04. **卸载程序。**系统开始卸载“QQ 音乐”，并在打开的对话框中显示卸载进度，卸

载完毕后，单击 关闭(L) 按钮关闭对话框，如图 13-19 所示。

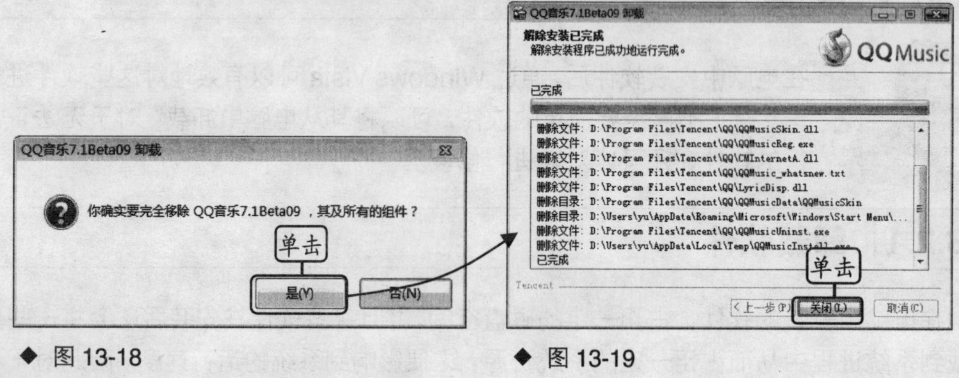

◆ 图 13-18　　◆ 图 13-19

温馨小贴士

某些软件在进行卸载后，需要重新启动电脑以删除残留的链接文件。另外绿色软件无需卸载，通过删除文件的方法即可直接删除。

13.2.2 修复软件

在使用电脑的过程中，一些软件可能由于病毒或错误操作等原因而导致无法正常运行，此时可以通过修复功能对其进行修复。修复软件时，需要用户提供该软件的安装程序，如果安装程序保存在硬盘中，并且在安装软件后没有移动过位置，则可直接修复；如果是使用安装光盘安装的软件，则需要将安装光盘放入到电脑光驱中。

要修复软件，只需在“程序和功能”窗口中的列表框中选择对应的选项，然后单击列表框上方的 修复 按钮（如图 13-20 所示），即可运行软件的安装程序进行修复。选择某些软件后，并不会显示 修复 按钮，此时可单击 更改 按钮，然后在运行的安装程序中选择“修复”选项进行修复。

◆ 图 13-20

13.3 打开或关闭 Windows 功能

Windows Vista 中的 Windows 功能相当于 Windows XP 中的 Windows 组件。安装 Windows Vista 后，有些功能并没有启用，此时用户可根据使用需求启用所需的功能，或将不需要的功能关闭。

在 Windows Vista 中打开 FTP 发布服务功能。

STEP 01. **单击超链接。**打开“程序和功能”窗口，在左侧窗格中的“任务”列表中单击“打开或关闭 Windows 功能”超链接，如图 13-21 所示。

STEP 02. **确认操作。**在打开的“用户账户控制”对话框中单击 继续(C) 按钮确认操作，如图 13-22 所示。

◆ 图 13-21

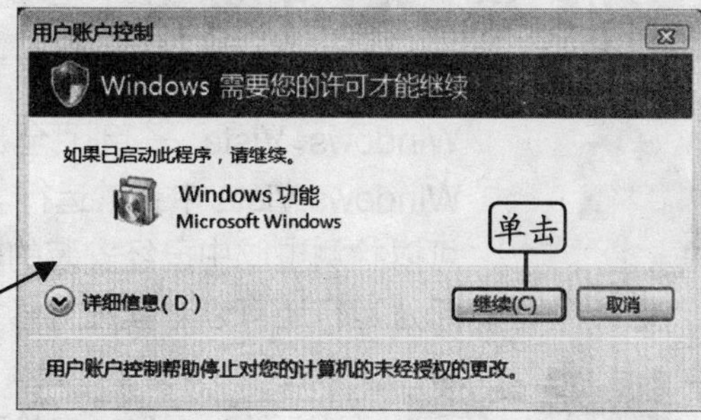

◆ 图 13-22

STEP 03. **查看选项。**系统将打开“Windows 功能”对话框，并检测 Windows 功能，稍后将在列表框中显示所有 Windows 功能选项。如选项前的复选框显示为■，表示已经打开了该功能下的部分子功能；复选框显示为☑，则表示打开了该功能下的所有子功能，如图 13-23 所示。

STEP 04. **选择选项。**单击某个功能选项前的⊞标记，即可展开列表并显示所有子功能，这里展开“Internet 信息服务”选项，并在“FTP 发布服务”选项前的复选框上单击鼠标左键，单击 确定 按钮，如图 13-24 所示。

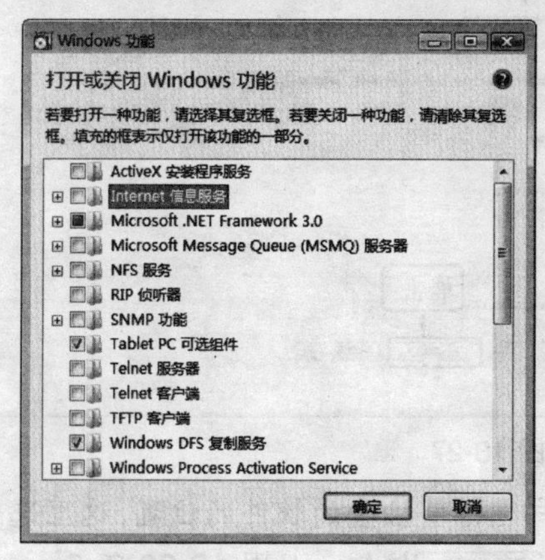

◆ 图 13-23

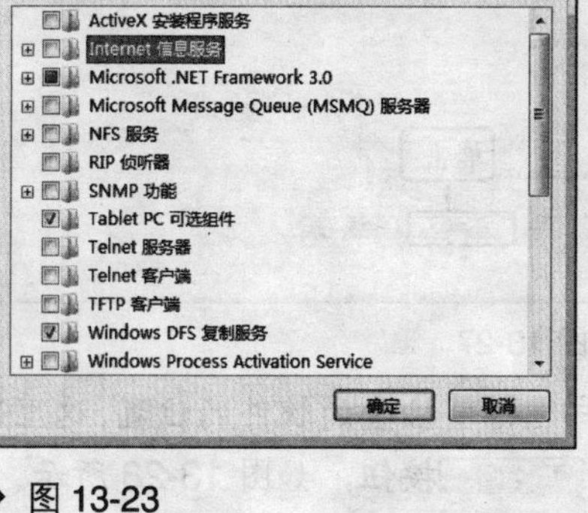

◆ 图 13-24

STEP 05. **配置功能。**系统将开始配置所选的功能，并打开如图 13-25 所示的“Microsoft Windows”对话框显示配置进度，配置完成后，系统将自动关闭“Windows

功能”对话框。

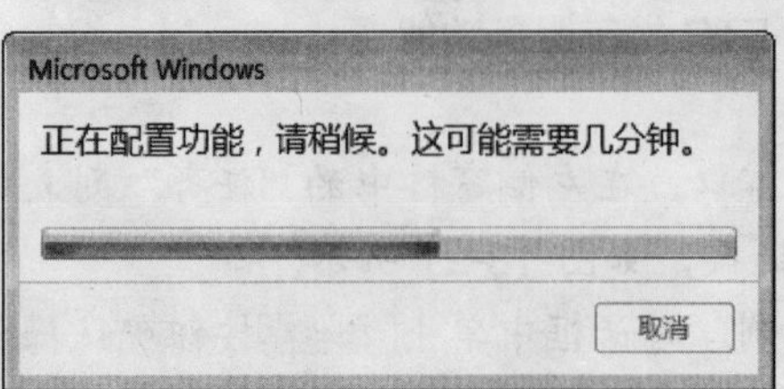

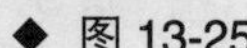

◆ 图 13-25

如果要关闭 Windows 功能，只需在列表框中取消选中其对应的复选框，然后单击 确定 按钮即可。

13.4 检查软件兼容性

Windows Vista 采用了全新的核心架构，因此一些软件可能无法在 Windows Vista 中正常运行。使用 Windows Vista 提供的程序兼容性向导可以检测电脑中已经安装的软件是否可以在 Windows Vista 中运行，如果无法运行还可以对其进行修复。

新手练兵场 在 Windows Vista 中检查指定软件的兼容性。

STEP 01. **单击超链接。**在“控制面板”窗口中单击“程序”超链接，打开“程序”窗口，在“程序和功能”栏中单击“将以前的程序与此版本的 Windows 共同使用”超链接，如图 13-26 所示。

STEP 02. **单击按钮。**在打开的“以兼容模式启动应用程序”对话框中单击 下一步(E)> 按钮，如图 13-27 所示。

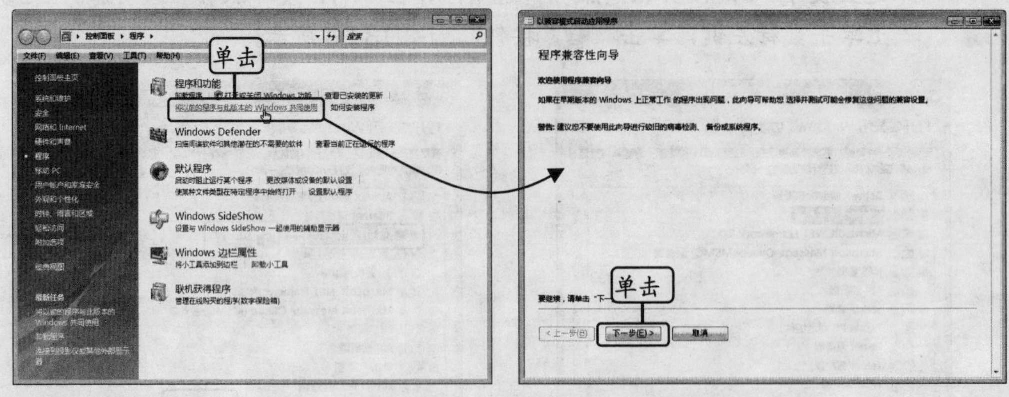

◆ 图 13-26　　◆ 图 13-27

STEP 03. **选择选项。**在打开的对话框中要求用户选择要检查的软件的位置，这里选中“我想从程序列表选择”单选按钮，单击 下一步(E)> 按钮，如图 13-28 所示。

STEP 04. **单击按钮。**系统开始扫描已经安装的软件，扫描完成后，在列表框中显示当前安装的所有软件，在其中选择需要兼容使用的软件，这里选择“诺基亚 PC 套件”选项，然后单击 下一步(E)> 按钮，如图 13-29 所示。

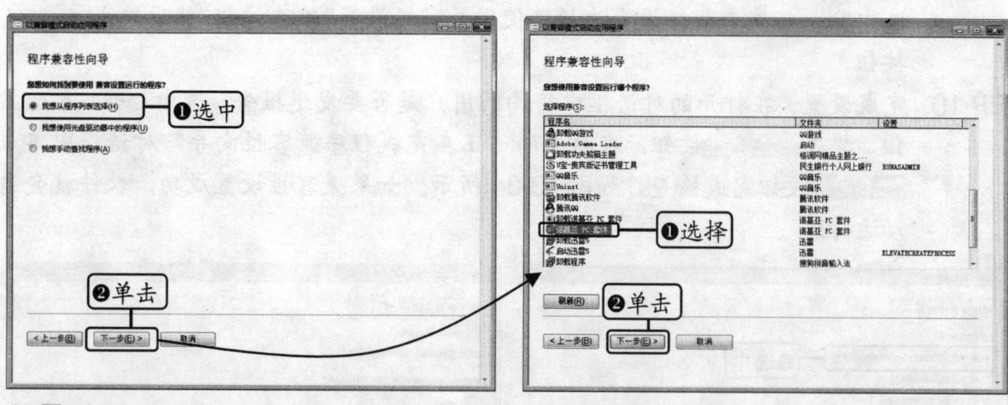

◆ 图 13-28　　◆ 图 13-29

STEP 05. **选择系统。**在打开的对话框中选择能够正常支持所选软件的 Windows 操作系统的版本，这里选中“Microsoft Windows XP(Service Pack 2)”单选按钮，单击 下一步(E)> 按钮，如图 13-30 所示。

STEP 06. **显示设置。**在打开的对话框中选择所选软件能正确支持的显示设置，这里保持默认设置，直接单击 下一步(E)> 按钮，如图 13-31 所示。

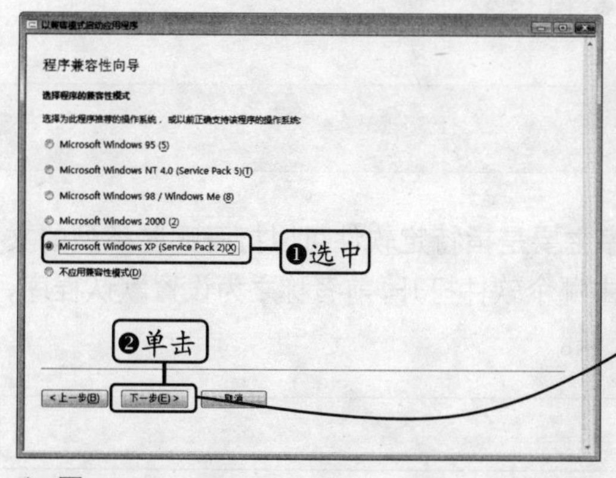

◆ 图 13-30

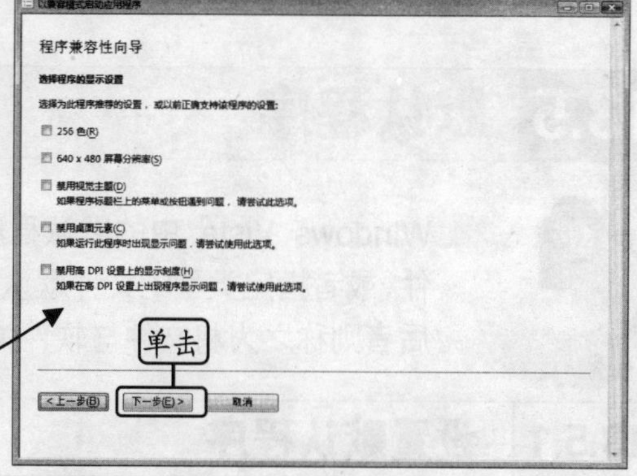

◆ 图 13-31

STEP 07. **选择权限。**在打开的对话框中选择软件的运行权限，若软件在检查之前彻底无法运行，则选中“以管理员身份运行此程序”复选框，单击 下一步(E)> 按钮。

STEP 08. **确认设置。**在打开的对话框中显示要检查的软件的相关设置信息，确认设置无误后单击 下一步(E)> 按钮，如图 13-32 所示。

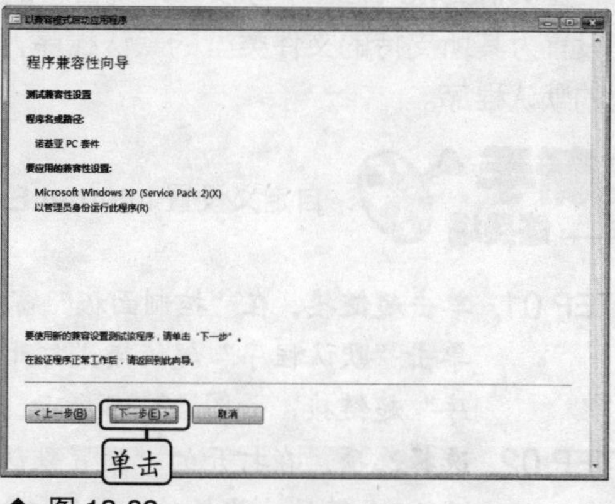

◆ 图 13-32

STEP 09. **确认操作。**在打开的“用户账

户控制”对话框中选择“允许”选项确认操作。打开如图 13-33 所示的对话框，选中“是，将这个程序设置为始终使用兼容性设置”单选按钮，然后单击下一步(E)>按钮。

STEP 10. **完成设置。** 在打开的对话框中将询问用户是否要发送报告，选中“否”单选按钮，单击下一步(E)>按钮，在打开的“正在完成程序兼容性向导”对话框中单击完成(F)按钮完成检查，如图 13-34 所示。如果兼容性设置成功，软件就会自动运行。

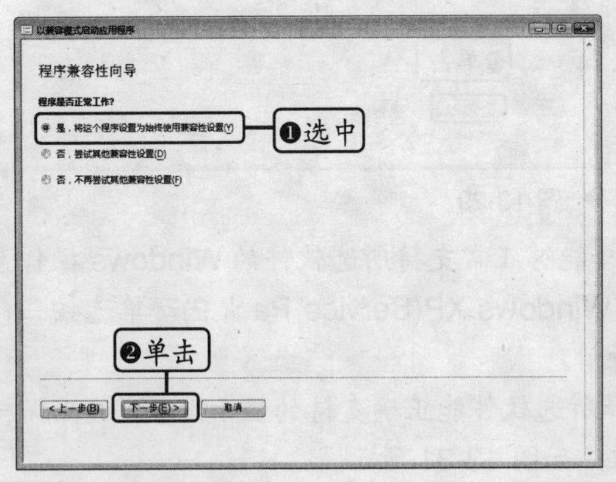

◆ 图 13-33

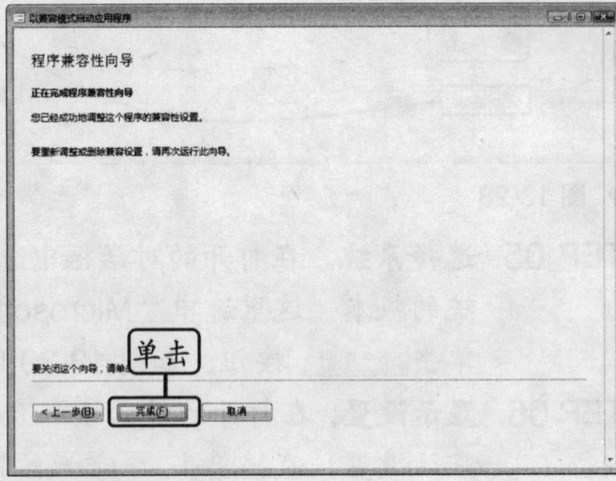

◆ 图 13-34

13.5 默认程序

Windows Vista 中的默认程序主要是指特定软件可以打开哪些类型的文件，或者指定类型的文件默认由哪个软件打开，前者称之为设置默认程序，后者则称之为将文件与软件关联。

13.5.1 设置默认程序

在 Windows Vista 中可以将系统自带的一些软件，如 Internet Explorer、Windows Mail 等设置为其所支持的文件类型的默认程序，同时也允许用户将这些软件设置为指定文件类型的默认程序。

自定义设置 Internet Explorer 默认打开的文件类型。

STEP 01. **单击超链接。** 在“控制面板”窗口中单击“程序”超链接，打开“程序”窗口，单击“默认程序”超链接，打开“默认程序”窗口，在其中单击“设置默认程序”超链接，如图 13-35 所示。

STEP 02. **选择选项。** 在打开的“设置默认程序”窗口左侧的列表框中显示了 Windows Vista 自带的一些软件，如图 13-36 所示。

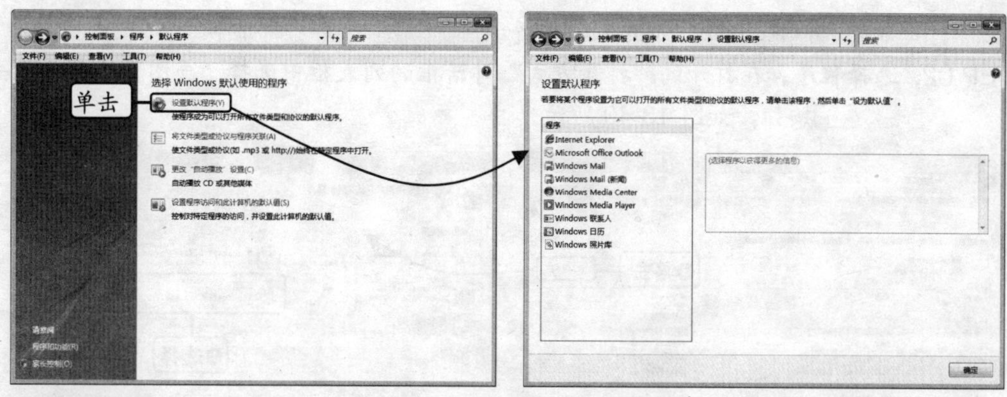

◆ 图 13-35　　◆ 图 13-36

STEP 03. **选择选项。**在列表框中选择“Internet Explorer”选项，右侧窗格中将显示“将此程序设置为默认值”与“选择此程序的默认值”两个选项，选择“将此程序设置为默认值”选项，即可将 Internet Explorer 设置为其支持的所有文件的默认打开程序，如图 13-37 所示。

STEP 04. **自定义设置。**如果要自定义设置软件的默认值，可选择“选择此程序的默认值”选项，在打开的对话框中选中该软件关联文件的扩展名，完成后单击保存按钮，如图 13-38 所示。

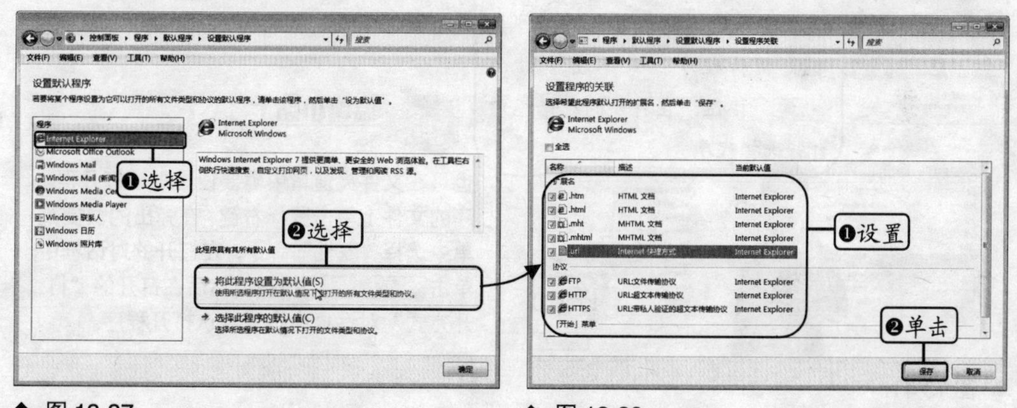

◆ 图 13-37　　◆ 图 13-38

13.5.2 设置文件关联

当同一类型的文件可以被多个软件所打开时，用户就可以将指定软件与该类型文件关联，这样在双击该类型文件时，就会自动启动所设置的关联软件并打开文件。

将画图软件设置为 jpg 图像文件的默认打开软件。

STEP 01. **单击超链接。**在“默认程序”窗口中单击“将文件类型或协议与程序关联”超链接，打开“设置关联”窗口，在列表框中选择“.jpg”选项，单击列表框上

方的 更改程序... 按钮，如图 13-39 所示。

STEP 02. **选择程序。**在打开的“打开方式”对话框的列表框中选择“画图”选项，单击 确定 按钮，如图 13-40 所示。

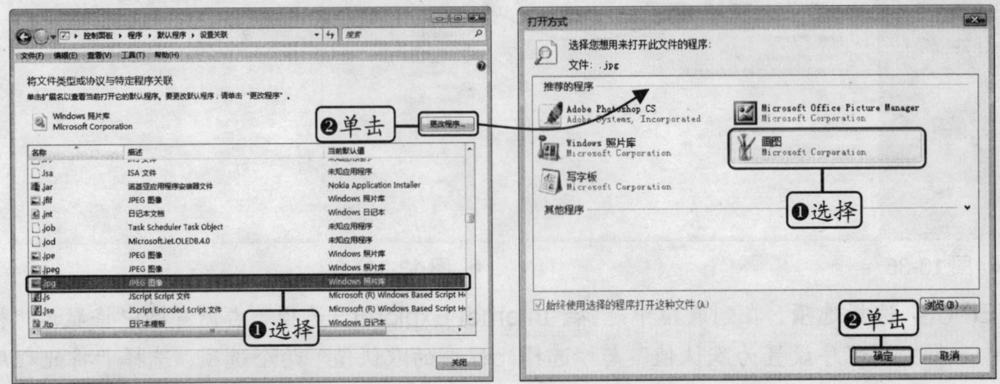

◆ 图 13-39　　◆ 图 13-40

STEP 03. **完成更改。**返回“设置关联”窗口，在列表框中可以看到.jpg 格式文件的默认打开方式由 Windows 照片库变为画图，单击 关闭 按钮完成设置，如图 13-41 所示。

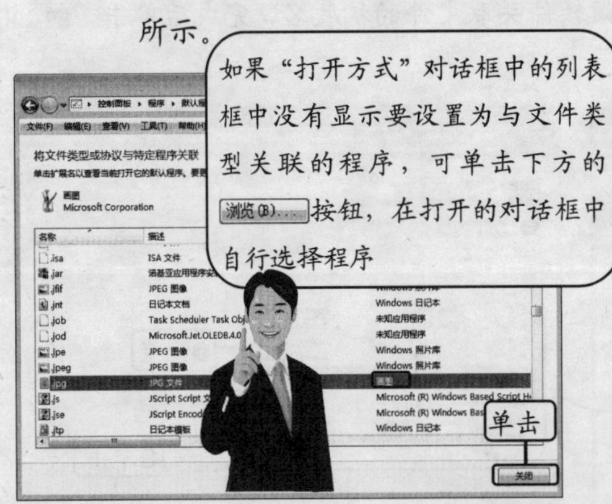

◆ 图 13-41

温馨小贴士

也可在文件夹窗口中需要设置默认打开程序的文件上单击鼠标右键，在弹出的快捷菜单中选择“属性”命令，在打开的对话框中单击 更改(C)... 按钮，然后在打开的“打开方式”对话框中设置默认打开程序。

13.5.3 自动播放设置

自动播放是 Windows Vista 针对可移动存储设备（如 U 盘、多媒体光盘、MP3 等设备）设置的功能。默认情况下，将可移动存储设备与电脑连接后，将打开“自动播放”对话框要求用户选择要进行的操作。

Windows Vista 允许用户自定义设置当设备连接电脑后自动进行的操作，如放入 CD 光盘后，直接启动 Windows Media Player 播放；放入程序光盘时，自动运行安装文件等。当然，也可以设置连接设备后不进行任何操作。

对于不同的可移动存储设备，用户可根据自己的使用情况设置不同的自动播放方式。在“默认程序”窗口中单击“更改‘自动播放’设置”超链接，打开“自动播放”窗口，其中列出了系统中的所有媒体和设备类型，在相应的下拉列表框中即可选择针对该媒体或设备的自动播放方式，最后单击保存按钮即可，如图 13-42 所示。

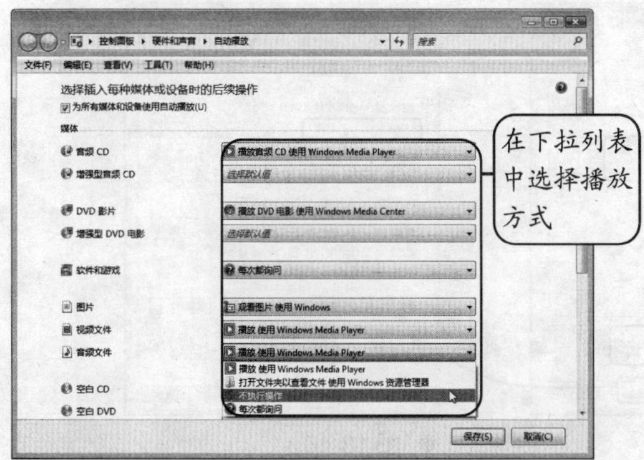

◆ 图 13-42

自定义设置自动播放方式后，如果要恢复至 Windows Vista 的默认设置，单击窗口下方的重置所有默认值(R)按钮即可。

13.5.4 应用实例——快速更改文件打开方式

本实例将更改 jpg 格式图片文件的默认打开方式。

其具体操作步骤如下。

STEP 01. **选择命令。**打开“计算机”窗口并进入图片的保存目录，在“PC030002”图片文件上单击鼠标右键，在弹出的快捷菜单中选择“属性”命令，如图 13-43 所示。

STEP 02. **单击按钮。**在打开的“PC030002 属性”对话框的“常规”选项卡中单击更改(C)...按钮，如图 13-44 所示。

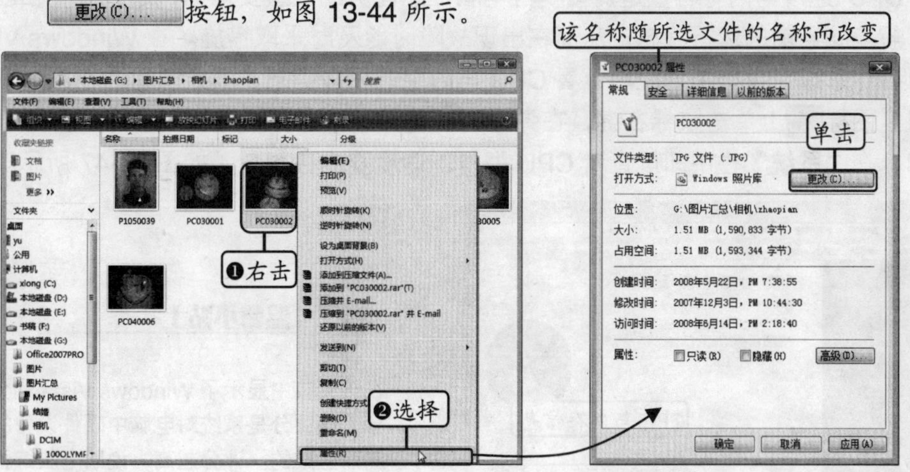

◆ 图 13-43　　◆ 图 13-44

STEP 03. **选择程序。**在打开的“打开方式”对话框中选择“画图”选项，单击确定按钮，如图 13-45 所示。

STEP 04. **确认更改。**返回“PC030002 属性”对话框，可以看到打开方式由默认的

Windows 照片库更改为画图程序，如图 13-46 所示。单击 确定 按钮确认更改，以后双击图片文件时，系统就会自动启动画图程序打开该类型文件。

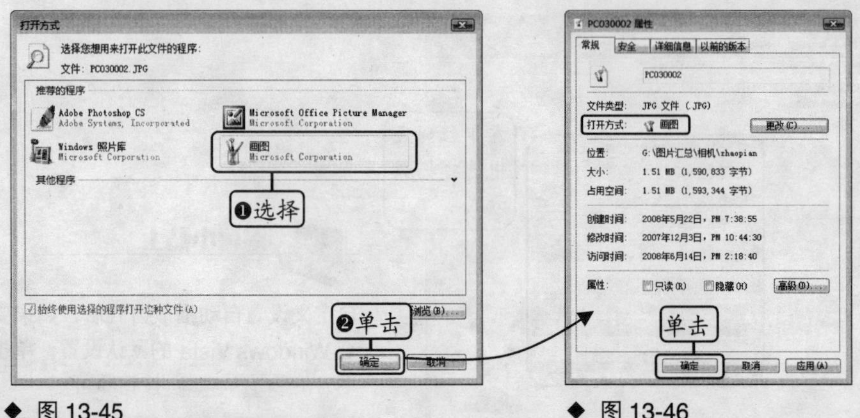

◆ 图 13-45　　◆ 图 13-46

13.6 查看与管理硬件

在 Windows Vista 中，用户可以方便地查看电脑中硬件设备的属性或规格，从而了解电脑的性能。在 Windows Vista 中是通过“设备管理器”窗口对硬件进行管理的。

13.6.1 查看 CPU 速度与内存容量

CPU 速度与内存容量是衡量一台电脑性能优劣的最重要指标，通过查看相应信息可以了解电脑当前的运行状态，从而在出现故障时能及时采取措施。在 Windows Vista 中，可以在“系统”窗口中直观地查看 CPU 与内存的相应信息。其方法为：在桌面上的“计算机”图标上单击鼠标右键，在弹出的快捷菜单中选择“属性”命令，打开“系统”窗口，在“系统”栏中即可查看 CPU 型号、速度及内存容量，如图 13-47 所示。

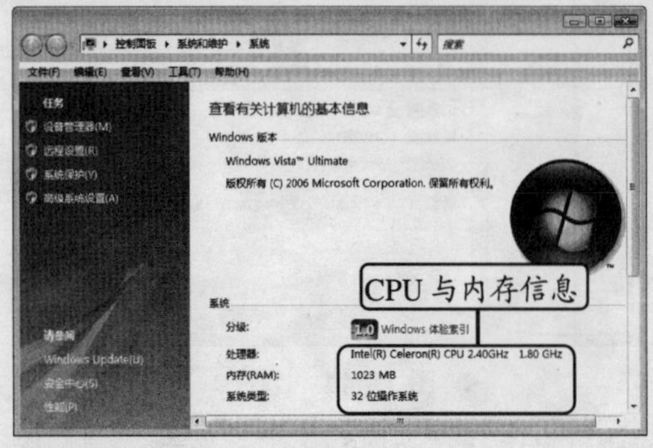

◆ 图 13-47

在该窗口中显示了 Windows Vista 的分级评分，该评分是系统对电脑中硬件设备的综合评测而生成的。评分越高，说明电脑综合性能就越好。

13.6.2 使用设备管理器

设备管理器是 Windows Vista 中查看与管理硬件设备的主要操作平台，在其中可以查看电脑中硬件设备的详细信息。

在设备管理器中查看电脑硬件设备的详细信息。

STEP 01. **单击超链接。**打开“系统”窗口，在左侧窗格的“任务”栏中单击“设备管理器”超链接，如图 13-48 所示。

STEP 02. **确认操作。**在打开的“用户账户控制”对话框中单击 继续(C) 按钮确认操作，如图 13-49 所示。

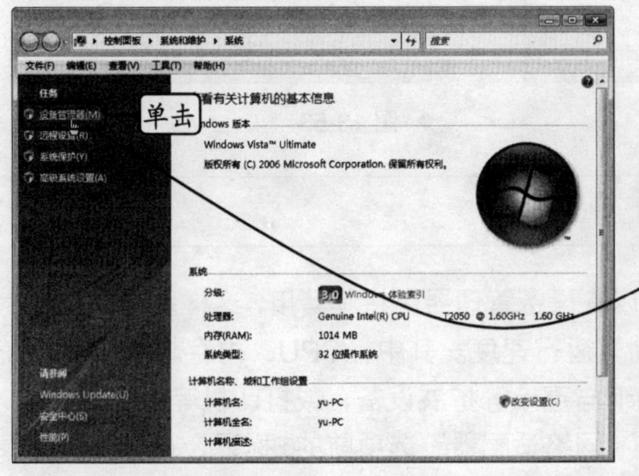

◆ 图 13-48

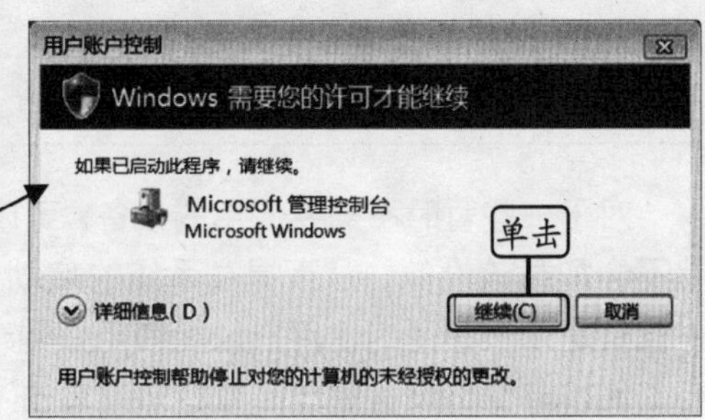

◆ 图 13-49

STEP 03. **打开窗口。**在打开的“设备管理器”窗口中以列表的形式显示出电脑中的所有硬件设备，如图 13-50 所示。

STEP 04. **展开选项。**每个设备类型列表前都有一个⊞标记，单击该标记，即可展开列表查看到电脑中安装的该设备，此时⊞标记变为⊟标记，如图 13-51 所示。

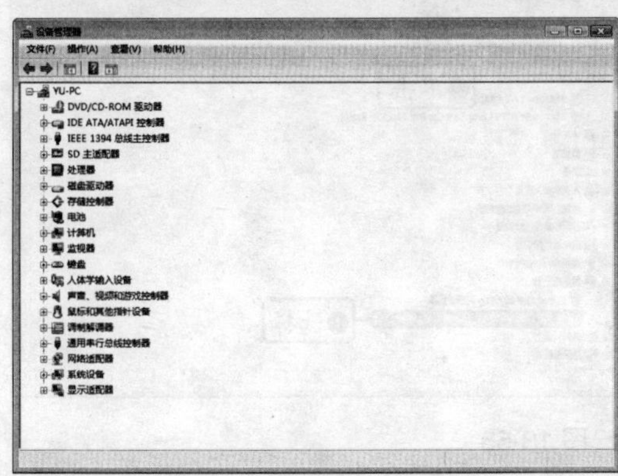

◆ 图 13-50

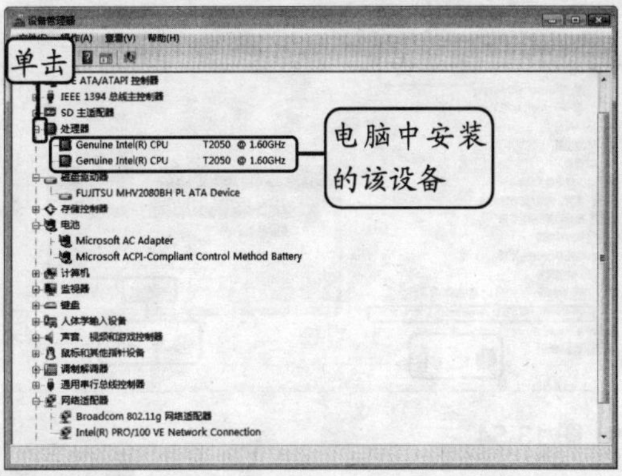

◆ 图 13-51

STEP 05. **选择命令。**在“处理器”选项下的第一个“设备”选项上单击鼠标右键，在弹出的快捷菜单中选择“属性”命令，如图 13-52 所示。

STEP 06. **查看属性。**在打开的相应设备的属性对话框的各个选项卡中即可查看该设备的详细信息，如图 13-53 所示。

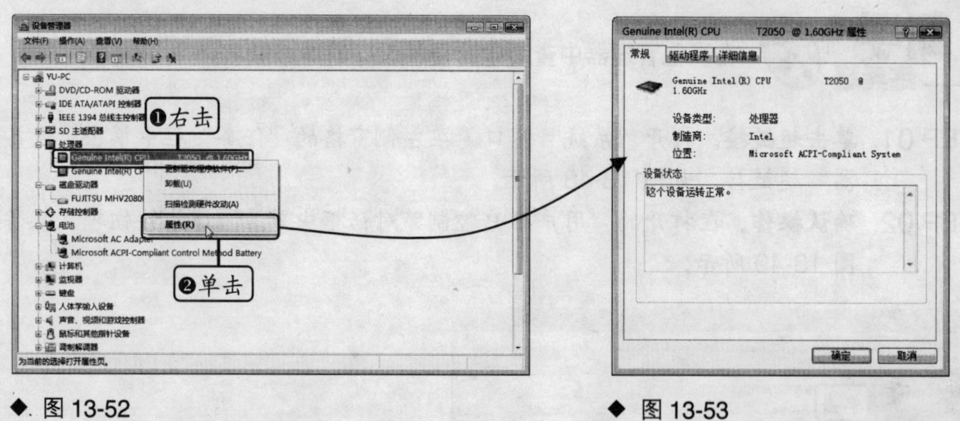

◆ 图 13-52　　◆ 图 13-53

13.6.3 禁用与启用设备

对于一些暂时不需要使用的设备，可以在设备管理器中将其禁用，这样系统在启动时就不会加载该设备，从而提高系统的启动与运行速度。其中，CPU、内存与显卡等系统主设备是无法禁用的，用户只能禁用如网卡与声卡等扩展设备，或打印机等外部设备。

例如，在“设备管理器”窗口中单击“网络适配器”选项前的⊞标记，在展开的列表中选择要禁用的网卡设备，单击工具栏中的“禁用”按钮，在打开的提示框中单击“是(Y)”按钮就可以禁用网卡了，如图 13-54 所示。

禁用设备后，其设备图标上将显示“已禁用”标记；若要启用该设备，只需再次选中设备，单击工具栏中的“启用”按钮即可，如图 13-55 所示。

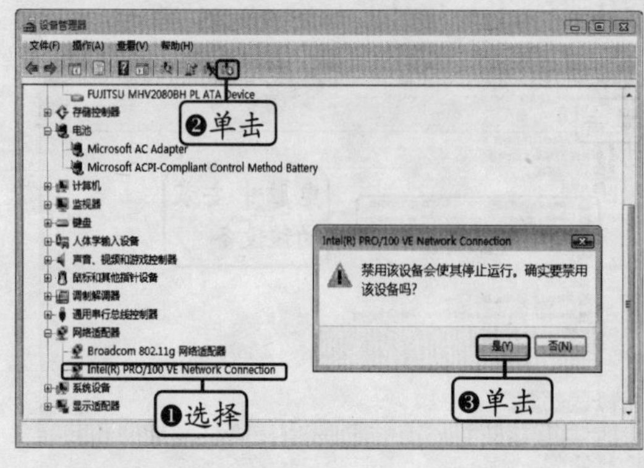

◆ 图 13-54　　◆ 图 13-55

13.7 安装与卸载硬件

在使用电脑的过程中，难免会添加新的硬件设备或将不需要的硬件设备从电脑中移除。添加新硬件后，为了确保其能正常使用，需要在系统中安装硬件的驱动程序，当硬件厂商发布新的驱动程序时，还需进行更新。另外，在移除硬件时，并不是只拔下该硬件就可以了，还需要从系统中卸载硬件。

13.7.1 使用一般方法安装硬件

使用一般方法安装硬件是指通过选择选项的方法在系统中查找硬件设备的驱动程序来安装硬件，这是较常用的安装硬件的方法。

在 Windows Vista 中使用一般方法安装硬件驱动程序。

STEP 01. **选择选项。**在关机状态下将硬件设备与电脑进行连接，启动电脑并登录到 Windows Vista，系统将打开“发现新硬件”对话框，选择“查找并安装驱动程序软件”选项，如图 13-56 所示。

STEP 02. **自动安装。**在打开的“找到新的硬件”对话框中选择“是，始终联机搜索”选项，系统将开始联机搜索硬件的驱动程序，如图 13-57 所示。找到正确的驱动程序后，将会自动安装驱动程序。

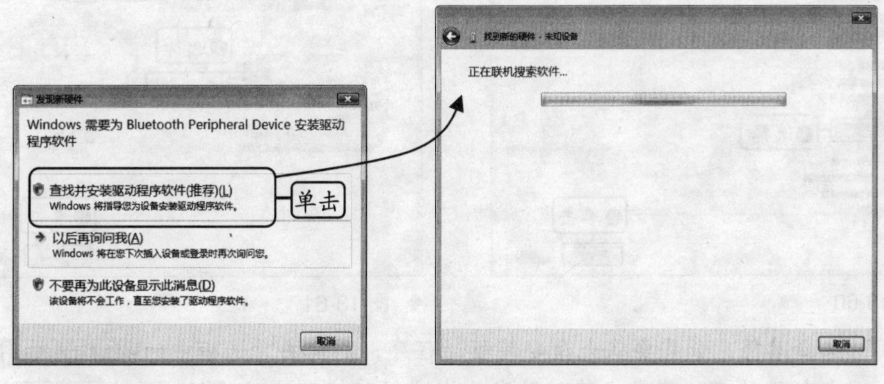

◆ 图 13-56　　◆ 图 13-57

STEP 03. **选择选项。**当无法自动安装硬件时，将打开如图 13-58 所示的“您想如何搜索驱动程序软件”对话框，选择“浏览计算机以查找驱动程序”选项。

STEP 04. **选择位置。**在打开的“浏览计算机上的驱动程序文件”对话框中的“在以下位置搜索驱动程序软件”文本框中输入驱动程序所在位置，这里输入“D:\Users\yu\Documents”文件夹，如图 13-59 所示，单击 下一步(N) 按钮，系统即可开始安装驱动程序。

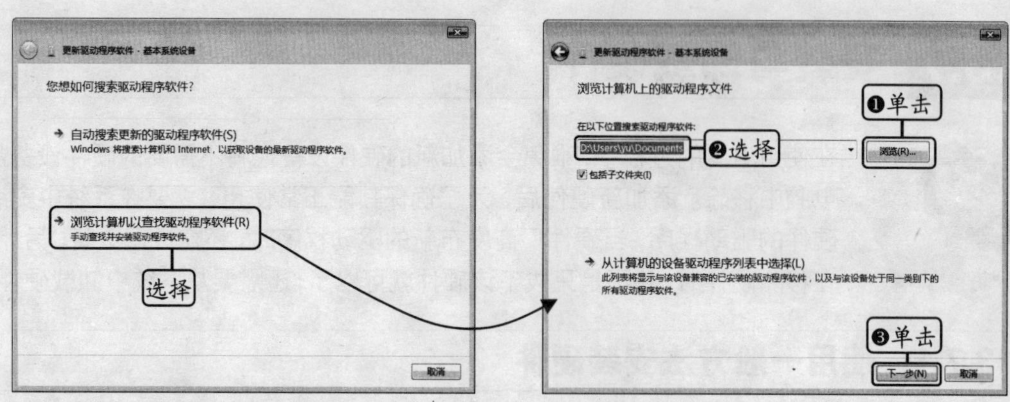

◆ 图 13-58　　◆ 图 13-59

STEP 05. **选择设备。**如果在如图 13-59 所示的对话框中选择“从计算机的设备驱动程序列表中选择”选项，则将打开“从以下列表选择设备的类型”对话框，在列表框中选择与硬件匹配的类型，这里选择“人体学输入设备”设备，然后单击下一步(N)按钮，如图 13-60 所示。

STEP 06. **选择生产厂商和型号。**在打开的“选择要为此硬件安装的设备驱动程序”对话框中从 Windows Vista 预置的驱动程序库中选择硬件的生产厂商和型号，这里选择“HID-compliant device”选项，如图 13-61 所示，单击下一步(N)按钮，系统即可开始安装该硬件设备的驱动程序。

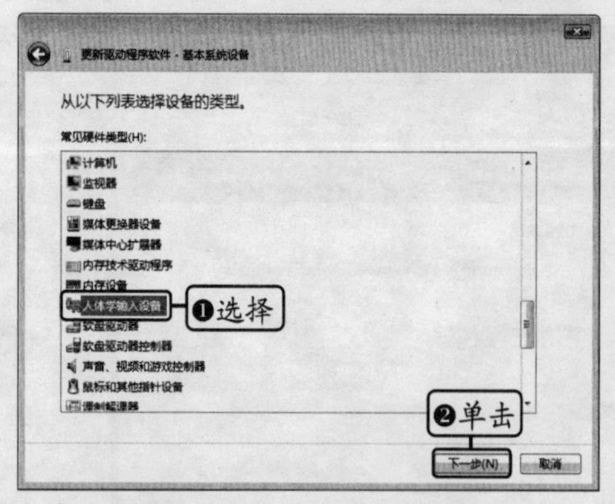

◆ 图 13-60

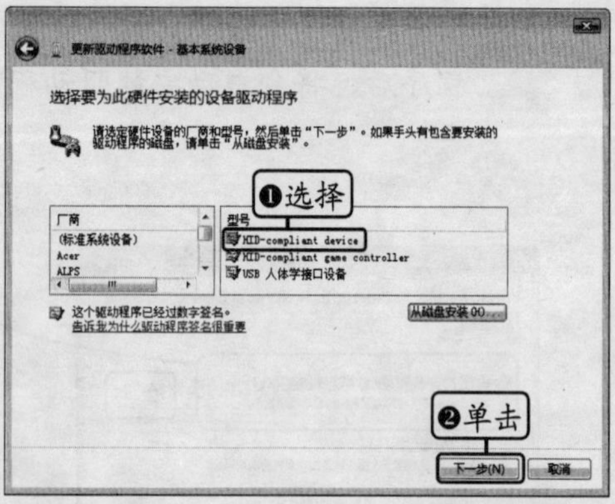

更新驱动程序软件 - 基本系统设备

选择要为此硬件安装的设备驱动程序

❶选择

HID-compliant device

从磁盘安装(H)...

❷单击

◆ 图 13-61

STEP 07. **选择路径。**如果要从光盘安装驱动程序，则单击对话框中的从磁盘安装(H)...按钮，在打开的“从磁盘安装”对话框中选择驱动程序的路径，单击确定按钮即可进行安装，如图 13-62 所示。

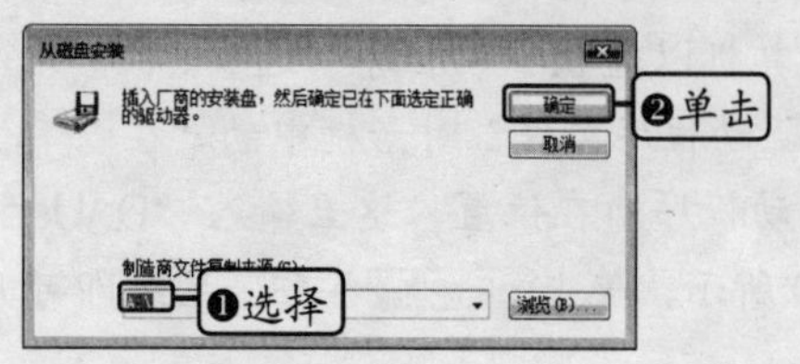

◆ 图 13-62

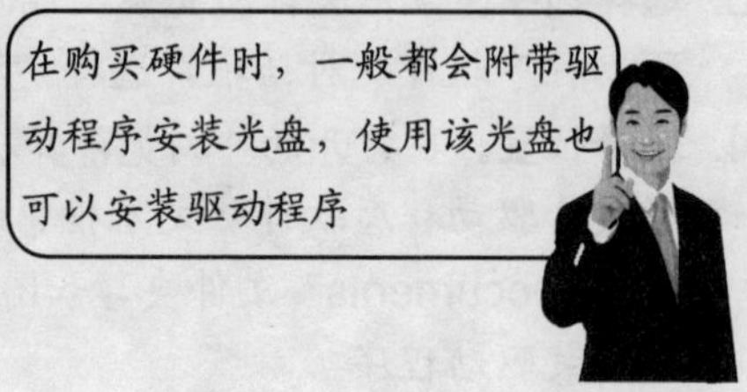

在购买硬件时，一般都会附带驱动程序安装光盘，使用该光盘也可以安装驱动程序

13.7.2 手动安装硬件

手动安装硬件是指通过选择硬件设备具体型号的方法来安装硬件。采用该方法无需进行搜索，其安装速度也较快。手动安装硬件时，用户需对硬件设备的类型有一定的了解。

在 Windows Vista 中手动安装硬件驱动程序。

STEP 01. **双击图标。**将硬件连接到电脑设备后，打开“控制面板”窗口并切换至经典视图，在窗口中双击“添加硬件”图标，如图 13-63 所示。

STEP 02. **单击按钮。**在打开的“用户账户控制”对话框中单击继续(C)按钮确认操作，打开“欢迎使用添加硬件向导”对话框，单击下一步(N) >按钮，如图 13-64 所示。

◆ 图 13-63

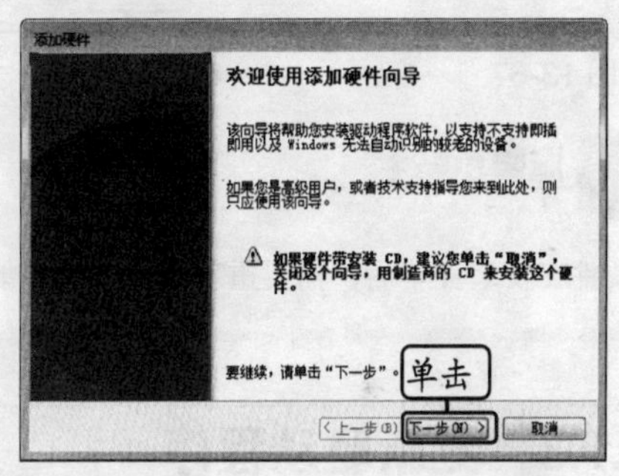

◆ 图 13-64

STEP 03. **选中单选按钮。**在打开的对话框中选中“安装我手动从列表选择的硬件”单选按钮，单击下一步(N) >按钮，如图 13-65 所示。

STEP 04. **选择设备类型。**在打开的对话框的列表框中选择要安装的硬件类型，这里选择“网络适配器”选项，单击下一步(N) >按钮，如图 13-66 所示。

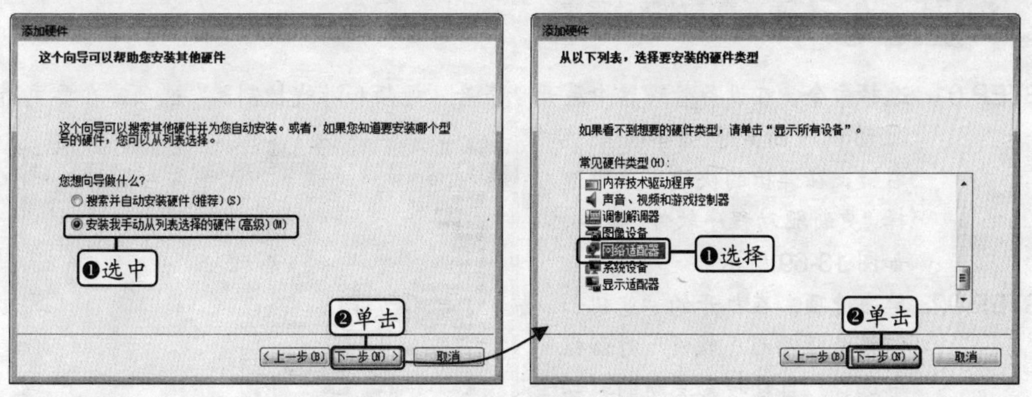

◆ 图 13-65 ◆ 图 13-66

STEP 05. **选择型号。**在打开的对话框左侧的列表框中选择设备品牌，在右侧列表框中选择设备型号，单击下一步(N) >按钮即可安装相应的驱动程序，如图 13-67 所示。

STEP 06. **选择位置。**如果列表中没有列出要安装的硬件设备，则在如图 13-67 所示的对话框中单击 从磁盘安装(H)... 按钮，打开“从磁盘安装”对话框，在其中的下拉列表框中选择驱动程序的保存位置，然后单击 确定 按钮即可从磁盘安装驱动程序，如图 13-68 所示。

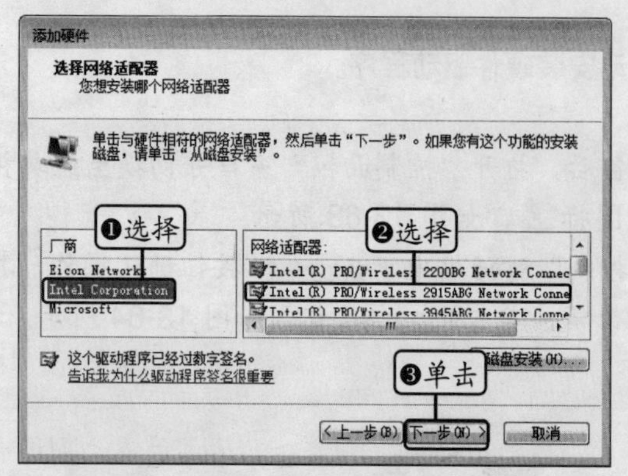

◆ 图 13-67

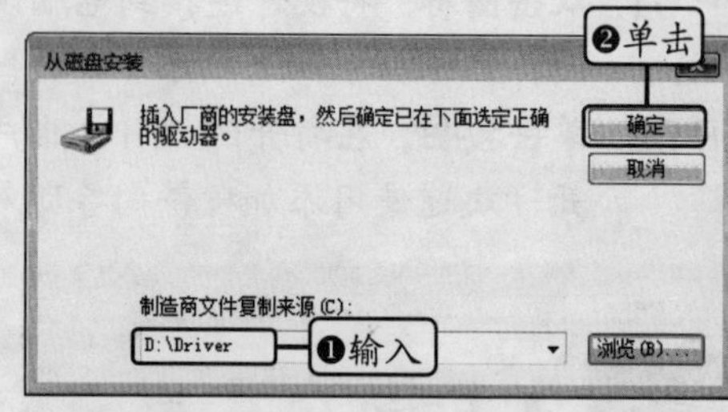

◆ 图 13-68

温馨小贴士

有些硬件在安装完毕后，需要重新启动电脑才能正常使用。

13.7.3 更新驱动程序

硬件厂商每隔一段时间就会发布新版本的硬件驱动程序，一般来说，新驱动程序会去除先前版本中存在的缺陷，并提高硬件设备的性能。因此，及时更新驱动程序可以使电脑的性能得到更大发挥。

更新声卡的驱动程序。

STEP 01. **选择命令。**在设备管理器中展开“声音、视频和游戏控制器”选项，在要更新驱动程序的声卡上单击鼠标右键，在弹出的快捷菜单中选择“更新驱动程序软件”命令，如图 13-69 所示。

STEP 02. **单击选项。**在打开的“您想如何搜索驱动程序软件”对话框中选择“自动搜索更新的驱动程序软件”选项，如图 13-70 所示。

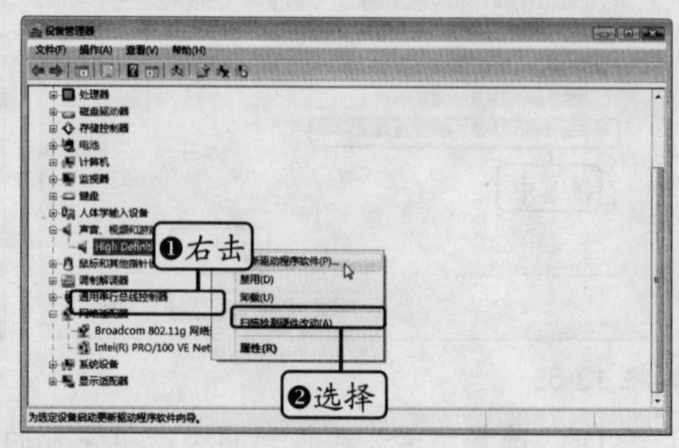

◆ 图 13-69

STEP 03. **选择位置。**在打开的对话框中单击[浏览(R)...]按钮，然后在打开的对话框的“在以下位置搜索驱动程序软件”文本框中输入“D:\Users\yu\Documents”，单击[下一步(N)]按钮开始安装，如图 13-71 所示。

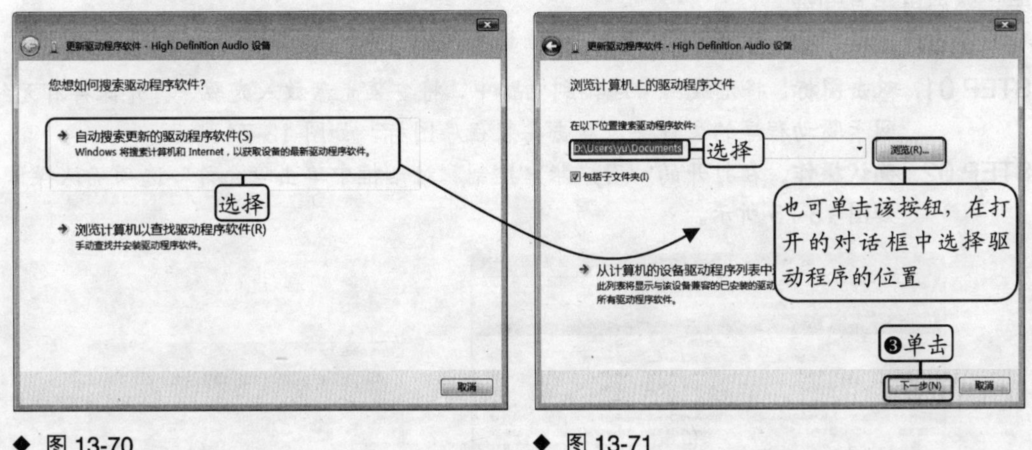

◆ 图 13-70　　◆ 图 13-71

13.7.4 卸载硬件

当不需要某个硬件时，应将其从电脑中移除。正确的移除方法是先在 Windows Vista 中卸载硬件，然后再从电脑中移除。如果不在系统中卸载硬件，则与之对应的无用的驱动程序会在系统启动时依旧自动加载，从而影响系统的启动速度。

在 Windows Vista 中卸载 USB 人体学接口设备。

STEP 01. **选择命令。**在设备管理器中选择“USB 人体学接口设备”选项，在其上单击鼠标右键，在弹出的快捷菜单中选择“卸载”命令，如图 13-72 所示。

STEP 02. **选择命令。**在打开的“确认卸载设备”对话框单击[确定]按钮，即可将该设备从系统中卸载，如图 13-73 所示。

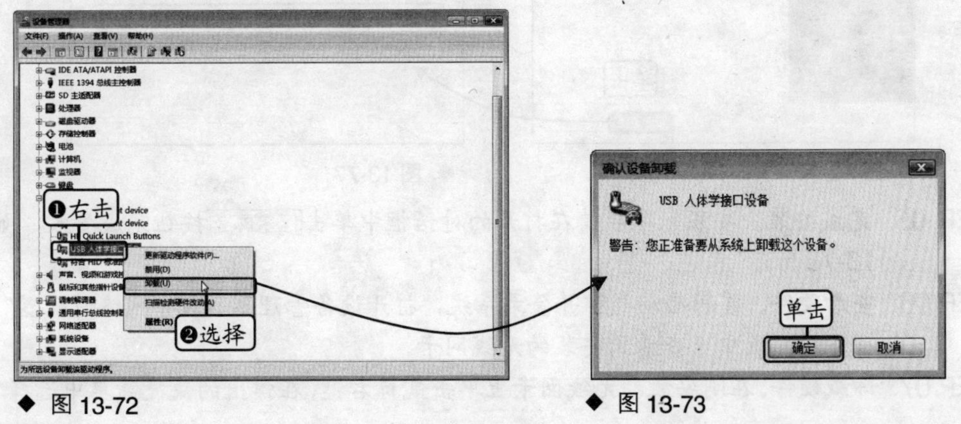

◆ 图 13-72　　◆ 图 13-73

13.7.5 应用实例——安装与卸载无线网卡驱动程序

本次实例将在电脑中添加无线网卡，并通过无线网卡附带的驱动程序安装光盘进行安装，然后再将其卸载。

其具体操作步骤如下。

STEP 01. **双击图标。**将无线网卡连接到电脑中，将安装光盘放入光驱，打开保存有无线网卡驱动程序的文件夹，双击安装程序图标，如图 13-74 所示。

STEP 02. **确认操作。**在打开的"用户账户控制"对话框中单击"允许"选项确认操作，如图 13-75 所示。

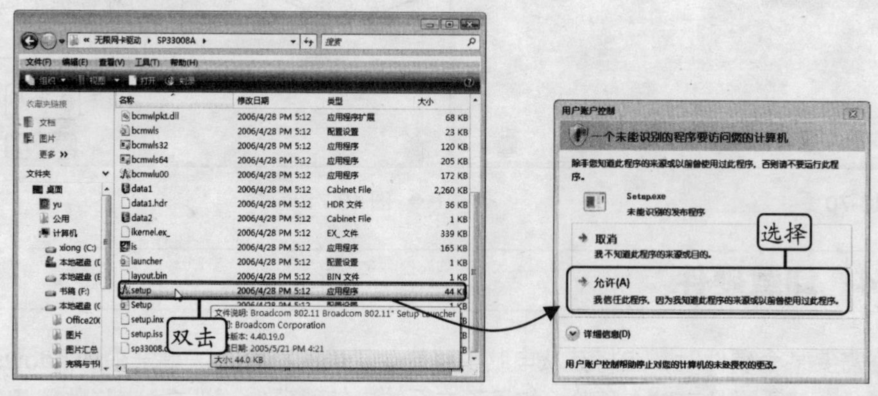

◆ 图 13-74 ◆ 图 13-75

STEP 03. **单击按钮。**此时安装程序将载入安装文件，载入完毕后，将打开"欢迎"对话框，单击[下一步(N) >]按钮，如图 13-76 所示。

STEP 04. **开始安装。**系统即开始安装驱动程序，并打开"安装状态"对话框显示安装进度，如图 13-77 所示。

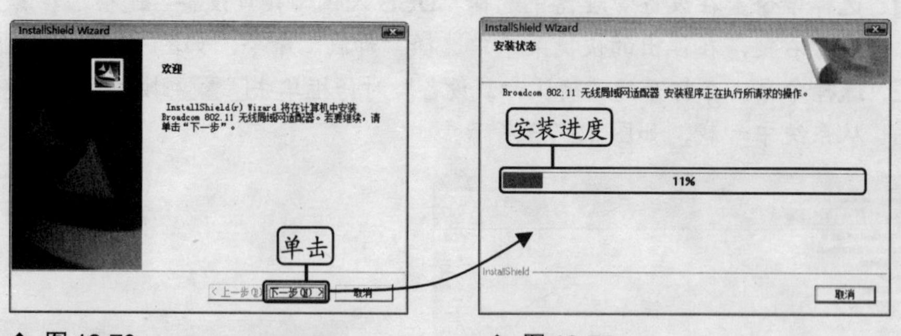

◆ 图 13-76 ◆ 图 13-77

STEP 05. **完成安装。**安装完毕后，在打开的对话框中单击[完成]按钮完成安装，如图 13-78 所示。

STEP 06. **查看硬件。**重新启动电脑并登录系统，打开设备管理器，在"网络适配器"选项下的列表中可查看到安装的无线网卡。

STEP 07. **卸载硬件。**在刚安装的无线网卡上单击鼠标右键，在弹出的快捷菜单中选择"卸

载”命令，如图 13-79 所示。

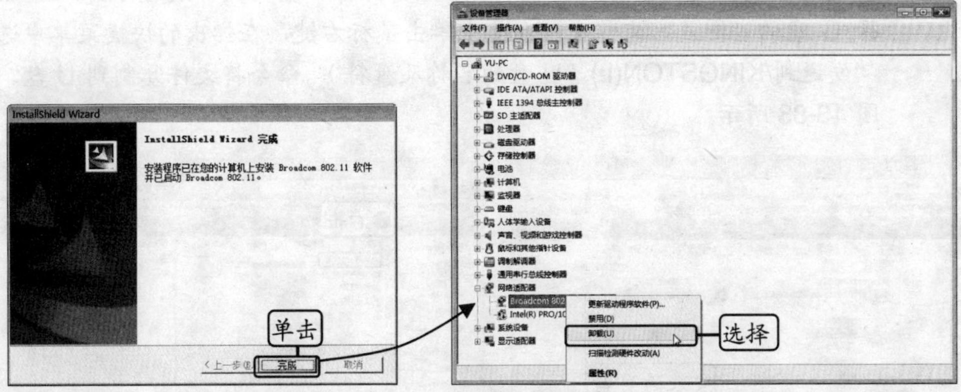

◆ 图 13-78　　◆ 图 13-79

STEP 08. **确认卸载。**在打开的“确认卸载设备”对话框中单击 确定 按钮，将该设备从系统中卸载，最后将无限网卡从电脑中移除即可。

13.8 安装常用外部设备

使用电脑时，常需要将一些外部设备，如 U 盘、打印机、手机以及蓝牙设备等与电脑连接并交互数据，这些设备多采用 USB 接口，因此安装起来较为方便。

13.8.1 连接并使用 U 盘

U 盘是目前使用最为广泛的可移动存储设备之一，它具有体积小、存储容量大与携带方便等特点。U 盘通过 USB 接口与电脑连接，并且无需安装驱动程序就可以使用。

将 U 盘插入电脑，并将电脑中的数据复制到 U 盘中。

STEP 01. **安装设备。**将 U 盘插入到电脑的 USB 接口，稍后在任务栏通知区域提示发现新硬件并自动安装硬件，安装完毕后，提示设备可以使用，如图 13-80 所示。

STEP 02. **查看设备图标。**此时在通知区域中将显示 U 盘图标，如图 13-81 所示。

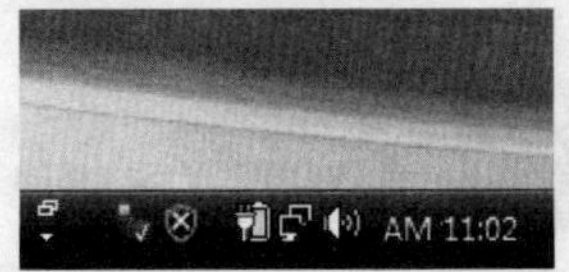

◆ 图 13-80　　◆ 图 13-81

STEP 03. **双击图标。**打开“计算机”窗口，在窗口中将显示已连接的 U 盘对应的盘符，

如图 13-82 所示。双击盘符图标，即可打开 U 盘。

STEP 04. **发送文件。**进入任意磁盘分区并选择要复制到 U 盘的文件或文件夹，这里选择 G 盘的“图片”文件夹，在其上单击鼠标右键，在弹出的快捷菜单中选择“发送到/KINGSTON(I:)（U 盘的名称及盘符）”命令将文件复制到 U 盘，如图 13-83 所示。

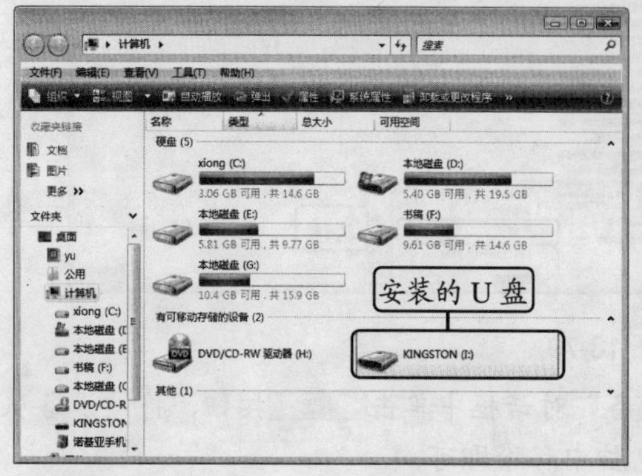

◆ 图 13-82

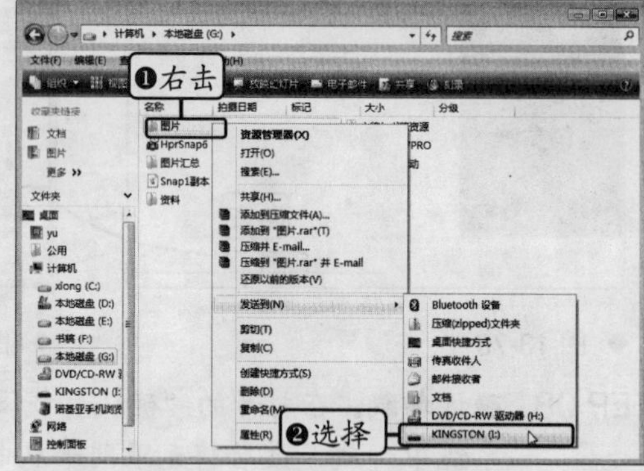

◆ 图 13-83

STEP 05. **选择命令。**在任务栏通知区域中的 U 盘图标上单击鼠标，在弹出的快捷菜单中选择“安全删除 USB 大容量存储设备 – 驱动器”命令，如图 13-84 所示。

STEP 06. **取出设备。**稍后将打开“安全地移除硬件”对话框，单击确定按钮关闭对话框，如图 13-85 所示，将 U 盘从电脑的 USB 接口中拔出即可。

◆ 图 13-84

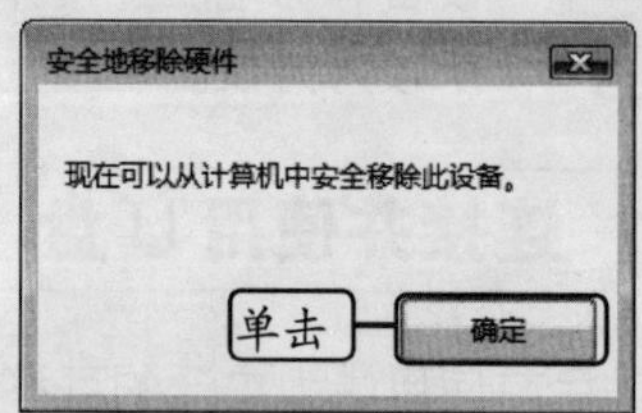

◆ 图 13-85

13.8.2 安装打印机

打印机也是经常使用的外部设备之一，利用它可以将文档、文件或图片输出到纸张上。目前办公或家庭用户所采用的打印机主要有激光打印机与喷墨打印机两种，其接口通常为 USB 接口与并口。与 U 盘不同的是，将打印机与电脑连接后，还需安装相应的打印机驱动程序。

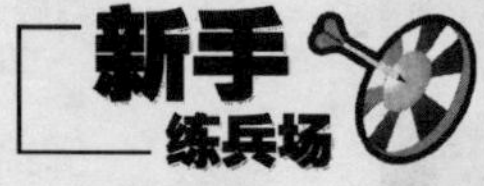

在 Windows Vista 中安装 USB 接口的打印机。

STEP 01. **单击超链接。**将打印机的 USB 插头插入到电脑的 USB 接口中，接通打印机电源。在“控制面板”窗口中的“硬件和声音”栏中单击“打印机”超链接，

如图 13-86 所示。

STEP 02. **单击按钮。**在打开的“打印机”窗口的工具栏中单击添加打印机按钮，如图 13-87 所示。

◆ 图 13-86　　◆ 图 13-87

STEP 03. **选择选项。**在打开的“添加打印机”对话框中选择“添加本地打印机”选项，如图 13-88 所示。

STEP 04. **选择打印机端口。**在打开的“选择打印机端口”对话框中选中“使用现有的端口”单选按钮，在其后的下拉列表框中选择打印机端口，然后单击下一步(N)按钮，如图 13-89 所示。

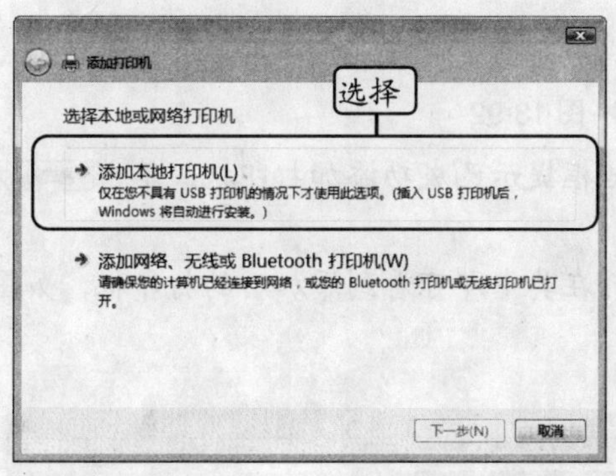

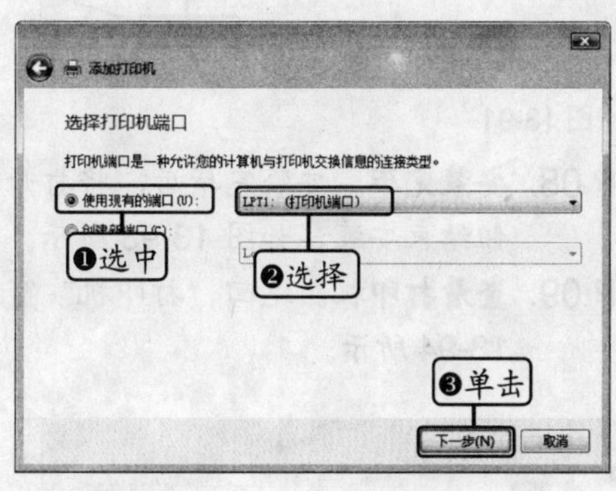

◆ 图 13-88　　◆ 图 13-89

STEP 05. **选择选项。**在打开的“安装打印机驱动程序”对话框中选择所使用的打印机的厂商和型号，这里选择“Apollo P2100/P2300U”打印机，单击下一步(N)按钮，如图 13-90 所示。

STEP 06. **输入名称。**在打开的对话框中输入打印机要采用的名称，这里使用默认名称，单击下一步(N)按钮，如图 13-91 所示。

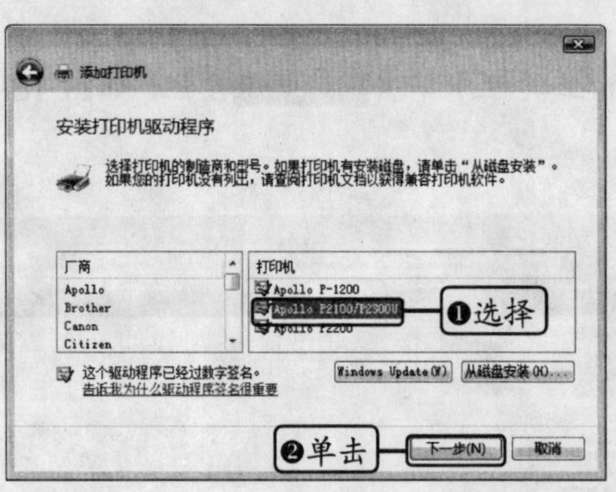

◆ 图 13-90

温馨小贴士

如果在列表框中没有找到用户所使用的打印机，则单击从磁盘安装(H)...按钮，在打开的对话框的下拉列表框中输入打印机驱动程序的路径，然后单击确定按钮也可进行安装。

STEP 07. **安装驱动。**此时系统即开始安装打印机驱动程序，并在打开的对话框中显示安装进度，如图 13-92 所示。

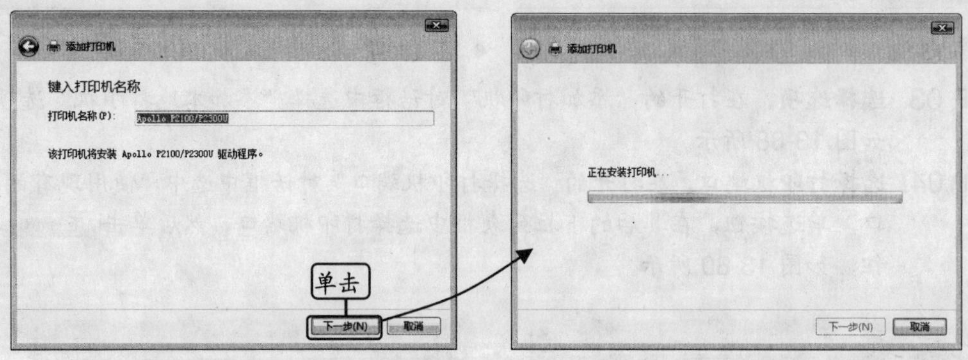

◆ 图 13-91　　◆ 图 13-92

STEP 08. **安装完毕。**安装完毕后，将打开对话框提示已成功添加打印机，单击完成(F)按钮结束安装，如图 13-93 所示。

STEP 09. **查看打印机。**返回"打印机"窗口，在其中即可看到添加后的打印机，如图 13-94 所示。

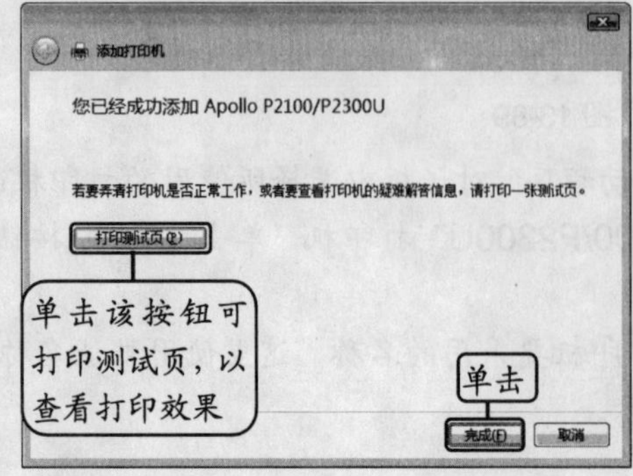

◆ 图 13-93

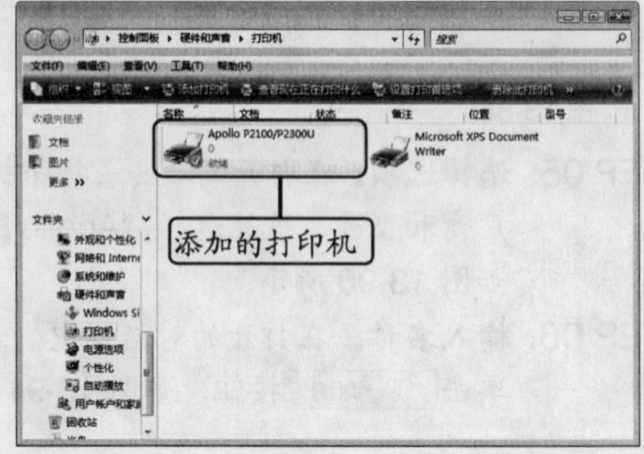

◆ 图 13-94

13.8.3 连接手机

目前绝大多数手机都可以与电脑连接，连接之后，可以将手机中储存的图片与视频等复制到电脑中，也可在电脑中备份手机数据、同步联系人、管理手机文件以及管理手机短信息等；或者将电脑中的手机软件与音乐等文件传输到手机中，从而实现数据共享。另外，有些手机还可以作为调制解调器使电脑连接至 Internet。

不同类型的手机连接电脑的方式也不同，有些手机只需直接连接到电脑中即可使用，而有些手机则需要安装相关软件才能正常使用。

通过 Nokia PC 套件将 Nokia N70 与电脑连接。

STEP 01. **安装软件。**将购买手机时附带的安装光盘放入光驱，将光盘中的 Nokia PC 套件“Nokia PC Suite”安装至电脑中。

STEP 02. **连接手机与电脑。**将手机附带的数据线的一端插入到手机接口，另一端连接到电脑的 USB 接口。

STEP 03. **单击选项。**打开“Nokia PC 套件”窗口，在左侧窗格中选择“单击此处连接手机”选项，如图 13-95 所示。

STEP 04. **选中单选按钮。**在打开的“取得连接”对话框中选中“电缆连接”单选按钮，单击“下一步”按钮，如图 13-96 所示。

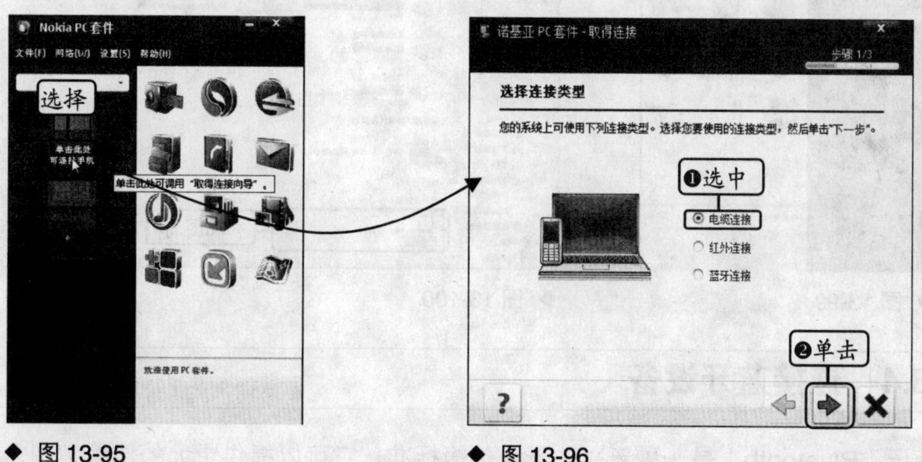

◆ 图 13-95　◆ 图 13-96

STEP 05. **连接等待。**此时程序将开始连接手机，如图 13-97 所示。在连接过程中系统会自动安装相关驱动程序。

STEP 06. **连接成功。**连接成功后，将打开“连接设置完成”对话框，其中显示了连接的手机以及连接方式，单击对话框下方的“完成”按钮完成安装，如图 13-98 所示。

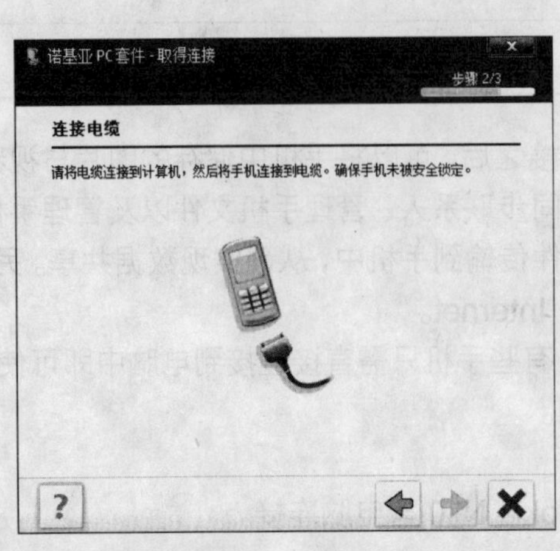

◆ 图 13-97

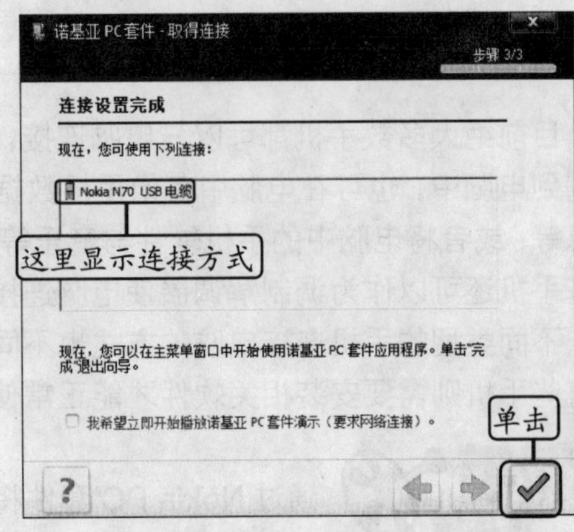

◆ 图 13-98

将手机成功与电脑连接后，"Nokia PC 套件"工作界面左侧窗格中即显示出连接的手机型号，此时就可以通过右侧窗格中的按钮管理手机并与电脑交互数据，如图 13-99 所示。打开"计算机"窗口，其中将显示出手机设备，如图 13-100 所示，双击该设备图标，在打开的窗口中即可查看手机中的信息与数据。

◆ 图 13-99

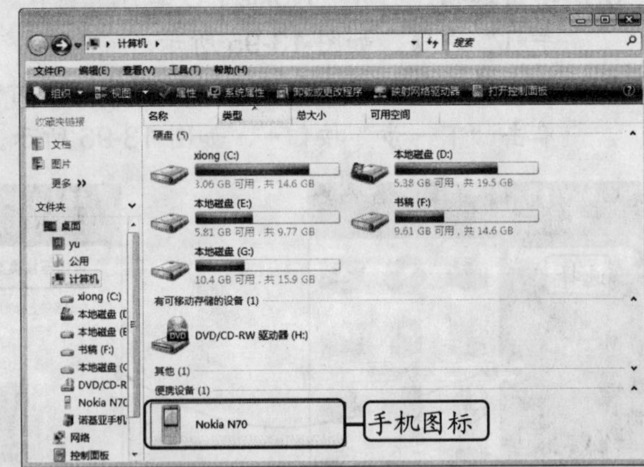

◆ 图 13-100

13.8.4 连接蓝牙设备

蓝牙（Bluetooth）是一种新兴的无线传输标准，它可以提供更大的传输范围、更快的传输速率。常用的蓝牙设备有手机、蓝牙耳机、蓝牙鼠标键盘等。要将电脑与蓝牙设备连接，首先需要在电脑中安装蓝牙适配器。蓝牙适配器的外观与 U 盘相似，采用 USB 接口，在使用时直接插入到电脑的 USB 接口上即可。

1. 添加蓝牙设备

将蓝牙适配器连接到电脑后，就可以添加其它蓝牙设备。建立连接前，需要开启蓝牙设备的蓝牙功能，然后再通过蓝牙适配器附带的程序进行添加。

在电脑中添加支持蓝牙功能的手机。

STEP 01. **单击按钮。** 在任务栏通知区域双击蓝牙图标，打开“Bluetooth 设备”对话框，单击添加(D)...按钮，如图 13-101 所示。

STEP 02. **选中复选框。** 在打开的“添加 Bluetooth 设备向导”对话框中选中“我的设备已经设置并且准备好，可以找到”复选框，单击下一步(N) >按钮，如图 13-102 所示。

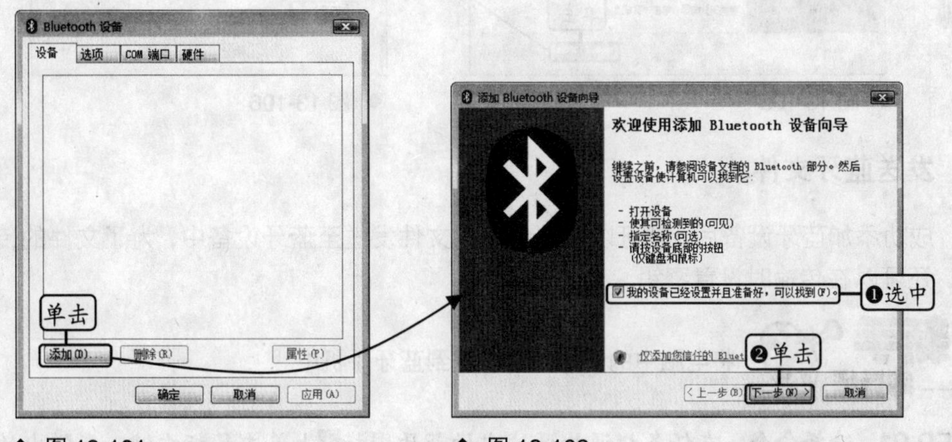

◆ 图 13-101　　◆ 图 13-102

STEP 03. **选择设备。** 系统将开始搜索可以连接的蓝牙设备，并在列表框中显示出来，选择搜索到的设备，单击下一步(N) >按钮，如图 13-103 所示。

STEP 04. **设置密钥。** 在打开的对话框中设置连接密钥的方式，这里选中“不使用密钥”单选按钮，单击下一步(N) >按钮，如图 13-104 所示。

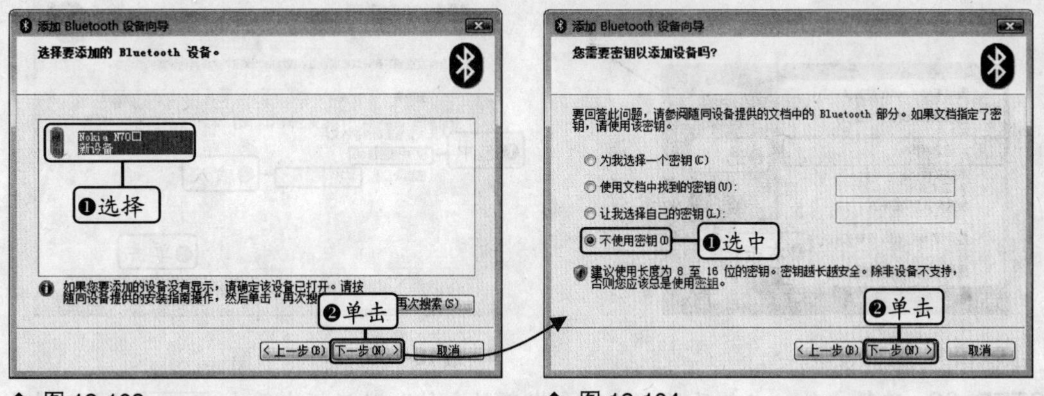

◆ 图 13-103　　◆ 图 13-104

STEP 05. **安装设备。** 系统开始添加该蓝牙设备，添加完成后，将打开如图 13-105 所示的对话框，单击完成按钮。

STEP 06. **查看设备。** 此时将返回“Bluetooth 设备”对话框，在其中的列表框中显示已成功连接的蓝牙设备，如图 13-106 所示。

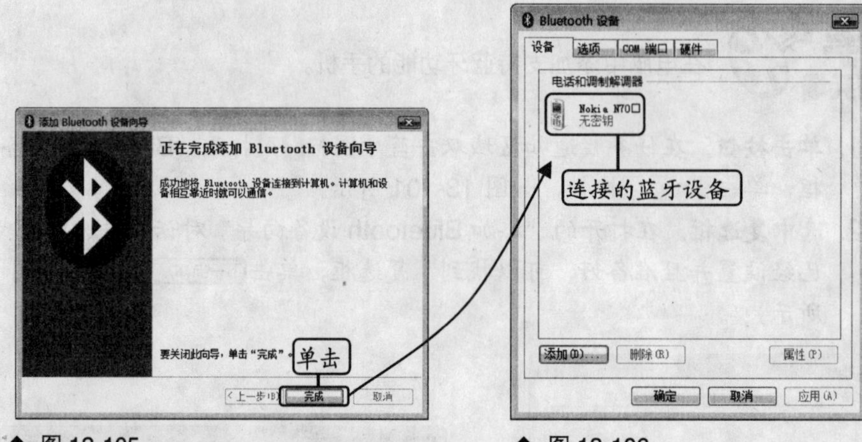

◆ 图 13-105　　◆ 图 13-106

2. 发送蓝牙文件

成功添加蓝牙设备后，就可以将电脑中的文件发送至蓝牙设备中，为了文件的传输安全，还可以在传输时设置密钥。

将电脑中的音乐文件传送到蓝牙手机中。

STEP 01. **选择命令。**在任务栏通知区域中的蓝牙图标上单击鼠标右键，在弹出的快捷菜单中选择"发送文件"命令，如图 13-107 所示。

STEP 02. **选择命令。**在打开的"选择发送文件的目的地"对话框中选中"使用密钥"复选框，在"密钥"文本框中输入密码，单击下一步(N) >按钮，如图 13-108 所示。

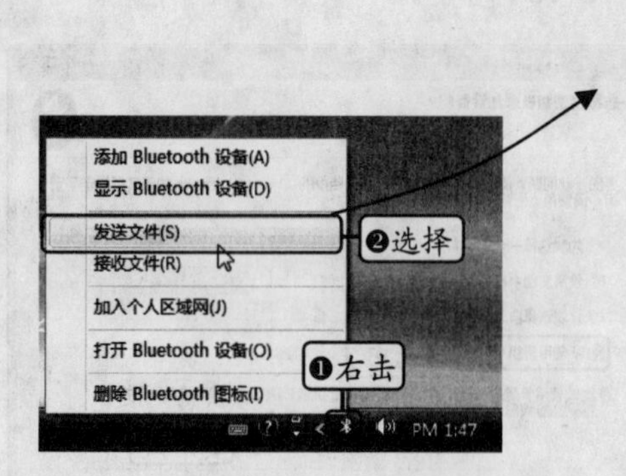

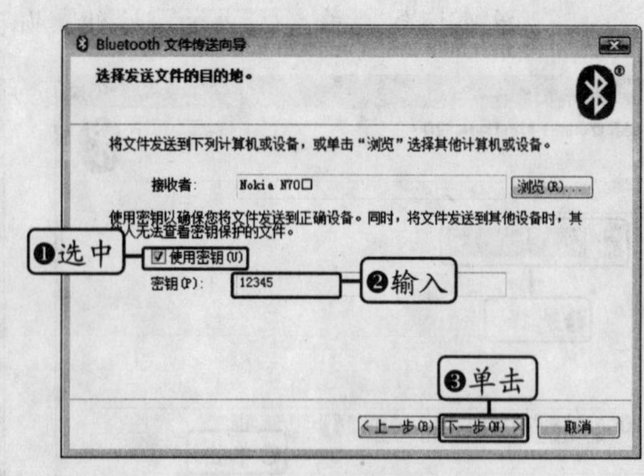

◆ 图 13-107　　◆ 图 13-108

STEP 03. **选择文件。**在打开的"选择要发送的文件"对话框中单击浏览(R)...按钮，在打开的对话框中选择要发送的音乐文件，返回"选择要发送的文件"对话框，单击下一步(N) >按钮，如图 13-109 所示。

STEP 04. **接收设置。**此时在手机界面中将显示提示信息，询问用户是否接受蓝牙信息，选择"是"选项，并输入连接密钥，电脑系统即可开始通过蓝牙功能传输文件，并在打开的对话框中显示传输进度，如图 13-110 所示。成功接收后，在手机中查看或保存文件即可。

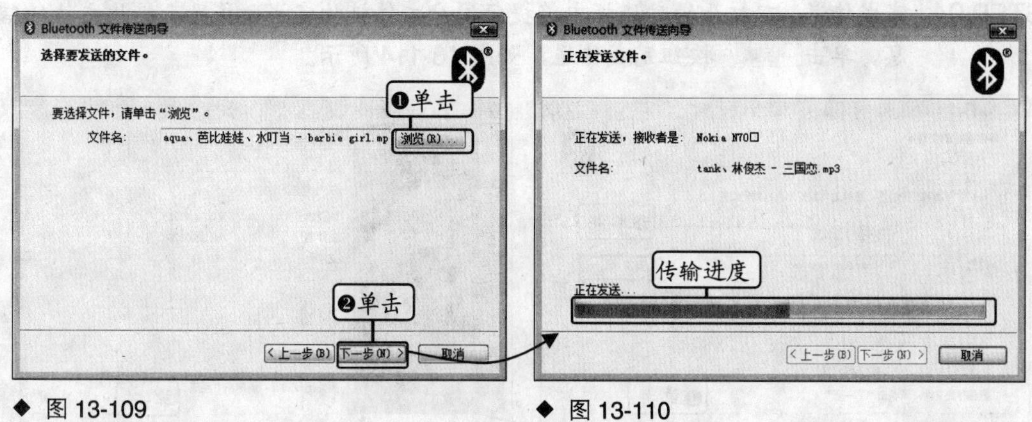

◆ 图 13-109

◆ 图 13-110

3. 接收蓝牙文件

除了可以通过电脑向蓝牙设备发送文件，还可以将蓝牙设备中的文件传送到电脑中。在接收文件之前，需要开启电脑的接收功能。

将手机中的照片通过蓝牙传送到电脑中。

STEP 01. **选择命令。**在任务栏通知区域中的蓝牙图标上单击鼠标右键，在弹出的快捷菜单中选择“接收文件”命令，系统将打开如图 13-111 所示的对话框。

STEP 02. **接收文件。**在手机中选择照片，并选择以蓝牙方式发送，将传送目的设备设置为电脑。系统将开始接收从手机传送的图片文件，并在打开的对话框中显示传输进度，如图 13-112 所示。

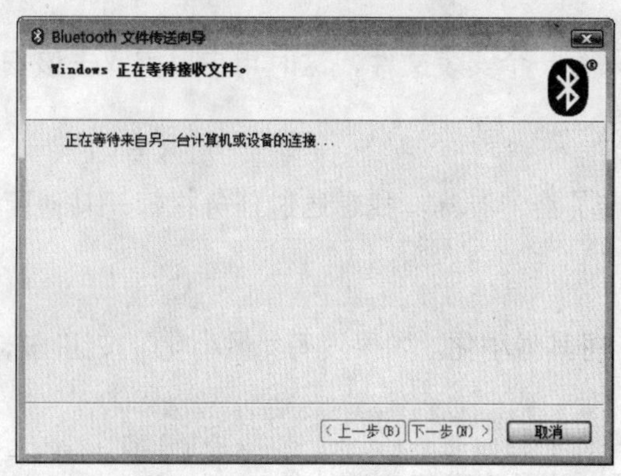

◆ 图 13-111

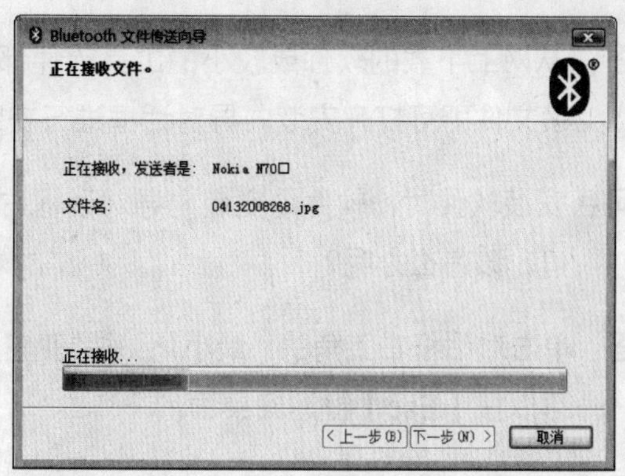

◆ 图 13-112

STEP 03. **保存文件。**接收完毕后，在打开的“保存接收的文件”对话框中设置文件的保存名称，这里使用默认名称，单击 浏览(R)... 按钮，在打开的对话框中选择保存路径，这里选择“D:\Users\yu\Desktop”文件夹，返回“保存接收的文件”对话框中，单击[下一步(N) >]按钮，如图 13-113 所示。

STEP 04. **完成传送。**在打开的对话框中将提示用户文件接收完成，并显示接收文件的信息，单击[完成]按钮完成传送，如图 13-114 所示。

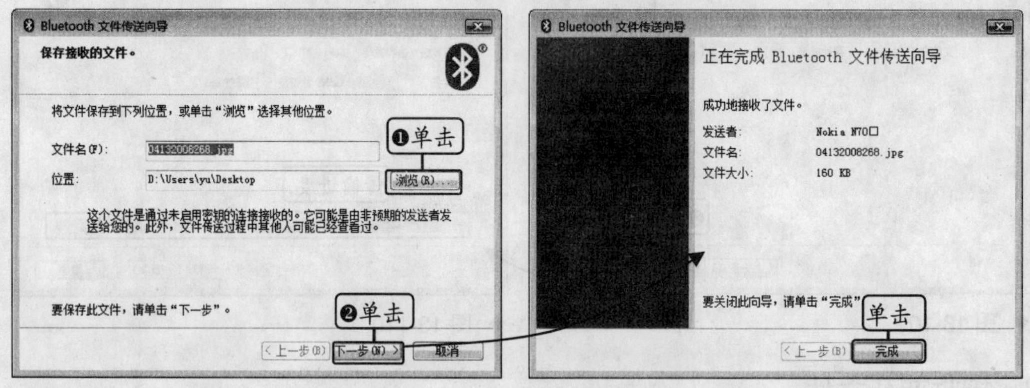

◆ 图 13-113　　◆ 图 13-114

13.9 疑难解答

学习完本章后，是否发现自己对软件与硬件管理的认识又提升到了一个新的台阶？关于管理软件与硬件过程中遇到的相关问题自己是否已经顺利解决了？下面将为你提供一些关于管理软件与硬件的常见问题解答，使你的学习路途更加顺畅。

问：我从网上下载了一个超级解霸播放软件，下载完成后却发现只有一个文件，我该怎么把软件安装到电脑中呢？

答：从网上下载的软件或较小的工具软件都只有一个安装文件，这时用户只需双击该安装文件即可打开安装向导对话框进行安装。

问：安装软件时，软件的安装向导对话框占据了整个屏幕，我想通过任务栏打开其他窗口，该怎么办呢？

答：单击对话框右上角的“最小化”按钮，将其最小化。如果没有“最小化”按钮，可以按【Esc】键返回桌面。

问：以标准用户的身份登录 Windows Vista 后，为什么不能安装软件？

答：在 Windows Vista 中，标准用户并没有安装软件的权限。要安装软件，必须通过管理员身份来运行安装程序。在软件的安装程序图标上单击鼠标右键，在弹出的快捷

菜单中选择“以管理员身份运行”命令，如图 13-115 所示，在打开的对话框中选择管理员，并输入正确的管理员密码，单击 确定 按钮即可安装软件。

问：将移动硬盘与电脑连接后，为什么在“计算机”窗口中不显示移动硬盘图标?

答：对于一些耗电量比较大的移动设备，需要电源的支持才能正确识别，一般移动硬盘都有两个 USB 插头，用户需要将这两个插头分别插入到电脑的两个 USB 接口中，其中一个用于传输数据，而另一个用于为移动硬盘供电。

问：如何查看电脑分级的详细信息?

答：Windows Vista 提供的分级功能可以对电脑性能进行分级，从而让用户直观地了解到自己电脑的性能。查看电脑详细分级情况的方法是在桌面上的“计算机”图标上单击鼠标右键，在弹出的快捷菜单中选择“属性”命令，在打开的“系统”窗口中即可查看电脑分级。若要查看各个主要硬件设备的性能分级，则单击“Windows 体验索引”超链接，在打开的如图 13-116 所示的窗口中即可进行查看。

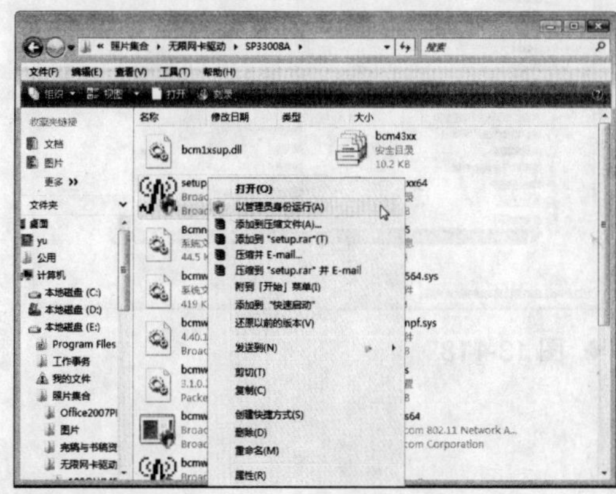

◆ 图 13-115

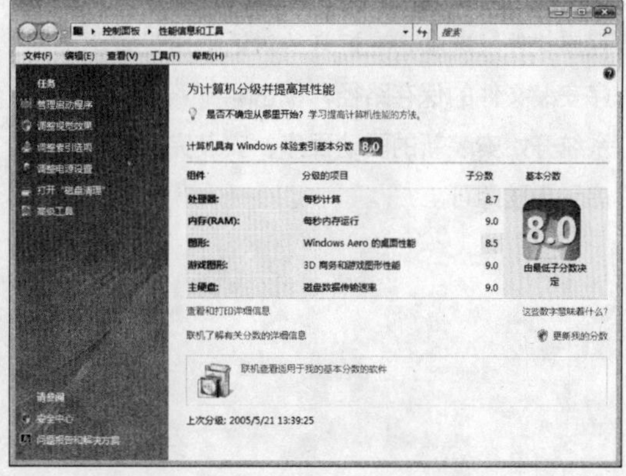

◆ 图 13-116

13.10 上机练习

本章上机练习一将练习安装播放软件千千静听，掌握安装软件的方法。上机练习二将练习对显卡的驱动程序进行更新，通过练习掌握更新硬件驱动程序的方法。各练习的操作提示介绍如下。

练习一

① 打开千千静听安装文件所在的文件夹，双击安装文件。

② 在打开界面中单击 开始(S) 按钮，打开“许可证协议”对话框，单击 我同意(A) 按钮，打开“选择组件”

对话框，选择要安装的组件，单击下一步(N) >按钮，如图 13-117 所示。

③ 在打开的“目标文件夹”对话框中设置安装该软件的目标文件夹，单击下一步(N) >按钮。

④ 在打开的对话框中设置执行安装程序的一些附加任务，单击下一步(N) >按钮，开始安装千千静听，安装完成后单击 完成 按钮完成操作。

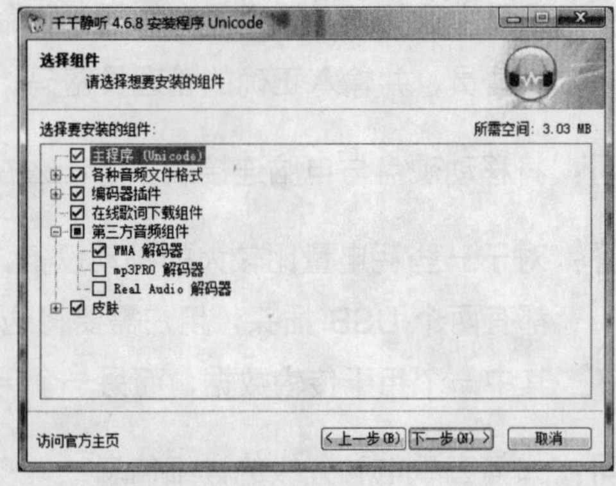

◆ 图 13-117

练习二

① 打开“设备管理器”窗口，展开“显示适配器”选项，在显卡选项上单击鼠标右键，在弹出的快捷菜单中选择“更新驱动程序软件”命令，如图 13-118 所示。

② 在打开的对话框中选择“浏览计算机以查找驱动程序软件”选项，在打开的对话框中设置驱动程序安装文件的保存路径，单击下一步(N) >按钮。

③ 系统开始安装新的驱动程序，安装完毕后，重新启动电脑即可。

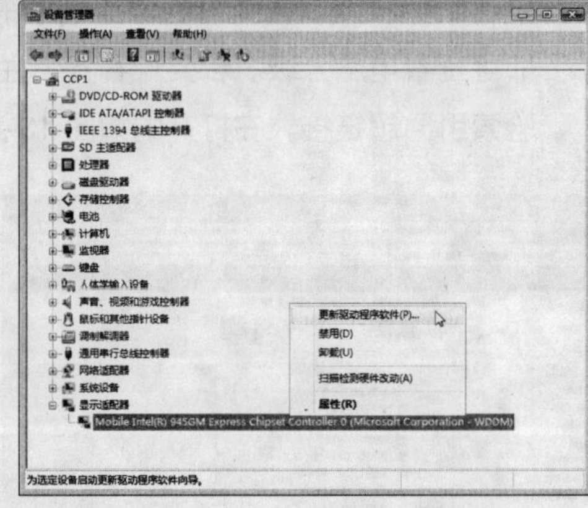

◆ 图 13-118

网络冲浪篇

Windows Vista 提供了增强的网络功能，可以让用户更加方便地接入 Internet 或组建局域网以共享网络资源。这一篇我们就来学习设置网络连接、组建局域网、共享局域网资源以及浏览与使用网络资源的方法。

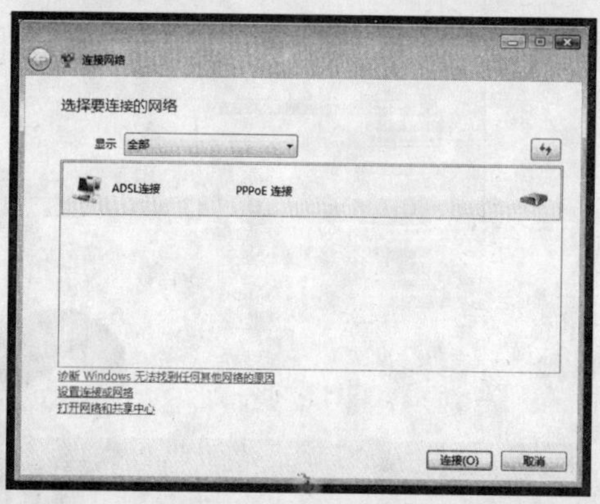

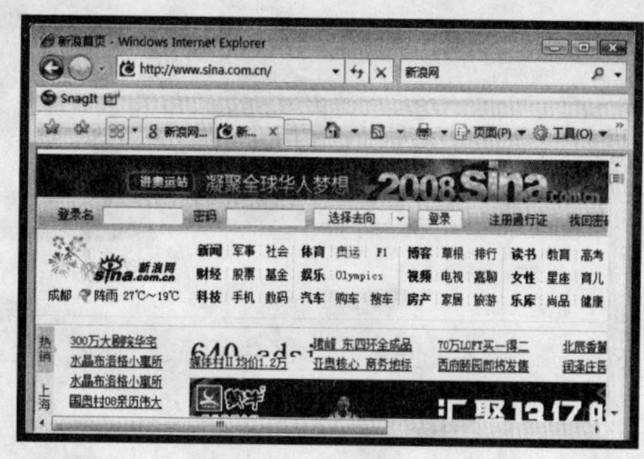

第 14 章 Windows Vista 的网络连接

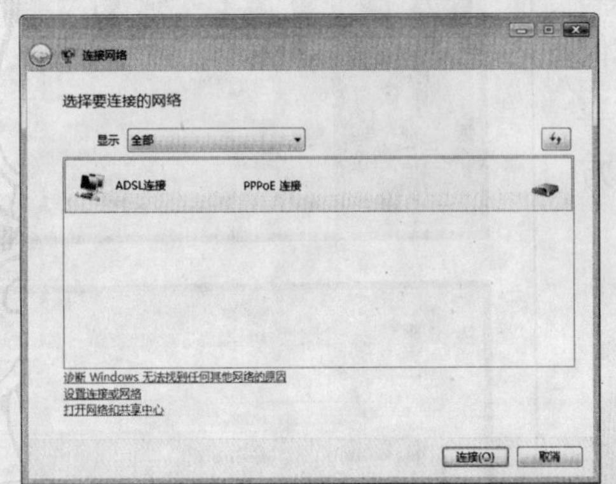

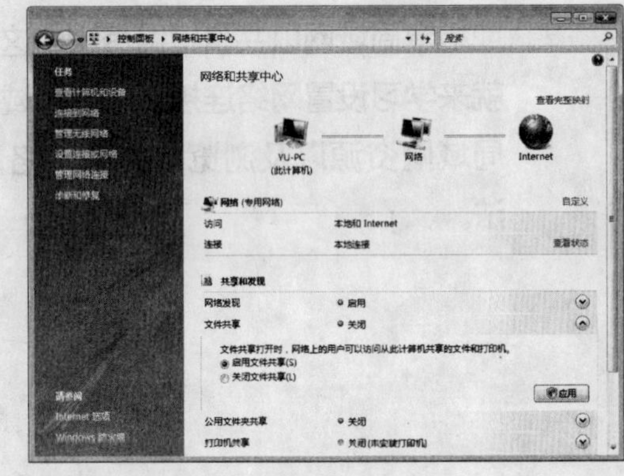

当今世界是一个网络的世界，通过它可以实现资源共享，为人们的工作和生活提供方便。为了使用户能轻松地组建局域网或将电脑接入 Internet，Windows Vista 提供了网络和共享中心，它具有人性化网络连接功能。本章就将讲解如何在 Windows Vista 中接入 Internet、建立局域网及共享网络资源。

14.1 接入 Internet

随着 Internet（互联网）的普及，很多用户在购买电脑后都会将电脑接入到 Internet。目前 ADSL 是使用最为广泛的 Internet 接入方式之一，本节就来了解 ADSL 设备以及通过 ADSL 接入 Internet 的方法。

14.1.1 认识 ADSL

ADSL 是基于电话线进行传输的，在使用前需要通过网络运营商（如中国电信和中国网通）开通固定电话与上网服务，他们会提供给用户一个账户和密码，以及分离器、ADSL Modem 与若干连接线等设备，并将这些设备与电脑网卡进行连接，如图 14-1 所示。

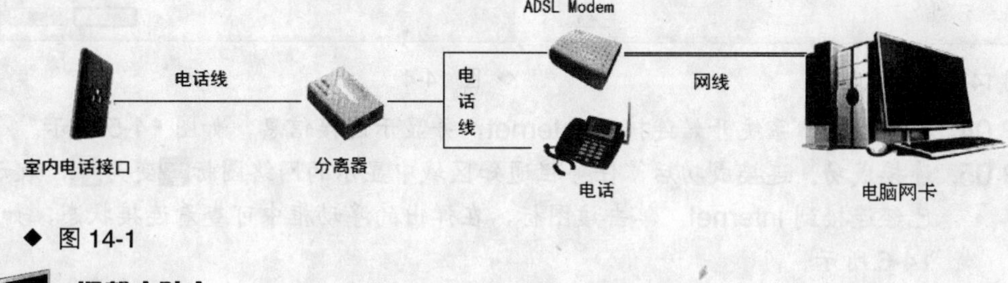

◆ 图 14-1

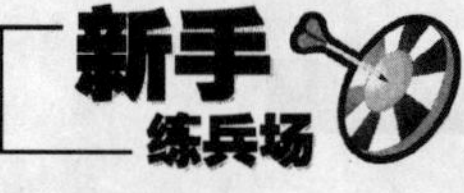

温馨小贴士

用户开通上网服务时，网络运营商一般会派专业人员至用户家中进行硬件设备的安装与连接，而无需用户自己安装。

14.1.2 建立 ADSL 连接

正确连接 ADSL 设备后，即可启动电脑并登录到 Windows Vista 中建立 ADSL 连接。

新手练兵场 在 Windows Vista 中建立 ADSL 连接。

STEP 01. **单击超链接。**打开“控制面板”窗口，在“网络和 Internet”栏中单击“连接到 Internet”超链接，如图 14-2 所示。

STEP 02. **选择选项。**在打开的“连接到 Internet”对话框中选择“宽带（PPPoE）”选项，如图 14-3 所示。

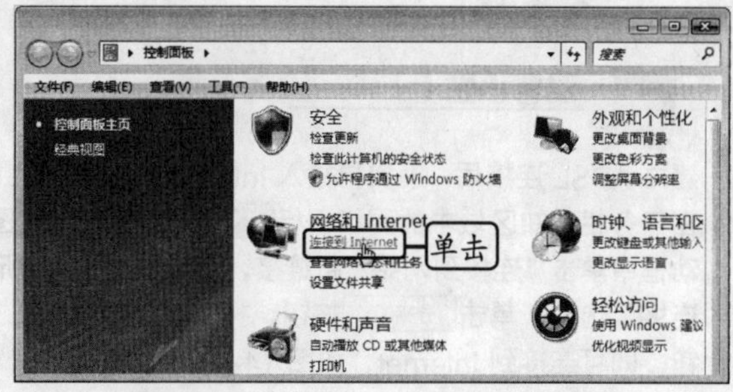

◆ 图 14-2

快学快用

STEP 03. **输入信息。**在打开的对话框的“用户名”与“密码”文本框中输入申请 ADSL 时网络运营商提供的账号与密码，在“连接名称”文本框中输入该宽带连接的名称“ADSL 连接”，单击 连接(C) 按钮，如图 14-4 所示。

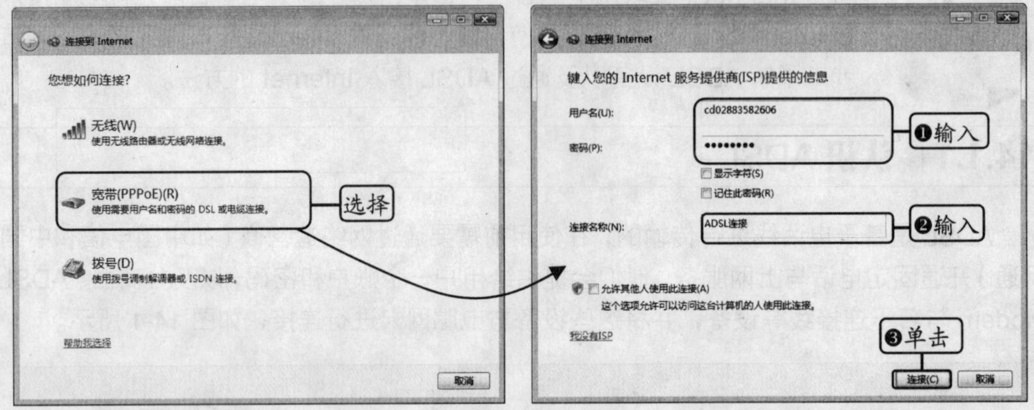

◆ 图 14-3

◆ 图 14-4

STEP 04. **建立连接。**系统开始连接到 Internet，并显示连接信息，如图 14-5 所示。

STEP 05. **连接成功。**连接成功后，任务栏通知区域中显示的网络图标变为，表示已经连接到 Internet。单击该图标，在弹出的浮动框中可查看连接状态，如图 14-6 所示。

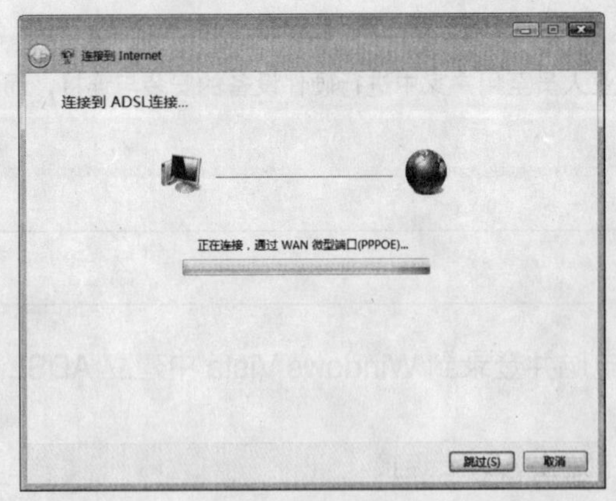

◆ 图 14-5

◆ 图 14-6

温馨小贴士

建立 ADSL 连接后，下次再接入 Internet 时，无需重新建立连接，直接使用已有的连接即可。其方法是：在任务栏通知区域中的网络图标（断开连接后图标即恢复为该图标）上单击鼠标右键，在弹出的浮动框中单击“连接到网络”超链接，打开如图 14-7 所示的“连接网络”对话框，在列表框中选择“ADSL 连接”选项，单击 连接(O) 按钮，打开“连接 ADSL 连接”对话框，输入账号与密码后单击 连接(C) 按钮，即可连接到 Internet，如图 14-8 所示。

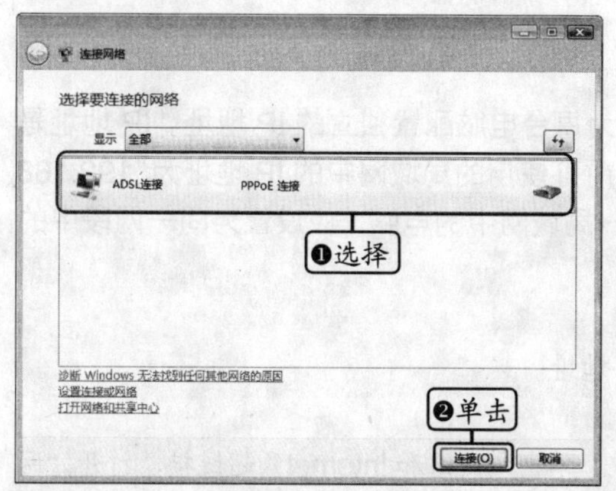

◆ 图 14-7

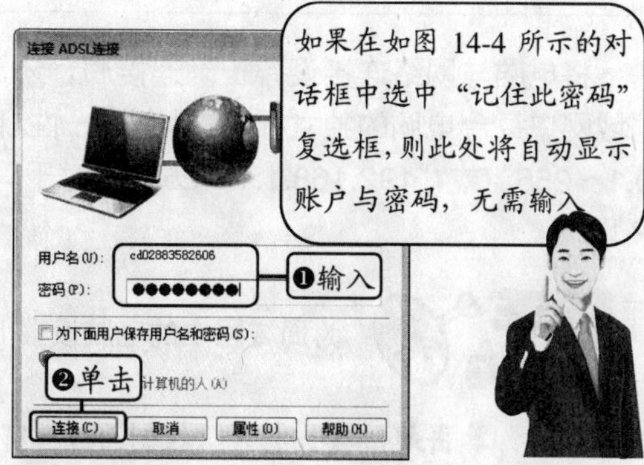

◆ 图 14-8

14.2 建立局域网

如果用户拥有多台电脑，就可以将它们组建为一个小型局域网，从而实现资源共享。要组建局域网，必须使用专门的网络连接设备将多台电脑连接起来，并在每台电脑中进行相应设置。

14.2.1 局域网设备与连接

根据电脑数量的不同，其连接方式与采用的网络连接设备和网线也不相同，如果是两台电脑组建局域网，那么只需使用直连网线，将其两端的插头分别插入到电脑的网卡接口中即可；如果是多台电脑组建局域网，则需要使用路由器或集线器等设备进行连接。网线、路由器和集线器等网络连接设备在电脑产品销售处都可购买到。

使用路由器或集线器连接多台电脑时，使用的网线为交叉网线，它与直连网线的排线规则不同。通过这些设备连接局域网的方法很简单，只需将网线的一端插入到电脑网卡的接口中，另一端插入到路由器或集线器接口中即可，如图 14-9 所示。

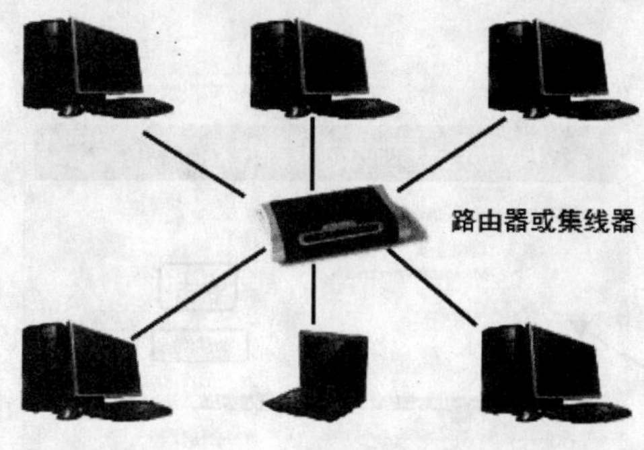

◆ 图 14-9

温馨小贴士

使用集线器只能建立纯粹的内部局域网，而使用路由器除可以建立内部局域网外，还可以使局域网中的所有电脑都连接到 Internet。

14.2.2 配置 IP 地址

将电脑与网络连接设备正确连接后，还需为每台电脑配置独立的 IP 地址。IP 地址是局域网中每台电脑的独立标识，具有惟一性。目前可使用的局域网中的 IP 地址为“192.168.0.1～255”或“192.168.1.1～255”。对于同一局域网中的电脑，应设置为同一网段中的 IP 地址。

为局域网中的电脑设置 IP 地址。

STEP 01. **单击超链接。** 打开“控制面板”窗口，单击“网络和 Internet”超链接，打开“网络和 Internet”窗口，单击“网络和共享中心”超链接，如图 14-10 所示。

STEP 02. **单击超链接。** 在打开的“网络和共享中心”窗口的左侧窗格中单击“管理网络连接”超链接，如图 14-11 所示。

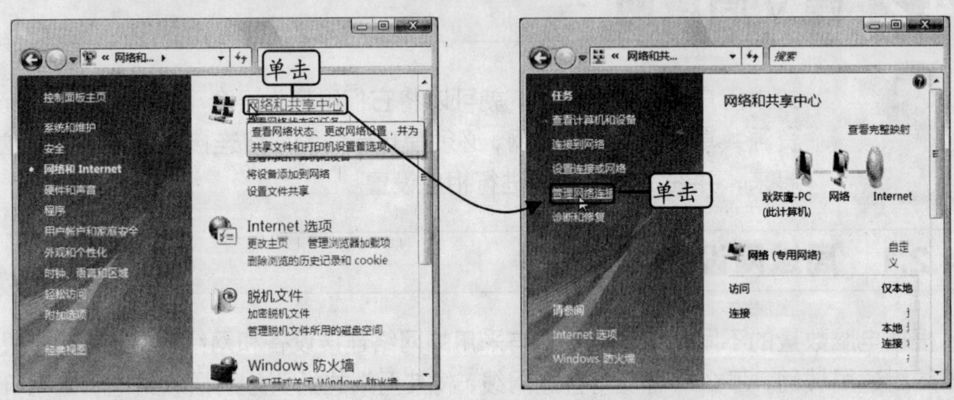

◆ 图 14-10　　◆ 图 14-11

STEP 03. **选择命令。** 在打开的“网络连接”窗口的“本地连接”图标上单击鼠标右键，在弹出的快捷菜单中选择“属性”命令，如图 14-12 所示。

STEP 04. **确认操作。** 在打开的“用户账户控制”对话框中单击 继续(C) 按钮确认操作，如图 14-13 所示。

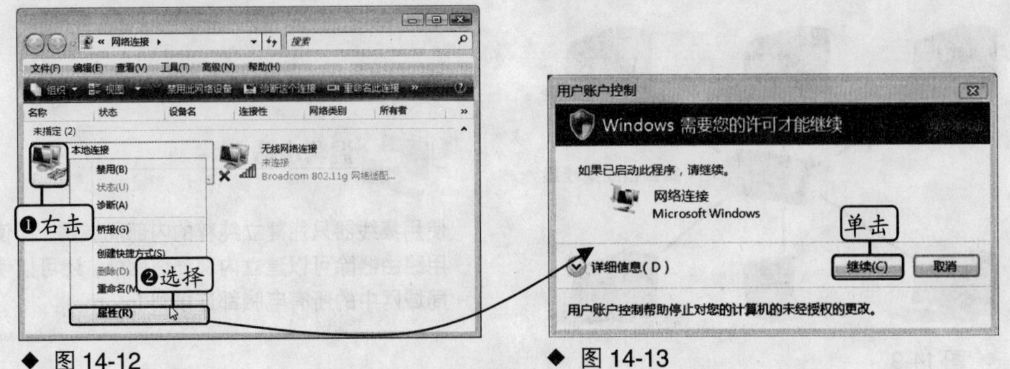

◆ 图 14-12　　◆ 图 14-13

STEP 05. **单击按钮。** 在打开的“本地连接 属性”对话框的“网络”选项卡中的“此连

接使用下列项目”列表框中选择“Internet 协议版本 4（TCP/TPv4）”选项，单击 属性(R) 按钮，如图 14-14 所示。

STEP 06. **配置 IP 地址。**在打开的“Internet 协议版本 4（TCP/TPv4）属性”对话框中选中“使用下面的 IP 地址”单选按钮，在其下对应的文本框中输入 IP 地址、子网掩码以及默认网关，如图 14-15 所示。

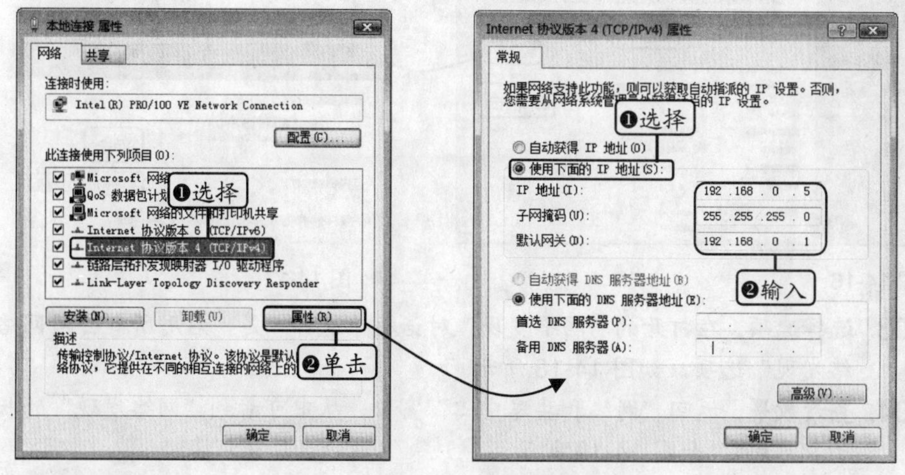

◆ 图 14-14　　◆ 图 14-15

STEP 07. **完成设置。**设置完毕后，依次单击对话框中的 确定 按钮应用设置。在其他电脑中进行同样的设置，IP 地址可依次设置为“192.168.0.6 ~ 192.168.0.255”之间的任意一个，子网掩码与默认网关和上述设置相同。

14.2.3　设置计算机名与工作组

组建局域网后，用户还可以为网络中的每台电脑定义一个名称，即计算机名。这样可使其他用户能够通过名称直观地查看或访问指定的电脑。另外，为了更好地对局域网进行管理，还可以将局域网中的电脑划分为多个工作组。在设置计算机名与工作组前，还需开启网络发现功能，使电脑可以互相访问。

1. 开启网络发现

网络发现功能是 Windows Vista 新增的功能，开启该功能后，在“网络”文件夹中可以让别人看到自己的电脑，同时也可以在该文件夹中看到其他人的电脑。

开启 Windows Vista 的网络发现功能。

STEP 01. **单击按钮。**打开“网络和共享中心”窗口，在“共享和发现”栏中单击“网络发现”选项后的⌄按钮，展开“网络发现”列表，选中“启用网络发现”单选按钮，单击 应用 按钮，如图 14-16 所示。

STEP 02. **确认操作。**在打开的“用户账户控制”对话框中单击继续(C)按钮确认操作，如图 14-17 所示。

◆ 图 14-16　　◆ 图 14-17

STEP 03. **选择选项。**在打开的“网络发现”对话框中选择“是，启用所有公用网络的网络发现”选项，如图 14-18 所示。

STEP 04. **查看效果。**返回“网络和共享中心”窗口，从中可看到“网络发现”的状态变为“启用”，如图 14-19 所示。

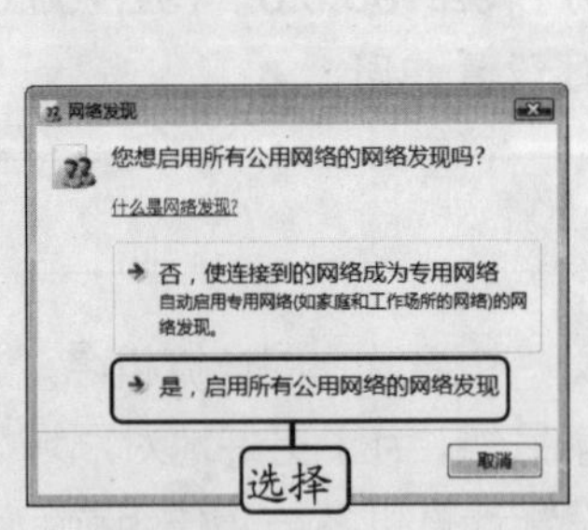

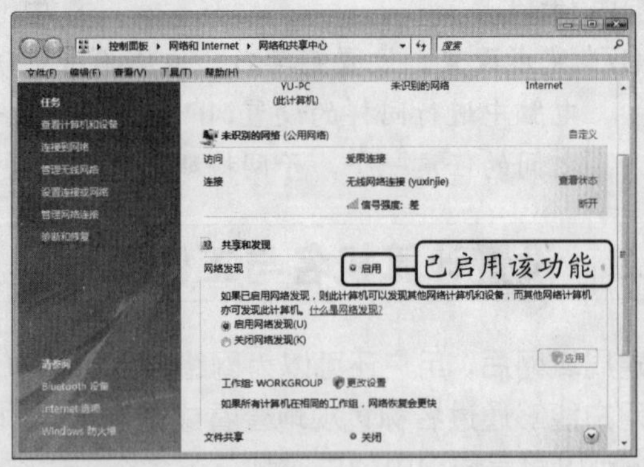

◆ 图 14-18　　◆ 图 14-19

2. 为电脑设置名称与工作组

在 Windows Vista 中，可在“系统属性”对话框中设置计算机名与工作组，另外还可在“网络和共享中心”窗口的“网络发现”选项下进行设置。

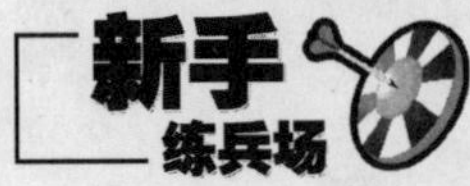

在电脑中设置计算机名与工作组。

STEP 01. **打开对话框。**在展开的“网络发现”列表中单击“更改设置”超链接，在打开的“用户账户控制”对话框中单击继续(C)按钮确认操作，打开“系统属性”对话框的“计算机名”选项卡，如图 14-20 所示。

STEP 02. **输入计算机描述。**在“计算机描述”文本框中输入对电脑的相关描述，这里输入“yuxinjie、PC”，单击 更改(C)... 按钮，如图 14-21 所示。

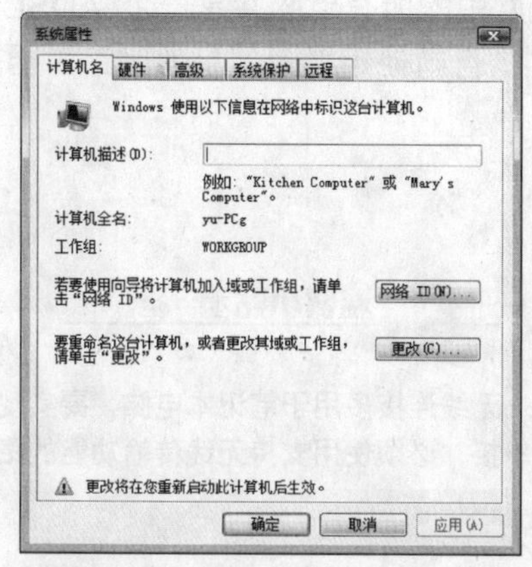

◆ 图 14-20

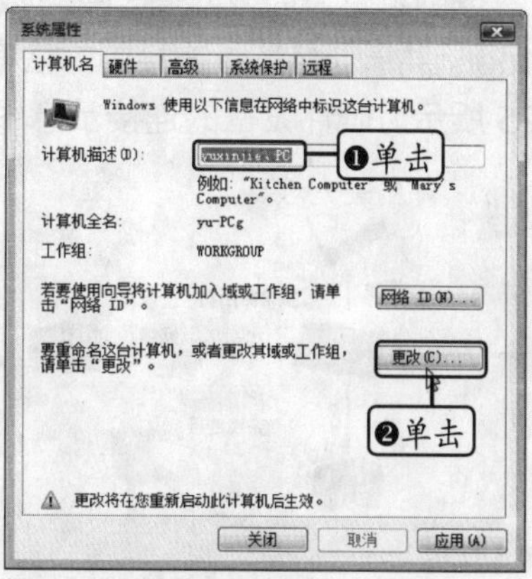

◆ 图 14-21

STEP 03. **输入内容。**在打开的“计算机名/域更改”对话框的“计算机名”文本框中输入计算机名称，这里输入“ccp1”，在“工作组”文本框中输入工作组名称，这里输入“WORKCCP”，单击 确定 按钮，如图 14-22 所示。

STEP 04. **应用设置。**在打开的对话框中提示用户需重新启动电脑。单击 确定 按钮关闭对话框，如图 14-23 所示。重新启动电脑使设置生效。

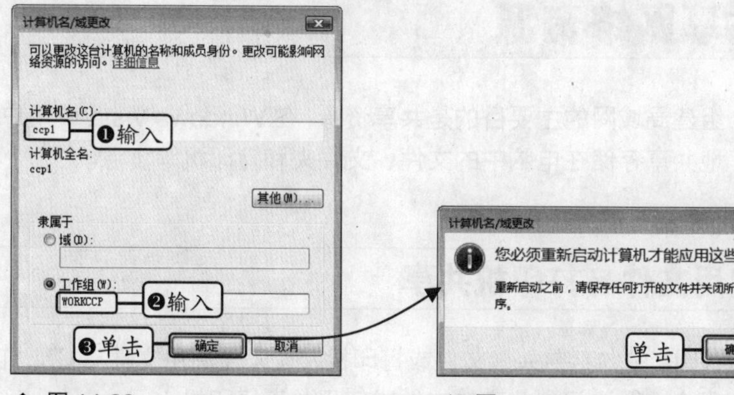

◆ 图 14-22　　◆ 图 14-23

STEP 05. **设置其他电脑。**按照同样的方法，为局域网中其他电脑设置不同的计算机名称，相同的工作组名称。

STEP 06. **继续设置。**选择“开始/网络”命令，打开“网络”窗口，从中可看到所有开启了网络发现功能的电脑及其所在的工作组，如图 14-24 所示。

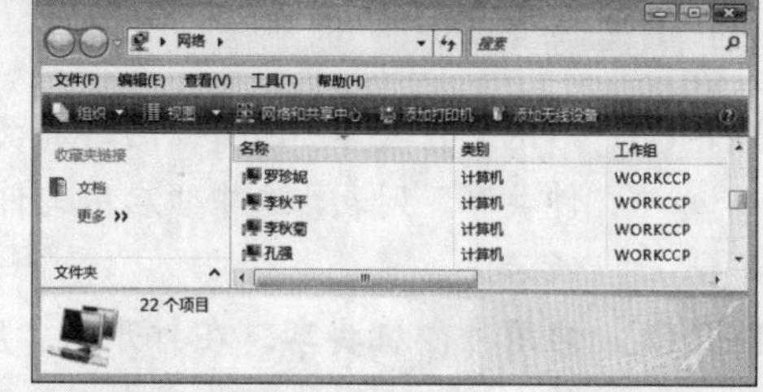

◆ 图 14-24

14.2.4 局域网共享 Internet

将多台电脑组建为局域网后，就可以使局域网中的所有电脑共享一个 ADSL 连接来接入 Internet。共享 Internet 连接的方法有很多种，目前使用最多的是通过路由器来实现。如图 14-25 所示为硬件设备的连接示意图。

◆ 图 14-25

无线连接多用于笔记本电脑，要实现无线连接，必须使用支持无线传输功能的路由器。

设置方法是：连接设备后，在任意一台电脑中打开 Internet Explorer 浏览器，在地址栏中输入路由器的地址（一般为"http://192.168.0.1"，具体参考路由器说明书），按【Enter】键打开路由器配置界面，在其中选择网络连接方式与持续方案，并输入 ADSL 连接的账户与密码，保存设置并关闭配置界面，然后将每台电脑的 IP 地址设置为与路由器相同的网段，设置完成后，局域网中的所有电脑就可以共享该 ADSL 连接并接入 Internet。

14.3 共享网络资源

组建局域网的主要目的是共享资源，在 Windows Vista 中用户可以很方便地共享存储在电脑中的文件、文件夹和打印机等资源。

14.3.1 启用文件与打印机共享

在 Windows vista 中，若要共享文件或打印机，首先需启用文件与打印机共享，这样局域网中的其它用户才能访问到共享的文件或使用共享打印机。

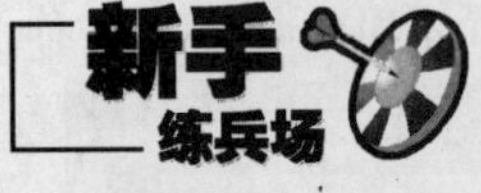

在电脑中启用文件与打印机共享。

STEP 01. **启用文件共享。**打开"网络和共享中心"窗口，在"共享和发现"栏中展开"文件共享"列表，选中"启用文件共享"单选按钮，单击应用按钮，如图 14-26 所示。

STEP 02. **启用打印机共享。**在打开的"用户账户控制"对话框中单击继续(C)按钮确认操作，返回"网络和共享中心"窗口，展开"打印机共享"列表，选中"启用打印机共享"单选按钮，然后单击应用按钮，如图 14-27 所示。

STEP 03. **确认操作。**在打开的对话框中单击继续(C)按钮确认操作，即可启用打印机共享。

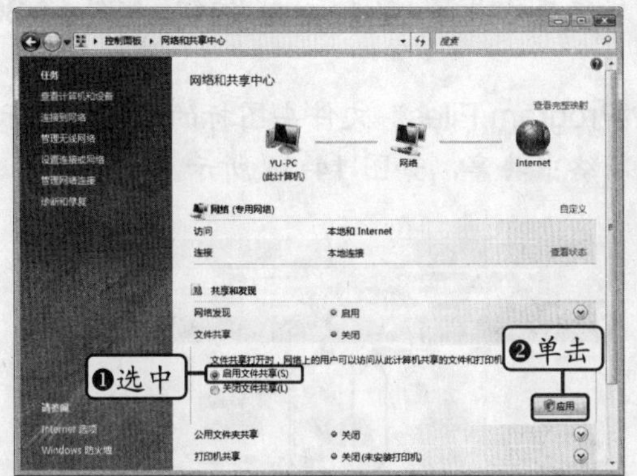

◆ 图 14-26

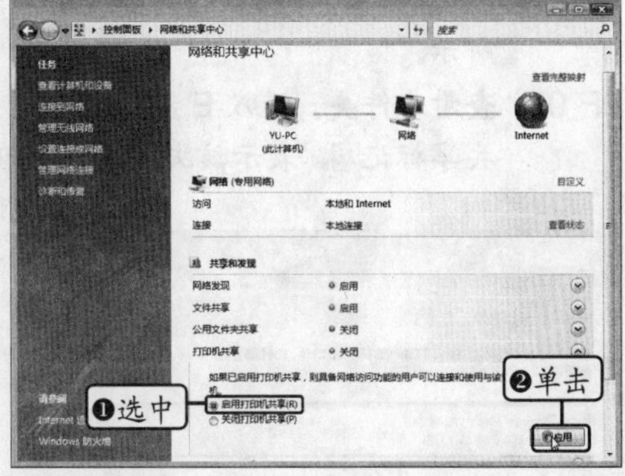

◆ 图 14-27

14.3.2 共享文件夹

启用文件共享后，就可以在电脑中将包含了共享文件的文件夹设置为共享，这样局域网中的其它用户就可以查看共享文件夹并使用其中的文件。

1. 设置共享

用户可以将电脑中的任意文件夹设置为共享，其他用户可通过“网络”窗口进行访问。

将 E 盘中的“Program Files”文件夹共享。

STEP 01. **选择命令。**打开“计算机”窗口并进入要共享的文件夹所在的磁盘分区，在要共享的“Program Files”文件夹上单击鼠标右键，在弹出的快捷菜单中选择“共享”命令，如图 14-28 所示。

STEP 02. **选择选项。**在打开的“文件共享”对话框的列表框中选择允许共享使用该文件夹的用户，这里选择“Everyone”用户，在右侧权限级别处选择“共有者”选项，如图 14-29 所示，最后单击共享(H)按钮。

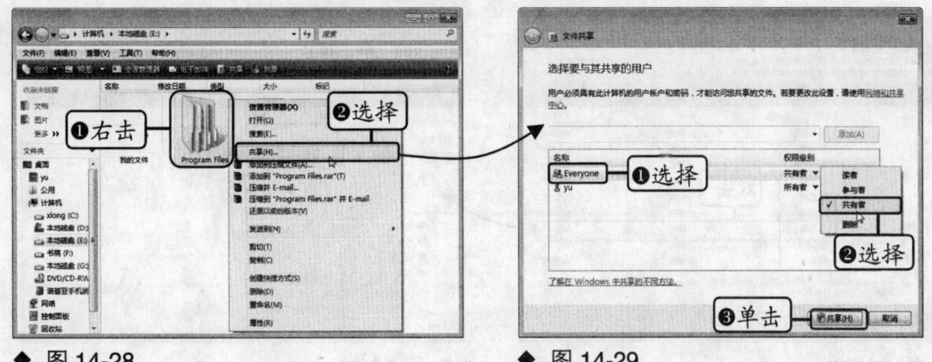

◆ 图 14-28　　◆ 图 14-29

STEP 03. **完成共享。**在打开的“用户账户控制”对话框中单击继续(C)按钮确认操作，打开“文件共享”对话框，提示用户该文件夹已共享，单击完成(D)按钮，如图 14-30 所示。

STEP 04. **查看文件夹。**进入 E 盘，可看到“Program Files”文件夹图标的左下角显示共享标记，表示该文件夹已经在网络中共享，如图 14-31 所示。

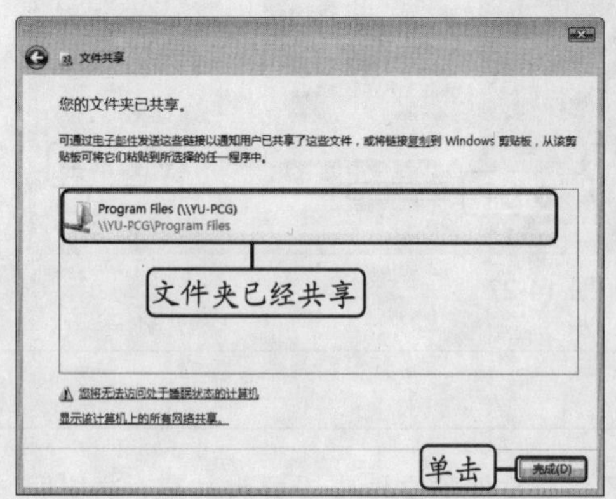

◆ 图 14-30

◆ 图 14-31

2. 访问共享文件夹

局域网中任意一台电脑设置共享文件夹后，其它用户都可以访问和使用该文件夹中的文件，其操作方法与操作当前电脑中文件的方法完全相同。

访问局域网中共享的文件夹。

STEP 01. **选择命令。**选择“开始/网络”命令，打开“网络”窗口，窗口中将显示局域网中的所有电脑，双击要访问电脑的名称，这里选择名为“马韬”的电脑，如图 14-32 所示。

STEP 02. **双击图标。**在打开的窗口中显示该电脑中共享的所有文件夹，双击要访问的文件夹的图标，这里访问“Setup”文件夹，如图 14-33 所示。

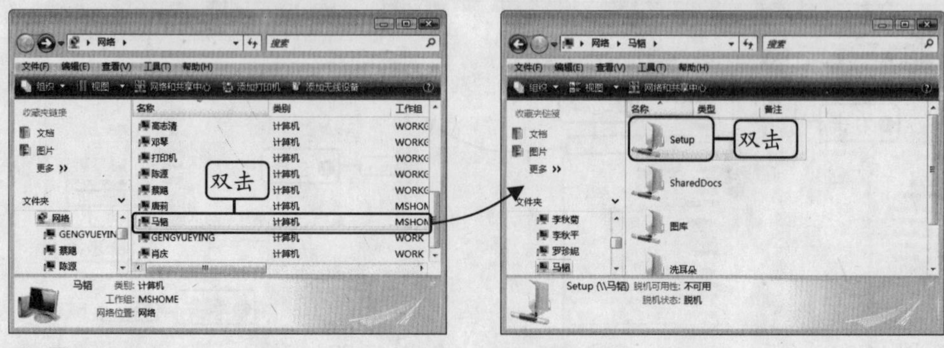

◆ 图 14-32

◆ 图 14-33

STEP 03. **查看共享的文件或文件夹。**在打开的窗口中可查看该文件夹中的所有文件与文件夹，还可以进行打开或复制等操作，如图 14-34 所示。

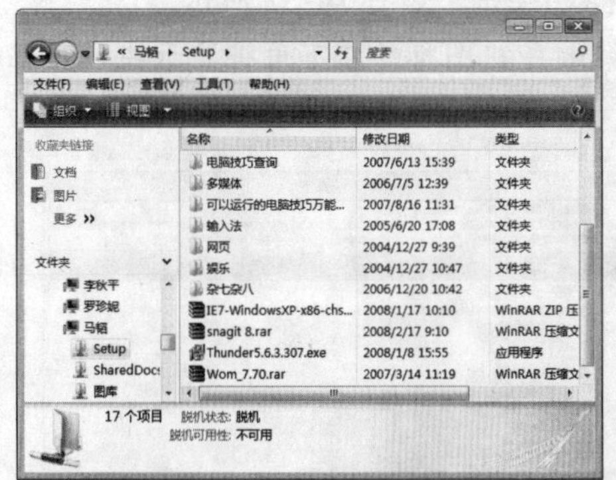

图 14-34

秘技播报站

访问共享文件夹时，除了可用以上方法外，也可在“计算机”窗口的地址栏中直接输入文件夹的网络地址。如要访问计算机名称为“YU-PCG”的电脑中的共享文件夹“Program Files”，则在地址栏中输入“\\YU-PCG\Program Files”，然后按【Enter】键即可打开该文件夹。

14.3.3 共享打印机

如果局域网中的某一台电脑连接了打印机，则可以将该打印机共享，这样其他电脑用户便可以通过共享的打印机进行打印，从而节省资源。

将打印机共享。

STEP 01. **选择命令。**打开“控制面板”窗口，在“硬件和声音”栏中单击“打印机”超链接，打开“打印机”窗口，在要共享的打印机图标上单击鼠标右键，在弹出的快捷菜单中选择“共享”命令，如图 14-35 所示。

STEP 02. **单击按钮。**在打开的“打印机属性”对话框的“共享”选项卡中单击“更改共享选项(O)”按钮，如图 14-36 所示。

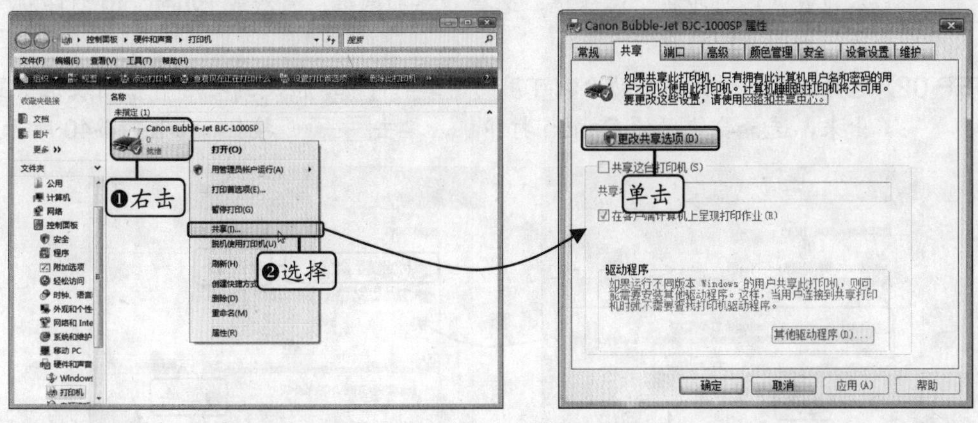

图 14-35　　图 14-36

STEP 03. **设置共享选项。**在打开的“用户账户控制”对话框中单击“继续(C)”按钮确认操作。

返回“打印机属性”对话框，此时其中的复选框与文本框呈可用状态，选中“共享这台打印机”复选框，在“共享名”文本框中输入打印机的共享名称，这里输入“Canon BJC-1000SP”，单击 确定 按钮，如图 14-37 所示。

STEP 04. **查看效果。**返回“打印机”窗口，可看到打印机图标的左下角将显示共享标记，表示打印机已经共享，如图 14-38 所示。

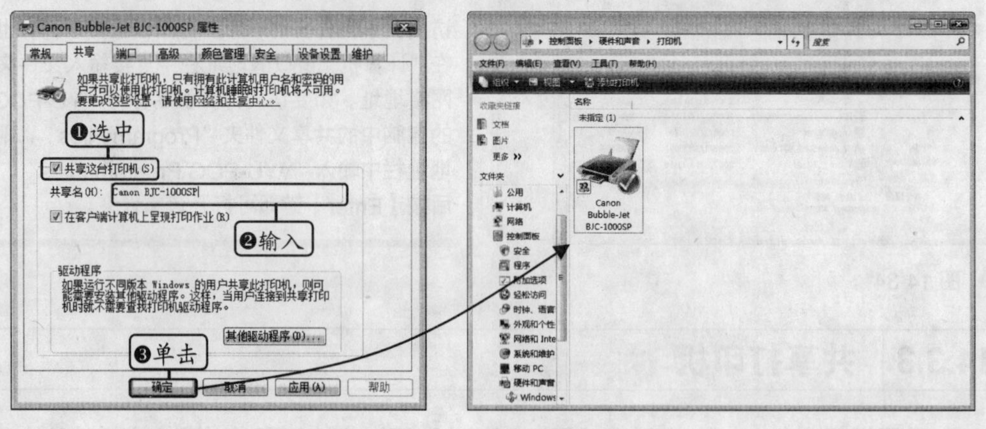

◆ 图 14-37　　◆ 图 14-38

14.3.4 添加网络打印机

将打印机共享后，局域网中的其他用户并不能直接使用打印机，需在电脑中添加该共享打印机后才可使用。

在电脑中添加局域网中的共享打印机。

STEP 01. **单击按钮。**打开“打印机”窗口，在工具栏中单击 添加打印机 按钮，打开“选择本地或网络打印机”对话框，选择“添加网络、无线或 Bluetooth 打印机”选项，如图 14-39 所示。

STEP 02. **选择选项。**系统将自动检测可用的网络打印机，检测到之后将在列表框中显示出来，选择要使用的 Canon 打印机，单击 下一步(N) 按钮，如图 14-40 所示。

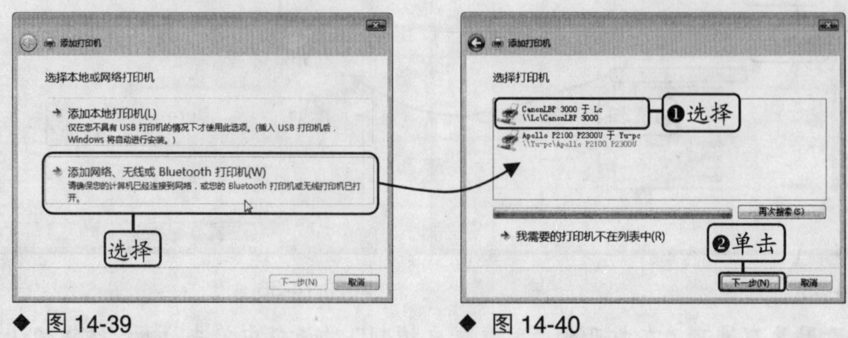

◆ 图 14-39　　◆ 图 14-40

STEP 03. **选择选项。**在打开的对话框中输入打印机名称，这里输入“Canon BJC-1000SP”，单击下一步(N)按钮，如图 14-41 所示。

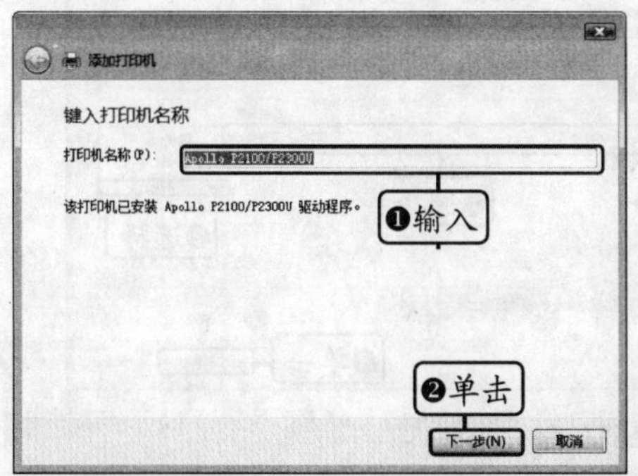

◆ 图 14-41

温馨小贴士

如果需要的共享打印机不在列表中，可在如图 14-40 所示的“选择打印机”对话框中单击“我需要的打印机不在列表中”超链接，打开“按名称或 TCP/IP 地址查找打印机”对话框，在其中选择一种查找方式，然后单击下一步(N)按钮进行自定义查找。

STEP 04. **选择选项。**在打开的对话框中提示用户已成功添加网络打印机，单击完成(F)按钮完成添加操作，如图 14-42 所示。

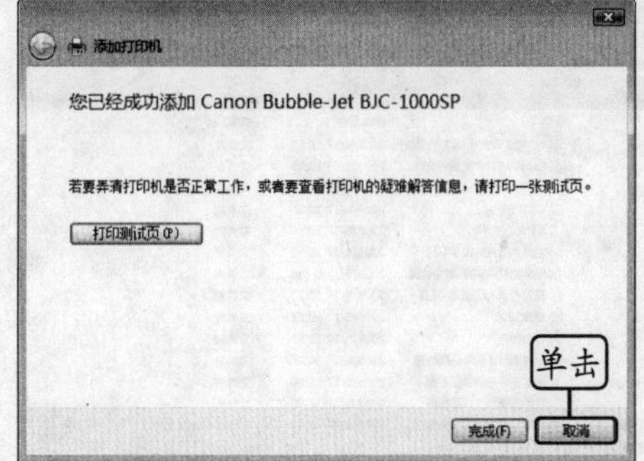

◆ 图 14-42

温馨小贴士

在“网络”窗口中打开连接了共享打印机的电脑，在打印机图标上单击鼠标右键，在弹出的快捷菜单中选择“连接”命令，可以快速连接网络打印机。

14.3.5 应用实例——共享并访问文件夹

本实例将讲解在局域网中的一台电脑中共享文件夹“完稿与书稿资源”，然后在其它电脑中查看该共享文件夹中的文件。

其具体操作步骤如下。

STEP 01. **选择命令。**在要共享文件的电脑中打开“计算机”窗口，进入 G 盘，在“完稿与书稿资源”文件夹图标上单击鼠标右键，在弹出的快捷菜单中选择“共享”命令，如图 14-43 所示。

STEP 02. **选择选项。**在打开的“文件共享”对话框中的列表框中选择“everyone”选项，在弹出的列表中选择“共有者”选项，单击共享(H)按钮，如图 14-44 所示。

STEP 03. **完成共享。**在打开的“用户账户控制”对话框中单击继续(C)按钮确认操作，打开“文件共享”对话框，提示用户该文件夹已共享，单击完成(D)按钮，如图 14-45 所示。

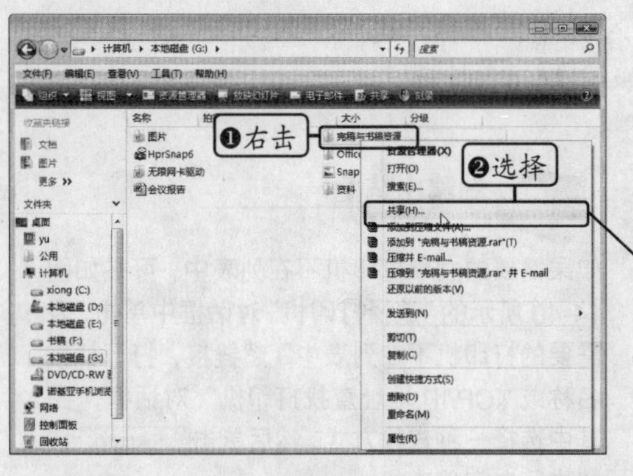

◆ 图 14-43

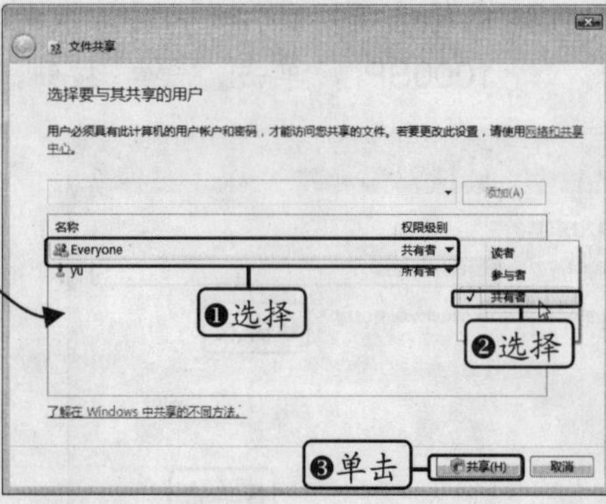

◆ 图 14-44

STEP 04. **访问共享文件夹。**在其他电脑中打开“网络”窗口，双击共享文件夹所在的电脑对应的图标，在打开的窗口中双击共享文件夹图标，即可打开该文件夹查看其中的文件，如图 14-46 所示。

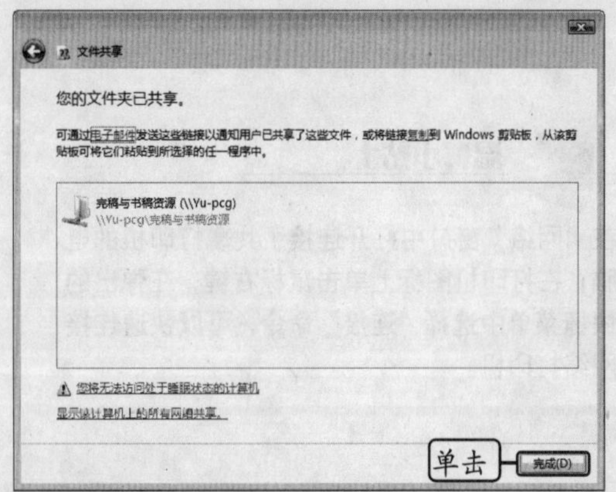

◆ 图 14-45

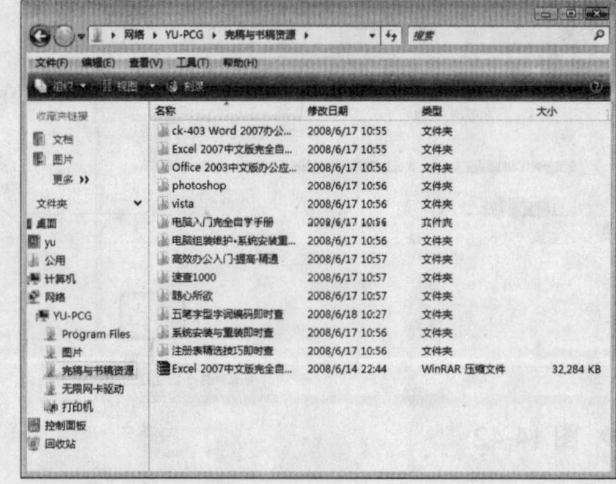

◆ 图 14-46

14.4 疑难解答

学习完本章后，是否发现自己对 Windows Vista 网络连接的认识又提升到了一个新的台阶？连接网络时遇到的相关问题自己是否已经顺利解决了？下面将为你提供一些关于 Windows Vista 网络连接的常见问题解答，使你的学习路途更加顺畅。

问：在 Windows Vista 中，当网络出现问题时该怎么办？

答：此时可以通过 Windows Vista 的诊断和修复功能对网络连接进行修复。其方法是：在任务栏通知区域中的网络连接图标上单击鼠标右键，在弹出的快捷菜单中选择“诊断和修复”命令，Windows Vista 将会自动识别网络问题并进行修复。通过该功能能

修复绝大多数网络连接问题。

问：将文件夹在网络中共享后，如何才能取消共享呢？

答：如果要取消已经共享的文件夹，可再次打开“文件共享”对话框，选择“停止共享”选项，系统开始停止共享，稍后将在打开的对话框中提示用户该共享已停止。

14.5 上机练习

本章上机练习一将练习通过无线路由器组建无线局域网，并共享 Internet 连接。练习二将练习共享 G 盘并从其他电脑中访问该共享盘符。各练习的制作提示如下。

练习一

① 将无线路由器通过网线与 ADSL Modem 连接，在电脑中安装无线网卡。

② 从任意一台电脑中进入到路由器配置界面，启动无线功能并设置连接密钥，保存设置。

③ 单击任务栏通知区域中的网络连接图标，在弹出的浮动框中选择“连接到网络”命令。

④ 在打开的“连接网络”对话框的列表框中显示可用的无线网络以及无线信号，选择要连接的无线网络，单击“连接”按钮，系统将提示用户输入密钥，输入完成后就可以连接到无线网络，如图 14-47 所示。

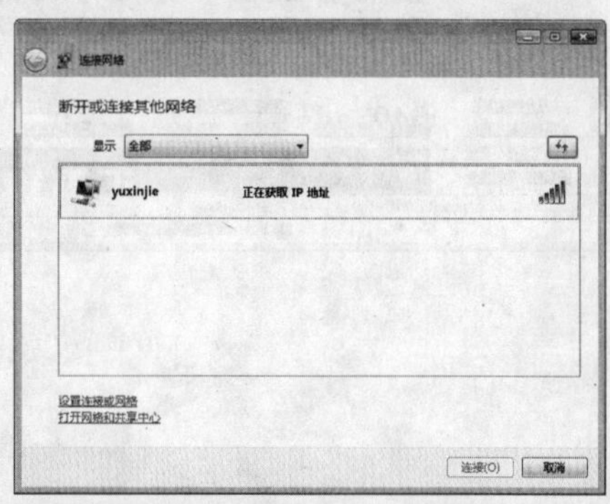

◆ 图 14-47

练习二

① 打开“计算机”窗口，在 G 盘盘符上单击鼠标右键，在弹出的快捷菜单中选择“共享”命令。

② 在打开的对话框的“共享”选项卡中单击 高级共享(A)... 按钮。

③ 在打开的“用户账户控制”对话框中单击 连接(C) 按钮。

④ 在打开的“高级共享”对话框中选中“共享此文件夹”复选框，然后单击 确定 按钮，返回 G 盘的属性对话框，单击 关闭 按钮，此时即可将 G 盘共享，共享 G 盘后的计算机窗口如图 14-48 所示。

⑤ 从其他电脑访问共享 G 盘的电脑。

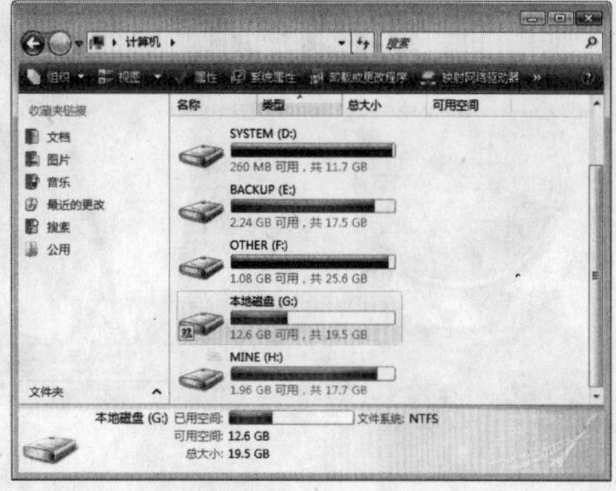

◆ 图 14-48

第 15 章 网上冲浪

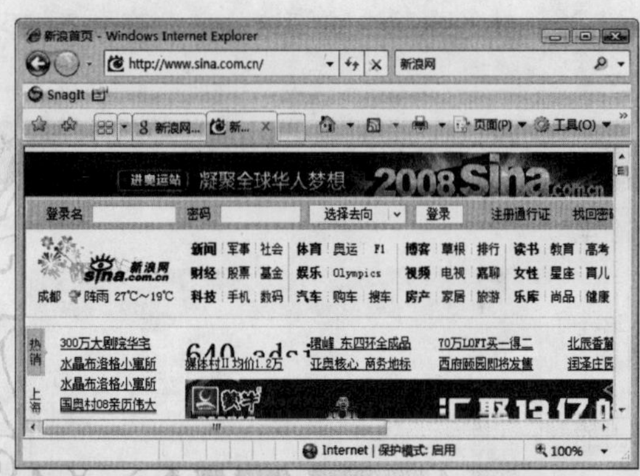

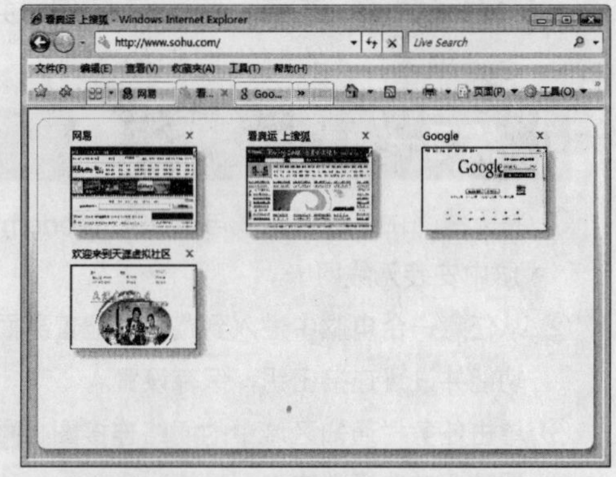

学会如何将电脑连入 Internet 后，就可以在网络中浏览并获取信息。使用 Windows Vista 自带的 Internet Explorer 7.0 浏览器可以方便地浏览各类新闻或资讯、查找需要的资料，以及保存与下载网络中的资源，并可将网页收藏起来。在使用 Internet Explorer 7.0 时，还可以通过设置使其更加安全。

15.1 浏览网页

使用电脑上网时，最常见的操作便是浏览网页，而浏览器是浏览网页时必不可少的工具。Windows 操作系统自带的 Internet Explorer 浏览器是一种较为常用的浏览器，其最新版本为 Internet Explorer 7.0。相对以前版本而言，Internet Explorer 7.0 在操作界面与功能上都有了很大改进，使用起来也更加简单方便。

15.1.1 认识 Internet Explorer 7.0 浏览器

选择“开始/Internet Explorer”命令，或在任务栏通知区域中单击“Internet Explorer”图标，即可启动 Internet Explorer 7.0 浏览器，启动后的界面如图 15-1 所示。

◆ 图 15-1

① **标题栏**：其中显示当前浏览网页的标题内容，当打开多个选项卡浏览时，标题栏会根据选项卡的切换而显示对应的网页标题内容。

② **前进后退区**：单击其中的“后退”按钮可快速返回前一个访问的网页，单击“前进”按钮将返回到单击按钮之前的网页中。按钮处于灰度状态时不能进行操作。单击“前进”按钮后的按钮，在弹出的下拉列表中选择某个选项可以打开对应的网页。

③ **地址栏**：用于输入网页地址以打开指定网页。当打开网页后，地址栏中同样显示当前网页地址。

④ **“搜索”下拉列表框**：用于搜索包含指定信息的网页，在其中输入关键词后，按【Enter】键，即可启动默认搜索引擎对相关内容进行搜索，单击其后的按钮，可在弹出的下拉列表中选择搜索引擎或范围。

⑤ **收藏区**：在其中单击“收藏中心”按钮，将在浏览器窗口左侧打开“收藏夹”窗格；单击“添加到收藏夹”按钮，将弹出下拉菜单，选择其中的命令可以向收藏夹中添加网页。

⑥ **选项卡**：在 Internet Explorer 7.0 浏览器中可打开多个选项卡同时浏览网页，单击相应选项卡标签可以在各个网页间进行切换；在其中打开网页后，选项卡标签会同时显示网页的标题。

⑦ **工具栏**：其中显示了一些在浏览网页过程中经常使用到的工具按钮，单击某个按钮，即可实

现对应的功能或打开相应的菜单。

⑧ **状态栏**：其中显示了当前浏览器的相关信息，在打开网页过程中，会显示网页的打开进度。

秘技播报站

默认情况下，Internet Explorer 7.0 浏览器不会显示菜单栏，如果需要使用菜单栏，可以在工具选项卡中单击 工具(O) ▾ 按钮，在弹出的下拉菜单中选择“菜单栏”命令以显示菜单栏。

15.1.2 通过地址栏打开网页

启动 Internet Explorer 7.0 后，就可以通过浏览器浏览网页了。一般情况下，可通过地址栏来打开网页。

使用 Internet Explorer 7.0 浏览器访问网易网。

STEP 01. **输入网址。**打开 Internet Explorer 7.0 浏览器，在地址栏中输入网易的网址“www.163.com”，如图 15-2 所示。

STEP 02. **打开站点。**按【Enter】键，即可打开网易主页，同时在状态栏中显示载入进度，如图 15-3 所示。

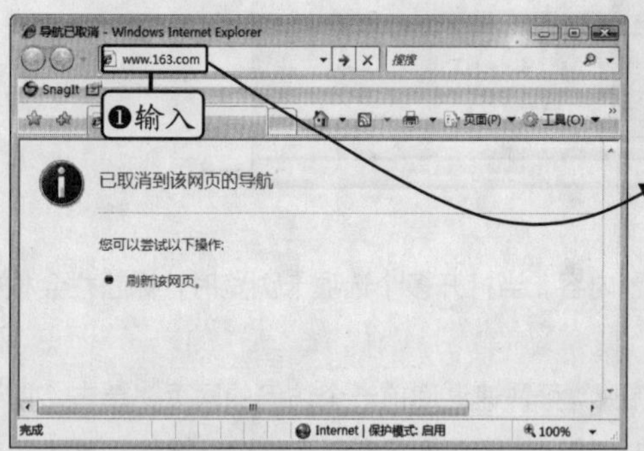

◆ 图 15-2

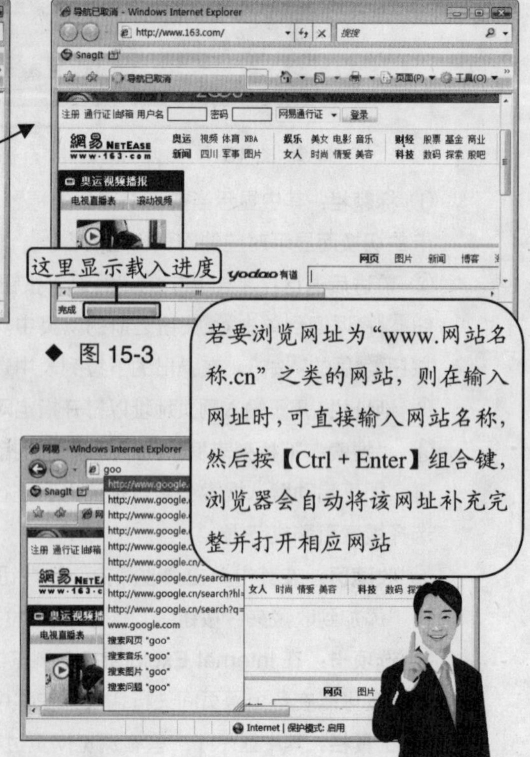

◆ 图 15-3

秘技播报站

如果要访问之前浏览过的站点，无需再次输入该网址的全部字符，当在地址栏中输入该网址中的部分字符时，将弹出一个下拉列表，其中显示了与这些字符相匹配的网址，从中选择要打开的网页对应的网址即可，如图 15-4 所示。

◆ 图 15-4

15.1.3 搜索网页

在浏览网页的过程中，有时并不知道网站的网址，此时可利用“搜索”下拉列表框进行搜索并浏览。

在浏览器中搜索并进入新浪网。

STEP 01. **输入关键字。** 在 Internet Explorer 7.0 浏览器窗口右上角的“搜索”下拉列表框中输入要搜索的关键字“新浪网”，单击右侧的 按钮或按【Enter】键，如图 15-5 所示。

STEP 02. **单击超链接。** 此时浏览器将自动调用默认搜索引擎，并在打开的页面中显示包含关键字“新浪网”在内的网站列表以及网站信息，在其中单击要浏览的网页对应的超链接，这里单击“新浪首页”超链接，如图 15-6 所示。

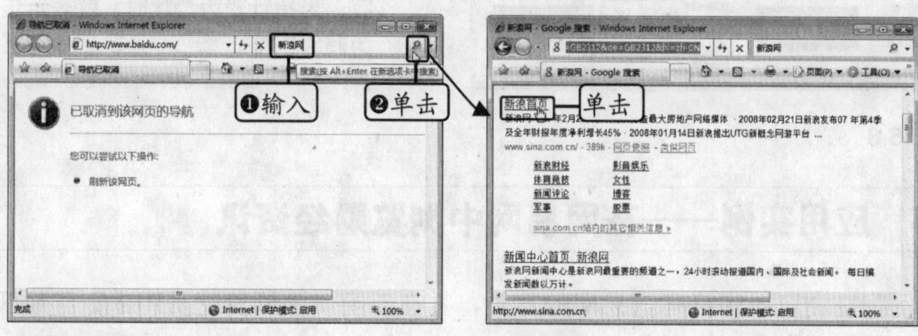

◆ 图 15-5　　◆ 图 15-6

STEP 03. **浏览网页。** 稍后即可打开新浪网的首页，如图 15-7 所示。

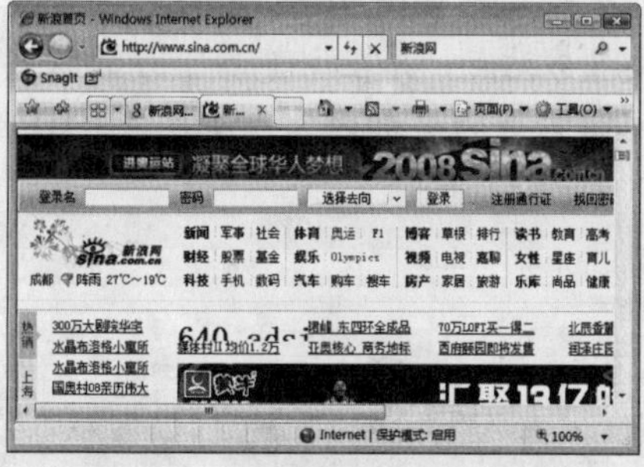

◆ 图 15-7

温馨小贴士

Internet Explorer 浏览器默认采用的搜索引擎为“Live Search”，用户可根据自己的使用习惯在“搜索”下拉列表中自定义选择或设置其它搜索引擎，如谷歌、百度等。

15.1.4 网页的浏览方法

打开网页后，就可以浏览当前页面中的所有内容了，向下或向上拖动窗口右侧的滚动条，可浏览屏幕中未显示的内容。在浏览过程中还可以单击网页中的超链接，在打开的相应页面中查看详细内容，通过地址栏前的“后退”按钮与“前进”按钮可以在曾经浏览过的网页中跳转。

如在新浪网站首页单击“体育”超级链接，就可以打开体育页面查看关于体育的资讯与新闻。此时，单击“后退”按钮将返回到新浪主页面，返回后单击“前进”按钮将再次进入体育页面。

除了可使用单击超级链接的方法打开网页，还可以利用右键快捷菜单的方法在新窗口中打开。即在当前页面中要查看其详细内容的网页对应的超级链接上单击鼠标右键，在弹出的快捷菜单中选择“在新窗口中打开”命令即可，如图 15-8 所示。

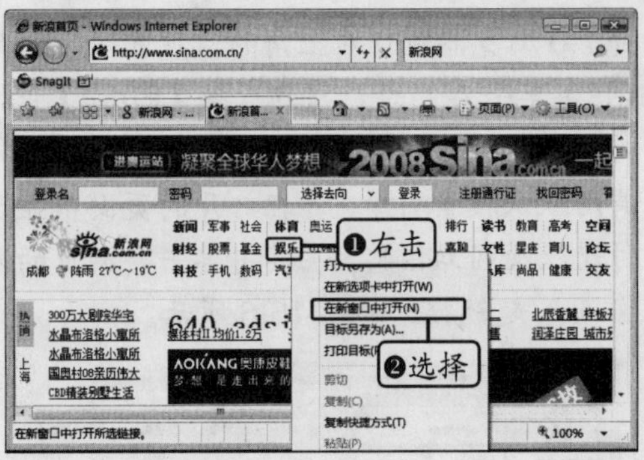

◆ 图 15-8

Q：如何判断网页中哪些内容是超级链接?

A：将鼠标指针指向网页中的图片或文本内容，当指针变为状时，就表示该内容为超级链接。

15.1.5 应用实例——在网易网中浏览财经资讯

本实例将在浏览器中打开网易网的首页，并在新窗口中浏览网页中的财经资讯。

其具体操作步骤如下。

STEP 01. **输入网址。**启动 Internet Explorer 7.0 浏览器，在地址栏中输入网易网的网址“www.163.com”，单击地址栏后的 ➔ 按钮，如图 15-9 所示。

STEP 02. **打开站点。**此时即可在浏览器中载入网易站点，并在浏览器下方的状态栏中显示载入进度，稍后将在网页中显示网站首页的全部内容，如图 15-10 所示。

◆ 图 15-9

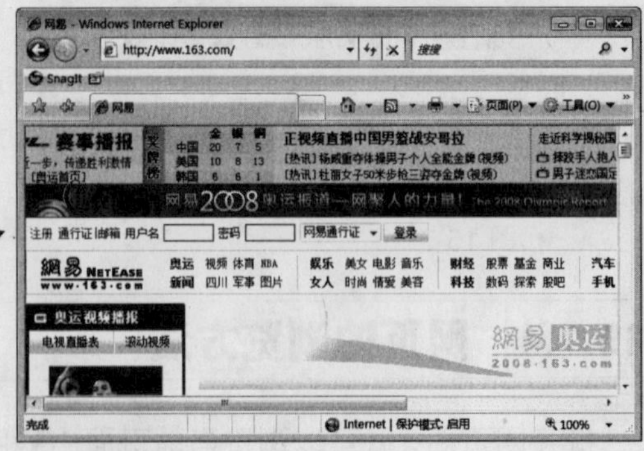

◆ 图 15-10

STEP 03. **选择命令。**在页面导航栏中的“财经”超链接上单击鼠标右键，在弹出的快捷菜单中选择“在新窗口中打开”命令，如图 15-11 所示。

STEP 04. **打开页面。**此时浏览器将自动新建一个窗口并载入网易财经页面，如图 15-12 所示，在页面中单击对应的超链接，即可浏览相关的财经资讯或新闻。

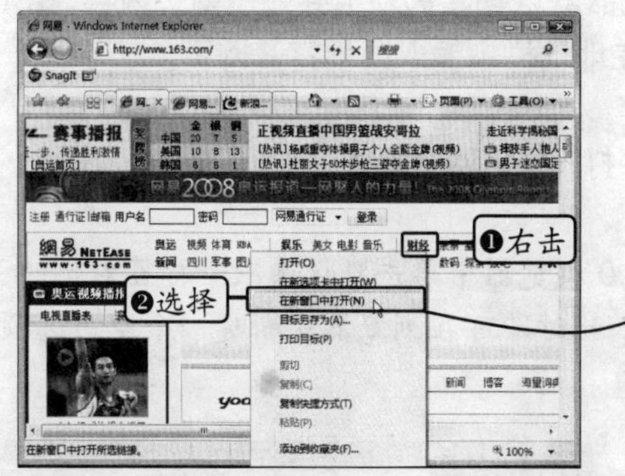

◆ 图 15-11

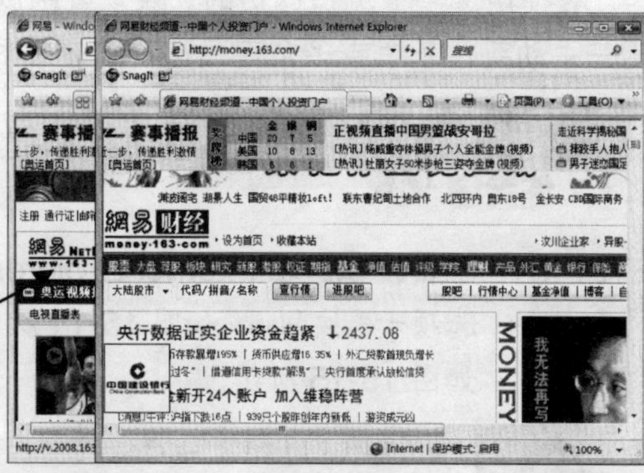

◆ 图 15-12

15.2 使用选项卡

在早期版本的 Internet Explorer 浏览器中，每打开一个网页就会打开一个新的 Internet Explorer 浏览器窗口显示网页内容，并在任务栏中显示其相应的任务按钮。当打开的网页较多时，切换窗口将会比较麻烦。针对这一情况，Internet Explorer 7.0 新增了选项卡浏览功能，通过该功能可以让用户在一个浏览器窗口中同时打开多个页面进行浏览。

15.2.1 在新选项卡中打开网页

启动 Internet Explorer 7.0 浏览器后，浏览器会自动创建一个选项卡并在其中显示网页内容，用户在选项卡中浏览页面时，即可以通过直接单击超链接的方式打开新网页，也可以使用右键快捷菜单打开网页。其方法很简单，只需在某个超链接上单击鼠标右键，在弹出的快捷菜单中选择“在新选项卡中打开”命令，即可在浏览器中新建一个选项卡并显示相应的网页，如图 15-13 所示。

如果没有启用 Internet Explorer 7.0 的选项卡功能，可选择“工具/Internet 选项”命令，打开“Internet 选项”对话框的“常规”选项卡，在“选项卡”栏中单击 设置(S) 按钮，在打开的对话框中选中“启用选项卡式浏览”复选框。

◆ 图 15-13

15.2.2 创建新选项卡

在使用选项卡浏览网页时，除了可由浏览器默认创建选项卡并显示网页内容，还可由用户手动新建一个或多个空白选项卡，然后在地址栏中输入网址打开网页。

手动创建一个新选项卡并打开搜狐网站首页。

STEP 01. **单击按钮。**在 Internet Explorer 7.0 浏览器中单击默认选项卡标签右侧的“新选项卡”按钮，如图 15-14 所示。此时即可在浏览器中新建一个空白选项卡，如图 15-15 所示。

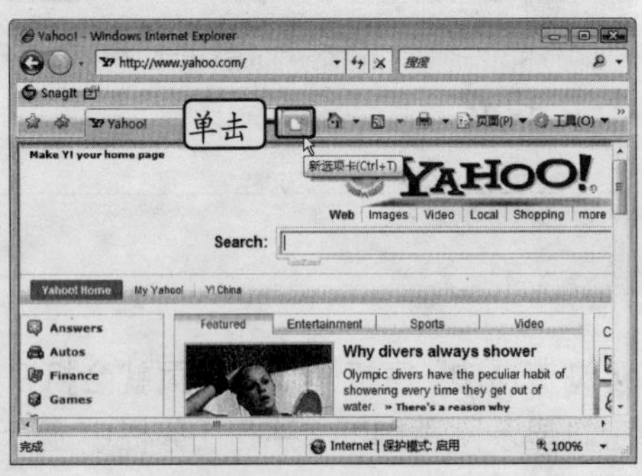

◆ 图 15-14

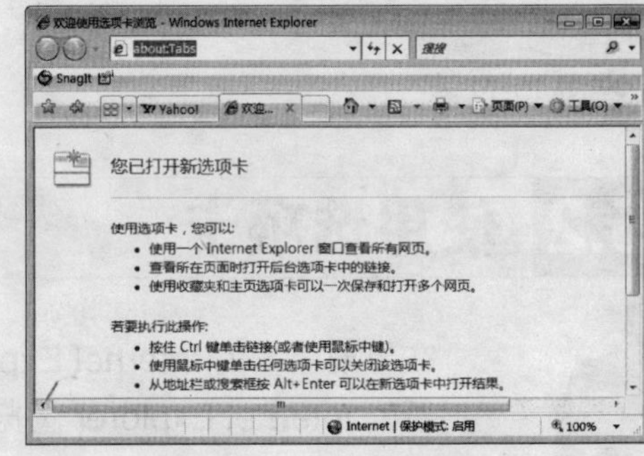

◆ 图 15-15

STEP 02. **输入网址。**在地址栏中输入网址“www.sohu.com”，如图 15-16 所示。

STEP 03. **打开网站。**按【Enter】键，即可在新建的选项卡中载入搜狐网站的首页，如图 15-17 所示。

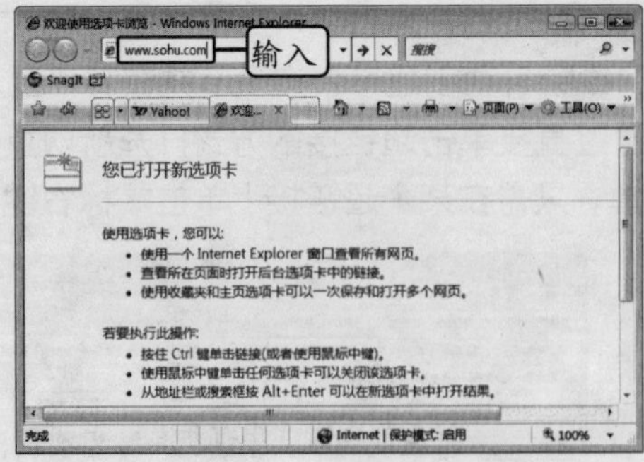

◆ 图 15-16

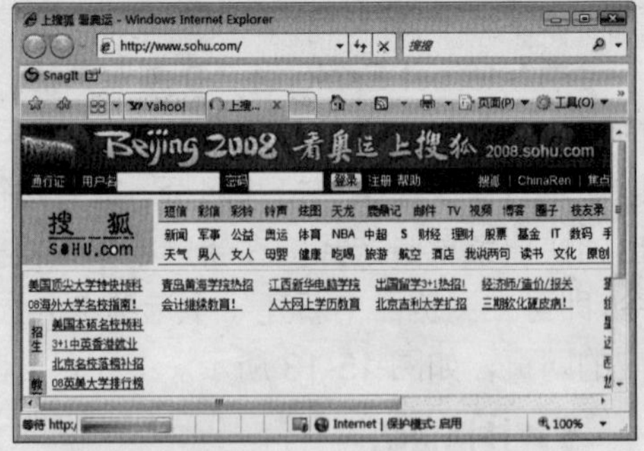

◆ 图 15-17

15.2.3 排列选项卡

在浏览器中创建多个选项卡并打开不同的网页后，可以调整各个选项卡的排列次序，其调整方法是，在要移动的选项卡标签上单击鼠标，并按住鼠标左键不放，将其拖动至其他选项卡之前或之后即可，在拖动过程中，选项卡标签旁将显示黑色箭头表示拖动后的目标位置，如图 15-18 所示。

用户也可以在窗口中以缩略图的形式显示所有选项卡，从而能同时查看网页。单击第一个选项卡标签左侧的“快速导航选项卡”按钮，此时在浏览器中将会看到每个选项卡中的网页的缩略图，如图 15-19 所示，单击一个缩略图可切换到该网页。

◆ 图 15-18

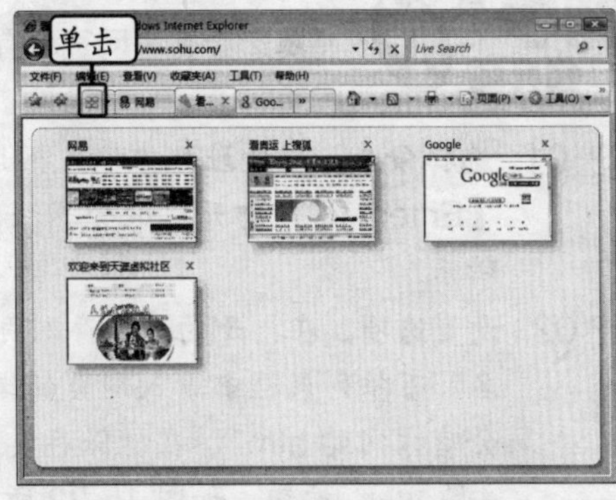

◆ 图 15-19

15.2.4　关闭选项卡

利用选项卡浏览网页时，如果不再浏览某个已打开的网页，就可以将该网页所在的选项卡关闭，其关闭方法有以下几种。

- **方法一**：切换到要关闭的选项卡，单击选项卡标签中的“关闭”按钮。
- **方法二**：在要关闭的选项卡标签上单击鼠标右键，在弹出的快捷菜单中选择“关闭选项卡”命令，如图 15-20 所示。

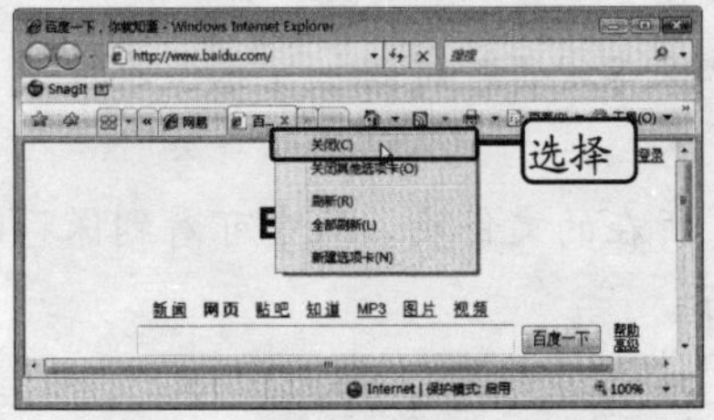

◆ 图 15-20

选择“关闭其他选项卡”命令，则可关闭当前选项卡以外的其他所有选项卡。

- **方法三**：进入选项卡缩略图视图，单击对应缩略图右上角的“关闭”按钮。

15.3　保存网络资源

在浏览网页的过程中，常会看到一些需要的信息，此时可以将其保存到自己的电脑中，网页中可以保存的资源包括图片、文本或者整个网页。在保存文本时，还可以选择保存部分文本或全部文本。

15.3.1 保存整个网页

如果当前浏览的网页中包含了对用户有用的信息，或者网页的结构等内容值得用户借鉴，就可以将整个网页保存到电脑中。

将奥运会赛程网页保存到电脑中。

STEP 01. **选择命令。**在地址栏中输入网址“http://www.beijing2008.cn/schedule/”，按【Enter】键，打开奥运会赛程网页，选择“文件/另存为”命令，如图 15-21 所示。

STEP 02. **设置选项。**在打开的“保存网页”对话框的地址栏中选择保存路径，在“文件名”下拉列表框中输入网页的保存名称“赛程赛果-北京 2008 年第 29 届奥运会官方网站.htm”，在“保存类型”下拉列表中选择“网页，全部”选项，单击 保存(S) 按钮，如图 15-22 所示。

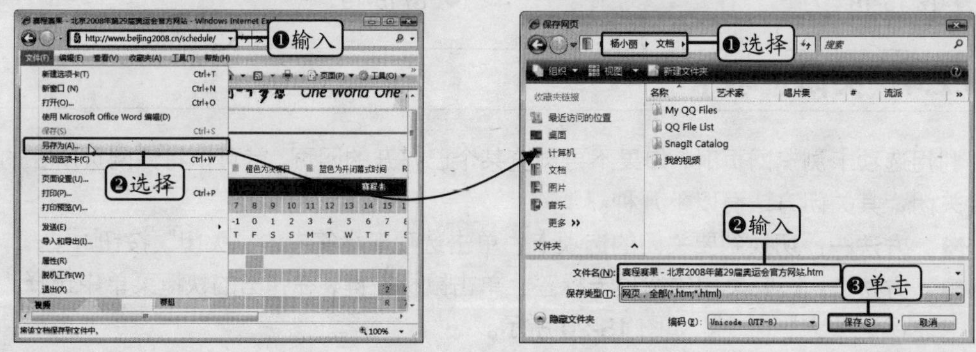

◆ 图 15-21　　◆ 图 15-22

STEP 03. **保存页面。**系统开始保存网页，并打开“保存网页”对话框显示保存进度，如图 15-23 所示。

STEP 04. **查看文件。**保存完毕后，打开保存的网页所在的文件夹，从中可看到保存的网页文件以及同名文件夹，如图 15-24 所示。

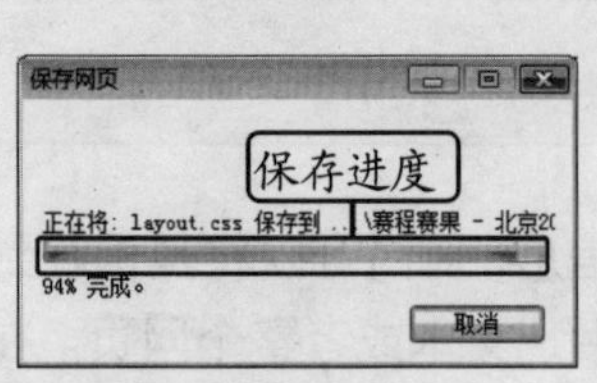

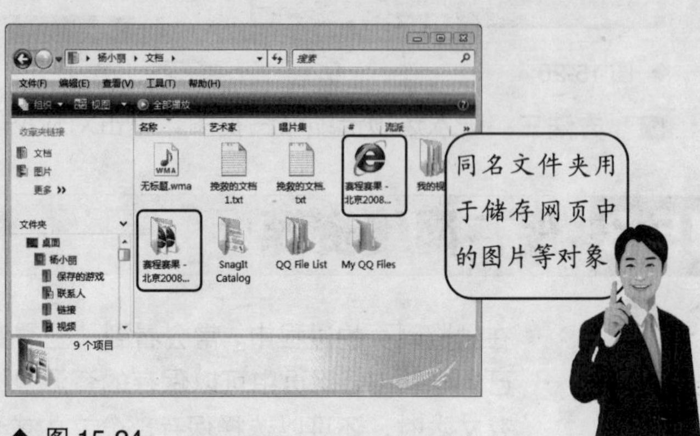

◆ 图 15-23　　◆ 图 15-24

15.3.2 保存网页中的文本

保存网页中的文本时，可以保存部分文本，也可以保存整个网页中的所有文本。

1. 保存部分文本

如果要保存网页中的部分文本，可在网页中将要保存的文本选中并复制，如图 15-25 所示，然后打开任意一个文本编辑工具，如记事本、写字板等，将复制的文本粘贴到其中并将文件保存即可，如图 15-26 所示。

◆ 图 15-25　　◆ 图 15-26

2. 保存所有文本

如果要保存网页中的所有文本，则可以按照保存整个网页的方法进行，选择“文件/另存为”命令打开“保存网页”对话框，在其中设置保存位置与保存名称后，将保存类型设置为“文本文件”，单击 保存(S) 按钮，如图 15-27 所示。这样即可在保存网页时仅保存网页中的文本，保存后的文件如图 15-28 所示。

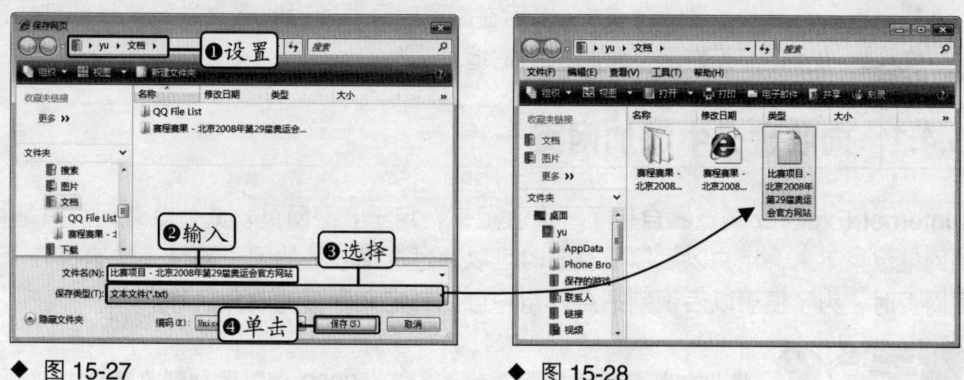

◆ 图 15-27　　◆ 图 15-28

15.3.3 保存网页中的图片

网页中的图片都是以对象方式插入到网页中的，我们可以将需要的图片以文件的形式保存到电脑中。

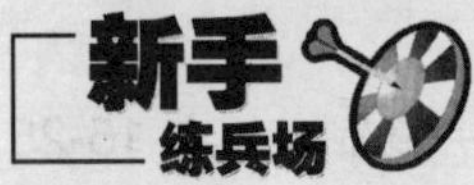

将网页中的图片以文件形式保存到电脑中。

STEP 01. **选择命令。**打开网页，在要保存的图片上单击鼠标右键，在弹出的快捷菜单中选择“图片另存为”命令，如图 15-29 所示。

STEP 02. **选择选项。**在打开的“保存图片”对话框中选择图片文件的保存路径并设置保存名称，单击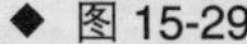按钮，即可将图片保存到电脑中，如图 15-30 所示。

◆ 图 15-29

◆ 图 15-30

15.4 收藏网页

在浏览网页的过程中，对于自己经常访问的站点或者感兴趣的网页，可以将其收藏到收藏夹中，以后在浏览时只要通过收藏夹进行选择即可快速浏览，而无需记忆繁琐的网站地址。

15.4.1 向收藏夹中添加网页

Internet Explorer 浏览器自带了一个收藏夹，用于收藏网页，此处收藏网页只是将网页的网址记录下来，用户以后需要查看时可以通过选择收藏的网页网址来快速打开浏览。收藏网页时，为了便于以后识别站点，用户可以自定义网页的收藏名称。

将北京奥运网站首页“www.beijing2008.cn”添加到收藏夹中。

STEP 01. **打开站点。**在地址栏中输入网址“www.beijing2008.cn”，并按【Enter】键打

开北京奥运网站首页，如图 15-31 所示。

STEP 02. **选择命令。**选择“收藏夹/添加到收藏夹”命令，如图 15-32 所示。

◆ 图 15-31

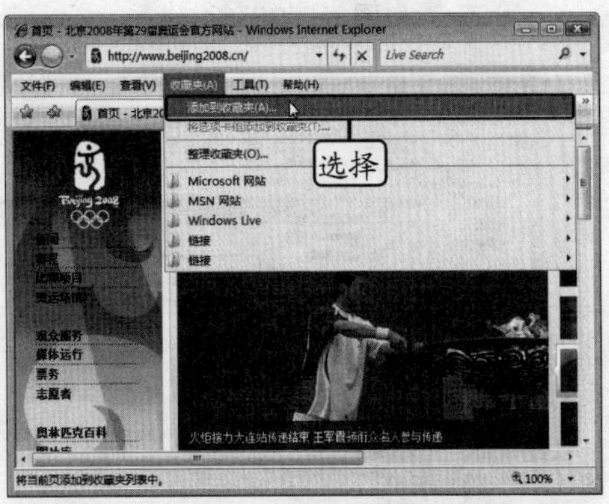

◆ 图 15-32

STEP 03. **输入名称。**在打开的“添加到收藏夹”对话框的“名称”文本框中输入网页的名称，这里输入“北京 2008 年奥运会官方网站”，单击 添加(A) 按钮，如图 15-33 所示。

STEP 04. **添加完毕。**系统即可将站点添加到收藏夹中，以后要打开该网页时，只要在收藏夹中选择保存的网页名称，即可在浏览器中打开相应的网页，如图 15-34 所示。

◆ 图 15-33

◆ 图 15-34

15.4.2 管理收藏夹

如果收藏的网页过多，则在查找网页时会不易找到，这时可以对收藏的网页进行分类整理，将同类的网页整理到一个文件夹中，这样在以后打开网页时，就可以方便地按分类目录快速找到所需的网页地址。

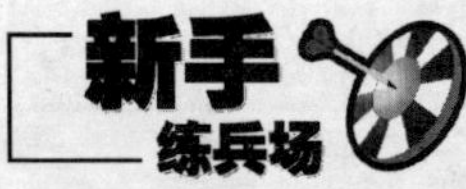

分类整理收藏夹中收藏的网页。

STEP 01. **选择命令。**选择“收藏夹/整理收藏夹”命令，如图 15-35 所示。

STEP 02. **选择命令。**在打开的“整理收藏夹”对话框的列表框中显示当前所有收藏的网页，如图 15-36 所示。

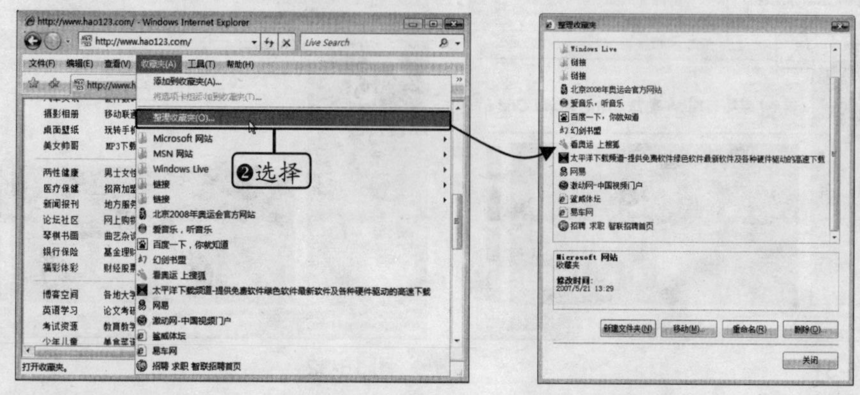

◆ 图 15-35　◆ 图 15-36

STEP 03. **新建文件夹。**单击列表框下方的新建文件夹(N)按钮，在收藏夹中新建一个文件夹，此时文件夹名称处于可编辑状态，输入文件夹名称“门户网站”后按【Enter】键。按照同样的方法，建立“体育”和“其他”文件夹，如图 15-37 所示。

STEP 04. **拖动选项。**在列表框中选择收藏的网页，按类别的不同分别将它们拖动到新文件夹中，如图 15-38 所示为分类后的效果。

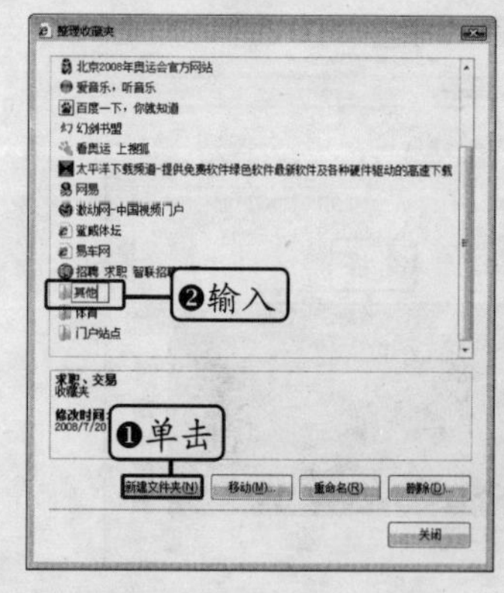

◆ 图 15-37

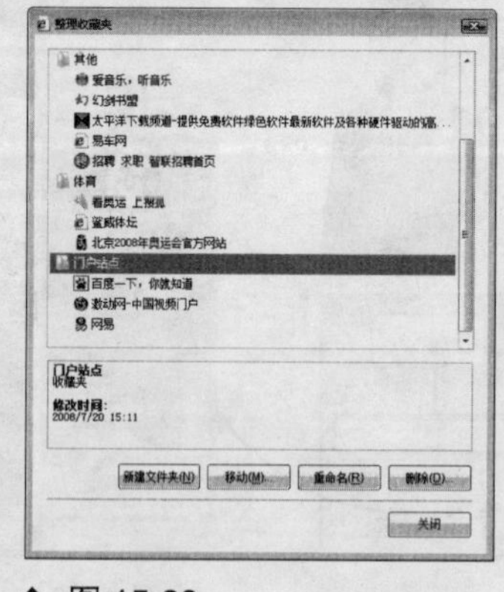

◆ 图 15-38

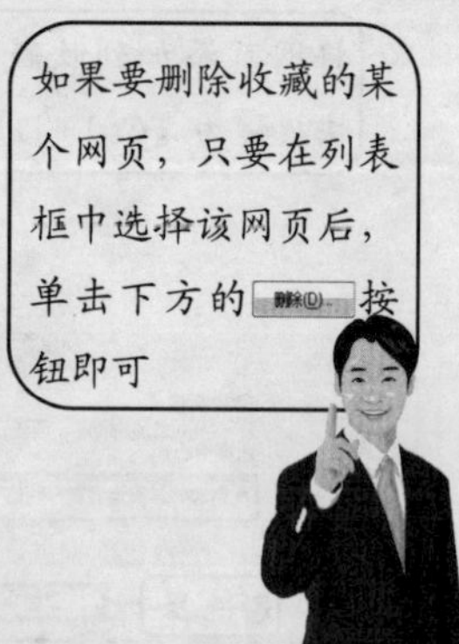

STEP 05. **查看效果。**整理完毕后，单击关闭按钮关闭“整理收藏夹”对话框，返回浏览器窗口，单击“收藏夹”菜单项，在弹出的菜单中可看新建的分类文件夹，将鼠标指针移至某个文件夹上，将显示其中收藏的网页，如图 15-39 所示。

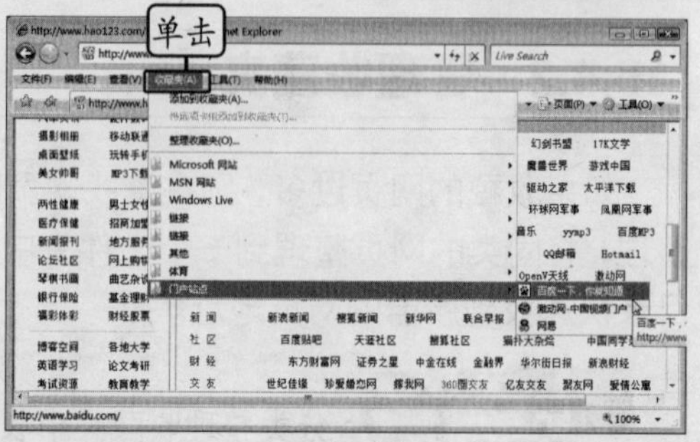

◆ 图 15-39

15.5 下载网络资源

网络中的很多资源是以文件的形式链接在网页中的，如歌曲、电影及应用程序安装文件等，要使用这类资源，就可以通过 Internet Explorer 将文件下载并保存到电脑中。

使用 Internet Explorer 下载天网防火墙。

STEP 01. **单击超链接。**打开要下载资源对应的下载页面，其中列出了多个下载超链接，这里单击“四川网通 [本地下载]”超链接，如图 15-40 所示。

STEP 02. **单击按钮。**在打开的“文件下载”对话框中直接单击 保存(S) 按钮，如图 15-41 所示。

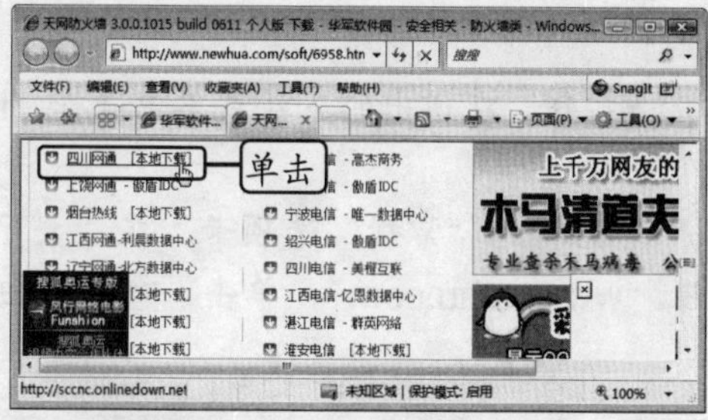

◆ 图 15-40

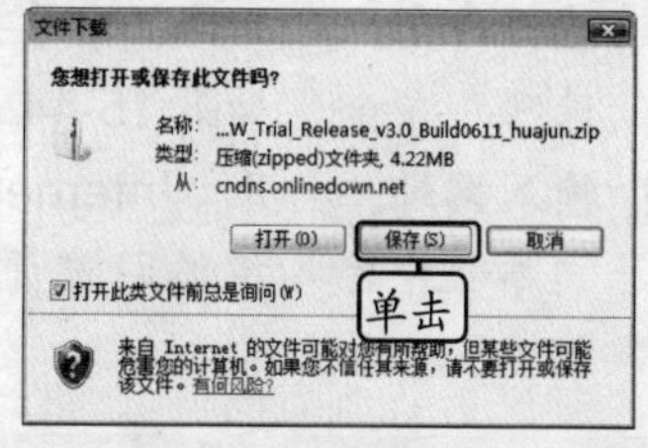

◆ 图 15-41

STEP 03. **选择选项。**在打开的“另存为”对话框中选择下载文件的保存路径，在“文件名”下拉列表框中输入保存名称“天网防火墙”，单击 保存(S) 按钮，如图 15-42 所示。

STEP 04. **开始下载。**系统开始下载文件，同时在“文件下载”对话框中显示文件的下载进度、下载速度、剩余时间等信息，如图 15-43 所示。下载完毕后，单击 打开(O) 按钮，可运行下载后的文件，单击 打开文件夹(F) 按钮，可打开下载文件所在的文件夹。

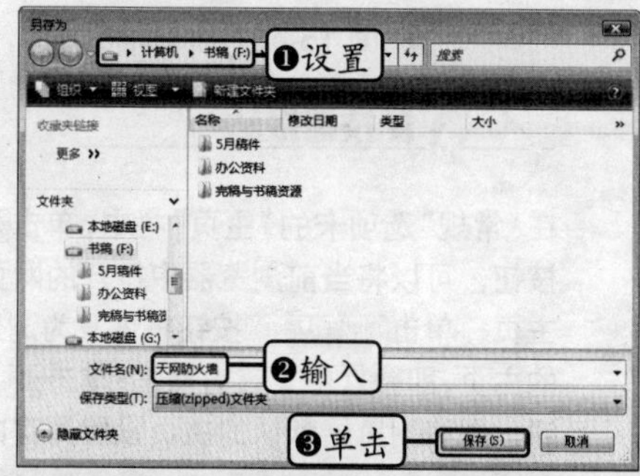

◆ 图 15-42

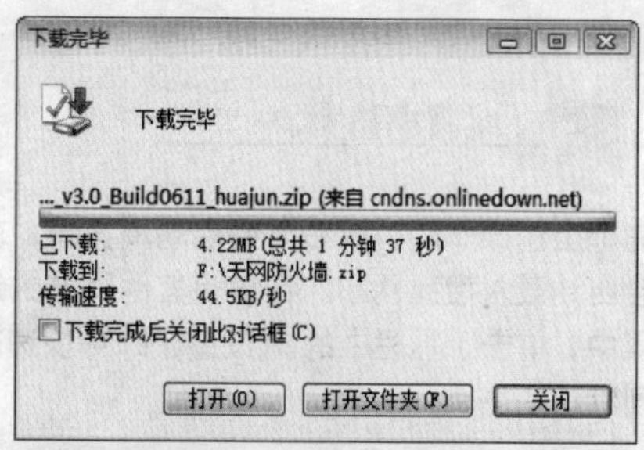

◆ 图 15-43

15.6 设置 Internet Explorer 浏览器

在使用 Internet Explorer 浏览器的过程中，可以根据自己的使用习惯以及使用环境对浏览器进行一系列设置，包括自定义设置与安全设置两方面，前者用于使浏览器更加符合用户的使用习惯，后者用于提高浏览器的安全性。

15.6.1 设置浏览器主页

浏览器主页是指启动 Internet Explorer 浏览器后默认打开的网页，系统默认的主页为微软官方站点，用户可以将自己经常浏览的网页设置为浏览器主页。

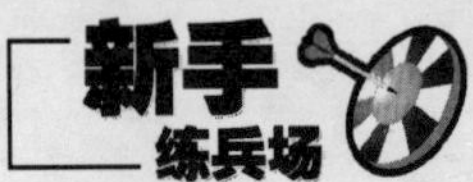

将搜狐网设置为浏览器的默认主页。

STEP 01. **选择命令。**在工具栏中单击 工具(O) 按钮，在弹出的下拉菜单中选择“Internet 选项”命令，如图 15-44 所示。

STEP 02. **输入网址。**打开“Internet 选项”对话框的“常规”选项卡，在“主页”栏的文本框中输入搜狐网首页的网址“www.sohu.com”，单击 确定 按钮，如图 15-45 所示。

◆ 图 15-44

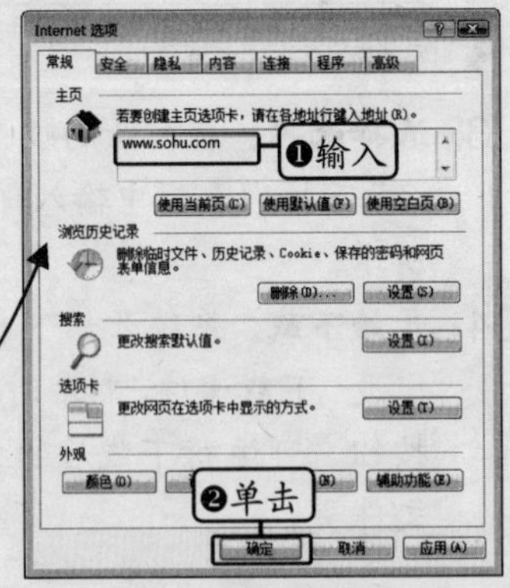

◆ 图 15-45

温馨小贴士

完成上述操作后，以后只要启动浏览器，就会自动载入搜狐网站。在访问其他网站的过程中，单击工具栏中的 按钮，即可快速转到默认的主页。

秘技播报站

在“常规”选项卡的“主页”栏中，单击 使用当前页(C) 按钮，可以将当前浏览器中打开的网页设置为主页；单击 使用默认值(F) 按钮将恢复为浏览器默认的主页，即微软中文官方网站；单击 使用空白页(B) 按钮，则将浏览器默认的主页设置为空白页。

15.6.2 设置临时文件与历史记录

当用户在 Internet Explorer 浏览器中浏览网页后，浏览器会自动记录所浏览网页的网址、浏览网页时产生的临时文件以及输入的信息，当下次浏览该网页时将会提高网页的打开速度。

临时文件与历史记录增强了用户浏览网页的便利性，但其他用户也可以通过该功能查看到用户浏览过的网站，或者查找到用户的个人信息。出于隐私安全考虑，需要定期或实时清理临时文件与历史记录，或者根据自己的情况对其处理方式进行设置。

删除临时文件与历史记录，并更改浏览器中临时文件与历史记录的相关设置。

STEP 01. **单击按钮。**打开"Internet 选项"对话框，在"常规"选项卡中单击 删除(D)... 按钮，如图 15-46 所示。

STEP 02. **单击按钮。**在打开的"删除浏览的历史记录"对话框中单击 全部删除(A)... 按钮，如图 15-47 所示。

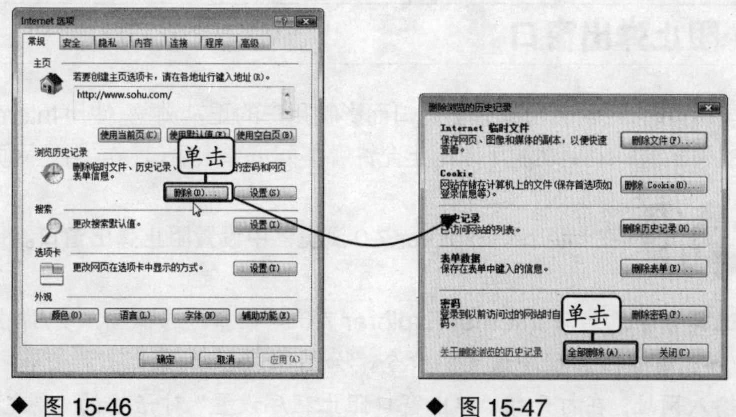

◆ 图 15-46　　◆ 图 15-47

STEP 03. **确认删除。**在打开的提示框中单击 是(Y) 按钮确认删除操作，如图 15-48 所示。

STEP 04. **开始删除。**系统将打开如图 15-49 所示的对话框显示删除进度，删除完毕后对话框会自动关闭。

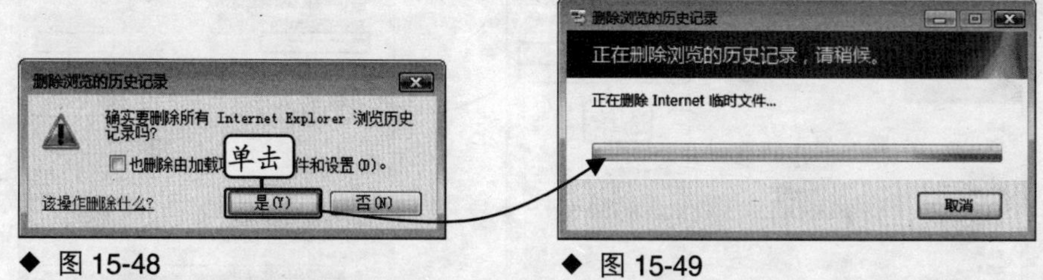

◆ 图 15-48　　◆ 图 15-49

STEP 05. **设置历史记录。**返回"Internet 选项"对话框，在"浏览历史记录"栏中单击 设置(S) 按钮，打开"Internet 临时文件和历史记录设置"对话框，在"要使

用的磁盘空间”数值框中设置用于保存临时文件的磁盘空间，这里输入“50”；在“历史记录”栏的数值框中输入历史记录的保存天数，这里输入“20”，如图 15-50 所示。

STEP 06. **更改目录。**单击 移动文件夹(M)... 按钮，在打开的“浏览文件夹”对话框中选择用于存储临时文件的目录，这里为 E 盘，依次单击 确定 按钮完成设置，如图 15-51 所示。

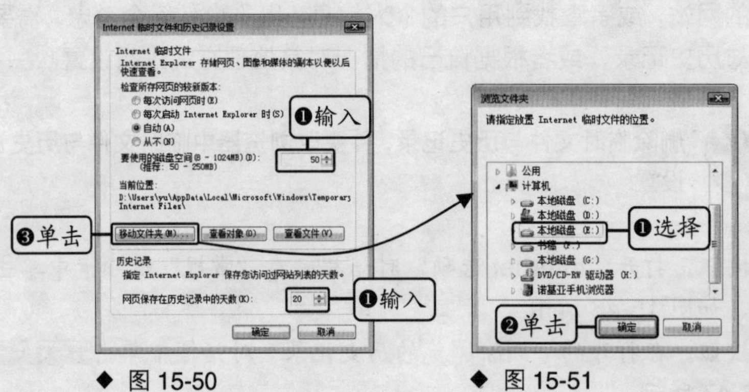

◆ 图 15-50　　◆ 图 15-51

15.6.3 阻止弹出窗口

浏览一些网页时，经常会自动弹出窗口而影响用户的正常浏览。使用 Internet Explorer 7.0 浏览器提供的弹出窗口阻止功能可以指定允许哪些网页弹出窗口，或阻止网页弹出窗口。

在 Internet Explorer 7.0 浏览器中设置阻止弹出窗口。

STEP 01. **选择命令。**启动 Internet Explorer 7.0 浏览器，选择“工具/弹出窗口阻止程序/弹出窗口阻止程序设置”命令，如图 15-52 所示。

STEP 02. **输入网址。**在打开的“弹出窗口阻止程序设置”对话框的“要允许的网站地址”文本框中输入允许弹出窗口的网页地址，单击 添加(A) 按钮，如图 15-53 所示。

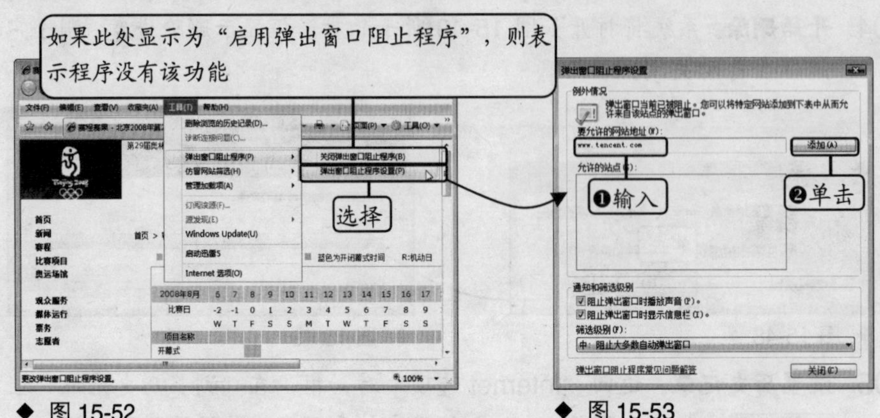

◆ 图 15-52　　◆ 图 15-53

STEP 03. **添加网址。**系统将该网址添加到“允许的站点”列表框中，按照相同的方法继续添加其他网址，如图 15-54 所示。

STEP 04. **进行设置。**在“通知和筛选级别”栏中选中“阻止弹出窗口时显示信息栏”复选框，取消选中“阻止弹出窗口时播放声音”复选框，在“筛选级别”下拉列表框中选择“低：允许来自安全站点的弹出窗口”选项，单击 关闭(C) 按钮应用设置，如图 15-55 所示。

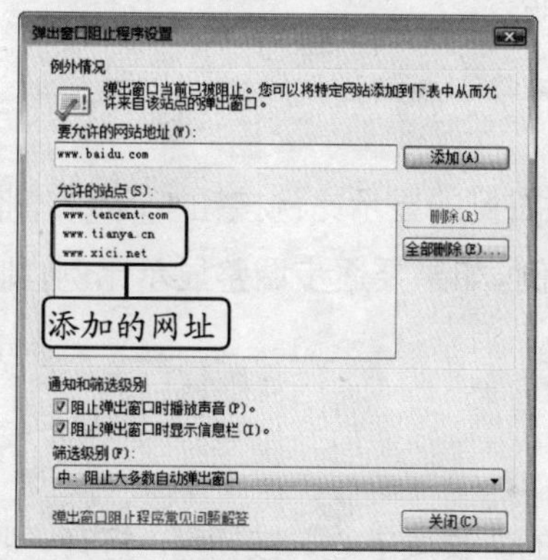

◆ 图 15-54

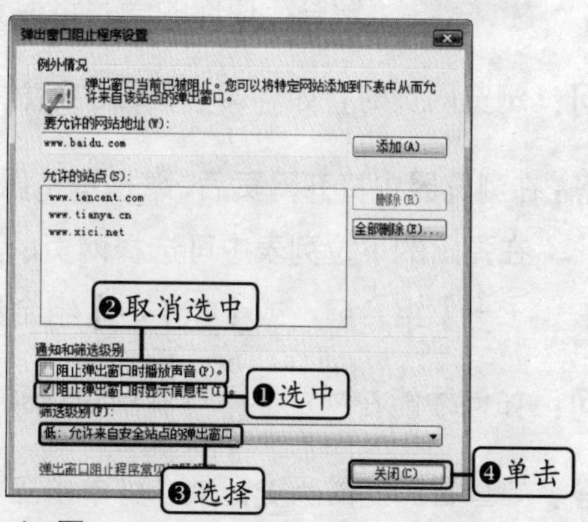

◆ 图 15-55

15.6.4 仿冒网站筛选

随着网络的广泛应用，出现了一些与正规网站界面完全相同的仿冒网站，如果不慎登录到这些网站，电脑中的数据或者用户的信息极有可能会被盗取。使用 Internet Explorer 7.0 中的仿冒网站筛选功能，可以对多数仿冒网站进行筛选，从而确保用户信息安全。

开启仿冒网站筛选功能。

STEP 01. **选择命令。**在 Internet Explorer 7.0 中选择“工具/仿冒网站筛选/仿冒网站筛选设置”命令。

STEP 02. **进行设置。**打开“Internet 选项”对话框的“高级”选项卡，在“设置”列表框中的“安全”栏中选中“打开自动网站检查”单选按钮，单击 确定 按钮应用设置，如图 15-56 所示。

STEP 03. **完成设置。**重新启动浏览器使设置生效。

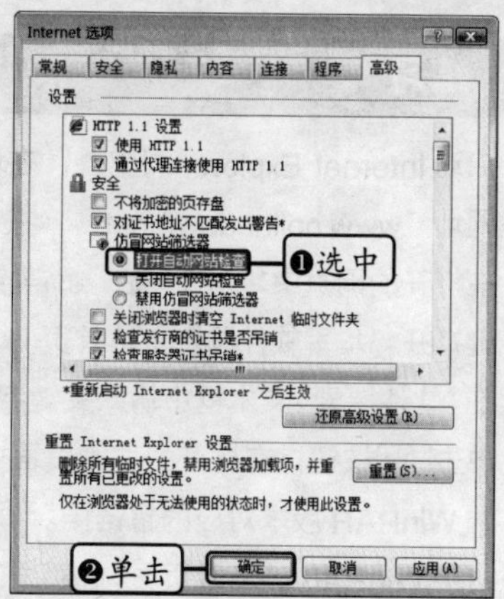

◆ 图 15-56

15.7 疑难解答

学习完本章后，你是否已学会了使用 Internet Explorer 7.0 浏览网络中的信息？使用 Internet Explorer 7.0 的过程中遇到的相关问题自己是否已经顺利解决了？下面将为你提供一些关于 Internet Explorer 7.0 的常见问题解答，使你的学习路途更加顺畅。

问：浏览网页时，如何调整页面的缩放比例呢？

答：在浏览器中打开网页后，单击浏览器状态栏右侧的显示比例按钮 100% 右侧的 ▾ 按钮，在弹出的下拉列表中可选择网页的显示比例。如果要逐步调整显示比例，则可按【Ctrl++】组合键，或【Ctrl+-】组合键。

问：如何才能在浏览器中查看历史记录？

答：要查看浏览器历史记录，可单击工具栏中的“收藏中心”按钮，打开“收藏夹”窗格，单击窗格上方的 历史记录 ▾ 按钮，将在窗格中显示出历史日期，单击某个日期，即可显示该日期中浏览的所有站点。

15.8 上机练习

本章上机练习讲解在浏览器中进入“华军软件园”网站搜索并下载压缩软件 WinRAR 的过程，通过练习掌握打开网页与下载文件的方法。其制作提示介绍如下。

练习

① 启动 Internet Explorer 浏览器，在地址栏中输入网址“www.onlinedown.net”，按【Enter】键，在打开的网页中单击“主站”超链接，按【Enter】键打开“华军软件园”主站首页。

② 在“软件搜索”文本框中输入关键字“WinRAR”，单击 搜索 按钮，在打开的搜索页面中单击要下载的 WinRAR 版本对应的超链接。

③ 打开 WinRAR 的下载页面，在页面下方单击对应的下载地址超链接，如图 15-57 所示。

④ 系统开始下载 WinRAR，在打开的对话框设置文件的保存路径与名称。

◆ 图 15-57

安全维护篇

为了让 Windows vista 更好地为用户服务，在使用电脑的过程中，需要对系统进行管理、维护、备份以及做好安全防范措施。这一篇我们就来认识与了解 Windows Vista 系统安全和维护的相关知识。

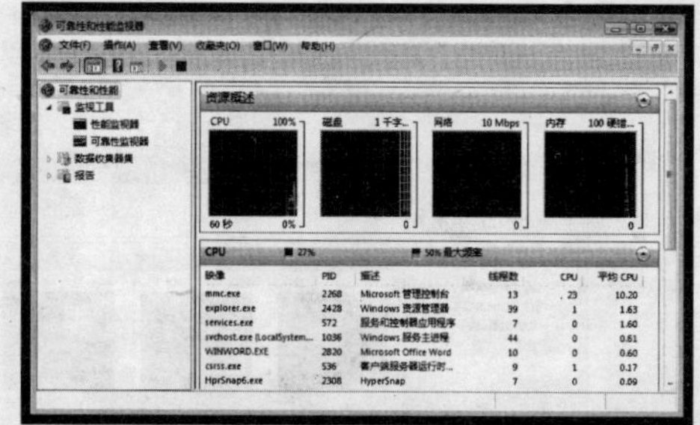

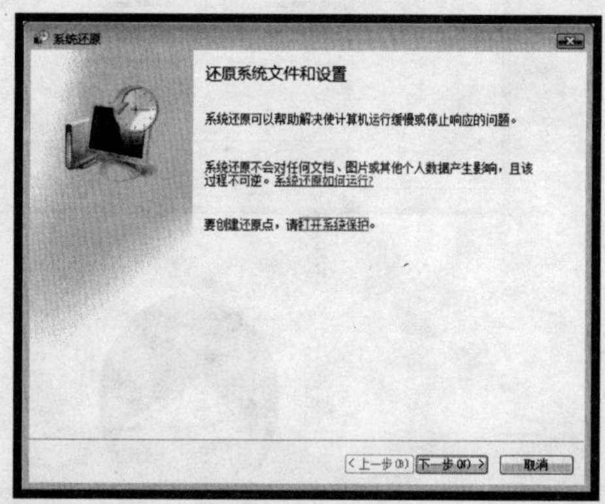

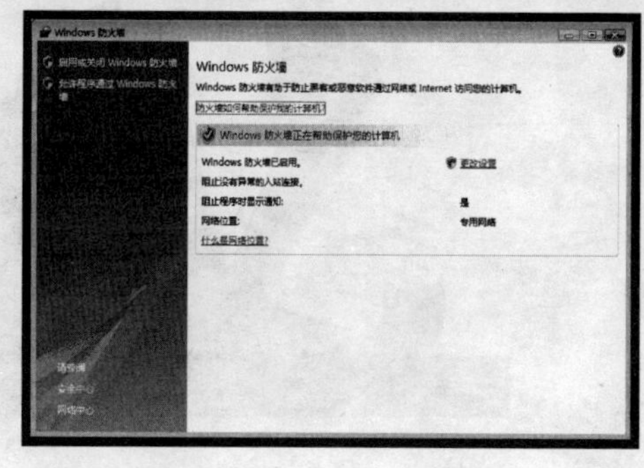

第 16 章

Windows Vista 系统管理

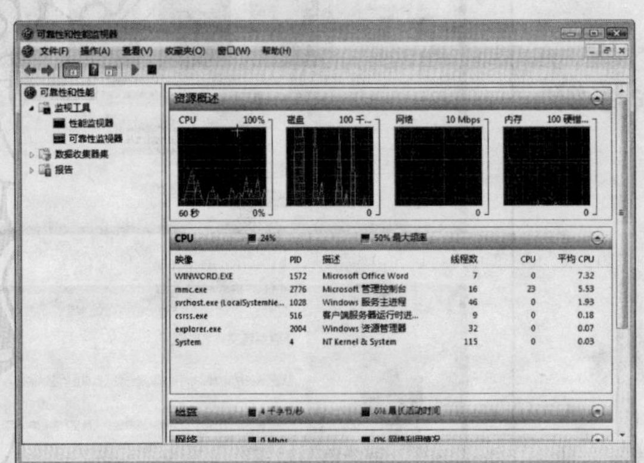

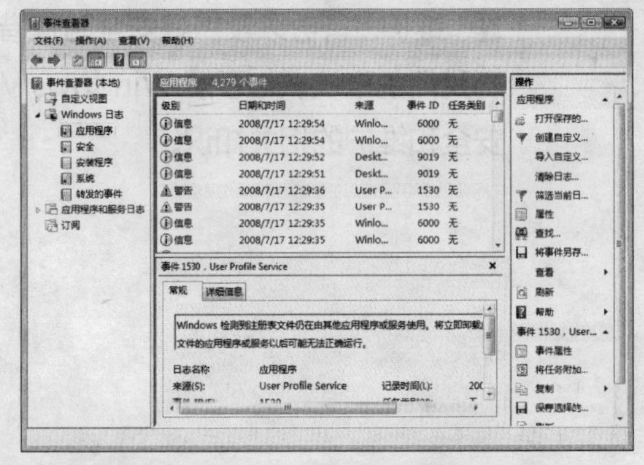

在使用 Windows Vista 的过程中，通过系统提供的各种管理工具，可以对系统的性能、任务事件以及日志进行实时监视，从而随时可以了解系统的运行状况。此外，还可以通过计划任务让系统在指定的时间自动执行指定的任务。用户在熟练掌握了 Windows Vista 的基本操作后，有必要学习系统管理功能的相关知识。

16.1 可靠性与性能监视器

Windows 可靠性和性能监视器是一个用于分析系统性能的工具。它可以实时监视软件运行和硬件的性能、在日志中收集数据、定义警报和自动操作的阈值、生成报告以及以各种方式查看以前的性能数据。

16.1.1 启动可靠性与性能监视器

使用 Windows 可靠性和性能监视器监视系统性能时，需要以系统管理员身份登录系统将其启动。

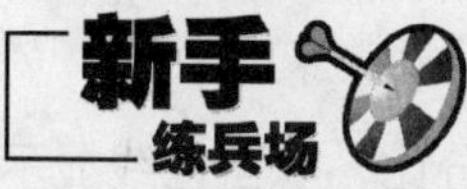

在 Windows Vista 中启动可靠性和性能监视器。

STEP 01. **双击图标。**打开"控制面板"窗口并切换到经典视图，双击"管理工具"图标，如图 16-1 所示。

STEP 02. **双击图标。**在打开的"管理工具"窗口中双击"可靠性和性能监视器"图标，如图 16-2 所示。

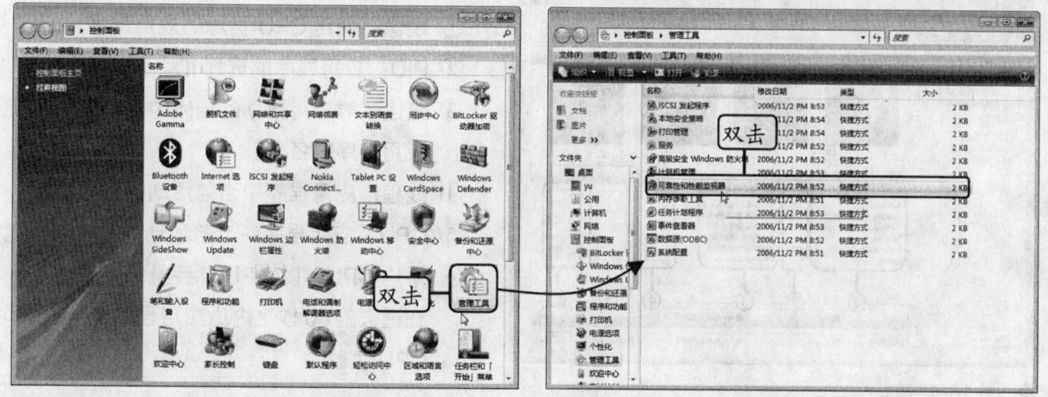

◆ 图 16-1　　◆ 图 16-2

STEP 03. **确认操作。**在打开的"用户账户控制"对话框中单击 继续(C) 按钮确认操作，即可启动可靠性和性能监视器。

16.1.2 使用资源视图监视系统活动

启动可靠性和性能监视器后，默认将显示资源视图，如图 16-3 所示。资源视图中的 4 个图表分别显示了电脑中 CPU、硬盘、网络和内存的实时使用情况。图表下方的 4 个可展开区域包含每个资源进程的详细信息，单击某个资源进程对应的标签或单击图表就可以展开以查看其详细信息。

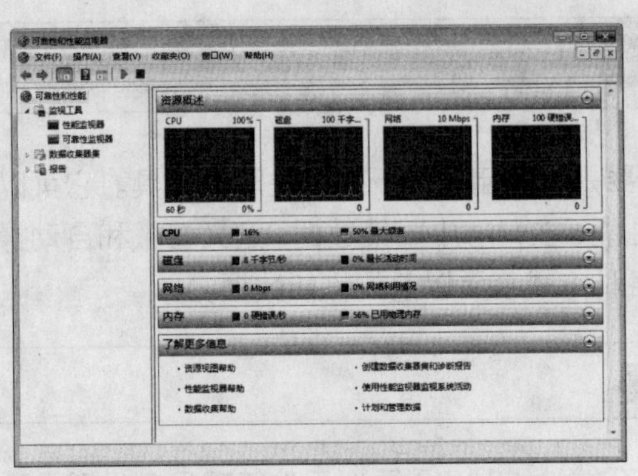

◆ 图 16-3

秘技播报站

在桌面上的“计算机”图标上单击鼠标右键，在弹出的快捷菜单中选择“管理”命令，打开“计算机管理”窗口，在左侧窗格中的“系统工具”栏中选择“可靠性和性能”选项，也可启动可靠性和性能监视器。

1. 查看 CPU 性能

在 CPU 图表中，以绿色显示当前正在使用的 CPU 容量的总百分比，以蓝色线显示 CPU 最大频率（当达到一定条件时，蓝色线不会出现）。单击 CPU 图表，展开下方的“CPU”扩展区域，可在其中查看详细的 CPU 使用情况，如图 16-4 所示。

“CPU”扩展区域中显示的列表包含“映像”、“PID”、“描述”、“线程数”、“CPU”以及“平均 CPU”6 个列表字段。

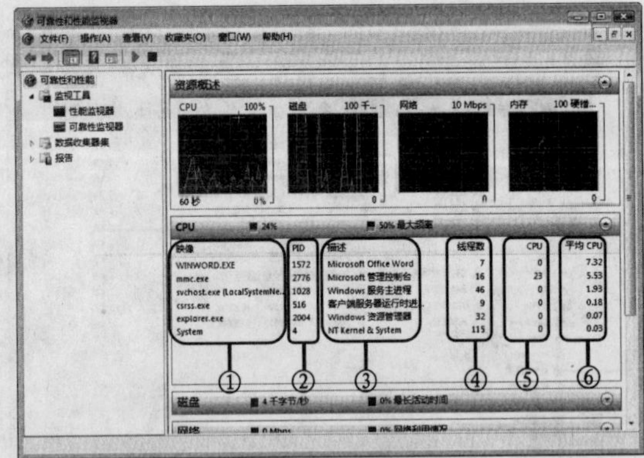

◆ 图 16-4

① **映像**：使用 CPU 资源的应用程序。

② **PID**：应用程序的进程 ID。

③ **描述**：对应用程序的描述内容，多为对应应用程序的名称。

④ **线程**：应用程序中当前活动的线程数。

⑤ **CPU**：应用程序中当前活动的 CPU 周期。

⑥ **平均 CPU**：以 CPU 总容量的百分比表示在过去的 60 秒之内由应用程序产生的平均 CPU 负载。

2. 查看磁盘性能

在磁盘图表中，以绿色显示当前的总 I/O，以蓝色线表示活动时间的最高百分比。单击磁盘图表，即可展开下方的“磁盘”扩展区域，在其中可查看详细的磁盘使用情况，如图 16-5 所示。

通过“磁盘”扩展区域中显示的列表信息，用户可以详细地查看到当前使用的磁盘的使用情况。列表中包含“映像”、“PID”、“文件”、“读取”、“写”、“IO 优先级”以及“响应时间”7 个列表字段。

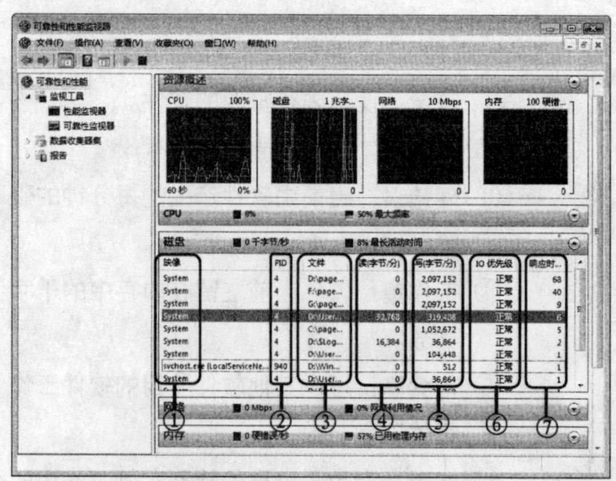

◆ 图 16-5

① **映像**：使用磁盘资源的软件。

② **PID**：软件的进程 ID。

③ **文件**：由软件读取或写入的文件。

④ **读**：软件从文件中读取数据的速度，单位为“字节/分”。

⑤ **写**：软件向文件中写入数据的速度，单位为“字节/分”。

⑥ **IO 优先级**：软件 IO 任务的优先级。

⑦ **响应时间**：磁盘活动的响应时间（单位为毫秒）。

3. 查看网络性能

当电脑连接到网络后，在网络图表中将以绿色显示当前总网络流量，以蓝色线显示使用中的网络容量百分比。单击网络图表，即可展开下方的“网络”扩展区域，在其中可查看详细的网络使用情况，如图 16-6 所示。

“网络”扩展区域中显示的列表包含“映像”、“PID”、“地址”、“发送”、“接收”以及“总数”6 个列表字段。

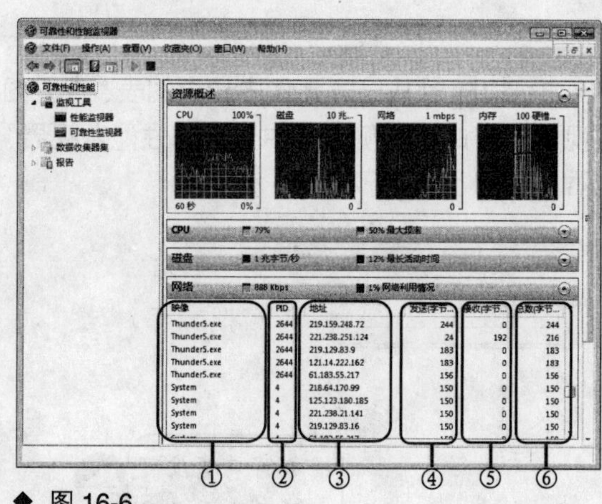

◆ 图 16-6

① **映像**：使用网络资源的软件。

② **PID**：软件的进程 ID。

③ **地址**：本地电脑与之交换信息的网络地址，可以是计算机名、IP 地址或网址。

④ **发送**：软件当前从本地电脑发送到网络地址的数据量，单位为“字节/分”。

⑤ **接收**：软件当前从网络地址接收的数据量，单位为“字节/分”。

⑥ **总数**：软件发送和接收的总带宽，单位为“字节/分”。

4. 查看内存性能

在内存图表中，以绿色显示当前每秒的硬错误，以蓝色线显示当前使用中的物理内存百分比。单击内存图表，即可展开下方的“内存”扩展区域，在其中可查看详细的内存使用情况，如图 16-7 所示。

“内存”扩展区域中显示的列表包含“映像”、“PID”、“硬错误”、“提交”、“工作集”、

“可共享”以及“专用”7 个列表字段。

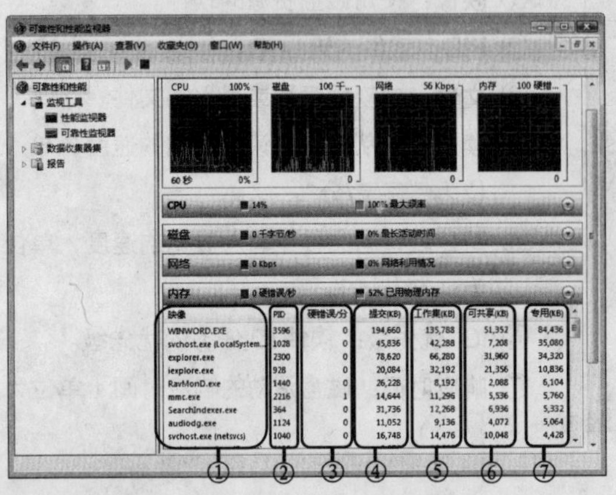

◆ 图 16-7

① **映像**：使用内存资源的软件。

② **PID**：软件的进程 ID。

③ **硬错误**：当前由软件产生的每分钟的硬错误数。

④ **工作集**：软件当前驻留在内存中的千字节数。

⑤ **可共享**：可供其他软件使用的软件工作集的千字节数。

⑥ **专用**：专用于进程的软件实例工作组的千字节数。

温馨小贴士

当引用地址的页面已不在物理内存中，或者可从磁盘上的备份文件使用时，就会发生硬错误（也称为“页面错误”）。如果软件必须从磁盘而不是从物理内存连续回读数据，则较多数量的硬错误可能导致软件的响应时间较慢。

16.1.3 使用性能监视器

性能监视器用于查看性能数据，通过它用户可以随时从日志文件中检查图表、直方图或报告中的性能数据。在“可靠性和性能监视器”窗口的左侧窗格中选择“性能监视器”选项，就可以在右侧窗格中显示出性能监视器，如图 16-8 所示。

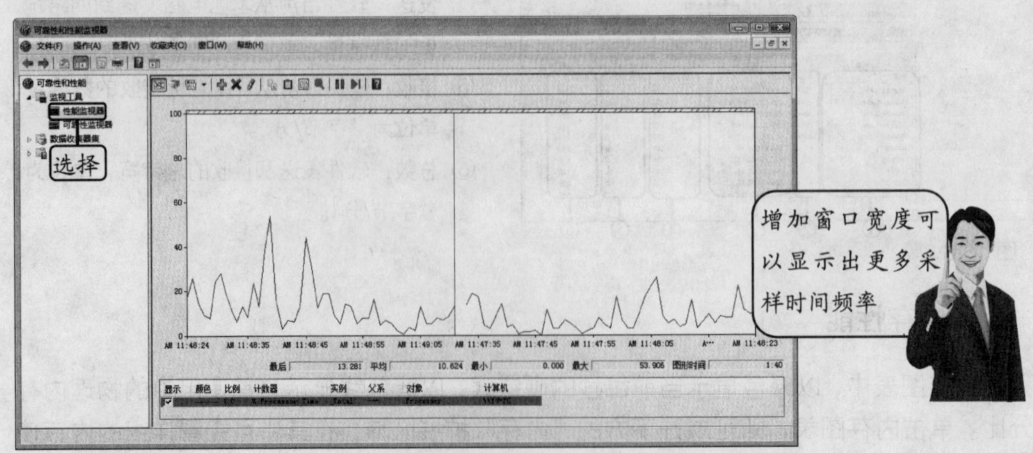

◆ 图 16-8

在查看性能监视器图表时，用户可以根据自己的情况或查看需求来自定义性能监视器

的显示方式，包括采样频率、图表样式以及图表外观等。

自定义性能监视器的显示方法。

STEP 01. **选择命令。**在性能监视器窗口中的图表区域上单击鼠标右键，在弹出的快捷菜单中选择“属性”命令，如图 16-9 所示。

STEP 02. **选择显示元素。**在打开的“性能监视器 属性”对话框中单击“常规”选项卡，在其中分别设置要显示的元素以及元素的采样频率，如图 16-10 所示。

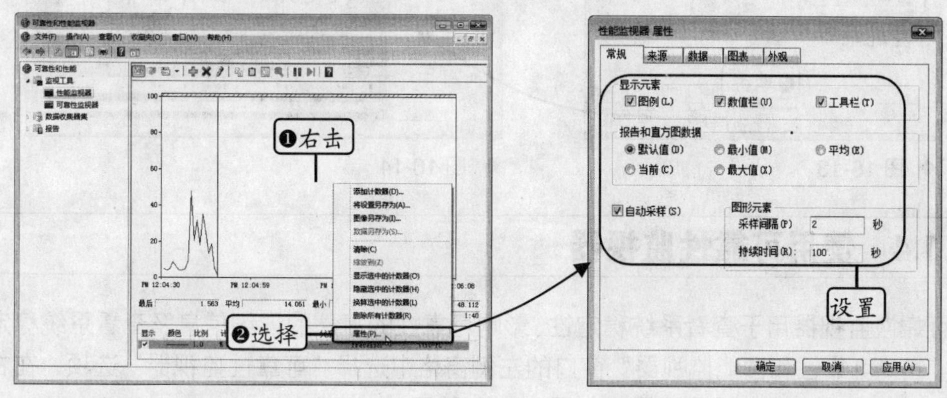

◆ 图 16-9　　◆ 图 16-10

STEP 03. **设置数据样式。**单击“数据”选项卡，在对话框下方的下拉列表框中分别选择数据系列的颜色、线条宽度、数值比例以及线条样式，如图 16-11 所示。

STEP 04. **设置图表样式。**单击“图表”选项卡，在“查看”下拉列表框中选择显示方式，并设定滚动样式、标题、显示的网格与显示比例，如图 16-12 所示。

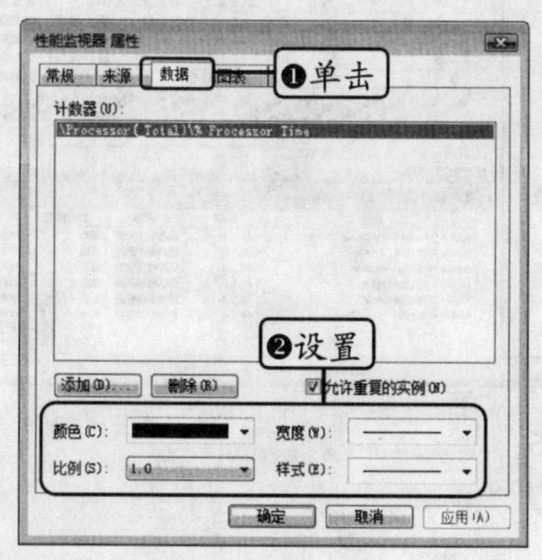

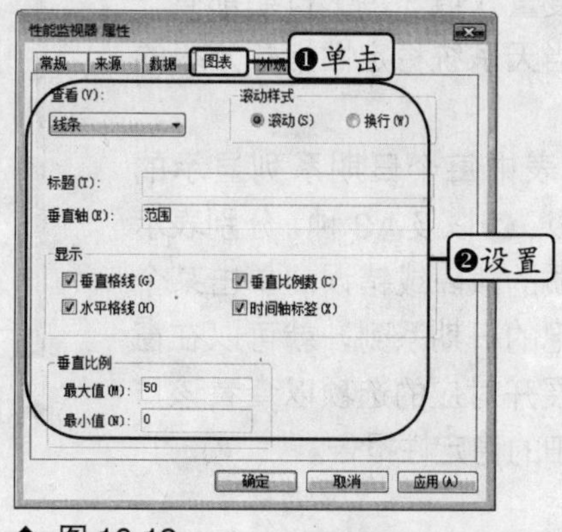

◆ 图 16-11　　◆ 图 16-12

STEP 05. **设置图表外观。**单击“外观”选项卡，在“颜色”下拉列表框中选择要设置其外观的选项，在其下的颜色框中设置外观颜色后单击 确定 按钮返回“性能监视器 属性”对话框，单击 更改(C) 按钮，在打开的“颜色”对话框中更改对象的外观颜色；单击“字体”栏中的 更改(H) 按钮，在打开的对话框中选择字体，完成后单击 确定 按钮返回“性能监视器 属性”对话框，单击 确定 按

钮应用所有设置，如图 16-13 所示。

STEP 06. **查看设置效果。**系统即可更改图表的显示方式，最终效果如图 16-14 所示。

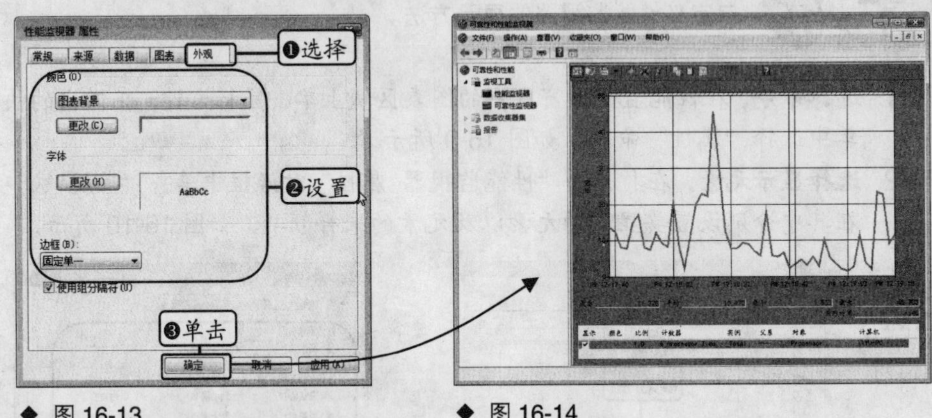

◆ 图 16-13　　◆ 图 16-14

16.1.4 使用可靠性监视器

可靠性监视器用于查看系统稳定性、影响可靠性的事件的详细信息及查看系统稳定性指数。在“可靠性和性能监视器”窗口的左侧窗格中选择“可靠性监视器”选项，在右侧窗格中即可显示出可靠性监视器，如图 16-15 所示。

系统稳定性图表的垂直轴中显示了从 1（最不稳定）到 10（最稳定）的数字，表示从滚动的历史时段内所看到的特定故障的数量衍生而来的度量权值。每个日期都有一个显示当天系统稳定性指数分级的图形点。

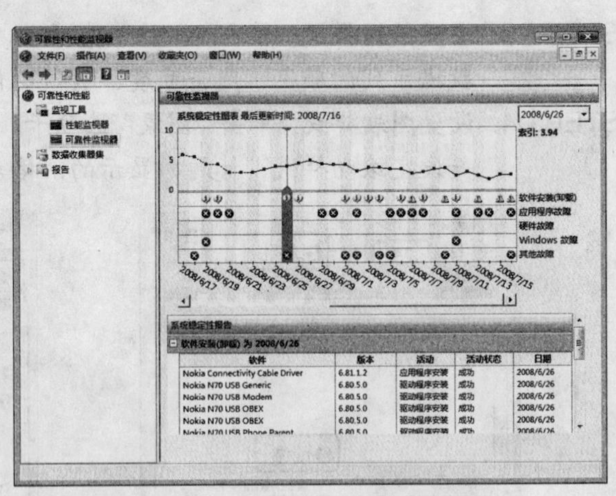

◆ 图 16-15

在图表中每个日期系列显示的标记有、以及3 种，分别表示不同性质的故障或错误。单击某个带有标记的日期系列，就可以在窗口下方展开对应的选项以查看该日期中详细的稳定性报告。

16.2 任务计划程序

Windows Vista 提供的任务计划程序可以让系统在指定时间范围或周期内按照一定规律进行某种操作，如运行程序、发送邮件或提示消息等。合理地使用计划任务，可以让电脑使用起来更加方便。

16.2.1　启动任务计划程序

任务计划程序也属于系统基本管理单元，其启动方法是，在如图 16-16 所示的“管理工具”窗口中双击“任务计划程序”图标，在打开的“用户账户控制”对话框中单击继续(C)按钮，即可启动任务计划程序，其工作界面如图 16-17 所示。

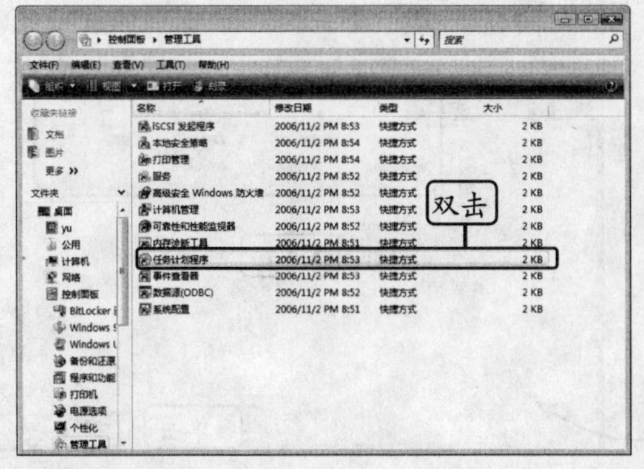

◆ 图 16-16

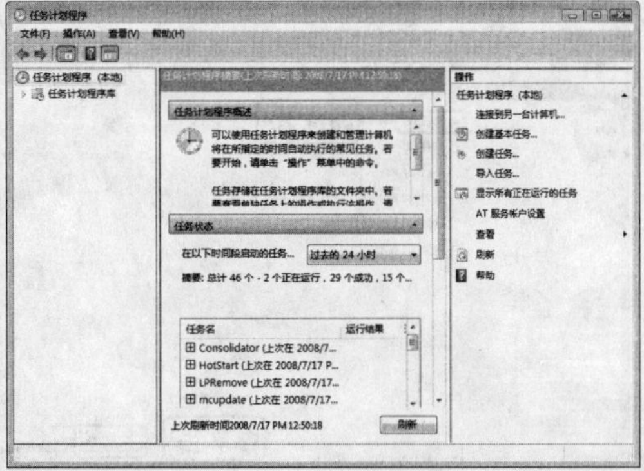

◆ 图 16-17

16.2.2　创建基本任务

基本任务是指一些仅需要指定任务名称、触发时间以及要进行操作的简单任务，这类任务不需要太复杂的条件，并且程序会提供创建向导提示用户一步步进行操作。

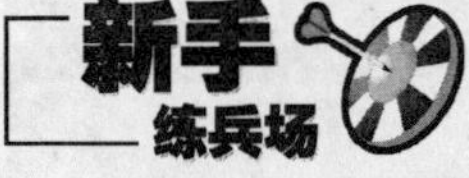

创建一个每周一到周五 9：30 自动运行 Word 的计划任务。

STEP 01. **单击链接。**打开“任务计划程序”窗口，在右侧窗格中单击“创建基本任务”超链接，如图 16-18 所示。

STEP 02. **输入名称与描述。**在打开的“向导”对话框的“名称”文本框中输入任务名称，在“描述”文本框中输入描述内容，单击下一步(N)按钮，如图 16-19 所示。

◆ 图 16-18

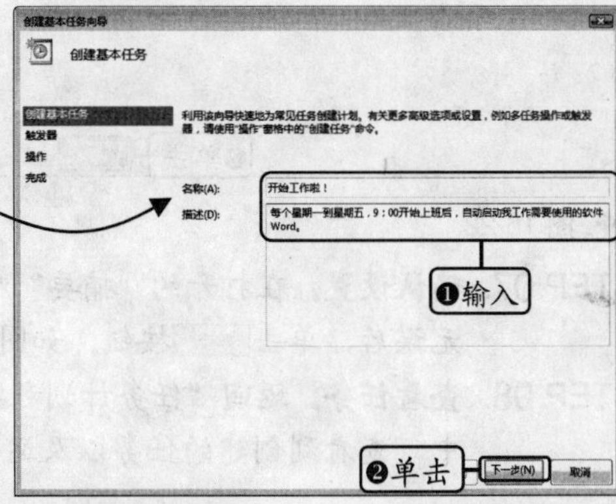

◆ 图 16-19

STEP 03. **选择周期。**在打开的“任务触发器”对话框中选中“每周”单选按钮，单击下一步(N)按钮，如图 16-20 所示。

STEP 04. **输入时间。**在打开的对话框中将“时间”设置为“9:00”，并选中下方的“星期一”~“星期五”复选框，然后单击下一步(N)按钮，如图 16-21 所示。

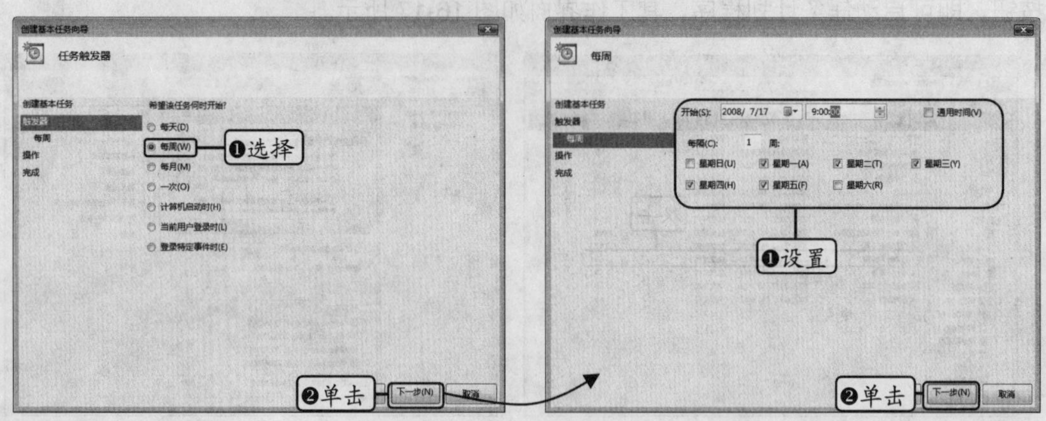

◆ 图 16-20　　◆ 图 16-21

STEP 05. **选择操作。**在打开的“操作”对话框中选中“启动程序”单选按钮，单击下一步(N)按钮，如图 16-22 所示。

STEP 06. **选择程序。**打开“启动程序”对话框，单击其中的浏览(R)...按钮，在打开的对话框中选择将要运行的程序“Word 2007”，选择后返回“启动程序”对话框，单击下一步(N)按钮，如图 16-23 所示。

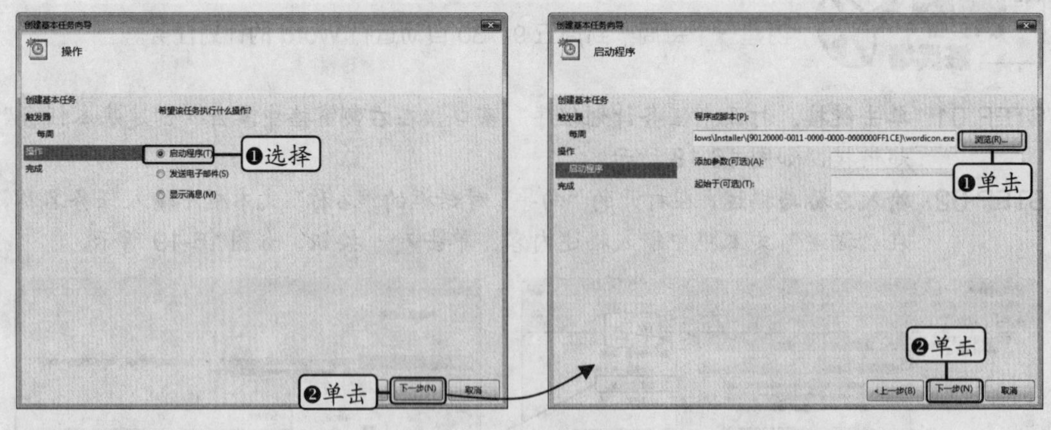

◆ 图 16-22　　◆ 图 16-23

STEP 07. **确认设置。**在打开的“摘要”对话框中显示当前要创建任务的详细信息，确认无误后，单击完成(F)按钮。如图 16-24 所示。

STEP 08. **查看任务。**返回“任务计划程序”窗口，在中间窗格中的“活动任务”列表框中可查看到创建的任务以及运行时间等信息，如图 16-25 所示。

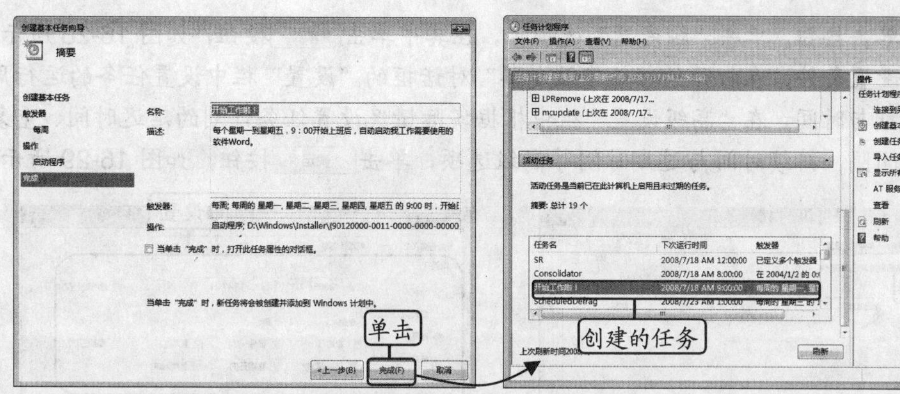

◆ 图 16-24　　◆ 图 16-25

温馨小贴士

在“摘要”对话框中选中“当单击完成时，打开此任务属性对话框”复选框，可打开任务的属性对话框进行更详尽的设置。

16.2.3 创建自定义任务

与基本任务相比，自定义任务功能允许用户设置更多的任务计划选项，从而创建出更加完善的计划任务。

自定义创建条件更加精确的计划任务。

STEP 01. **单击链接。**在“任务计划程序”窗口的右侧窗格中单击“创建任务”超链接，如图 16-26 所示。

STEP 02. **输入名称。**在打开的“创建任务”对话框的“常规”选项卡中的“姓名”与“描述”文本框中输入任务名称与描述内容，如图 16-27 所示。

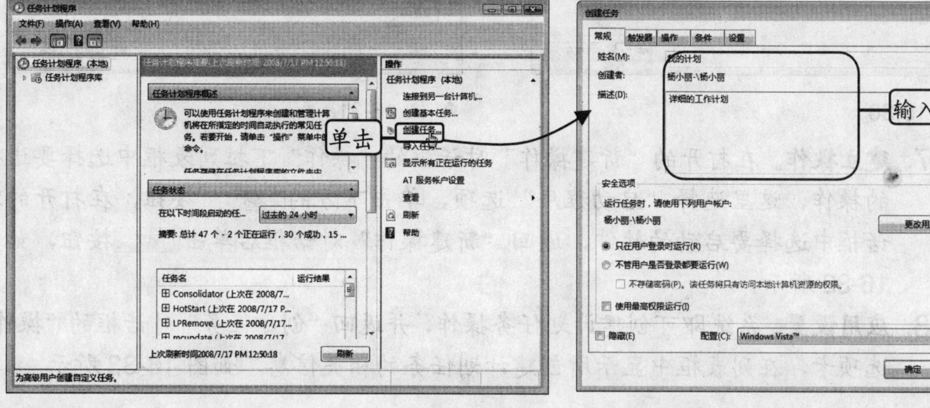

◆ 图 16-26　　◆ 图 16-27

STEP 03. **单击按钮。**单击“触发器”选项卡，在其中单击 新建(N)... 按钮，如图 16-28 所示。

STEP 04. **设置条件。**在打开的“新建触发器”对话框的“设置”栏中设置任务的运行周期与时间，在“高级设置”栏中根据实际情况设置任务计划的延迟时间、重复间隔、持续时间与过期时间等高级选项，单击 确定 按钮，如图 16-29 所示。

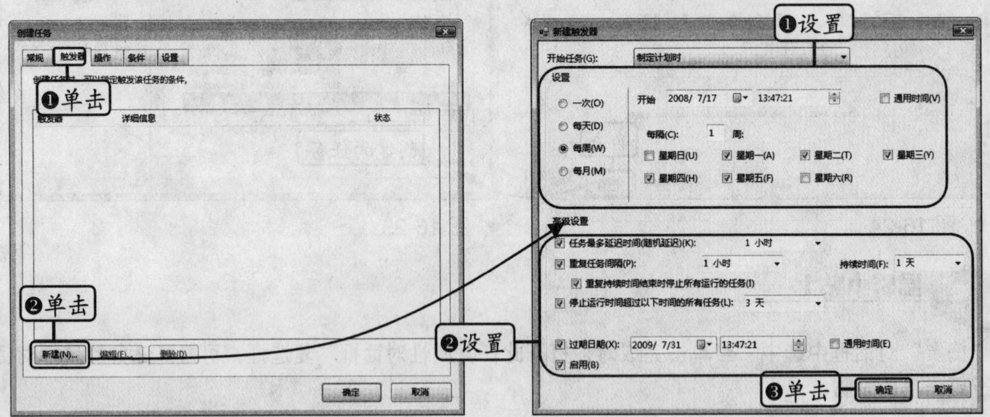

◆ 图 16-28　　◆ 图 16-29

STEP 05. **应用设置。**系统即可创建任务触发器，并返回“创建任务”对话框的“触发器”选项卡，同时在列表框中显示所创建触发器的相关信息，如图 16-30 所示。

STEP 06. **单击按钮。**单击“操作”选项卡，在其中单击 新建(N)... 按钮，如图 16-31 所示。

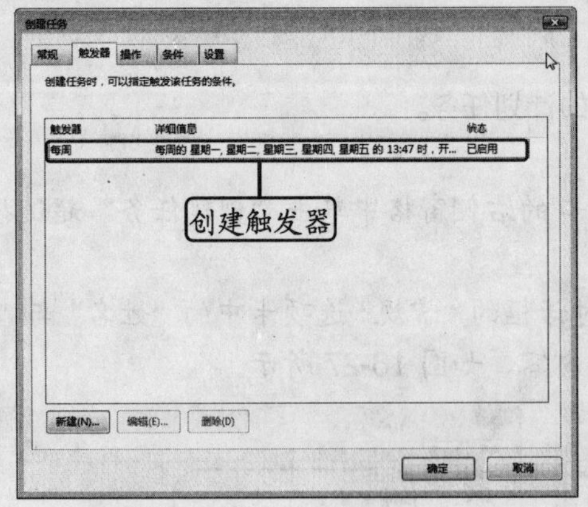

◆ 图 16-30

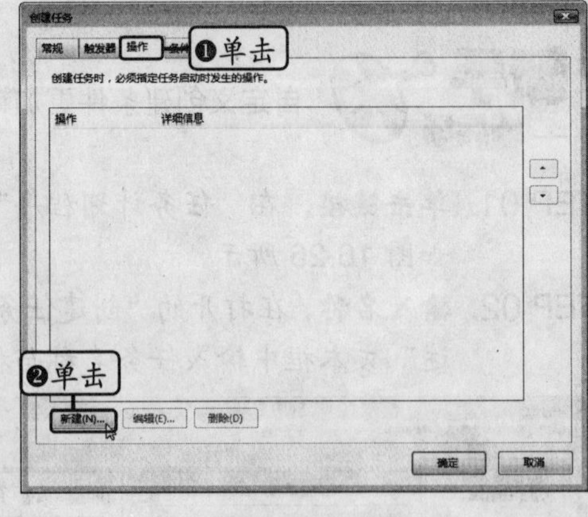

◆ 图 16-31

STEP 07. **建立操作。**在打开的“新建操作”对话框的“操作”下拉列表框中选择要进行的操作，这里选择“启动程序”选项，单击下方的 浏览(R)... 按钮，在打开的对话框中选择要启动的软件，返回“新建操作”对话框后单击 确定 按钮，如图 16-32 所示。

STEP 08. **应用设置。**系统即可创建计划任务操作，并返回“创建任务”对话框的“操作”选项卡，在列表框中显示所创建计划任务的相关信息，如图 16-33 所示。

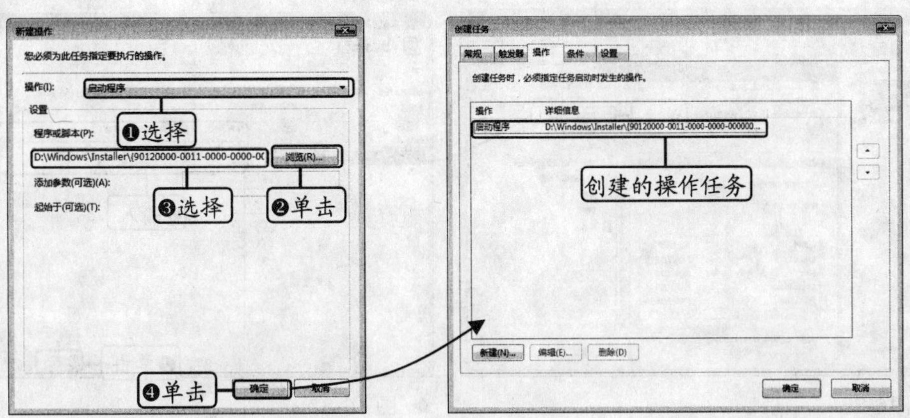

◆ 图 16-32　　◆ 图 16-33

STEP 09. **设置条件。**单击“条件”选项卡，在其中设置运行任务的空闲时间与电源条件，如图 16-34 所示。

STEP 10. **其它设置。**单击“设置”选项卡，在其中根据实际情况设置计划任务的其他高级选项，设置完成后单击确定按钮，即可创建自定义任务，如图 16-35 所示。

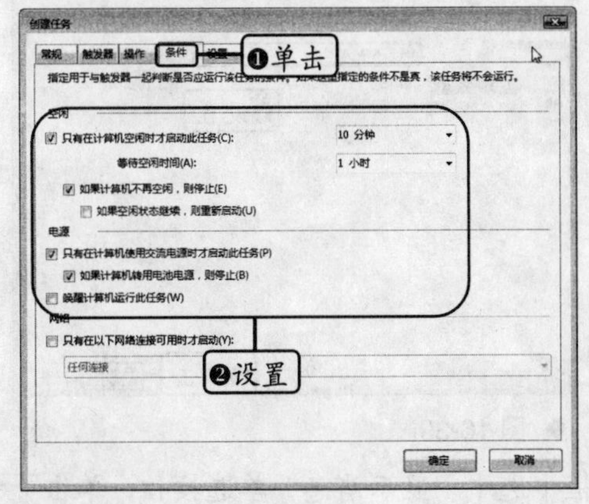

◆ 图 16-34　　◆ 图 16-35

16.2.4 应用实例——设置提醒任务

本实例将通过计划任务让电脑在每天中午 14：00 提醒用户上报今日工作事务，由于该任务比较简单，无需设置太多任务选项，因此采用创建基本任务的方式来创建。

其具体操作步骤如下。

STEP 01. **单击链接。**在“任务计划程序”窗口的右侧窗格中单击“创建基本任务”超链接，如图 16-36 所示。

STEP 02. **输入名称。**在打开的“创建基本任务向导”对话框的“名称”文本框中输入任务名称“工作事务汇报”，在“描述”文本框中输入对任务的描述内容，单击下一步(N)按钮，如图 16-37 所示。

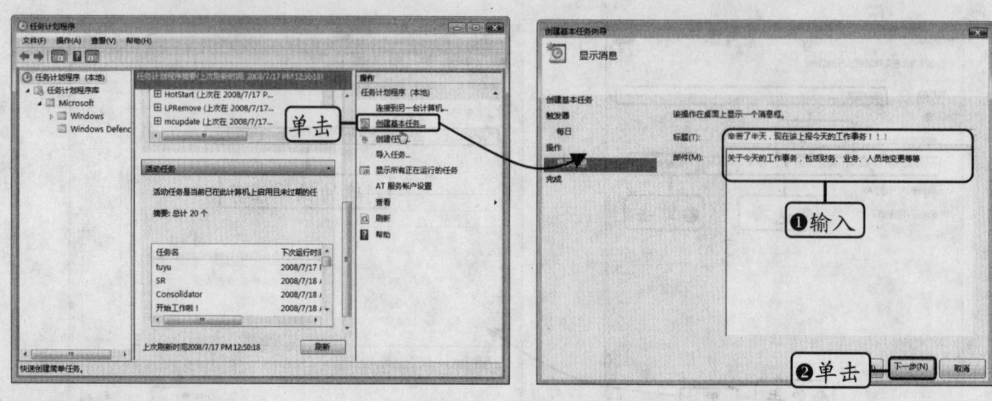

◆ 图 16-36　　◆ 图 16-37

STEP 03. **选择周期。**在打开的“任务触发器”对话框中选中“每天”单选按钮，单击下一步(N)按钮，如图 16-38 所示。

STEP 04. **输入时间。**在打开的对话框中将“时间”设置为“14:00”，单击下一步(N)按钮，如图 16-39 所示。

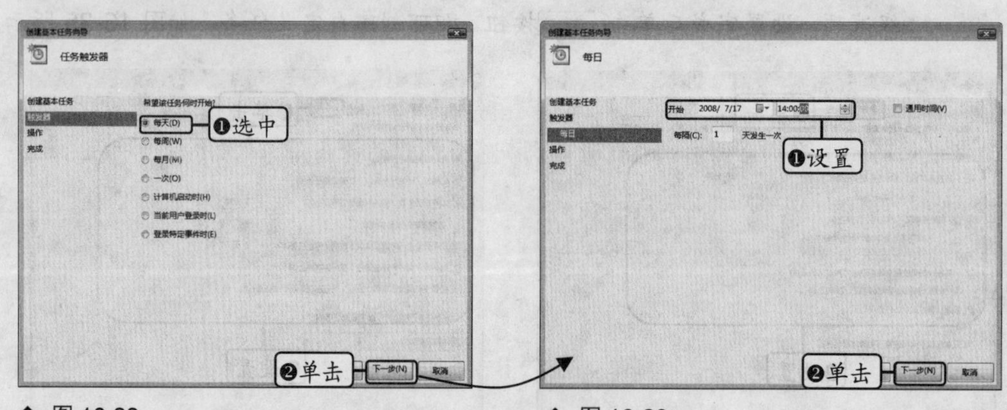

◆ 图 16-38　　◆ 图 16-39

STEP 05. **选择操作。**在打开的“操作”对话框中选中“显示消息”单选按钮，单击下一步(N)按钮，如图 16-40 所示。

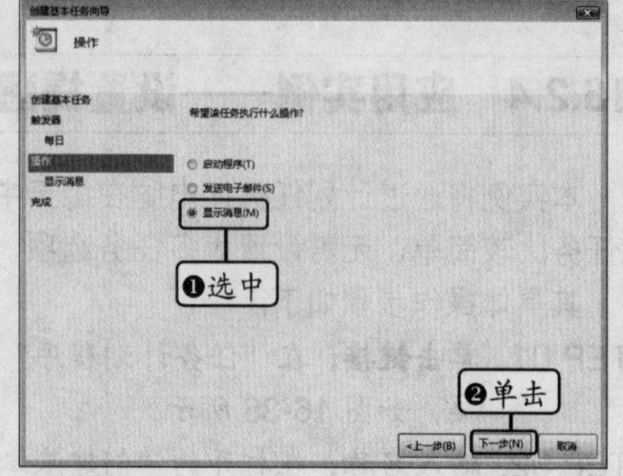

◆ 图 16-40

STEP 06. **输入内容。**在打开的“显示消息”对话框中的“标题”文本框中输入提示消息的标题“辛苦了半天，现在该上报今天的工作事务!!!”，在“邮件”文本框中输入“yu-xinj@126.com”，单击下一步(N)按钮，如图 16-41 所示。

STEP 07. **确认设置。**在打开的“摘要”对话框中显示当前要创建任务的详细信息，确认无误后，单击完成(F)按钮，如图 16-42 所示。

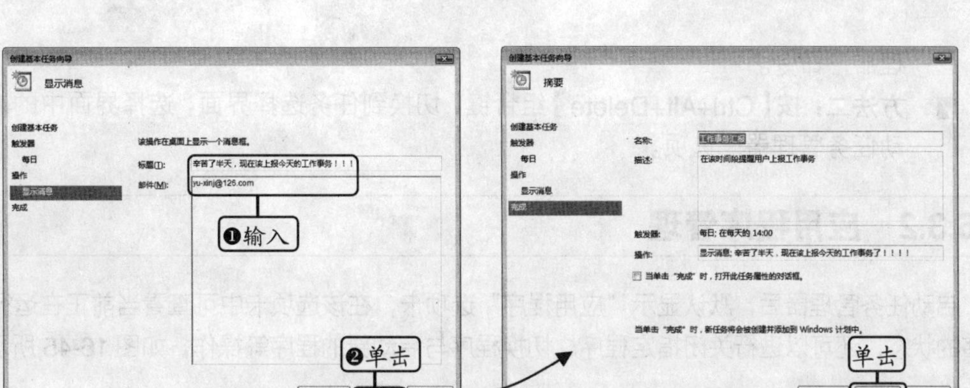

◆ 图 16-41　　◆ 图 16-42

STEP 08. **查看任务。**返回"任务计划程序"窗口，在中间窗格中的"活动任务"列表框中可查看到创建的任务以及运行时间等信息，如图 16-43 所示。

STEP 09. **运行计划。**设置计划任务后，以后每天下午 14:00 系统就会自动弹出消息对话框提示用户，如图 16-44 所示。

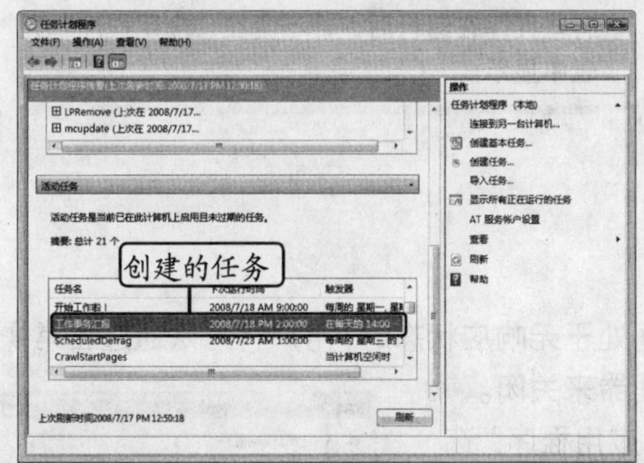

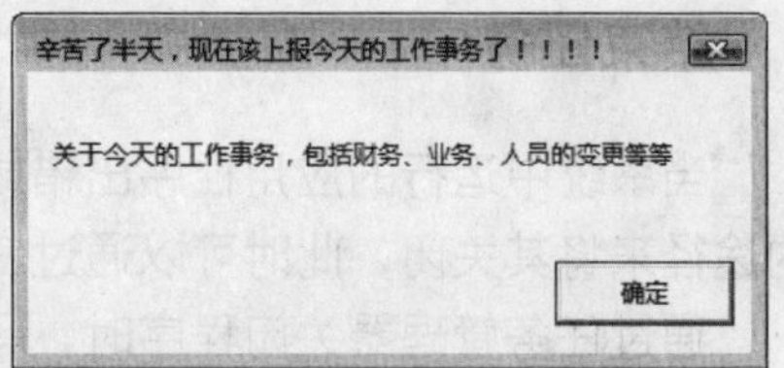

◆ 图 16-43　　◆ 图 16-44

16.3 任务管理器

任务管理器是 Windows 操作系统中重要的系统信息与任务管理工具，通过它可以方便地查看当前运行的程序、进程、系统性能以及联网信息等，并可以对程序和进程进行各种控制操作。

16.3.1 启动任务管理器

使用任务管理器管理系统任务与进程时，首先需要启动任务管理器，在 Windows Vista 中可通过以下任意一种方法启动任务管理器。

☑ **方法一：**在任务栏的空白位置单击鼠标右键，在弹出的快捷菜单中选择"任务管理器”命令。

- 方法二：按【Ctrl+Alt+Delete】组合键，切换到任务选择界面，选择界面中的“启动任务管理器”选项。

16.3.2 应用程序管理

启动任务管理器后，默认显示“应用程序”选项卡，在该选项卡中可查看当前正在运行的程序的状态，还可以进行关闭指定程序、切换程序与启动新的程序等操作，如图 16-45 所示。

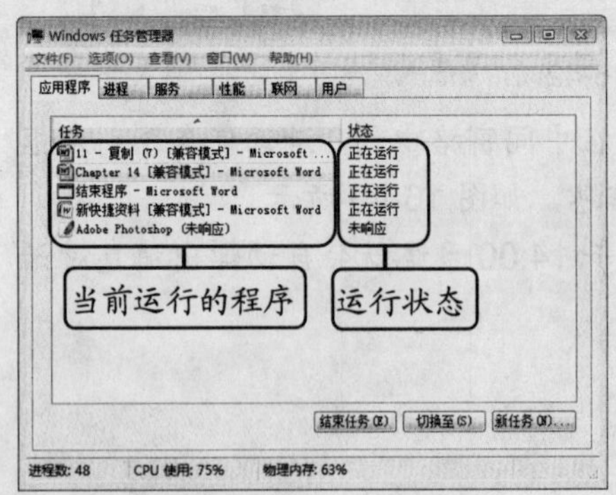

◆ 图 16-45

有些程序在运行后，并不会在“应用程序”列表中显示。

1. 结束任务

当系统中运行的应用程序出错或长时间处于无响应状态时，用户将无法通过正常操作的途径来将其关闭，此时可以通过任务管理器来关闭。

通过任务管理器关闭程序时，只要在“应用程序”选项卡的列表框中选择要关闭的程序，然后单击列表框下方的结束任务(E)按钮即可。在关闭无响应的程序时，会打开如图 16-46 所示的“结束程序”对话框，单击对话框中的立即结束(E)按钮就可以关闭程序。

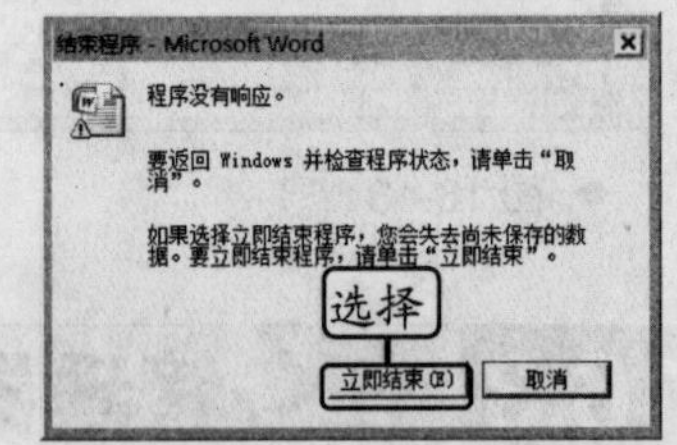

◆ 图 16-46

2. 切换任务

打开多个程序后，用户除了可以通过任务栏中的窗口控制按钮或者多窗口切换按钮在各个程序之间进行切换之外，还可以通过任务管理器进行切换。切换方法很简单，只要在“应用程序”选项卡中的列表框中选择某个程序，单击下方的切换至(S)按钮，就可以切换到所选的程序窗口。

3. 新建任务

通过任务管理器，还可以启动新的程序或任务，在列表框下方单击新任务(N)...按钮，将打开如图 16-47 所示的“创建新任务”对话框，通过该对话框即可创建新任务或程序，创

建方法分别如下。

- **创建任务**：在“打开”下拉列表框中输入正确的任务名称与参数，然后单击[确定]按钮即可运行该任务。
- **创建程序**：单击对话框下方的[浏览(B)...]按钮，在打开的“浏览”对话框中选择要运行的程序并单击[打开(O)]按钮，如图 16-48 所示，返回“创建新任务”对话框，单击[确定]按钮即可。

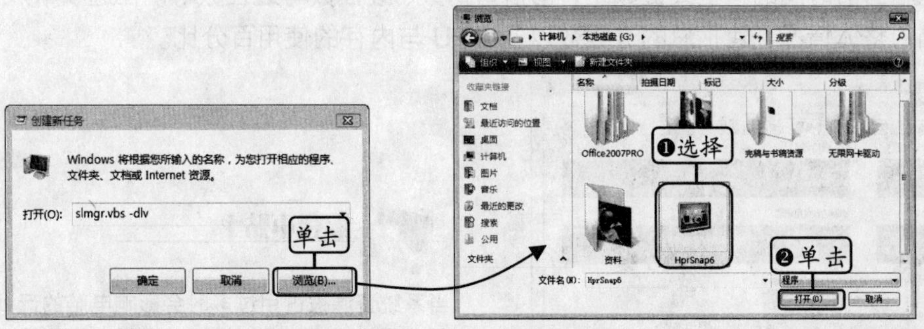

◆ 图 16-47　　◆ 图 16-48

16.3.3 系统进程管理

在任务管理器中单击“进程”选项卡，在其中的列表框中即可查看当前正在运行的进程以及相关信息，如进程所占用的 CPU 时间和内存的使用情况等。

在查看进程时，如果某一进程并不需要运行或占用了较大的系统资源时，就可以将该进程关闭，从而提高系统的运行速度。另外，当某些程序无响应，无法通过结束任务的方法关闭时，也可以通过结束进程的方法来关闭。结束进程的方法有以下两种。

- **方法一**：在列表框中选择要结束的进程，然后单击选项卡右下角的[结束进程(E)]按钮，如图 16-49 所示。
- **方法二**：在要结束的进程上单击鼠标右键，在弹出的快捷菜单中选择[结束进程(E)]命令，如图 16-50 所示。

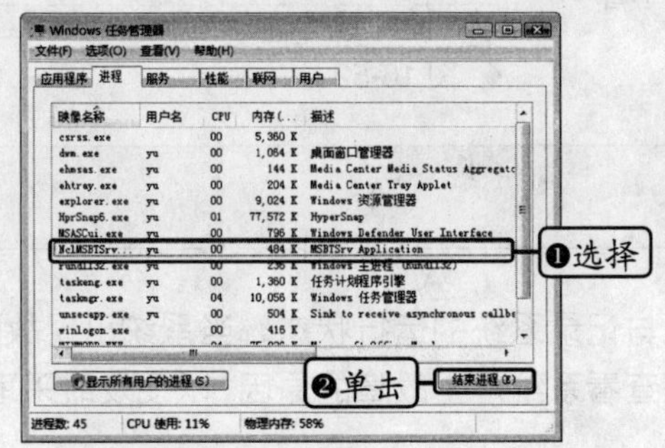

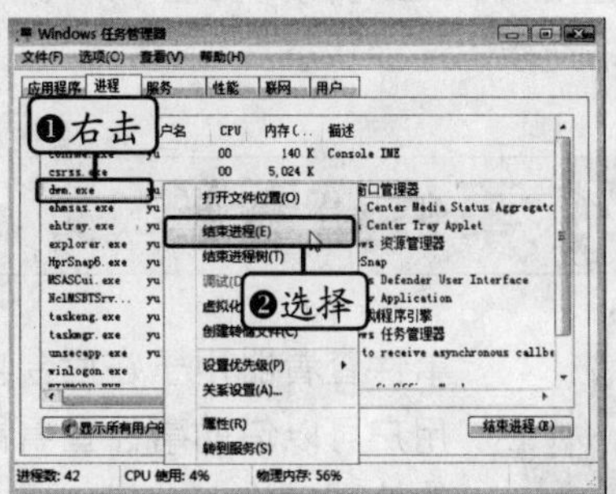

◆ 图 16-49　　◆ 图 16-50

16.3.4 查看系统资源

在任务管理器的“性能”选项卡中可以查看当前电脑中 CPU 与内存的使用情况，如图 16-51 所示。

在“性能”选项卡中，上半部分以图表的形式显示 CPU 和内存的使用百分比，用户可以在这里查看电脑在当前和过去一段时间内 CPU 和内存的资源占用情况；下半部分显示了电脑当前时间的一些关键数据，包括句柄数、线程数与进程数等。在选项卡底部显示了电脑的整体情况，包括总的进程数以及 CPU 与内存的使用百分比。

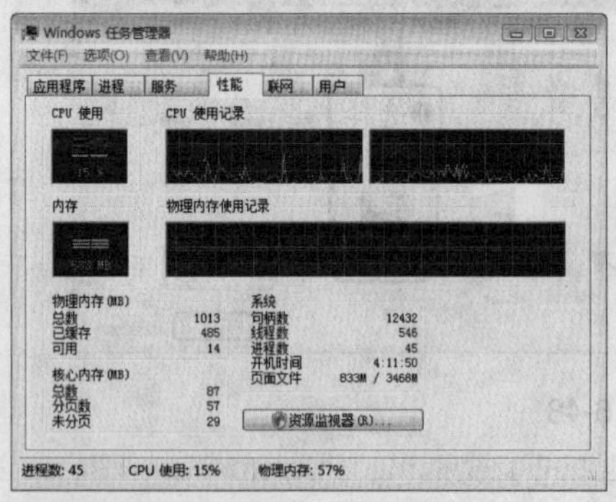

◆ 图 16-51

温馨小贴士

当系统资源被占用过多时会影响电脑的运行速度，这时，可以关闭一些暂时不用的程序以提高系统性能。

16.3.5 查看联网情况

当电脑连接到网络后，在任务管理器中的“联网”选项卡中可查看到电脑的联网情况，如图 16-52 所示。

在“联网”选项卡的列表框中以图表的形式显示本地连接与网络连接的连接速度、使用情况及其状态等。选项卡的下方列出了当前可以使用的所有网络连接以及速度、状态等信息，单击选择某个连接后，在上方的列表框中即可实时查看所选网络连接的连接状态。

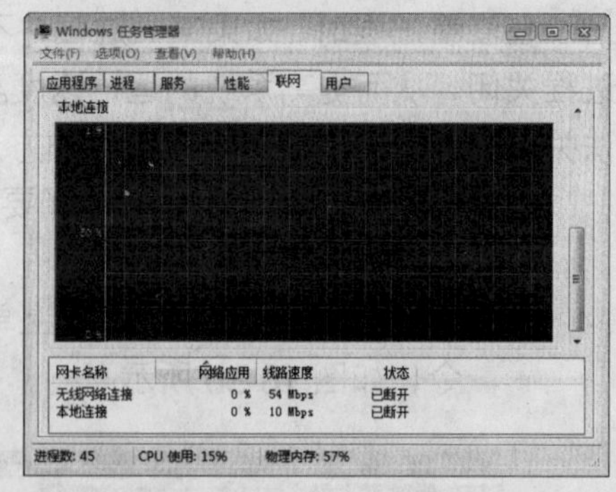

◆ 图 16-52

16.4 事件查看器

事件查看器用于在后台监视与记录系统的运行状态，当系统出现故障时，用户可以借助事件查看器来查看系统产生故障的原因，以便及时采取有效的处理措施。

16.4.1 事件日志分类

Windows Vista 的事件日志包括 Windows 日志与应用程序和服务日志两个类别。每个类别又包含多种类型的事件日志。使用事件查看器之前，用户首先需要了解不同类型的事件日志。

1. Windows 日志

早期 Windows 版本中的 Windows 日志包括应用程序、安全和系统日志，在 Windows Vista 中新增了安装日志和 Forwarded Events 日志（转发日志）。各个类型日志的功能如下。

- ☑ **应用程序日志**：应用程序日志包含由应用程序记录的在运行过程中的事件等，如数据库程序可在应用程序日志中记录文件错误。
- ☑ **安全日志**：安全日志包含诸如有效和无效的登录尝试等事件，以及与资源使用相关的事件，如创建、打开或删除文件等。
- ☑ **安装日志**：安装日志包含与应用程序安装相关的事件。
- ☑ **系统日志**：系统日志包含 Windows 系统组件记录的事件，如在启动过程中加载驱动程序或加载其他系统组件失败等。
- ☑ **Forwarded Events 日志**：Forwarded Events 日志主要用于存储从远程电脑中收集的事件。

2. 应用程序和服务日志

应用程序和服务日志用于存储来自不同应用程序或组件的事件，包括管理日志、操作日志、分析日志和调试日志 4 种类型。

- ☑ **管理日志**：管理日志主要记录用户、管理员所进行的操作和设置的事件，如应用程序无法连接到打印机时所发生的事件等。
- ☑ **操作日志**：操作日志用于分析和诊断问题或发生的事件，以便在电脑出现问题时通过这些事件进行解决。
- ☑ **分析日志**：分析日志用于描述程序操作并指示用户干预所无法处理的问题。
- ☑ **调试日志**：开发人员解决程序中的问题时调用调试日志。

16.4.2 查看事件日志

了解了 Windows Vista 中的事件类型后，就可以通过事件查看器查看系统的运行状况，并判断出问题所在。

使用事件查看器查看应用程序日志。

STEP 01. **双击图标。**打开“管理工具”窗口，双击“事件查看器”图标，如图 16-53 所示。

STEP 02. **展开列表。**在打开的“用户账户控制”对话框中单击 继续(C) 按钮确认操作，打开“事件查看器”窗口，在左侧的“控制台树”窗格中单击“Windows 日志”选项前的▷按钮，展开 Windows 日志类别列表，如图 16-54 所示。

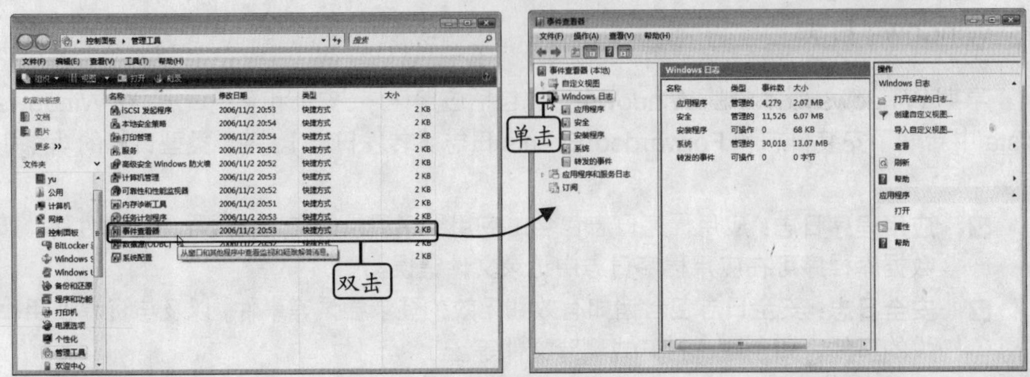

◆ 图 16-53　　◆ 图 16-54

STEP 03. **选择选项。**在展开的列表中选择“应用程序”选项，在中间的列表框中将显示出与应用程序相关的所有日志，选择某个日志，这里选择“警告”日志，如图 16-55 所示。

STEP 04. **查看详细信息。**双击要查看的日志选项，在打开的对话框中即可查看该日志的详细信息，如图 16-56 所示。

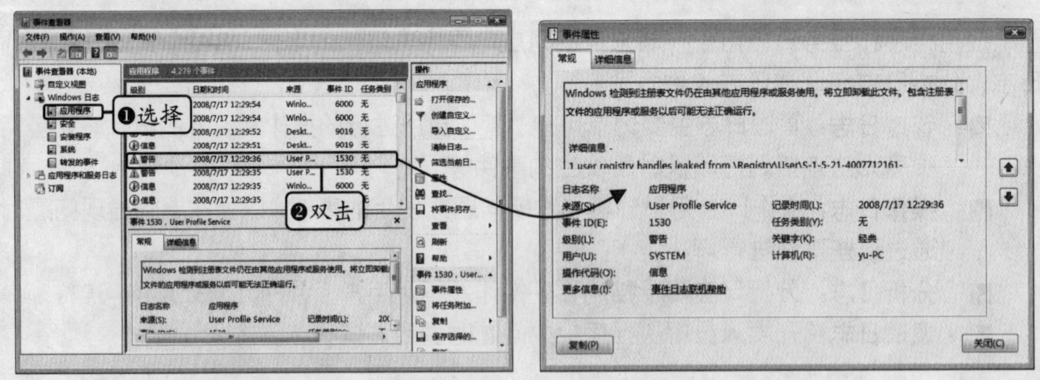

◆ 图 16-55　　◆ 图 16-56

16.4.3 筛选事件日志

查看指定类型日志时，可以根据需要在日志列表中筛选出自己需要的日志，从而便于查看与管理。

在应用程序日志中筛选出“警告”级别的日志。

STEP 01. **单击超链接。**在“事件管理器”窗口左侧的“控制台树”窗格中选择“应用程序”选项，显示出所有“应用程序”日志，在右侧的“操作”窗格中单击“筛选当前日志”超链接，如图 16-57 所示。

STEP 02. **选中复选框。**在打开的“筛选当前日志”对话框的“事件级别”栏中选中“警告”复选框，单击确定按钮，如图 16-58 所示。

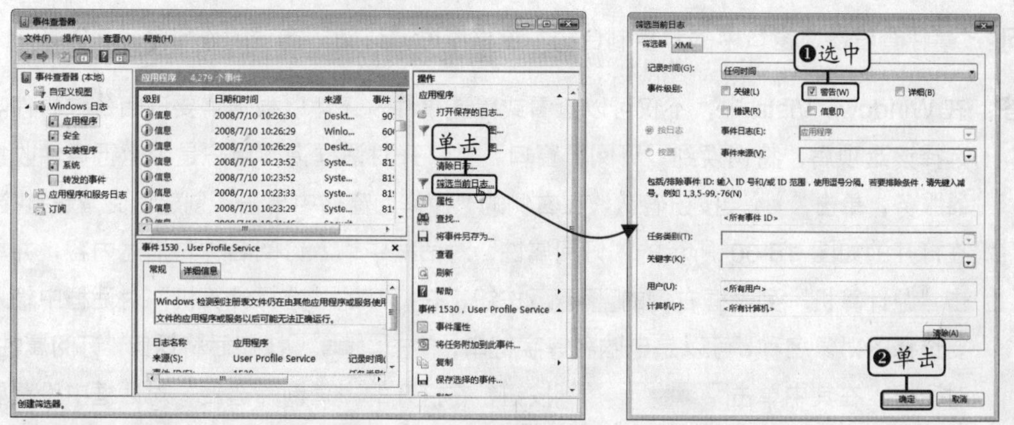

◆ 图 16-57 ◆ 图 16-58

STEP 03. **查看筛选日志。**返回“事件管理器”窗口，在中间的列表框中即可显示“警告”级别的应用程序日志，如图 16-59 所示。

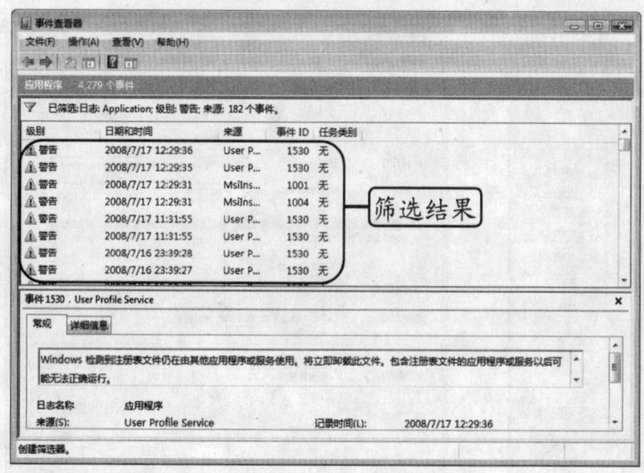

◆ 图 16-59

温馨小贴士

在“事件管理器”窗口的工具栏中单击与按钮，可在窗口中隐藏“控制台树”窗格与“操作”窗格，从而在整个窗口中显示事件日志以方便用户查看。

16.5 疑难解答

学习完本章后，是否发现自己对 Windows Vista 系统管理的认识又提升到了一个新的台阶？在对 Windows Vista 进行系统管理过程中遇到的相关问题自己是否已经顺利解决了？下面将为你提供一些关于 Windows Vista 系统管理的常见问题解答，使你的学习路途更加顺畅。

问：创建计划任务后，当不再需要时如何终止呢？

答：如果要终止正在运行的计划任务，只需打开“任务计划程序”窗口，在左侧窗格中选择“任务计划程序库”选项，此时在中间窗格中将显示出当前电脑中的所有任务，在要终止的任务上单击鼠标右键，在弹出的快捷菜单中选择“结束”命令即可。

问：“事件查看器”窗口中的“控制台树”窗格中的“订阅”选项的作用是什么？

答：在 Windows Vista 中，不仅可以查看或筛选事件，还可以根据需要订阅各种事件。选择该选项后，将切换到“订阅”窗口，并打开对话框询问用户是否运行事件收集器服务，单击 是(Y) 按钮确认，在右侧的“操作”窗格中单击“创建订阅”超链接，在打开的如图 16-60 所示的“订阅属性”对话框中输入订阅名称与描述内容，并单击“源计算机”列表框右侧的 添加(A) 按钮，在打开的“选择计算机”对话框中输入要选择的对象名称，可以是电脑名等字符串，单击 确定 按钮后将返回“订阅属性”对话框，在其中单击 选择事件(S)... 按钮，在打开的“查询筛选器”对话框中设置要筛选订阅的事件，设置完后依次单击 确定 按钮即可完成订阅，如图 16-61 所示。订阅日志后，以后只要在左侧窗格中单击订阅名称，即可快速查看所定制的事件信息了。

◆ 图 16-60

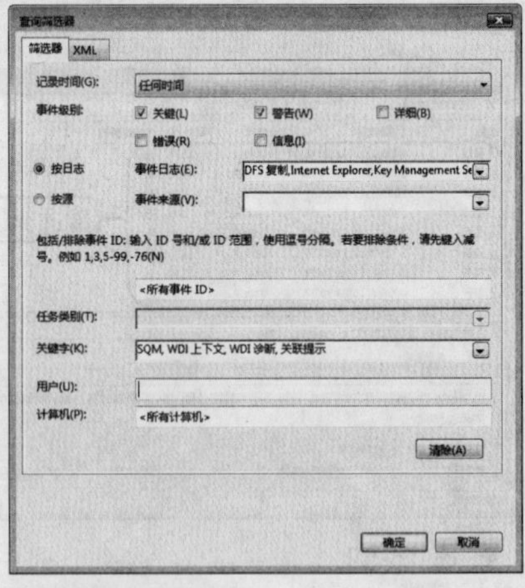

◆ 图 16-61

16.6 上机练习

本章上机练习一将练习启动任务管理器查看电脑中正在运行的程序并关闭不需要的进程。上机练习二将练习创建一个自定义计划。各练习的操作提示介绍如下。

练习一

① 按【Ctrl+Alt+Delete】组合键，切换到任务选择界面，选择界面中的“启动任务管理器”选项。

② 在打开的“Windows 任务管理器”对话框中单击“应用程序”选项卡，查看当前系统正在运行的程序，如图 16-62 所示。

③ 单击“进程”选项卡，在列表框中选择不需要运行的进程，单击 结束进程(E) 按钮。

④ 单击对话框右上角的“关闭”按钮关闭对话框。

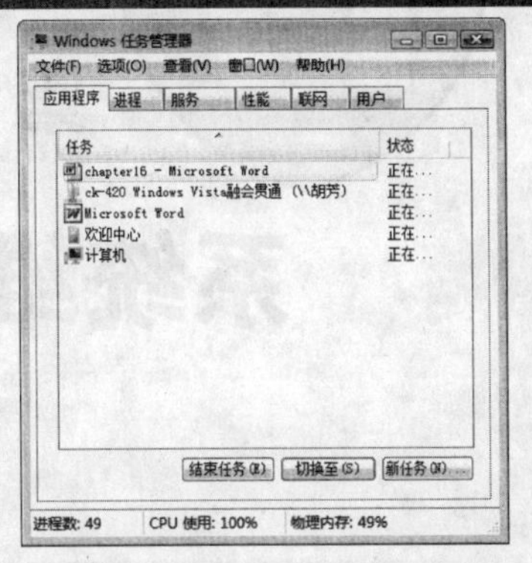

◆ 图 16-62

练习二

① 打开“任务计划程序”窗口，单击“创建任务”超链接。

② 在打开的“创建任务”对话框中的“姓名”与“描述”文本框中输入任务名称与描述内容。

③ 单击“触发器”选项卡，单击 新建(N)... 按钮，在打开的“新建触发器”对话框的“设置”栏中设置任务的运行周期与时间，在“高级设置”栏中设置任务计划的延迟时间、重复间隔、持续时间与过期时间等高级选项，单击 确定 按钮，如图 16-63 所示。

④ 返回“创建任务”对话框，单击“操作”选项卡，然后单击 新建(N)... 按钮，在打开的“新建操作”对话框的“操作”下拉列表框中选择要进行的操作，在“设置”栏中进行相应设置，单击 确定 按钮如图 16-64 所示。

⑤ 单击“条件”选项卡，在其中设置运行任务的空闲时间与电源，单击 确定 按钮完成创建。

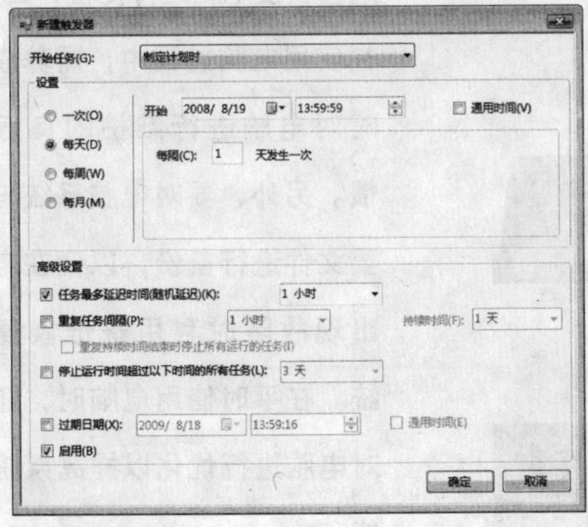

◆ 图 16-63

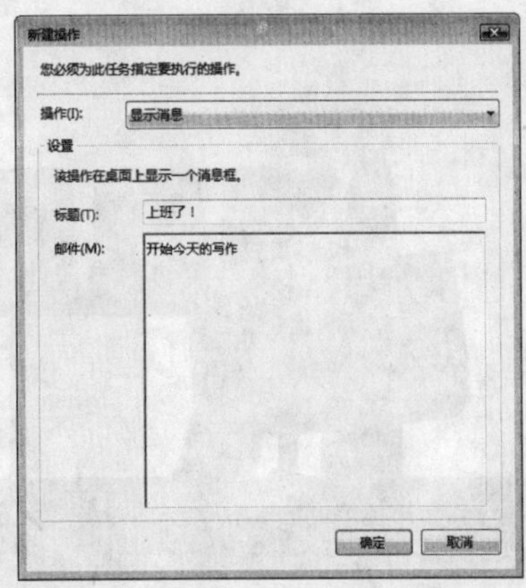

◆ 图 16-64

第 17 章

系统维护、优化与备份

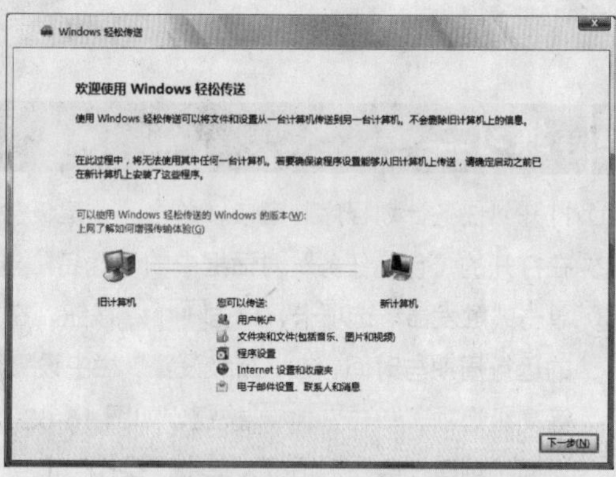

使用一段时间后，电脑中的垃圾文件或磁盘碎片会越来越多，使电脑运行变慢，因此，在使用电脑过程中，需养成定时对电脑进行维护的良好习惯。另外，要对电脑系统与重要文件进行备份，以便在电脑出现故障时利用备份恢复系统。在平时使用电脑时，还可对电脑进行优化以提高系统性能。

17.1 磁盘维护

电脑中的数据存储在各个磁盘分区中，在使用电脑的过程中，用户需要定时对磁盘进行维护以提高磁盘性能，包括对磁盘进行碎片整理、清理磁盘等操作。

17.1.1 检查磁盘错误

Windows Vista 提供的磁盘错误检查功能可以检测当前磁盘分区存在的错误，如果发现错误还可以进行修复，从而确保磁盘中存储数据的安全。

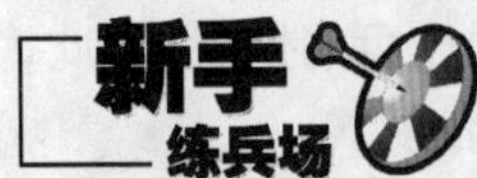

在 Windows Vista 中对 E 盘进行磁盘错误检查。

STEP 01. **选择命令。**打开“计算机”窗口，在要检查错误的 E 盘盘符上单击鼠标右键，在弹出的快捷菜单中选择“属性”命令，如图 17-1 所示。

STEP 02. **单击按钮。**在打开的“本地磁盘（E:）属性”对话框中单击“工具”选项卡，在“查错”栏中单击 开始检查(C)... 按钮，如图 17-2 所示。

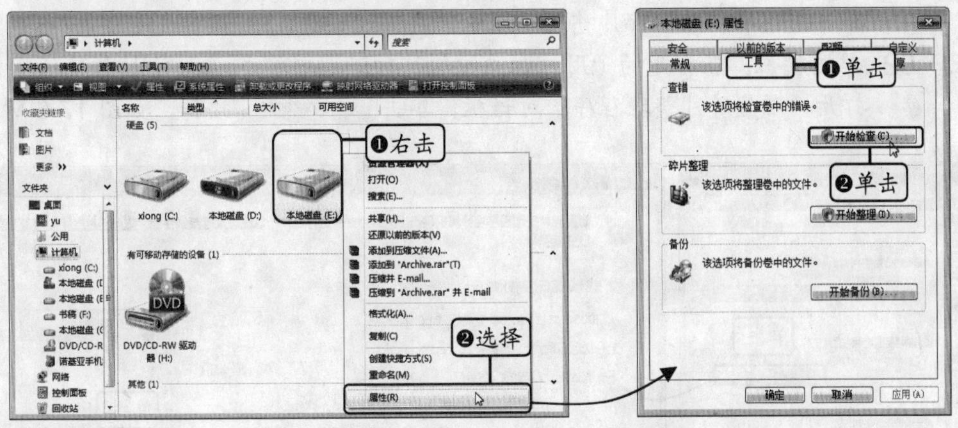

◆ 图 17-1　　◆ 图 17-2

STEP 03. **选中复选框。**在打开的“用户账户控制”对话框中单击 继续(C) 按钮确认操作，打开“检查磁盘”对话框，选中“自动修复文件系统错误”复选框与“扫描并试图修复坏扇区”复选框，单击 开始(S) 按钮，系统开始对磁盘进行检查并在对话框下方显示检查进度，如图 17-3 所示。

STEP 04. **检查完毕。**检查完毕后，将打开如图 17-4 所示的对话框显示检查结果，查看完毕后单击 关闭(C) 按钮关闭对话框即可。

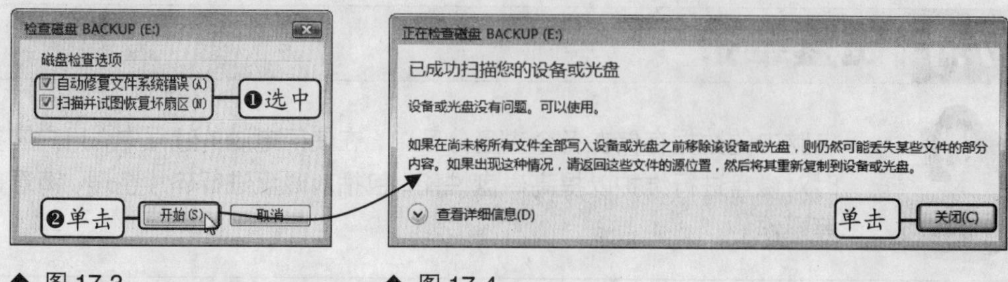

◆ 图 17-3　　◆ 图 17-4

17.1.2 磁盘碎片整理

在对电脑进行操作时，会在磁盘上产生不连续的碎片。这些碎片严重影响着电脑的运行速度，而且系统在调用程序时由于要在不同位置频繁读写，会加速对硬盘的损害。因此，在使用一段时间后，应对磁盘进行碎片整理，从而有效地提高磁盘的性能。

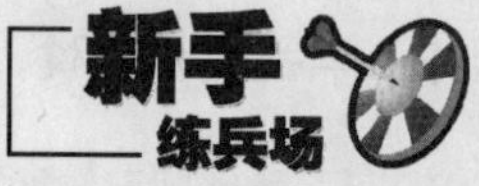

对 D 盘进行磁盘碎片整理。

STEP 01. **单击按钮。**打开“计算机”窗口，在 D 盘盘符上单击鼠标右键，在弹出的快捷菜单中选择“属性”命令，打开“本地磁盘（D:）属性”对话框，单击“工具”选项卡，在“碎片整理”栏中单击「开始整理(D)...」按钮，如图 17-5 所示。

STEP 02. **单击按钮。**在打开的“用户账户控制”对话框中单击「继续(C)」按钮确认操作，打开“磁盘碎片整理程序”对话框，单击「立即进行碎片整理(N)」按钮，如图 17-6 所示。

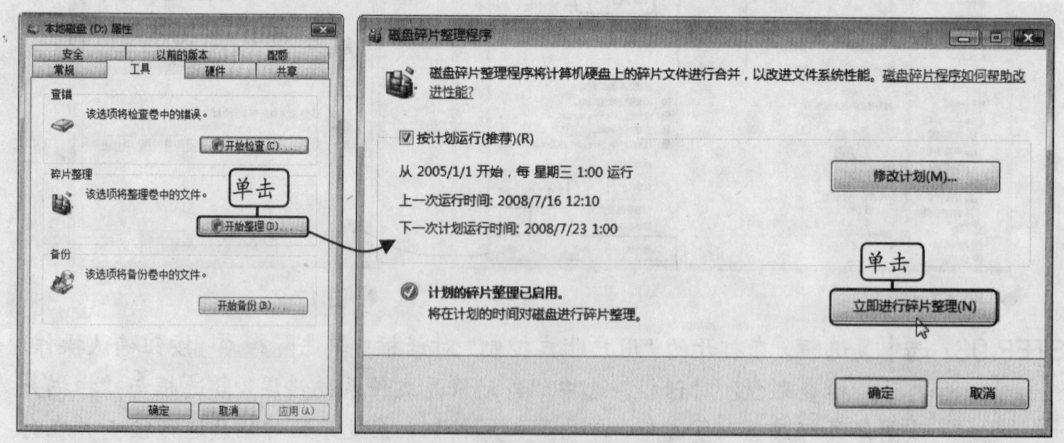

◆ 图 17-5　　◆ 图 17-6

STEP 03. **开始整理。**系统即开始对磁盘进行碎片整理，并在对话框中显示出进行碎片整理的信息，如图 17-7 所示。

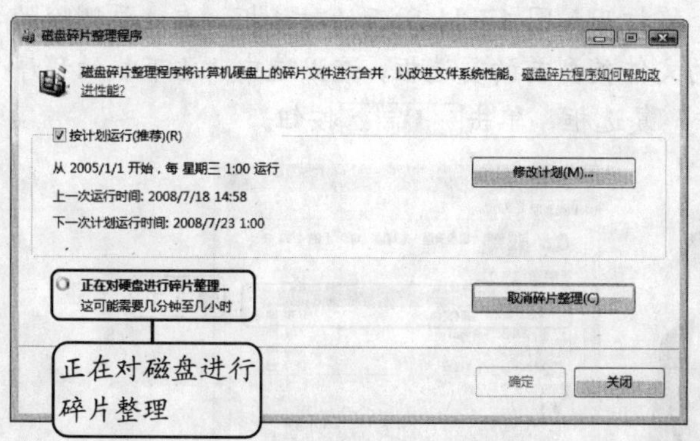

◆ 图 17-7

单击修改计划(M)...按钮，可在打开的对话框中制定磁盘碎片整理计划任务，让系统根据计划任务自动对磁盘进行碎片整理。

17.1.3　磁盘清理

在使用电脑的过程中除了会产生碎片文件，还会产生一些无用的垃圾文件，这些文件会占用一定的磁盘空间并影响系统的运行速度，因此当电脑使用一段时间后，用户就应当对磁盘进行清理，将这些垃圾文件从系统中彻底删除。

清理 D 盘中无用的垃圾文件。

STEP 01. **单击按钮。**打开“计算机”窗口，在 D 盘盘符上单击鼠标右键，在弹出的快捷菜单中选择“属性”命令，打开“本地磁盘（D:）属性”对话框，单击“常规”选项卡中的磁盘清理(D)按钮，如图 17-8 所示。

STEP 02. **选择选项。**在打开的“磁盘清理选项”对话框中选择要清理的文件，这里选择“仅我的文件”选项，如图 17-9 所示。

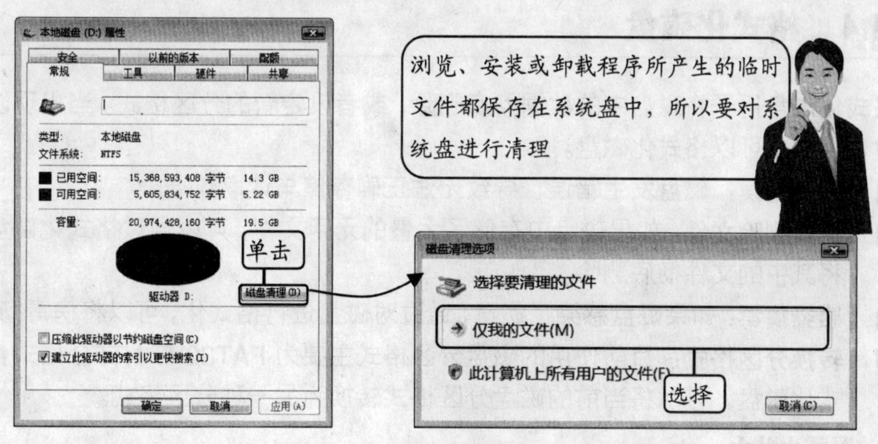

◆ 图 17-8　　◆ 图 17-9

STEP 03. **计算空间。**在打开的“磁盘清理”对话框中系统将开始计算可以在当前磁盘中释放出的空间容量，如图 17-10 所示。

快学快用

STEP 04. **选择文件类型。**计算完毕后，将打开如图 17-11 所示的对话框，在“要删除的文件”列表框中选中要清理的文件类型前的复选框，这里选中“已下载的程序文件”与“Internet 临时文件”复选框，单击 确定 按钮。

◆ 图 17-10

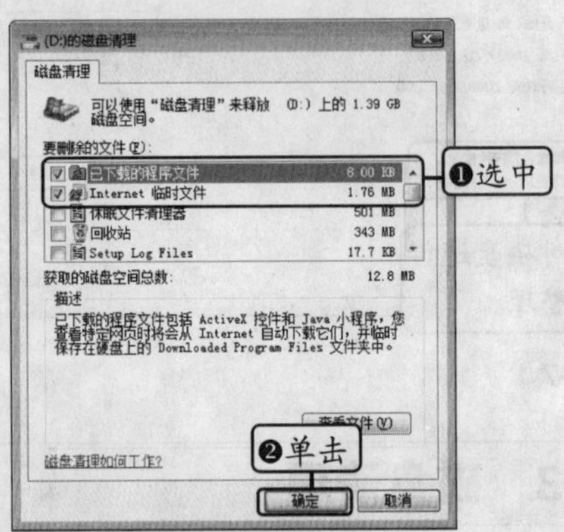

◆ 图 17-11

STEP 05. **确认删除。**在打开的对话框中将询问用户是否彻底删除文件，单击 删除文件 按钮确认删除，如图 17-12 所示。

STEP 06. **开始清理。**系统即开始清理磁盘中的无用文件，并打开如图 17-13 所示的对话框显示清理进度，清理完毕后将自动关闭对话框。

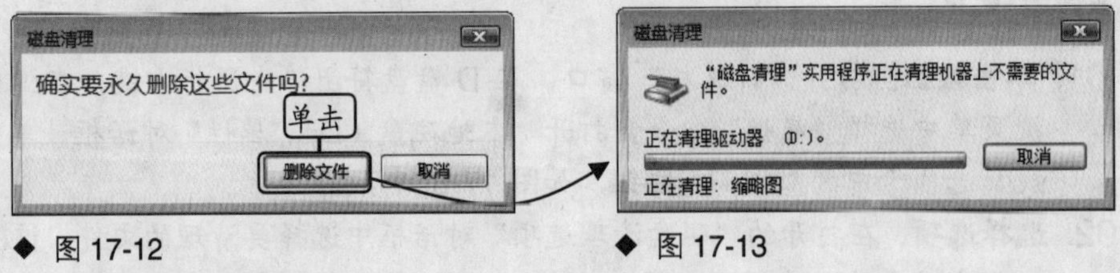

◆ 图 17-12　　◆ 图 17-13

17.1.4 格式化磁盘

格式化磁盘用于将磁盘中的数据彻底删除，或者设定新的分区格式。当出现以下几种情况时，用户就可以格式化磁盘。

- **磁盘错误**：磁盘发生错误，导致无法正确存储与读取数据。
- **批量删除文件**：如果磁盘中存储了大量的无用文件，可以通过格式化磁盘的方法将其中的文件彻底删除。
- **感染病毒**：如果磁盘感染了病毒，通过对磁盘进行格式化，可以将病毒彻底清除。
- **转换分区格式**：目前使用的磁盘分区格式主要为 FAT32 与 NTFS 格式，通过格式化磁盘，可以将当前的磁盘分区格式转换为另一种分区格式。

温馨小贴士

需要注意的是，在对磁盘进行格式化时，只能对系统分区以外的其他磁盘分区进行格式化。

对 G 盘进行格式化，并将分区格式由 FAT23 转换为 NTFS。

STEP 01. **选择命令。**在“计算机”窗口中的 G 盘盘符上单击鼠标右键，在弹出的快捷菜单中选择“格式化”命令，如图 17-14 所示。

STEP 02. **选择选项。**在打开的“用户账户控制”对话框中单击 继续(C) 按钮确认操作，打开“格式化 本地磁盘（G:）”对话框，在“文件系统”下拉列表框中选择“NTFS”选项，在“格式化选项”栏中选中“快速格式化”复选框，然后单击 开始(S) 按钮，如图 17-15 所示。

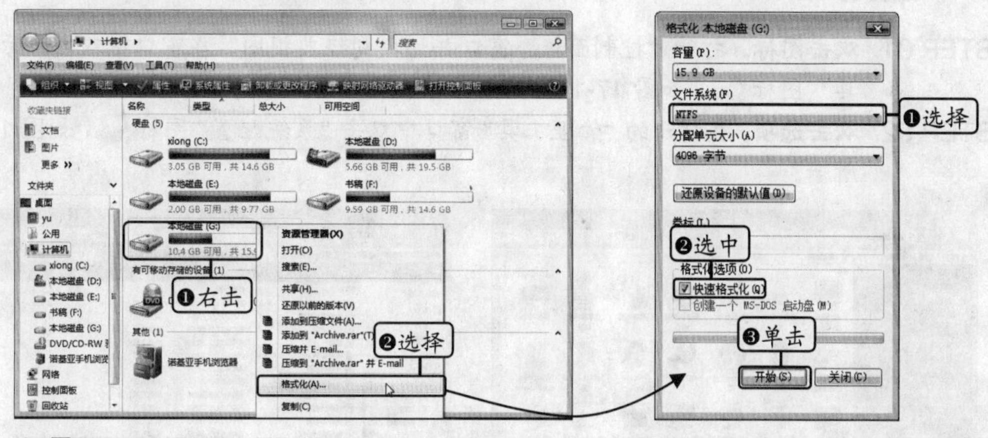

◆ 图 17-14　◆ 图 17-15

STEP 03. **单击按钮。**在打开的对话框中询问用户是否进行格式化操作，单击 确定 按钮，系统开始格式化磁盘，如图 17-16 所示。

STEP 04. **格式化完毕。**格式化完毕后，将打开对话框提示用户格式化操作已完成，单击 确定 按钮关闭对话框即可，如图 17-17 所示。

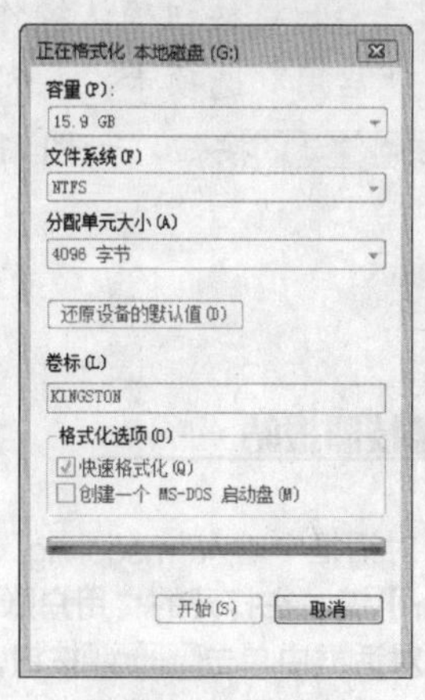

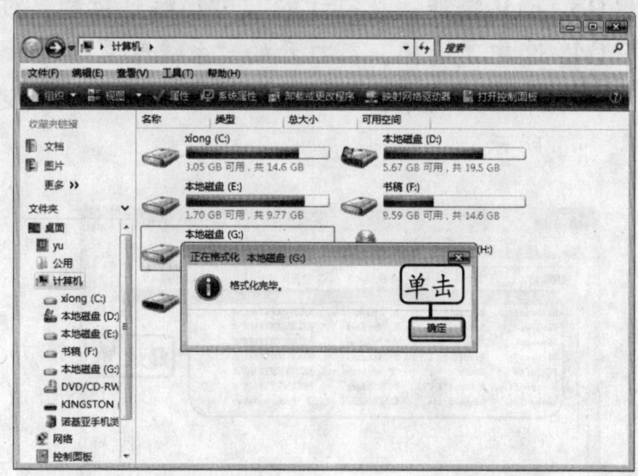

◆ 图 17-16　◆ 图 17-17

17.2 启动项管理

在系统中安装应用程序后，有些应用程序会自动加载到系统启动项中并随系统启动而自动运行。由于系统在启动时需要加载这些程序，因此会对系统的启动速度产生影响，这时用户就可以将不需要的启动项关闭以提高系统启动速度。

新手练兵场 在 Windows Vista 中关闭不需要的系统启动项。

STEP 01. **双击图标。** 打开“控制面板”窗口并切换到经典视图，在窗口中双击“管理工具”图标，如图 17-18 所示。

STEP 02. **双击选项。** 在打开的“管理工具”窗口中双击“系统配置”图标，如图 17-19 所示。

◆ 图 17-18

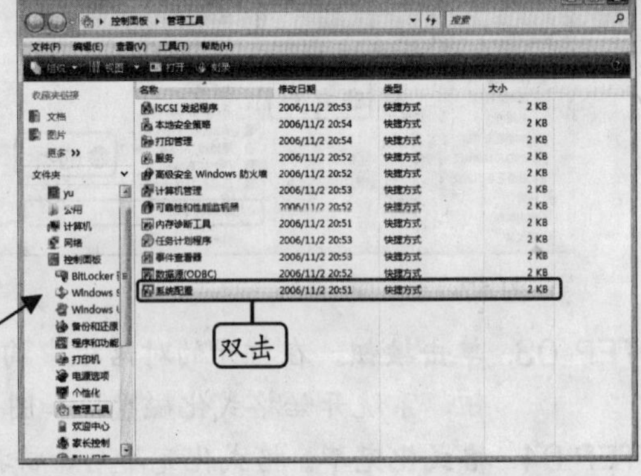

◆ 图 17-19

STEP 03. **确认操作。** 在打开的“用户账户控制”对话框中单击 继续(C) 按钮确认操作。

STEP 04. **选中复选框。** 在打开的“系统配置”对话框中单击“启用”选项卡，在列表框中取消选中不需要自动启动程序前的复选框，单击 确定 按钮，如图 17-20 所示。

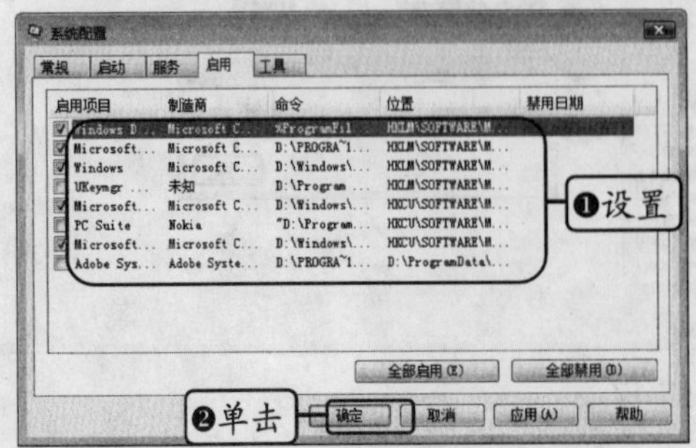

◆ 图 17-20

秘技播报站

在“运行”对话框中输入“msconfig”，按【Enter】键，在打开的“用户账户控制”对话框中单击 继续(C) 按钮，也可打开“系统配置”对话框。

STEP 05. **单击按钮。**在打开的对话框中提示用户是否马上重新启动电脑，这里单击 重新启动(R) 按钮立即重新启动电脑使设置生效，如图 17-21 所示。

STEP 06. **查看设置。**重新启动系统后，再次打开“系统配置”对话框，在“启用”选项卡中即可查看禁用的启动项及其禁用日期，如图 12-22 所示。

◆ 图 17-21

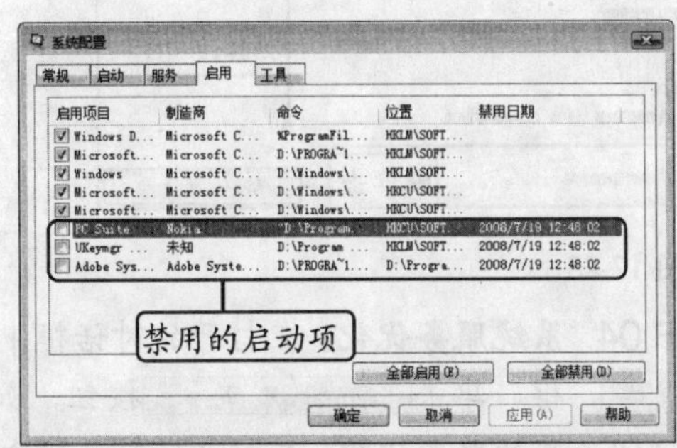

◆ 图 17-22

17.3 使用 Vista 优化大师

Vista 优化大师是一款专门针对 Windows Vista 的系统优化工具，利用它可以对 Windows Vista 进行全面的优化，以及对系统进行清理，从而提高系统的整体性能。

17.3.1 使用优化向导

在电脑中安装 Vista 优化大师后，可以通过程序提供的优化向导对系统进行全面优化。不熟悉系统配置的用户可以使用优化向导。

使用 Vista 优化大师的优化向导对系统进行综合优化。

STEP 01. **系统优化。**第一次启动 Vista 优化大师时会自动运行优化向导，首先显示系统优化选项，建议保持默认设置，单击 保存优化设置，下一步 按钮，如图 17-23 所示。

STEP 02. **网络优化。**在打开的对话框中选择网络连接方式以优化网络，这里选中“xDSL（ADSL,VDSL 等）”单选按钮，单击 保存优化设置，下一步 按钮，如图 17-24 所示。

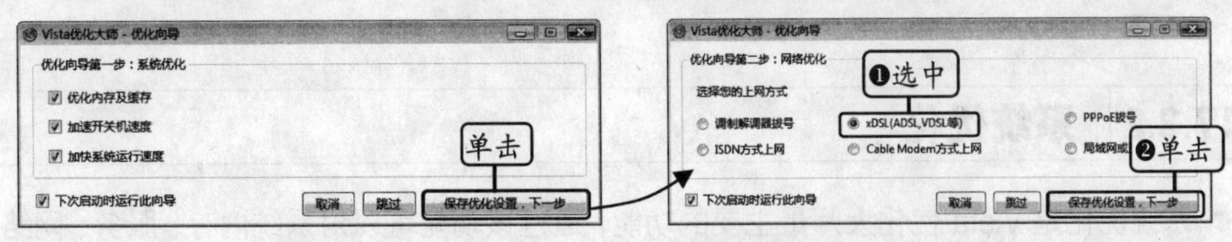

◆ 图 17-23　　◆ 图 17-24

STEP 03. **浏览器优化。**在打开的对话框中设置 Internet Explorer 浏览器的下载线程、默认搜索引擎与默认主页，完成后单击[保存优化设置，下一步]按钮，如图 17-25 所示。

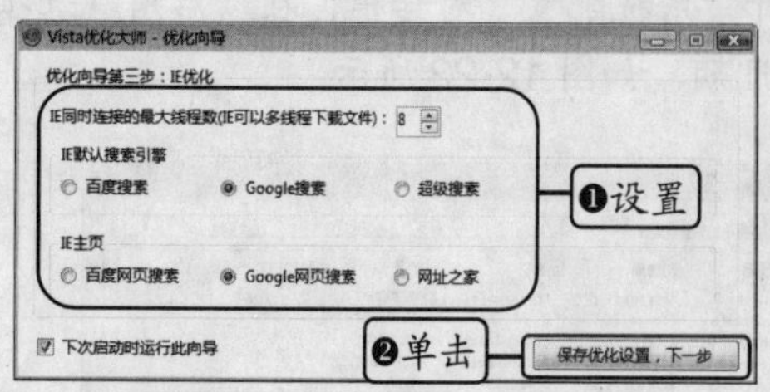

◆ 图 17-25

默认情况下，Internet Explorer 浏览器只支持单线程下载，通过 Vista 优化大师增加下载线程后，可以提高使用该浏览器直接下载文件的速度。

STEP 04. **系统服务优化。**在打开的对话框中选择要关闭的系统服务，建议选中所有复选框，单击[保存优化设置，下一步]按钮，如图 17-26 所示。

STEP 05. **其他服务优化。**在打开的对话框中选择要关闭的其他服务，用户可根据自己的需要进行设置，这里选中全部复选框，单击[保存优化设置，下一步]按钮，如图 17-27 所示。

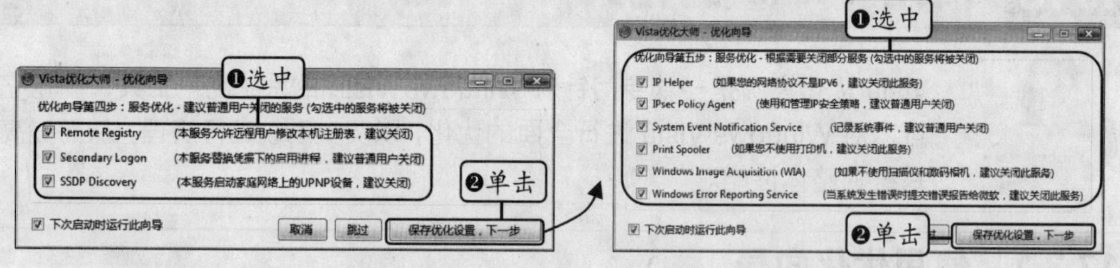

◆ 图 17-26　　◆ 图 17-27

STEP 06. **安全优化。**在打开的对话框中选择是否禁止设备自动运行或禁用默认共享服务，这里选中"禁用系统默认管理共享和分区共享"复选框，单击[保存优化设置，下一步]按钮，如图 17-28 所示。

STEP 07. **完成优化。**在打开的对话框中单击[优化结束，完成本向导]按钮完成优化设置，如图 17-29 所示。

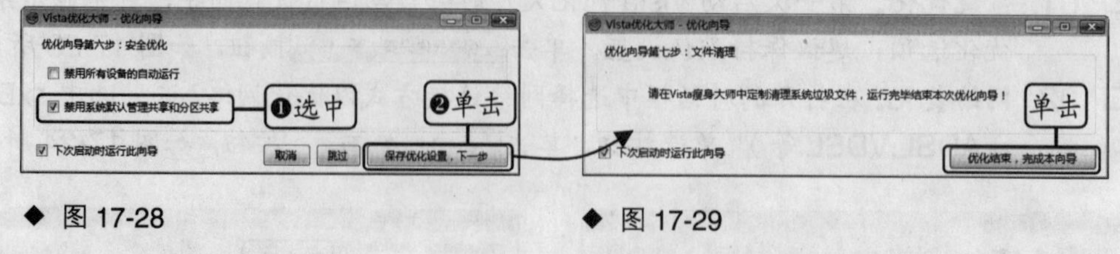

◆ 图 17-28　　◆ 图 17-29

17.3.2 系统优化

系统优化是 Vista 优化大师最主要的功能，通过该功能可以对系统内存、服务、网络、多媒体以及开关机速度进行优化，从而提高系统的运行速度。

使用 Vista 优化大师对 Windows Vista 进行系统优化。

STEP 01. **单击选项卡。**启动 Vista 优化大师，在窗口上方单击"系统优化"选项卡，如图 17-30 所示。

STEP 02. **设置 CPU 与内存。**在该选项卡中可以拖动滑块选择 CPU 的二级缓存容量与内存容量，这里单击 自动设置 按钮由 Vista 优化大师自动检测并设置，设置完毕后，单击 保存设置 按钮，如图 17-31 所示。

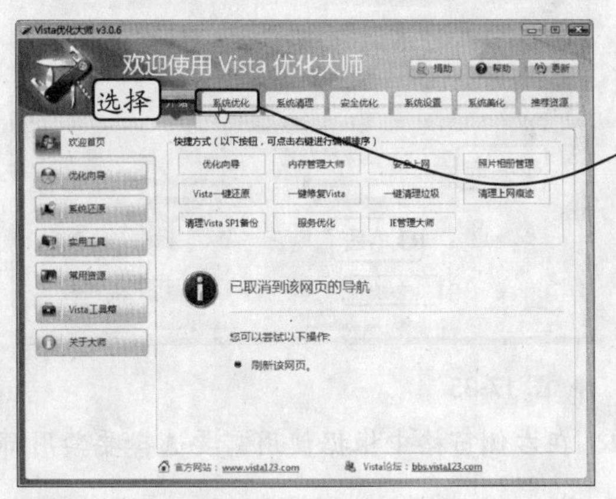

◆ 图 17-30

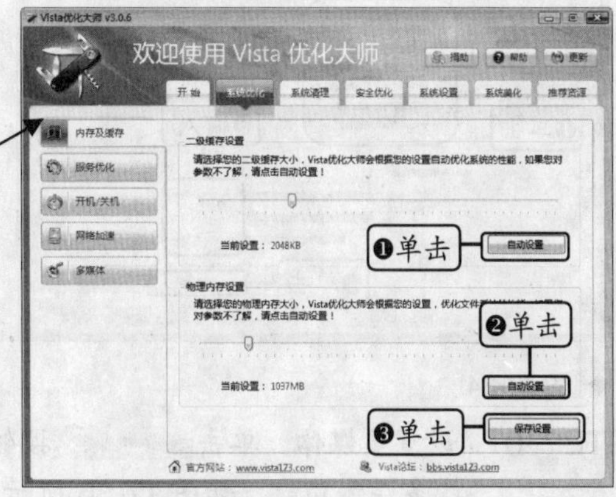

◆ 图 17-31

STEP 03. **单击按钮。**在打开的对话框中单击 确定 按钮，如图 17-32 所示，即可让 Vista 优化大师根据 CPU 缓存与内存容量自动优化系统，在左侧窗格中单击 服务优化 按钮。

STEP 04. **设置系统服务。**在打开的"Vista 服务优化大师"窗口中的列表框中可查看当前所有系统服务，选择某个服务后，单击下方的按钮可启动、停止、自动、手动、禁用或删除服务，如图 17-33 所示，设置完毕后关闭窗口。

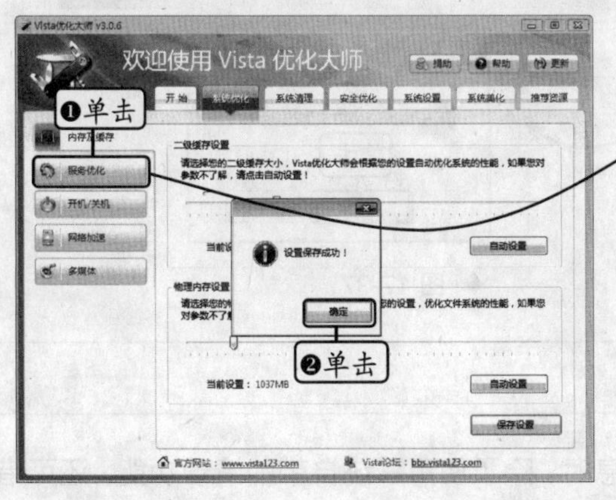

◆ 图 17-32

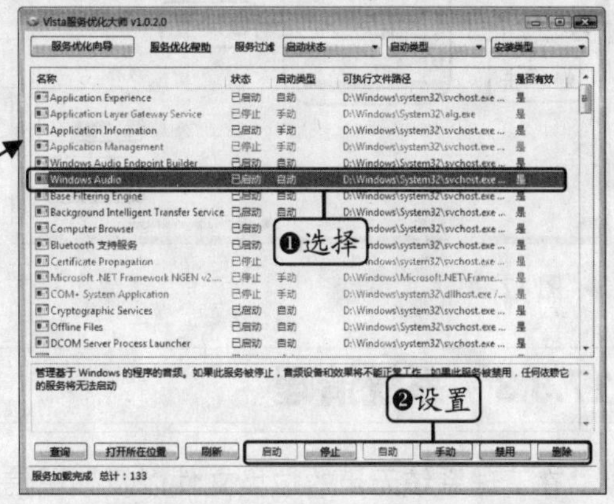

◆ 图 17-33

STEP 05. **设置开机速度。**返回"Vista 优化大师"窗口，在左侧窗格中单击 开机/关机 按钮，在右侧窗格的“开机速度优化”栏中根据需要选择相应的复选框；在“关机速度优化”栏中设置不同状态的等待时间，单击 保存设置 按钮，如图 17-34 所示。

STEP 06. **设置网络。** 单击 网络加速 按钮，在右侧窗格中可选择网络的连接方式与传输设置，这里单击 自动优化 按钮，如图 17-35 所示。

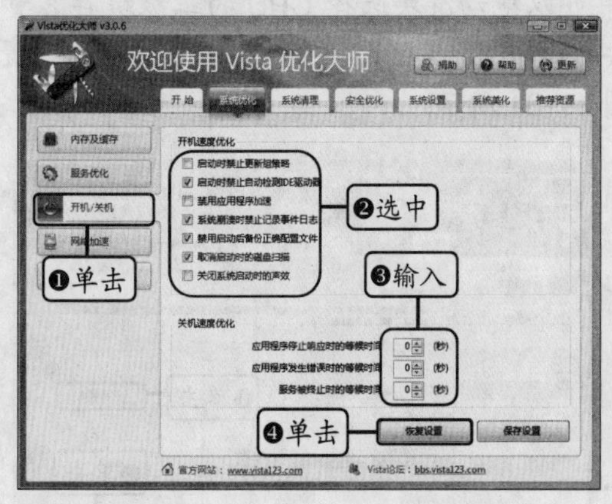

◆ 图 17-34

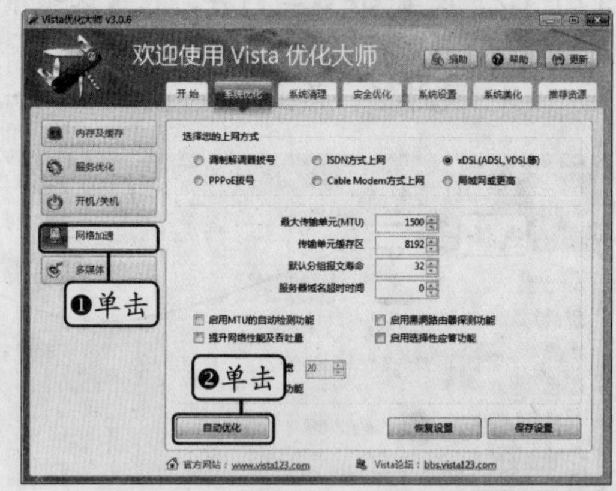

◆ 图 17-35

STEP 07. **设置多媒体。** 单击 多媒体 按钮，在右侧窗格中根据使用需要选择要禁用哪些多媒体功能，如图 17-36 所示。

STEP 08. **完成设置。** 设置完毕后，单击 保存设置 按钮，在打开的对话框中单击 是(Y) 按钮应用设置，如图 17-37 所示。

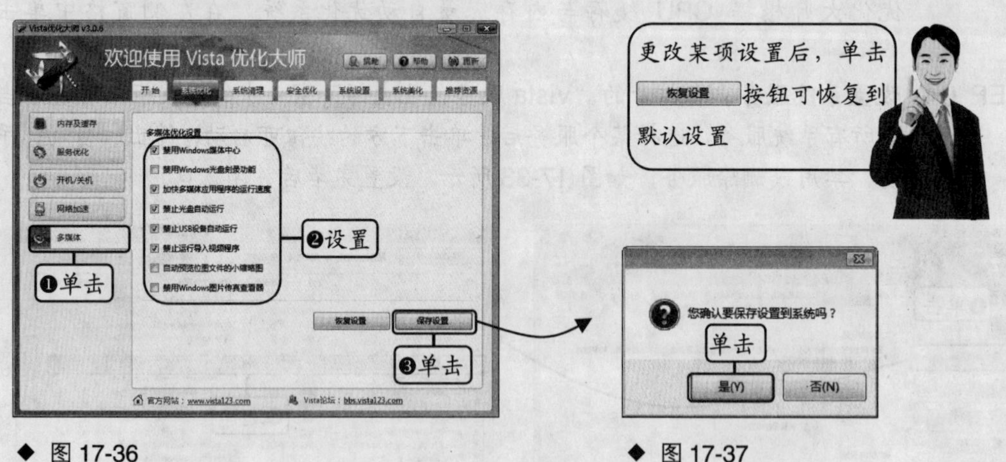

◆ 图 17-36

◆ 图 17-37

17.3.3 系统清理

在清理系统无用的垃圾文件以及残留信息时，除了使用系统自带的清理功能，还可借助于 Vista 优化大师进行系统清理。Vista 优化大师中的系统清理功能主要包括垃圾文件清理、系统瘦身以及注册表清理 3 个方面。

1. 垃圾文件清理

垃圾文件主要是指运行系统或软件安装程序时所产生的临时文件，以及浏览网页时保留的缓存文件等。用户应定期清理这些无用的文件。

使用 Vista 优化大师的系统清理功能清理 D 盘中的垃圾文件。

STEP 01. **打开窗口。**在 Vista 优化大师窗口中单击“系统清理”选项卡，打开“Vista 系统清理大师”窗口，如图 17-38 所示。

STEP 02. **选择要清理的磁盘分区。**在“硬盘”列表框中选中要清理的磁盘分区前的复选框，这里选中“D:\”复选框，然后单击 开始查找垃圾文件 按钮，如图 17-39 所示。

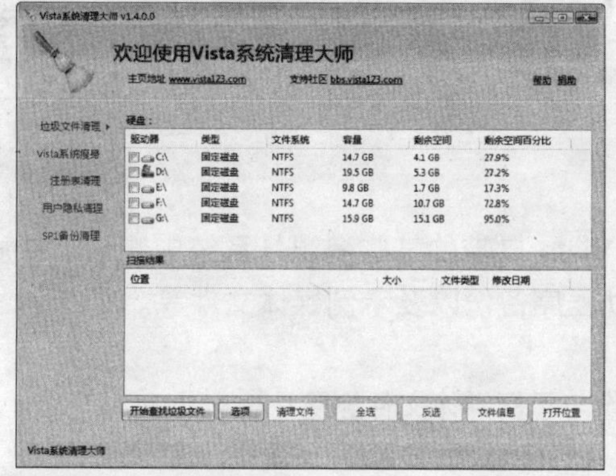

◆ 图 17-38

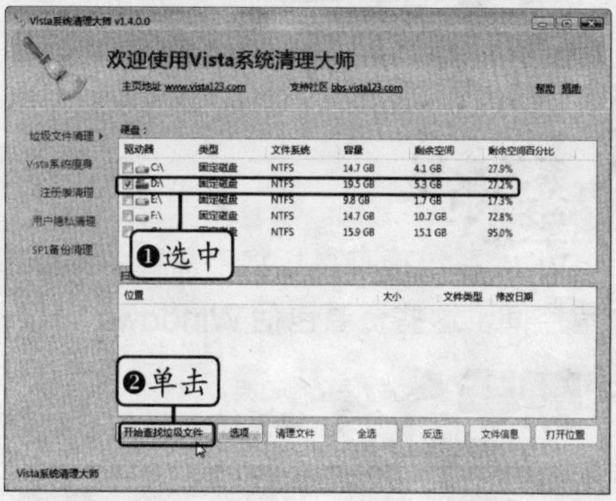

◆ 图 17-39

STEP 03. **开始查找。**程序开始搜索所选磁盘分区中的垃圾文件，并打开“正在查找垃圾文件”对话框以显示查找数目与查找位置，如图 17-40 所示。

STEP 04. **选择文件。**查找完毕后，将在“扫描结果”列表框中显示出所有垃圾文件，单击 全选 按钮选择全部垃圾文件，如图 17-41 所示。

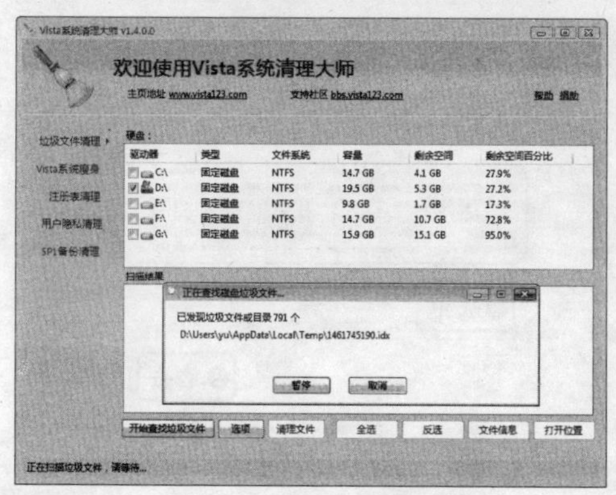

◆ 图 17-40

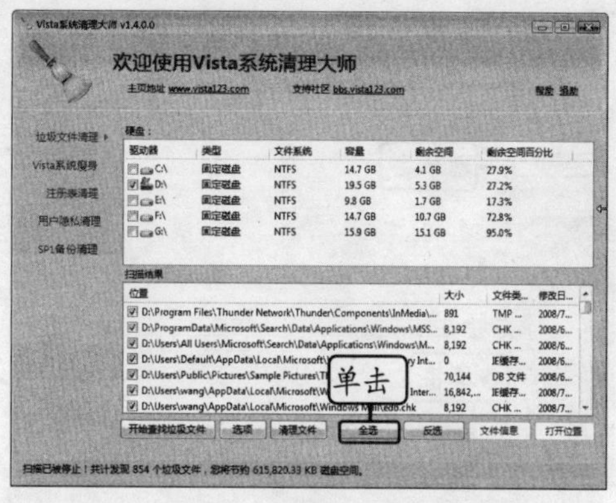

◆ 图 17-41

STEP 05. **单击按钮。**单击 清理文件 按钮，在打开的对话框中单击 是(Y) 按钮确认清除，如

快学快用

图 17-42 所示。

STEP 06. **清理文件。**程序开始清理文件并显示清理数目，清理完毕后，在打开的对话框中单击 确定 按钮即可，如图 17-43 所示。

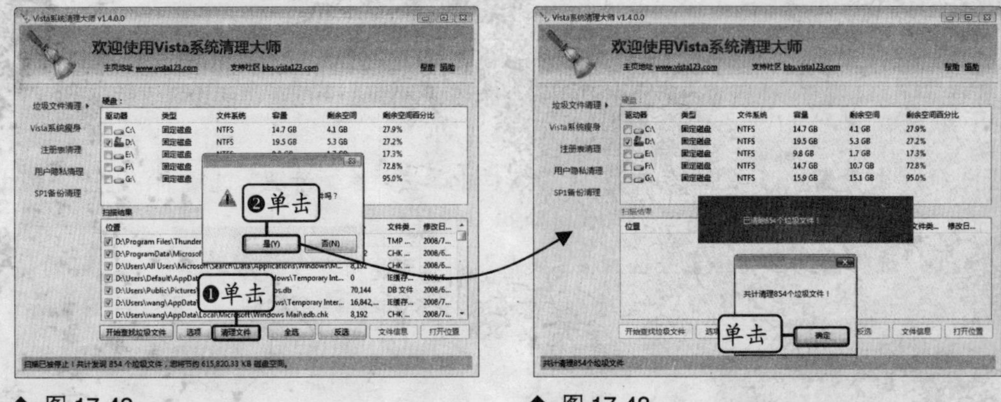

◆ 图 17-42　　◆ 图 17-43

2. 系统瘦身

Vista 系统瘦身是指将不需要的 Windows Vista 自带的某些资源从系统中删除以释放磁盘空间，这些资源包括 Windows 墙纸、驱动程序备份以及示例媒体文件等。

将系统自带的驱动程序备份与示例媒体文件删除。

STEP 01. **单击按钮。**在“Vista 系统清理大师”窗口中单击“Vista 系统瘦身”超链接，在窗口下方单击 系统盘内容分析 按钮，如图 17-44 所示。

STEP 02. **选择要删除的文件。**程序将开始分析系统分区，分析完毕后，在上方的列表框中将显示出可删除的文件类型，选择要删除的文件类型，这里选中全部复选框，然后单击 开始瘦身 按钮，如图 17-45 所示。

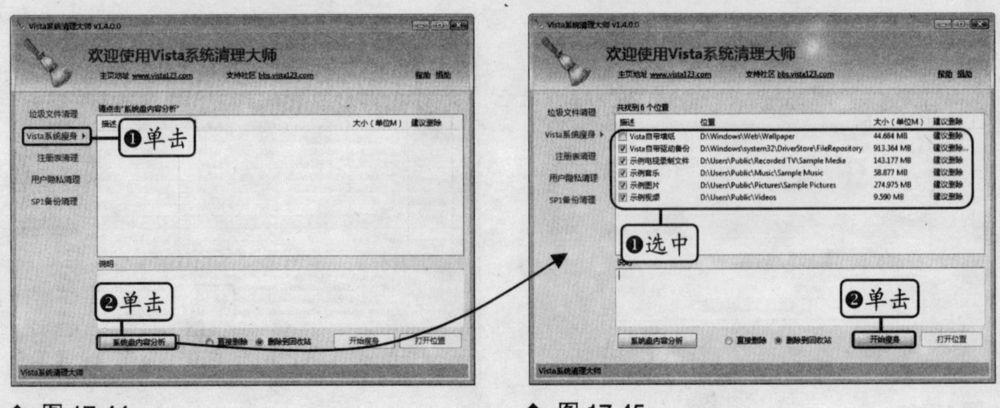

◆ 图 17-44　　◆ 图 17-45

STEP 03. **确认删除。**在打开的对话框中单击 是(Y) 按钮确认删除，如图 17-46 所示。

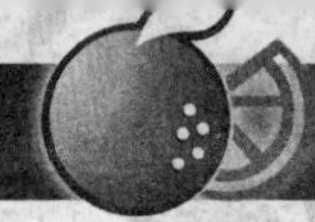

STEP 04. **开始删除。**程序开始删除所选类型的文件，并显示删除进度，如图 17-47 所示。删除完毕后关闭窗口即可。

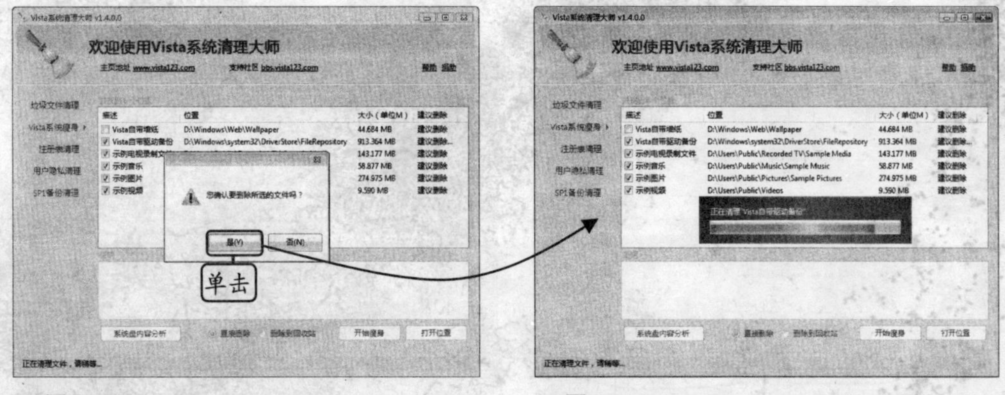

◆ 图 17-46　　◆ 图 17-47

3. 注册表清理

在电脑中安装软件时都会自动向注册表中添加注册信息，而这些信息并不会随软件的卸载而自动从注册表中删除，从而形成了冗余信息。用户可以定期清理注册表，使注册表“减肥”，以提高系统性能。

清理 Windows Vista 注册表中的冗余信息。

STEP 01. **单击按钮。**在“Vista 系统清理大师”窗口中单击“注册表清理”超链接，在窗口上方单击[备份注册表]按钮，如图 17-48 所示。

STEP 02. **备份注册表。**在打开的“注册表备份”对话框中的“保存在”下拉列表框中选择注册表备份文件的保存路径，在“文件名”下拉列表框中输入文件名称，这里保持默认设置，单击[保存(S)]按钮，如图 17-49 所示。

◆ 图 17-48　　◆ 图 17-49

STEP 03. **扫描无用信息。**备份注册表后，返回窗口，单击[扫描注册表中垃圾信息]按钮，程序开始

扫描注册表中的无用信息，如图 17-50 所示。

STEP 04. **删除信息。**扫描完毕后，单击全选按钮选中所有复选框，然后单击清理注册表按钮，即可将扫描到的垃圾信息从注册表中清除，如图 17-51 所示。

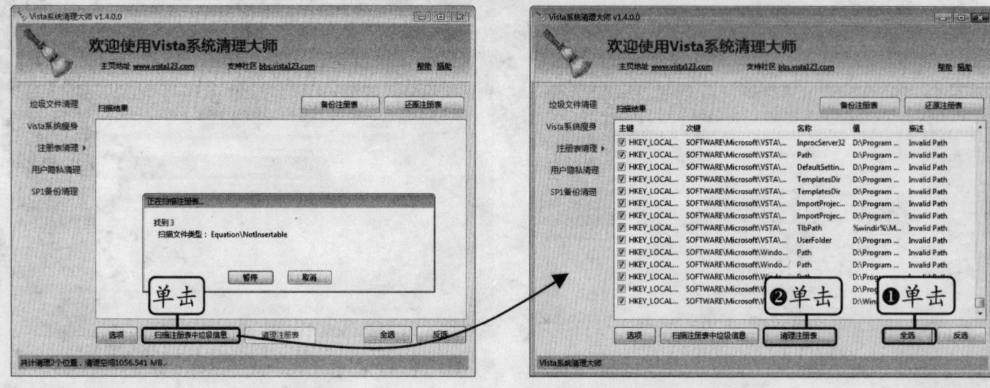

◆ 图 17-50　　◆ 图 17-51

温馨小贴士

注册表中记录了所有软件的安装注册信息以及重要的系统设置与信息，如果误删除了这些信息，将导致某些程序或功能无法运行，甚至系统崩溃，因此在清理注册表前，必须对注册表进行备份，当注册表出现错误时可以通过备份的注册表进行还原。

17.4 备份与还原文件

Windows Vista 提供了自动文件备份功能，用于对电脑中指定类型的文件进行备份，从而在源文件损坏或丢失的情况下可以通过备份进行恢复，以确保用户电脑中重要文件的安全。

17.4.1 备份文件

备份文件功能用于将指定磁盘分区中一个或多个类型的相关文件备份到其它磁盘分区中，并且在第一次备份后，可以通过设置让程序进行自动备份。

将 E 盘与 F 盘中的图片文件与文档文件备份到 G 盘中，并设置自动备份计划。

STEP 01. **选择选项。**选择"开始/所有程序/附件/系统工具/备份状态和配置"命令，打开"备份状态和配置"对话框，选择"设置自动文件备份"选项，如图 17-52 所示。

STEP 02. **选择选项。**在打开的"用户账户控制"对话框中单击继续(C)按钮确认操作，打开“保存备份的位置”对话框，默认选中“在硬盘、CD 或 DVD”单选按钮，在其下的下拉列表框中选择“本地磁盘（G:）”选项，单击[下一步(N)]按钮，如图 17-53 所示。

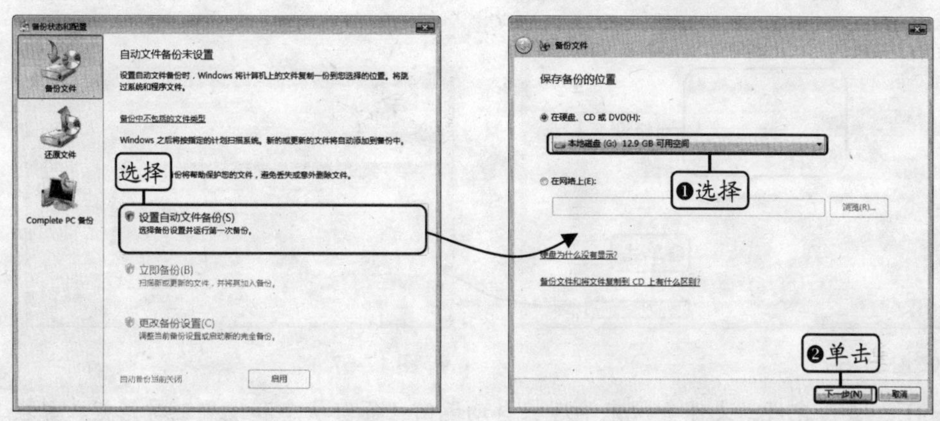

◆ 图 17-52　　◆ 图 17-53

STEP 03. **选择要备份的磁盘。**在打开的“在备份中您要包括哪些磁盘？”对话框的列表框中选中 E 盘与 F 盘前的复选框，单击[下一步(N)]按钮，如图 17-54 所示。

STEP 04. **选择文件类型。**在打开的“您想备份哪些文件类型？”对话框中选择要备份的文件类型，这里分别选中“图片”与“文档”复选框，单击[下一步(N)]按钮，如图 17-55 所示。

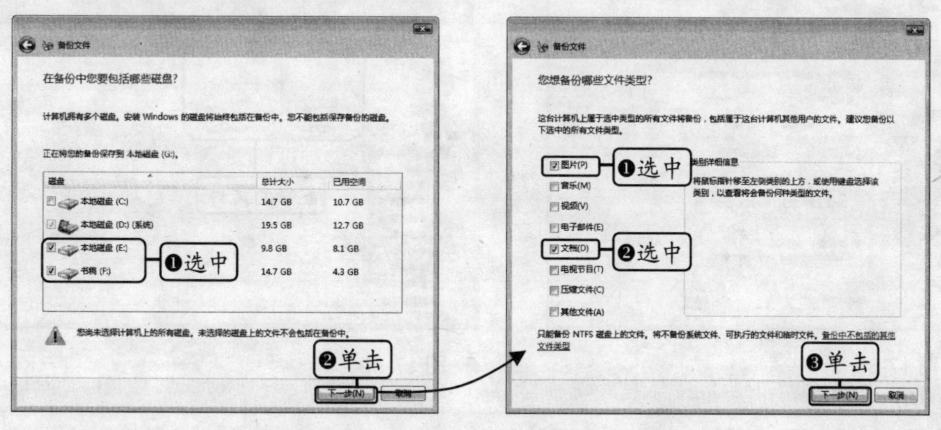

◆ 图 17-54　　◆ 图 17-55

STEP 05. **设置自动备份计划。**在打开的“您想多久创建一次备份？”对话框的“频率”下拉列表框中选择自动备份的间隔时间，这里选择“每周”选项，在“哪一天”下拉列表框中选择日期，这里选择“星期三”选项，在“时间”下拉列表框中选择备份时间，这里选择“19:00”选项，完成设置后单击[保存设置并开始备份(S)]按钮，如图 17-56 所示。

STEP 06. **开始备份。**系统即开始按照所设定的方式对文件进行备份，同时打开如图

17-57 所示的对话框显示备份进度。

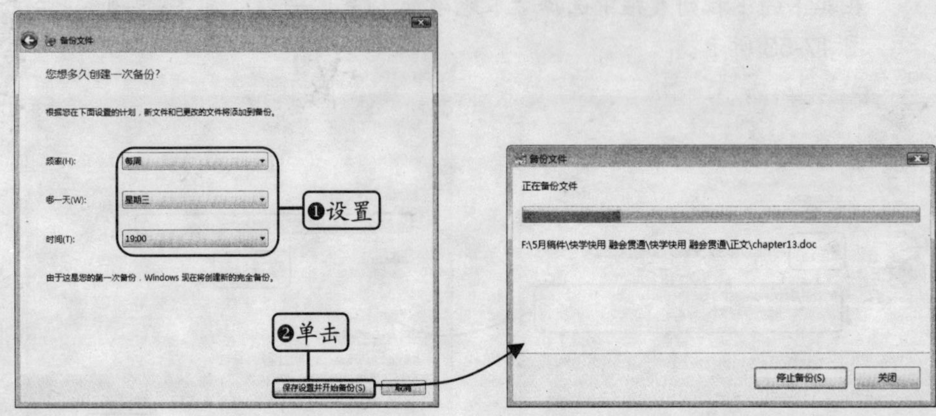

◆ 图 17-56　　◆ 图 17-57

STEP 07. **备份完成。**文件备份完毕后将自动返回“备份状态和设置”对话框，并在其中显示备份状态以及相关信息，同时“立即备份”与“更改备份设置”选项也将呈可操作状态，如图 17-58 所示。

STEP 08. **查看文件。**打开“计算机”窗口并进入 G 盘，从中可查看到备份的文件，如图 17-59 所示。

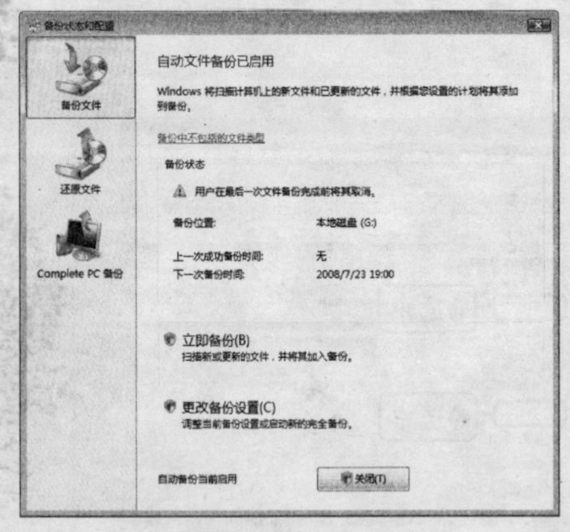

◆ 图 17-58

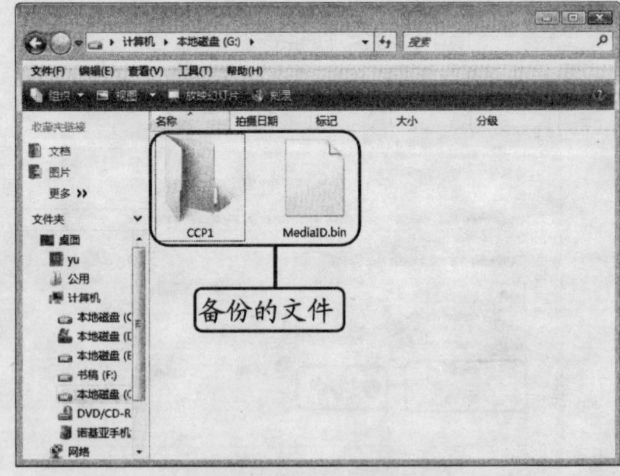

◆ 图 17-59

17.4.2 还原文件

备份文件后，如果其源文件损坏或丢失，就可以通过自动文件备份功能使用之前的备份文件进行还原。

利用创建的备份文件还原文件。

STEP 01. **选择选项。**打开“备份状态与配置”对话框，在左侧窗格中单击按钮，在

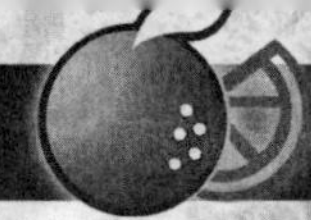

右侧窗格中选择“还原文件”选项，如图 17-60 所示。

STEP 02. **选择选项。**在打开的“您想还原什么？”对话框中选中“文件来自最新备份”单选按钮，单击下一步(N)按钮，如图 17-61 所示。

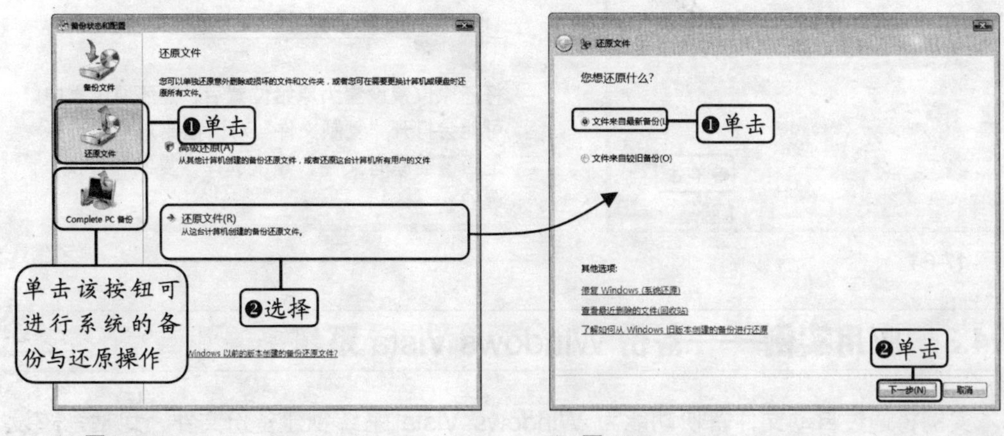

◆ 图 17-60　◆ 图 17-61

STEP 03. **单击按钮。**在打开的“选择要还原的文件和文件夹”对话框中单击添加文件夹(F)...按钮，如图 17-62 所示。

STEP 04. **选择文件。**在打开的“添加要还原的文件夹”对话框的地址栏中选择要还原的文件夹所在的路径，在其下的列表框中选择要还原的文件，这里选择“办公资料”文件夹，然后单击添加按钮，如图 17-63 所示。

◆ 图 17-62　◆ 图 17-63

STEP 05. **选择还原位置。**返回“添加要还原的文件夹”对话框，按照相同的方法继续添加其他文件夹或文件，完成后单击下一步(N)按钮，打开“您想将还原的文件保存到什么位置”对话框，在其中选择还原的位置，这里选中“在原始位置”单选按钮，然后单击开始还原(S)按钮，如图 17-64 所示。

STEP 06. **开始还原。**系统开始还原文件并显示还原进度，稍后将打开“已成功还原文件”对话框，单击完成(F)按钮完成还原操作。

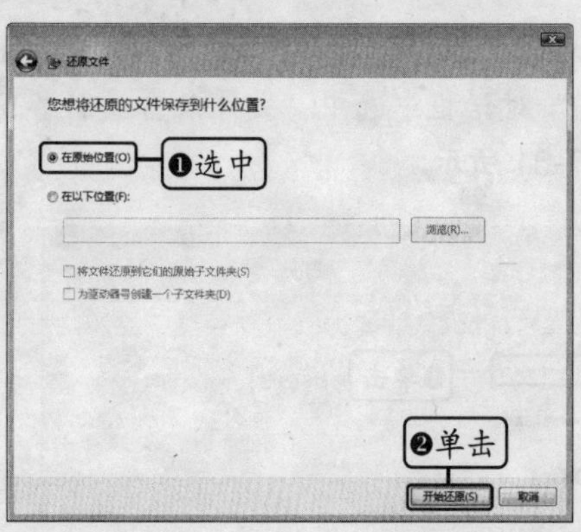

◆ 图 17-64

将还原位置设置为原始位置后，在还原过程中可能会打开“复制文件”对话框要求用户选择是否覆盖原有文件，建议选择“复制和替换”选项。

17.4.3 应用实例——备份 Windows Vista 系统

本实例将通过自动文件备份功能为 Windows Vista 系统创建备份文件，包括系统设置、程序以及文件等。如果电脑中存储的数据较多，则需要选择大容量存储设备放置备份文件。

其具体操作步骤如下。

STEP 01. **单击选项。**打开“备份状态与设置”对话框，在左侧窗格中单击[Complete PC 备份]按钮，在右侧窗格中选择“立即创建备份”选项，如图 17-65 所示。

STEP 02. **选择保存位置。**在打开的“用户账户控制”对话框中单击[继续(C)]按钮确认操作，打开“您想在何处保存备份”对话框，选择备份文件的保存位置，这里选中“在硬盘上”单选按钮，并在其下的下拉列表框中选择可用空间较大的磁盘分区，这里选择 G 盘，然后单击[下一步(N)]按钮，如图 17-66 所示。

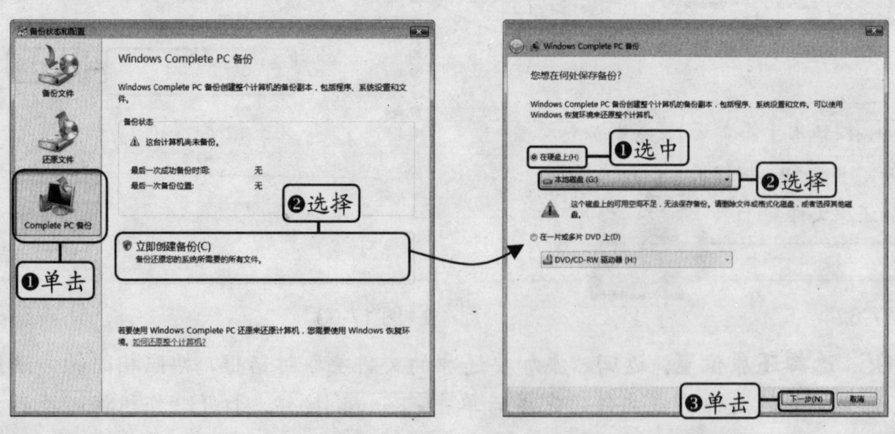

◆ 图 17-65　　◆ 图 17-66

STEP 03. **选择备份的磁盘。**在打开的“在备份中您要包括哪些磁盘”对话框中已默认选择了系统所在的磁盘分区，直接单击[下一步(N)]按钮，如图 17-67 所示。

STEP 04. **确认备份。**在打开的对话框中显示备份设置信息，确认无误后单击[开始备份(S)]按钮，系统即可开始进行备份，并显示备份进度，如图 17-68 所示。

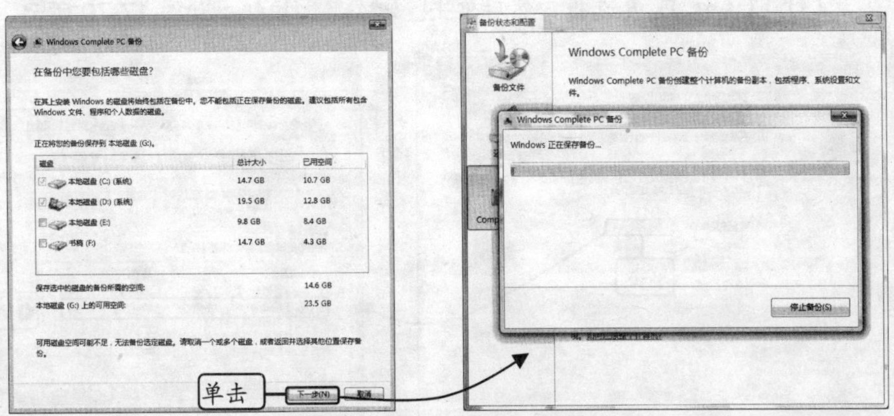

◆ 图 17-67　　◆ 图 17-68

温馨小贴士

由于当前电脑为双系统，所以在“在备份中您要包括哪些磁盘”对话框中显示了两个系统分区，若只有一个系统分区，则将直接打开显示备份设置信息的对话框。

秘技播报站

备份完毕后，如果要恢复系统，可使用 Windows Vista 安装光盘启动电脑，在打开的安装界面中选择“修复计算机”选项，在弹出的“系统恢复选项”菜单中选择“Windows Complete PC 还原”选项，然后按照提示进行操作即可。

17.5 Windows Vista 系统还原

有时安装某个应用程序或驱动程序后，会导致系统出现异常或错误。通常情况下，卸载应用程序或驱动程序可以解决此问题。如果卸载无法解决，则可以通过 Windows Vista 中提供的系统还原功能将系统快速还原到之前一切运行正常的状态。

17.5.1 设置还原点

要想使用系统还原功能还原系统，需要先开启该功能并创建系统还原点，即将当前系统状态记录下来，以后还原系统时就可以使用该还原点恢复系统。

开启系统还原功能并创建还原点。

STEP 01. **单击超链接。** 选择“开始/所有程序/附件/系统工具/系统还原”命令，在打开的“用户账户控制”对话框中单击 继续(C) 按钮，打开“系统还原”对话框，单击其中的“打开系统保护”超链接，如图 17-69 所示。

STEP 02. **选择磁盘分区。** 在打开的“系统属性”对话框中单击“系统保护”选项卡，在

"自动还原点"列表框中选择要创建还原点的磁盘分区，这里选中"本地磁盘(D:)(系统)"复选框，然后单击 创建(C)... 按钮，如图 17-70 所示。

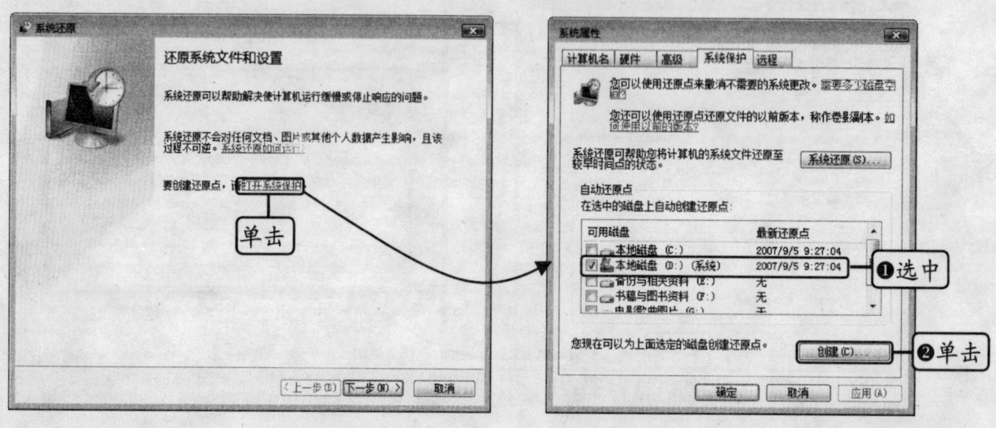

◆ 图 17-69　　◆ 图 17-70

STEP 03. **输入描述文本。**在打开的对话框中输入关于还原点的描述文本，这里输入"全面杀毒后"，然后单击"创建"按钮，如图 17-71 所示。

STEP 04. **开始创建。**系统开始创建还原点，创建完毕后将打开如图 17-72 所示的对话框提示用户已成功创建，单击 确定 按钮关闭对话框。

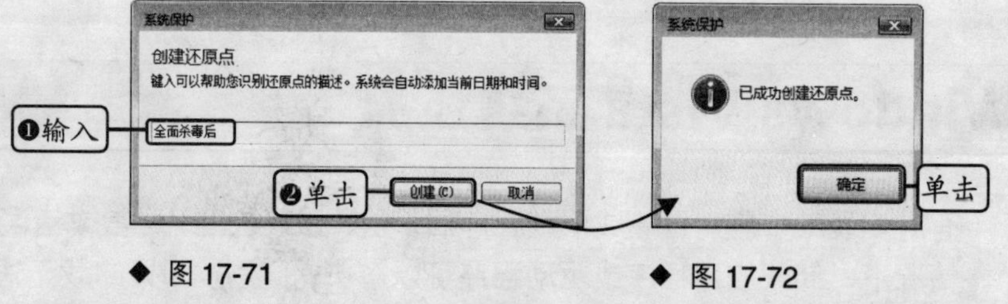

◆ 图 17-71　　◆ 图 17-72

17.5.2 还原系统

创建系统还原点后，就可以在任何时间内将系统还原到设置还原点时的状态。还原系统时，仅对系统设置以及安装的应用程序有效，并不影响磁盘中的文件。

将系统还原到指定还原点时的状态。

STEP 01. **单击按钮。**选择"开始/所有程序/附件/系统工具/系统还原"命令，打开"系统还原"对话框，直接单击 下一步(N) > 按钮。

STEP 02. **选择还原点。**在打开的"选择一个还原点"对话框中的列表框中选择一个还原点，这里选择第一个还原点，单击 下一步(N) > 按钮，如图 17-73 所示。

STEP 03. **开始还原。**在打开的"确认您的还原点"对话框中单击 完成 按钮，如图 17-74 所示，此时系统将重新启动，并在启动之后完成系统还原操作。

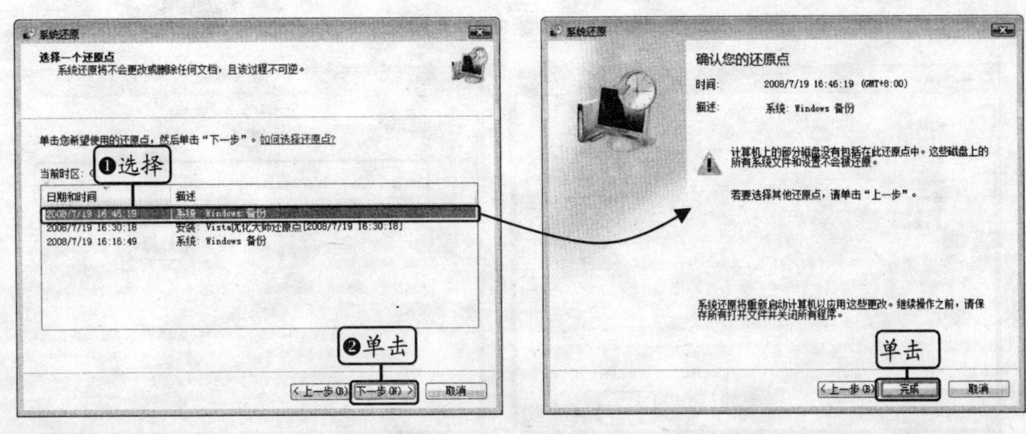

◆ 图 17-73　　◆ 图 17-74

17.6 Windows Vista 传送

Windows Vista 提供的传送功能用于将一台电脑中的系统配置和系统文件传送到另一台电脑中并应用这些设置，或者保存该设置，待需要时再将这些设置恢复至原来电脑中。

17.6.1 创建设置文件

使用传送功能之前，首先需要在电脑中创建设置文件，然后才能将该设置文件传送到其他电脑中。

将电脑中的系统配置和系统文件创建为设置文件，并传送至 U 盘中。

STEP 01. **选择命令。**选择"开始/所有程序/附件/系统工具/Windows 轻松传送"命令，在打开的"用户账户控制"对话框中单击「继续(C)」按钮，打开"欢迎使用 Windows 轻松传送"对话框，直接单击「下一步(N) >」按钮，如图 17-75 所示。

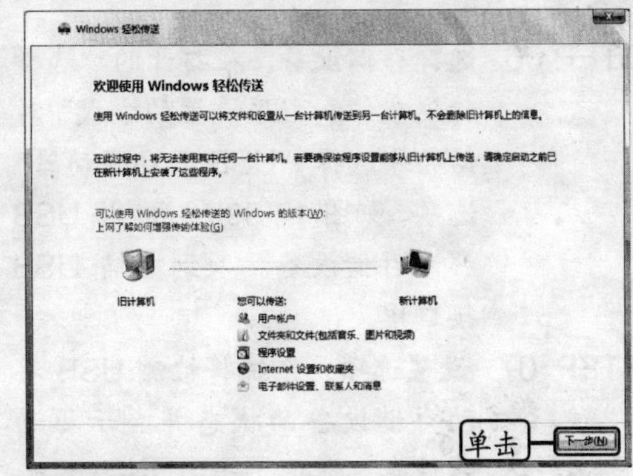

◆ 图 17-75

STEP 02. **关闭应用程序。**系统将提示用户需关闭当前运行的某些应用程序，并在其中的列表框中将其列出，单击「全部关闭(L)」按钮，将应用程序全部关闭，如图 17-76 所示。

STEP 03. **选择选项。**在打开的对话框中选

择"启动新的传输"选项，如图 17-77 所示。

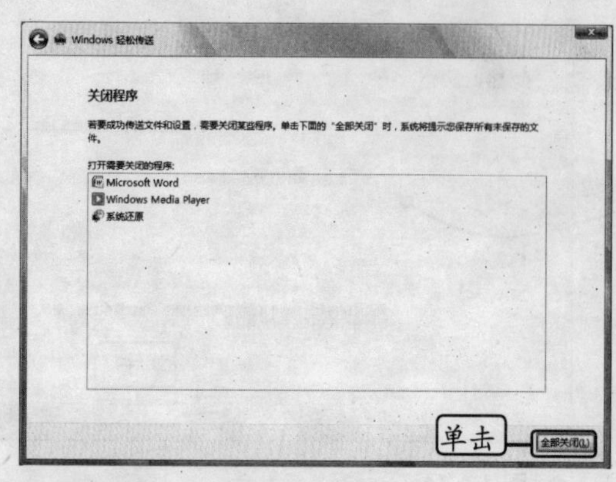

◆ 图 17-76

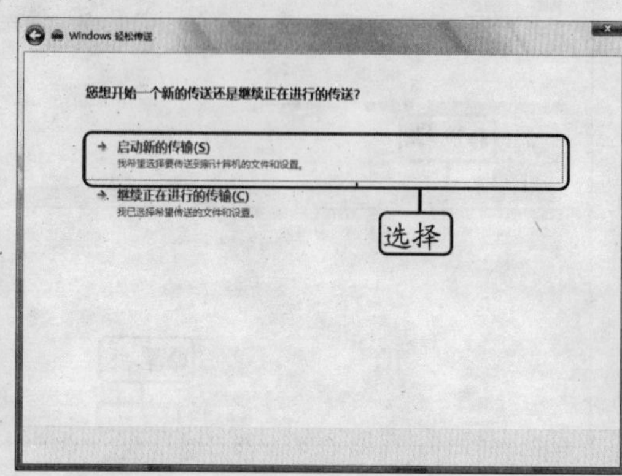

◆ 图 17-77

STEP 04. **选择选项。**在打开的"您正在使用哪一台计算机"对话框中选择"我的旧计算机"选项，如图 17-78 所示。

STEP 05. **选择传输方式。**在打开的对话框中选择传输方式，若电脑已连接到网络中，则可以将设置传输到网络中的任意一台电脑中；也可以传输到 CD、DVD 等设备中，这里选择"使用 CD、DVD 或其他可移动介质"选项，如图 17-79 所示。

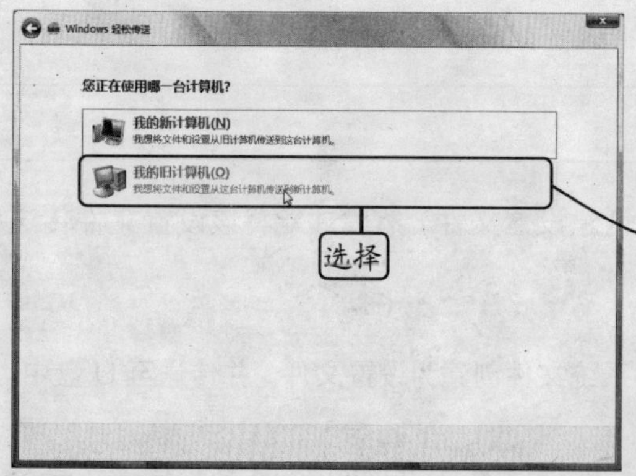

◆ 图 17-78

◆ 图 17-79

STEP 06. **选择存储设备。**在打开的"选择传送文件和程序设置的方式"对话框中选择"USB 闪存驱动器"选项，如图 17-80 所示。将 USB 移动存储设备插入到电脑 USB 接口中。

STEP 07. **设置选项。**系统将检测 USB 移动存储设备的状态并显示驱动器信息，单击 下一步(N) > 按钮，如图 17-81 所示。

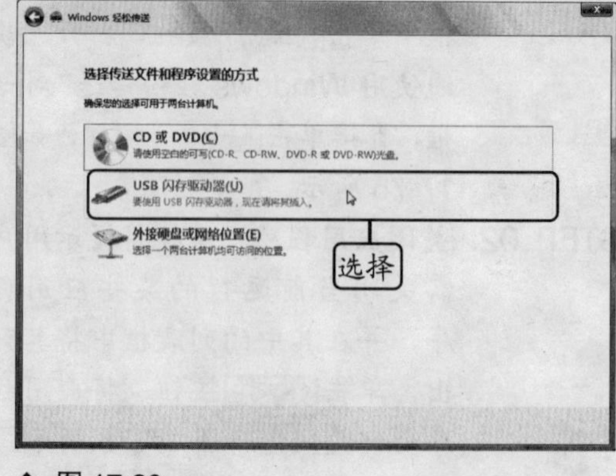

◆ 图 17-80

STEP 08. **选择传送的设置。**在打开的对话框中询问用户要传送当前电脑的哪些设置，可以选择仅传送当前用户设置，也可以选择传送所有用户设置，这里进行的是自定义传送的设置，则选择“高级选项”选项，如图 17-82 所示。

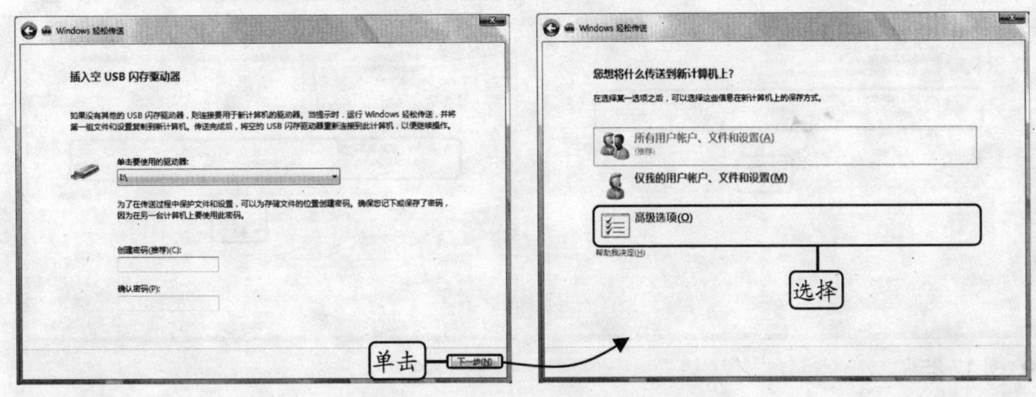

◆ 图 17-81　　◆ 图 17-82

STEP 09. **选择选项。**在打开的“选择要传送的用户账户、文件和设置”对话框中的列表框中进行选择，完成后单击下一步(N)按钮，如图 17-83 所示。

STEP 10. **传送设置。**系统即开始将当前电脑中的设置传送到 USB 移动存储设备中，同时显示传送速度，如图 17-84 所示。

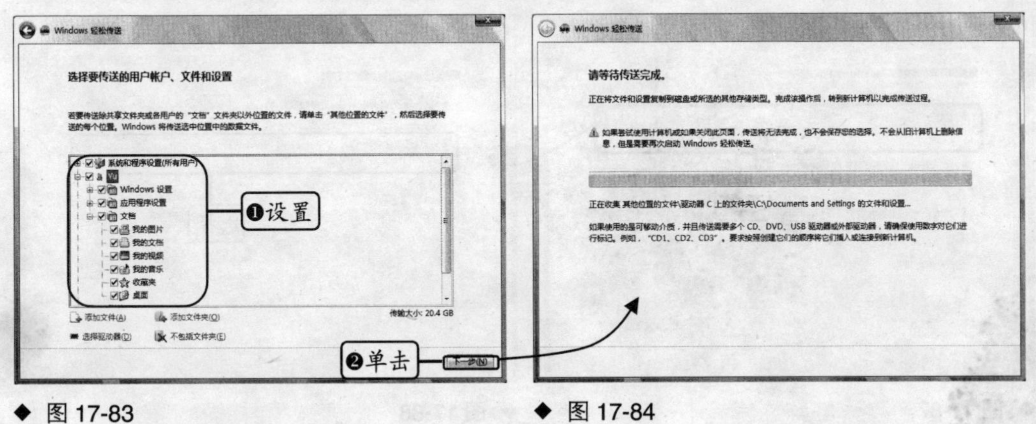

◆ 图 17-83　　◆ 图 17-84

17.6.2 传送设置文件

创建设置文件后，就可以将其传送到其他电脑中并应用所传送的设置了。

将创建的设置文件导入到新电脑中。

STEP 01. **选择选项。**在要导入设置文件的电脑中打开“Windows 轻松传送”对话框，依次单击下一步(N)按钮，打开“您正在使用哪一台计算机？”对话框，在其中选择“我的新计算机”选项，如图 17-85 所示。

STEP 02. **选择传送方式。**在打开的对话框中要求用户选择传送方式，这里选择“否，显示更多选项”选项,如图 17-86 所示。

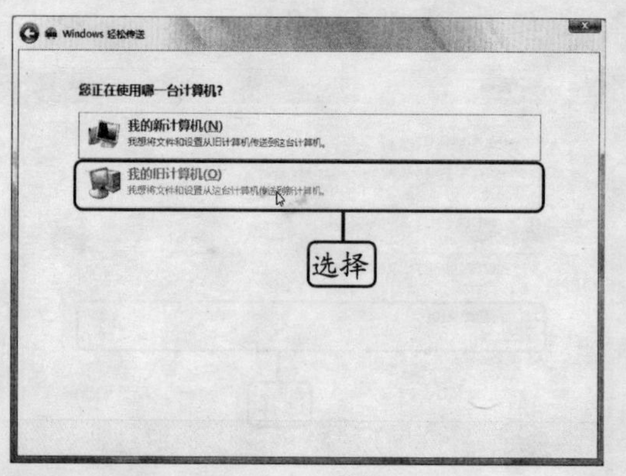

◆ 图 17-85

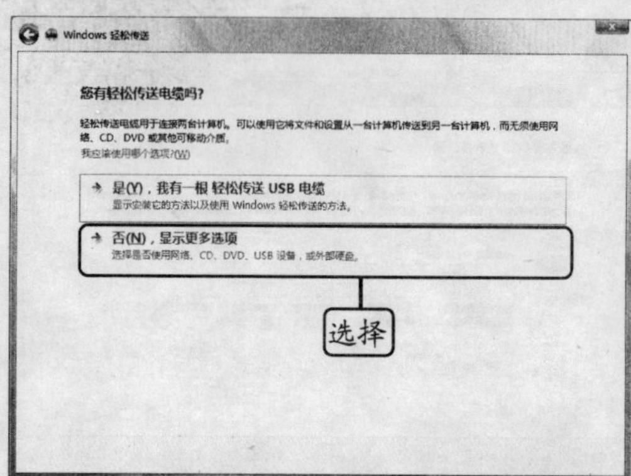

◆ 图 17-86

STEP 03. **选择选项。**此时将打开对话框询问用户是否安装 Windows 轻松传送，选择“是的，我已经安装”选项，如图 17-87 所示。

STEP 04. **选择选项。**由于前面我们将设置传送到 USB 移动存储设备中，因此在接着打开的对话框中选择“否，我需要使用 CD、DVD 或其他可移动介质”选项，如图 17-88 所示。

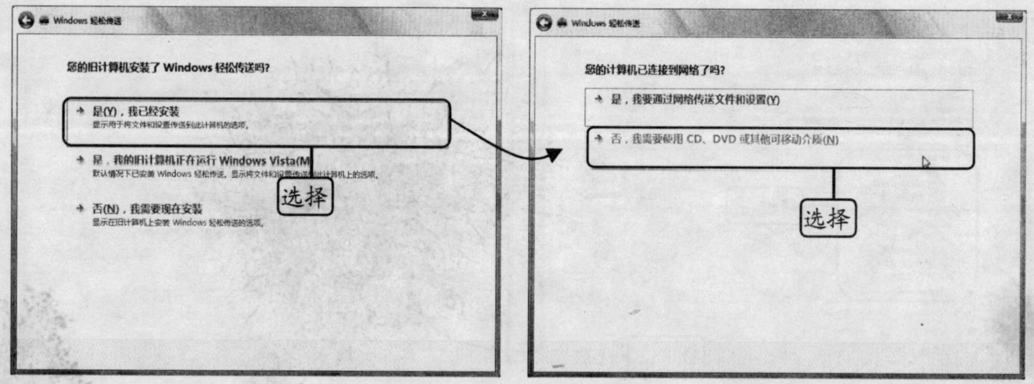

◆ 图 17-87　　◆ 图 17-88

STEP 05. **连接 USB 移动存储设备。**在打开的“将 Windows 轻松传送复制到旧计算机”对话框中单击关闭(L)按钮，如图 17-89 所示。将保存设置文件的 USB 移动存储设备插入到电脑的 USB 接口中。

STEP 06. **读取数据。**打开“计算机”窗口，并打开 USB 移动存储设备，可以看到其中保存有一个传送设置文件。双击该文件，打开“Windows 轻松传送”对话框，其中已经默认显示设置文件的保存路径，单击下一步(N) >按钮开始读取数据，并显示进度，如图 17-90 所示。

STEP 07. **选择账户。**在打开的对话框中要求设置用户账户名称，可以新建一个账户，也可以从下拉列表中选择原有的账户，这里选择账户“yu”，单击下一步(N) >按钮，

如图 17-91 所示。

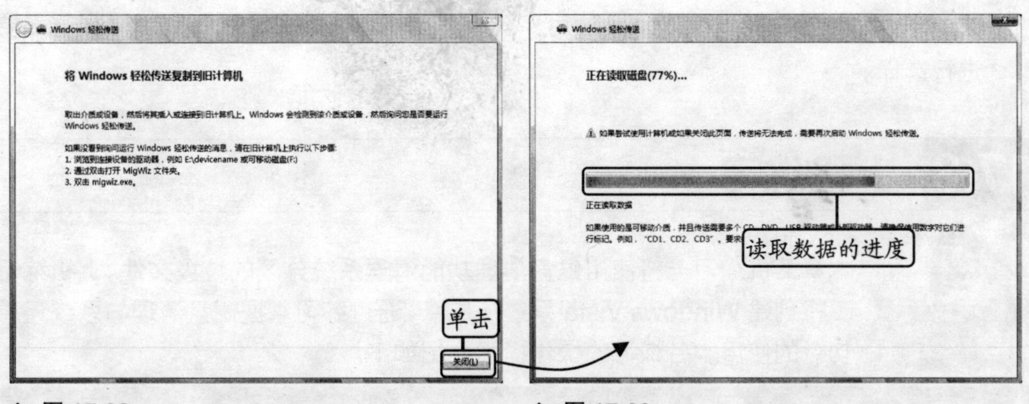

◆ 图 17-89　　◆ 图 17-90

STEP 08. **开始传送。**在打开的对话框中显示当前可以传送的相关设置信息，以及传送文件的大小，单击 传送(T) 按钮即可开始传送配置文件，如图 17-92 所示。

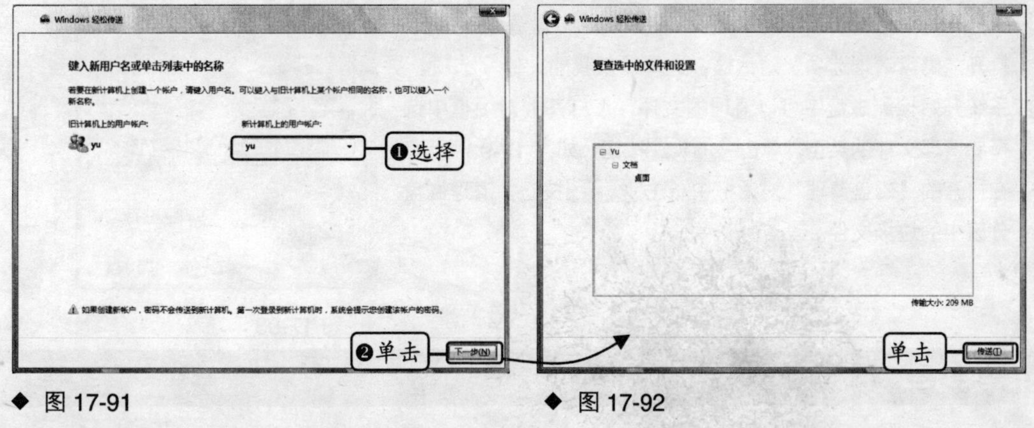

◆ 图 17-91　　◆ 图 17-92

17.7 疑难解答

学习完本章后，是否发现自己对电脑维护、优化与系统备份的认识又提升到了一个新的台阶？在进行电脑维护、优化与系统备份时遇到的相关问题自己是否已经顺利解决了？下面将为你提供一些关于电脑维护、优化与系统备份的常见问题解答，使你的学习路途更加顺畅。

问：格式化磁盘分区时，为何提示无法格式化呢？

答：出现这种情况一般是由于当前正在运行该磁盘中的文件或应用程序，建议用户先关闭程序，然后再对磁盘进行格式化操作。

问：管理启动项目时，如何分辨哪些启动项是系统必须的呢？

答： 如果用户无法通过项目名称判断出对应的程序或服务，那么对于制造商为“Microsoft corporation”的启动项最好不要禁用；对于其他制造商的启动项，则可以根据需要进行选择。

17.8 上机练习

本章上机练习一将使用磁盘清理功能清理系统分区的垃圾文件。上机练习二将创建 Windows Vista 系统还原点，通过练习掌握磁盘清理与系统还原功能的使用。各练习的操作提示介绍如下。

练习一

① 打开“计算机”窗口，在系统分区上单击鼠标右键，在弹出的快捷菜单中选择“属性”命令。

② 在打开的对话框的“常规”选项卡中单击“磁盘清理”按钮，打开“磁盘清理选项”对话框，选择“仅我的文件”选项。

③ 系统开始检测磁盘中可以清理的文件，在打开的对话框中选择要清理文件的类型，单击 确定 按钮，如图 17-93 所示。

④ 在打开的“磁盘清理”对话框中单击 删除文件 按钮，清理磁盘分区中的垃圾文件。

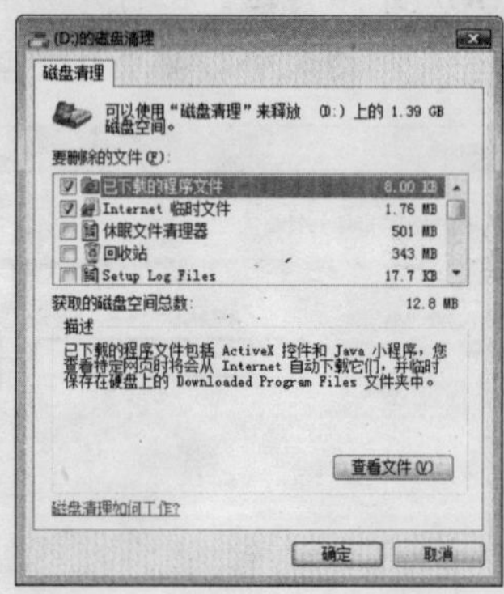

◆ 图 17-93

练习二

① 选择“开始/所有程序/附件/系统工具/系统还原”命令，打开“系统还原”对话框。

② 单击“打开系统保护”超链接，打开“系统属性”对话框，单击“系统保护”选项卡。

③ 在“自动还原点”列表框中选择要创建还原点的磁盘分区，然后单击 创建(C)... 按钮，如图 17-94 所示。

④ 在打开的对话框中输入对要创建还原点的描述文字，然后单击“创建” 创建(C)... 按钮即可。

⑤ 创建完毕后，在打开的对话框中单击 确定 按钮。

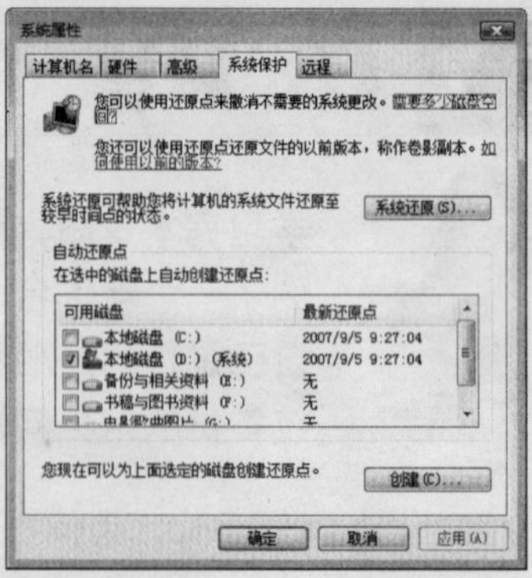

◆ 图 17-94

第 18 章 Windows Vista 系统安全

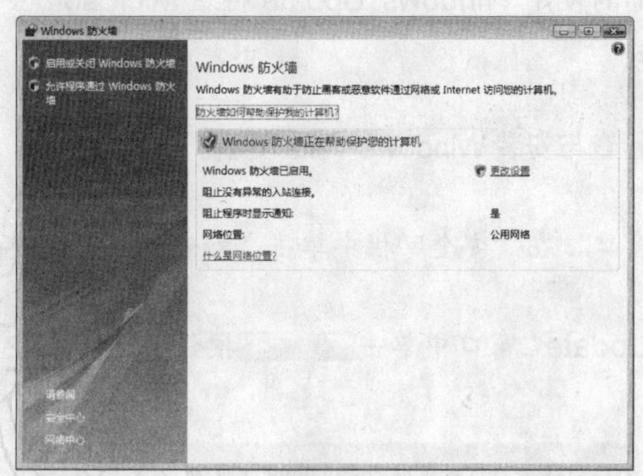

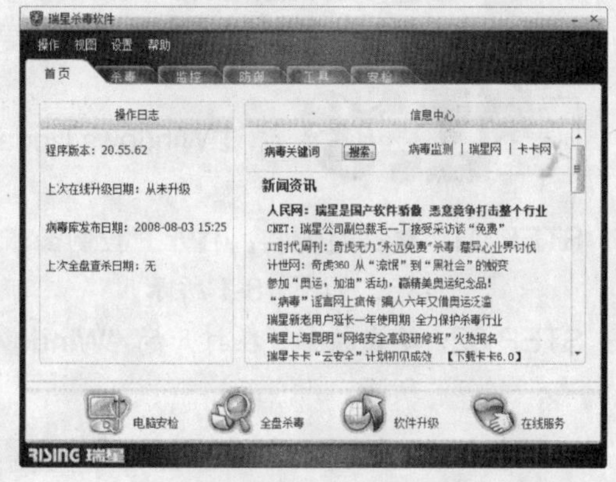

在使用电脑的过程中，用户必须要重视电脑安全的防范，避免因病毒或黑客程序入侵到电脑中导致重要文件损坏或信息泄露。Windows Vista 提供的安全防范功能在很大程度上预防了各种电脑威胁与安全隐患。除此之外，用户也有必要及时更新系统、修复系统漏洞，以及安装杀毒软件来保障电脑的安全。

18.1 Windows Update

Microsoft 公司会定期发布 Windows Vista 的更新程序以及系统补丁，用户可以下载Windows Vista提供的系统更新程序Windows Update实时对系统进行更新，从而提高电脑的性能以及增强系统的安全性。

18.1.1 检查与安装更新

将电脑连接到 Internet 后，用户就可以随时使用 Windows Update 检查 Microsoft 公司发布的系统更新程序，并下载与安装更新。

通过 Windows Update 检查与安装 Windows Vista 更新。

STEP 01. **单击超链接。**打开“控制面板”窗口，在“安全”栏中单击“检查更新”超链接，如图 18-1 所示。

STEP 02. **单击按钮。**在打开的“Windows Update”窗口中单击 检查更新(C) 按钮，如图 18-2 所示。

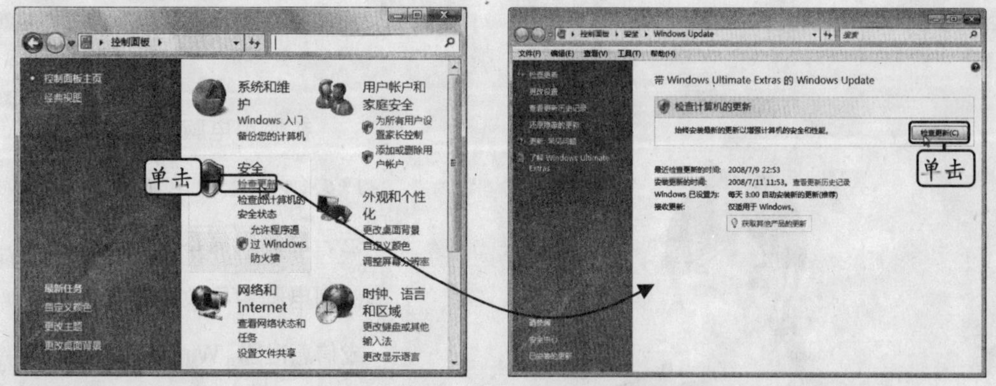

◆ 图 18-1　　◆ 图 18-2

STEP 03. **下载更新。**此时系统将开始连接网络并检测 Microsoft 公司发布的更新程序，检测到之后，将自动下载可用的更新，如图 18-3 所示。

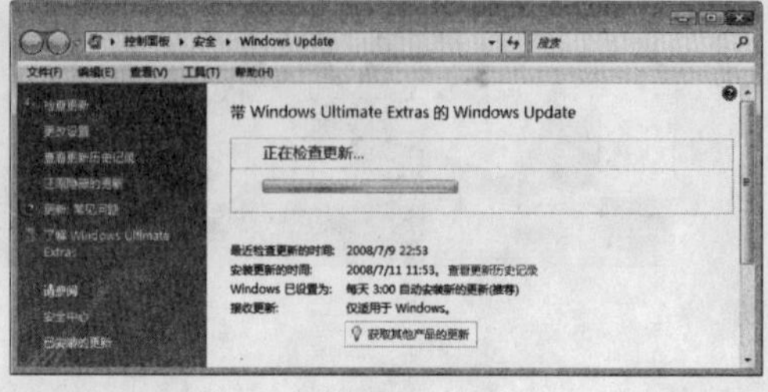

◆ 图 18-3

STEP 04. **单击按钮。**下载完毕后，在窗口中将显示所下载的更新程序的数量，且 检查更新(C) 按钮将变为 安装更新(I) 按钮，单击该按钮，如图 18-4 所示。

STEP 05. **接收许可条款。**在打开的“Windows Update”对话框中选中“我接受许可条款”单选按钮，然后单击 完成(F) 按钮，如图 18-5 所示。

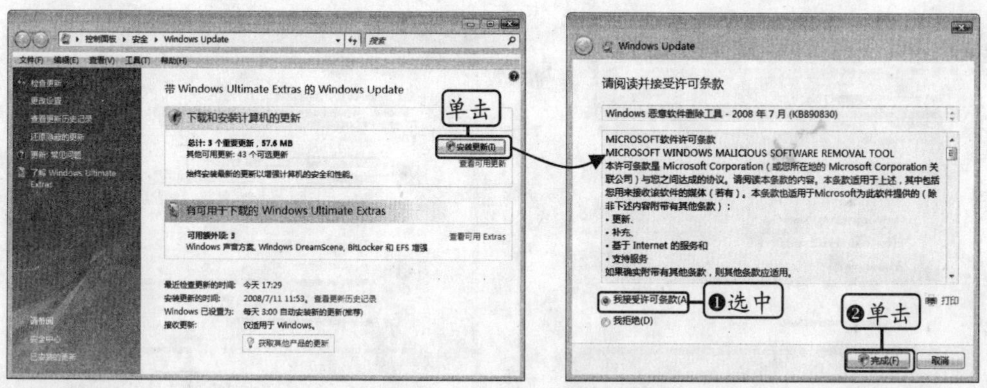

◆ 图 18-4　　◆ 图 18-5

STEP 06. **安装更新。**系统开始安装所下载的更新并显示安装进度，安装完毕后，单击窗口下方的“查看更新历史记录”超链接，如图 18-6 所示。

STEP 07. **查看更新。**在打开的“查看更新历史记录”窗口中可以查看到本次安装的更新程序以及历史安装信息，如图 18-7 所示。

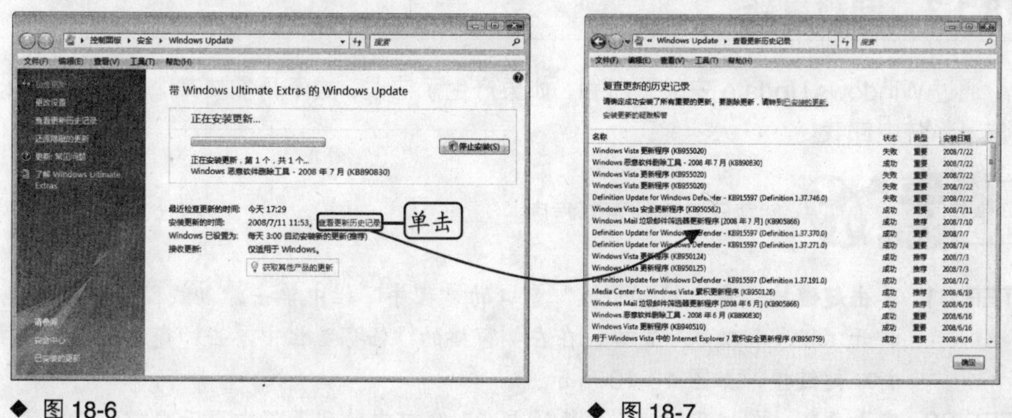

◆ 图 18-6　　◆ 图 18-7

18.1.2 设置 Windows Update

Windows Update 允许用户自定义设置更新的下载时间与安装方式。若希望系统在指定时间自动检查与安装更新，就可以对 Windows Update 进行相应设置。

让 Windows Update 在每周三下午 17：00 自动下载与安装更新。

STEP 01. **单击超链接。**打开“Windows Update”窗口，在左侧窗格中单击“更改设置”超链接，打开“更改设置”对话框，如图 18-8 所示。

STEP 02. **选择选项。**选中“自动安装更新（推荐）”单选按钮，在“安装新的更新”栏

快学快用

的下拉列表框中分别选择“每星期三”与“17：00”选项，单击[确定]按钮，如图 18-9 所示。

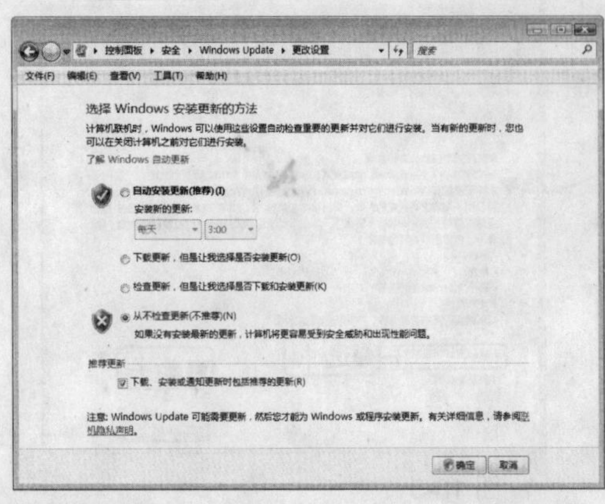

◆ 图 18-8

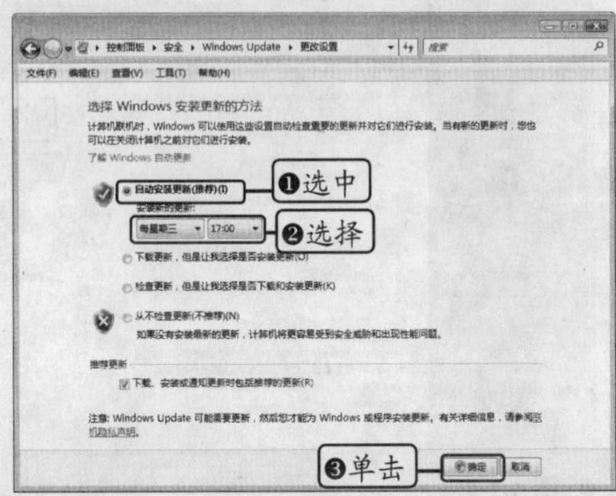

◆ 图 18-9

STEP 03. **应用设置。**在打开的“用户账户控制”对话框中单击[继续(C)]按钮确认操作，即可让 Windows Update 按照设定的方式自动检测更新程序，并下载与安装。

18.1.3 卸载更新

通过 Windows Update 安装更新后，如果产生了错误，或不再需要某个更新，则可以将其从系统中卸载。

新手练兵场 卸载已安装的更新程序。

STEP 01. **单击超链接。**在“控制面板”窗口的“程序”栏中单击“卸载程序”超链接，打开“程序和功能”窗口，在左侧窗格的“任务”栏中单击“查看已安装的更新”超链接，如图 18-10 所示。

STEP 02. **查看更新。**在打开的“已安装的更新”窗口中的列表框中显示当前已经安装的所有更新，如图 18-11 所示。

◆ 图 18-10　　◆ 图 18-11

STEP 03. **单击按钮。**在列表框中选择要卸载的更新程序，单击工具栏中的卸载按钮，在打开的对话框中单击是(Y)按钮，如图 18-12 所示。

STEP 04. **单击按钮。**在打开的对话框中单击继续(C)按钮确认操作，系统开始卸载所选的更新程序，如图 18-13 所示。卸载完毕后，将提示用户重新启动电脑。

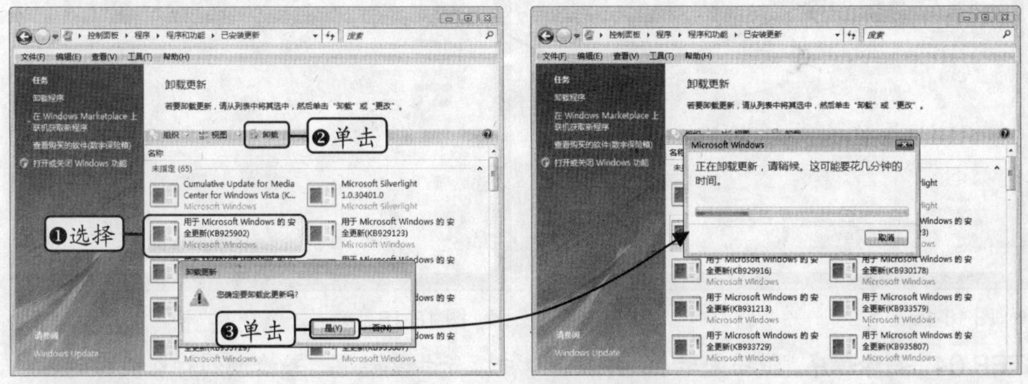

◆ 图 18-12　　◆ 图 18-13

18.2 Windows Defender

Windows Vista 中提供的 Windows Defender 工具是一款优秀的反间谍工具，该工具可以有效地保障电脑不受到间谍软件的骚扰。Windows Defender 除了对系统进行实时防护外，还可以对整个电脑进行全方位的扫描，从而最大程度确保电脑的安全。

18.2.1 使用 Windows Defender 扫描间谍软件

在使用 Windows Vista 的过程中，尤其对于连接到 Internet 的电脑，可以随时通过 Windows Defender 扫描电脑中是否存在间谍软件，以保障用户的信息和资料不被泄露。

使用 Windows Defender 全面扫描电脑中的间谍软件。

STEP 01. **单击超链接。**在“控制面板”窗口中单击“安全”超链接，打开“安全”窗口，单击“Windows Defender”超链接，如图 18-14 所示。

STEP 02. **选择选项。**在打开的窗口的上方选择“扫描”选项，如图 18-15 所示。

◆ 图 18-14

STEP 03. **开始扫描。**此时 Windows Defender 将开始对系统进行全面扫描，并显示所用的时间与扫描数量等信息，如图 18-16 所示。

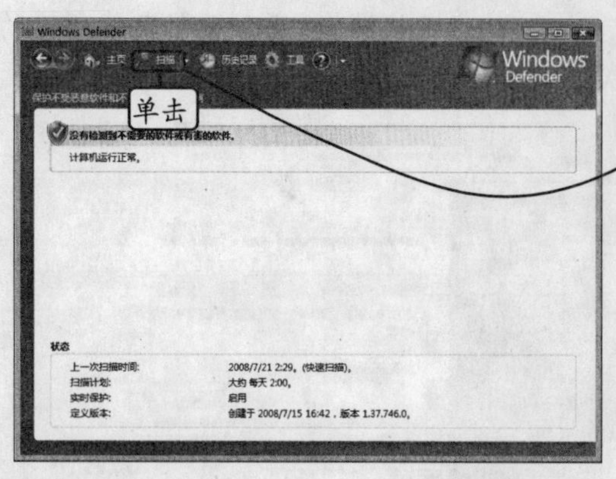

◆ 图 18-15

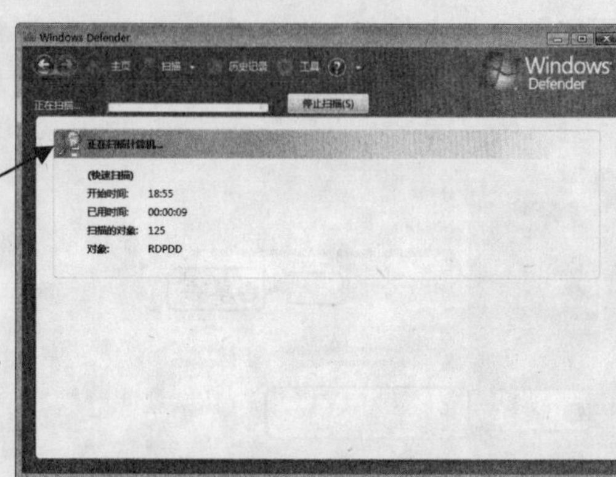

◆ 图 18-16

STEP 04. **删除程序。**扫描完毕后，将在窗口中显示扫描结果，若检测到存在威胁的程序，则单击 全部删除(A) 按钮即可将其全部删除。

18.2.2 使用软件资源管理器

使用 Windows Defender 中的软件资源管理器可以查看当前电脑中运行的程序信息，从而让用户直观地了解系统运行状况。软件资源管理器可以监视的程序包括以下 4 种类型。

- **启动程序**：启动 Windows 时，随系统启动而自动运行的程序。
- **当前运行的程序**：当前正在运行的程序，包括后台程序。
- **网络连接程序**：当前连接到 Internet、家庭或办公室网络的程序或进程。
- **Winsock 服务提供程序**：执行 Windows 的低级别网络连接和通信服务的程序。

要打开软件资源管理器，只需在 Windows Defender 窗口中选择“工具”选项，打开如图 18-17 所示的窗口，单击窗口中的“软件资源管理器”超链接即可。进入软件资源管理器后，在“类别”下拉列表框中选择要查看程序的类型，在左侧的列表框中就可以显示出对应类别的程序，从中即可查看，如图 18-18 所示。

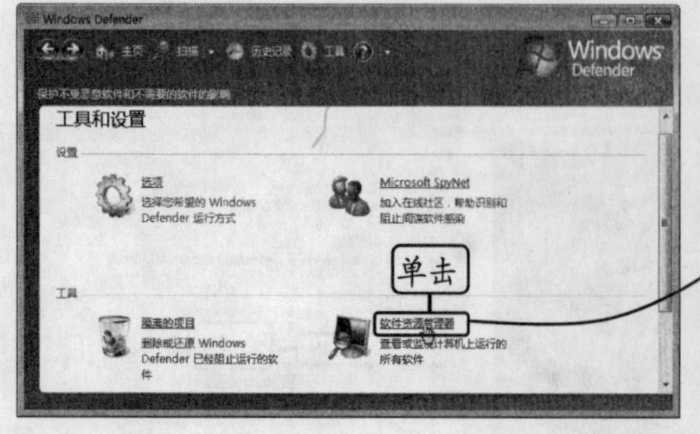

◆ 图 18-17

◆ 图 18-18

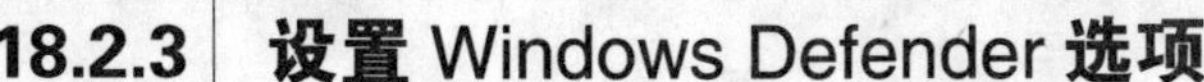

18.2.3 设置 Windows Defender 选项

为了使 Windows Defender 更符合用户的使用习惯，可以对其扫描、监控、实时保护以及高级与管理选项进行相应设置。在窗口上方选择“工具”选项，在打开的窗口中单击“选项”超链接，就可以打开选项设置窗口，在其中根据自己的使用情况进行相应设置后，单击「保存(S)」按钮即可，如图 18-19、18-20 所示分别为对自动扫描与默认操作、实时保护选项进行设置的情况。

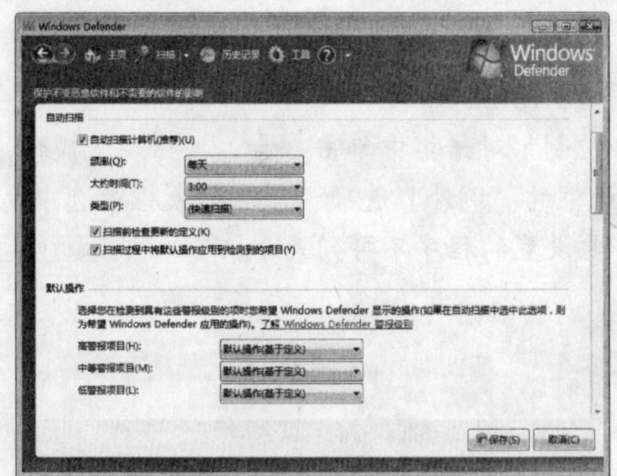

◆ 图 18-19

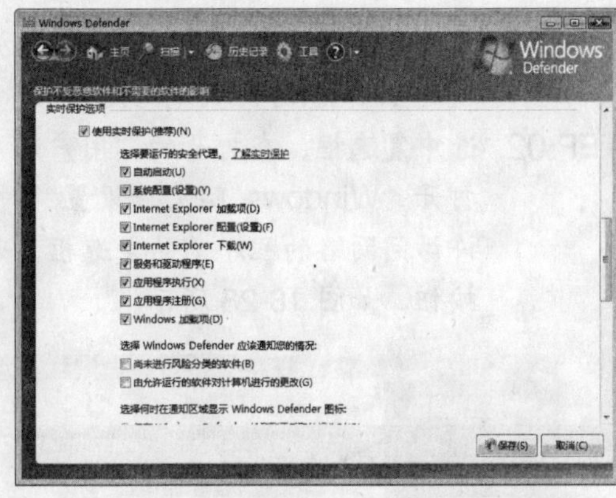

◆ 图 18-20

18.3 Windows 防火墙

Windows 防火墙是 Windows Vista 自带的防火墙程序，用于控制系统中的程序对网络的访问，从而有效防止恶意程序通过网络入侵电脑，以确保用户电脑的安全。

18.3.1 查看防火墙状态

安装 Windows Vista 后，Windows 防火墙默认状态为开启。

要查看防火墙状态，可在“控制面板”窗口中单击“安全”超链接，在打开的“安全”窗口中单击“Windows 防火墙”超链接，打开“Windows 防火墙”窗口，从中即可查看当前防火墙是否启用以及相关阻止信息等，如图 18-21 所示。

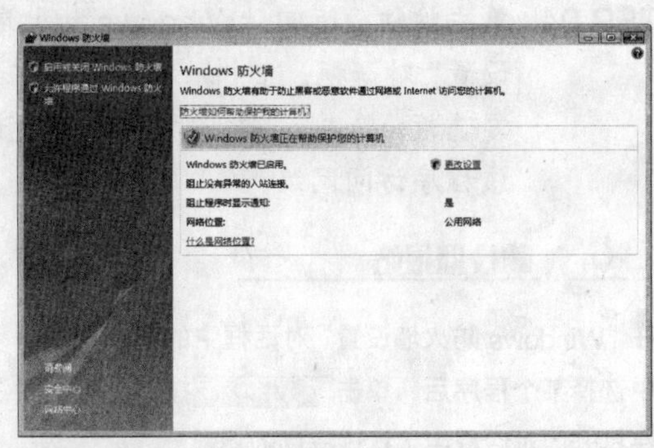

◆ 图 18-21

18.3.2 设置程序访问

Windows 防火墙开启后，会允许指定的程序访问网络以及阻止指定的程序访问网络，这都是以防火墙的例外规则作为依据的。用户可以通过例外规则自定义允许与阻止的程序。

自定义允许与禁止访问网络的程序。

STEP 01. **单击超链接。**打开“Windows 防火墙”窗口，在左侧窗格中单击“允许程序通过 Windows 防火墙”超链接，如图 18-22 所示。

STEP 02. **选中复选框。**在打开的“用户账户控制”对话框中单击 继续(C) 按钮确认操作，打开“Windows 防火墙设置”对话框的“例外”选项卡，在列表框中选中允许访问网络的程序前的复选框，若要设置的程序不再列表中，可单击 添加程序(R)... 按钮，如图 18-23 所示。

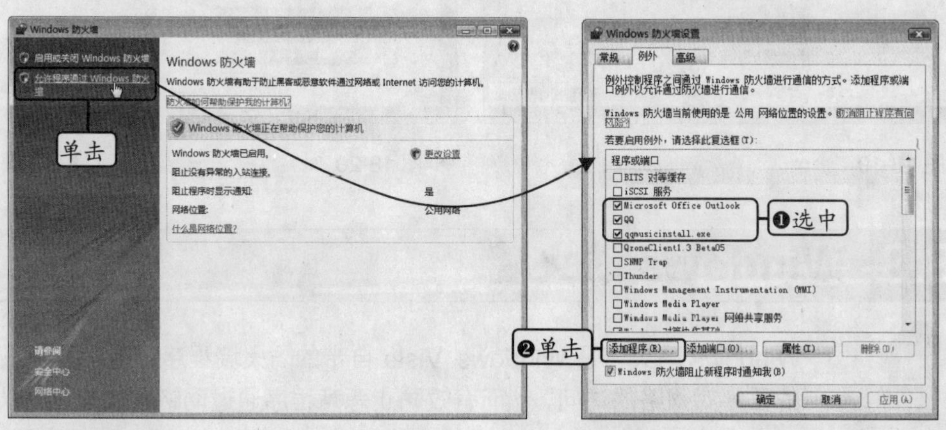

◆ 图 18-22　　◆ 图 18-23

STEP 03. **选择程序。**在打开的“添加程序”对话框中选择要添加的程序，单击 确定 按钮，如图 18-24 所示。

STEP 04. **单击按钮。**返回“Windows 防火墙设置”对话框，选中添加的程序前的复选框，单击 确定 按钮即可允许该程序访问网络。

在“Windows 防火墙设置”对话框中的列表框中选择某个程序后，单击 属性(I) 按钮，可在打开的对话框中了解该程序的功能。

◆ 图 18-24

18.4 预防与查杀电脑病毒

在使用电脑程中，在访问 Internet 和从其他存储设备中复制数据时，有可能会感染上病毒。这时就必须安装杀毒软件预防并查杀病毒。目前广泛使用的杀毒软件主要有诺顿、卡巴斯基、金山毒霸、江民 KV 以及瑞星杀毒软件等。

18.4.1 安装瑞星 2008

安装瑞星 2008 杀毒软件之前，首先需要获取程序的安装文件，用户可通过购买安装光盘或网络下载的方式进行获取。

在电脑中安装瑞星 2008 杀毒软件。

STEP 01. **选择选项。**双击瑞星 2008 安装程序图标，打开“用户账户控制”对话框，选择“允许”选项，如图 18-25 所示。

STEP 02. **选择语言。**稍后将载入程序安装文件，并打开如图 18-26 所示的对话框，在其中选择“中文简体”选项，然后单击确定(O)按钮。

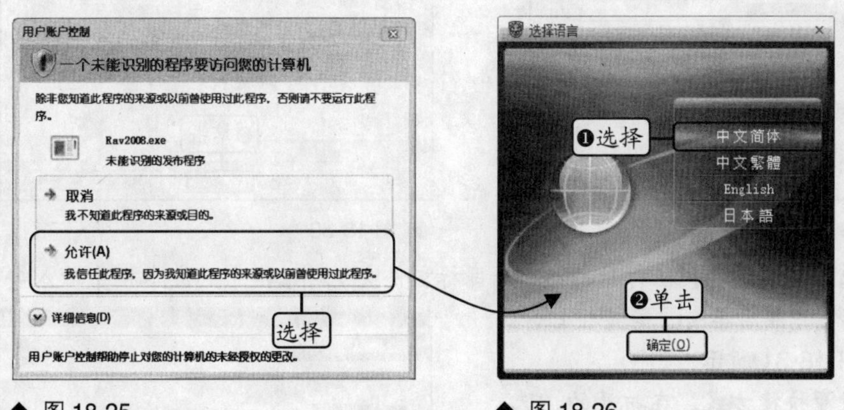

◆ 图 18-25　　◆ 图 18-26

温馨小贴士

如果通过安装光盘进行安装，则放入安装光盘后安装程序就会自动运行。另外，在安装杀毒软件之前，最好关闭当前正在运行的所有程序。

STEP 03. **单击按钮。**在打开的“瑞星欢迎您”对话框中单击下一步(N)按钮，如图 18-27 所示。

STEP 04. **接受许可协议。**在打开的“最终用户许可协议”对话框中选中“我接受”单选按钮，单击下一步(N)按钮，如图 18-28 所示。

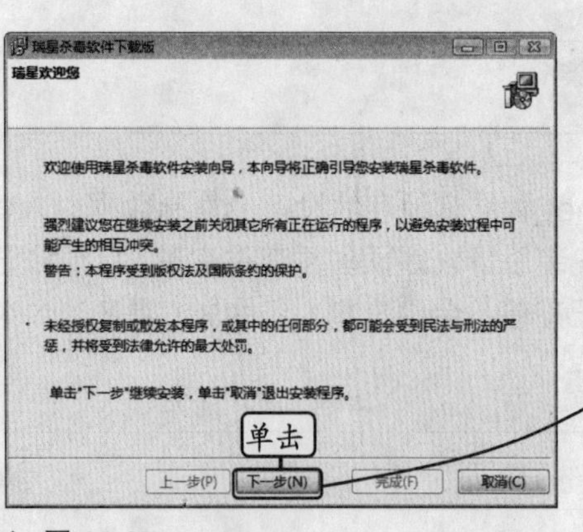

◆ 图 18-27

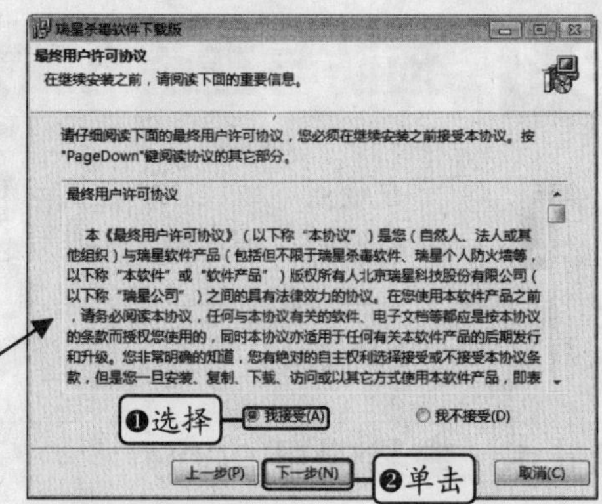

◆ 图 18-28

STEP 05. **输入产品序列号。**在打开的“验证产品序列号与用户 ID”对话框中的文本框中分别输入产品序列号和用户 ID，单击下一步(N)按钮，如图 18-29 所示。

STEP 06. **选择安装方式。**在打开的“定制安装”对话框中选择安装方式，一般选择“全部安装”选项，单击下一步(N)按钮，如图 18-30 所示。

◆ 图 18-29

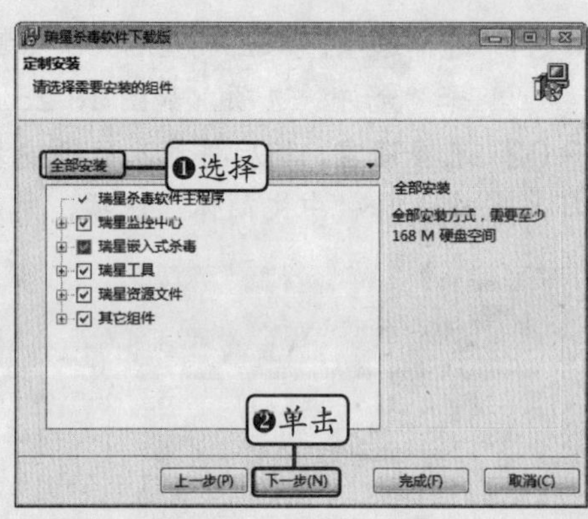

◆ 图 18-30

STEP 07. **选择安装路径。**在打开的“选择目标文件夹”对话框中的文本框中输入安装路径，完成后单击下一步(N)按钮，如图 18-31 所示。

STEP 08. **设置快捷方式。**在打开的“选择开始菜单文件夹”对话框中选择需要创建的程序快捷方式，这里保持默认设置，单击下一步(N)按钮，如图 18-32 所示。

STEP 09. **显示安装信息。**在打开的“安装信息”对话框中显示所设置的安装信息，单击下一步(N)按钮。

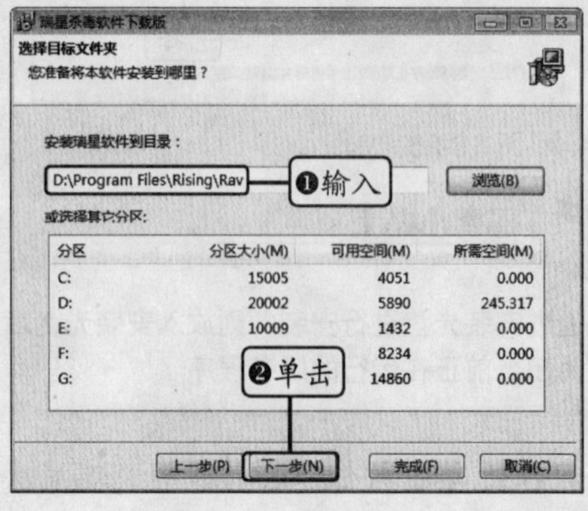

◆ 图 18-31

STEP 10. **开始安装。**在打开的对话框中程序将对内存进行扫描，用户需耐心等待，扫描完成或跳过扫描后，即开始安装瑞星杀毒软件，并在对话框中显示安装进度。

STEP 11. **安装完毕。**安装完成后，在打开的对话框中选中“重新启动计算机”复选框，单击 完成(F) 按钮，如图 18-33 所示。

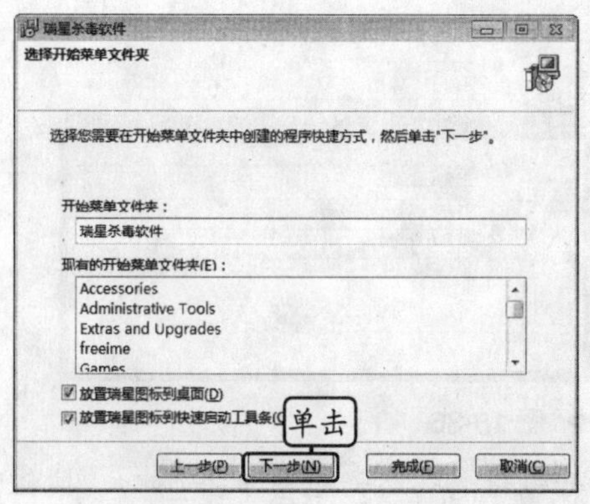

◆ 图 18-32

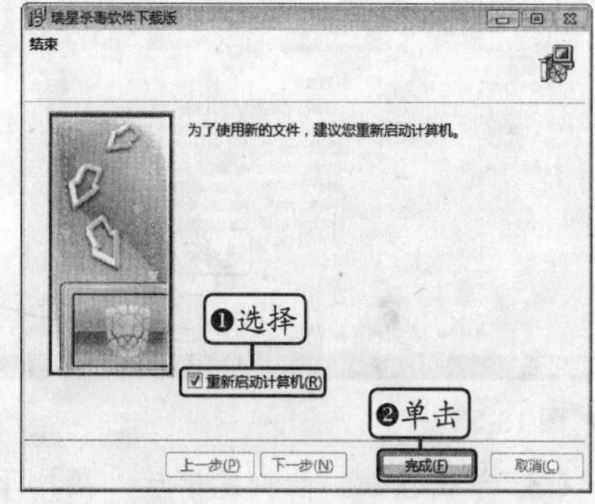

◆ 图 18-33

STEP 12. **启动程序。**重新启动电脑并登录系统后，还需要根据自己的情况对瑞星 2008 进行相应的配置，配置完毕后即可进入系统，并且瑞星 2008 将自动运行，启动后的界面如图 18-34 所示。

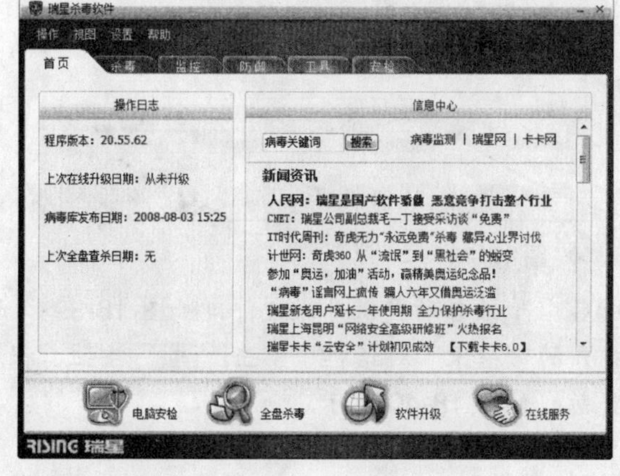

◆ 图 18-34

以后需要启动瑞星杀毒软件时，选择“开始/所有程序/瑞星杀毒软件/瑞星杀毒软件”命令，或双击其桌面快捷方式图标即可

18.4.2 升级杀毒软件

安装瑞星杀毒软件后，首先需要对杀毒软件的病毒库进行升级，只有将病毒库升级到最新，才能查杀出最新出现的病毒。在使用电脑的过程中，应定期对病毒库进行升级。

升级瑞星 2008 杀毒软件的病毒库。

STEP 01. **选择选项。**在瑞星 2008 主界面中选择“软件升级”选项，如图 18-35 所示。

STEP 02. **连接服务器。**在打开的“智能升级正在进行”对话框中将显示正在连接升级服

务器以及升级信息检测进度，如图 18-36 所示。

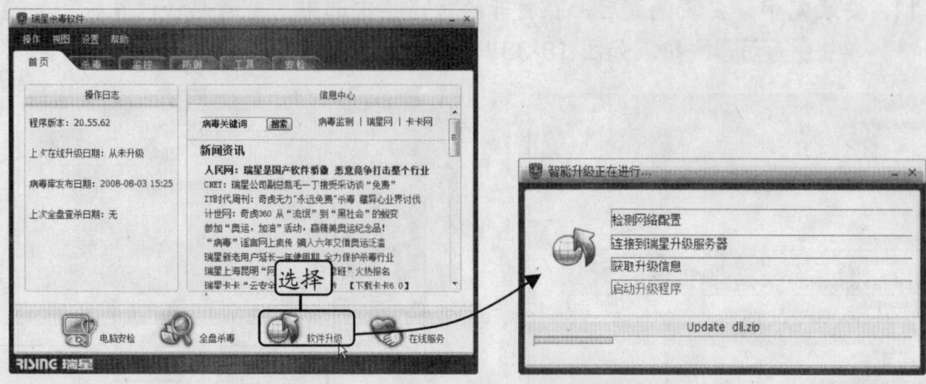

◆ 图 18-35 ◆ 图 18-36

STEP 03. **单击按钮。** 检测完毕后，在打开的“升级信息”对话框中单击 继续(C) 按钮，如图 18-37 所示。

STEP 04. **下载文件。** 程序开始下载杀毒软件升级文件，并在打开的对话框中显示升级进度，如图 18-38 所示。

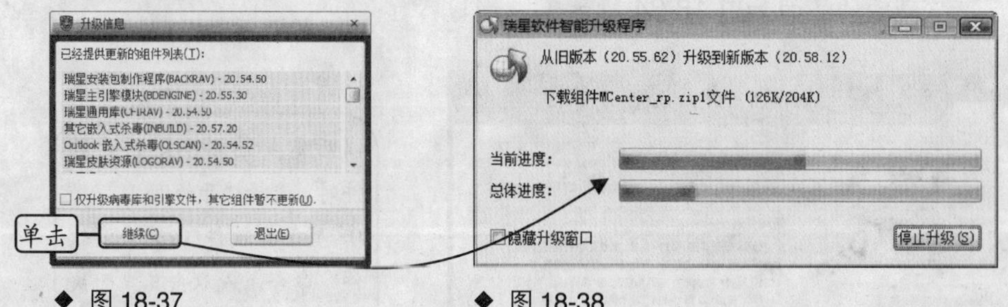

◆ 图 18-37 ◆ 图 18-38

STEP 05. **更新文件。** 升级文件下载完成后，开始自动更新升级文件，如图 18-39 所示。

STEP 06. **完成更新。** 更新完毕后，在打开的“结束”对话框中单击 完成(F) 按钮，程序将自动重新启动电脑并完成更新，如图 18-40 所示。

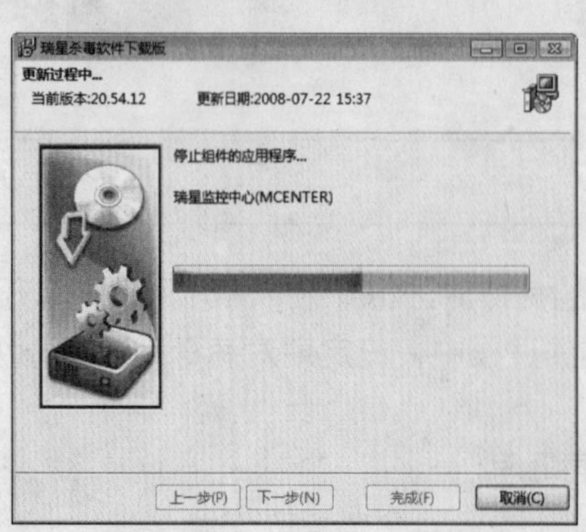

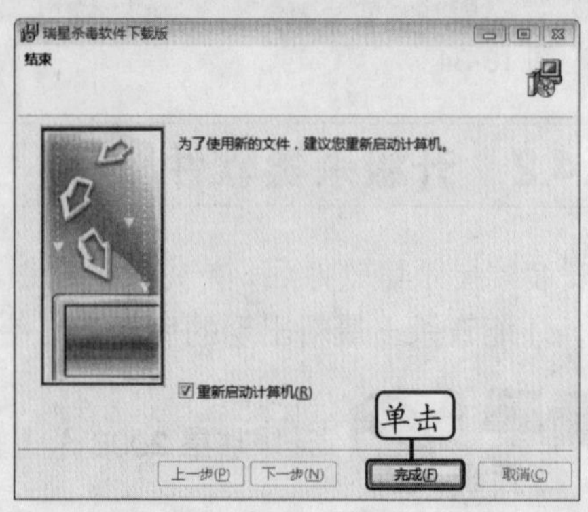

◆ 图 18-39 ◆ 图 18-40

18.4.3 扫描电脑病毒

升级病毒库后，就可以使用瑞星 2008 扫描并查杀电脑中的病毒了。扫描病毒需要占用很大的系统资源，从而影响电脑的运行速度，因此建议在扫描病毒时关闭电脑中运行的所有程序。

使用瑞星 2008 扫描与查杀电脑中的病毒。

STEP 01. **单击选项。**启动瑞星 2008，选择“设置/切换皮肤”命令，切换皮肤为“古典朱红”。在主界面上方单击“杀毒”选项卡，在左侧的“对象”列表框中选择 D 盘磁盘分区、内存与引导区，单击界面右侧的 开始查杀 按钮，如图 18-41 所示。

STEP 02. **开始扫描。**此时即开始对所选位置进行扫描，并在下方显示扫描的文件数以及扫描百分比，如图 18-42 所示。

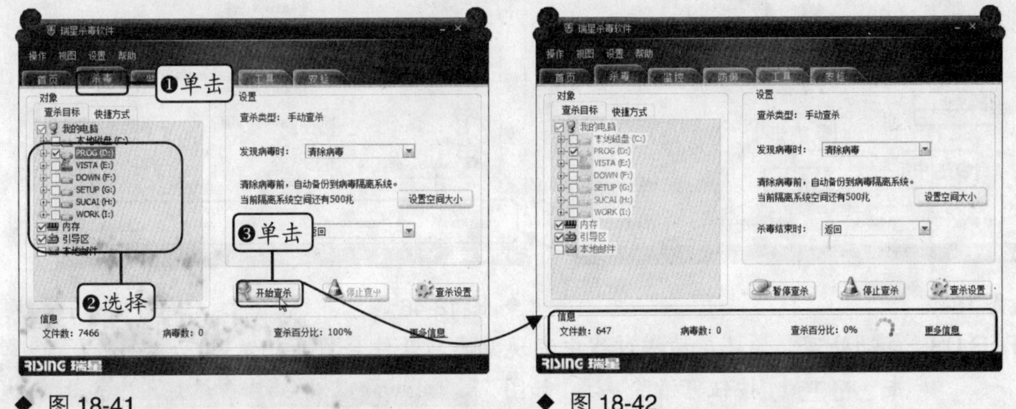

◆ 图 18-41　　◆ 图 18-42

STEP 03. **自动处理。**如果在扫描过程中发现病毒，软件会发出声音提示用户，并自动将病毒清除，如图 18-43 所示。

STEP 04. **扫描完毕。**扫描完毕后，将打开如图 18-44 所示的对话框，其中显示详细的扫描文件数、发现病毒数以及扫描时间等信息，单击 确定(O) 完成扫描按钮。

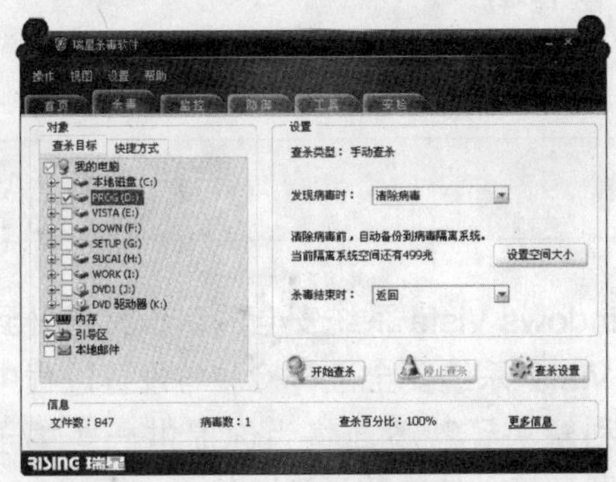

◆ 图 18-43

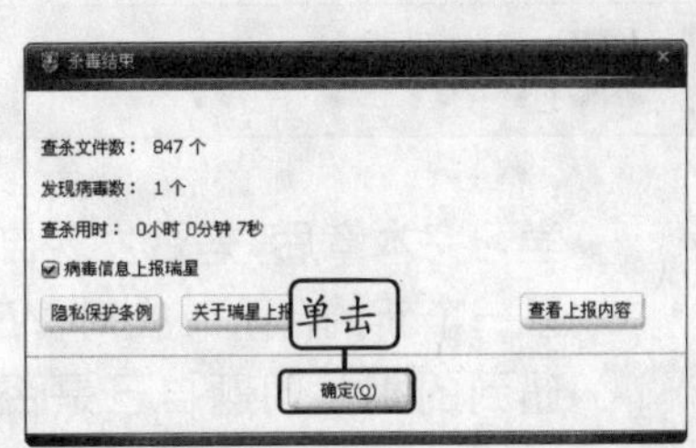

◆ 图 18-44

18.4.4 应用实例——扫描 E 盘文件夹

本章讲解了多种维护 Windows Vista 系统安全的方法，下面将使用瑞星 2008 扫描与查杀电脑 E 盘下“jiaoC”文件夹中的病毒。

其具体操作步骤如下。

STEP 01. **单击选项。**在瑞星 2008 主界面的上方单击“杀毒”选项卡，在左侧的“对象”列表框中去掉“我的电脑”前的勾，再展开“VISTA（E:）”分支，选中“jiaoC”复选框，在“发现病毒时”下拉列表框中选择“询问我”选项，单击界面右侧的 开始查杀 按钮，如图 18-45 所示。

STEP 02. **开始扫描。**此时即开始对所选位置进行扫描，并在下方显示扫描的文件数以及扫描百分比，如图 18-46 所示。

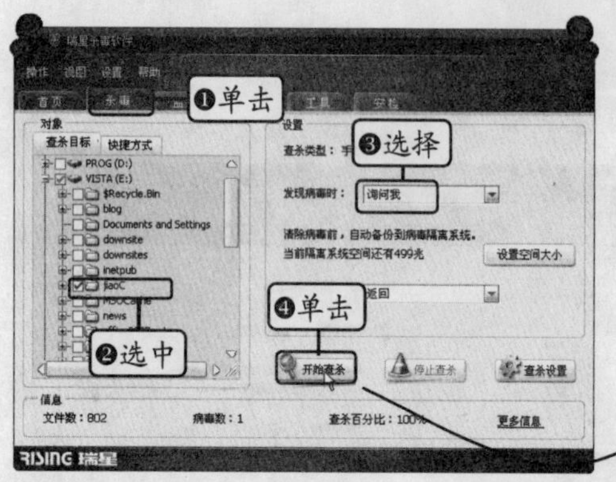

◆ 图 18-45

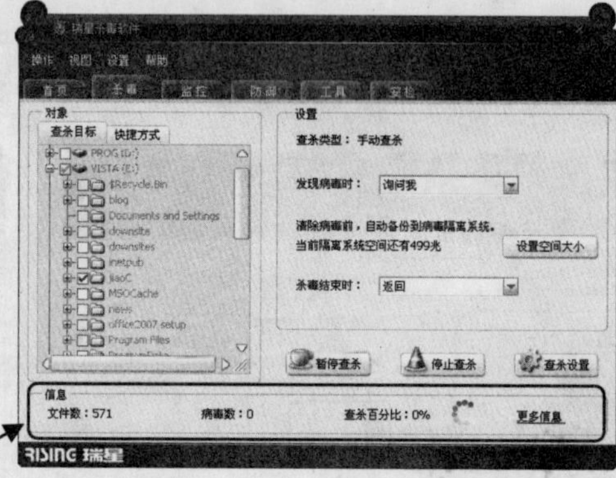

◆ 图 18-46

STEP 03. **自动处理。**如果在扫描过程中发现病毒，软件会打开“发现病毒”对话框，单击 清除病毒(K) 按钮可清除病毒，如图 18-47 所示。

◆ 图 18-47

STEP 04. **扫描完毕。**扫描完毕后，将打开“杀毒结束”对话框，其中显示详细的扫描文件数、发现病毒数以及扫描时间等信息，单击 确定(O) 完成扫描按钮。

18.5 疑难解答

学习完本章后，是否发现自己对 Windows Vista 系统安全的认识又提升到了一个新的台阶？在对 Windows Vista 系统安全进行检测与设置过程中遇到的相关问题自己是否已经顺利解决了？下面将为你提供一些关于 Windows Vista 系统安全的常见问题解答，使你的学习路途更加顺畅。

问： 如何判断电脑是否感染病毒呢？

答： 目前病毒的种类繁多，不同病毒的表现也不同。但绝大多数病毒都会使电脑速度变慢、文件丢失或无法正常使用。最好的方法就是在电脑中安装杀毒软件，并设置为发现病毒后自动查杀。

问： 使用杀毒软件时，应该注意什么呢？

答： 为了让杀毒软件更好地为用户服务，在使用杀毒软件时，应尽可能使用最新版本的杀毒软件，因为新版本不论在功能上还是技术上都有一定的提高，采用的杀毒技术也更先进，查杀病毒的几率也就越大。另外，还应及时升级病毒库，从而能够查杀到最新出现的病毒。在电脑中最好不要同时安装多个杀毒软件，因为不同的杀毒软件可能会产生冲突，从而导致系统出现问题。

18.6 上机练习

本章上机练习将在 Windows 防火墙中自定义允许或禁止程序访问网络，通过练习掌握利用 Windows 防火墙防止恶意程序通过网络入侵以及使特定程序自动访问网络的操作。其操作提示介绍如下。

练习

① 在“控制面板”窗口的“安全”栏中单击“允许程序通过 Windows 防火墙”超链接。

② 在打开的“Windows 防火墙设置”对话框的“例外”选项卡的列表框中选中允许访问网络的程序前的复选框，取消选中不允许访问网络程序前的复选框，如图 18-48 所示。

③ 单击 添加程序(R)... 按钮，在打开的对话框中选择程序，单击 确定 按钮将其添加至“例外”选项卡的列表框中，并设置其允许访问网络，单击 确定 按钮应用设置。

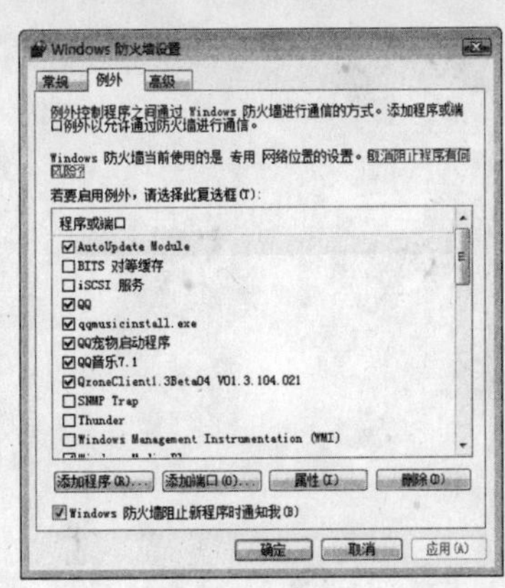

◆ 图 18-48

反侵权盗版声明

电子工业出版社依法对本作品享有专有出版权。任何未经权利人书面许可，复制、销售或通过信息网络传播本作品的行为；歪曲、篡改、剽窃本作品的行为，均违反《中华人民共和国著作权法》，其行为人应承担相应的民事责任和行政责任，构成犯罪的，将被依法追究刑事责任。

为了维护市场秩序，保护权利人的合法权益，我社将依法查处和打击侵权盗版的单位和个人。欢迎社会各界人士积极举报侵权盗版行为，本社将奖励举报有功人员，并保证举报人的信息不被泄露。

举报电话：(010)88254396；(010)88258888
传　　真：(010)88254397
E - mail：dbqq@phei.com.cn
通信地址：北京市万寿路 173 信箱
电子工业出版社总编办公室
邮　　编：100036